国家自然科学基金项目：鄂尔多斯盆地致密气充注动力与富集规律研究（编号：42162015）

甘肃省自然科学基金项目：陇东地区多级压裂非常规裂缝页岩气储层水平井渗流规律研究（编号：22JR11RM169）

甘肃省教育厅高等学校创新基金项目：基于 SC 变换复杂边界致密砂岩油藏压裂水平井试井分析（编号：2021A-127）

甘肃省庆阳市科技局科技计划项目：多级压裂非常规裂缝致密油气储层水平井渗流规律研究（编号：QY2021B-F002）

甘肃省科技计划资助项目：陇东地区页岩储层甲烷原位燃爆冲击压裂对裂隙再生机理研究（编号：23YFGM0001）

基于点源函数的现代试井分析方法研究

姬安召　著

U0166785

🔵 吉林大学 出版社

·长春·

图书在版编目（CIP）数据

基于点源函数的现代试井分析方法研究 / 姬安召著. 一

长春 ：吉林大学出版社， 2023.8

ISBN 978-7-5768-1995-3

Ⅰ．①基… Ⅱ．①姬… Ⅲ．①点源－源函数－数学模型－应用－试井分析－方法研究 Ⅳ．① TE353

中国国家版本馆 CIP 数据核字（2023）第 159765 号

书　　名：基于点源函数的现代试井分析方法研究

JIYU DIANYUAN HANSHU DE XIANDAI SHIJING FENXI FANGFA YANJIU

作　　者：姬安召

策划编辑：邵宇彤

责任编辑：刘守秀

责任校对：陈　曦

装帧设计：优盛文化

出版发行：吉林大学出版社

社　　址：长春市人民大街 4059 号

邮政编码：130021

发行电话：0431-89580028/29/21

网　　址：http://www.jlup.com.cn

电子邮箱：jldxcbs@sina.com

印　　刷：三河市华晨印务有限公司

成品尺寸：185mm×260mm　　16 开

印　　张：23.5

字　　数：490 千字

版　　次：2024 年 1 月第 1 版

印　　次：2024 年 1 月第 1 次

书　　号：ISBN 978-7-5768-1995-3

定　　价：98.00 元

点源函数的思想起源于 19 世纪下半叶 Lord Kelvin 的热传导理论，在 20 世纪 30 年代被物理学家广泛使用。点源函数的理论就是应用 Green 函数方法求解不定常问题。由于多孔介质中流体的渗流和固体中的热传导规律在数学模型中具有一定的相似性，因此可将热传导理论中的许多研究成果直接引入渗流力学中。Hantush 等人解决了带状区域边水不稳定漏失问题，Nisle 在研究部分射孔井的压力恢复特征时就引用了热传导理论中关于点源函数的结果。Gringarten 和 Ramey 对于点源函数的基本理论和方法有过详细的论证及应用推广，其结果对研究储层流体的不稳定压力分析方面产生了深远的影响，而 Ozkan 和 Raghavan 又在 Laplace 空间上重新求解了点源问题，并将其拓展到了双重孔隙介质渗流领域，这些研究成果为点源函数在油气渗流理论研究中的应用奠定了基础。

本书属于油气渗流理论方面的著作，借助点源函数思想，建立了不同坐标系不同边界条件下点源函数的数学模型，并结合无因次变换、Laplace 变换、Fourier 变换和 Poisson 求和等方法对点源函数模型进行求解，为不同时空的渗流问题奠定了基础。在研究的过程中采用前人提出的 Poisson 求和理论，在此基础之上，获取了几种不同典型形式的三重级数求和的变体形式，为柱状和盒状储层渗流模型研究奠定了基础。本书共分为 7 章，主要包含了不同类型点源函数的基本理论、典型渗流数学模型的线源解、无限导流垂直对称裂缝井试井数学模型研究、有限导流垂直对称裂缝井试井数学模型研究、压裂直井非常规裂缝试井数学模型研究、水平井试井数学模型研究、多段压裂水平井试井数学模型研究。对于这几部分内容，详细讨论了对应数学模型的半解析解求解方法，并讨论了典型模型的数值计算方法、算法的优化思路以及计算技巧。在数值计算过程中，采用了 Matlab 程序设计平台，针对部分内容也提出了并行程序设计的思路及方法，并给出了相应的设计程序实例分析。

在本书编写过程中，作者参考和吸收了 Ozkan 的 *Performance of horizontal wells* 博士论文，收集和引用了有关国内外专家和学者的相关研究资料，在此一并向他们表示衷心的感谢！

本书受到了国家自然科学基金项目"鄂尔多斯盆地致密气充注动力与富集规律研究"（编号：42162015）、甘肃省自然科学基金项目"陇东地区多级压裂非常规裂缝页岩气储层水平井渗流规律研究"（编号：22JR11RM169）、甘肃省教育厅高等学校创新资助项目"基于SC变换复杂边界致密砂岩油藏压裂水平井试井分析"（编号：2021A-127）、甘肃省庆阳市科技局科技计划项目"多级压裂非常规裂缝致密油气储层水平井渗流规律研究"（编号：QY2021B-F002）、甘肃省科技计划资助项目"陇东地区页岩储层甲烷原位燃爆冲击压裂对裂隙再生机理研究"（编号：23YFGM0001）等项目支持，在此表示感谢！

　　由于作者水平有限，书中难免存在错误之处，恳请广大师生和读者批评指正。

姬安召

2023 年 1 月

目录

Contents

1 点源函数基本理论

点源函数是研究油气渗流理论的重要手段，本章借助点源函数思想，以油气储层中的流体为研究对象，考虑储层流体运动方程、储层岩石和流体的状态方程、流体的连续性方程，建立了球坐标系中单位质量流体的渗流的基本数学模型。在数学模型的求解过程中，采用了无因次变换和 Laplace 变换，得到了球坐标系中单位点源渗流的基本规律。在球坐标系中单位点源渗流规律的基础上，采用压降叠加原理，获取了不同外边界情况下的柱坐标和盒状储层中单位点源渗流数学模型。这些数学模型为后续研究不同形状油气储层的渗流理论奠定了基础。

1.1 球坐标系点源函数基本理论

根据渗流理论中的质量守恒方程、运动方程和状态方程，建立球坐标系中基本的渗流微分方程。为了更好地建立试井解释数学模型，假设条件如下：

（1）介质中的流体微可压缩，忽略重力和毛管力的影响；

（2）不考虑井筒储集效应和表皮效应的影响；

（3）流体在地层中的流动符合达西定律，且流体在储层流动中符合等温渗流；

（4）流体在储层流动过程中将其看作瞬时点源。

在三维无限大储层中有一点源 S，如图 1-1 所示。在 $t=0$ 时刻从点源中瞬时采出的流体记为 q，瞬时流体的采出使得在点源 S 位置处产生一定的压力降。为了研究问题的方便，这里将储层介质和流体介质均看作连续介质和连续流体。根据上面描述的渗流过程，可以得到无限大外边界的点源模型的渗流微分方程以及边界条件和初始条件。

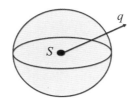

图 1-1　三维无限大储层点源示意图

1.1.1 均质储层点源函数模型

均质储层是指单一孔隙介质结构的储层，这种孔隙介质结构既是储集空间又是渗流通道，也就是说流体通过单一孔隙介质结构直接流入井筒。假设在 $t=0$ 时刻，有一个流动的有限体积 $\tilde{q}$，在点源位置瞬时向储层其他地方流动。这里要求穿过点源所在球面的累积流量必须等于离开点源流动的体积 $\tilde{q}$，根据质量守恒方程，上述过程可由式（1-1）表示为

$$\int_0^t \left[\lim_{\varepsilon \to 0} \frac{4\pi k}{\mu} \left(r^2 \frac{\partial p}{\partial r} \right) \Big|_{r=\varepsilon} \right] \mathrm{d}t = \tilde{q} = \int_0^t q(t) \mathrm{d}t \qquad （1-1）$$

其中：k 为储层渗透率，μm^2；μ 为储层流体黏度，$mPa \cdot s$；r 为点源的半径，cm；p 为储层流体的压力，atm（$1\ atm = 101\ 325\ Pa$）；$q(t)$ 为 t 时刻的流量，cm^3/s；t 为点源持续时间，s；$\tilde{q}$ 为 0 到时刻 t 点源流量的变化量，cm^3。

考虑狄利克雷函数 $\delta(t)$ 的性质，用 $\tilde{q}\delta(t)$ 代替 $\tilde{q}$ 可得

$$\lim_{\varepsilon \to 0} \frac{4\pi k}{\mu} \left(r^2 \frac{\partial p}{\partial r} \right) \Big|_{r=\varepsilon} = \tilde{q}\delta(t) \qquad （1-2）$$

其中：$\delta(t)$ 为狄利克雷函数。

基于前面的假设，根据质量守恒方程，可得均质储层在球坐标系中的综合渗流微分方程：

$$\frac{1}{r^2} \frac{\partial}{\partial r} \left(r^2 \frac{\partial p}{\partial r} \right) = \frac{\phi \mu C_t}{k} \frac{\partial p}{\partial t} \qquad （1-3）$$

其中：ϕ 为储层孔隙度，无量纲；C_t 为储层综合压缩系数，atm^{-1}；其他参数含义同前。

初始条件：

$$p(r,\ t) = p_i (t = 0,\ r > \varepsilon \to 0) \qquad （1-4）$$

其中：p_i 为储层原始地层压力，atm。

无穷大外边界条件：

$$p(r,\ t) = p_i (t \geq 0,\ r \to \infty) \qquad （1-5）$$

为了简化微分方程的求解，无因次参数定义如表 1-1 所示。

表1-1　无因次参数的定义

无因次参数	定义	备注
无因次半径	$r_D = r/L_{ref}$	
无因次压力	$p_D = \dfrac{2\pi kh}{\tilde{q}\mu} \Delta p = \dfrac{2\pi kh}{\tilde{q}\mu} (p_i - p)$	

无因次参数	定义	备注
无因次时间	$t_D = \dfrac{kt}{\phi\mu C_t L_{ref}^2} = \dfrac{\eta t}{L_{ref}^2}$	$\eta = \dfrac{k}{\phi\mu C_t}$
无因次井储系数	$C_D = \dfrac{C}{2\pi\phi h C_t L_{ref}^2}$	

注：r_D 为无因次半径，无量纲；L_{ref} 为参考长度，cm；p_D 为无因次压力，无量纲；h 为储层厚度，cm；Δp 为压差，atm；p 为储层中任意位置的压力，atm。

根据无因次压力的定义可得

$$\frac{\partial \Delta p}{\partial r} = -\frac{\partial p}{\partial r} \tag{1-6}$$

根据无因次半径的定义可得

$$\frac{\partial r_D}{\partial r} = \frac{1}{L_{ref}} \tag{1-7}$$

将式（1-6）和式（1-7）代入式（1-2），可得

$$\lim_{\varepsilon \to 0} \frac{4\pi k}{\mu}\left[(r_D L_{ref})^2 \frac{\partial p}{\partial r_D}\frac{\partial r_D}{\partial r} \right]\Bigg|_{r=\varepsilon} = \tilde{q}\delta(t) \tag{1-8}$$

化简式（1-8）可得

$$\lim_{\varepsilon \to 0} \frac{4\pi k}{\mu} L_{ref}\left[r_D^2 \frac{\partial \Delta p}{\partial r_D} \right]\Bigg|_{r_D=\varepsilon} = -\tilde{q}\delta(t) \tag{1-9}$$

考虑无因次压力定义，结合式（1-6），对式（1-3）～式（1-5）进行参数变换，可得

$$\begin{cases} \dfrac{1}{r^2}\dfrac{\partial}{\partial r}\left(r^2\dfrac{\partial \Delta p}{\partial r} \right) = \dfrac{\phi\mu C_t}{k}\dfrac{\partial \Delta p}{\partial t} \\ \Delta p(r,\ t) = 0(t=0,\ r > \varepsilon \to 0) \\ \Delta p(r,\ t) = 0(t \geqslant 0,\ r \to \infty) \\ \lim\limits_{\varepsilon \to 0} \dfrac{4\pi k}{\mu}L_{ref}\left(r_D^2\dfrac{\partial \Delta p}{\partial r_D} \right)\Bigg|_{r_D=\varepsilon} = -\tilde{q}\delta(t) \end{cases} \tag{1-10}$$

结合无因次参数的定义，对式（1-10）中的综合渗流微分方程进行无因次化处理，可得

$$\begin{cases} \dfrac{1}{r_D^2}\dfrac{\partial}{\partial r_D}\left(r_D^2\dfrac{\partial \Delta p}{\partial r_D} \right) = \dfrac{\partial \Delta p}{\partial t_D} \\ \Delta p(r,\ t) = 0(t=0,\ r > \varepsilon \to 0) \\ \Delta p(r,\ t) = 0(t \geqslant 0,\ r \to \infty) \\ \lim\limits_{\varepsilon \to 0} \dfrac{4\pi k}{\mu}L_{ref}\left(r_D^2\dfrac{\partial \Delta p}{\partial r_D} \right)\Bigg|_{r_D=\varepsilon} = -\tilde{q}\delta(t) \end{cases} \tag{1-11}$$

为了求解式（1–11），对式（1–11）无因次时间变量 $t_D \to u$ 进行 Laplace 变换：

$$\begin{cases} \dfrac{1}{r_D^2}\dfrac{\partial}{\partial r_D}\left(r_D^2\dfrac{\partial \Delta \bar{p}}{\partial r_D}\right) = u\Delta \bar{p} \\ \Delta \bar{p}(r,\ u) = 0 \\ \lim\limits_{\varepsilon \to 0}\dfrac{4\pi k}{\mu}L_{ref}\left(r_D^2\dfrac{\partial \Delta \bar{p}}{\partial r_D}\right)\Bigg|_{r_D=\varepsilon} = L[-\tilde{q}\delta(t)] \end{cases} \tag{1–12}$$

其中：$\Delta \bar{p}$ 为 Laplace 空间的压差，atm；u 为 Laplace 变量；L 表示 Laplace 变换。

$\delta(t)$ 函数的 Laplace 变换为

$$L[-\tilde{q}\delta(t)] = -\tilde{q}\int_0^\infty \delta(t)\exp(-ut_D)\mathrm{d}t_D \tag{1–13}$$

考虑无因次时间的定义，则式（1–13）可化简为

$$L[-\tilde{q}\delta(t)] = -\tilde{q}\dfrac{\eta}{L_{ref}^2}\int_0^\infty \delta(t)\exp\left(-s\dfrac{\eta t}{L_{ref}^2}\right)\mathrm{d}t = -\tilde{q}\dfrac{\eta}{L_{ref}^2} \tag{1–14}$$

对于内边界而言：

$$\lim\limits_{\varepsilon \to 0}\dfrac{4\pi k}{\mu}L_{ref}\left(r_D^2\dfrac{\partial \Delta \bar{p}}{\partial r_D}\right)\Bigg|_{r_D=\varepsilon} = -\tilde{q}\dfrac{\eta}{L_{ref}^2} \tag{1–15}$$

在式（1–15）中，定义单位体积源的强度为 $\tilde{q}/(\phi C_t)$，为了研究方便，若它为单位体积单位强度的源，则 $\tilde{q}/(\phi C_t)=1$，式（1–15）可化简为

$$\lim\limits_{\varepsilon \to 0}4\pi L_{ref}^3\left(r_D^2\dfrac{\partial \Delta \bar{p}}{\partial r_D}\right)\Bigg|_{r_D=\varepsilon} = -1 \tag{1–16}$$

结合式（1–13）～式（1–16）的分析，式（1–12）可化简为

$$\begin{cases} \dfrac{1}{r_D^2}\dfrac{\partial}{\partial r_D}\left(r_D^2\dfrac{\partial \Delta \bar{p}}{\partial r_D}\right) = u\Delta \bar{p} \\ \Delta \bar{p}(r,\ u) = 0 \\ \lim\limits_{\varepsilon \to 0}4\pi L_{ref}^3\left(r_D^2\dfrac{\partial \Delta \bar{p}}{\partial r_D}\right)\Bigg|_{r_D=\varepsilon} = -1 \end{cases} \tag{1–17}$$

为了求解 Laplace 空间均质储层点源函数式（1–17），引入 $g = r_D\Delta \bar{p}$ 进行变换，则式（1–17）中的综合渗流微分方程可转化为

$$g'' - ug = 0 \tag{1–18}$$

式（1–18）为二阶齐次线性常系数常微分方程，它的通解为

$$g = A\exp(-\sqrt{u}r_D) + B\exp(\sqrt{u}r_D) \tag{1–19}$$

结合引入变换 $g = r_\mathrm{D} \Delta \bar{p}$ 可得

$$\Delta \bar{p} = \frac{A \exp\left(-\sqrt{u} r_\mathrm{D}\right) + B \exp\left(\sqrt{u} r_\mathrm{D}\right)}{r_\mathrm{D}} \tag{1-20}$$

根据式（1-17）中的外边界条件，有 $B = 0$，因此可得

$$\Delta \bar{p} = \frac{A \exp\left(-\sqrt{u} r_\mathrm{D}\right)}{r_\mathrm{D}} \tag{1-21}$$

根据式（1-17）中的内边界条件：

$$A = \frac{1}{4\pi L_\mathrm{ref}^3} \tag{1-22}$$

因此得到单位强度点源位于坐标原点时在 Laplace 空间的解为

$$\Delta \bar{p} = \frac{1}{4\pi L_\mathrm{ref}^3} \frac{\exp\left(-\sqrt{u} r_\mathrm{D}\right)}{r_\mathrm{D}} \tag{1-23}$$

若点源位于 $\left(x_\mathrm{wD},\ y_\mathrm{wD},\ z_\mathrm{wD}\right)$ 处，则由式（1-23）可得

$$\Delta \bar{p} = \frac{1}{4\pi L_\mathrm{ref}^3} \frac{\exp\left(-\sqrt{u} R_\mathrm{D}\right)}{R_\mathrm{D}} \tag{1-24}$$

其中：x_wD、y_wD、z_wD 分别为点源在三维空间无因次位置，无量纲；R_D 为压降位置距离点源的无因次距离，无量纲，$R_\mathrm{D} = \sqrt{(x_\mathrm{D} - x_\mathrm{wD})^2 + (y_\mathrm{D} - y_\mathrm{wD})^2 + (z_\mathrm{D} - z_\mathrm{wD})^2}$。

若点源强度不是单位强度，则式（1-24）可变为

$$\Delta \bar{p} = \frac{1}{4\pi L_\mathrm{ref}^3} \frac{\tilde{q}}{\phi C_\mathrm{t}} \frac{\exp\left(-\sqrt{u} R_\mathrm{D}\right)}{R_\mathrm{D}} \tag{1-25}$$

为了考虑持续点源情况，将式（1-25）进行 Laplace 逆变换到时空间中，因为这里要进行时间上的叠加，所以必须还原到时空间中。为了简化问题的处理，这里不妨假设：

$$\bar{S}(u) = \frac{1}{4\pi L_\mathrm{ref}^3 \phi C_\mathrm{t}} \frac{\exp\left(-\sqrt{u} R_\mathrm{D}\right)}{R_\mathrm{D}} \tag{1-26}$$

则 $\bar{S}(u)$ 的 Laplace 逆变换记为 $S(t_\mathrm{D})$，即 $L^{-1}\left[\bar{S}(u)\right] = S(t_\mathrm{D})$，则式（1-25）的 Laplace 逆变换可以写成

$$\Delta p = \tilde{q}(\tau) S(t_\mathrm{D}) \tag{1-27}$$

其中：τ 表示点源的作用时间，s。对于式（1-27），考虑持续点源情况，若有点源从 $\tau = 0$ 时刻开始作用，持续到 $\tau = t$ 时刻结束，采用压降叠加原理，在时间上对点源持续作用进行叠加，可得

$$\Delta p = \int_0^t \tilde{q}(\tau) S(t_\mathrm{D} - \tau) \mathrm{d}\tau \tag{1-28}$$

其中：$\tilde{q}(\tau)$ 为瞬时流量；$\mathrm{d}\tau$ 为时间间隔；$S(t_\mathrm{D}-\tau)$ 是与时间相关的函数，即单位强度源的衰减函数；t_D 为观测时间点；τ 为点源持续的时间。

根据无因次时间的定义，式（1–28）可化为

$$\Delta p = \frac{L_\mathrm{ref}^2}{\eta} \int_0^{t_\mathrm{D}} \tilde{q}(\tau_\mathrm{D}) S(t_\mathrm{D}-\tau_\mathrm{D}) \mathrm{d}\tau_\mathrm{D} \tag{1–29}$$

其中：τ_D 表示点源的作用无因次时间，无量纲。

为了得到持续点源在 Laplace 空间的结果，对式（1–29）进行 Laplace 变换。这里采用卷积定理进行处理，不妨记 $\tilde{q}(\tau_\mathrm{D})$ 的 Laplace 变换为 $\bar{q}(s)$，即 $L\left[\tilde{q}(\tau_\mathrm{D})\right] = \bar{\bar{q}}(s) = \tilde{q}/s$，则式（1–29）的 Laplace 变换的结果为

$$\Delta\bar{p} = \frac{L_\mathrm{ref}^2}{\eta} \bar{q}(s) \bar{S}(u) \tag{1–30}$$

其中：$\bar{q}$ 为 Laplace 空间点源流量，cm^3/s；s 为 Laplace 空间流量的变换参数。

将式（1–26）代入式（1–30），可得

$$\Delta\bar{p} = \frac{\tilde{q}\mu}{4\pi k L_\mathrm{ref} s} \frac{\exp\left(-\sqrt{u}R_\mathrm{D}\right)}{R_\mathrm{D}} \tag{1–31}$$

式（1–31）为持续点源在 Laplace 空间的解。

1.1.2 双重介质储层点源函数模型

双重介质储层主要由基质系统和裂缝系统组成，两者渗透率不同。其中基质是流体的主要存储空间，裂缝是流体的主要流动通道。对于双重介质储层模型的建立，需要考虑基质和裂缝的特征，以及流体的流动过程。典型的双重介质储层模型主要有三种：Warren–Root 模型、Kazemi 模型以及 Deswaan 模型。目前，国内外应用较广泛的是 Warren–Root 模型。本书也将以 Warren–Root 模型为研究基础。基于均质储层的假设和上述物理模型，根据质量守恒方程，可得均质储层在球坐标系中的综合渗流微分方程。

裂缝渗流微分方程：

$$\frac{k_\mathrm{f}}{\mu}\left[\frac{1}{r^2}\frac{\partial}{\partial r}\left(r^2\frac{\partial p_\mathrm{f}}{\partial r}\right)\right] + \frac{\alpha k_\mathrm{m}}{\mu}(p_\mathrm{m}-p_\mathrm{f}) = \phi_\mathrm{f}C_\mathrm{ft}\frac{\partial p_\mathrm{f}}{\partial t} \tag{1–32}$$

基质渗流微分方程：

$$-\frac{\alpha k_\mathrm{m}}{\mu}(p_\mathrm{m}-p_\mathrm{f}) = \phi_\mathrm{m}C_\mathrm{mt}\frac{\partial p_\mathrm{m}}{\partial t} \tag{1–33}$$

其中：k_f 为裂缝的渗透率，$\mu\mathrm{m}^2$；k_m 为基质的渗透率，$\mu\mathrm{m}^2$；p_f 为裂缝系统流体的压力，atm；p_m 为基质系统流体的压力，atm；α 为形状因子，无因次；ϕ_f 为裂缝孔隙度，无因次；C_ft 为裂缝的综合压缩系数，atm^{-1}；ϕ_m 为基质孔隙度，无因次；C_mt 为基

质的综合压缩系数，atm^{-1}。

初始条件：

$$p_f(r, \ t=0) = p_m(r, \ t=0) = p_i \qquad (1-34)$$

无穷大外边界条件：

$$p_f(r, \ t) = p_m(r, \ t) = p_i(t \geqslant 0, \ r \to \infty) \qquad (1-35)$$

内边界条件同式（1-9）。双重介质储层的无因次参数定义如下：

无因次压力：

$$p_{Df} = \frac{2\pi k_f h}{q\mu}(p_i - p_f) = \frac{2\pi k_f h}{q\mu}\Delta p_f$$

$$p_{Dm} = \frac{2\pi k_m h}{q\mu}(p_i - p_m) = \frac{2\pi k_m h}{q\mu}\Delta p_m$$

无因次时间：

$$t_D = \frac{k_f}{(\phi_f C_{ft} + \phi_m C_{mt})\mu L_{ref}^2}t$$

其中：p_{Df} 为裂缝的无因次压力，无量纲；Δp_f 为裂缝的流体压差，atm；p_{Dm} 为基质的无因次压力，无量纲；Δp_m 为基质的流体压差，atm。

根据上述无因次压力的定义可得

$$\frac{\partial \Delta p_f}{\partial r} = -\frac{\partial p_f}{\partial r} \qquad (1-36)$$

$$\frac{\partial \Delta p_m}{\partial r} = -\frac{\partial p_m}{\partial r} \qquad (1-37)$$

根据无因次半径的定义可得

$$\frac{\partial r_D}{\partial r} = \frac{1}{L_{ref}} \qquad (1-38)$$

考虑无因次压力定义，结合式（1-36）、式（1-37），对式（1-33）～式（1-35）进行变换，可得

$$\begin{cases} \dfrac{k_f}{\mu}\left[-\dfrac{1}{r^2}\dfrac{\partial}{\partial r}\left(r^2\dfrac{\partial \Delta p_f}{\partial r}\right)\right] + \dfrac{\alpha k_m}{\mu}(\Delta p_f - \Delta p_m) = -\phi_f C_{ft}\dfrac{\partial \Delta p_f}{\partial t} \\[3mm] -\dfrac{\alpha k_m}{\mu}(\Delta p_f - \Delta p_m) = -\phi_m C_{mt}\dfrac{\partial \Delta p_m}{\partial t} \\[3mm] \Delta p_f(r, \ t=0) = \Delta p_m(r, \ t=0) = 0(t=0, \ r > \varepsilon \to 0) \\[3mm] \Delta p_f(r, \ t) = \Delta p_m(r, \ t) = 0(t \geqslant 0, \ r \to \infty) \\[3mm] \lim\limits_{\varepsilon \to 0}\dfrac{4\pi k_f}{\mu}L_{ref}\left(r_D^2\dfrac{\partial \Delta p}{\partial r_D}\right)\bigg|_{r_D = \varepsilon} = -\tilde{q}\delta(t) \end{cases} \qquad (1-39)$$

结合双重介质储层的无因次参数的定义，对式（1–39）中的综合渗流微分方程进行无因次化处理，可得

$$
\begin{cases}
\dfrac{1}{r_D^2}\dfrac{\partial}{\partial r_D}\left(r_D^2\dfrac{\partial \Delta p_f}{\partial r_D}\right)-\lambda(\Delta p_f-\Delta p_m)=\omega\dfrac{\partial \Delta p_f}{\partial t_D} \\[3mm]
\lambda(\Delta p_f-\Delta p_m)=(1-\omega)\dfrac{\partial \Delta p_m}{\partial t_D} \\[3mm]
\Delta p_f(r,\ t=0)=\Delta p_m(r,\ t=0)=0(t=0,\ r>\varepsilon\to 0) \\[3mm]
\Delta p_f(r,\ t)=\Delta p_m(r,\ t)=0(t\geqslant 0,\ r\to\infty) \\[3mm]
\lim\limits_{\varepsilon\to 0}\dfrac{4\pi k_f}{\mu}L_{ref}\left(r_D^2\dfrac{\partial \Delta p}{\partial r_D}\right)\Bigg|_{r_D=\varepsilon}=-\tilde{q}\delta(t)
\end{cases}
\tag{1-40}
$$

其中：$\omega=\dfrac{\phi_f C_{ft}}{\phi_f C_{ft}+\phi_m C_{mt}}$，$\omega$ 为裂缝系统的弹性储容比，无因次；$\lambda=\dfrac{\alpha k_m L_{ref}^2}{k_f}$，$\lambda$ 为窜流系数，无因次。

为了求解式（1–40），对式（1–40）无因次时间变量 $t_D\to u$ 进行 Laplace 变换：

$$
\begin{cases}
\dfrac{1}{r_D^2}\dfrac{\partial}{\partial r_D}\left(r_D^2\dfrac{\partial \Delta \bar{p}_f}{\partial r_D}\right)-\lambda(\Delta \bar{p}_f-\Delta \bar{p}_m)=\omega u\Delta \bar{p}_f \\[3mm]
\lambda(\Delta \bar{p}_f-\Delta \bar{p}_m)=(1-\omega)u\Delta p_m \\[3mm]
\Delta \bar{p}_f(r,\ u)=\Delta \bar{p}_m(r,\ u)=0 \\[3mm]
\lim\limits_{\varepsilon\to 0}\dfrac{4\pi k_f}{\mu}L_{ref}\left(r_D^2\dfrac{\partial \Delta \bar{p}}{\partial r_D}\right)\Bigg|_{r_D=\varepsilon}=L\left[-\tilde{q}\delta(t)\right]
\end{cases}
\tag{1-41}
$$

其中：$\Delta \bar{p}_f$ 为 Laplace 空间裂缝流体压差，atm；$\Delta \bar{p}_m$ 为 Laplace 空间基质流体压差，atm。

$\delta(t)$ 函数的 Laplace 变换如下：

$$
L\left[-\tilde{q}\delta(t)\right]=-\tilde{q}\int_0^\infty \delta(t)\exp(-ut_D)dt_D
\tag{1-42}
$$

考虑无因次时间的定义，式（1–42）变为

$$
L\left[-\tilde{q}\delta(t)\right]=\dfrac{-\tilde{q}k_f}{(\phi_f C_{ft}+\phi_m C_{mt})\mu L_{ref}^2}
\tag{1-43}
$$

对于内边界而言：

$$
\lim\limits_{\varepsilon\to 0}\dfrac{4\pi k_f}{\mu}L_{ref}\left(r_D^2\dfrac{\partial \Delta \bar{p}}{\partial r_D}\right)\Bigg|_{r_D=\varepsilon}=-\dfrac{\tilde{q}}{(\phi_f C_{ft}+\phi_m C_{mt})}\cdot\dfrac{k_f}{\mu L_{ref}^2}
\tag{1-44}
$$

在式（1–44）中，定义单位强度源为 $\dfrac{\tilde{q}}{\phi_f C_{ft}+\phi_m C_{mt}}$，为了研究方便，若它为单位体积单位强度源，则 $\dfrac{\tilde{q}}{\phi_f C_{ft}+\phi_m C_{mt}}=1$，则式（1–44）可化简为

$$\lim_{\varepsilon \to 0} 4\pi L_{\text{ref}}^3 \left(r_{\text{D}}^2 \frac{\partial \Delta \bar{p}}{\partial r_{\text{D}}} \right)\Bigg|_{r_{\text{D}} = \varepsilon} = -1 \tag{1-45}$$

结合式（1-42）~式（1-45）的分析，式（1-41）可化简为

$$\begin{cases} \dfrac{1}{r_{\text{D}}^2} \dfrac{\partial}{\partial r_{\text{D}}} \left(r_{\text{D}}^2 \dfrac{\partial \Delta \bar{p}_{\text{f}}}{\partial r_{\text{D}}} \right) = f(u) \bar{p}_{\text{f}} \\ \bar{p}_{\text{f}}(r, \ u) = \bar{p}_{\text{m}}(r, \ u) = 0 \\ \lim\limits_{\varepsilon \to 0} 4\pi L_{\text{ref}}^3 \left(r_{\text{D}}^2 \dfrac{\partial \Delta \bar{p}}{\partial r_{\text{D}}} \right)\Bigg|_{r_{\text{D}} = \varepsilon} = -1 \end{cases} \tag{1-46}$$

其中：$f(u) = u \dfrac{\omega(1-\omega)u + \lambda}{(1-\omega)u + \lambda}$，比较式（1-17）和式（1-46），方程的解是一致的，只要将式（1-17）的 u 换为 $f(u)$ 即可。

1.2 柱坐标系点源函数基本理论

1.2.1 顶底封闭径向无限大柱状储层点源函数模型

在 1.1.1 节已经求得均质储层在无限大空间的点源解，为了获取柱坐标系中有界空间的点源解，可以利用镜像原理和压降叠加原理实现。假设储层空间上下有界，并且为封闭的不渗透边界，则镜像后的几何模型如图 1-2 所示。镜像后形成一个由无穷多个性质相同的点源组成的直线井排。通过镜像反映的方法和压降叠加原理，对式（1-31）进行叠加，得到 Laplace 空间解：

$$\Delta \bar{p} = \frac{\tilde{q} \mu}{4\pi k L_{\text{ref}} s} \sum_{n=-\infty}^{+\infty} \left[\frac{\exp\left(-\sqrt{u} \sqrt{r_{\text{D}}^2 + z_{\text{D1}}^2}\right)}{\sqrt{r_{\text{D}}^2 + z_{\text{D1}}^2}} + \frac{\exp\left(-\sqrt{u} \sqrt{r_{\text{D}}^2 + z_{\text{D2}}^2}\right)}{\sqrt{r_{\text{D}}^2 + z_{\text{D2}}^2}} \right] \tag{1-47}$$

其中：$z_{\text{D1}} = z_{\text{D}} - \left(2nh_{\text{D}} + z_{\text{wD}}\right)$，$z_{\text{D2}} = z_{\text{D}} - \left(2nh_{\text{D}} - z_{\text{wD}}\right)$，$r_{\text{D}} = \sqrt{(x_{\text{D}} - x_{\text{wD}})^2 + (y_{\text{D}} - y_{\text{wD}})^2}$，$h_{\text{D}} = \dfrac{h}{L_{\text{ref}}} \sqrt{\dfrac{k}{k_z}}$，

$x_{\text{D}} = \dfrac{x}{L_{\text{ref}}} \sqrt{\dfrac{k}{k_x}}$，$z_{\text{D}} = \dfrac{z}{L_{\text{ref}}} \sqrt{\dfrac{k}{k_z}}$，$z_{\text{wD}} = \dfrac{z_{\text{w}}}{L_{\text{ref}}} \sqrt{\dfrac{k}{k_z}}$，$y_{\text{D}} = \dfrac{y}{L_{\text{ref}}} \sqrt{\dfrac{k}{k_y}}$；$h_{\text{D}}$ 为储层的无因次厚度；x_{D}，y_{D}，z_{D} 为压降点的无因次位置；x，y，z 为压降点的位置；k_x，k_y，k_z 为储层在 x，y，z 三个方向的渗透率。

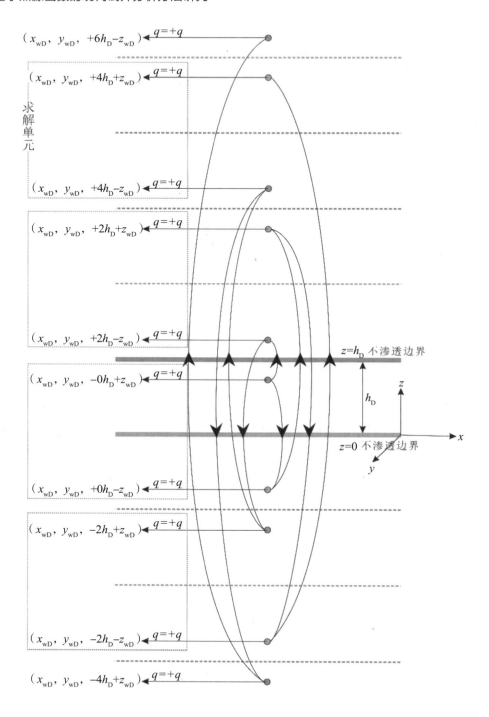

图 1-2　顶底封闭径向无限大点源示意图

根据文献 [1–2] Poisson 求和公式可对上下封闭边界点源函数的解进行化简。为了方便化简式（1–47），先对式（1–47）进行 Laplace 逆变换 [3]，可得

$$L\left[\frac{a}{2\sqrt{\pi t^3}}\exp\left(-\frac{a^2}{4t}\right)\right]=\exp\left(-a\sqrt{u}\right),\ a>0 \qquad (1-48)$$

注意：这里只对指数部分进行变换，目的是化简指数部分，则式（1–47）可变为

$$\Delta\overline{p}=\frac{\tilde{q}\mu}{4\pi kL_{\mathrm{ref}}s}\cdot\frac{1}{2\sqrt{\pi t^3}}\sum_{n=-\infty}^{+\infty}\left[\exp\left(-\frac{r_{\mathrm{D}}^2+z_{\mathrm{D1}}^2}{4t}\right)+\exp\left(-\frac{r_{\mathrm{D}}^2+z_{\mathrm{D2}}^2}{4t}\right)\right] \qquad (1-49)$$

Poisson 求和公式 [1-2] 如下：

$$\sum_{n=-\infty}^{+\infty}f(an)=\frac{1}{a}\sum_{m=-\infty}^{+\infty}F\left(\frac{2\pi m}{a}\right) \qquad (1-50)$$

其中：F 是 f 的 Fourier 变换，即

$$F(\beta)=\int_{-\infty}^{+\infty}f(y)\exp(\mathrm{i}\beta y)\mathrm{d}y \qquad (1-51)$$

$$f(y)=\frac{1}{2\pi}\int_{-\infty}^{+\infty}F(\beta)\exp(-\mathrm{i}\beta y)\mathrm{d}\beta \qquad (1-52)$$

对照式（1–49），可知函数 $f(an)$ 的系数 $a=2h_{\mathrm{D}}$，因而变换函数 F 内的 $\frac{2\pi m}{a}$ 为 $\frac{\pi m}{h_{\mathrm{D}}}=\beta$。令式（1–49）中的两个指数分别为

$$f_1(an)=\exp\left(-\frac{r_{\mathrm{D}}^2+z_{\mathrm{D1}}^2}{4t}\right) \qquad (1-53)$$

$$f_2(an)=\exp\left(-\frac{r_{\mathrm{D}}^2+z_{\mathrm{D2}}^2}{4t}\right) \qquad (1-54)$$

对照式（1–50），可得

$$\sum_{n=-\infty}^{+\infty}f_1(an)=\frac{1}{2h_{\mathrm{D}}}\sum_{m=-\infty}^{+\infty}F_1\left(\frac{\pi m}{h_{\mathrm{D}}}\right) \qquad (1-55)$$

$$\sum_{n=-\infty}^{+\infty}f_2(an)=\frac{1}{2h_{\mathrm{D}}}\sum_{m=-\infty}^{+\infty}F_2\left(\frac{\pi m}{h_{\mathrm{D}}}\right) \qquad (1-56)$$

由 Fourier 变换式（1–51），令 $y=an=2nh_{\mathrm{D}}$，则

$$F_1(\beta)=\int_{-\infty}^{+\infty}\exp\left[-\frac{r_{\mathrm{D}}^2+\left(z_{\mathrm{D}}-z_{\mathrm{wD}}-y\right)^2}{4t}\right]\exp(\mathrm{i}\beta y)\mathrm{d}y \qquad (1-57)$$

$$F_2(\beta)=\int_{-\infty}^{+\infty}\exp\left[-\frac{r_{\mathrm{D}}^2+\left(z_{\mathrm{D}}+z_{\mathrm{wD}}-y\right)^2}{4t}\right]\exp(\mathrm{i}\beta y)\mathrm{d}y \qquad (1-58)$$

进一步化简式（1-57）和式（1-58），可得

$$F_1(\beta) = \exp\left(-\frac{r_D^2}{4t}\right)\int_{-\infty}^{+\infty}\exp\left[-\frac{(y-z_D+z_{wD})^2}{4t}\right]\exp(i\beta y)dy \quad (1-59)$$

$$F_2(\beta) = \exp\left(-\frac{r_D^2}{4t}\right)\int_{-\infty}^{+\infty}\exp\left[-\frac{(y-z_D-z_{wD})^2}{4t}\right]\exp(i\beta y)dy \quad (1-60)$$

进行变量替换，令

$$z_1 = \frac{y-z_D+z_{wD}}{2\sqrt{t}} \Rightarrow y = z_D - z_{wD} + 2\sqrt{t}z_1 \quad (1-61)$$

$$z_2 = \frac{y-z_D-z_{wD}}{2\sqrt{t}} \Rightarrow y = z_D + z_{wD} + 2\sqrt{t}z_2 \quad (1-62)$$

则式（1-59）和式（1-60）可变为

$$F_1(\beta) = 2\sqrt{t}\exp\left(-\frac{r_D^2}{4t}\right)\int_{-\infty}^{+\infty}\exp(-z_1^2)\exp\left[i\beta\left(z_D-z_{wD}+2\sqrt{t}z_1\right)\right]dz_1 \quad (1-63)$$

$$F_2(\beta) = 2\sqrt{t}\exp\left(-\frac{r_D^2}{4t}\right)\int_{-\infty}^{+\infty}\exp(-z_2^2)\exp\left[i\beta\left(z_D+z_{wD}+2\sqrt{t}z_2\right)\right]dz_2 \quad (1-64)$$

化简式（1-63）和式（1-64）可得

$$F_1(\beta) = 2\sqrt{t}\exp\left(-\frac{r_D^2}{4t}\right)\exp\left[i\beta\left(z_D-z_{wD}\right)\right]\int_{-\infty}^{+\infty}\exp(-z_1^2)\exp\left[-i\left(-2\sqrt{t}\beta\right)z_1\right]dz_1 \quad (1-65)$$

$$F_2(\beta) = 2\sqrt{t}\exp\left(-\frac{r_D^2}{4t}\right)\exp\left[i\beta\left(z_D+z_{wD}\right)\right]\int_{-\infty}^{+\infty}\exp(-z_2^2)\exp\left(i2\sqrt{t}\beta z_2\right)dz_2 \quad (1-66)$$

查 Fourier 变换表 [3]，可知式（1-65）和式（1-66）的变换结果为

$$L\left[\exp\left(-\frac{t^2}{4a^2}\right)\right] = 2a\sqrt{\pi}\exp(-a^2u^2) \quad (1-67)$$

$$F_1(\beta) = 2\sqrt{\pi t}\exp\left(-\frac{r_D^2}{4t}\right)\exp\left[i\beta\left(z_D-z_{wD}\right)\right]\exp(-t\beta^2) \quad (1-68)$$

$$F_2(\beta) = 2\sqrt{\pi t}\exp\left(-\frac{r_D^2}{4t}\right)\exp\left[i\beta\left(z_D+z_{wD}\right)\right]\exp(-t\beta^2) \quad (1-69)$$

又因为 $\frac{\pi m}{h_D} = \beta$，则式（1-68）和式（1-69）可化简为

$$F_1(\beta) = 2\sqrt{\pi t}\exp\left[-\frac{r_D^2}{4t}-t\left(\frac{\pi m}{h_D}\right)^2\right]\exp\left[i\frac{\pi m}{h_D}\left(z_D-z_{wD}\right)\right] \quad (1-70)$$

$$F_2(\beta) = 2\sqrt{\pi t}\exp\left[-\frac{r_D^2}{4t}-t\left(\frac{\pi m}{h_D}\right)^2\right]\exp\left[i\frac{\pi m}{h_D}\left(z_D+z_{wD}\right)\right] \quad (1-71)$$

将式（1-70）和式（1-71）化为三角函数表示形式：

$$F_1(\beta) = 2\sqrt{\pi t}\exp\left[-\frac{r_D^2}{4t} - t\left(\frac{\pi m}{h_D}\right)^2\right] \times \left\{\cos\left[\frac{\pi m}{h_D}(z_D - z_{wD})\right] + i\sin\left[\frac{\pi m}{h_D}(z_D - z_{wD})\right]\right\} \quad （1-72）$$

$$F_2(\beta) = 2\sqrt{\pi t}\exp\left[-\frac{r_D^2}{4t} - t\left(\frac{\pi m}{h_D}\right)^2\right] \times \left\{\cos\left[\frac{\pi m}{h_D}(z_D + z_{wD})\right] + i\sin\left[\frac{\pi m}{h_D}(z_D + z_{wD})\right]\right\} \quad （1-73）$$

考虑到三角函数的奇偶性和 m 的取值，式（1-72）和式（1-73）可化简为

$$F_1(\beta) = 2\sqrt{\pi t}\exp\left[-\frac{r_D^2}{4t} - t\left(\frac{\pi m}{h_D}\right)^2\right]\cos\left[\frac{\pi m}{h_D}(z_D - z_{wD})\right] \quad （1-74）$$

$$F_2(\beta) = 2\sqrt{\pi t}\exp\left[-\frac{r_D^2}{4t} - t\left(\frac{\pi m}{h_D}\right)^2\right]\cos\left[\frac{\pi m}{h_D}(z_D + z_{wD})\right] \quad （1-75）$$

用式（1-74）和式（1-75）替换式（1-49）的指数项可得

$$\Delta\bar{p} = \frac{\tilde{q}\mu}{8\pi k L_{ref} s t h_D}\sum_{m=-\infty}^{+\infty}\left\{\exp\left[-\frac{r_D^2}{4t} - t\left(\frac{\pi m}{h_D}\right)^2\right] \times \left[\cos\left[\frac{\pi m}{h_D}(z_D - z_{wD})\right] + \cos\left[\frac{\pi m}{h_D}(z_D + z_{wD})\right]\right]\right\} \quad （1-76）$$

考虑到 m 的取值以及三角函数的和差化积公式，式（1-76）可化简为

$$\Delta\bar{p} = \frac{\tilde{q}\mu}{4\pi k L_{ref} s} \cdot \frac{1}{t h_D}\exp\left(-\frac{r_D^2}{4t}\right)\left\{1 + 2\sum_{m=1}^{+\infty}\exp\left[-t\left(\frac{\pi m}{h_D}\right)^2\right]\cos\left(\frac{\pi m z_D}{h_D}\right)\cos\left(\frac{\pi m z_{wD}}{h_D}\right)\right\} \quad （1-77）$$

对式（1-77）进行 Laplace 变换可得

$$\Delta\bar{p} = \frac{\tilde{q}\mu}{4\pi k L_{ref} h_D s}\left\{\int_0^\infty \frac{1}{t}\exp\left(-\frac{r_D^2}{4t}\right)\exp(-ut)dt + \right.$$
$$\left. \int_0^\infty 2\sum_{m=1}^{+\infty}\frac{1}{t}\exp\left[-\frac{r_D^2}{4t} - t\left(\frac{\pi m}{h_D}\right)^2\right]\exp(-ut)\cos\left(\frac{\pi m z_D}{h_D}\right)\cos\left(\frac{\pi m z_{wD}}{h_D}\right)dt\right\} \quad （1-78）$$

对式（1-78）括号中的第一部分进行处理，查 Laplace 变换表[3]，可知

$$L\left[\frac{1}{2t}\exp\left(-\frac{a^2}{4t}\right)\right] = K_0(a\sqrt{u}), \ a > 0 \quad （1-79）$$

$$\int_0^\infty \frac{1}{t}\exp\left(-\frac{r_D^2}{4t}\right)\exp(-ut)dt = 2K_0(r_D\sqrt{u}) \quad （1-80）$$

其中：K_0 为 0 阶的第二类 Bessel 函数。

对式（1-78）括号中的第二部分进行处理可得

$$\cos\left(\frac{\pi m z_D}{h_D}\right)\cos\left(\frac{\pi m z_{wD}}{h_D}\right)\int_0^\infty\sum_{m=1}^{+\infty}\frac{1}{t}\exp\left[-\frac{r_D^2}{4t} - t\left(\frac{\pi m}{h_D}\right)^2\right]\exp(-ut)dt$$
$$= \cos\left(\frac{\pi m z_D}{h_D}\right)\cos\left(\frac{\pi m z_{wD}}{h_D}\right)\int_0^\infty\sum_{m=1}^{+\infty}\frac{1}{t}\exp\left\{-\frac{r_D^2}{4t} - t\left[\left(\frac{\pi m}{h_D}\right)^2 + u\right]\right\}dt \quad （1-81）$$

令 $\varepsilon_m = \sqrt{\dfrac{(m\pi)^2}{h_D^2} + u}$，化简式（1-81）可得

$$\cos\left(\frac{\pi m z_D}{h_D}\right)\cos\left(\frac{\pi m z_{wD}}{h_D}\right)\int_0^\infty \sum_{m=1}^{+\infty}\frac{1}{t}\exp\left\{-\frac{r_D^2}{4t}-t\left[\left(\frac{\pi m}{h_D}\right)^2+u\right]\right\}\mathrm{d}t$$
$$=\cos\left(\frac{\pi m z_D}{h_D}\right)\cos\left(\frac{\pi m z_{wD}}{h_D}\right)\int_0^\infty \sum_{m=1}^{+\infty}\frac{1}{x}\exp\left(-\frac{\varepsilon_m^2 r_D^2}{4x}-x\right)\mathrm{d}x \tag{1-82}$$

其中：$x = t\varepsilon_m^2$。

查阅数学手册[3]可得

$$K_0(z) = \frac{1}{2}\int_0^\infty \exp\left(-\frac{z^2}{4\xi}-\xi\right)\frac{\mathrm{d}\xi}{\xi} \tag{1-83}$$

由式（1-83），知式（1-82）可表示为

$$\cos\left(\frac{\pi m z_D}{h_D}\right)\cos\left(\frac{\pi m z_{wD}}{h_D}\right)\int_0^\infty \sum_{m=1}^{+\infty}\frac{1}{x}\exp\left(-\frac{\varepsilon_m^2 r_D^2}{4x}-x\right)\mathrm{d}x = 2\sum_{m=1}^{+\infty}\cos\left(\frac{\pi m z_D}{h_D}\right)\cos\left(\frac{\pi m z_{wD}}{h_D}\right)K_0(r_D\varepsilon_m) \tag{1-84}$$

结合式（1-80）和式（1-84）、式（1-78），知式（1-49）可化简为

$$\Delta\bar{p} = \frac{\tilde{q}\mu}{2\pi k L_{\mathrm{ref}} s h_D}\left[K_0\left(r_D\sqrt{u}\right) + 2\sum_{m=1}^{+\infty}\cos\left(\frac{\pi m z_D}{h_D}\right)\cos\left(\frac{\pi m z_{wD}}{h_D}\right)K_0(r_D\varepsilon_m)\right] \tag{1-85}$$

1.2.2 两个重要 Poisson 求和公式

根据式（1-47）、式（1-55）和式（1-70）得出如下关系：

$$\sum_{n=-\infty}^{+\infty}\exp\left[-\frac{r_D^2+\left(z_D-z_{wD}-2nh_D\right)^2}{4t}\right] = \frac{1}{2h_D}\sum_{m=-\infty}^{+\infty}2\sqrt{\pi t}\exp\left[-\frac{r_D^2}{4t}-t\left(\frac{\pi m}{h_D}\right)^2\right]\exp\left[\mathrm{i}\frac{\pi m}{h_D}\left(z_D-z_{wD}\right)\right] \tag{1-86}$$

为了方便应用式（1-86），这里考虑 m 的取值以及三角函数的奇偶性，将其化简为

$$\sum_{n=-\infty}^{+\infty}\exp\left[-\frac{r_D^2+\left(z_D-z_{wD}-2nh_D\right)^2}{4t}\right]$$
$$=\frac{\sqrt{\pi t}}{h_D}\exp\left(-\frac{r_D^2}{4t}\right)\left\{1+2\sum_{m=1}^{+\infty}\exp\left[-t\left(\frac{\pi m}{h_D}\right)^2\right]\cos\left[\frac{\pi m}{h_D}\left(z_D-z_{wD}\right)\right]\right\} \tag{1-87}$$

在式（1-87）两端乘 $1/\left(t\sqrt{t}\right)$，然后利用式（1-48）、式（1-79）和式（1-83）进行 Laplace 变换。

式（1-87）的左边进行 Laplace 变换可得

$$L\left\{\sum_{n=-\infty}^{+\infty}\frac{1}{t\sqrt{t}}\exp\left[-\frac{r_D^2+\left(z_D-z_{wD}-2nh_D\right)^2}{4t}\right]\right\} = \sum_{n=-\infty}^{+\infty}2\sqrt{\pi}\frac{\exp\left[-\sqrt{r_D^2+\left(z_D-z_{wD}-2nh_D\right)^2}\sqrt{u}\right]}{\sqrt{r_D^2+\left(z_D-z_{wD}-2nh_D\right)^2}} \tag{1-88}$$

式（1-87）的右边进行 Laplace 变换可得

$$
L\left\{\frac{\sqrt{\pi}}{h_\mathrm{D}}\frac{1}{t}\exp\left(-\frac{r_\mathrm{D}^2}{4t}\right)\left\{1+2\sum_{m=1}^{+\infty}\exp\left[-t\left(\frac{\pi m}{h_\mathrm{D}}\right)^2\right]\cos\left[\frac{\pi m}{h_\mathrm{D}}\left(z_\mathrm{D}-z_\mathrm{wD}\right)\right]\right\}\right\}
$$
$$
=\frac{\sqrt{\pi}}{h_\mathrm{D}}\left\{2K_0\left(r_\mathrm{D}\sqrt{u}\right)+4\sum_{m=1}^{+\infty}K_0\left(r_\mathrm{D}\sqrt{\frac{(m\pi)^2}{h_\mathrm{D}^2}+u}\right)\cos\left[\frac{\pi m}{h_\mathrm{D}}\left(z_\mathrm{D}-z_\mathrm{wD}\right)\right]\right\}
$$

（1-89）

综合式（1-88）和式（1-89）可得

$$
\sum_{n=-\infty}^{+\infty}\frac{\exp\left[-\sqrt{r_\mathrm{D}^2+\left(z_\mathrm{D}-z_\mathrm{wD}-2nh_\mathrm{D}\right)^2}\sqrt{u}\right]}{\sqrt{r_\mathrm{D}^2+\left(z_\mathrm{D}-z_\mathrm{wD}-2nh_\mathrm{D}\right)^2}}
$$
$$
=\frac{1}{h_\mathrm{D}}\left\{K_0\left(r_\mathrm{D}\sqrt{u}\right)+2\sum_{m=1}^{+\infty}K_0\left(r_\mathrm{D}\sqrt{\frac{(m\pi)^2}{h_\mathrm{D}^2}+u}\right)\cos\left[\frac{\pi m}{h_\mathrm{D}}\left(z_\mathrm{D}-z_\mathrm{wD}\right)\right]\right\}
$$

（1-90）

同理根据式（1-87），可以得到如下关系：

$$
\sum_{n=-\infty}^{+\infty}\exp\left[-\frac{r_\mathrm{D}^2+\left(z_\mathrm{D}+z_\mathrm{wD}-2nh_\mathrm{D}\right)^2}{4t}\right]
$$
$$
=\frac{\sqrt{\pi t}}{h_\mathrm{D}}\exp\left(-\frac{r_\mathrm{D}^2}{4t}\right)\left\{1+2\sum_{m=1}^{+\infty}\exp\left[-t\left(\frac{\pi m}{h_\mathrm{D}}\right)^2\right]\cos\left[\frac{\pi m}{h_\mathrm{D}}\left(z_\mathrm{D}+z_\mathrm{wD}\right)\right]\right\}
$$

（1-91）

式（1-90）和式（1-91）在后续的矩形封闭储层求解过程中非常有用，这里都将其称为 Poisson 求和公式。

1.2.3 顶底定压径向无限大柱状储层点源函数模型

假设储层空间上下有界，并且其为定压边界，则镜像后的几何模型如图 1-3 所示。镜像后形成一个由无穷多个性质相同的点源组成的直线井排。因为这里为定压边界，根据镜像反映法的基本原则，这里的镜像点源与实际的点源构成异号的点源，即一个为点源另一个则为点汇，镜像后的点源分布如图 1-3 所示。点源的位置以及点源的性质的分布规律在图 1-3 中已经使用虚线框标出。这也构成了点源叠加的基本单元。

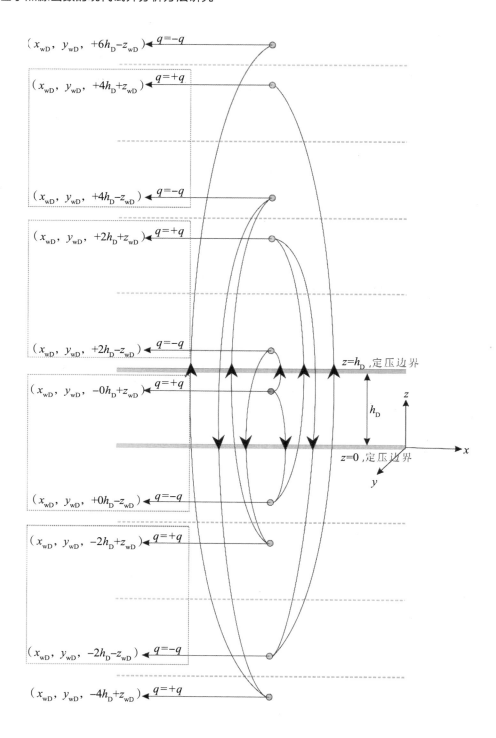

图 1-3　顶底定压径向无限大点源示意图

通过镜像反映的方法和压降叠加原理得到 Laplace 空间解：

$$\Delta\bar{p} = \frac{\tilde{q}\mu}{4\pi k L_{\text{ref}} s} \sum_{n=-\infty}^{+\infty} \left[\frac{\exp\left(-\sqrt{u}\sqrt{r_{\text{D}}^2 + z_{\text{D1}}^2}\right)}{\sqrt{r_{\text{D}}^2 + z_{\text{D1}}^2}} - \frac{\exp\left(-\sqrt{u}\sqrt{r_{\text{D}}^2 + z_{\text{D2}}^2}\right)}{\sqrt{r_{\text{D}}^2 + z_{\text{D2}}^2}} \right] \quad (1-92)$$

其中：$r_{\text{D}} = \sqrt{(x_{\text{D}} - x_{\text{wD}})^2 + (y_{\text{D}} - y_{\text{wD}})^2}$，$z_{\text{D1}} = z_{\text{D}} - (2nh_{\text{D}} + z_{\text{wD}})$，$z_{\text{D2}} = z_{\text{D}} - (2nh_{\text{D}} - z_{\text{wD}})$。

参照 Poisson 求和公式（1-90），可得

$$\Delta\bar{p} = \frac{\tilde{q}\mu}{\pi k L_{\text{ref}} h_{\text{D}} s} \sum_{n=1}^{+\infty} K_0 \left(r_{\text{D}} \sqrt{\frac{(n\pi)^2}{h_{\text{D}}^2} + u} \right) \sin\left(n\pi \frac{z_{\text{D}}}{h_{\text{D}}} \right) \sin\left(n\pi \frac{z_{\text{wD}}}{h_{\text{D}}} \right) \quad (1-93)$$

1.2.4 上边界定压下边界封闭径向无限大柱状储层点源函数模型

假设储层空间上下有界，上边界为定压边界，下边界为封闭的不渗透边界，则镜像后的几何模型如图 1-4 所示。镜像后形成一个由无穷多个性质相同的点源组成的直线井排。这里既有定压边界也有封闭边界，根据镜像反映方法的基本原则，定压边界侧镜像点源与实际的点源应该构成异号的点源，即一个为点源另一个为点汇；封闭的不渗透边界侧镜像点源与实际的点源应该构成同号的点源，镜像后的点源分布如图 1-4 所示。点源的位置及点源的性质分布规律在图 1-4 中已经使用虚线框标出。这也构成了点源叠加的基本单元。

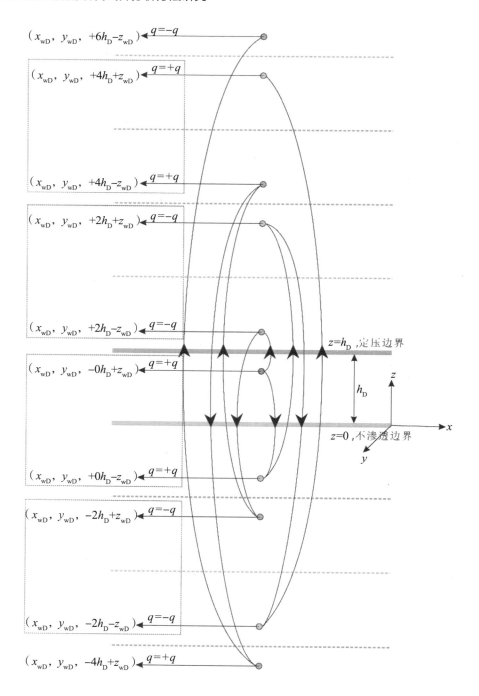

图 1-4　上边界定压下边界封闭径向无限大点源示意图

通过镜像反映的方法和压降叠加原理得到 Laplace 空间解：

$$\Delta \bar{p} = \frac{\tilde{q}\mu}{4\pi k L_{\text{ref}}s} \sum_{n=-\infty}^{+\infty} (-1)^n \left[\frac{\exp\left(-\sqrt{u}\sqrt{r_D^2 + z_{D1}^2}\right)}{\sqrt{r_D^2 + z_{D1}^2}} + \frac{\exp\left(-\sqrt{u}\sqrt{r_D^2 + z_{D2}^2}\right)}{\sqrt{r_D^2 + z_{D2}^2}} \right] \quad (1-94)$$

考虑如下关系：

$$\sum_{n=-\infty}^{+\infty} (-1)^n \left[\frac{\exp\left(-\sqrt{u}\sqrt{r_D^2 + z_{D1}^2}\right)}{\sqrt{r_D^2 + z_{D1}^2}} \right]$$
$$= \sum_{n=-\infty}^{+\infty} \left\{ 2\frac{\exp\left[-\sqrt{u}\sqrt{r_D^2 + \left(z_D - z_{wD} - 4nh_D\right)^2}\right]}{\sqrt{r_D^2 + \left(z_D - z_{wD} - 4nh_D\right)^2}} - \frac{\exp\left[-\sqrt{u}\sqrt{r_D^2 + \left(z_D - z_{wD} - 2nh_D\right)^2}\right]}{\sqrt{r_D^2 + \left(z_D - z_{wD} - 2nh_D\right)^2}} \right\} \quad (1-95)$$

$$\sum_{n=-\infty}^{+\infty} (-1)^n \left[\frac{\exp\left(-\sqrt{u}\sqrt{r_D^2 + z_{D2}^2}\right)}{\sqrt{r_D^2 + z_{D1}^2}} \right]$$
$$= \sum_{n=-\infty}^{+\infty} \left\{ 2\frac{\exp\left[-\sqrt{u}\sqrt{r_D^2 + \left(z_D + z_{wD} - 4nh_D\right)^2}\right]}{\sqrt{r_D^2 + \left(z_D + z_{wD} - 4nh_D\right)^2}} - \frac{\exp\left[-\sqrt{u}\sqrt{r_D^2 + \left(z_D + z_{wD} - 2nh_D\right)^2}\right]}{\sqrt{r_D^2 + \left(z_D + z_{wD} - 2nh_D\right)^2}} \right\} \quad (1-96)$$

参照式（1-90），可得

$$\sum_{n=-\infty}^{+\infty} \left\{ 2\frac{\exp\left[-\sqrt{u}\sqrt{r_D^2 + \left(z_D - z_{wD} - 4nh_D\right)^2}\right]}{\sqrt{r_D^2 + \left(z_D - z_{wD} - 4nh_D\right)^2}} \right\}$$
$$= \frac{1}{h_D} \left\{ K_0\left(r_D\sqrt{u}\right) + 2\sum_{n=1}^{+\infty} K_0\left(r_D\sqrt{\frac{(n\pi)^2}{4h_D^2} + u}\right) \cos\left[\frac{\pi n}{2h_D}\left(z_D - z_{wD}\right)\right] \right\} \quad (1-97)$$

$$\sum_{n=-\infty}^{+\infty} \left\{ \frac{\exp\left[-\sqrt{u}\sqrt{r_D^2 + \left(z_D - z_{wD} - 2nh_D\right)^2}\right]}{\sqrt{r_D^2 + \left(z_D - z_{wD} - 2nh_D\right)^2}} \right\}$$
$$= \frac{1}{h_D} \left\{ K_0\left(r_D\sqrt{u}\right) + 2\sum_{n=1}^{+\infty} K_0\left(r_D\sqrt{\frac{(n\pi)^2}{h_D^2} + u}\right) \cos\left[\frac{\pi n}{h_D}\left(z_D - z_{wD}\right)\right] \right\} \quad (1-98)$$

$$\sum_{n=-\infty}^{+\infty} 2\frac{\exp\left[-\sqrt{u}\sqrt{r_D^2 + \left(z_D + z_{wD} - 4nh_D\right)^2}\right]}{\sqrt{r_D^2 + \left(z_D + z_{wD} - 4nh_D\right)^2}}$$
$$= \frac{1}{h_D} \left\{ K_0\left(r_D\sqrt{u}\right) + 2\sum_{n=1}^{+\infty} K_0\left(r_D\sqrt{\frac{(n\pi)^2}{4h_D^2} + u}\right) \cos\left[\frac{\pi n}{2h_D}\left(z_D + z_{wD}\right)\right] \right\} \quad (1-99)$$

$$\sum_{n=-\infty}^{+\infty} \frac{\exp\left[-\sqrt{u}\sqrt{r_D^2 + \left(z_D + z_{wD} - 2nh_D\right)^2}\right]}{\sqrt{r_D^2 + \left(z_D - z_{wD} - 2nh_D\right)^2}} \quad (1-100)$$

$$= \frac{1}{h_D}\left\{K_0\left(r_D\sqrt{u}\right) + 2\sum_{n=1}^{+\infty} K_0\left(r_D\sqrt{\frac{(n\pi)^2}{h_D^2} + u}\right)\cos\left[\frac{\pi n}{h_D}\left(z_D + z_{wD}\right)\right]\right\}$$

将式（1–95）～式（1–100）代入式（1–94）可得

$$\Delta\bar{p} = \frac{\tilde{q}\mu}{\pi k L_{ref} h_D s}\left\{\sum_{n=1}^{+\infty} K_0\left(r_D\sqrt{\frac{(n\pi)^2}{4h_D^2} + u}\right)\cos\left(\frac{\pi n}{2h_D}z_D\right)\cos\left(\frac{\pi n}{2h_D}z_{wD}\right) - \right.$$

$$\left. \sum_{n=1}^{+\infty} K_0\left(r_D\sqrt{\frac{(n\pi)^2}{h_D^2} + u}\right)\cos\left(\frac{\pi n}{h_D}z_D\right)\cos\left(\frac{\pi n}{h_D}z_{wD}\right)\right\} \quad (1-101)$$

当第一项中 n 为偶数时，此项与第二项抵消，故 n 取奇数保留第一项即可，继续整理式（1–101）可得

$$\Delta\bar{p} = \frac{\tilde{q}\mu}{\pi k L_{ref} h_D s}\sum_{n=1}^{+\infty} K_0\left(r_D\sqrt{\frac{\left((2n-1)\pi\right)^2}{4h_D^2} + u}\right)\cos\left[\frac{\pi(2n-1)}{2h_D}z_D\right]\cos\left[\frac{\pi(2n-1)}{2h_D}z_{wD}\right] \quad (1-102)$$

1.3 几种有用的 Poisson 求和公式及三重级数求和关系

1.3.1 2(γn) 形式的 Poisson 求和公式

通过镜像反映的方法和压降叠加原理，对式（1–31）进行叠加，得到 Laplace 空间解，这里 $2nh_D \to 2(\gamma n)h_D$，$\gamma \in \mathbf{N}^+$，则式（1–31）可写成

$$\Delta\bar{p} = \frac{\tilde{q}\mu}{4\pi k L_{ref} s}\sum_{n=-\infty}^{+\infty}\left[\frac{\exp\left(-\sqrt{u}\sqrt{r_D^2 + z_{D1}^2}\right)}{\sqrt{r_D^2 + z_{D1}^2}} + \frac{\exp\left(-\sqrt{u}\sqrt{r_D^2 + z_{D2}^2}\right)}{\sqrt{r_D^2 + z_{D2}^2}}\right] \quad (1-103)$$

为了方便，化简式（1–103），先对式（1–103）进行 Laplace 逆变换，可得

$$L\left[\frac{a}{2\sqrt{\pi t^3}}\exp\left(-\frac{a^2}{4t}\right)\right] = \exp\left(-a\sqrt{u}\right), \quad a > 0 \quad (1-104)$$

注意：这里只对指数部分进行变换，目的是化简指数部分。

因此式（1–103）可变为

$$\Delta\bar{p} = \frac{\tilde{q}\mu}{4\pi k L_{ref} s}\frac{1}{2\sqrt{\pi t^3}}\sum_{n=-\infty}^{+\infty}\left[\exp\left(-\frac{r_D^2 + z_{D1}^2}{4t}\right) + \exp\left(-\frac{r_D^2 + z_{D2}^2}{4t}\right)\right] \quad (1-105)$$

Poisson 求和公式 [1-2] 如下：

$$\sum_{n=-\infty}^{+\infty} f(an) = \frac{1}{a} \sum_{m=-\infty}^{+\infty} F\left(\frac{2\pi m}{a}\right) \tag{1-106}$$

其中：F 是 f 的 Fourier 变换，即

$$F(\beta) = \int_{-\infty}^{+\infty} f(y) \exp(i\beta y) dy \tag{1-107}$$

$$f(y) = \frac{1}{2\pi} \int_{-\infty}^{+\infty} F(\beta) \exp(-i\beta y) d\beta \tag{1-108}$$

对照式（1-105），可得函数 $f(an)$ 的系数 $a = 2\gamma h_D$，因而变换函数 F 内的 $\frac{2\pi m}{a}$ 为 $\frac{\pi m}{\gamma h_D} = \beta$。令式（1-105）中的两个指数分别为

$$f_1(an) = \exp\left(-\frac{r_D^2 + z_{D1}^2}{4t}\right) \tag{1-109}$$

$$f_2(an) = \exp\left(-\frac{r_D^2 + z_{D2}^2}{4t}\right) \tag{1-110}$$

对照关系式（1-106），可得

$$\sum_{n=-\infty}^{+\infty} f_1(an) = \frac{1}{2\gamma h_D} \sum_{m=-\infty}^{+\infty} F_1\left(\frac{\pi m}{\gamma h_D}\right) \tag{1-111}$$

$$\sum_{n=-\infty}^{+\infty} f_2(an) = \frac{1}{2\gamma h_D} \sum_{m=-\infty}^{+\infty} F_2\left(\frac{\pi m}{\gamma h_D}\right) \tag{1-112}$$

令 $y = an = 2\gamma n h_D$，由 Fourier 变换式（1-107），得

$$F_1(\beta) = \int_{-\infty}^{+\infty} \exp\left[-\frac{r_D^2 + (z_D - z_{wD} - y)^2}{4t}\right] \exp(i\beta y) dy \tag{1-113}$$

$$F_2(\beta) = \int_{-\infty}^{+\infty} \exp\left[-\frac{r_D^2 + (z_D + z_{wD} - y)^2}{4t}\right] \exp(i\beta y) dy \tag{1-114}$$

进一步化简上式可得

$$F_1(\beta) = \exp\left(-\frac{r_D^2}{4t}\right) \int_{-\infty}^{+\infty} \exp\left[-\frac{(y - z_D + z_{wD})^2}{4t}\right] \exp(i\beta y) dy \tag{1-115}$$

$$F_2(\beta) = \exp\left(-\frac{r_D^2}{4t}\right) \int_{-\infty}^{+\infty} \exp\left[-\frac{(y - z_D - z_{wD})^2}{4t}\right] \exp(i\beta y) dy \tag{1-116}$$

进行变量替换，令

$$z_1 = \frac{y - z_D + z_{wD}}{2\sqrt{t}} \Rightarrow y = z_D - z_{wD} + 2\sqrt{t}z_1 \tag{1-117}$$

$$z_2 = \frac{y - z_D - z_{wD}}{2\sqrt{t}} \Rightarrow y = z_D + z_{wD} + 2\sqrt{t}z_2 \tag{1-118}$$

则式（1-115）和式（1-116）可变为

$$F_1(\beta) = 2\sqrt{t}\exp\left(-\frac{r_D^2}{4t}\right)\int_{-\infty}^{+\infty}\exp\left(-z_1^2\right)\exp\left[i\beta\left(z_D - z_{wD} + 2\sqrt{t}z_1\right)\right]dz_1 \tag{1-119}$$

$$F_2(\beta) = 2\sqrt{t}\exp\left(-\frac{r_D^2}{4t}\right)\int_{-\infty}^{+\infty}\exp\left(-z_2^2\right)\exp\left[i\beta\left(z_D + z_{wD} + 2\sqrt{t}z_2\right)\right]dz_2 \tag{1-120}$$

化简式（1-119）和式（1-120）可得

$$F_1(\beta) = 2\sqrt{t}\exp\left(-\frac{r_D^2}{4t}\right)\exp\left[i\beta\left(z_D - z_{wD}\right)\right]\int_{-\infty}^{+\infty}\exp\left(-z_1^2\right)\exp\left[-i\left(-2\sqrt{t}\beta\right)z_1\right]dz_1 \tag{1-121}$$

$$F_2(\beta) = 2\sqrt{t}\exp\left(-\frac{r_D^2}{4t}\right)\exp\left[i\beta\left(z_D + z_{wD}\right)\right]\int_{-\infty}^{+\infty}\exp\left(-z_2^2\right)\exp\left[-i\left(-2\sqrt{t}\beta\right)z_2\right]dz_2 \tag{1-122}$$

查 Fourier 变换表[3]，特别说明：对于式（1-121）和式（1-122），通过 Fourier 正变换和 Fourier 逆变换均能达到化简的目的，且能得到相同的结果。这里对式（1-121）和式（1-122）采用 Fourier 正变换可得

$$L\left[\exp\left(-\frac{t^2}{4a^2}\right)\right] = 2a\sqrt{\pi}\exp\left(-a^2u^2\right) \tag{1-123}$$

$$F_1(\beta) = 2\sqrt{\pi t}\exp\left(-\frac{r_D^2}{4t}\right)\exp\left[i\beta\left(z_D - z_{wD}\right)\right]\exp\left(-t\beta^2\right) \tag{1-124}$$

$$F_2(\beta) = 2\sqrt{\pi t}\exp\left(-\frac{r_D^2}{4t}\right)\exp\left[i\beta\left(z_D + z_{wD}\right)\right]\exp\left(-t\beta^2\right) \tag{1-125}$$

又因为 $\frac{\pi m}{\gamma h_D} = \beta$，则式（1-124）和式（1-125）可化简为

$$F_1(\beta) = 2\sqrt{\pi t}\exp\left[-\frac{r_D^2}{4t} - t\left(\frac{\pi m}{\gamma h_D}\right)^2\right]\exp\left[i\frac{\pi m}{\gamma h_D}\left(z_D - z_{wD}\right)\right] \tag{1-126}$$

$$F_2(\beta) = 2\sqrt{\pi t}\exp\left[-\frac{r_D^2}{4t} - t\left(\frac{\pi m}{\gamma h_D}\right)^2\right]\exp\left[i\frac{\pi m}{\gamma h_D}\left(z_D + z_{wD}\right)\right] \tag{1-127}$$

将式（1-126）和式（1-127）化为三角函数表示形式：

$$F_1(\beta) = 2\sqrt{\pi t}\exp\left[-\frac{r_D^2}{4t} - t\left(\frac{\pi m}{\gamma h_D}\right)^2\right]\left\{\cos\left[\frac{\pi m}{\gamma h_D}\left(z_D - z_{wD}\right)\right] + i\sin\left[\frac{\pi m}{\gamma h_D}\left(z_D - z_{wD}\right)\right]\right\} \tag{1-128}$$

$$F_2(\beta) = 2\sqrt{\pi t}\exp\left[-\frac{r_D^2}{4t} - t\left(\frac{\pi m}{\gamma h_D}\right)^2\right]\left\{\cos\left[\frac{\pi m}{\gamma h_D}(z_D + z_{wD})\right] + i\sin\left[\frac{\pi m}{\gamma h_D}(z_D + z_{wD})\right]\right\} \quad (1\text{-}129)$$

考虑到三角函数的奇偶性和 m 的取值，式（1-128）和式（1-129）可化简为

$$F_1(\beta) = 2\sqrt{\pi t}\exp\left[-\frac{r_D^2}{4t} - t\left(\frac{\pi m}{\gamma h_D}\right)^2\right]\cos\left[\frac{\pi m}{\gamma h_D}(z_D - z_{wD})\right] \quad (1\text{-}130)$$

$$F_2(\beta) = 2\sqrt{\pi t}\exp\left[-\frac{r_D^2}{4t} - t\left(\frac{\pi m}{\gamma h_D}\right)^2\right]\cos\left[\frac{\pi m}{\gamma h_D}(z_D + z_{wD})\right] \quad (1\text{-}131)$$

将式（1-130）和式（1-131）代入式（1-111）和式（1-112），并替换式（1-105）式的指数项部分，考虑到三角函数的奇偶性和 m 的取值，式（1-105）式可化简为

$$\Delta\bar{p} = \frac{\tilde{q}\mu}{8\pi kL_{ref}st\gamma h_D}\sum_{m=-\infty}^{+\infty}\left\{\exp\left[-\frac{r_D^2}{4t} - t\left(\frac{\pi m}{\gamma h_D}\right)^2\right]\times\left[\cos\left[\frac{\pi m}{\gamma h_D}(z_D - z_{wD})\right] + \cos\left[\frac{\pi m}{\gamma h_D}(z_D + z_{wD})\right]\right]\right\} \quad (1\text{-}132)$$

考虑到 m 的取值以及三角函数的和差化积公式，（1-132）式化简为

$$\Delta\bar{p} = \frac{\tilde{q}\mu}{4\pi kL_{ref}st\gamma h_D}\exp\left(-\frac{r_D^2}{4t}\right)\left\{1 + 2\sum_{m=1}^{+\infty}\exp\left[-t\left(\frac{\pi m}{\gamma h_D}\right)^2\right]\times\cos\left(\frac{\pi mz_D}{\gamma h_D}\right)\cos\left(\frac{\pi mz_{wD}}{\gamma h_D}\right)\right\} \quad (1\text{-}133)$$

对式（1-133）进行 Laplace 变换（将 t 空间还原到 u 空间）可得

$$\Delta\bar{p} = \frac{\tilde{q}\mu}{4\pi kL_{ref}s\gamma h_D}\left\{\int_0^\infty \frac{1}{t}\exp\left(-\frac{r_D^2}{4t}\right)\exp(-ut)\mathrm{d}t + \right.$$
$$\left.\int_0^\infty 2\sum_{m=1}^{+\infty}\frac{1}{t}\exp\left[-\frac{r_D^2}{4t} - t\left(\frac{\pi m}{\gamma h_D}\right)^2\right]\cos\left(\frac{\pi mz_D}{\gamma h_D}\right)\cos\left(\frac{\pi mz_{wD}}{\gamma h_D}\right)\exp(-ut)\mathrm{d}t\right\} \quad (1\text{-}134)$$

对式（1-134）括号中的第一部分进行处理，查 Laplace 变换表 [3]，可知

$$L\left[\frac{1}{2t}\exp\left(-\frac{a^2}{4t}\right)\right] = K_0(a\sqrt{u}),\ \ a > 0 \quad (1\text{-}135)$$

$$\int_0^\infty \frac{1}{t}\exp\left(-\frac{r_D^2}{4t}\right)\exp(-ut)\mathrm{d}t = 2K_0(r_D\sqrt{u}) \quad (1\text{-}136)$$

对式（1-134）括号中的第二部分进行处理可得

$$\cos\left(\frac{\pi mz_D}{\gamma h_D}\right)\cos\left(\frac{\pi mz_{wD}}{\gamma h_D}\right)\int_0^\infty \sum_{m=1}^{+\infty}\frac{1}{t}\exp\left[-\frac{r_D^2}{4t} - t\left(\frac{\pi m}{\gamma h_D}\right)^2\right]\exp(-ut)\mathrm{d}t$$
$$= \cos\left(\frac{\pi mz_D}{\gamma h_D}\right)\cos\left(\frac{\pi mz_{wD}}{\gamma h_D}\right)\int_0^\infty \sum_{m=1}^{+\infty}\frac{1}{t}\exp\left\{-\frac{r_D^2}{4t} - t\left[\left(\frac{\pi m}{\gamma h_D}\right)^2 + u\right]\right\}\mathrm{d}t \quad (1\text{-}137)$$

令 $\varepsilon_m = \sqrt{\left(\frac{m\pi}{\gamma h_D}\right)^2 + u}$，化简式（1-137）可得

$$\cos\left(\frac{\pi m z_D}{\gamma h_D}\right)\cos\left(\frac{\pi m z_{wD}}{\gamma h_D}\right)\int_0^{+\infty}\sum_{m=1}^{+\infty}\frac{1}{t}\exp\left\{-\frac{r_D^2}{4t}-t\left[\left(\frac{\pi m}{\gamma h_D}\right)^2+u\right]\right\}dt \tag{1-138}$$

$$=\cos\left(\frac{\pi m z_D}{\gamma h_D}\right)\cos\left(\frac{\pi m z_{wD}}{\gamma h_D}\right)\int_0^{\infty}\sum_{m=1}^{+\infty}\frac{1}{x}\exp\left(-\frac{\varepsilon_m^2 r_D^2}{4x}-x\right)dx$$

查阅数学手册可得

$$K_0(z)=\frac{1}{2}\int_0^{\infty}\exp\left(-\frac{z^2}{4\xi}-\xi\right)\frac{d\xi}{\xi} \tag{1-139}$$

由式（1–139），知式（1–138）可表示为

$$\cos\left(\frac{\pi m z_D}{\gamma h_D}\right)\cos\left(\frac{\pi m z_{wD}}{\gamma h_D}\right)\int_0^{\infty}\sum_{m=1}^{+\infty}\frac{1}{x}\exp\left(-\frac{\varepsilon_m^2 r_D^2}{4x}-x\right)dx=2\sum_{m=1}^{+\infty}\cos\left(\frac{\pi m z_D}{\gamma h_D}\right)\cos\left(\frac{\pi m z_{wD}}{\gamma h_D}\right)K_0(r_D\varepsilon_m) \tag{1-140}$$

结合式（1–136）和式（1–140），知式（1–134）可化简为

$$\Delta\bar{p}=\frac{\tilde{q}\mu}{2\pi k L_{ref} s\gamma h_D}\left[K_0\left(r_D\sqrt{u}\right)+2\sum_{m=1}^{\infty}\cos\left(\frac{\pi m z_D}{\gamma h_D}\right)\cos\left(\frac{\pi m z_{wD}}{\gamma h_D}\right)K_0(r_D\varepsilon_m)\right] \tag{1-141}$$

1.3.2 4n 形式的 Poisson 求和公式

根据式（1–109）、式（1–111）和式（1–126），当 $\gamma=2$ 时，得出如下关系：

$$\sum_{n=-\infty}^{+\infty}\exp\left[-\frac{r_D^2+\left(z_D-z_{wD}-4nh_D\right)^2}{4t}\right] \tag{1-142}$$

$$=\frac{1}{4h_D}\sum_{m=-\infty}^{+\infty}2\sqrt{\pi t}\exp\left[-\frac{r_D^2}{4t}-t\left(\frac{\pi m}{2h_D}\right)^2\right]\exp\left[i\frac{\pi m}{2h_D}\left(z_D-z_{wD}\right)\right]$$

为了方便应用式（1–142），这里考虑 m 的取值以及三角函数的奇偶性，化简可得

$$\sum_{n=-\infty}^{+\infty}\exp\left[-\frac{r_D^2+\left(z_D-z_{wD}-4nh_D\right)^2}{4t}\right] \tag{1-143}$$

$$=\frac{\sqrt{\pi t}}{2h_D}\exp\left(-\frac{r_D^2}{4t}\right)\left\{1+2\sum_{m=1}^{+\infty}\exp\left[-t\left(\frac{\pi m}{2h_D}\right)^2\right]\cos\left[\frac{\pi m}{2h_D}\left(z_D-z_{wD}\right)\right]\right\}$$

在式（1–143）两端乘以 $1/\left(t\sqrt{t}\right)$，然后进行 Laplace 变换，等式的左边进行 Laplace 变换可得

$$L\left\{\sum_{n=-\infty}^{+\infty}\frac{1}{t\sqrt{t}}\exp\left[-\frac{r_D^2+\left(z_D-z_{wD}-4nh_D\right)^2}{4t}\right]\right\} \tag{1-144}$$

$$=\sum_{n=-\infty}^{+\infty}2\sqrt{\pi}\frac{\exp\left[-\sqrt{r_D^2+\left(z_D-z_{wD}-4nh_D\right)^2}\sqrt{u}\right]}{\sqrt{r_D^2+\left(z_D-z_{wD}-4nh_D\right)^2}}$$

等式的右边进行 Laplace 变换可得

$$L\left\{\frac{\sqrt{\pi}}{2h_D}\frac{1}{t}\exp\left(-\frac{r_D^2}{4t}\right)\left\{1+2\sum_{m=1}^{+\infty}\exp\left[-t\left(\frac{\pi m}{2h_D}\right)^2\right]\cos\left[\frac{\pi m}{2h_D}\left(z_D-z_{wD}\right)\right]\right\}\right\}$$

$$=\frac{\sqrt{\pi}}{2h_D}\left\{2K_0\left(r_D\sqrt{u}\right)+4\sum_{m=1}^{+\infty}K_0\left(r_D\sqrt{\frac{(m\pi)^2}{4h_D^2}+u}\right)\cos\left[\frac{\pi m}{2h_D}\left(z_D-z_{wD}\right)\right]\right\} \qquad (1-145)$$

综合式（1-144）和式（1-145）可得

$$\sum_{n=-\infty}^{+\infty}\frac{\exp\left[-\sqrt{r_D^2+\left(z_D-z_{wD}-4nh_D\right)^2}\sqrt{u}\right]}{\sqrt{r_D^2+\left(z_D-z_{wD}-4nh_D\right)^2}}$$

$$=\frac{1}{2h_D}\left\{K_0\left(r_D\sqrt{u}\right)+2\sum_{m=1}^{+\infty}K_0\left(r_D\sqrt{\frac{(m\pi)^2}{4h_D^2}+u}\right)\cos\left[\frac{\pi m}{2h_D}\left(z_D-z_{wD}\right)\right]\right\} \qquad (1-146)$$

根据式（1-146）的推导过程同理可得如下关系：

$$\sum_{n=-\infty}^{+\infty}\frac{\exp\left[-\sqrt{r_D^2+\left(z_D-z_{wD}-2(\gamma n)h_D\right)^2}\sqrt{u}\right]}{\sqrt{r_D^2+\left[z_D-z_{wD}-2(\gamma n)h_D\right]^2}}$$

$$=\frac{1}{\gamma h_D}\left\{K_0\left(r_D\sqrt{u}\right)+2\sum_{m=1}^{+\infty}K_0\left[r_D\sqrt{\left(\frac{m\pi}{\gamma h_D}\right)^2+u}\right]\cos\left[\frac{\pi m}{\gamma h_D}\left(z_D-z_{wD}\right)\right]\right\} \qquad (1-147)$$

同理根据式（1-143），可以得到如下关系：

$$\sum_{n=-\infty}^{+\infty}\exp\left[-\frac{r_D^2+\left(z_D+z_{wD}-4nh_D\right)^2}{4t}\right]$$

$$=\frac{\sqrt{\pi t}}{2h_D}\exp\left(-\frac{r_D^2}{4t}\right)\left\{1+2\sum_{m=1}^{+\infty}\exp\left[-t\left(\frac{\pi m}{2h_D}\right)^2\right]\cos\left[\frac{\pi m}{2h_D}\left(z_D+z_{wD}\right)\right]\right\} \qquad (1-148)$$

根据式（1-148）的推导过程，同理可得如下关系：

$$\sum_{n=-\infty}^{+\infty}\exp\left\{-\frac{r_D^2+\left[z_D+z_{wD}-2(\gamma n)h_D\right]^2}{4t}\right\}$$

$$=\frac{\sqrt{\pi t}}{\gamma h_D}\exp\left(-\frac{r_D^2}{4t}\right)\left\{1+2\sum_{m=1}^{+\infty}\exp\left[-t\left(\frac{\pi m}{\gamma h_D}\right)^2\right]\cos\left[\frac{\pi m}{\gamma h_D}\left(z_D+z_{wD}\right)\right]\right\} \qquad (1-149)$$

式（1-147）和式（1-149）在多边界联合下矩形盒状储层模型求解过程中非常有用，这里都将其称为 Poisson 求和公式。

1.3.3 $((\alpha k)、(\beta m)、(\gamma n))$ 形式的三重级数求和公式

在求解复杂边界的盒状储层点源函数的过程中，三重级数求和的形式如式（1–150）所示：

$$\Delta \bar{p} = \frac{\tilde{q}\mu}{4\pi k L_{\mathrm{ref}} s} \mathrm{TS} \tag{1-150}$$

$$\mathrm{TS} = \sum_{k=-\infty}^{+\infty} \sum_{m=-\infty}^{+\infty} \sum_{n=-\infty}^{+\infty} S \tag{1-151}$$

其中： $S = \dfrac{\exp\left\{-\sqrt{u}\sqrt{\left[x_{\mathrm{D}}^{'} - 2(\alpha k)x_{\mathrm{eD}}\right]^2 + \left[y_{\mathrm{D}}^{'} - 2(\beta m)y_{\mathrm{eD}}\right]^2 + \left[z_{\mathrm{D}}^{'} - 2(\gamma n)h_{\mathrm{D}}\right]^2}\right\}}{\sqrt{\left[x_{\mathrm{D}}^{'} - 2(\alpha k)x_{\mathrm{eD}}\right]^2 + \left[y_{\mathrm{D}}^{'} - 2(\beta m)y_{\mathrm{eD}}\right]^2 + \left[z_{\mathrm{D}}^{'} - 2(\gamma n)h_{\mathrm{D}}\right]^2}}$ ， $x_{\mathrm{D}}^{'} = x_{\mathrm{D}} \pm x_{\mathrm{wD}}$ ，

$y_{\mathrm{D}}^{'} = y_{\mathrm{D}} \pm y_{\mathrm{wD}}$ ， $z_{\mathrm{D}}^{'} = z_{\mathrm{D}} \pm z_{\mathrm{wD}}$ ， $\alpha \in \mathbf{N}^+$ ， $\beta \in \mathbf{N}^+$ ， $\gamma \in \mathbf{N}^+$ ， x_{eD} 为点源模型在 x 方向上的无因次距离，无量纲； y_{eD} 为点源模型在 y 方向上的无因次距离，无量纲。

将式（1–151）的三重级数求和利用 Poisson 求和公式（1–147）的关系写为双重级数求和的形式：

$$\mathrm{TS} = \sum_{k=-\infty}^{+\infty} \sum_{m=-\infty}^{+\infty} \frac{1}{\gamma h_{\mathrm{D}}} \left\{ \underbrace{\left[K_0\sqrt{\left(x_{\mathrm{D}}^{'} - 2(\alpha k)x_{\mathrm{eD}}\right)^2 + \left(y_{\mathrm{D}}^{'} - 2(\beta m)y_{\mathrm{eD}}\right)^2}\sqrt{u} + \right.}_{\text{第一项}} \right.$$
$$\left. \underbrace{2\sum_{n=1}^{+\infty} K_0\sqrt{\left(x_{\mathrm{D}}^{'} - 2(\alpha k)x_{\mathrm{eD}}\right)^2 + \left(y_{\mathrm{D}}^{'} - 2(\beta m)y_{\mathrm{eD}}\right)^2}\sqrt{\left(\frac{n\pi}{\gamma h_{\mathrm{D}}}\right)^2 + u}\cos\left(\frac{\pi n z_{\mathrm{D}}^{'}}{\gamma h_{\mathrm{D}}}\right)\right]}_{\text{第二项}} \right\} \tag{1-152}$$

将式（1–152）的第一项利用 Bessel 函数的定义式（1–83）可写成

$$K_0\sqrt{\left(x_{\mathrm{D}}^{'} - 2(\alpha k)x_{\mathrm{eD}}\right)^2 + \left(y_{\mathrm{D}}^{'} - 2(\beta m)y_{\mathrm{eD}}\right)^2}\sqrt{u}$$
$$= \frac{1}{2}\int_0^\infty \exp(-\xi)\exp\left\{-\frac{\left[x_{\mathrm{D}}^{'} - 2(\alpha k)x_{\mathrm{eD}}\right]^2 u}{4\xi}\right\}\exp\left\{-\frac{\left[y_{\mathrm{D}}^{'} - 2(\beta m)y_{\mathrm{eD}}\right]^2 u}{4\xi}\right\}\frac{\mathrm{d}\xi}{\xi} \tag{1-153}$$

将式（1–152）的第二项利用 Bessel 函数的定义式（1–83）可写成

$$\sum_{n=1}^{+\infty} K_0\sqrt{\left[x_{\mathrm{D}}^{'} - 2(\alpha k)x_{\mathrm{eD}}\right]^2 + \left[y_{\mathrm{D}}^{'} - 2(\beta m)y_{\mathrm{eD}}\right]^2}\sqrt{\left(\frac{n\pi}{\gamma h_{\mathrm{D}}}\right)^2 + u}\cos\left(\frac{\pi n z_{\mathrm{D}}^{'}}{\gamma h_{\mathrm{D}}}\right)$$
$$= \frac{1}{2}\sum_{n=1}^{+\infty}\int_0^\infty \exp(-\xi)\exp\left\{-\frac{\varepsilon_{\gamma n}^2\left[x_{\mathrm{D}}^{'} - 2(\alpha k)x_{\mathrm{eD}}\right]^2}{4\xi}\right\}\exp\left\{-\frac{\varepsilon_{\gamma n}^2\left[y_{\mathrm{D}}^{'} - 2(\beta m)y_{\mathrm{eD}}\right]^2}{4\xi}\right\}\frac{\mathrm{d}\xi}{\xi}\cos\left(\frac{\pi n z_{\mathrm{D}}^{'}}{\gamma h_{\mathrm{D}}}\right) \tag{1-154}$$

令 $\varepsilon_{\gamma n} = \sqrt{\left(\dfrac{n\pi}{\gamma h_{\mathrm{D}}}\right)^2 + u}$，将式（1-153）和式（1-154）代入式（1-152）得到

$$
\mathrm{TS} = \sum_{k=-\infty}^{+\infty}\sum_{m=-\infty}^{+\infty}\frac{1}{2\gamma h_{\mathrm{D}}}\left\{\int_0^\infty \exp(-\xi)\exp\left\{-\frac{\left[x_{\mathrm{D}}'-2(\alpha k)x_{\mathrm{eD}}\right]^2 u}{4\xi}\right\}\exp\left\{-\frac{\left[y_{\mathrm{D}}'-2(\beta m)y_{\mathrm{eD}}\right]^2 u}{4\xi}\right\}\frac{\mathrm{d}\xi}{\xi}+\right.
$$
$$
\left. 2\sum_{n=1}^{+\infty}\cos\left(\frac{\pi n z_{\mathrm{D}}'}{\gamma h_{\mathrm{D}}}\right)\int_0^\infty \exp(-\xi)\exp\left\{-\frac{\varepsilon_{\gamma n}^2\left[x_{\mathrm{D}}'-2(\alpha k)x_{\mathrm{eD}}\right]^2}{4\xi}\right\}\exp\left\{-\frac{\varepsilon_{\gamma n}^2\left[y_{\mathrm{D}}'-2(\beta m)y_{\mathrm{eD}}\right]^2}{4\xi}\right\}\frac{\mathrm{d}\xi}{\xi}\right\}
$$
（1-155）

考虑式（1-155）的求和与乘积的关系，它可化简成

$$
\mathrm{TS} = \frac{1}{2\gamma h_{\mathrm{D}}}\left\{\int_0^\infty \exp(-\xi)\sum_{k=-\infty}^{+\infty}\exp\left\{-\frac{\left[x_{\mathrm{D}}'-2(\alpha k)x_{\mathrm{eD}}\right]^2 u}{4\xi}\right\}\sum_{m=-\infty}^{+\infty}\exp\left\{-\frac{\left[y_{\mathrm{D}}'-2(\beta m)y_{\mathrm{eD}}\right]^2 u}{4\xi}\right\}\frac{\mathrm{d}\xi}{\xi}+\right.
$$
$$
\left. 2\sum_{n=1}^{+\infty}\cos\left(\frac{\pi n z_{\mathrm{D}}'}{\gamma h_{\mathrm{D}}}\right)\int_0^\infty \exp(-\xi)\sum_{k=-\infty}^{+\infty}\exp\left\{-\frac{\varepsilon_{\gamma n}^2\left[x_{\mathrm{D}}'-2(\alpha k)x_{\mathrm{eD}}\right]^2}{4\xi}\right\}\sum_{m=-\infty}^{+\infty}\exp\left\{-\frac{\varepsilon_{\gamma n}^2\left[y_{\mathrm{D}}'-2(\beta m)y_{\mathrm{eD}}\right]^2}{4\xi}\right\}\frac{\mathrm{d}\xi}{\xi}\right\}
$$

（1-156）

参照式（1-151）指数函数部分的形式，再次利用 Poisson 求和公式（1-149），可以将式（1-156）指数部分进行分项求解。这里需要说明的是，其对应关系为 $r_{\mathrm{D}}^2 = 0$，$h_{\mathrm{D}} \to x_{\mathrm{eD}}\sqrt{u}$，$y_{\mathrm{eD}}\sqrt{u}$，$x_{\mathrm{eD}}\varepsilon_{\gamma n}$，$y_{\mathrm{eD}}\varepsilon_{\gamma n}$，$z_{\mathrm{D}}-z_{\mathrm{wD}} \to x_{\mathrm{D}}'\sqrt{u}$，$y_{\mathrm{D}}'\sqrt{u}$，$x_{\mathrm{D}}'\varepsilon_{\gamma n}$，$y_{\mathrm{D}}'\varepsilon_{\gamma n}$，$\xi \to t$，$\gamma \to \alpha$，$\beta$，考虑上述对应关系，可有如下关系：

$$
\sum_{k=-\infty}^{+\infty}\exp\left\{-\frac{\left[x_{\mathrm{D}}'-2(\alpha k)x_{\mathrm{eD}}\right]^2 u}{4\xi}\right\}
$$
$$
= \sum_{k=-\infty}^{+\infty}\exp\left\{-\frac{\left[x_{\mathrm{D}}'\sqrt{u}-2(\alpha k)x_{\mathrm{eD}}\sqrt{u}\right]^2}{4\xi}\right\}
$$
（1-157）
$$
= \frac{\sqrt{\pi\xi}}{\alpha x_{\mathrm{eD}}\sqrt{u}}\left\{1+2\sum_{k=1}^{+\infty}\exp\left[-\xi\left(\frac{\pi k}{\alpha x_{\mathrm{eD}}\sqrt{u}}\right)^2\right]\cos\left(\frac{\pi k}{\alpha}\frac{x_{\mathrm{D}}'}{x_{\mathrm{eD}}}\right)\right\}
$$

同理可得

$$
\sum_{m=-\infty}^{+\infty}\exp\left\{-\frac{\left[y_{\mathrm{D}}'-2(\beta m)y_{\mathrm{eD}}\right]^2 u}{4\xi}\right\} = \frac{\sqrt{\pi\xi}}{\beta y_{\mathrm{eD}}\sqrt{u}}\left\{1+2\sum_{m=1}^{+\infty}\exp\left[-\xi\left(\frac{\pi m}{\beta y_{\mathrm{eD}}\sqrt{u}}\right)^2\right]\cos\left(\frac{\pi m}{\beta}\frac{y_{\mathrm{D}}'}{y_{\mathrm{eD}}}\right)\right\}
$$
（1-158）

$$
\sum_{k=-\infty}^{+\infty}\exp\left\{-\frac{\varepsilon_{\gamma n}^2\left[x_{\mathrm{D}}'-2(\alpha k)x_{\mathrm{eD}}\right]^2}{4\xi}\right\} = \frac{\sqrt{\pi\xi}}{\alpha\varepsilon_{\gamma n}x_{\mathrm{eD}}}\left\{1+2\sum_{k=1}^{+\infty}\exp\left[-\xi\left(\frac{\pi k}{\alpha\varepsilon_{\gamma n}x_{\mathrm{eD}}}\right)^2\right]\cos\left(\frac{\pi k}{\alpha}\frac{x_{\mathrm{D}}'}{x_{\mathrm{eD}}}\right)\right\}
$$
（1-159）

$$
\sum_{m=-\infty}^{+\infty}\exp\left\{-\frac{\left[y_{\mathrm{D}}'-2(\beta m)y_{\mathrm{eD}}\right]^2\varepsilon_{\gamma n}^2}{4\xi}\right\} = \frac{\sqrt{\pi\xi}}{\beta\varepsilon_{\gamma n}y_{\mathrm{eD}}}\left\{1+2\sum_{m=1}^{+\infty}\exp\left[-\xi\left(\frac{\pi m}{\beta\varepsilon_{\gamma n}y_{\mathrm{eD}}}\right)^2\right]\cos\left(\frac{\pi m}{\beta}\frac{y_{\mathrm{D}}'}{y_{\mathrm{eD}}}\right)\right\}
$$
（1-160）

将式（1-157）～式（1-160）代入式（1-156）中，化简可得

$$TS = A\left\{\left\{1 + 2\sum_{k=1}^{+\infty}\left[\left(\frac{\pi k}{\alpha x_{eD}\sqrt{u}}\right)^2 + 1\right]^{-1}\cos\left(\frac{\pi k}{\alpha}\frac{x_D'}{x_{eD}}\right) + 2\sum_{m=1}^{+\infty}\left[\left(\frac{\pi m}{\beta y_{eD}\sqrt{u}}\right)^2 + 1\right]^{-1}\cos\left(\frac{\pi m}{\beta}\frac{y_D'}{y_{eD}}\right) + \right.\right.$$

$$4\sum_{k=1}^{+\infty}\sum_{m=1}^{+\infty}\left[1 + \left(\frac{\pi k}{\alpha x_{eD}\sqrt{u}}\right)^2 + \left(\frac{\pi m}{\beta y_{eD}\sqrt{u}}\right)^2\right]^{-1}\cos\left(\frac{\pi k}{\alpha}\frac{x_D'}{x_{eD}}\right)\cos\left(\frac{\pi m}{\beta}\frac{y_D'}{y_{eD}}\right)\right\} +$$

$$2\sum_{n=1}^{+\infty}\frac{u}{\varepsilon_{\gamma n}^2}\cos\left(\frac{\pi n z_D'}{\gamma h_D}\right)\left\{1 + 2\sum_{k=1}^{+\infty}\left[\left(\frac{\pi k}{\alpha\varepsilon_{\gamma n}x_{eD}}\right)^2 + 1\right]^{-1}\cos\left(\frac{\pi k}{\alpha}\frac{x_D'}{x_{eD}}\right) + 2\sum_{m=1}^{+\infty}\left[\left(\frac{\pi m}{\beta\varepsilon_{\gamma n}y_{eD}}\right)^2 + 1\right]^{-1}\cos\left(\frac{\pi m}{\beta}\frac{y_D'}{y_{eD}}\right) + \right.$$

$$\left.\left.4\sum_{k=1}^{+\infty}\sum_{m=1}^{+\infty}\left[1 + \left(\frac{\pi k}{\alpha\varepsilon_{\gamma n}x_{eD}}\right)^2 + \left(\frac{\pi m}{\beta\varepsilon_{\gamma n}y_{eD}}\right)^2\right]^{-1}\cos\left(\frac{\pi k}{\alpha}\frac{x_D'}{x_{eD}}\right)\cos\left(\frac{\pi m}{\beta}\frac{y_D'}{y_{eD}}\right)\right\}\right\} \tag{1-161}$$

其中：$A = \dfrac{\pi}{2\gamma\alpha\beta h_D y_{eD} x_{eD} u}$。

根据 $\varepsilon_{\gamma n}$ 的定义，即 $\varepsilon_{\gamma n} = \sqrt{\left(\dfrac{n\pi}{\gamma h_D}\right)^2 + u}$，这里同理可定义 $\varepsilon_{\alpha k}$ 和 $\varepsilon_{\beta m}$，其定义如下：

$$\varepsilon_{\beta m} = \sqrt{\left(\frac{m\pi}{\beta y_{eD}}\right)^2 + u} \tag{1-162}$$

$$\varepsilon_{\alpha k} = \sqrt{\left(\frac{k\pi}{\alpha x_{eD}}\right)^2 + u} \tag{1-163}$$

根据式（1-162）和式（1-163），可得

$$\left[\left(\frac{\pi k}{\alpha x_{eD}\sqrt{u}}\right)^2 + 1\right]^{-1} = \left(\frac{1}{u}\right)^{-1}\left[\frac{(\pi k)^2}{\alpha^2 x_{eD}^2} + u\right]^{-1} = \frac{u}{\varepsilon_{\alpha k}^2} \tag{1-164}$$

同理可得

$$\left[\left(\frac{\pi m}{\beta y_{eD}\sqrt{u}}\right)^2 + 1\right]^{-1} = \left(\frac{1}{u}\right)^{-1}\left[\left(\frac{\pi m}{\beta y_{eD}}\right)^2 + u\right]^{-1} = \frac{u}{\varepsilon_{\beta m}^2} \tag{1-165}$$

将式（1-164）和式（1-165）代入式（1-161）可得

$$TS = A\left\{\left\{1 + 2\underbrace{\sum_{k=1}^{+\infty}\frac{u}{\varepsilon_{\alpha k}^2}\cos\left(\frac{\pi k}{\alpha}\frac{x_D'}{x_{eD}}\right)}_{\text{第二项}} + 2\underbrace{\sum_{m=1}^{+\infty}\frac{u}{\varepsilon_{\beta m}^2}\cos\left(\frac{\pi m}{\beta}\frac{y_D'}{y_{eD}}\right)}_{\text{第三项}} + \right.\right.$$

$$\underbrace{4\sum_{k=1}^{+\infty}\sum_{m=1}^{+\infty}\left[1 + \left(\frac{\pi k}{\alpha x_{eD}\sqrt{u}}\right)^2 + \left(\frac{\pi m}{\beta y_{eD}\sqrt{u}}\right)^2\right]^{-1}\cos\left(\frac{\pi k}{\alpha}\frac{x_D'}{x_{eD}}\right)\cos\left(\frac{\pi m}{\beta}\frac{y_D'}{y_{eD}}\right)}_{\text{第四项}}\right\} +$$

$$2\sum_{n=1}^{+\infty}\frac{u}{\varepsilon_{\gamma n}^{2}}\cos\left(\frac{\pi n z_{\mathrm{D}}^{'}}{\gamma h_{\mathrm{D}}}\right)\left\{1+2\underbrace{\sum_{k=1}^{+\infty}\left[\left(\frac{\pi k}{\alpha x_{\mathrm{eD}}\varepsilon_{\gamma n}}\right)^{2}+1\right]^{-1}\cos\left(\frac{\pi k}{\alpha}\frac{x_{\mathrm{D}}^{'}}{x_{\mathrm{eD}}}\right)}_{\text{第六项}}+2\underbrace{\sum_{m=1}^{+\infty}\left[\left(\frac{\pi m}{\beta y_{\mathrm{eD}}\varepsilon_{\gamma n}}\right)^{2}+1\right]^{-1}\cos\left(\frac{\pi m}{\beta}\frac{y_{\mathrm{D}}^{'}}{y_{\mathrm{eD}}}\right)}_{\text{第七项}}+$$

$$4\underbrace{\sum_{k=1}^{+\infty}\sum_{m=1}^{+\infty}\left[1+\left(\frac{\pi k}{\alpha\varepsilon_{\gamma n}x_{\mathrm{eD}}}\right)^{2}+\left(\frac{\pi m}{\beta\varepsilon_{\gamma n}y_{\mathrm{eD}}}\right)^{2}\right]^{-1}\cos\left(\frac{\pi k}{\alpha}\frac{x_{\mathrm{D}}^{'}}{x_{\mathrm{eD}}}\right)\cos\left(\frac{\pi m}{\beta}\frac{y_{\mathrm{D}}^{'}}{y_{\mathrm{eD}}}\right)}_{\text{第八项}}\right\}$$

$$(1-166)$$

再根据关系式[4]：

$$\sum_{k=1}^{+\infty}\frac{\cos k\pi x}{k^{2}+a^{2}}=\frac{\pi}{2a}\frac{\cosh\left[a\pi\left(1-x\right)\right]}{\sinh\left(a\pi\right)}-\frac{1}{2a^{2}}\quad\left(0\leqslant x\leqslant 2\pi\right)\qquad(1-167)$$

特别要注意式（1-167）中的 x 取值，因为余弦函数为偶函数，因此 $x<0$ 时，有

$$\sum_{k=1}^{+\infty}\frac{\cos k\pi x}{k^{2}+a^{2}}=\frac{\pi}{2a}\frac{\cosh\left[a\pi\left(1-|x|\right)\right]}{\sinh\left(a\pi\right)}-\frac{1}{2a^{2}}\quad\left(-2\pi\leqslant x<0\right)\qquad(1-168)$$

处理式（1-166）右边的第二项得

$$\sum_{k=1}^{+\infty}\frac{u}{\varepsilon_{\alpha k}^{2}}\cos\left(\frac{\pi k}{\alpha}\frac{x_{\mathrm{D}}^{'}}{x_{\mathrm{eD}}}\right)=\frac{\alpha x_{\mathrm{eD}}\sqrt{u}}{2}\frac{\cosh\left[\sqrt{u}\left(\alpha x_{\mathrm{eD}}-|x_{\mathrm{D}}^{'}|\right)\right]}{\sinh\left(\alpha x_{\mathrm{eD}}\sqrt{u}\right)}-\frac{1}{2}\qquad(1-169)$$

处理式（1-166）右边的第三项，同理可得

$$\sum_{m=1}^{+\infty}\frac{u}{\varepsilon_{\beta m}^{2}}\cos\left(\frac{\pi m}{\beta}\frac{y_{\mathrm{D}}^{'}}{y_{\mathrm{eD}}}\right)=\frac{\beta y_{\mathrm{eD}}\sqrt{u}}{2}\frac{\cosh\left[\sqrt{u}\left(\beta y_{\mathrm{eD}}-|y_{\mathrm{D}}^{'}|\right)\right]}{\sinh\left(\beta y_{\mathrm{eD}}\sqrt{u}\right)}-\frac{1}{2}\qquad(1-170)$$

处理式（1-166）右边的第六项得

$$\sum_{k=1}^{+\infty}\left[\left(\frac{\pi k}{\alpha x_{\mathrm{eD}}\varepsilon_{\gamma n}}\right)^{2}+1\right]^{-1}\cos\left(\frac{\pi k}{\alpha}\frac{x_{\mathrm{D}}^{'}}{x_{\mathrm{eD}}}\right)=\frac{\alpha x_{\mathrm{eD}}\varepsilon_{\gamma n}}{2}\frac{\cosh\left[\varepsilon_{\gamma n}\left(\alpha x_{\mathrm{eD}}-|x_{\mathrm{D}}^{'}|\right)\right]}{\sinh\left(\alpha x_{\mathrm{eD}}\varepsilon_{\gamma n}\right)}-\frac{1}{2}\qquad(1-171)$$

处理式（1-166）右边的第七项，同理可得

$$\sum_{m=1}^{+\infty}\left[\left(\frac{\pi m}{\beta y_{\mathrm{eD}}\varepsilon_{\gamma n}}\right)^{2}+1\right]^{-1}\cos\left(\frac{\pi m}{\beta}\frac{y_{\mathrm{D}}^{'}}{y_{\mathrm{eD}}}\right)=\frac{\beta y_{\mathrm{eD}}\varepsilon_{\gamma n}}{2}\frac{\cosh\left[\varepsilon_{\gamma n}\left(\beta y_{\mathrm{eD}}-|y_{\mathrm{D}}^{'}|\right)\right]}{\sinh\left(\beta y_{\mathrm{eD}}\varepsilon_{\gamma n}\right)}-\frac{1}{2}\qquad(1-172)$$

处理式（1-166）右边的第四项得

$$\sum_{k=1}^{+\infty}\sum_{m=1}^{+\infty}\left[1+\left(\frac{\pi k}{\alpha x_{\mathrm{eD}}\sqrt{u}}\right)^{2}+\left(\frac{\pi m}{\beta y_{\mathrm{eD}}\sqrt{u}}\right)^{2}\right]^{-1}\cos\left(\frac{\pi k}{\alpha}\frac{x_{\mathrm{D}}^{'}}{x_{\mathrm{eD}}}\right)\cos\left(\frac{\pi m}{\beta}\frac{y_{\mathrm{D}}^{'}}{y_{\mathrm{eD}}}\right)$$

$$=\frac{\beta^{2}y_{\mathrm{eD}}^{2}u}{\pi^{2}}\cdot\sum_{k=1}^{+\infty}\left\{\frac{\pi^{2}}{2\beta y_{\mathrm{eD}}\varepsilon_{\alpha k}}\frac{\cosh\left[\varepsilon_{\alpha k}\left(\beta y_{\mathrm{eD}}-|y_{\mathrm{D}}^{'}|\right)\right]}{\sinh\left(\beta y_{\mathrm{eD}}\varepsilon_{\alpha k}\right)}-\frac{\pi^{2}}{2\beta^{2}y_{\mathrm{eD}}^{2}\varepsilon_{\alpha k}^{2}}\right\}\cos\left(k\pi\frac{x_{\mathrm{D}}^{'}}{\alpha x_{\mathrm{eD}}}\right)$$

$$(1-173)$$

处理式（1-166）右边的第八项，同理可得

$$\sum_{k=1}^{+\infty}\sum_{m=1}^{+\infty}\left[1+\left(\frac{\pi k}{\alpha\varepsilon_{\gamma n}x_{eD}}\right)^2+\left(\frac{\pi m}{\beta\varepsilon_{\gamma n}y_{eD}}\right)^2\right]^{-1}\cos\left(\frac{\pi k}{\alpha}\frac{x_D'}{x_{eD}}\right)\cos\left(\frac{\pi m}{\beta}\frac{y_D'}{y_{eD}}\right)$$

$$=\frac{\beta^2\varepsilon_{\gamma n}^2 y_{eD}^2}{\pi^2}\sum_{k=1}^{+\infty}\left\{\frac{\pi^2}{2\beta\ y_{eD}\varepsilon_{\gamma nk}}\frac{\cosh\left[\varepsilon_{\gamma nk}\left(\beta y_{eD}-\left|y_D'\right|\right)\right]}{\sinh(\beta y_{eD}\varepsilon_{\gamma nk})}-\frac{\pi^2}{2\beta^2 y_{eD}^2\varepsilon_{\gamma nk}^2}\right\}\cos\left(k\pi\frac{x_D'}{\alpha x_{eD}}\right)$$

（1-174）

其中：$\varepsilon_{\gamma nk}=\sqrt{\varepsilon_{\gamma n}^2+\dfrac{k^2\pi^2}{\alpha^2 x_{eD}^2}}$。

将式（1-169）～式（1-174）代入式（1-166）可得

$$TS=A(TS1+TS2)$$

（1-175）

其中：

$$A=\frac{\pi}{2\gamma\alpha\beta h_D y_{eD} x_{eD} u}$$

$$TS1=1+2\left[\frac{\alpha x_{eD}\sqrt{u}}{2}\frac{\cosh\left[\sqrt{u}\left(\alpha x_{eD}-\left|x_D'\right|\right)\right]}{\sinh(\alpha x_{eD}\sqrt{u})}-\frac{1}{2}\right]+2\left[\frac{\beta y_{eD}\sqrt{u}}{2}\frac{\cosh\left[\sqrt{u}\left(\beta y_{eD}-\left|y_D'\right|\right)\right]}{\sinh(\beta y_{eD}\sqrt{u})}-\frac{1}{2}\right]+$$

$$4\frac{\beta^2 y_{eD}^2 u}{\pi^2}\sum_{k=1}^{+\infty}\left\{\frac{\pi^2}{2\beta y_{eD}\varepsilon_{\alpha k}}\frac{\cosh\left[\varepsilon_{\alpha k}\left(\beta y_{eD}-\left|y_D'\right|\right)\right]}{\sinh(\beta y_{eD}\varepsilon_{\alpha k})}-\frac{\pi^2}{2\beta^2 y_{eD}^2\varepsilon_{\alpha k}^2}\right\}\cos\left(k\pi\frac{x_D'}{\alpha x_{eD}}\right)$$

$$TS2=2\sum_{n=1}^{+\infty}\frac{u}{\varepsilon_{\gamma n}^2}\cos\left(\frac{\pi n z_D'}{\gamma h_D}\right)\left\{1+2\left[\frac{\alpha x_{eD}\varepsilon_{\gamma n}}{2}\frac{\cosh\left[\varepsilon_{\gamma n}\left(\alpha x_{eD}-\left|x_D'\right|\right)\right]}{\sinh(\alpha x_{eD}\varepsilon_{\gamma n})}-\frac{1}{2}\right]+2\left[\frac{\beta y_{eD}\varepsilon_{\gamma n}}{2}\frac{\cosh\left[\varepsilon_{\gamma n}\left(\beta y_{eD}-\left|y_D'\right|\right)\right]}{\sinh(\beta y_{eD}\varepsilon_{\gamma n})}-\frac{1}{2}\right]+\right.$$

$$\left.4\frac{\beta^2\varepsilon_{\gamma n}^2 y_{eD}^2}{\pi^2}\sum_{k=1}^{+\infty}\left\{\frac{\pi^2}{2\beta\ y_{eD}\varepsilon_{\gamma nk}}\frac{\cosh\left[\varepsilon_{\gamma nk}\left(\beta y_{eD}-\left|y_D'\right|\right)\right]}{\sinh(\beta y_{eD}\varepsilon_{\gamma nk})}-\frac{\pi^2}{2\beta^2 y_{eD}^2\varepsilon_{\gamma nk}^2}\right\}\cos\left(k\pi\frac{x_D'}{\alpha x_{eD}}\right)\right\}$$

对式（1-175）进行整理，利用式（1-168）的关系，对 TS1 的最后一项进行处理，整理后可得

$$TS1=\beta y_{eD}\sqrt{u}\frac{\cosh\left[\sqrt{u}\left(\beta y_{eD}-\left|y_D'\right|\right)\right]}{\sinh(\beta y_{eD}\sqrt{u})}+$$

$$2u\sum_{k=1}^{+\infty}\frac{\beta\ y_{eD}}{\varepsilon_{\alpha k}}\frac{\cosh\left[\varepsilon_{\alpha k}\left(\beta y_{eD}-\left|y_D'\right|\right)\right]}{\sinh(\beta y_{eD}\varepsilon_{\alpha k})}\cos\left(k\pi\frac{x_D'}{\alpha x_{eD}}\right)$$

同理可对 TS2 部分进行化简：

$$TS2=2\sum_{n=1}^{+\infty}\cos\left(\frac{\pi n z_D'}{\gamma h_D}\right)\left\{\frac{u\beta y_{eD}}{\varepsilon_{\gamma n}}\frac{\cosh\left[\varepsilon_{\gamma n}\left(\beta y_{eD}-\left|y_D'\right|\right)\right]}{\sinh(\beta y_{eD}\varepsilon_{\gamma n})}+2u\sum_{k=1}^{+\infty}\frac{\beta y_{eD}}{\varepsilon_{\gamma nk}}\frac{\cosh\left[\varepsilon_{\gamma nk}\left(\beta y_{eD}-\left|y_D'\right|\right)\right]}{\sinh(\beta y_{eD}\varepsilon_{\gamma nk})}\cos\left(k\pi\frac{x_D'}{\alpha x_{eD}}\right)\right\}$$

将 TS1 和 TS2 的结果代入式（1−175）可得

$$
\text{TS} = \frac{\pi}{2\gamma\alpha h_{\mathrm{D}} x_{\mathrm{eD}}} \left\{ \frac{\cosh\left[\sqrt{u}\left(\beta y_{\mathrm{eD}} - |y'_{\mathrm{D}}|\right)\right]}{\sqrt{u}\sinh\left(\beta y_{\mathrm{eD}}\sqrt{u}\right)} + 2\sum_{k=1}^{+\infty} \frac{1}{\varepsilon_{\alpha k}} \frac{\cosh\left[\varepsilon_{\alpha k}\left(\beta y_{\mathrm{eD}} - |y'_{\mathrm{D}}|\right)\right]}{\sinh\left(\beta y_{\mathrm{eD}}\varepsilon_{\alpha k}\right)} \cos\left(k\pi\frac{x'_{\mathrm{D}}}{\alpha x_{\mathrm{eD}}}\right) + \right.
$$
$$
2\sum_{n=1}^{+\infty} \cos\left(\frac{\pi n z'_{\mathrm{D}}}{\gamma h_{\mathrm{D}}}\right) \frac{\cosh\left[\varepsilon_{\gamma n}\left(\beta y_{\mathrm{eD}} - |y'_{\mathrm{D}}|\right)\right]}{\varepsilon_{\gamma n}\sinh\left(\beta y_{\mathrm{eD}}\varepsilon_{\gamma n}\right)} +
$$
$$
\left. 2\sum_{n=1}^{+\infty} \cos\left(\frac{\pi n z'_{\mathrm{D}}}{\gamma h_{\mathrm{D}}}\right) \left[2\sum_{k=1}^{+\infty} \frac{1}{\varepsilon_{\gamma n k}} \frac{\cosh\left[\varepsilon_{\gamma n k}\left(\beta y_{\mathrm{eD}} - |y'_{\mathrm{D}}|\right)\right]}{\sinh\left(\beta y_{\mathrm{eD}}\varepsilon_{\gamma n k}\right)} \cos\left(k\pi\frac{x'_{\mathrm{D}}}{\alpha x_{\mathrm{eD}}}\right)\right] \right\}
$$
（1−176）

注意：式（1−176）只是求解形式，因为 x'_{D}、y'_{D} 和 z'_{D} 的形式并未确定，通过 x'_{D}、y'_{D} 和 z'_{D} 的定义可知，每个取值只有两种形式，即

$$
x'_{\mathrm{D}} = \left\{x_{\mathrm{D1}}, x_{\mathrm{D2}} \mid x_{\mathrm{D1}} = x_{\mathrm{D}} - x_{\mathrm{wD}}, x_{\mathrm{D2}} = x_{\mathrm{D}} + x_{\mathrm{wD}}\right\}
$$
（1−177）
$$
y'_{\mathrm{D}} = \left\{y_{\mathrm{D1}}, y_{\mathrm{D2}} \mid y_{\mathrm{D1}} = y_{\mathrm{D}} - y_{\mathrm{wD}}, y_{\mathrm{D2}} = y_{\mathrm{D}} + y_{\mathrm{wD}}\right\}
$$
（1−178）
$$
z'_{\mathrm{D}} = \left\{z_{\mathrm{D1}}, z_{\mathrm{D2}} \mid z_{\mathrm{D1}} = z_{\mathrm{D}} - z_{\mathrm{wD}}, z_{\mathrm{D2}} = z_{\mathrm{D}} + z_{\mathrm{wD}}\right\}
$$
（1−179）

由式（1−177）～式（1−179），知式（1−176）可写为

$$
\text{TS} = \frac{\pi}{2\gamma\alpha h_{\mathrm{D}} x_{\mathrm{eD}}} \left\{ \frac{\cosh\left[\sqrt{u}\left(\beta y_{\mathrm{eD}} - |y_{\mathrm{D}j}|\right)\right]}{\sqrt{u}\sinh\left(\beta y_{\mathrm{eD}}\sqrt{u}\right)} + 2\sum_{k=1}^{+\infty} \cos\left(k\pi\frac{x_{\mathrm{D}i}}{\alpha x_{\mathrm{eD}}}\right) \frac{\cosh\left[\varepsilon_{\alpha k}\left(\beta y_{\mathrm{eD}} - |y_{\mathrm{D}j}|\right)\right]}{\varepsilon_{\alpha k}\sinh\left(\beta y_{\mathrm{eD}}\varepsilon_{\alpha k}\right)} + \right.
$$
$$
2\sum_{n=1}^{+\infty} \left\{\cos\left(\frac{\pi n z_{\mathrm{D}l}}{\gamma h_{\mathrm{D}}}\right) \frac{\cosh\left[\varepsilon_{\gamma n}\left(\beta y_{\mathrm{eD}} - |y_{\mathrm{D}j}|\right)\right]}{\varepsilon_{\gamma n}\sinh\left(\beta y_{\mathrm{eD}}\varepsilon_{\gamma n}\right)}\right\} +
$$
$$
\left. 2\sum_{n=1}^{+\infty} \left\{\cos\left(\frac{\pi n z_{\mathrm{D}l}}{\gamma h_{\mathrm{D}}}\right)\left[2\sum_{k=1}^{+\infty} \cos\left(k\pi\frac{x_{\mathrm{D}i}}{\alpha x_{\mathrm{eD}}}\right)\frac{\cosh\left[\varepsilon_{\gamma n k}\left(\beta y_{\mathrm{eD}} - |y_{\mathrm{D}j}|\right)\right]}{\varepsilon_{\gamma n k}\sinh\left(\beta y_{\mathrm{eD}}\varepsilon_{\gamma n k}\right)}\right]\right\} \right\}(i,\ j,\ l=1,2)
$$
（1−180）

将 $(i,\ j,\ l=1,2)$ 代入式（1−180）可得

$$
\text{TS}_{(1,1,1)} = \frac{\pi}{2\alpha\gamma h_{\mathrm{D}} x_{\mathrm{eD}}} \left\{ \underbrace{\frac{\cosh\left[\sqrt{u}\left(\beta y_{\mathrm{eD}} - |y_{\mathrm{D1}}|\right)\right]}{\sqrt{u}\sinh\left(\beta y_{\mathrm{eD}}\sqrt{u}\right)}}_{\text{第一项}} + \underbrace{2\sum_{k=1}^{+\infty} \cos\left(\pi k\frac{x_{\mathrm{D1}}}{\alpha x_{\mathrm{eD}}}\right)\frac{\cosh\left[\varepsilon_{\alpha k}\left(\beta y_{\mathrm{eD}} - |y_{\mathrm{D1}}|\right)\right]}{\varepsilon_{\alpha k}\sinh\left(\beta y_{\mathrm{eD}}\varepsilon_{\alpha k}\right)}}_{\text{第二项}} + \right.
$$
$$
2\sum_{n=1}^{+\infty} \left\{\cos\left(\frac{\pi n z_{\mathrm{D1}}}{\gamma h_{\mathrm{D}}}\right)\frac{\cosh\left[\varepsilon_{\gamma n}\left(\beta y_{\mathrm{eD}} - |y_{\mathrm{D1}}|\right)\right]}{\varepsilon_{\gamma n}\sinh\left(\beta y_{\mathrm{eD}}\varepsilon_{\gamma n}\right)}\right\} +
$$
$$
\left. \underbrace{2\sum_{n=1}^{+\infty} \left\{\cos\left(\frac{\pi n z_{\mathrm{D1}}}{\gamma h_{\mathrm{D}}}\right)\left[2\sum_{k=1}^{+\infty} \cos\left(\pi k\frac{x_{\mathrm{D1}}}{\alpha x_{\mathrm{eD}}}\right)\frac{\cosh\left[\varepsilon_{\gamma n k}\left(\beta y_{\mathrm{eD}} - |y_{\mathrm{D1}}|\right)\right]}{\varepsilon_{\gamma n k}\sinh\left(\beta y_{\mathrm{eD}}\varepsilon_{\gamma n k}\right)}\right]\right\}}_{\text{第三项}} \right\}
$$
（1−181）

$$TS_{(2,1,1)} = \frac{\pi}{2\alpha\gamma h_D x_{eD}}\left\{\underbrace{\frac{\cosh\left[\sqrt{u}\left(\beta y_{eD} - \left|y_{D1}\right|\right)\right]}{\sqrt{u}\sinh(\beta y_{eD}\sqrt{u})}}_{\text{第一项}} + \underbrace{2\sum_{k=1}^{+\infty}\cos\left(\pi k\frac{x_{D2}}{\alpha x_{eD}}\right)\frac{\cosh\left[\varepsilon_{\alpha k}\left(\beta y_{eD} - \left|y_{D1}\right|\right)\right]}{\varepsilon_{\alpha k}\sinh(\beta y_{eD}\varepsilon_{\alpha k})}}_{\text{第二项}} + \right.$$

$$2\sum_{n=1}^{+\infty}\left\{\cos\left(\frac{\pi n z_{D1}}{\gamma h_D}\right)\frac{\cosh\left[\varepsilon_{\gamma n}\left(\beta y_{eD} - \left|y_{D1}\right|\right)\right]}{\varepsilon_{\gamma n}\sinh(\beta y_{eD}\varepsilon_{\gamma n})}\right\} + \qquad\qquad (1-182)$$

$$\left.\underbrace{2\sum_{n=1}^{+\infty}\left\{\cos\left(\frac{\pi n z_{D1}}{\gamma h_D}\right)\left[2\sum_{k=1}^{+\infty}\cos\left(\pi k\frac{x_{D2}}{\alpha x_{eD}}\right)\frac{\cosh\left[\varepsilon_{\gamma nk}\left(\beta y_{eD} - \left|y_{D1}\right|\right)\right]}{\varepsilon_{\gamma nk}\sinh(\beta y_{eD}\varepsilon_{\gamma nk})}\right]\right\}}_{\text{第三项}}\right\}$$

$$TS_{(1,2,1)} = \frac{\pi}{2\alpha\gamma h_D x_{eD}}\left\{\underbrace{\frac{\cosh\left[\sqrt{u}\left(\beta y_{eD} - \left|y_{D2}\right|\right)\right]}{\sqrt{u}\sinh(\beta y_{eD}\sqrt{u})}}_{\text{第一项}} + \underbrace{2\sum_{k=1}^{+\infty}\cos\left(\pi k\frac{x_{D1}}{\alpha x_{eD}}\right)\frac{\cosh\left[\varepsilon_{\alpha k}\left(\beta y_{eD} - \left|y_{D2}\right|\right)\right]}{\varepsilon_{\alpha k}\sinh(\beta y_{eD}\varepsilon_{\alpha k})}}_{\text{第二项}} + \right.$$

$$2\sum_{n=1}^{+\infty}\left\{\cos\left(\frac{\pi n z_{D1}}{\gamma h_D}\right)\frac{\cosh\left[\varepsilon_{\gamma n}\left(\beta y_{eD} - \left|y_{D2}\right|\right)\right]}{\varepsilon_{\gamma n}\sinh(\beta y_{eD}\varepsilon_{\gamma n})}\right\} + \qquad\qquad (1-183)$$

$$\left.\underbrace{2\sum_{n=1}^{+\infty}\left\{\cos\left(\frac{\pi n z_{D1}}{\gamma h_D}\right)\left[2\sum_{k=1}^{+\infty}\cos\left(\pi k\frac{x_{D1}}{\alpha x_{eD}}\right)\frac{\cosh\left[\varepsilon_{\gamma nk}\left(\beta y_{eD} - \left|y_{D2}\right|\right)\right]}{\varepsilon_{\gamma nk}\sinh(\beta y_{eD}\varepsilon_{\gamma nk})}\right]\right\}}_{\text{第三项}}\right\}$$

$$TS_{(2,2,1)} = \frac{\pi}{2\alpha\gamma h_D x_{eD}}\left\{\underbrace{\frac{\cosh\left[\sqrt{u}\left(\beta y_{eD} - \left|y_{D2}\right|\right)\right]}{\sqrt{u}\sinh(\beta y_{eD}\sqrt{u})}}_{\text{第一项}} + \underbrace{2\sum_{k=1}^{+\infty}\cos\left(\pi k\frac{x_{D2}}{\alpha x_{eD}}\right)\frac{\cosh\left[\varepsilon_{\alpha k}\left(\beta y_{eD} - \left|y_{D2}\right|\right)\right]}{\varepsilon_{\alpha k}\sinh(\beta y_{eD}\varepsilon_{\alpha k})}}_{\text{第二项}} + \right.$$

$$2\sum_{n=1}^{+\infty}\left\{\cos\left(\frac{\pi n z_{D1}}{\gamma h_D}\right)\frac{\cosh\left[\varepsilon_{\gamma n}\left(\beta y_{eD} - \left|y_{D2}\right|\right)\right]}{\varepsilon_{\gamma n}\sinh(\beta y_{eD}\varepsilon_{\gamma n})}\right\} + \qquad\qquad (1-184)$$

$$\left.\underbrace{2\sum_{n=1}^{+\infty}\left\{\cos\left(\frac{\pi n z_{D1}}{\gamma h_D}\right)\left[2\sum_{k=1}^{+\infty}\cos\left(\pi k\frac{x_{D2}}{\alpha x_{eD}}\right)\frac{\cosh\left[\varepsilon_{\gamma nk}\left(\beta y_{eD} - \left|y_{D2}\right|\right)\right]}{\varepsilon_{\gamma nk}\sinh(\beta y_{eD}\varepsilon_{\gamma nk})}\right]\right\}}_{\text{第三项}}\right\}$$

$$\mathrm{TS}_{(1,1,2)} = \frac{\pi}{2\alpha\gamma h_{\mathrm{D}} x_{\mathrm{eD}}} \left\{ \underbrace{\frac{\cosh\left[\sqrt{u}\left(\beta y_{\mathrm{eD}} - |y_{\mathrm{D1}}|\right)\right]}{\sqrt{u}\sinh(\beta y_{\mathrm{eD}}\sqrt{u})}}_{\text{第一项}} + \underbrace{2\sum_{k=1}^{+\infty}\cos\left(\pi k\frac{x_{\mathrm{D1}}}{\alpha x_{\mathrm{eD}}}\right)\frac{\cosh\left[\varepsilon_{\alpha k}\left(\beta y_{\mathrm{eD}} - |y_{\mathrm{D1}}|\right)\right]}{\varepsilon_{\alpha k}\sinh(\beta y_{\mathrm{eD}}\varepsilon_{\alpha k})}}_{\text{第二项}} + \right.$$

$$2\sum_{n=1}^{+\infty}\left\{\cos\left(\frac{\pi n z_{\mathrm{D2}}}{\gamma h_{\mathrm{D}}}\right)\frac{\cosh\left[\varepsilon_{\gamma n}\left(\beta y_{\mathrm{eD}} - |y_{\mathrm{D1}}|\right)\right]}{\varepsilon_{\gamma n}\sinh(\beta y_{\mathrm{eD}}\varepsilon_{\gamma n})}\right\} + \qquad\qquad (1\text{--}185)$$

$$\left.\underbrace{2\sum_{n=1}^{+\infty}\left\{\cos\left(\frac{\pi n z_{\mathrm{D2}}}{\gamma h_{\mathrm{D}}}\right)\left[2\sum_{k=1}^{+\infty}\cos\left(\pi k\frac{x_{\mathrm{D1}}}{\alpha x_{\mathrm{eD}}}\right)\frac{\cosh\left[\varepsilon_{\gamma n k}\left(\beta y_{\mathrm{eD}} - |y_{\mathrm{D1}}|\right)\right]}{\varepsilon_{\gamma n k}\sinh(\beta y_{\mathrm{eD}}\varepsilon_{\gamma n k})}\right]\right\}}_{\text{第三项}} \right\}$$

$$\mathrm{TS}_{(2,1,2)} = \frac{\pi}{2\alpha\gamma h_{\mathrm{D}} x_{\mathrm{eD}}} \left\{ \underbrace{\frac{\cosh\left[\sqrt{u}\left(\beta y_{\mathrm{eD}} - |y_{\mathrm{D1}}|\right)\right]}{\sqrt{u}\sinh(\beta y_{\mathrm{eD}}\sqrt{u})}}_{\text{第一项}} + \underbrace{2\sum_{k=1}^{+\infty}\cos\left(\pi k\frac{x_{\mathrm{D2}}}{\alpha x_{\mathrm{eD}}}\right)\frac{\cosh\left[\varepsilon_{\alpha k}\left(\beta y_{\mathrm{eD}} - |y_{\mathrm{D1}}|\right)\right]}{\varepsilon_{\alpha k}\sinh(\beta y_{\mathrm{eD}}\varepsilon_{\alpha k})}}_{\text{第二项}} + \right.$$

$$2\sum_{n=1}^{+\infty}\left\{\cos\left(\frac{\pi n z_{\mathrm{D2}}}{\gamma h_{\mathrm{D}}}\right)\frac{\cosh\left[\varepsilon_{\gamma n}\left(\beta y_{\mathrm{eD}} - |y_{\mathrm{D1}}|\right)\right]}{\varepsilon_{\gamma n}\sinh(\beta y_{\mathrm{eD}}\varepsilon_{\gamma n})}\right\} + \qquad\qquad (1\text{--}186)$$

$$\left.\underbrace{2\sum_{n=1}^{+\infty}\left\{\cos\left(\frac{\pi n z_{\mathrm{D2}}}{\gamma h_{\mathrm{D}}}\right)\left[2\sum_{k=1}^{+\infty}\cos\left(\pi k\frac{x_{\mathrm{D2}}}{\alpha x_{\mathrm{eD}}}\right)\frac{\cosh\left[\varepsilon_{\gamma n k}\left(\beta y_{\mathrm{eD}} - |y_{\mathrm{D1}}|\right)\right]}{\varepsilon_{\gamma n k}\sinh(\beta y_{\mathrm{eD}}\varepsilon_{\gamma n k})}\right]\right\}}_{\text{第三项}} \right\}$$

$$\mathrm{TS}_{(1,2,2)} = \frac{\pi}{2\alpha\gamma h_{\mathrm{D}} x_{\mathrm{eD}}} \left\{ \underbrace{\frac{\cosh\left[\sqrt{u}\left(\beta y_{\mathrm{eD}} - |y_{\mathrm{D2}}|\right)\right]}{\sqrt{u}\sinh(\beta y_{\mathrm{eD}}\sqrt{u})}}_{\text{第一项}} + \underbrace{2\sum_{k=1}^{+\infty}\cos\left(\pi k\frac{x_{\mathrm{D1}}}{\alpha x_{\mathrm{eD}}}\right)\frac{\cosh\left[\varepsilon_{\alpha k}\left(\beta y_{\mathrm{eD}} - |y_{\mathrm{D2}}|\right)\right]}{\varepsilon_{\alpha k}\sinh(\beta y_{\mathrm{eD}}\varepsilon_{\alpha k})}}_{\text{第二项}} + \right.$$

$$2\sum_{n=1}^{+\infty}\left\{\cos\left(\frac{\pi n z_{\mathrm{D2}}}{\gamma h_{\mathrm{D}}}\right)\frac{\cosh\left[\varepsilon_{\gamma n}\left(\beta y_{\mathrm{eD}} - |y_{\mathrm{D2}}|\right)\right]}{\varepsilon_{\gamma n}\sinh(\beta y_{\mathrm{eD}}\varepsilon_{\gamma n})}\right\} + \qquad\qquad (1\text{--}187)$$

$$\left.\underbrace{2\sum_{n=1}^{+\infty}\left\{\cos\left(\frac{\pi n z_{\mathrm{D2}}}{\gamma h_{\mathrm{D}}}\right)\left[2\sum_{k=1}^{+\infty}\cos\left(\pi k\frac{x_{\mathrm{D1}}}{\alpha x_{\mathrm{eD}}}\right)\frac{\cosh\left[\varepsilon_{\gamma n k}\left(\beta y_{\mathrm{eD}} - |y_{\mathrm{D2}}|\right)\right]}{\varepsilon_{\gamma n k}\sinh(\beta y_{\mathrm{eD}}\varepsilon_{\gamma n k})}\right]\right\}}_{\text{第三项}} \right\}$$

$$TS_{(2,2,2)} = \frac{\pi}{2\alpha\gamma h_D x_{eD}} \left\{ \underbrace{\frac{\cosh\left[\sqrt{u}\left(\beta y_{eD} - |y_{D2}|\right)\right]}{\sqrt{u}\sinh(\beta y_{eD}\sqrt{u})}}_{\text{第一项}} + \underbrace{2\sum_{k=1}^{+\infty}\cos\left(\pi k \frac{x_{D2}}{\alpha x_{eD}}\right)\frac{\cosh\left[\varepsilon_{\alpha k}\left(\beta y_{eD} - |y_{D2}|\right)\right]}{\varepsilon_{\alpha k}\sinh(\beta y_{eD}\varepsilon_{\alpha k})}}_{\text{第二项}} + \right.$$

$$2\sum_{n=1}^{+\infty}\left\{\cos\left(\frac{\pi n z_{D2}}{\gamma h_D}\right)\frac{\cosh\left[\varepsilon_{\gamma n}\left(\beta y_{eD} - |y_{D2}|\right)\right]}{\varepsilon_{\gamma n}\sinh(\beta y_{eD}\varepsilon_{\gamma n})}\right\} + \tag{1-188}$$

$$\underbrace{2\sum_{n=1}^{+\infty}\left\{\cos\left(\frac{\pi n z_{D2}}{\gamma h_D}\right)\left[2\sum_{k=1}^{+\infty}\cos\left(\pi k \frac{x_{D2}}{\alpha x_{eD}}\right)\frac{\cosh\left[\varepsilon_{\gamma n k}\left(\beta y_{eD} - |y_{D2}|\right)\right]}{\varepsilon_{\gamma n k}\sinh(\beta y_{eD}\varepsilon_{\gamma n k})}\right]\right\}}_{\text{第三项}}\right\}$$

$$TS = TS_{(1,1,1)} + TS_{(1,1,2)} + TS_{(1,2,1)} + TS_{(1,2,2)} + TS_{(2,1,1)} + TS_{(2,1,2)} + TS_{(2,2,1)} + TS_{(2,2,2)}$$

将式（1-181）~式（1-188）第一项合并：

$$第一项 = 4\frac{\cosh\left[\sqrt{u}\left(\beta y_{eD} - |y_{D1}|\right)\right]}{\sqrt{u}\sinh(\beta y_{eD}\sqrt{u})} + 4\frac{\cosh\left[\sqrt{u}\left(\beta y_{eD} - |y_{D2}|\right)\right]}{\sqrt{u}\sinh(\beta y_{eD}\sqrt{u})} \tag{1-189}$$

将式（1-181）~式（1-188）第二项合并：

$$4\sum_{k=1}^{+\infty}\cos\left(\pi k \frac{x_{D1}}{\alpha x_{eD}}\right)\frac{\cosh\left[\varepsilon_{\alpha k}\left(\beta y_{eD} - |y_{D1}|\right)\right] + \cosh\left[\varepsilon_{\alpha k}\left(\beta y_{eD} - |y_{D2}|\right)\right]}{\varepsilon_{\alpha k}\sinh(\beta y_{eD}\varepsilon_{\alpha k})} +$$

$$4\sum_{k=1}^{+\infty}\cos\left(\pi k \frac{x_{D2}}{\alpha x_{eD}}\right)\frac{\cosh\left[\varepsilon_{\alpha k}\left(\beta y_{eD} - |y_{D1}|\right)\right] + \cosh\left[\varepsilon_{\alpha k}\left(\beta y_{eD} - |y_{D2}|\right)\right]}{\varepsilon_{\alpha k}\sinh(\beta y_{eD}\varepsilon_{\alpha k})} \tag{1-190}$$

$$= 4\sum_{k=1}^{+\infty}\left[\cos\left(\pi k \frac{x_{D1}}{\alpha x_{eD}}\right) + \cos\left(\pi k \frac{x_{D2}}{\alpha x_{eD}}\right)\right]\frac{\cosh\left[\varepsilon_{\alpha k}\left(\beta y_{eD} - |y_{D1}|\right)\right] + \cosh\left[\varepsilon_{\alpha k}\left(\beta y_{eD} - |y_{D2}|\right)\right]}{\varepsilon_{\alpha k}\sinh(\beta y_{eD}\varepsilon_{\alpha k})}$$

将式（1-181）~式（1-188）第三项中含有 $\cos\left(\dfrac{\pi n z_{D1}}{\gamma h_D}\right)$ 的项合并：

$$2\sum_{n=1}^{+\infty}\cos\left(\frac{\pi n z_{D1}}{\gamma h_D}\right)\left\{\frac{2\cosh\left[\varepsilon_{\gamma n}\left(\beta y_{eD} - |y_{D1}|\right)\right]}{\varepsilon_{\gamma n}\sinh(\beta y_{eD}\varepsilon_{\gamma n})} + 2\sum_{k=1}^{+\infty}\left[\cos\left(\pi k \frac{x_{D1}}{\alpha x_{eD}}\right) + \cos\left(\pi k \frac{x_{D2}}{\alpha x_{eD}}\right)\right]\frac{\cosh\left[\varepsilon_{\gamma n k}\left(\beta y_{eD} - |y_{D1}|\right)\right]}{\varepsilon_{\gamma n k}\sinh(\beta y_{eD}\varepsilon_{\gamma n k})} + \right.$$

$$\frac{2\cosh\left[\varepsilon_{\gamma n}\left(\beta y_{eD} - |y_{D2}|\right)\right]}{\varepsilon_{\gamma n}\sinh(\beta y_{eD}\varepsilon_{\gamma n})} + 2\sum_{k=1}^{+\infty}\left[\cos\left(\pi k \frac{x_{D1}}{\alpha x_{eD}}\right) + \cos\left(\pi k \frac{x_{D2}}{\alpha x_{eD}}\right)\right]\frac{\cosh\left[\varepsilon_{\gamma n k}\left(\beta y_{eD} - |y_{D2}|\right)\right]}{\varepsilon_{\gamma n k}\sinh(\beta y_{eD}\varepsilon_{\gamma n k})}\right\}$$

$$= 2\sum_{n=1}^{+\infty}\cos\left(\frac{\pi n z_{D1}}{\gamma h_D}\right)\left\{2\frac{\cosh\left[\varepsilon_{\gamma n}\left(\beta y_{eD} - |y_{D1}|\right)\right] + \cosh\left[\varepsilon_{\gamma n}\left(\beta y_{eD} - |y_{D2}|\right)\right]}{\varepsilon_{\gamma n}\sinh(\beta y_{eD}\varepsilon_{\gamma n})} + \right. \tag{1-191}$$

$$2\sum_{k=1}^{+\infty}\left[\cos\left(\pi k \frac{x_{D1}}{\alpha x_{eD}}\right) + \cos\left(\pi k \frac{x_{D2}}{\alpha x_{eD}}\right)\right]\frac{\cosh\left[\varepsilon_{\gamma n k}\left(\beta y_{eD} - |y_{D1}|\right)\right] + \cosh\left[\varepsilon_{\gamma n k}\left(\beta y_{eD} - |y_{D2}|\right)\right]}{\varepsilon_{\gamma n k}\sinh(\beta y_{eD}\varepsilon_{\gamma n k})}\right\}$$

将式（1-181）~式（1-188）第三项中含有 $\cos\left(\dfrac{\pi n z_{D2}}{\gamma h_D}\right)$ 的项合并：

$$2\sum_{n=1}^{+\infty}\cos\left(\frac{\pi n z_{D2}}{\gamma h_D}\right)\left\{2\frac{\cosh\left[\varepsilon_{\gamma n}\left(\beta y_{eD}-|y_{D1}|\right)\right]}{\varepsilon_{\gamma n}\sinh(\beta y_{eD}\varepsilon_{\gamma n})}+2\sum_{k=1}^{+\infty}\left[\cos\left(\pi k\frac{x_{D1}}{\alpha x_{eD}}\right)+\cos\left(\pi k\frac{x_{D2}}{\alpha x_{eD}}\right)\right]\frac{\cosh\left[\varepsilon_{\gamma nk}\left(\beta y_{eD}-|y_{D1}|\right)\right]}{\varepsilon_{\gamma nk}\sinh(\beta y_{eD}\varepsilon_{\gamma nk})}+\right.$$

$$\left.\frac{2\cosh\left[\varepsilon_{\gamma n}\left(\beta y_{eD}-|y_{D2}|\right)\right]}{\varepsilon_{\gamma n}\sinh(\beta y_{eD}\varepsilon_{\gamma n})}+2\sum_{k=1}^{+\infty}\left[\cos\left(\pi k\frac{x_{D1}}{\alpha x_{eD}}\right)+\cos\left(\pi k\frac{x_{D2}}{\alpha x_{eD}}\right)\right]\frac{\cosh\left[\varepsilon_{\gamma nk}\left(\beta y_{eD}-|y_{D2}|\right)\right]}{\varepsilon_{\gamma nk}\sinh(\beta y_{eD}\varepsilon_{\gamma nk})}\right\}$$

（1-192）

$$=2\sum_{n=1}^{+\infty}\cos\left(\frac{\pi n z_{D2}}{\gamma h_D}\right)\left\{2\frac{\cosh\left[\varepsilon_{\gamma n}\left(\beta y_{eD}-|y_{D1}|\right)\right]+\cosh\left[\varepsilon_{\gamma n}\left(\beta y_{eD}-|y_{D2}|\right)\right]}{\varepsilon_{\gamma n}\sinh(\beta y_{eD}\varepsilon_{\gamma n})}+\right.$$

$$\left.2\sum_{k=1}^{+\infty}\left[\cos\left(\pi k\frac{x_{D1}}{\alpha x_{eD}}\right)+\cos\left(\pi k\frac{x_{D2}}{\alpha x_{eD}}\right)\right]\frac{\cosh\left[\varepsilon_{\gamma nk}\left(\beta y_{eD}-|y_{D1}|\right)\right]+\cosh\left[\varepsilon_{\gamma nk}\left(\beta y_{eD}-|y_{D2}|\right)\right]}{\varepsilon_{\gamma nk}\sinh(\beta y_{eD}\varepsilon_{\gamma nk})}\right\}$$

合并式（1-191）和式（1-192）可得

$$2\sum_{n=1}^{+\infty}\cos\left(\frac{\pi n z_{D1}}{\gamma h_D}\right)\left\{2\frac{\cosh\left[\varepsilon_{\gamma n}\left(\beta y_{eD}-|y_{D1}|\right)\right]+\cosh\left[\varepsilon_{\gamma n}\left(\beta y_{eD}-|y_{D2}|\right)\right]}{\varepsilon_{\gamma n}\sinh(\beta y_{eD}\varepsilon_{\gamma n})}+\right.$$

$$\left.2\sum_{k=1}^{+\infty}\left[\cos\left(\pi k\frac{x_{D1}}{\alpha x_{eD}}\right)+\cos\left(\pi k\frac{x_{D2}}{\alpha x_{eD}}\right)\right]\frac{\cosh\left[\varepsilon_{\gamma nk}\left(\beta y_{eD}-|y_{D1}|\right)\right]+\cosh\left[\varepsilon_{\gamma nk}\left(\beta y_{eD}-|y_{D2}|\right)\right]}{\varepsilon_{\gamma nk}\sinh(\beta y_{eD}\varepsilon_{\gamma nk})}\right\}+$$

$$2\sum_{n=1}^{+\infty}\cos\left(\frac{\pi n z_{D2}}{\gamma h_D}\right)\left\{2\frac{\cosh\left[\varepsilon_{\gamma n}\left(\beta y_{eD}-|y_{D1}|\right)\right]+\cosh\left[\varepsilon_{\gamma n}\left(\beta y_{eD}-|y_{D2}|\right)\right]}{\varepsilon_{\gamma n}\sinh(\beta y_{eD}\varepsilon_{\gamma n})}+\right.$$

（1-193）

$$\left.2\sum_{k=1}^{+\infty}\left[\cos\left(\pi k\frac{x_{D1}}{\alpha x_{eD}}\right)+\cos\left(\pi k\frac{x_{D2}}{\alpha x_{eD}}\right)\right]\frac{\cosh\left[\varepsilon_{\gamma nk}\left(\beta y_{eD}-|y_{D1}|\right)\right]+\cosh\left[\varepsilon_{\gamma nk}\left(\beta y_{eD}-|y_{D2}|\right)\right]}{\varepsilon_{\gamma nk}\sinh(\beta y_{eD}\varepsilon_{\gamma nk})}\right\}$$

$$=2\sum_{n=1}^{+\infty}\left[\cos\left(\frac{\pi n z_{D1}}{\gamma h_D}\right)+\cos\left(\frac{\pi n z_{D2}}{\gamma h_D}\right)\right]\left\{2\frac{\cosh\left[\varepsilon_{\gamma n}\left(\beta y_{eD}-|y_{D1}|\right)\right]+\cosh\left[\varepsilon_{\gamma n}\left(\beta y_{eD}-|y_{D2}|\right)\right]}{\varepsilon_{\gamma n}\sinh(\beta y_{eD}\varepsilon_{\gamma n})}+\right.$$

$$\left.2\sum_{k=1}^{+\infty}\left[\cos\left(\pi k\frac{x_{D1}}{\alpha x_{eD}}\right)+\cos\left(\pi k\frac{x_{D2}}{\alpha x_{eD}}\right)\right]\frac{\cosh\left[\varepsilon_{\gamma nk}\left(\beta y_{eD}-|y_{D1}|\right)\right]+\cosh\left[\varepsilon_{\gamma nk}\left(\beta y_{eD}-|y_{D2}|\right)\right]}{\varepsilon_{\gamma nk}\sinh(\beta y_{eD}\varepsilon_{\gamma nk})}\right\}$$

综合式（1-189）、式（1-190）和式（1-193），将其代入式（1-180）中，再考虑式（1-150）复杂边界的盒状储层点源函数解可得

$$TS=A\left\{4\frac{\cosh\left[\sqrt{u}\left(\beta y_{eD}-|y_{D1}|\right)\right]+\cosh\left[\sqrt{u}\left(\beta y_{eD}-|y_{D2}|\right)\right]}{\sqrt{u}\sinh(\beta y_{eD}\sqrt{u})}+\right.$$

$$8\sum_{k=1}^{+\infty}C\frac{\cosh\left[\varepsilon_{\alpha k}\left(\beta y_{eD}-|y_{D1}|\right)\right]+\cosh\left[\varepsilon_{\alpha k}\left(\beta y_{eD}-|y_{D2}|\right)\right]}{\varepsilon_{\alpha k}\sinh(\beta y_{eD}\varepsilon_{\alpha k})}+$$

（1-194）

$$4\sum_{n=1}^{+\infty}B\left[2\frac{\cosh\left[\varepsilon_{\gamma n}\left(\beta y_{eD}-|y_{D1}|\right)\right]+\cosh\left[\varepsilon_{\gamma n}\left(\beta y_{eD}-|y_{D2}|\right)\right]}{\varepsilon_{\gamma n}\sinh(\beta y_{eD}\varepsilon_{\gamma n})}\right]+$$

$$\left.4\sum_{n=1}^{+\infty}B\left[4\sum_{k=1}^{+\infty}C\frac{\cosh\left[\varepsilon_{\gamma nk}\left(\beta y_{eD}-|y_{D1}|\right)\right]+\cosh\left[\varepsilon_{\gamma nk}\left(\beta y_{eD}-|y_{D2}|\right)\right]}{\varepsilon_{\gamma nk}\sinh(\beta y_{eD}\varepsilon_{\gamma nk})}\right]\right\}$$

其中：$A = \dfrac{\pi}{2\gamma \alpha h_D x_{eD}}$，$B = \cos\left(\dfrac{\pi n z_D}{\gamma h_D}\right)\cos\left(\dfrac{\pi n z_{wD}}{\gamma h_D}\right)$，$C = \cos\left(\pi k \dfrac{x_D}{\alpha x_{eD}}\right)\cos\left(\pi k \dfrac{x_{wD}}{\alpha x_{eD}}\right)$。

式（1-194）即为 $\mathrm{TS} = \mathrm{TS}_{(1,1,1)} + \mathrm{TS}_{(1,1,2)} + \mathrm{TS}_{(1,2,1)} + \mathrm{TS}_{(1,2,2)} + \mathrm{TS}_{(2,1,1)} + \mathrm{TS}_{(2,1,2)} + \mathrm{TS}_{(2,2,1)} + \mathrm{TS}_{(2,2,2)}$ 的求和式，将式（1-194）代入式（1-150）可得

$$\Delta \bar{p} = A\left\{\frac{\cosh\left[\sqrt{u}\left(\beta y_{eD} - |y_{D1}|\right)\right] + \cosh\left[\sqrt{u}\left(\beta y_{eD} - |y_{D2}|\right)\right]}{\sqrt{u}\sinh(\beta y_{eD}\sqrt{u})} + \right.$$
$$2\sum_{k=1}^{+\infty} C\frac{\cosh\left[\varepsilon_{\alpha k}\left(\beta y_{eD} - |y_{D1}|\right)\right] + \cosh\left[\varepsilon_{\alpha k}\left(\beta y_{eD} - |y_{D2}|\right)\right]}{\varepsilon_{\alpha k}\sinh(\beta y_{eD}\varepsilon_{\alpha k})} +$$
$$2\sum_{n=1}^{+\infty} B\left[\frac{\cosh\left[\varepsilon_{\gamma n}\left(\beta y_{eD} - |y_{D1}|\right)\right] + \cosh\left[\varepsilon_{\gamma n}\left(\beta y_{eD} - |y_{D2}|\right)\right]}{\varepsilon_{\gamma n}\sinh(\beta y_{eD}\varepsilon_{\gamma n})}\right] +$$
$$\left. 2\sum_{n=1}^{+\infty} B\left[2\sum_{k=1}^{+\infty} C\frac{\cosh\left[\varepsilon_{\gamma nk}\left(\beta y_{eD} - |y_{D1}|\right)\right] + \cosh\left[\varepsilon_{\gamma nk}\left(\beta y_{eD} - |y_{D2}|\right)\right]}{\varepsilon_{\gamma nk}\sinh(\beta y_{eD}\varepsilon_{\gamma nk})}\right]\right\} \tag{1-195}$$

其中：$A = \dfrac{\tilde{q}\mu}{2\gamma \alpha k h_D x_{eD} L_{ref} s}$，$\varepsilon_{\alpha k} = \sqrt{\left(\dfrac{k\pi}{\alpha x_{eD}}\right)^2 + u}$，$\varepsilon_{\beta m} = \sqrt{\left(\dfrac{m\pi}{\beta y_{eD}}\right)^2 + u}$，$\varepsilon_{\gamma n} = \sqrt{\left(\dfrac{n\pi}{\gamma h_D}\right)^2 + u}$，

$\varepsilon_{\gamma nk} = \sqrt{\varepsilon_{\gamma n}^2 + \dfrac{k^2\pi^2}{\alpha^2 x_{eD}^2}}$，$x_{D1} = x_D - x_{wD}$，$x_{D2} = x_D + x_{wD}$，$y_{D1} = y_D - y_{wD}$，$y_{D2} = y_D + y_{wD}$，$z_{D1} = z_D - z_{wD}$，

$z_{D2} = z_D + z_{wD}$。

这里需要对本节中的参数 ε 的下标做以下说明，其中下标 k、m 和 n 分别表示 x、y 和 z 三个方向的级数项的下标，而 (αk)、(βm) 和 (γn) 中的 α、β 和 γ 分别表示点源模型相对于 x、y 和 z 三个方向尺度的调节参数，其在后续盒状点源研究中非常有用。

1.3.4 （(αk)、(βm)、(γn)）形式的三重级数求和变体形式

根据式（1-180）的推导过程，可以看出，在直角坐标系中，x，y，z 三个方向是对等的，因此三个方向可以互换，将 h_D 替换为 z_{eD}，则可得基本的关系为

$$\mathrm{TS} = \frac{\pi}{2\gamma \alpha z_{eD} x_{eD}}\left\{\frac{\cosh\left[\sqrt{u}\left(\beta y_{eD} - |y_{Dj}|\right)\right]}{\sqrt{u}\sinh(\beta y_{eD}\sqrt{u})} + 2\sum_{k=1}^{+\infty}\cos\left(k\pi\frac{x_{Di}}{\alpha x_{eD}}\right)\frac{\cosh\left[\varepsilon_{\alpha k}\left(\beta y_{eD} - |y_{Dj}|\right)\right]}{\varepsilon_{\alpha k}\sinh(\beta y_{eD}\varepsilon_{\alpha k})} + \right.$$
$$2\sum_{n=1}^{+\infty}\left\{\cos\left(\frac{\pi n z_{Dl}}{\gamma z_{eD}}\right)\left[\frac{\cosh\left[\varepsilon_{\gamma n}\left(\beta y_{eD} - |y_{Dj}|\right)\right]}{\varepsilon_{\gamma n}\sinh(\beta y_{eD}\varepsilon_{\gamma n})}\right]\right\} + \tag{1-196}$$
$$\left. 2\sum_{n=1}^{+\infty}\left\{\cos\left(\frac{\pi n z_{Dl}}{\gamma z_{eD}}\right)\left[2\sum_{k=1}^{+\infty}\cos\left(k\pi\frac{x_{Di}}{\alpha x_{eD}}\right)\frac{\cosh\left[\varepsilon_{\gamma nk}\left(\beta y_{eD} - |y_{Dj}|\right)\right]}{\varepsilon_{\gamma nk}\sinh(\beta y_{eD}\varepsilon_{\gamma nk})}\right]\right\}\right\}(i,\ j,\ l = 1,2)$$

其中：$\varepsilon_{\alpha k}=\sqrt{\left(\dfrac{k\pi}{\alpha x_{\mathrm{eD}}}\right)^2+u}$，$\varepsilon_{\gamma n}=\sqrt{\left(\dfrac{n\pi}{\gamma h_{\mathrm{D}}}\right)^2+u}$，$\varepsilon_{\gamma n k}=\sqrt{\varepsilon_{\gamma n}^2+\dfrac{k^2\pi^2}{\alpha^2 x_{\mathrm{eD}}^2}}$。

$x_{\mathrm{eD}}y_{\mathrm{eD}}$ 的表示形式，将式（1–196）的 z 方向与 y 方向互换，$z\rightleftharpoons y$，$\gamma\rightleftharpoons\beta$，$n\rightleftharpoons m$，可得

$$\begin{aligned}
\mathrm{TS}=\frac{\pi}{2\beta\alpha y_{\mathrm{eD}}x_{\mathrm{eD}}}&\left\{\frac{\cosh\left[\sqrt{u}\left(\gamma z_{\mathrm{eD}}-|z_{\mathrm{D}l}|\right)\right]}{\sqrt{u}\sinh(\gamma z_{\mathrm{eD}}\sqrt{u})}+2\sum_{k=1}^{+\infty}\cos\left(k\pi\frac{x_{\mathrm{D}l}}{\alpha x_{\mathrm{eD}}}\right)\frac{\cosh\left[\varepsilon_{\alpha k}\left(\gamma z_{\mathrm{eD}}-|z_{\mathrm{D}l}|\right)\right]}{\varepsilon_{\alpha k}\sinh(\gamma z_{\mathrm{eD}}\varepsilon_{\alpha k})}+\right.\\
&2\sum_{m=1}^{+\infty}\left\{\cos\left(\frac{\pi m y_{\mathrm{D}j}}{\beta y_{\mathrm{eD}}}\right)\left[\frac{\cosh\left[\varepsilon_{\beta m}\left(\gamma z_{\mathrm{eD}}-|z_{\mathrm{D}l}|\right)\right]}{\varepsilon_{\beta m}\sinh(\gamma z_{\mathrm{eD}}\varepsilon_{\beta m})}\right]\right\}+\\
&\left.2\sum_{m=1}^{+\infty}\left\{\cos\left(\frac{\pi m y_{\mathrm{D}j}}{\beta y_{\mathrm{eD}}}\right)\left[2\sum_{k=1}^{+\infty}\cos\left(k\pi\frac{x_{\mathrm{D}i}}{\alpha x_{\mathrm{eD}}}\right)\frac{\cosh\left[\varepsilon_{\beta m k}\left(\gamma z_{\mathrm{eD}}-|z_{\mathrm{D}l}|\right)\right]}{\varepsilon_{\beta m k}\sinh(\gamma z_{\mathrm{eD}}\varepsilon_{\beta m k})}\right]\right\}\right\}(i,\ j,\ l=1,2)
\end{aligned}\tag{1–197}$$

其中：$\varepsilon_{\beta m}=\sqrt{\left(\dfrac{m\pi}{\beta y_{\mathrm{eD}}}\right)^2+u}$，$\varepsilon_{\beta m k}=\sqrt{\varepsilon_{\beta m}^2+\dfrac{k^2\pi^2}{\alpha^2 x_{\mathrm{eD}}^2}}$。

$z_{\mathrm{eD}}y_{\mathrm{eD}}$ 的表示形式，将式（1–196）的 x 方向与 y 方向互换，$x\rightleftharpoons y$，$\alpha\rightleftharpoons\beta$，$k\rightleftharpoons m$，可得

$$\begin{aligned}
\mathrm{TS}=\frac{\pi}{2\gamma\beta z_{\mathrm{eD}}y_{\mathrm{eD}}}&\left\{\frac{\cosh\left[\sqrt{u}\left(\alpha x_{\mathrm{eD}}-|x_{\mathrm{D}i}|\right)\right]}{\sqrt{u}\sinh(\alpha x_{\mathrm{eD}}\sqrt{u})}+2\sum_{m=1}^{+\infty}\cos\left(m\pi\frac{y_{\mathrm{D}j}}{\beta y_{\mathrm{eD}}}\right)\frac{\cosh\left[\varepsilon_{\beta m}\left(\alpha x_{\mathrm{eD}}-|x_{\mathrm{D}i}|\right)\right]}{\varepsilon_{\beta m}\sinh(\alpha x_{\mathrm{eD}}\varepsilon_{\beta m})}+\right.\\
&2\sum_{n=1}^{+\infty}\left\{\cos\left(\frac{\pi n z_{\mathrm{D}l}}{\gamma z_{\mathrm{eD}}}\right)\left[\frac{\cosh\left[\varepsilon_{\gamma n}\left(\alpha x_{\mathrm{eD}}-|x_{\mathrm{D}i}|\right)\right]}{\varepsilon_{\gamma n}\sinh(\alpha x_{\mathrm{eD}}\varepsilon_{\gamma n})}\right]\right\}+\\
&\left.2\sum_{n=1}^{+\infty}\left\{\cos\left(\frac{\pi n z_{\mathrm{D}l}}{\gamma z_{\mathrm{eD}}}\right)\left[2\sum_{m=1}^{+\infty}\cos\left(m\pi\frac{y_{\mathrm{D}j}}{\beta y_{\mathrm{eD}}}\right)\frac{\cosh\left[\varepsilon_{\gamma n m}\left(\alpha x_{\mathrm{eD}}-|x_{\mathrm{D}i}|\right)\right]}{\varepsilon_{\gamma n m}\sinh(\alpha x_{\mathrm{eD}}\varepsilon_{\gamma n m})}\right]\right\}\right\}(i,j,l=1,2)
\end{aligned}\tag{1–198}$$

其中：$\varepsilon_{\gamma n m}=\sqrt{\varepsilon_{\gamma n}^2+\dfrac{m^2\pi^2}{\beta^2 y_{\mathrm{eD}}^2}}$。

1.3.5 Poisson 求和公式的数值计算验证

为验证 Poisson 求和公式（1–90）和（1–91）的正确性，采用 Matlab 平台编制的 Poisson 求和公式（1–90）和（1–91）的验证程序，数值计算的级数项的相对误差为 10^{-7}。通过图 1–5 和图 1–6 可以看出，Laplace 空间与时空间在等式两边取 10^{-7} 的相对误差均能满足计算的需要。

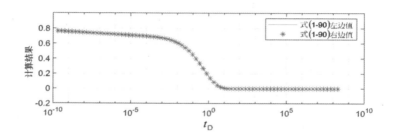

图 1-5 Poisson 求和公式（1-90）数值计算结果

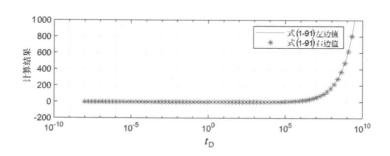

图 1-6 Poisson 求和公式（1-91）数值计算结果

1.4 柱坐标系中常见边界点源函数

1.4.1 顶底封闭径向封闭柱状储层点源函数模型

在 1.2.1 节中已经求得了顶底封闭径向无限大柱状储层模型的点源函数，根据 1.2.1 节的研究结果，继续研究不同边界组合形态下的柱坐标系中的点源函数。首先建立顶底封闭径向也封闭的柱状储层的点源几何模型，如图 1-7 所示。在前面研究的过程中，其基本的数学模型都是基于无量纲的，因此在图 1-7 中点源的几何参数都采用无量纲参数表示。

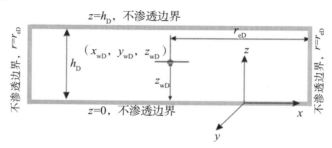

图 1-7 顶底封闭径向封闭点源示意图（柱坐标系）

图 1-7 中的点源渗流数学模型为

$$\frac{1}{r_{\mathrm{D}}}\frac{\partial}{\partial r_{\mathrm{D}}}\left(r_{\mathrm{D}}\frac{\partial \Delta \overline{p}}{\partial r_{\mathrm{D}}}\right)+\frac{\partial^2 \Delta \overline{p}}{\partial z_{\mathrm{D}}^{\ 2}}=u\Delta \overline{p} \tag{1-199}$$

初始条件：

$$\Delta \overline{p}(t_{\mathrm{D}}=0,\ r_{\mathrm{D}}>\varepsilon \to 0)=0 \tag{1-200}$$

内边界条件：

$$\lim_{\varepsilon_{\mathrm{D}}\to 0}\left(\frac{2\pi kL}{\mu \varepsilon_{\mathrm{D}}}\lim_{r_{\mathrm{D}}\to 0}\int_{z_{\mathrm{wD}}-\varepsilon_{\mathrm{D}}/2}^{z_{\mathrm{wD}}+\varepsilon_{\mathrm{D}}/2} r_{\mathrm{D}}\frac{\partial \Delta \overline{p}}{\partial r_{\mathrm{D}}}\mathrm{d}z_{\mathrm{wD}}\right)=-\frac{\tilde{q}}{s} \tag{1-201}$$

封闭外边界条件：

$$\left.\frac{\partial \Delta \overline{p}}{\partial r_{\mathrm{D}}}\right|_{r_{\mathrm{D}}=r_{\mathrm{eD}}}=0 \tag{1-202}$$

其中：r_{eD} 为坐标系中渗流模型的无因次外边界半径，无量纲。

$$\left.\frac{\partial \Delta \overline{p}}{\partial z_{\mathrm{D}}}\right|_{z_{\mathrm{D}}=h_{\mathrm{D}},0}=0 \tag{1-203}$$

根据文献 [4]，上述微分方程的解由两部分组成，第一部分是关于上下边界和点源流动条件的解，第二部分是关于圆形径向外边界的解。对于点源模型来讲，式（1-199）同样符合柱坐标系中热传导方程通解的形式，即包含 Bessel 函数通解的形式（$AI_0(r_{\mathrm{D}}\sqrt{u})+BK_0(r_{\mathrm{D}}\sqrt{u})$）。式（1-85）已经满足顶底封闭条件式（1-203）和内边界的流动条件式（1-201），因此方程式（1-199）的通解只需包含式（1-85）和满足径向封闭外边界条件部分函数即可。根据方程式（1-199）的定解条件，径向封闭外边界条件部分函数对径向内边界条件式（1-201）的贡献应为 0。因此结合 Bessel 函数的性质，可得方程式（1-199）通解的形式：

$$\Delta \overline{p}=\frac{\tilde{q}\mu}{2\pi kL_{\mathrm{ref}}sh_{\mathrm{D}}}\left[K_0\left(\sqrt{u}r_{\mathrm{D}}\right)+2\sum_{n=1}^{+\infty}K_0(\varepsilon_n r_{\mathrm{D}})\cos\left(n\pi\frac{z_{\mathrm{D}}}{h_{\mathrm{D}}}\right)cos\left(n\pi\frac{z_{\mathrm{wD}}}{h_{\mathrm{D}}}\right)\right]+$$
$$\frac{\tilde{q}\mu}{2\pi kL_{\mathrm{ref}}sh_{\mathrm{D}}}\left[AI_0\left(\sqrt{u}r_{\mathrm{D}}\right)+2\sum_{n=1}^{+\infty}B_n I_0(\varepsilon_n r_{\mathrm{D}})\cos\left(n\pi\frac{z_{\mathrm{D}}}{h_{\mathrm{D}}}\right)\cos\left(n\pi\frac{z_{\mathrm{wD}}}{h_{\mathrm{D}}}\right)\right] \tag{1-204}$$

其中：I_0 为 0 阶第一类 Bessel 函数。

代入外边界条件式（1-202）得

$$-\frac{\tilde{q}\mu}{2\pi kL_{\mathrm{ref}}sh_{\mathrm{D}}}\left[\sqrt{u}K_1\left(r_{\mathrm{eD}}\sqrt{u}\right)+2\sum_{n=1}^{+\infty}\varepsilon_n K_1(\varepsilon_n r_{\mathrm{eD}})\cos\left(n\pi\frac{z_{\mathrm{D}}}{h_{\mathrm{D}}}\right)\cos\left(n\pi\frac{z_{\mathrm{wD}}}{h_{\mathrm{D}}}\right)\right]+$$
$$\frac{\tilde{q}\mu}{2\pi kL_{\mathrm{ref}}sh_{\mathrm{D}}}\left[A\sqrt{u}I_1\left(r_{\mathrm{eD}}\sqrt{u}\right)+2\sum_{n=1}^{+\infty}B_n\varepsilon_n I_1(\varepsilon_n r_{\mathrm{eD}})\cos\left(n\pi\frac{z_{\mathrm{D}}}{h_{\mathrm{D}}}\right)\cos\left(n\pi\frac{z_{\mathrm{wD}}}{h_{\mathrm{D}}}\right)\right]=0 \tag{1-205}$$

整理式（1-205）可得方程组系数 A 和 B_n：

$$\begin{cases} -K_1\left(r_{\mathrm{eD}}\sqrt{u}\right)+AI_1\left(r_{\mathrm{eD}}\sqrt{u}\right)=0 \\ -K_1\left(r_{\mathrm{eD}}\varepsilon_n\right)+B_nI_1\left(r_{\mathrm{eD}}\varepsilon_n\right)=0 \end{cases} \Rightarrow \begin{cases} A=\dfrac{K_1\left(r_{\mathrm{eD}}\sqrt{u}\right)}{I_1\left(r_{\mathrm{eD}}\sqrt{u}\right)} \\ B_n=\dfrac{K_1\left(r_{\mathrm{eD}}\varepsilon_n\right)}{I_1\left(r_{\mathrm{eD}}\varepsilon_n\right)} \end{cases} \quad （1-206）$$

因此顶底封闭径向封闭柱状储层点源函数模型的点源解为

$$\begin{aligned} \Delta\overline{p}=\frac{\tilde{q}\mu}{2\pi kL_{\mathrm{ref}}sh_{\mathrm{D}}}&\left[K_0\left(r_{\mathrm{D}}\sqrt{u}\right)+2\sum_{n=1}^{+\infty}K_0\left(\varepsilon_n r_{\mathrm{D}}\right)\cos\left(n\pi\frac{z_{\mathrm{D}}}{h_{\mathrm{D}}}\right)\cos\left(n\pi\frac{z_{\mathrm{wD}}}{h_{\mathrm{D}}}\right)+\frac{K_1\left(r_{\mathrm{eD}}\sqrt{u}\right)}{I_1\left(r_{\mathrm{eD}}\sqrt{u}\right)}I_0\left(r_{\mathrm{D}}\sqrt{u}\right)+\right.\\ &\left.2\sum_{n=1}^{+\infty}\frac{K_1\left(\varepsilon_n r_{\mathrm{eD}}\right)}{I_1\left(\varepsilon_n r_{\mathrm{eD}}\right)}I_0\left(\varepsilon_n r_{\mathrm{D}}\right)\cos\left(n\pi\frac{z_{\mathrm{D}}}{h_{\mathrm{D}}}\right)\cos\left(n\pi\frac{z_{\mathrm{wD}}}{h_{\mathrm{D}}}\right)\right] \end{aligned} \quad （1-207）$$

1.4.2 顶底封闭径向定压柱状储层点源函数模型

建立顶底封闭径向定压的柱状储层的点源几何模型，如图 1-8 所示。在前面研究的过程中，其基本的数学模型都是基于无量纲的，因此在图 1-8 中点源的几何参数都采用无量纲参数表示。

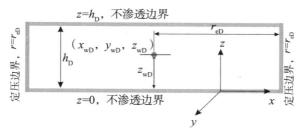

图 1-8 顶底封闭径向定压点源示意图（柱坐标系）

图 1-8 中点源描述的渗流方程由式（1-199）表示，其初始条件、内边界条件与顶底封闭边界由式（1-200）、式（1-201）和式（1-203）表示，径向定压外边界条件由式（1-208）表示，其通解由式（1-204）表示。

径向定压外边界条件：

$$\Delta\overline{p}\big|_{r_{\mathrm{D}}=r_{\mathrm{eD}}}=0 \quad （1-208）$$

将径向定压外边界条件代入式（1-204）得

$$\begin{aligned} &\frac{\tilde{q}\mu}{2\pi kL_{\mathrm{ref}}sh_{\mathrm{D}}}\left[K_0\left(r_{\mathrm{eD}}\sqrt{u}\right)+2\sum_{n=1}^{+\infty}K_0\left(\varepsilon_n r_{\mathrm{eD}}\right)\cos\left(n\pi\frac{z_{\mathrm{D}}}{h_{\mathrm{D}}}\right)\cos\left(n\pi\frac{z_{\mathrm{wD}}}{h_{\mathrm{D}}}\right)\right]+\\ &\frac{\tilde{q}\mu}{2\pi kL_{\mathrm{ref}}sh_{\mathrm{D}}}\left[AI_0\left(r_{\mathrm{eD}}\sqrt{u}\right)+2\sum_{n=1}^{+\infty}B_nI_0\left(\varepsilon_n r_{\mathrm{eD}}\right)\cos\left(n\pi\frac{z_{\mathrm{D}}}{h_{\mathrm{D}}}\right)\cos\left(n\pi\frac{z_{\mathrm{wD}}}{h_{\mathrm{D}}}\right)\right]=0 \end{aligned} \quad （1-209）$$

由式（1–209）得到径向定压外边界条件下 A 和 B_n 的值：

$$\begin{cases} K_0\left(r_{\mathrm{eD}}\sqrt{u}\right)+AI_0\left(r_{\mathrm{eD}}\sqrt{u}\right)=0 \\ K_0(r_{\mathrm{eD}}\varepsilon_n)+B_nI_0(r_{\mathrm{eD}}\varepsilon_n)=0 \end{cases} \Rightarrow \begin{cases} A=-\dfrac{K_0\left(r_{\mathrm{eD}}\sqrt{u}\right)}{I_0\left(r_{\mathrm{eD}}\sqrt{u}\right)} \\ B_n=-\dfrac{K_0(r_{\mathrm{eD}}\varepsilon_n)}{I_0(r_{\mathrm{eD}}\varepsilon_n)} \end{cases} \tag{1–210}$$

因此顶底封闭径向定压柱状储层电源函数模型的点源解为

$$\begin{aligned} \Delta\bar{p}=\frac{\tilde{q}\mu}{2\pi kL_{\mathrm{ref}}sh_{\mathrm{D}}}&\left[K_0\left(r_{\mathrm{D}}\sqrt{u}\right)+2\sum_{n=1}^{+\infty}K_0(\varepsilon_nr_{\mathrm{D}})\cos\left(n\pi\frac{z_{\mathrm{D}}}{h_{\mathrm{D}}}\right)\cos\left(n\pi\frac{z_{\mathrm{wD}}}{h_{\mathrm{D}}}\right)-\frac{K_0\left(r_{\mathrm{eD}}\sqrt{u}\right)}{I_0\left(r_{\mathrm{eD}}\sqrt{u}\right)}I_0\left(r_{\mathrm{D}}\sqrt{u}\right)-\right. \\ &\left.2\sum_{n=1}^{+\infty}\frac{K_0(\varepsilon_nr_{\mathrm{eD}})}{I_0(\varepsilon_nr_{\mathrm{eD}})}I_0(\varepsilon_nr_{\mathrm{D}})\cos\left(n\pi\frac{z_{\mathrm{D}}}{h_{\mathrm{D}}}\right)\cos\left(n\pi\frac{z_{\mathrm{wD}}}{h_{\mathrm{D}}}\right)\right] \end{aligned} \tag{1–211}$$

1.4.3　顶底定压径向封闭柱状储层点源函数模型

在 1.2.3 节中已经求得了顶底定压径向无限大储层模型的点源函数，根据 1.2.3 节的研究结果，继续研究顶底定压径向封闭的柱坐标系中的点源函数。首先建立顶底定压径向封闭的柱状储层的点源几何模型，如图 1–9 所示。

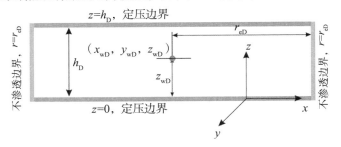

图 1–9　顶底定压径向封闭点源示意图（柱坐标系）

图 1–9 中点源渗流的数学模型由式（1–199）描述，初始条件由式（1–200）描述，内边界的流动条件由式（1–201）描述，径向封闭外边界条件由式（1–202）描述，顶底定压的边界条件由式（1–212）描述。

顶底定压外边界条件：

$$\Delta\bar{p}\big|_{z_{\mathrm{D}}=0,h_{\mathrm{D}}}=0 \tag{1–212}$$

式（1–93）已经满足顶底定压外边界条件式（1–212）和内边界的流动条件式（1–201），因此式（1–199）的通解只需包含式（1–93）和满足径向封闭外边界条件部分函数即可。根据方程式（1–199）的定解条件，径向封闭外边界条件部分函数对径向内边界条件式（1–201）的贡献应为 0。因此结合 Bessel 函数的性质，可得式（1–199）通解的形式：

$$\Delta \overline{p} = \frac{\tilde{q}\mu}{\pi k L_{\mathrm{ref}} h_{\mathrm{D}} s} \sum_{n=1}^{+\infty} K_0 \left(r_{\mathrm{D}} \sqrt{\frac{(n\pi)^2}{h_{\mathrm{D}}^2} + u} \right) \sin \left(n\pi \frac{z_{\mathrm{D}}}{h_{\mathrm{D}}} \right) \sin \left(n\pi \frac{z_{\mathrm{wD}}}{h_{\mathrm{D}}} \right) +$$
$$\frac{\tilde{q}\mu}{\pi k L_{\mathrm{ref}} h_{\mathrm{D}} s} \sum_{n=1}^{+\infty} B_n I_0 \left(r_{\mathrm{D}} \sqrt{\frac{(n\pi)^2}{h_{\mathrm{D}}^2} + u} \right) \sin \left(n\pi \frac{z_{\mathrm{D}}}{h_{\mathrm{D}}} \right) \sin \left(n\pi \frac{z_{\mathrm{wD}}}{h_{\mathrm{D}}} \right) \qquad (1\text{-}213)$$

将封闭外边界条件式（1-202）代入式（1-213）得

$$-\frac{\tilde{q}\mu}{\pi k L_{\mathrm{ref}} h_{\mathrm{D}} s} \sqrt{\frac{(n\pi)^2}{h_{\mathrm{D}}^2} + u} \sum_{n=1}^{+\infty} K_1 \left(r_{\mathrm{eD}} \sqrt{\frac{(n\pi)^2}{h_{\mathrm{D}}^2} + u} \right) \sin \left(n\pi \frac{z_{\mathrm{D}}}{h_{\mathrm{D}}} \right) \sin \left(n\pi \frac{z_{\mathrm{wD}}}{h_{\mathrm{D}}} \right) +$$
$$\frac{\tilde{q}\mu}{\pi k L_{\mathrm{ref}} h_{\mathrm{D}} s} \sqrt{\frac{(n\pi)^2}{h_{\mathrm{D}}^2} + u} \sum_{n=1}^{+\infty} B_n I_1 \left(r_{\mathrm{eD}} \sqrt{\frac{(n\pi)^2}{h_{\mathrm{D}}^2} + u} \right) \sin \left(n\pi \frac{z_{\mathrm{D}}}{h_{\mathrm{D}}} \right) \sin \left(n\pi \frac{z_{\mathrm{wD}}}{h_{\mathrm{D}}} \right) = 0 \qquad (1\text{-}214)$$

由式（1-214）得到封闭外边界条件下 B_n 的值

$$B_n = K_1 \left(r_{\mathrm{eD}} \sqrt{\frac{(n\pi)^2}{h_{\mathrm{D}}^2} + u} \right) \bigg/ I_1 \left(r_{\mathrm{eD}} \sqrt{\frac{(n\pi)^2}{h_{\mathrm{D}}^2} + u} \right) \qquad (1\text{-}215)$$

则顶底定压径向封闭柱状储层点源函数模型的点源解为

$$\Delta \overline{p} = \frac{\tilde{q}\mu}{\pi k L_{\mathrm{ref}} h_{\mathrm{D}} s} \sum_{n=1}^{+\infty} \left[K_0 \left(r_{\mathrm{D}} \sqrt{\frac{(n\pi)^2}{h_{\mathrm{D}}^2} + u} \right) + \frac{K_1 \left(r_{\mathrm{eD}} \sqrt{\frac{(n\pi)^2}{h_{\mathrm{D}}^2} + u} \right)}{I_1 \left(r_{\mathrm{eD}} \sqrt{\frac{(n\pi)^2}{h_{\mathrm{D}}^2} + u} \right)} I_0 \left(r_{\mathrm{D}} \sqrt{\frac{(n\pi)^2}{h_{\mathrm{D}}^2} + u} \right) \right] \sin \left(n\pi \frac{z_{\mathrm{D}}}{h_{\mathrm{D}}} \right) \sin \left(n\pi \frac{z_{\mathrm{wD}}}{h_{\mathrm{D}}} \right)$$
$$(1\text{-}216)$$

1.4.4 顶底定压径向定压柱状储层点源函数模型

在 1.2.3 节中已经求得了顶底定压径向无限大储层模型的点源函数，根据 1.2.3 节的研究结果，继续研究顶底定压径向定压的柱坐标系中的点源函数。首先建立顶底定压径向定压的柱状储层的点源的几何模型，如图 1-10 所示。

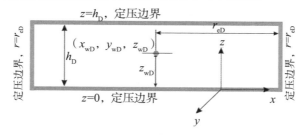

图 1-10 顶底定压径向定压点源示意图（柱坐标系）

图 1-10 中点源渗流数学模型由式（1-199）描述，初始条件由式（1-200）描述，内边界的流动条件由式（1-201）描述，顶底定压的边界条件式（1-212）描述，径向定压外边界条件由式（1-208）描述。

式（1-93）已经满足顶底定压外边界条件式（1-212）和内边界的流动条件式（1-201），因此式（1-199）的通解只需包含式（1-93）和满足径向定压外边界条件部分函数即可。根据式（1-199）的定解条件，径向定压外边界条件部分函数对径向内边界条件式（1-201）的贡献应为0。因此结合 Bessel 函数的性质，可得式（1-199）通解的形式由式（1-213）表示，结合径向定压外边界条件式（1-208）可得

$$
\frac{\tilde{q}\mu}{\pi k L_{\text{ref}} h_{\text{D}} s} \sum_{n=1}^{+\infty} K_0\left(r_{\text{eD}}\sqrt{\frac{(n\pi)^2}{h_{\text{D}}^2}+u}\right) \sin\left(n\pi\frac{z_{\text{D}}}{h_{\text{D}}}\right) \sin\left(n\pi\frac{z_{\text{wD}}}{h_{\text{D}}}\right) +
$$
$$
\frac{\tilde{q}\mu}{\pi k L_{\text{ref}} h_{\text{D}} s} \sum_{n=1}^{+\infty} B_n I_0\left(r_{\text{eD}}\sqrt{\frac{(n\pi)^2}{h_{\text{D}}^2}+u}\right) \sin\left(n\pi\frac{z_{\text{D}}}{h_{\text{D}}}\right) \sin\left(n\pi\frac{z_{\text{wD}}}{h_{\text{D}}}\right) = 0 \tag{1-217}
$$

由式（1-217）得到封闭外边界条件下 B_n 的值：

$$
B_n = -K_0\left(r_{\text{eD}}\sqrt{\frac{(n\pi)^2}{h_{\text{D}}^2}+u}\right) \bigg/ I_0\left(r_{\text{eD}}\sqrt{\frac{(n\pi)^2}{h_{\text{D}}^2}+u}\right) \tag{1-218}
$$

则顶底定压径向定压柱状储层点源函数模型的点源解为

$$
\Delta\bar{p} = \frac{\tilde{q}\mu}{\pi k L_{\text{ref}} h_{\text{D}} s} \sum_{n=1}^{+\infty} \left[K_0\left(r_{\text{D}}\sqrt{\frac{(n\pi)^2}{h_{\text{D}}^2}+u}\right) - \frac{K_0\left(r_{\text{eD}}\sqrt{\frac{(n\pi)^2}{h_{\text{D}}^2}+u}\right)}{I_0\left(r_{\text{eD}}\sqrt{\frac{(n\pi)^2}{h_{\text{D}}^2}+u}\right)} I_0\left(r_{\text{D}}\sqrt{\frac{(n\pi)^2}{h_{\text{D}}^2}+u}\right) \right] \sin\left(n\pi\frac{z_{\text{D}}}{h_{\text{D}}}\right) \sin\left(n\pi\frac{z_{\text{wD}}}{h_{\text{D}}}\right)
$$
$$
\tag{1-219}
$$

1.4.5 上边界定压下边界封闭径向封闭柱状储层点源函数模型

在 1.2.4 节中已经求得了上边界定压下边界封闭径向无限大储层模型的点源函数，根据 1.2.4 节的研究结果，继续研究上边界定压下边界封闭径向封闭的柱坐标系中的点源函数。首先建立上边界定压下边界封闭径向封闭的柱状储层的点源几何模型，如图 1-11 所示。

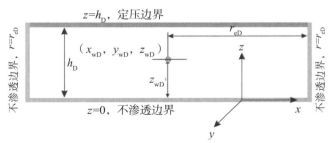

图 1-11 上边界定压下边界封闭径向封闭点源示意图（柱坐标系）

图 1-11 中点源渗流数学模型由式（1-199）描述，初始条件由式（1-200）描述，

内边界的流动条件由式（1-201）描述，径向封闭外边界条件由式（1-202）描述，上边界定压下边界封闭的边界条件由式（1-220）和式（1-221）描述。

$$\Delta \bar{p}\big|_{z_D = h_D} = 0 \tag{1-220}$$

$$\frac{\partial \Delta \bar{p}}{\partial z_D}\bigg|_{z_D = 0} = 0 \tag{1-221}$$

式（1-102）已经满足上边界定压下边界封闭的边界条件式（1-220）、式（1-221）和内边界的流动条件式（1-201），因此式（1-199）的通解只需包含式（1-102）和满足径向封闭外边界条件部分函数即可。根据式（1-199）的定解条件，径向封闭外边界条件部分函数对径向内边界条件式（1-201）的贡献应为 0。因此结合 Bessel 函数的性质，可得式（1-199）通解的形式：

$$
\begin{aligned}
\Delta \bar{p} = &\frac{\tilde{q}\mu}{\pi k L_{ref} h_D s} \left\{ \sum_{n=1}^{+\infty} K_0 \left(r_D \sqrt{\frac{((2n-1)\pi)^2}{4h_D^2} + u} \right) \cos\left[\frac{\pi(2n-1)}{2h_D} z_D \right] \cos\left[\frac{\pi(2n-1)}{2h_D} z_{wD} \right] \right\} + \\
&\frac{\tilde{q}\mu}{\pi k L_{ref} h_D s} \left\{ \sum_{n=1}^{+\infty} B_n I_0 \left(r_D \sqrt{\frac{((2n-1)\pi)^2}{4h_D^2} + u} \right) \cos\left[\frac{\pi(2n-1)}{2h_D} z_D \right] \cos\left[\frac{\pi(2n-1)}{2h_D} z_{wD} \right] \right\}
\end{aligned}
\tag{1-222}
$$

将封闭外边界条件式（1-202）代入式（1-222）得

$$
\begin{aligned}
&-\frac{\tilde{q}\mu}{\pi k L_{ref} h_D s} \sqrt{\frac{[(2n-1)\pi]^2}{4h_D^2} + u} \left[\sum_{n=1}^{+\infty} K_1 \left(r_{eD} \sqrt{\frac{((2n-1)\pi)^2}{4h_D^2} + u} \right) \cos\left[\frac{\pi(2n-1)}{2h_D} z_D \right] \cos\left[\frac{\pi(2n-1)}{2h_D} z_{wD} \right] \right] + \\
&\frac{\tilde{q}\mu}{\pi k L_{ref} h_D s} \sqrt{\frac{[(2n-1)\pi]^2}{4h_D^2} + u} \left[\sum_{n=1}^{+\infty} B_n I_1 \left(r_{eD} \sqrt{\frac{((2n-1)\pi)^2}{4h_D^2} + u} \right) \cos\left[\frac{\pi(2n-1)}{2h_D} z_D \right] \cos\left[\frac{\pi(2n-1)}{2h_D} z_{wD} \right] \right] = 0
\end{aligned}
\tag{1-223}
$$

由式（1-223）得到封闭外边界条件下 B_n 的值：

$$
B_n = K_1 \left(r_{eD} \sqrt{\frac{((2n-1)\pi)^2}{4h_D^2} + u} \right) \Big/ I_1 \left(r_{eD} \sqrt{\frac{((2n-1)\pi)^2}{4h_D^2} + u} \right)
\tag{1-224}
$$

则上边界定压下边界封闭径向封闭柱状储层点源函数模型的点源解为

$$
\begin{aligned}
\Delta \bar{p} = &\frac{\tilde{q}\mu}{\pi k L_{ref} h_D s} \left\{ \sum_{n=1}^{+\infty} \left[K_0 \left(r_D \sqrt{\frac{((2n-1)\pi)^2}{4h_D^2} + u} \right) + \right. \right. \\
&\left. \left. \frac{K_1 \left[r_{eD} \sqrt{\frac{((2n-1)\pi)^2}{4h_D^2} + u} \right]}{I_1 \left[r_{eD} \sqrt{\frac{((2n-1)\pi)^2}{4h_D^2} + u} \right]} I_0 \left(r_D \sqrt{\frac{((2n-1)\pi)^2}{4h_D^2} + u} \right) \right] \cos\left[\frac{\pi(2n-1)}{2h_D} z_D \right] \cos\left[\frac{\pi(2n-1)}{2h_D} z_{wD} \right] \right\}
\end{aligned}
\tag{1-225}
$$

1.4.6　上边界定压下边界封闭径向定压柱状储层点源函数模型

在 1.2.4 节中已经求得了上边界定压下边界封闭径向无限大储层模型的点源函数，根据 1.2.4 节的研究结果，继续研究上边界定压下边界封闭径向定压的柱坐标系中的点源函数。首先建立上边界定压下边界封闭径向定压的柱状储层的点源几何模型，如图 1-12 所示。

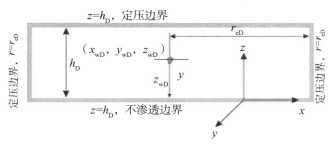

图 1-12　上边界定压下边界封闭径向定压点源示意图（柱坐标系）

图 1-12 中点源渗流数学模型由式（1-199）描述，初始条件由式（1-200）描述，内边界的流动条件由式（1-201）描述，上边界定压下边界封闭的边界条件由式（1-220）和式（1-221）描述，径向定压外边界条件由式（1-208）描述。

式（1-102）已经满足上边界定压下边界封闭的边界条件式（1-220）、式（1-221）和内边界的流动条件式（1-201），因此式（1-199）的通解只需包含式（1-102）和满足径向定压外边界条件部分函数即可。根据式（1-199）的定解条件，径向定压外边界条件部分函数对径向内边界条件式（1-201）的贡献应为 0。因此结合 Bessel 函数的性质，可得式（1-199）通解的形式由式（1-222）表示。将径向定压外边界条件式（1-208）代入式（1-222）可得：

$$\frac{\tilde{q}\mu}{\pi k L_{\mathrm{ref}} h_{\mathrm{D}} s}\sqrt{\frac{\left(\left(2n-1\right)\pi\right)^{2}}{4h_{\mathrm{D}}^{2}}+u}\left\{\sum_{n=1}^{+\infty}K_{0}\left(r_{\mathrm{eD}}\sqrt{\frac{\left(\left(2n-1\right)\pi\right)^{2}}{4h_{\mathrm{D}}^{2}}+u}\right)\cos\left[\frac{\pi\left(2n-1\right)}{2h_{\mathrm{D}}}z_{\mathrm{D}}\right]\cos\left[\frac{\pi\left(2n-1\right)}{2h_{\mathrm{D}}}z_{\mathrm{wD}}\right]+\right.$$
$$\left.\sum_{n=1}^{+\infty}B_{n}I_{0}\left(r_{\mathrm{eD}}\sqrt{\frac{\left(\left(2n-1\right)\pi\right)^{2}}{4h_{\mathrm{D}}^{2}}+u}\right)\cos\left[\frac{\pi\left(2n-1\right)}{2h_{\mathrm{D}}}z_{\mathrm{D}}\right]\cos\left[\frac{\pi\left(2n-1\right)}{2h_{\mathrm{D}}}z_{\mathrm{wD}}\right]\right\}=0 \tag{1-226}$$

根据上式可得到封闭外边界条件下 B_n 的值：

$$B_{n}=-K_{0}\left(r_{\mathrm{eD}}\sqrt{\frac{\left(\left(2n-1\right)\pi\right)^{2}}{4h_{\mathrm{D}}^{2}}+u}\right)\bigg/I_{0}\left(r_{\mathrm{eD}}\sqrt{\frac{\left(\left(2n-1\right)\pi\right)^{2}}{4h_{\mathrm{D}}^{2}}+u}\right) \tag{1-227}$$

因此上边界定压下边界封闭径向定压柱状储层点源函数模型的点源解为

$$\Delta \bar{p} = \frac{\tilde{q}\mu}{\pi k L_{\text{ref}} h_{\text{D}} s} \left\{ \sum_{n=1}^{+\infty} \left[K_0 \left(r_{\text{D}} \sqrt{\frac{\left((2n-1)\pi\right)^2}{4h_{\text{D}}^2} + u} \right) - \frac{K_0 \left(r_{\text{eD}} \sqrt{\frac{\left((2n-1)\pi\right)^2}{4h_{\text{D}}^2} + u} \right)}{I_0 \left(r_{\text{eD}} \sqrt{\frac{\left((2n-1)\pi\right)^2}{4h_{\text{D}}^2} + u} \right)} I_0 \left(r_{\text{D}} \sqrt{\frac{\left((2n-1)\pi\right)^2}{4h_{\text{D}}^2} + u} \right) \right] \right. \tag{1-228}$$

$$\left. \cos \left(\frac{\pi(2n-1)}{2h_{\text{D}}} z_{\text{D}} \right) \cos \left(\frac{\pi(2n-1)}{2h_{\text{D}}} z_{\text{wD}} \right) \right\}$$

1.5 盒状储层点源函数基本理论

在 1.1.1 节中已经求出了球坐标系中任意位置的点源解，对于矩形边界储层而言，只需按照边界性质，对球坐标系中任意位置的点源解先进行 x 方向、y 方向和 z 方向的镜像，然后按照 x 方向、y 方向和 z 方向进行叠加就可以得到不同边界性质的盒状储层的点源解。

1.5.1 顶底封闭 x、y 方向封闭盒状储层点源函数模型

对球坐标系中任意位置的点源解在 x、y、z 三个方向进行镜像反映并进行压降叠加可得到总的压力降，顶底封闭 x、y 方向封闭盒状储层点源叠加示意图如图 1-13 所示。注意这里要考虑镜像的平衡性。图 1-13 给出了盒状封闭储层点源叠加过程的示意图，因为它为封闭边界储层，因此在 x、y、z 三个方向上镜像井均为同号井。图 1-13 左边反映了在 xy 平面上镜像井与实际井的分布情况，红点为实际井的位置，其他均为镜像井，也展示了镜像井在 x 方向、y 方向的位置分布规律，均以封闭边界对称分布。图 1-13 中绿色虚线框即为实际井沿 x 方向、y 方向与边界的基本镜像单元的分布情况，根据镜像井位置的分布规律也可以看出，绿色虚线框中的镜像井与实际井压降构成了一个基本的求解单元（其他镜像井的位置可以通过在 xy 平面上平移这个基本的求解单元而得到）。图 1-13 右边描述了在 z 方向实际井与镜像井之间的镜像关系，红色的虚线框也标记了 z 方向上实际井与镜像井位置的分布规律，同时红色的虚线框中的镜像井与实际井压降也构成了 z 方向上的一个基本求解单元。

图 1-13 也反映了以基本求解单元为对象的镜像井与实际井井位的分布规律。对 x 方向来说，以基本求解单元为中心，镜像井的位置以 $(+x_{\text{wD}} + 2kx_{\text{eD}},\ y_{\text{wD}},\ z_{\text{wD}})$ 和 $(-x_{\text{wD}} + 2kx_{\text{eD}},\ y_{\text{wD}},\ z_{\text{wD}})$ 两点向两端无限延伸，其中 $k \in \mathbf{Z}$；对 y 方向来说，镜像井的位置以 $(x_{\text{wD}},\ +y_{\text{wD}} + 2my_{\text{eD}},\ z_{\text{wD}})$ 和 $(x_{\text{wD}},\ -y_{\text{wD}} + 2my_{\text{eD}},\ z_{\text{wD}})$ 两点向两端无限延伸，其中 $m \in \mathbf{Z}$；对 z 方向来说，镜像井的位置以 $(x_{\text{wD}},\ y_{\text{wD}},\ z_{\text{wD}} + 2nh_{\text{D}})$ 和 $(x_{\text{wD}},\ y_{\text{wD}},\ -z_{\text{wD}} + 2nh_{\text{D}})$ 两点向两端无限延伸，其中 $n \in \mathbf{Z}$。由图 1-13 也可以看出，对于封闭边界而言，实际井和镜像井均为同号井，沿着 x 方向、y 方向和 z 方向井的类型相同。

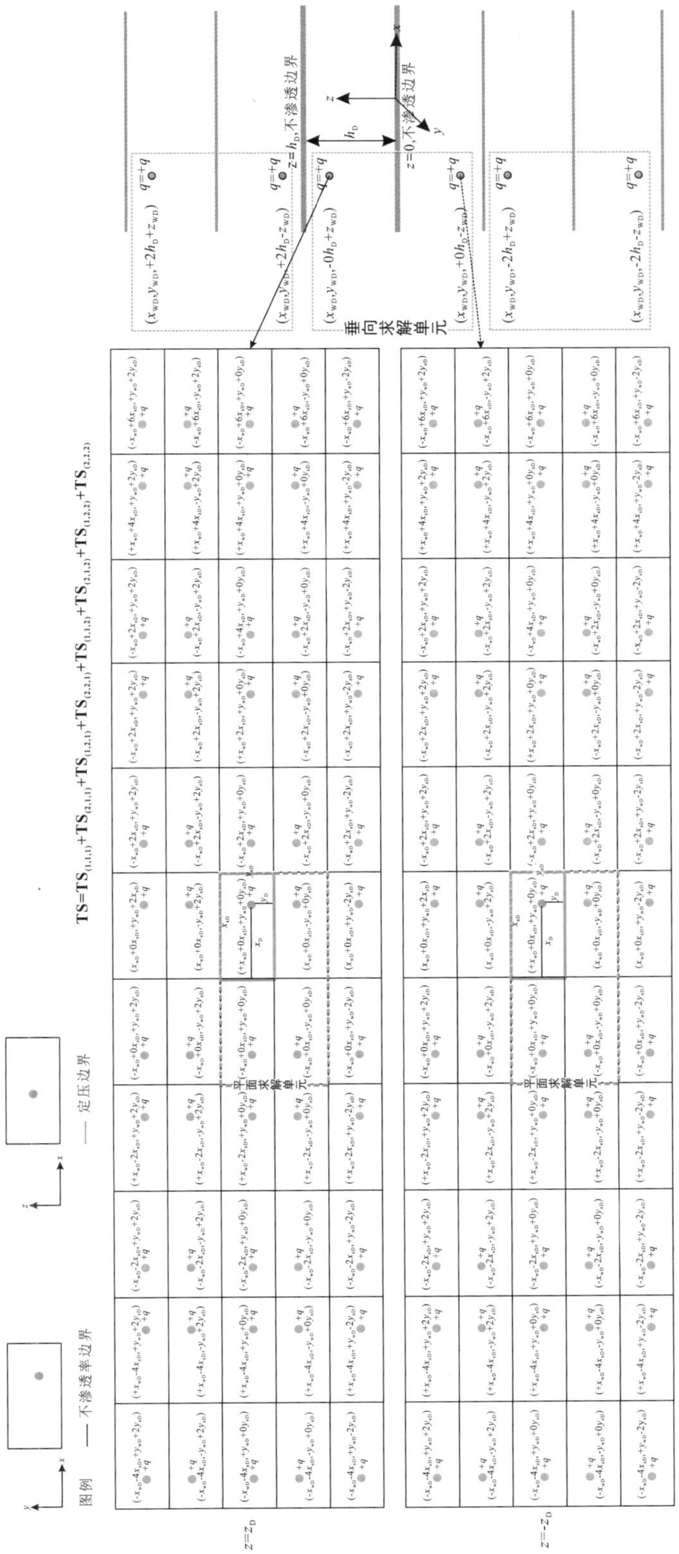

图 1-13　顶底封闭 x、y 方向封闭盒状储层点源叠加示意图

根据上述描述，其解可以写为

$$\Delta \bar{p} = \frac{\tilde{q}\mu}{4\pi k L_{\mathrm{ref}} s} \mathrm{TS} \tag{1-229}$$

$$\mathrm{TS} = \sum_{k=-\infty}^{+\infty} \sum_{m=-\infty}^{+\infty} \sum_{n=-\infty}^{+\infty} S \tag{1-230}$$

其中：

$$S = \frac{\exp\left[-\sqrt{u}\sqrt{\left(x_{\mathrm{D}}' - 2kx_{\mathrm{eD}}\right)^2 + \left(y_{\mathrm{D}}' - 2my_{\mathrm{eD}}\right)^2 + \left(z_{\mathrm{D}}' - 2nh_{\mathrm{D}}\right)^2}\right]}{\sqrt{\left(x_{\mathrm{D}}' - 2kx_{\mathrm{eD}}\right)^2 + \left(y_{\mathrm{D}}' - 2my_{\mathrm{eD}}\right)^2 + \left(z_{\mathrm{D}}' - 2nh_{\mathrm{D}}\right)^2}}$$

将式（1-230）的三重级数求和利用 Poisson 求和公式（1-90）的关系写为双重级数求和的形式：

$$\mathrm{TS} = \sum_{k=-\infty}^{+\infty} \sum_{m=-\infty}^{+\infty} \frac{1}{h_{\mathrm{D}}} \left[K_0\left(\sqrt{\left(x_{\mathrm{D}}' - 2kx_{\mathrm{eD}}\right)^2 + \left(y_{\mathrm{D}}' - 2my_{\mathrm{eD}}\right)^2}\sqrt{u}\right) + \right.$$
$$\left. 2\sum_{n=1}^{+\infty} K_0\left(\sqrt{\left(x_{\mathrm{D}}' - 2kx_{\mathrm{eD}}\right)^2 + \left(y_{\mathrm{D}}' - 2my_{\mathrm{eD}}\right)^2}\sqrt{\frac{(n\pi)^2}{h_{\mathrm{D}}^2} + u}\right)\cos\left(\frac{\pi n z_{\mathrm{D}}'}{h_{\mathrm{D}}}\right) \right] \tag{1-231}$$

将式（1-231）的第一项利用 Bessel 函数的定义式（1-83）可写成

$$K_0\left(\sqrt{\left(x_{\mathrm{D}}' - 2kx_{\mathrm{eD}}\right)^2 + \left(y_{\mathrm{D}}' - 2my_{\mathrm{eD}}\right)^2}\sqrt{u}\right)$$
$$= \frac{1}{2}\int_0^\infty \exp(-\xi)\exp\left[-\frac{\left(x_{\mathrm{D}}' - 2kx_{\mathrm{eD}}\right)^2 u}{4\xi}\right]\exp\left[-\frac{\left(y_{\mathrm{D}}' - 2my_{\mathrm{eD}}\right)^2 u}{4\xi}\right]\frac{\mathrm{d}\xi}{\xi} \tag{1-232}$$

将式（1-231）的第二项利用式（1-83）可写成

$$\sum_{n=1}^{+\infty} K_0\left(\sqrt{\left(x_{\mathrm{D}}' - 2kx_{\mathrm{eD}}\right)^2 + \left(y_{\mathrm{D}}' - 2my_{\mathrm{eD}}\right)^2}\sqrt{\frac{(n\pi)^2}{h_{\mathrm{D}}^2} + u}\right)\cos\left(\frac{\pi n z_{\mathrm{D}}'}{h_{\mathrm{D}}}\right)$$
$$= \frac{1}{2}\sum_{n=1}^{+\infty}\int_0^\infty \exp(-\xi)\exp\left[-\frac{\varepsilon_n^2\left(x_{\mathrm{D}}' - 2kx_{\mathrm{eD}}\right)^2}{4\xi}\right]\exp\left[-\frac{\varepsilon_n^2\left(y_{\mathrm{D}}' - 2my_{\mathrm{eD}}\right)^2}{4\xi}\right]\frac{\mathrm{d}\xi}{\xi}\cos\left(\frac{\pi n z_{\mathrm{D}}'}{h_{\mathrm{D}}}\right) \tag{1-233}$$

其中：$\varepsilon_n = \sqrt{\dfrac{(n\pi)^2}{h_{\mathrm{D}}^2} + u}$。

将式（1-232）和式（1-233）代入式（1-231）得

$$\mathrm{TS} = \sum_{k=-\infty}^{+\infty} \sum_{m=-\infty}^{+\infty} \frac{1}{2h_{\mathrm{D}}} \left\{ \int_0^\infty \exp(-\xi)\exp\left[-\frac{\left(x_{\mathrm{D}}' - 2kx_{\mathrm{eD}}\right)^2 u}{4\xi}\right]\exp\left[-\frac{\left(y_{\mathrm{D}}' - 2my_{\mathrm{eD}}\right)^2 u}{4\xi}\right]\frac{\mathrm{d}\xi}{\xi} + \right.$$
$$\left. 2\sum_{n=1}^{+\infty}\cos\left(\frac{\pi n z_{\mathrm{D}}'}{h_{\mathrm{D}}}\right)\int_0^\infty \exp(-\xi)\exp\left[-\frac{\varepsilon_n^2\left(x_{\mathrm{D}}' - 2kx_{\mathrm{eD}}\right)^2}{4\xi}\right]\exp\left[-\frac{\varepsilon_n^2\left(y_{\mathrm{D}}' - 2my_{\mathrm{eD}}\right)^2}{4\xi}\right]\frac{\mathrm{d}\xi}{\xi} \right\} \tag{1-234}$$

考虑式（1-234）的求和与乘积的关系，式（1-234）可化简为

$$\text{TS} = \frac{1}{2h_{\text{D}}}\left\{\int_0^{\infty}\exp(-\xi)\sum_{k=-\infty}^{+\infty}\exp\left[-\frac{\left(x_{\text{D}}'-2kx_{\text{eD}}\right)^2 u}{4\xi}\right]\sum_{m=-\infty}^{+\infty}\exp\left[-\frac{\left(y_{\text{D}}'-2my_{\text{eD}}\right)^2 u}{4\xi}\right]\frac{\text{d}\xi}{\xi} + \right.$$
$$\left. 2\sum_{n=1}^{+\infty}\cos\left(\frac{\pi n z_{\text{D}}'}{h_{\text{D}}}\right)\int_0^{\infty}\exp(-\xi)\sum_{k=-\infty}^{+\infty}\exp\left[-\frac{\varepsilon_n^2\left(x_{\text{D}}'-2kx_{\text{eD}}\right)^2}{4\xi}\right]\sum_{m=-\infty}^{+\infty}\exp\left[-\frac{\varepsilon_n^2\left(y_{\text{D}}'-2my_{\text{eD}}\right)^2}{4\xi}\right]\frac{\text{d}\xi}{\xi}\right\} \quad (1-235)$$

参照式（1-235）指数函数部分的形式，再次利用 Poisson 求和公式式（1-91），可以将式（1-235）进行分项求解。这里需要说明的是，其对应关系为 $r_{\text{D}}^2 = 0$，$\xi \to t$，$h_{\text{D}} \to x_{\text{eD}}\sqrt{u}$，$z_{\text{D}} - z_{\text{wD}} \to x_{\text{D}}'\sqrt{u}$，考虑上述对应关系，可有如下关系：

$$\sum_{k=-\infty}^{+\infty}\exp\left[-\frac{\left(x_{\text{D}}'-2kx_{\text{eD}}\right)^2 u}{4\xi}\right] = \frac{\sqrt{\pi\xi}}{x_{\text{eD}}\sqrt{u}}\left\{1+2\sum_{k=1}^{+\infty}\exp\left[-\xi\left(\frac{\pi k}{x_{\text{eD}}\sqrt{u}}\right)^2\right]\cos\left(\pi k\frac{x_{\text{D}}'}{x_{\text{eD}}}\right)\right\} \quad (1-236)$$

同理可得

$$\sum_{m=-\infty}^{+\infty}\exp\left[-\frac{\left(y_{\text{D}}'-2my_{\text{eD}}\right)^2 u}{4\xi}\right] = \frac{\sqrt{\pi\xi}}{y_{\text{eD}}\sqrt{u}}\left\{1+2\sum_{m=1}^{+\infty}\exp\left[-\xi\left(\frac{\pi m}{y_{\text{eD}}\sqrt{u}}\right)^2\right]\cos\left(\pi m\frac{y_{\text{D}}'}{y_{\text{eD}}}\right)\right\} \quad (1-237)$$

$$\sum_{k=-\infty}^{+\infty}\exp\left[-\frac{\varepsilon_n^2\left(x_{\text{D}}'-2kx_{\text{eD}}\right)^2}{4\xi}\right] = \frac{\sqrt{\pi\xi}}{\varepsilon_n x_{\text{eD}}}\left\{1+2\sum_{k=1}^{+\infty}\exp\left[-\xi\left(\frac{\pi k}{\varepsilon_n x_{\text{eD}}}\right)^2\right]\cos\left(\pi k\frac{x_{\text{D}}'}{x_{\text{eD}}}\right)\right\} \quad (1-238)$$

$$\sum_{m=-\infty}^{+\infty}\exp\left[-\frac{\left(y_{\text{D}}'-2my_{\text{eD}}\right)^2\varepsilon_n^2}{4\xi}\right] = \frac{\sqrt{\pi\xi}}{\varepsilon_n y_{\text{eD}}}\left\{1+2\sum_{m=1}^{+\infty}\exp\left[-\xi\left(\frac{\pi m}{\varepsilon_n y_{\text{eD}}}\right)^2\right]\cos\left(\pi m\frac{y_{\text{D}}'}{y_{\text{eD}}}\right)\right\} \quad (1-239)$$

将式（1-236）～式（1-239）代入式（1-235）中，注意上式的积分只针对 ξ 参数，其他可当作常数处理，化简可得

$$\text{TS} = A\left\{\left\{1+2\sum_{k=1}^{+\infty}\left[\left(\frac{\pi k}{x_{\text{eD}}\sqrt{u}}\right)^2+1\right]^{-1}\cos\left(\pi k\frac{x_{\text{D}}'}{x_{\text{eD}}}\right)+2\sum_{m=1}^{+\infty}\left[\left(\frac{\pi m}{y_{\text{eD}}\sqrt{u}}\right)^2+1\right]^{-1}\cos\left(\pi m\frac{y_{\text{D}}'}{y_{\text{eD}}}\right)+\right.\right.$$
$$4\sum_{k=1}^{+\infty}\sum_{m=1}^{+\infty}\left[1+\left(\frac{\pi k}{x_{\text{eD}}\sqrt{u}}\right)^2+\left(\frac{\pi m}{y_{\text{eD}}\sqrt{u}}\right)^2\right]^{-1}\cos\left(\pi k\frac{x_{\text{D}}'}{x_{\text{eD}}}\right)\cos\left(\pi m\frac{y_{\text{D}}'}{y_{\text{eD}}}\right)\right\}+$$
$$2\sum_{n=1}^{+\infty}\frac{u}{\varepsilon_n^2}\cos\left(\frac{\pi n z_{\text{D}}'}{h_{\text{D}}}\right)\left\{1+2\sum_{k=1}^{+\infty}\left[\left(\frac{\pi k}{x_{\text{eD}}\varepsilon_n}\right)^2+1\right]^{-1}\cos\left(\pi k\frac{x_{\text{D}}'}{x_{\text{eD}}}\right)+2\sum_{m=1}^{+\infty}\left[\left(\frac{\pi m}{y_{\text{eD}}\varepsilon_n}\right)^2+1\right]^{-1}\cos\left(\pi m\frac{y_{\text{D}}'}{y_{\text{eD}}}\right)+\right.$$
$$\left.\left.4\sum_{k=1}^{+\infty}\sum_{m=1}^{+\infty}\left[1+\left(\frac{\pi k}{\varepsilon_n x_{\text{eD}}}\right)^2+\left(\frac{\pi m}{\varepsilon_n y_{\text{eD}}}\right)^2\right]^{-1}\cos\left(\pi k\frac{x_{\text{D}}'}{x_{\text{eD}}}\right)\cos\left(\pi m\frac{y_{\text{D}}'}{y_{\text{eD}}}\right)\right\}\right\} \quad (1-240)$$

其中：$A = \dfrac{\pi}{2h_{\text{D}}x_{\text{eD}}y_{\text{eD}}u}$。

根据 ε_n 的定义，这里同理可定义 ε_k 和 ε_m，其定义如下：

$$\varepsilon_m = \sqrt{\frac{(m\pi)^2}{y_{eD}^2} + u} \tag{1-241}$$

$$\varepsilon_k = \sqrt{\frac{(k\pi)^2}{x_{eD}^2} + u} \tag{1-242}$$

根据式（1-242）和式（1-241），可得

$$\left[\left(\frac{\pi k}{x_{eD}\sqrt{u}}\right)^2 + 1\right]^{-1} = \left(\frac{1}{u}\right)^{-1}\left[\frac{(\pi k)^2}{x_{eD}^2} + u\right]^{-1} = \frac{u}{\varepsilon_k^2} \tag{1-243}$$

同理可得

$$\left[\left(\frac{\pi m}{y_{eD}\sqrt{u}}\right)^2 + 1\right]^{-1} = \left(\frac{1}{u}\right)^{-1}\left[\frac{(\pi m)^2}{y_{eD}^2} + u\right]^{-1} = \frac{u}{\varepsilon_m^2} \tag{1-244}$$

将式（1-243）和式（1-244）代入式（1-240）可得

$$\begin{aligned}
\mathrm{TS} = A\Bigg\{\Bigg\{ & 1 + \underbrace{2\sum_{k=1}^{+\infty}\frac{u}{\varepsilon_k^2}\cos\left(\pi k\frac{x_D'}{x_{eD}}\right)}_{\text{第二项}} + \underbrace{2\sum_{m=1}^{+\infty}\frac{u}{\varepsilon_m^2}\cos\left(\pi m\frac{y_D'}{y_{eD}}\right)}_{\text{第三项}} + \\
& \underbrace{4\sum_{k=1}^{+\infty}\sum_{m=1}^{+\infty}\left[1+\left(\frac{\pi k}{x_{eD}\sqrt{u}}\right)^2+\left(\frac{\pi m}{y_{eD}\sqrt{u}}\right)^2\right]^{-1}\cos\left(\pi k\frac{x_D'}{x_{eD}}\right)\cos\left(\pi m\frac{y_D'}{y_{eD}}\right)}_{\text{第四项}}\Bigg\} + \\
& 2\sum_{n=1}^{+\infty}\frac{u}{\varepsilon_n^2}\cos\left(\frac{\pi n z_D'}{h_D}\right)\Bigg\{1+\underbrace{2\sum_{k=1}^{+\infty}\left[\left(\frac{\pi k}{x_{eD}\varepsilon_n}\right)^2+1\right]^{-1}\cos\left(\pi k\frac{x_D'}{x_{eD}}\right)}_{\text{第六项}} + \\
& \underbrace{2\sum_{m=1}^{+\infty}\left[\left(\frac{\pi m}{y_{eD}\varepsilon_n}\right)^2+1\right]^{-1}\cos\left(\pi m\frac{y_D'}{y_{eD}}\right)}_{\text{第七项}} + \\
& \underbrace{4\sum_{k=1}^{+\infty}\sum_{m=1}^{+\infty}\left[1+\left(\frac{\pi k}{\varepsilon_n x_{eD}}\right)^2+\left(\frac{\pi m}{\varepsilon_n y_{eD}}\right)^2\right]^{-1}\cos\left(\pi k\frac{x_D'}{x_{eD}}\right)\cos\left(\pi m\frac{y_D'}{y_{eD}}\right)}_{\text{第八项}}\Bigg\}\Bigg\}
\end{aligned} \tag{1-245}$$

其中：$A = \dfrac{\pi}{2h_D x_{eD} y_{eD} u}$。

再根据式（1-167）与式（1-168），处理式（1-245）右边的第二项得

$$\sum_{k=1}^{\infty}\frac{u}{\varepsilon_k^2}\cos\left(\pi k\frac{x_D'}{x_{eD}}\right) = \frac{x_{eD}\sqrt{u}}{2}\frac{\cosh\left[\sqrt{u}\left(x_{eD}-|x_D'|\right)\right]}{\sinh(x_{eD}\sqrt{u})} - \frac{1}{2} \tag{1-246}$$

处理式（1-245）右边的第三项可得

$$\sum_{m=1}^{\infty}\frac{u}{\varepsilon_m^2}\cos\left(\pi m\frac{y'_D}{y_{eD}}\right)=\frac{y_{eD}\sqrt{u}}{2}\frac{\cosh\left[\sqrt{u}\left(y_{eD}-\left|y'_D\right|\right)\right]}{\sinh(y_{eD}\sqrt{u})}-\frac{1}{2} \tag{1-247}$$

处理式（1-245）右边的第六项可得

$$\sum_{k=1}^{+\infty}\left[\left(\frac{\pi k}{x_{eD}\varepsilon_n}\right)^2+1\right]^{-1}\cos\left(\pi k\frac{x'_D}{x_{eD}}\right)=\frac{x_{eD}\varepsilon_n}{2}\frac{\cosh\left[\varepsilon_n\left(x_{eD}-\left|x'_D\right|\right)\right]}{\sinh(x_{eD}\varepsilon_n)}-\frac{1}{2} \tag{1-248}$$

处理式（1-245）右边的第七项可得

$$\sum_{m=1}^{+\infty}\left[\left(\frac{\pi m}{y_{eD}\varepsilon_n}\right)^2+1\right]^{-1}\cos\left(\pi m\frac{y'_D}{y_{eD}}\right)=\frac{y_{eD}\varepsilon_n}{2}\frac{\cosh\left[\varepsilon_n\left(y_{eD}-\left|y'_D\right|\right)\right]}{\sinh(y_{eD}\varepsilon_n)}-\frac{1}{2} \tag{1-249}$$

处理式（1-245）右边的第四项可得

$$\sum_{k=1}^{+\infty}\sum_{m=1}^{+\infty}\left[1+\left(\frac{\pi k}{x_{eD}\sqrt{u}}\right)^2+\left(\frac{\pi m}{y_{eD}\sqrt{u}}\right)^2\right]^{-1}\cos\left(\pi k\frac{x'_D}{x_{eD}}\right)\cos\left(\pi m\frac{y'_D}{y_{eD}}\right)$$

$$=\frac{y_{eD}^2u}{\pi^2}\sum_{k=1}^{+\infty}\left\{\frac{\pi^2}{2y_{eD}\varepsilon_k}\frac{\cosh\left[\varepsilon_k\left(y_{eD}-\left|y'_D\right|\right)\right]}{\sinh(y_{eD}\varepsilon_k)}-\frac{\pi^2}{2y_{eD}^2\varepsilon_k^2}\right\}\cos\left(\pi k\frac{x'_D}{x_{eD}}\right) \tag{1-250}$$

处理式（1-245）右边的第八项可得

$$\sum_{k=1}^{+\infty}\sum_{m=1}^{+\infty}\left[1+\left(\frac{\pi k}{\varepsilon_n x_{eD}}\right)^2+\left(\frac{\pi m}{\varepsilon_n y_{eD}}\right)^2\right]^{-1}\cos\left(\pi k\frac{x'_D}{x_{eD}}\right)\cos\left(\pi m\frac{y'_D}{y_{eD}}\right)$$

$$=\frac{\varepsilon_n^2y_{eD}^2}{\pi^2}\sum_{k=1}^{+\infty}\left\{\frac{\pi}{2y_{eD}\sqrt{\frac{\varepsilon_n^2}{\pi^2}+\frac{k^2}{x_{eD}^2}}}\frac{\cosh\left[\sqrt{\varepsilon_n^2+\frac{\pi^2k^2}{x_{eD}^2}}\left(y_{eD}-\left|y'_D\right|\right)\right]}{\sinh\left(y_{eD}\sqrt{\varepsilon_n^2+\frac{\pi^2k^2}{x_{eD}^2}}\right)}-\frac{\pi^2}{2y_{eD}^2\left(\varepsilon_n^2+\frac{\pi^2k^2}{x_{eD}^2}\right)}\right\}\cos\left(\pi k\frac{x'_D}{x_{eD}}\right) \tag{1-251}$$

将式（1-246）～式（1-251）代入式（1-245）可得

$$TS=A\left\{1+2\left[\frac{x_{eD}\sqrt{u}}{2}\frac{\cosh\left(\sqrt{u}\left(x_{eD}-\left|x'_D\right|\right)\right)}{\sinh(x_{eD}\sqrt{u})}-\frac{1}{2}\right]+2\left[\frac{y_{eD}\sqrt{u}}{2}\frac{\cosh\left(\sqrt{u}\left(y_{eD}-\left|y'_D\right|\right)\right)}{\sinh(y_{eD}\sqrt{u})}-\frac{1}{2}\right]+\right.$$

$$4\frac{y_{eD}^2u}{\pi^2}\sum_{k=1}^{+\infty}\left\{\frac{\pi^2}{2y_{eD}\varepsilon_k}\frac{\cosh\left(\varepsilon_k\left(y_{eD}-\left|y'_D\right|\right)\right)}{\sinh(y_{eD}\varepsilon_k)}-\frac{\pi^2}{2y_{eD}^2\varepsilon_k^2}\right\}\cos\left(\pi k\frac{x'_D}{x_{eD}}\right)+$$

$$2\sum_{n=1}^{+\infty}B\left[1+2\left[\frac{x_{eD}\varepsilon_n}{2}\frac{\cosh\left(\varepsilon_n\left(x_{eD}-\left|x'_D\right|\right)\right)}{\sinh(x_{eD}\varepsilon_n)}-\frac{1}{2}\right]+2\left[\frac{y_{eD}\varepsilon_n}{2}\frac{\cosh\left(\varepsilon_n\left(y_{eD}-\left|y'_D\right|\right)\right)}{\sinh(y_{eD}\varepsilon_n)}-\frac{1}{2}\right]+\right.$$

$$\left.\left.2\sum_{n=1}^{+\infty}B\left[4\frac{\varepsilon_n^2y_{eD}^2}{\pi^2}\sum_{k=1}^{+\infty}\left\{\frac{\pi^2}{2y_{eD}\sqrt{C}}\frac{\cosh\left(\sqrt{C}\left(y_{eD}-\left|y'_D\right|\right)\right)}{\sinh(y_{eD}\sqrt{C})}-\frac{\pi^2}{2y_{eD}^2C}\right\}\cos\left(\pi k\frac{x'_D}{x_{eD}}\right)\right]\right]\right\} \tag{1-252}$$

其中：$A = \dfrac{\pi}{2h_{\mathrm{D}} x_{\mathrm{eD}} y_{\mathrm{eD}} u}$，$B = \dfrac{u}{\varepsilon_n^2} \cos\left(\dfrac{\pi n z_{\mathrm{D}}'}{h_{\mathrm{D}}}\right)$，$C = \varepsilon_n^2 + \dfrac{\pi^2 k^2}{x_{\mathrm{eD}}^2}$。

对式（1-252）进行整理得

$$
\begin{aligned}
\mathrm{TS} = A \Bigg\{ &\Bigg\{ 1 + 2\left[\frac{x_{\mathrm{eD}} \sqrt{u}}{2} \frac{\cosh\left(\sqrt{u}\left(x_{\mathrm{eD}} - |x_{\mathrm{D}}'|\right)\right)}{\sinh(x_{\mathrm{eD}} \sqrt{u})} - \frac{1}{2} \right] + 2\left[\frac{y_{\mathrm{eD}} \sqrt{u}}{2} \frac{\cosh\left(\sqrt{u}\left(y_{\mathrm{eD}} - |y_{\mathrm{D}}'|\right)\right)}{\sinh(y_{\mathrm{eD}} \sqrt{u})} - \frac{1}{2} \right] + \\
&\underbrace{4 \frac{y_{\mathrm{eD}}^2 u}{\pi^2} \sum_{k=1}^{+\infty} \left[\frac{\pi^2}{2 y_{\mathrm{eD}} \varepsilon_k} \frac{\cosh\left(\varepsilon_k\left(y_{\mathrm{eD}} - |y_{\mathrm{D}}'|\right)\right)}{\sinh(y_{\mathrm{eD}} \varepsilon_k)} - \frac{\pi^2}{2 y_{\mathrm{eD}}^2 \varepsilon_k^2} \right] \cos\left(\pi k \frac{x_{\mathrm{D}}'}{x_{\mathrm{eD}}}\right)}_{\mathrm{TS1}} \Bigg\} + \\
&2\sum_{n=1}^{+\infty} B \Bigg\{ 1 + 2\left[\frac{x_{\mathrm{eD}} \varepsilon_n}{2} \frac{\cosh\left(\varepsilon_n\left(x_{\mathrm{eD}} - |x_{\mathrm{D}}'|\right)\right)}{\sinh(x_{\mathrm{eD}} \varepsilon_n)} - \frac{1}{2} \right] + 2\left[\frac{y_{\mathrm{eD}} \varepsilon_n}{2} \frac{\cosh\left(\varepsilon_n\left(y_{\mathrm{eD}} - |y_{\mathrm{D}}'|\right)\right)}{\sinh(y_{\mathrm{eD}} \varepsilon_n)} - \frac{1}{2} \right] + \\
&\underbrace{4 \frac{\varepsilon_n^2 y_{\mathrm{eD}}^2}{\pi^2} \sum_{k=1}^{+\infty} \left[\frac{\pi^2}{2 y_{\mathrm{eD}} \sqrt{C}} \frac{\cosh\left(C\left(y_{\mathrm{eD}} - |y_{\mathrm{D}}'|\right)\right)}{\sinh(y_{\mathrm{eD}} \sqrt{C})} - \frac{\pi^2}{2 y_{\mathrm{eD}}^2 C} \right] \cos\left(\pi k \frac{x_{\mathrm{D}}'}{x_{\mathrm{eD}}}\right)}_{\mathrm{TS2}} \Bigg\} \Bigg\}
\end{aligned}
$$

其中：参数 A、B 与 C 同式（1-252）。

对 TS1 部分进行化简得

$$
\mathrm{TS1} = \left\{ y_{\mathrm{eD}} \sqrt{u} \frac{\cosh\left[\sqrt{u}\left(y_{\mathrm{eD}} - |y_{\mathrm{D}}'|\right)\right]}{\sinh(y_{\mathrm{eD}} \sqrt{u})} + 2u \sum_{k=1}^{+\infty} \frac{y_{\mathrm{eD}}}{\varepsilon_k} \cos\left(\pi k \frac{x_{\mathrm{D}}'}{x_{\mathrm{eD}}}\right) \frac{\cosh\left[\varepsilon_k\left(y_{\mathrm{eD}} - |y_{\mathrm{D}}'|\right)\right]}{\sinh(y_{\mathrm{eD}} \varepsilon_k)} \right\}
$$

对 TS2 部分进行化简得

$$
\mathrm{TS2} = 2\sum_{n=1}^{+\infty} \cos\left(\frac{\pi n z_{\mathrm{D}}'}{h_{\mathrm{D}}}\right) \left\{ \frac{u y_{\mathrm{eD}}}{\varepsilon_n} \frac{\cosh\left[\varepsilon_n\left(y_{\mathrm{eD}} - |y_{\mathrm{D}}'|\right)\right]}{\sinh(y_{\mathrm{eD}} \varepsilon_n)} + 2u \sum_{k=1}^{+\infty} \frac{y_{\mathrm{eD}}}{\sqrt{C}} \frac{\cosh\left[\sqrt{C}\left(y_{\mathrm{eD}} - |y_{\mathrm{D}}'|\right)\right]}{\sinh(y_{\mathrm{eD}} \sqrt{C})} \cos\left(\pi k \frac{x_{\mathrm{D}}'}{x_{\mathrm{eD}}}\right) \right\}
$$

其中：参数 C 同式（1-152）。

将 TS1 和 TS2 的结果代入式（1-252）可得

$$
\begin{aligned}
\mathrm{TS} = \frac{\pi}{2h_{\mathrm{D}} x_{\mathrm{eD}}} \Bigg\{ &\frac{\cosh\left(\sqrt{u}\left(y_{\mathrm{eD}} - |y_{\mathrm{D}}'|\right)\right)}{\sqrt{u} \sinh(y_{\mathrm{eD}} \sqrt{u})} + 2\sum_{k=1}^{+\infty} \frac{1}{\varepsilon_k} \cos\left(\pi k \frac{x_{\mathrm{D}}'}{x_{\mathrm{eD}}}\right) \frac{\cosh\left(\varepsilon_k\left(y_{\mathrm{eD}} - |y_{\mathrm{D}}'|\right)\right)}{\sinh(y_{\mathrm{eD}} \varepsilon_k)} + \\
&2\sum_{n=1}^{+\infty} \cos\left(\frac{\pi n z_{\mathrm{D}}'}{h_{\mathrm{D}}}\right) \left[\frac{\cosh\left(\varepsilon_n\left(y_{\mathrm{eD}} - |y_{\mathrm{D}}'|\right)\right)}{\varepsilon_n \sinh(y_{\mathrm{eD}} \varepsilon_n)} + 2\sum_{k=1}^{+\infty} \frac{1}{\sqrt{C}} \frac{\cosh\left(\sqrt{C}\left(y_{\mathrm{eD}} - |y_{\mathrm{D}}'|\right)\right)}{\sinh(y_{\mathrm{eD}} \sqrt{C})} \cos\left(\pi k \frac{x_{\mathrm{D}}'}{x_{\mathrm{eD}}}\right) \right] \Bigg\}
\end{aligned}
\qquad (1\text{-}253)
$$

其中：参数 C 同式（1–152）。注意：式（1–253）只是求解形式，因为 x'_{D}、y'_{D} 和 z'_{D} 的形式并未确定，通过 x'_{D}、y'_{D} 和 z'_{D} 定义可知，每个取值只有两种形式，则式（1–253）可写为

$$
\mathrm{TS} = \frac{\pi}{2h_{\mathrm{D}}x_{\mathrm{eD}}}\left\{ \frac{\cosh\left(\sqrt{u}\left(y_{\mathrm{eD}} - \left|y_{\mathrm{D}j}\right|\right)\right)}{\sqrt{u}\,\sinh(y_{\mathrm{eD}}\sqrt{u})} + 2\sum_{k=1}^{+\infty}\frac{1}{\varepsilon_k}\cos\left(\pi k\frac{x_{\mathrm{D}i}}{x_{\mathrm{eD}}}\right)\frac{\cosh\left(\varepsilon_k\left(y_{\mathrm{eD}} - \left|y_{\mathrm{D}j}\right|\right)\right)}{\sinh(y_{\mathrm{eD}}\varepsilon_k)} + \right.
$$

$$
\left. 2\sum_{n=1}^{+\infty}\cos\left(\frac{\pi n z_{\mathrm{D}l}}{h_{\mathrm{D}}}\right)\left[\frac{\cosh\left(\varepsilon_n\left(y_{\mathrm{eD}} - \left|y_{\mathrm{D}j}\right|\right)\right)}{\varepsilon_n \sinh(y_{\mathrm{eD}}\varepsilon_n)} + 2\sum_{k=1}^{+\infty}\frac{1}{\sqrt{C}}\frac{\cosh\left(\sqrt{C}\left(y_{\mathrm{eD}} - \left|y_{\mathrm{D}j}\right|\right)\right)}{\sinh(y_{\mathrm{eD}}\sqrt{C})}\cos\left(\pi k\frac{x_{\mathrm{D}i}}{x_{\mathrm{eD}}}\right)\right]\right\}(i,\ j,\ l = 1,2)
$$

（1–254）

其中：参数 C 同式（1–152）。将 $(i,\ j,\ l = 1,2)$ 代入式（1–254）可得

$$
\mathrm{TS}_{(1,1,1)} = \frac{\pi}{2h_{\mathrm{D}}x_{\mathrm{eD}}}\left\{ \underbrace{\frac{\cosh\left(\sqrt{u}\left(y_{\mathrm{eD}} - \left|y_{\mathrm{D}1}\right|\right)\right)}{\sqrt{u}\,\sinh(y_{\mathrm{eD}}\sqrt{u})}}_{\text{第一项}} + \underbrace{2\sum_{k=1}^{+\infty}\frac{1}{\varepsilon_k}\cos\left(\pi k\frac{x_{\mathrm{D}1}}{x_{\mathrm{eD}}}\right)\frac{\cosh\left(\varepsilon_k\left(y_{\mathrm{eD}} - \left|y_{\mathrm{D}1}\right|\right)\right)}{\sinh(y_{\mathrm{eD}}\varepsilon_k)}}_{\text{第二项}} + \right.
$$

$$
\left. \underbrace{2\sum_{n=1}^{+\infty}\cos\left(\frac{\pi n z_{\mathrm{D}1}}{h_{\mathrm{D}}}\right)\left[\frac{\cosh\left(\varepsilon_n\left(y_{\mathrm{eD}} - \left|y_{\mathrm{D}1}\right|\right)\right)}{\varepsilon_n \sinh(y_{\mathrm{eD}}\varepsilon_n)} + 2\sum_{k=1}^{+\infty}\frac{1}{\sqrt{\varepsilon_n^2 + \dfrac{\pi^2 k^2}{x_{\mathrm{eD}}^2}}}\frac{\cosh\left(\sqrt{\varepsilon_n^2 + \dfrac{\pi^2 k^2}{x_{\mathrm{eD}}^2}}\left(y_{\mathrm{eD}} - \left|y_{\mathrm{D}1}\right|\right)\right)}{\sinh\left(y_{\mathrm{eD}}\sqrt{\varepsilon_n^2 + \dfrac{\pi^2 k^2}{x_{\mathrm{eD}}^2}}\right)}\cos\left(\pi k\frac{x_{\mathrm{D}1}}{x_{\mathrm{eD}}}\right)\right]}_{\text{第三项}}\right\}
$$

（1–255）

$$
\mathrm{TS}_{(2,1,1)} = \frac{\pi}{2h_{\mathrm{D}}x_{\mathrm{eD}}}\left\{ \underbrace{\frac{\cosh\left(\sqrt{u}\left(y_{\mathrm{eD}} - \left|y_{\mathrm{D}1}\right|\right)\right)}{\sqrt{u}\,\sinh(y_{\mathrm{eD}}\sqrt{u})}}_{\text{第一项}} + \underbrace{2\sum_{k=1}^{+\infty}\frac{1}{\varepsilon_k}\cos\left(\pi k\frac{x_{\mathrm{D}2}}{x_{\mathrm{eD}}}\right)\frac{\cosh\left(\varepsilon_k\left(y_{\mathrm{eD}} - \left|y_{\mathrm{D}1}\right|\right)\right)}{\sinh(y_{\mathrm{eD}}\varepsilon_k)}}_{\text{第二项}} + \right.
$$

$$
\left. \underbrace{2\sum_{n=1}^{+\infty}\cos\left(\frac{\pi n z_{\mathrm{D}1}}{h_{\mathrm{D}}}\right)\left[\frac{\cosh\left(\varepsilon_n\left(y_{\mathrm{eD}} - \left|y_{\mathrm{D}1}\right|\right)\right)}{\varepsilon_n \sinh(y_{\mathrm{eD}}\varepsilon_n)} + 2\sum_{k=1}^{+\infty}\frac{1}{\sqrt{\varepsilon_n^2 + \dfrac{\pi^2 k^2}{x_{\mathrm{eD}}^2}}}\frac{\cosh\left(\sqrt{\varepsilon_n^2 + \dfrac{\pi^2 k^2}{x_{\mathrm{eD}}^2}}\left(y_{\mathrm{eD}} - \left|y_{\mathrm{D}1}\right|\right)\right)}{\sinh\left(y_{\mathrm{eD}}\sqrt{\varepsilon_n^2 + \dfrac{\pi^2 k^2}{x_{\mathrm{eD}}^2}}\right)}\cos\left(\pi k\frac{x_{\mathrm{D}2}}{x_{\mathrm{eD}}}\right)\right]}_{\text{第三项}}\right\}
$$

（1–256）

$$\mathrm{TS}_{(1,2,1)} = \frac{\pi}{2h_{\mathrm{D}}x_{\mathrm{eD}}}\left\{ \underbrace{\frac{\cosh\left(\sqrt{u}\left(y_{\mathrm{eD}}-\left|y_{\mathrm{D2}}\right|\right)\right)}{\sqrt{u}\,\sinh(y_{\mathrm{eD}}\sqrt{u})}}_{\text{第一项}} + \underbrace{2\sum_{k=1}^{+\infty}\frac{1}{\varepsilon_k}\cos\left(\pi k\frac{x_{\mathrm{D1}}}{x_{\mathrm{eD}}}\right)\frac{\cosh\left(\varepsilon_k\left(y_{\mathrm{eD}}-\left|y_{\mathrm{D2}}\right|\right)\right)}{\sinh(y_{\mathrm{eD}}\varepsilon_k)}}_{\text{第二项}} + \right.$$

$$\left. \underbrace{2\sum_{n=1}^{+\infty}\cos\left(\frac{\pi n z_{\mathrm{D1}}}{h_{\mathrm{D}}}\right)\left[\frac{\cosh\left(\varepsilon_n\left(y_{\mathrm{eD}}-\left|y_{\mathrm{D2}}\right|\right)\right)}{\varepsilon_n\,\sinh(y_{\mathrm{eD}}\varepsilon_n)} + 2\sum_{k=1}^{+\infty}\frac{1}{\sqrt{\varepsilon_n^2+\frac{\pi^2 k^2}{x_{\mathrm{eD}}^2}}}\frac{\cosh\left(\sqrt{\varepsilon_n^2+\frac{\pi^2 k^2}{x_{\mathrm{eD}}^2}}\left(y_{\mathrm{eD}}-\left|y_{\mathrm{D2}}\right|\right)\right)}{\sinh\left(y_{\mathrm{eD}}\sqrt{\varepsilon_n^2+\frac{\pi^2 k^2}{x_{\mathrm{eD}}^2}}\right)}\cos\left(\pi k\frac{x_{\mathrm{D1}}}{x_{\mathrm{eD}}}\right)\right]}_{\text{第三项}} \right\}$$

$$（1-257）$$

$$\mathrm{TS}_{(2,2,1)} = \frac{\pi}{2h_{\mathrm{D}}x_{\mathrm{eD}}}\left\{ \underbrace{\frac{\cosh\left(\sqrt{u}\left(y_{\mathrm{eD}}-\left|y_{\mathrm{D2}}\right|\right)\right)}{\sqrt{u}\,\sinh(y_{\mathrm{eD}}\sqrt{u})}}_{\text{第一项}} + \underbrace{2\sum_{k=1}^{+\infty}\frac{1}{\varepsilon_k}\cos\left(\pi k\frac{x_{\mathrm{D2}}}{x_{\mathrm{eD}}}\right)\frac{\cosh\left(\varepsilon_k\left(y_{\mathrm{eD}}-\left|y_{\mathrm{D2}}\right|\right)\right)}{\sinh(y_{\mathrm{eD}}\varepsilon_k)}}_{\text{第二项}} + \right.$$

$$\left. \underbrace{2\sum_{n=1}^{+\infty}\cos\left(\frac{\pi n z_{\mathrm{D1}}}{h_{\mathrm{D}}}\right)\left[\frac{\cosh\left(\varepsilon_n\left(y_{\mathrm{eD}}-\left|y_{\mathrm{D2}}\right|\right)\right)}{\varepsilon_n\,\sinh(y_{\mathrm{eD}}\varepsilon_n)} + 2\sum_{k=1}^{+\infty}\frac{1}{\sqrt{\varepsilon_n^2+\frac{\pi^2 k^2}{x_{\mathrm{eD}}^2}}}\frac{\cosh\left(\sqrt{\varepsilon_n^2+\frac{\pi^2 k^2}{x_{\mathrm{eD}}^2}}\left(y_{\mathrm{eD}}-\left|y_{\mathrm{D2}}\right|\right)\right)}{\sinh\left(y_{\mathrm{eD}}\sqrt{\varepsilon_n^2+\frac{\pi^2 k^2}{x_{\mathrm{eD}}^2}}\right)}\cos\left(\pi k\frac{x_{\mathrm{D2}}}{x_{\mathrm{eD}}}\right)\right]}_{\text{第三项}} \right\}$$

$$（1-258）$$

$$\mathrm{TS}_{(1,1,2)} = \frac{\pi}{2h_{\mathrm{D}}x_{\mathrm{eD}}}\left\{ \underbrace{\frac{\cosh\left(\sqrt{u}\left(y_{\mathrm{eD}}-\left|y_{\mathrm{D1}}\right|\right)\right)}{\sqrt{u}\,\sinh(y_{\mathrm{eD}}\sqrt{u})}}_{\text{第一项}} + \underbrace{2\sum_{k=1}^{+\infty}\frac{1}{\varepsilon_k}\cos\left(\pi k\frac{x_{\mathrm{D1}}}{x_{\mathrm{eD}}}\right)\frac{\cosh\left(\varepsilon_k\left(y_{\mathrm{eD}}-\left|y_{\mathrm{D1}}\right|\right)\right)}{\sinh(y_{\mathrm{eD}}\varepsilon_k)}}_{\text{第二项}} + \right.$$

$$\left. \underbrace{2\sum_{n=1}^{+\infty}\cos\left(\frac{\pi n z_{\mathrm{D2}}}{h_{\mathrm{D}}}\right)\left[\frac{\cosh\left(\varepsilon_n\left(y_{\mathrm{eD}}-\left|y_{\mathrm{D1}}\right|\right)\right)}{\varepsilon_n\,\sinh(y_{\mathrm{eD}}\varepsilon_n)} + 2\sum_{k=1}^{+\infty}\frac{1}{\sqrt{\varepsilon_n^2+\frac{\pi^2 k^2}{x_{\mathrm{eD}}^2}}}\frac{\cosh\left(\sqrt{\varepsilon_n^2+\frac{\pi^2 k^2}{x_{\mathrm{eD}}^2}}\left(y_{\mathrm{eD}}-\left|y_{\mathrm{D1}}\right|\right)\right)}{\sinh\left(y_{\mathrm{eD}}\sqrt{\varepsilon_n^2+\frac{\pi^2 k^2}{x_{\mathrm{eD}}^2}}\right)}\cos\left(\pi k\frac{x_{\mathrm{D1}}}{x_{\mathrm{eD}}}\right)\right]}_{\text{第三项}} \right\}$$

$$（1-259）$$

$$TS_{(2,1,2)} = \frac{\pi}{2h_D x_{eD}} \left\{ \underbrace{\frac{\cosh\left(\sqrt{u}\left(y_{eD}-|y_{D1}|\right)\right)}{\sqrt{u}\,\sinh(y_{eD}\sqrt{u})}}_{\text{第一项}} + \underbrace{2\sum_{k=1}^{+\infty}\frac{1}{\varepsilon_k}\cos\left(\pi k\frac{x_{D2}}{x_{eD}}\right)\frac{\cosh\left(\varepsilon_k\left(y_{eD}-|y_{D1}|\right)\right)}{\sinh(y_{eD}\varepsilon_k)}}_{\text{第二项}} + \right.$$

$$\left. \underbrace{2\sum_{n=1}^{+\infty}\cos\left(\frac{\pi n z_{D2}}{h_D}\right)\left[\frac{\cosh\left(\varepsilon_n\left(y_{eD}-|y_{D1}|\right)\right)}{\varepsilon_n\,\sinh(y_{eD}\varepsilon_n)} + 2\sum_{k=1}^{+\infty}\frac{1}{\sqrt{\varepsilon_n^2+\frac{\pi^2 k^2}{x_{eD}^2}}}\frac{\cosh\left(\sqrt{\varepsilon_n^2+\frac{\pi^2 k^2}{x_{eD}^2}}\left(y_{eD}-|y_{D1}|\right)\right)}{\sinh\left(y_{eD}\sqrt{\varepsilon_n^2+\frac{\pi^2 k^2}{x_{eD}^2}}\right)}\cos\left(\pi k\frac{x_{D2}}{x_{eD}}\right)\right]}_{\text{第三项}} \right\}$$

$$（1-260）$$

$$TS_{(1,2,2)} = \frac{\pi}{2h_D x_{eD}} \left\{ \underbrace{\frac{\cosh\left(\sqrt{u}\left(y_{eD}-|y_{D2}|\right)\right)}{\sqrt{u}\,\sinh(y_{eD}\sqrt{u})}}_{\text{第一项}} + \underbrace{2\sum_{k=1}^{+\infty}\frac{1}{\varepsilon_k}\cos\left(\pi k\frac{x_{D1}}{x_{eD}}\right)\frac{\cosh\left(\varepsilon_k\left(y_{eD}-|y_{D2}|\right)\right)}{\sinh(y_{eD}\varepsilon_k)}}_{\text{第二项}} + \right.$$

$$\left. \underbrace{2\sum_{n=1}^{+\infty}\cos\left(\frac{\pi n z_{D2}}{h_D}\right)\left[\frac{\cosh\left(\varepsilon_n\left(y_{eD}-|y_{D2}|\right)\right)}{\varepsilon_n\,\sinh(y_{eD}\varepsilon_n)} + 2\sum_{k=1}^{+\infty}\frac{1}{\sqrt{\varepsilon_n^2+\frac{\pi^2 k^2}{x_{eD}^2}}}\frac{\cosh\left(\sqrt{\varepsilon_n^2+\frac{\pi^2 k^2}{x_{eD}^2}}\left(y_{eD}-|y_{D2}|\right)\right)}{\sinh\left(y_{eD}\sqrt{\varepsilon_n^2+\frac{\pi^2 k^2}{x_{eD}^2}}\right)}\cos\left(\pi k\frac{x_{D1}}{x_{eD}}\right)\right]}_{\text{第三项}} \right\}$$

$$（1-261）$$

$$TS_{(2,2,2)} = \frac{\pi}{2h_D x_{eD}} \left\{ \underbrace{\frac{\cosh\left(\sqrt{u}\left(y_{eD}-|y_{D2}|\right)\right)}{\sqrt{u}\,\sinh(y_{eD}\sqrt{u})}}_{\text{第一项}} + \underbrace{2\sum_{k=1}^{+\infty}\frac{1}{\varepsilon_k}\cos\left(\pi k\frac{x_{D2}}{x_{eD}}\right)\frac{\cosh\left(\varepsilon_k\left(y_{eD}-|y_{D2}|\right)\right)}{\sinh(y_{eD}\varepsilon_k)}}_{\text{第二项}} + \right.$$

$$\left. \underbrace{2\sum_{n=1}^{+\infty}\cos\left(\frac{\pi n z_{D2}}{h_D}\right)\left[\frac{\cosh\left(\varepsilon_n\left(y_{eD}-|y_{D2}|\right)\right)}{\varepsilon_n\,\sinh(y_{eD}\varepsilon_n)} + 2\sum_{k=1}^{+\infty}\frac{1}{\sqrt{\varepsilon_n^2+\frac{\pi^2 k^2}{x_{eD}^2}}}\frac{\cosh\left(\sqrt{\varepsilon_n^2+\frac{\pi^2 k^2}{x_{eD}^2}}\left(y_{eD}-|y_{D2}|\right)\right)}{\sinh\left(y_{eD}\sqrt{\varepsilon_n^2+\frac{\pi^2 k^2}{x_{eD}^2}}\right)}\cos\left(\pi k\frac{x_{D2}}{x_{eD}}\right)\right]}_{\text{第三项}} \right\}$$

$$（1-262）$$

$$TS = TS_{(1,1,1)} + TS_{(1,1,2)} + TS_{(1,2,1)} + TS_{(1,2,2)} + TS_{(2,1,1)} + TS_{(2,1,2)} + TS_{(2,2,1)} + TS_{(2,2,2)}$$

式（1–255）～式（1–262）第一项合并得

$$第一项 = 4\frac{\cosh\left[\sqrt{u}\left(y_{eD} - |y_{D1}|\right)\right]}{\sqrt{u}\sinh(y_{eD}\sqrt{u})} + 4\frac{\cosh\left[\sqrt{u}\left(y_{eD} - |y_{D2}|\right)\right]}{\sqrt{u}\sinh(y_{eD}\sqrt{u})} \tag{1–263}$$

式（1–255）～式（1–262）第二项合并得

$$第二项 = 4\sum_{k=1}^{+\infty}\frac{1}{\varepsilon_k}\left[\cos\left(\pi k\frac{x_{D1}}{x_{eD}}\right) + \cos\left(\pi k\frac{x_{D2}}{x_{eD}}\right)\right]\left\{\frac{\cosh\left[\varepsilon_k\left(y_{eD} - |y_{D1}|\right)\right] + \cosh\left[\varepsilon_k\left(y_{eD} - |y_{D2}|\right)\right]}{\sinh(y_{eD}\varepsilon_k)}\right\} \tag{1–264}$$

式（1–255）～式（1–262）第三项合并得

$$第三项 = 2\sum_{n=1}^{+\infty}\cos\left(\frac{\pi n z_{D1}}{h_D}\right)\left\{\frac{2\cosh\left[\varepsilon_n\left(y_{eD} - |y_{D1}|\right)\right]}{\varepsilon_n\sinh(y_{eD}\varepsilon_n)} + \frac{2\cosh\left[\varepsilon_n\left(y_{eD} - |y_{D2}|\right)\right]}{\varepsilon_n\sinh(y_{eD}\varepsilon_n)} + \right.$$
$$2\sum_{k=1}^{+\infty}\frac{1}{\sqrt{C}}\frac{\cosh\left[\sqrt{C}\left(y_{eD} - |y_{D1}|\right)\right] + \cosh\left[\sqrt{C}\left(y_{eD} - |y_{D2}|\right)\right]}{\sinh(y_{eD}\sqrt{C})}D\right\} +$$
$$2\sum_{n=1}^{+\infty}\cos\left(\frac{\pi n z_{D2}}{h_D}\right)\left\{\frac{2\cosh\left[\varepsilon_n\left(y_{eD} - |y_{D1}|\right)\right]}{\varepsilon_n\sinh(y_{eD}\varepsilon_n)} + \frac{2\cosh\left[\varepsilon_n\left(y_{eD} - |y_{D2}|\right)\right]}{\varepsilon_n\sinh(y_{eD}\varepsilon_n)} + \right.$$
$$\left. 2\sum_{k=1}^{+\infty}\frac{1}{\sqrt{C}}\frac{\cosh\left[\sqrt{C}\left(y_{eD} - |y_{D1}|\right)\right] + \cosh\left[\sqrt{C}\left(y_{eD} - |y_{D2}|\right)\right]}{\sinh(y_{eD}\sqrt{C})}D\right\} \tag{1–265}$$

其中：$C = \varepsilon_n^2 + \dfrac{\pi^2 k^2}{x_{eD}^2}$，$D = \cos\left(\pi k\dfrac{x_{D1}}{x_{eD}}\right) + \cos\left(\pi k\dfrac{x_{D2}}{x_{eD}}\right)$。

综合式（1–263）～式（1–265），将其代入式（1–254），再考虑式（1–229）可得矩形封闭储层电源函数模型的点源解：

$$\Delta\bar{p} = \frac{\tilde{q}\mu}{2kh_D x_{eD} L_{ref}s}\left\{\frac{\cosh\left(\sqrt{u}\left(y_{eD} - |y_{D1}|\right)\right) + \cosh\left(\sqrt{u}\left(y_{eD} - |y_{D2}|\right)\right)}{\sqrt{u}\sinh(y_{eD}\sqrt{u})} + \right.$$
$$\sum_{k=1}^{+\infty}\frac{D}{\varepsilon_k}\left[\frac{\cosh\left(\varepsilon_k\left(y_{eD} - |y_{D1}|\right)\right) + \cosh\left(\varepsilon_k\left(y_{eD} - |y_{D2}|\right)\right)}{\sinh(y_{eD}\varepsilon_k)}\right] +$$
$$\sum_{n=1}^{+\infty}B\frac{\cosh\left(\varepsilon_n\left(y_{eD} - |y_{D1}|\right)\right) + \cosh\left(\varepsilon_n\left(y_{eD} - |y_{D2}|\right)\right)}{\varepsilon_n\sinh(y_{eD}\varepsilon_n)} +$$
$$\left.\sum_{n=1}^{+\infty}B\sum_{k=1}^{+\infty}\frac{D}{\sqrt{C}}\frac{\cosh\left(\sqrt{C}\left(y_{eD} - |y_{D1}|\right)\right) + \cosh\left(\sqrt{C}\left(y_{eD} - |y_{D2}|\right)\right)}{\sinh(y_{eD}\sqrt{C})}\right\} \tag{1–266}$$

其中：$B = \cos\left(\dfrac{\pi n z_{D1}}{h_D}\right) + \cos\left(\dfrac{\pi n z_{D2}}{h_D}\right)$，$C = \varepsilon_n^2 + \dfrac{\pi^2 k^2}{x_{eD}^2}$，$D = \cos\left(\pi k\dfrac{x_{D1}}{x_{eD}}\right) + \cos\left(\pi k\dfrac{x_{D2}}{x_{eD}}\right)$。

利用和差化积公式对式（1–266）中的三角函数部分进行处理得

$$\Delta\overline{p} = A\left\{ \frac{\cosh\left(\sqrt{u}\left(y_{eD}-\left|y_{D1}\right|\right)\right)+\cosh\left(\sqrt{u}\left(y_{eD}-\left|y_{D2}\right|\right)\right)}{\sqrt{u}\sinh(y_{eD}\sqrt{u})}+ \right.$$

$$2\sum_{k=1}^{+\infty}B\left[\frac{\cosh\left(\varepsilon_k\left(y_{eD}-\left|y_{D1}\right|\right)\right)+\cosh\left(\varepsilon_k\left(y_{eD}-\left|y_{D2}\right|\right)\right)}{\varepsilon_k\sinh(y_{eD}\varepsilon_k)}\right]+$$

$$2\sum_{n=1}^{+\infty}C\left[\frac{\cosh\left(\varepsilon_n\left(y_{eD}-\left|y_{D1}\right|\right)\right)+\cosh\left(\varepsilon_n\left(y_{eD}-\left|y_{D2}\right|\right)\right)}{\varepsilon_n\sinh(y_{eD}\varepsilon_n)}\right]+$$

$$\left. 2\sum_{n=1}^{+\infty}C\times2\sum_{k=1}^{+\infty}B\frac{\cosh\left(\varepsilon_{nk}\left(y_{eD}-\left|y_{D1}\right|\right)\right)+\cosh\left(\varepsilon_{nk}\left(y_{eD}-\left|y_{D2}\right|\right)\right)}{\varepsilon_{nk}\sinh(y_{eD}\varepsilon_{nk})}\right\}$$

（1–267）

其中：$A = \dfrac{\tilde{q}\mu}{2kh_D x_{eD}L_{ref}s}$，$B = \cos\left(\pi k\dfrac{x_D}{x_{eD}}\right)\cos\left(\pi k\dfrac{x_{wD}}{x_{eD}}\right)$，$C = \cos\left(\dfrac{\pi nz_D}{h_D}\right)\cos\left(\dfrac{\pi nz_{wD}}{h_D}\right)$。

1.5.2　顶底封闭 x、y 方向定压盒状储层点源函数模型

图 1–14 给出了顶底封闭 x、y 方向定压盒状储层点源叠加过程的示意图，因为储层的顶底封闭，因此在 z 方向上镜像井均为同号井。图 1–14 左边反映了在 xy 平面上镜像井与实际井的分布情况，红点为实际井的位置，其他均为镜像井，也展示了镜像井在 x 方向、y 方向的位置分布规律，均以定压边界对称分布。图 1–14 中绿色虚线框即为实际井沿 x 方向、y 方向与边界的基本镜像单元的分布情况，定压边界的作用使得原来的生产井与其镜像井变成了异号井。根据镜像井位置的分布规律也可以看出，绿色虚线框中的镜像井与实际井压降构成了一个基本的求解单元。图 1–14 右边描述了在 z 方向实际井与镜像井之间的镜像关系，红色的虚线框也标记了 z 方向上实际井与镜像井位置的分布规律，同时红色的虚线框中的镜像井与实际井压降也构成了 z 方向上的一个基本求解单元。

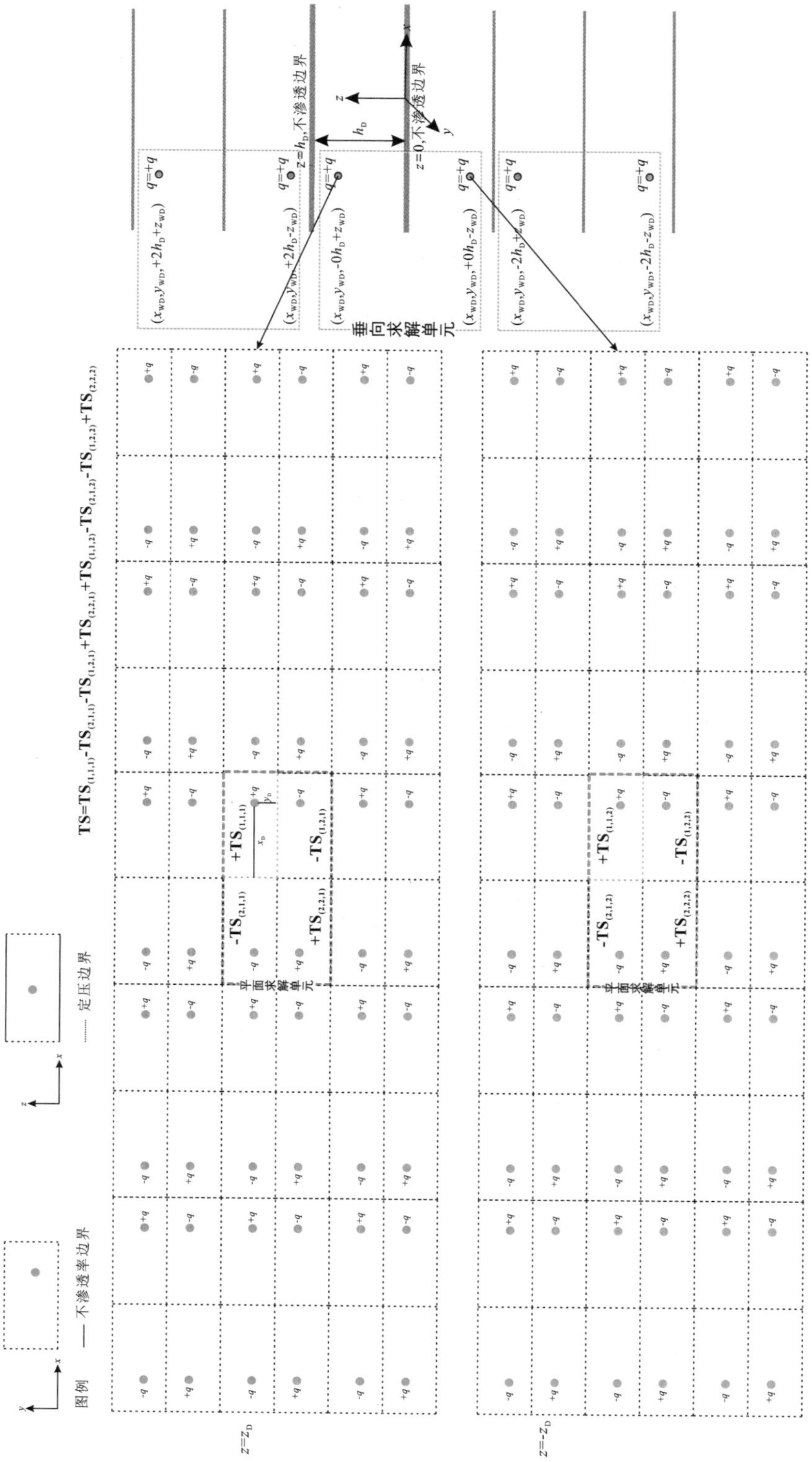

图 1-14 顶底封闭 x、y 方向定压盒状储层点源叠加示意图

图 1-14 也反映了以基本求解单元为对象的镜像井与实际井井位的分布规律，它与图 1-13 的规律一致。从图 1-14 也可以看出，对于封闭边界而言，实际井和镜像井均为同号井，即 z 方向上均为同号井，而在 xy 平面上，定压边界的作用使得实际井与镜像井在 x 方向交叉排列，在 y 方向其也有一致的规律。

由 1.5.1 节的求解过程可以看出，在三个方向的三重双向无穷级数叠加过程中，通过 Poisson 求和公式其可以化简为 8 个独立的部分，即式（1-254）表示的 8 个部分。根据上述分析以及图 1-14 中独立求解单元中 8 个部分的表示形式，可得顶底封闭 x、y 方向定压盒状储层点源叠加的模型：

$$\Delta\bar{p} = \frac{\tilde{q}\mu}{4\pi k L_{\mathrm{ref}}s}\Big(\mathrm{TS}_{(1,1,1)} - \mathrm{TS}_{(2,1,1)} - \mathrm{TS}_{(1,2,1)} + \mathrm{TS}_{(2,2,1)} + \mathrm{TS}_{(1,1,2)} - \mathrm{TS}_{(2,1,2)} - \mathrm{TS}_{(1,2,2)} + \mathrm{TS}_{(2,2,2)}\Big) \quad （1-268）$$

其中：$\mathrm{TS}_{(1,1,1)}$、$\mathrm{TS}_{(2,1,1)}$、$\mathrm{TS}_{(1,2,1)}$、$\mathrm{TS}_{(2,2,1)}$、$\mathrm{TS}_{(1,1,2)}$、$\mathrm{TS}_{(2,1,2)}$、$\mathrm{TS}_{(2,2,2)}$ 的表达式如式（1-255）~式（1-262）所示。将式（1-255）~式（1-262）代入式（1-268）化简整理。

式（1-255）~式（1-262）第一项合并得

$$\frac{\pi}{2h_{\mathrm{D}}x_{\mathrm{eD}}}\left\{2\frac{\cosh\big[\sqrt{u}\big(y_{\mathrm{eD}}-|y_{\mathrm{D1}}|\big)\big]}{\sqrt{u}\,\sinh(y_{\mathrm{eD}}\sqrt{u})} - 2\frac{\cosh\big[\sqrt{u}\big(y_{\mathrm{eD}}-|y_{\mathrm{D1}}|\big)\big]}{\sqrt{u}\,\sinh(y_{\mathrm{eD}}\sqrt{u})} + \right.$$
$$\left. 2\frac{\cosh\big[\sqrt{u}\big(y_{\mathrm{eD}}-|y_{\mathrm{D2}}|\big)\big]}{\sqrt{u}\,\sinh(y_{\mathrm{eD}}\sqrt{u})} - 2\frac{\cosh\big[\sqrt{u}\big(y_{\mathrm{eD}}-|y_{\mathrm{D2}}|\big)\big]}{\sqrt{u}\,\sinh(y_{\mathrm{eD}}\sqrt{u})}\right\} = 0 \quad （1-269）$$

式（1-255）~式（1-262）第二项合并得

$$\frac{\pi}{2h_{\mathrm{D}}x_{\mathrm{eD}}}\left\{4\sum_{k=1}^{+\infty}\frac{1}{\varepsilon_k}\cos\Big(\pi k\frac{x_{\mathrm{D1}}}{x_{\mathrm{eD}}}\Big)\frac{\cosh\big[\varepsilon_k\big(y_{\mathrm{eD}}-|y_{\mathrm{D1}}|\big)\big]}{\sinh(y_{\mathrm{eD}}\varepsilon_k)} - 4\sum_{k=1}^{+\infty}\frac{1}{\varepsilon_k}\cos\Big(\pi k\frac{x_{\mathrm{D2}}}{x_{\mathrm{eD}}}\Big)\frac{\cosh\big[\varepsilon_k\big(y_{\mathrm{eD}}-|y_{\mathrm{D1}}|\big)\big]}{\sinh(y_{\mathrm{eD}}\varepsilon_k)} - \right.$$
$$\left. 4\sum_{k=1}^{+\infty}\frac{1}{\varepsilon_k}\cos\Big(\pi k\frac{x_{\mathrm{D1}}}{x_{\mathrm{eD}}}\Big)\frac{\cosh\big[\varepsilon_k\big(y_{\mathrm{eD}}-|y_{\mathrm{D2}}|\big)\big]}{\sinh(y_{\mathrm{eD}}\varepsilon_k)} + 4\sum_{k=1}^{+\infty}\frac{1}{\varepsilon_k}\cos\Big(\pi k\frac{x_{\mathrm{D2}}}{x_{\mathrm{eD}}}\Big)\frac{\cosh\big[\varepsilon_k\big(y_{\mathrm{eD}}-|y_{\mathrm{D2}}|\big)\big]}{\sinh(y_{\mathrm{eD}}\varepsilon_k)}\right\} \quad （1-270）$$
$$= \frac{4\pi}{2h_{\mathrm{D}}x_{\mathrm{eD}}}\left\{\sum_{k=1}^{+\infty}\frac{1}{\varepsilon_k}\Big[\cos\Big(\pi k\frac{x_{\mathrm{D1}}}{x_{\mathrm{eD}}}\Big) - \cos\Big(\pi k\frac{x_{\mathrm{D2}}}{x_{\mathrm{eD}}}\Big)\Big]\frac{\cosh\big[\varepsilon_k\big(y_{\mathrm{eD}}-|y_{\mathrm{D1}}|\big)\big] - \cosh\big[\varepsilon_k\big(y_{\mathrm{eD}}-|y_{\mathrm{D2}}|\big)\big]}{\sinh(y_{\mathrm{eD}}\varepsilon_k)}\right\}$$

式（1-255）~式（1-262）第三项合并（包含 $\cos\Big(\dfrac{\pi n z_{\mathrm{D1}}}{h_{\mathrm{D}}}\Big)$ 项的处理）得

$$\frac{\pi}{2h_{\mathrm{D}}x_{\mathrm{eD}}}2\sum_{n=1}^{+\infty}\cos\Big(\frac{\pi n z_{\mathrm{D1}}}{h_{\mathrm{D}}}\Big)\left\{2\sum_{k=1}^{+\infty}\frac{1}{\sqrt{\varepsilon_n^2 + \frac{\pi^2 k^2}{x_{\mathrm{eD}}^2}}}\frac{\cosh\Big[\sqrt{\varepsilon_n^2 + \frac{\pi^2 k^2}{x_{\mathrm{eD}}^2}}\big(y_{\mathrm{eD}}-|y_{\mathrm{D1}}|\big)\Big]}{\sinh\Big(y_{\mathrm{eD}}\sqrt{\varepsilon_n^2 + \frac{\pi^2 k^2}{x_{\mathrm{eD}}^2}}\Big)}\Big[\cos\Big(\pi k\frac{x_{\mathrm{D1}}}{x_{\mathrm{eD}}}\Big) - \cos\Big(\pi k\frac{x_{\mathrm{D2}}}{x_{\mathrm{eD}}}\Big)\Big] - \right.$$
$$\left. 2\sum_{k=1}^{+\infty}\frac{1}{\sqrt{\varepsilon_n^2 + \frac{\pi^2 k^2}{x_{\mathrm{eD}}^2}}}\frac{\cosh\Big[\sqrt{\varepsilon_n^2 + \frac{\pi^2 k^2}{x_{\mathrm{eD}}^2}}\big(y_{\mathrm{eD}}-|y_{\mathrm{D2}}|\big)\Big]}{\sinh\Big(y_{\mathrm{eD}}\sqrt{\varepsilon_n^2 + \frac{\pi^2 k^2}{x_{\mathrm{eD}}^2}}\Big)}\Big[\cos\Big(\pi k\frac{x_{\mathrm{D1}}}{x_{\mathrm{eD}}}\Big) - \cos\Big(\pi k\frac{x_{\mathrm{D2}}}{x_{\mathrm{eD}}}\Big)\Big]\right\}$$

$$
= \frac{\pi}{2h_D x_{eD}} 2\sum_{n=1}^{+\infty} \cos\left(\frac{\pi n z_{D1}}{h_D}\right) \left\{ 2\sum_{k=1}^{+\infty}\left[\cos\left(\pi k \frac{x_{D1}}{x_{eD}}\right) - \cos\left(\pi k \frac{x_{D2}}{x_{eD}}\right)\right] \frac{1}{\sqrt{\varepsilon_n^2 + \frac{\pi^2 k^2}{x_{eD}^2}}} \cdot \right.
$$

$$
\left. \frac{\cosh\left[\sqrt{\varepsilon_n^2 + \frac{\pi^2 k^2}{x_{eD}^2}}\left(y_{eD} - |y_{D1}|\right)\right] - \cosh\left[\sqrt{\varepsilon_n^2 + \frac{\pi^2 k^2}{x_{eD}^2}}\left(y_{eD} - |y_{D2}|\right)\right]}{\sinh\left(y_{eD}\sqrt{\varepsilon_n^2 + \frac{\pi^2 k^2}{x_{eD}^2}}\right)} \right\}
$$

（1-271）

式（1-255）～式（1-262）第三项合并（包含 $\cos\left(\frac{\pi n z_{D2}}{h_D}\right)$ 项的处理）得

$$
\frac{2\pi}{2h_D x_{eD}}\sum_{n=1}^{+\infty}\cos\left(\frac{\pi n z_{D2}}{h_D}\right)\left\{2\sum_{k=1}^{+\infty}\frac{1}{\sqrt{\varepsilon_n^2 + \frac{\pi^2 k^2}{x_{eD}^2}}}\frac{\cosh\left[\sqrt{\varepsilon_n^2 + \frac{\pi^2 k^2}{x_{eD}^2}}\left(y_{eD} - |y_{D1}|\right)\right]}{\sinh\left(y_{eD}\sqrt{\varepsilon_n^2 + \frac{\pi^2 k^2}{x_{eD}^2}}\right)}\left[\cos\left(\pi k \frac{x_{D1}}{x_{eD}}\right) - \cos\left(\pi k \frac{x_{D2}}{x_{eD}}\right)\right] - \right.
$$

$$
\left. 2\sum_{k=1}^{+\infty}\frac{1}{\sqrt{\varepsilon_n^2 + \frac{\pi^2 k^2}{x_{eD}^2}}}\frac{\cosh\left[\sqrt{\varepsilon_n^2 + \frac{\pi^2 k^2}{x_{eD}^2}}\left(y_{eD} - |y_{D2}|\right)\right]}{\sinh\left(y_{eD}\sqrt{\varepsilon_n^2 + \frac{\pi^2 k^2}{x_{eD}^2}}\right)}\left[\cos\left(\pi k \frac{x_{D1}}{x_{eD}}\right) - \cos\left(\pi k \frac{x_{D2}}{x_{eD}}\right)\right] \right\}
$$

（1-272）

$$
= \frac{2\pi}{2h_D x_{eD}}\sum_{n=1}^{+\infty}\cos\left(\frac{\pi n z_{D2}}{h_D}\right)\left\{2\sum_{k=1}^{+\infty}\frac{1}{\sqrt{\varepsilon_n^2 + \frac{\pi^2 k^2}{x_{eD}^2}}}\left[\cos\left(\pi k \frac{x_{D1}}{x_{eD}}\right) - \cos\left(\pi k \frac{x_{D2}}{x_{eD}}\right)\right] \cdot \right.
$$

$$
\left. \frac{\cosh\left[\sqrt{\varepsilon_n^2 + \frac{\pi^2 k^2}{x_{eD}^2}}\left(y_{eD} - |y_{D1}|\right)\right] - \cosh\left[\sqrt{\varepsilon_n^2 + \frac{\pi^2 k^2}{x_{eD}^2}}\left(y_{eD} - |y_{D2}|\right)\right]}{\sinh\left(y_{eD}\sqrt{\varepsilon_n^2 + \frac{\pi^2 k^2}{x_{eD}^2}}\right)} \right\}
$$

合并式（1-271）和式（1-272）可得：

$$
TS = \frac{2\pi}{2h_D x_{eD}}\sum_{n=1}^{+\infty} A\left\{2\sum_{k=1}^{+\infty}\frac{1}{\sqrt{\varepsilon_n^2 + \frac{\pi^2 k^2}{x_{eD}^2}}}\left[\cos\left(\pi k \frac{x_{D1}}{x_{eD}}\right) - \cos\left(\pi k \frac{x_{D2}}{x_{eD}}\right)\right] \cdot \right.
$$

$$
\left. \frac{\cosh\left[\sqrt{\varepsilon_n^2 + \frac{\pi^2 k^2}{x_{eD}^2}}\left(y_{eD} - |y_{D1}|\right)\right] - \cosh\left[\sqrt{\varepsilon_n^2 + \frac{\pi^2 k^2}{x_{eD}^2}}\left(y_{eD} - |y_{D2}|\right)\right]}{\sinh\left(y_{eD}\sqrt{\varepsilon_n^2 + \frac{\pi^2 k^2}{x_{eD}^2}}\right)} \right\}
$$

（1-273）

其中：$A = \cos\left(\dfrac{\pi n z_{\mathrm{D1}}}{h_{\mathrm{D}}}\right) + \cos\left(\dfrac{\pi n z_{\mathrm{D2}}}{h_{\mathrm{D}}}\right)$。

综合式（1–269）、式（1–270）和式（1–273），将其代入式（1–268）可得顶底封闭 x、y 方向定压盒状储层电源函数模型的点源解，并利用和差化积公式对三角函数进行处理，整理后可得

$$\Delta \bar{p} = \frac{\tilde{q}\mu}{kh_{\mathrm{D}}x_{\mathrm{eD}}L_{\mathrm{ref}}s}\left\{\sum_{k=1}^{+\infty}\sin\left(\pi k \frac{x_{\mathrm{D}}}{x_{\mathrm{eD}}}\right)\sin\left(\pi k \frac{x_{\mathrm{wD}}}{x_{\mathrm{eD}}}\right)\frac{\cosh\left(\varepsilon_k\left(y_{\mathrm{eD}}-\left|y_{\mathrm{D1}}\right|\right)\right)-\cosh\left(\varepsilon_k\left(y_{\mathrm{eD}}-\left|y_{\mathrm{D2}}\right|\right)\right)}{\varepsilon_k\sinh(y_{\mathrm{eD}}\varepsilon_k)}+\right.$$
$$\left. 2\sum_{n=1}^{+\infty}B\left[\sum_{k=1}^{+\infty}\frac{1}{\sqrt{C}}\sin\left(\pi k \frac{x_{\mathrm{D}}}{x_{\mathrm{eD}}}\right)\sin\left(\pi k \frac{x_{\mathrm{wD}}}{x_{\mathrm{eD}}}\right)\frac{\cosh\left(\sqrt{C}\left(y_{\mathrm{eD}}-\left|y_{\mathrm{D1}}\right|\right)\right)-\cosh\left(\sqrt{C}\left(y_{\mathrm{eD}}-\left|y_{\mathrm{D2}}\right|\right)\right)}{\sinh(y_{\mathrm{eD}}\sqrt{C})}\right]\right\}$$

（1–274）

其中：$B = \cos\left(\pi n \dfrac{z_{\mathrm{D}}}{h_{\mathrm{D}}}\right)\cos\left(\pi n \dfrac{z_{\mathrm{wD}}}{h_{\mathrm{D}}}\right)$，$C = \varepsilon_n^2 + \dfrac{\pi^2 k^2}{x_{\mathrm{eD}}^2}$。

1.5.3　顶底封闭 y 方向定压 x 方向封闭盒状储层点源函数模型

图 1–15 给出了顶底封闭 y 方向定压 x 方向封闭盒状储层点源叠加过程的示意图，因为储层的顶底封闭，因此在 z 方向上镜像井均为同号井。图 1–15 左边反映了在 xy 平面上镜像井与实际井的分布情况，红点为实际井的位置，其他均为镜像井，也展示了镜像井在 x 方向、y 方向的位置分布规律，在 y 方向均以定压边界对称分布，在 x 方向均以封闭边界对称分布。图 1–15 中绿色虚线框即为实际井沿 x 方向、y 方向与边界的基本镜像单元的分布情况。根据镜像井位置的分布规律也可以看出，绿色虚线框中的镜像井与实际井压降构成了一个基本的求解单元。图 1–15 右边描述了在 z 方向实际井与镜像井之间的镜像关系，红色的虚线框也标记了 z 方向上实际井与镜像井位置的分布规律，同时红色的虚线框中的镜像井与实际井压降也构成了 z 方向上的一个基本求解单元。

由 1.5.1 节的求解过程可以看出，在三个方向的三重双向无穷级数叠加过程中，通过 Poisson 求和公式其可以化简为 8 个独立的部分，即式（1–254）表示的 8 个部分。根据上述分析以及图 1–15 中独立求解单元中 8 个部分的表示形式，可得顶底封闭 y 方向定压 x 方向封闭盒状储层点源叠加的模型：

$$\Delta \bar{p} = \frac{\tilde{q}\mu}{4\pi k L_{\mathrm{ref}}s}\left(\mathrm{TS}_{(1,1,1)} + \mathrm{TS}_{(2,1,1)} - \mathrm{TS}_{(1,2,1)} - \mathrm{TS}_{(2,2,1)} + \mathrm{TS}_{(1,1,2)} + \mathrm{TS}_{(2,1,2)} - \mathrm{TS}_{(1,2,2)} - \mathrm{TS}_{(2,2,2)}\right)$$

（1–275）

其中：$\mathrm{TS}_{(1,1,1)}$，$\mathrm{TS}_{(2,1,1)}$，$\mathrm{TS}_{(1,2,1)}$，$\mathrm{TS}_{(2,2,1)}$，$\mathrm{TS}_{(1,1,2)}$，$\mathrm{TS}_{(2,1,2)}$，$\mathrm{TS}_{(1,2,2)}$，$\mathrm{TS}_{(2,2,2)}$ 的表达式如式（1–255）～式（1–262）所示。将式（1–255）～式（1–262）代入式（1–275）化简整理。

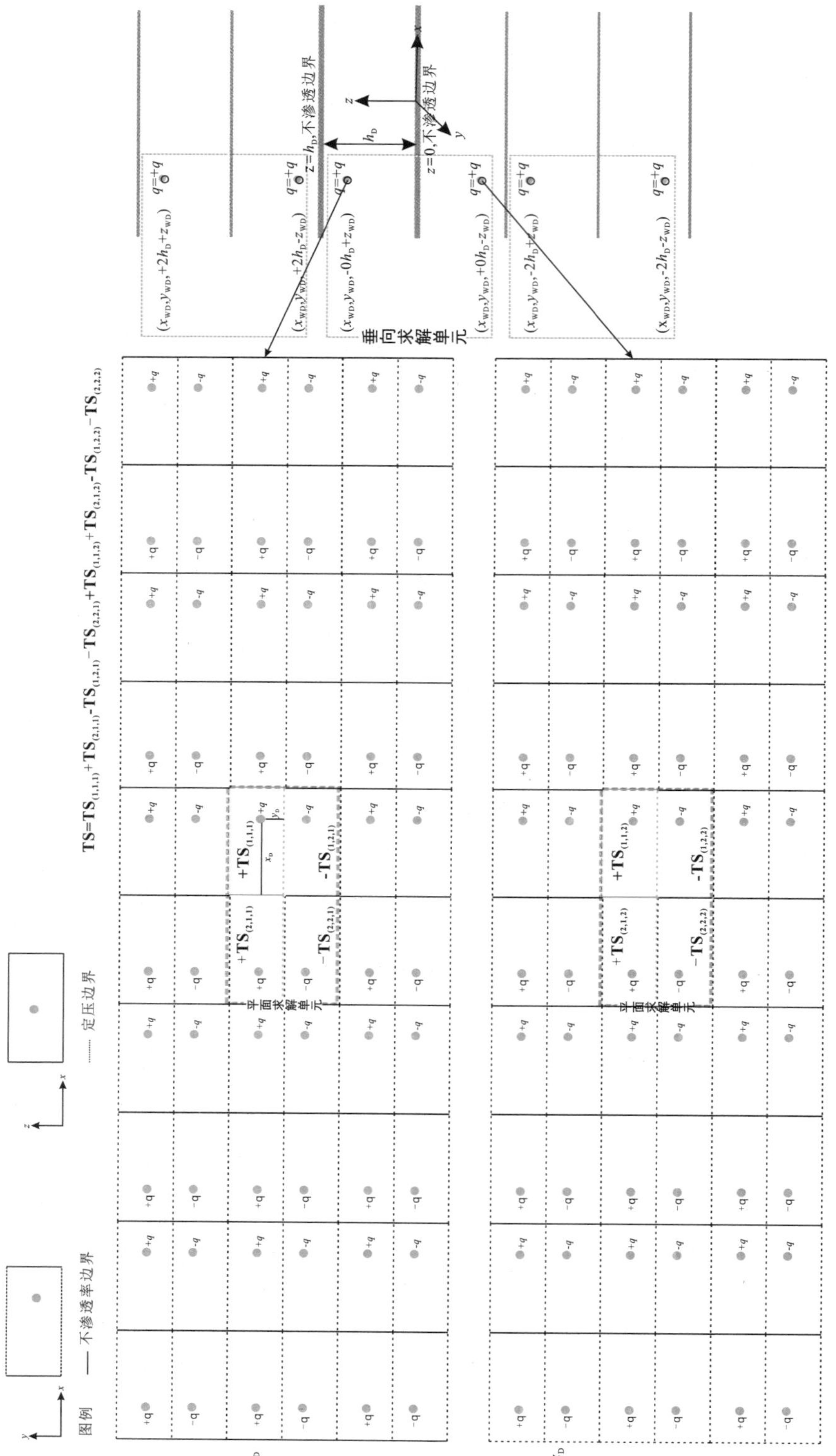

图 1-15 顶底封闭 y 方向定压 x 方向封闭盒状储层点源叠加示意图

式（1-255）～式（1-262）第一项合并得

$$\frac{\pi}{2h_{\mathrm{D}}x_{\mathrm{eD}}}\left\{4\frac{\cosh\left[\sqrt{u}\left(y_{\mathrm{eD}}-\left|y_{\mathrm{D1}}\right|\right)\right]}{\sqrt{u}\sinh(y_{\mathrm{eD}}\sqrt{u})}-4\frac{\cosh\left[\sqrt{u}\left(y_{\mathrm{eD}}-\left|y_{\mathrm{D2}}\right|\right)\right]}{\sqrt{u}\sinh(y_{\mathrm{eD}}\sqrt{u})}\right\}$$

$$=\frac{4\pi}{2h_{\mathrm{D}}x_{\mathrm{eD}}}\left\{\frac{\cosh\left[\sqrt{u}\left(y_{\mathrm{eD}}-\left|y_{\mathrm{D1}}\right|\right)\right]-\cosh\left[\sqrt{u}\left(y_{\mathrm{eD}}-\left|y_{\mathrm{D2}}\right|\right)\right]}{\sqrt{u}\sinh(y_{\mathrm{eD}}\sqrt{u})}\right\}$$

(1-276)

式（1-255）～式（1-262）第二项合并得

$$\frac{4\pi}{2h_{\mathrm{D}}x_{\mathrm{eD}}}\left\{\sum_{k=1}^{+\infty}\frac{1}{\varepsilon_k}\left[\cos\left(\pi k\frac{x_{\mathrm{D1}}}{x_{\mathrm{eD}}}\right)+\cos\left(\pi k\frac{x_{\mathrm{D2}}}{x_{\mathrm{eD}}}\right)\right]\frac{\cosh\left[\varepsilon_k\left(y_{\mathrm{eD}}-\left|y_{\mathrm{D1}}\right|\right)\right]}{\sinh(y_{\mathrm{eD}}\varepsilon_k)}\right\}-$$

$$\frac{4\pi}{2h_{\mathrm{D}}x_{\mathrm{eD}}}\left\{\sum_{k=1}^{+\infty}\frac{1}{\varepsilon_k}\left[\cos\left(\pi k\frac{x_{\mathrm{D1}}}{x_{\mathrm{eD}}}\right)+\cos\left(\pi k\frac{x_{\mathrm{D2}}}{x_{\mathrm{eD}}}\right)\right]\frac{\cosh\left[\varepsilon_k\left(y_{\mathrm{eD}}-\left|y_{\mathrm{D2}}\right|\right)\right]}{\sinh(y_{\mathrm{eD}}\varepsilon_k)}\right\}$$

(1-277)

$$=\frac{4\pi}{2h_{\mathrm{D}}x_{\mathrm{eD}}}\left\{\sum_{k=1}^{+\infty}\frac{1}{\varepsilon_k}\left[\cos\left(\pi k\frac{x_{\mathrm{D1}}}{x_{\mathrm{eD}}}\right)+\cos\left(\pi k\frac{x_{\mathrm{D2}}}{x_{\mathrm{eD}}}\right)\right]\frac{\cosh\left[\varepsilon_k\left(y_{\mathrm{eD}}-\left|y_{\mathrm{D1}}\right|\right)\right]-\cosh\left[\varepsilon_k\left(y_{\mathrm{eD}}-\left|y_{\mathrm{D2}}\right|\right)\right]}{\sinh(y_{\mathrm{eD}}\varepsilon_k)}\right\}$$

式（1-255）～式（1-262）第三项合并（包含 $\cos\left(\frac{\pi nz_{\mathrm{D1}}}{h_{\mathrm{D}}}\right)$ 项的处理）得

$$\frac{\pi}{2h_{\mathrm{D}}x_{\mathrm{eD}}}2\sum_{n=1}^{+\infty}\cos\left(\frac{\pi nz_{\mathrm{D1}}}{h_{\mathrm{D}}}\right)\left\{2\frac{\cosh\left[\varepsilon_n\left(y_{\mathrm{eD}}-\left|y_{\mathrm{D1}}\right|\right)\right]}{\varepsilon_n\sinh(y_{\mathrm{eD}}\varepsilon_n)}+2\sum_{k=1}^{+\infty}\frac{1}{\sqrt{\varepsilon_n^2+\frac{\pi^2k^2}{x_{\mathrm{eD}}^2}}}\frac{\cosh\left[\sqrt{\varepsilon_n^2+\frac{\pi^2k^2}{x_{\mathrm{eD}}^2}}\left(y_{\mathrm{eD}}-\left|y_{\mathrm{D1}}\right|\right)\right]}{\sinh\left(y_{\mathrm{eD}}\sqrt{\varepsilon_n^2+\frac{\pi^2k^2}{x_{\mathrm{eD}}^2}}\right)}\cdot\right.$$

$$\cos\left(\pi k\frac{x_{\mathrm{D1}}}{x_{\mathrm{eD}}}\right)+2\sum_{k=1}^{+\infty}\frac{1}{\sqrt{\varepsilon_n^2+\frac{\pi^2k^2}{x_{\mathrm{eD}}^2}}}\frac{\cosh\left[\sqrt{\varepsilon_n^2+\frac{\pi^2k^2}{x_{\mathrm{eD}}^2}}\left(y_{\mathrm{eD}}-\left|y_{\mathrm{D1}}\right|\right)\right]}{\sinh\left(y_{\mathrm{eD}}\sqrt{\varepsilon_n^2+\frac{\pi^2k^2}{x_{\mathrm{eD}}^2}}\right)}\cos\left(\pi k\frac{x_{\mathrm{D2}}}{x_{\mathrm{eD}}}\right)-2\frac{\cosh\left[\varepsilon_n\left(y_{\mathrm{eD}}-\left|y_{\mathrm{D2}}\right|\right)\right]}{\varepsilon_n\sinh(y_{\mathrm{eD}}\varepsilon_n)}-$$

$$2\sum_{k=1}^{+\infty}\frac{1}{\sqrt{\varepsilon_n^2+\frac{\pi^2k^2}{x_{\mathrm{eD}}^2}}}\frac{\cosh\left[\sqrt{\varepsilon_n^2+\frac{\pi^2k^2}{x_{\mathrm{eD}}^2}}\left(y_{\mathrm{eD}}-\left|y_{\mathrm{D2}}\right|\right)\right]}{\sinh\left(y_{\mathrm{eD}}\sqrt{\varepsilon_n^2+\frac{\pi^2k^2}{x_{\mathrm{eD}}^2}}\right)}\cos\left(\pi k\frac{x_{\mathrm{D1}}}{x_{\mathrm{eD}}}\right)-$$

$$2\sum_{k=1}^{+\infty}\frac{1}{\sqrt{\varepsilon_n^2+\frac{\pi^2k^2}{x_{\mathrm{eD}}^2}}}\frac{\cosh\left[\sqrt{\varepsilon_n^2+\frac{\pi^2k^2}{x_{\mathrm{eD}}^2}}\left(y_{\mathrm{eD}}-\left|y_{\mathrm{D2}}\right|\right)\right]}{\sinh\left(y_{\mathrm{eD}}\sqrt{\varepsilon_n^2+\frac{\pi^2k^2}{x_{\mathrm{eD}}^2}}\right)}\cos\left(\pi k\frac{x_{\mathrm{D2}}}{x_{\mathrm{eD}}}\right)\right\}$$

$$=\frac{\pi}{2h_{\mathrm{D}}x_{\mathrm{eD}}}2\sum_{n=1}^{+\infty}\cos\left(\frac{\pi nz_{\mathrm{D1}}}{h_{\mathrm{D}}}\right)\left\{2\frac{\cosh\left[\varepsilon_n\left(y_{\mathrm{eD}}-\left|y_{\mathrm{D1}}\right|\right)\right]-\cosh\left[\varepsilon_n\left(y_{\mathrm{eD}}-\left|y_{\mathrm{D2}}\right|\right)\right]}{\varepsilon_n\sinh(y_{\mathrm{eD}}\varepsilon_n)}+\right.$$

$$2\sum_{k=1}^{+\infty}\left[\cos\left(\pi k\frac{x_{\mathrm{D1}}}{x_{\mathrm{eD}}}\right)+\cos\left(\pi k\frac{x_{\mathrm{D2}}}{x_{\mathrm{eD}}}\right)\right]\cdot$$

$$\frac{1}{\sqrt{\varepsilon_n^2+\dfrac{\pi^2 k^2}{x_{\mathrm{eD}}^2}}}\frac{\cosh\left[\sqrt{\varepsilon_n^2+\dfrac{\pi^2 k^2}{x_{\mathrm{eD}}^2}}\left(y_{\mathrm{eD}}-\left|y_{\mathrm{D1}}\right|\right)\right]-\cosh\left[\sqrt{\varepsilon_n^2+\dfrac{\pi^2 k^2}{x_{\mathrm{eD}}^2}}\left(y_{\mathrm{eD}}-\left|y_{\mathrm{D2}}\right|\right)\right]}{\sinh\left(y_{\mathrm{eD}}\sqrt{\varepsilon_n^2+\dfrac{\pi^2 k^2}{x_{\mathrm{eD}}^2}}\right)}\Bigg\}$$

（1-278）

式（1-255）～式（1-262）第三项合并（包含 $\cos\left(\dfrac{\pi n z_{\mathrm{D2}}}{h_{\mathrm{D}}}\right)$ 项的处理）得

$$\frac{2\pi}{2h_{\mathrm{D}}x_{\mathrm{eD}}}\sum_{n=1}^{+\infty}\cos\left(\frac{\pi n z_{\mathrm{D2}}}{h_{\mathrm{D}}}\right)\Bigg\{2\frac{\cosh\left[\varepsilon_n\left(y_{\mathrm{eD}}-\left|y_{\mathrm{D1}}\right|\right)\right]}{\varepsilon_n\sinh(y_{\mathrm{eD}}\varepsilon_n)}+2\sum_{k=1}^{+\infty}\frac{1}{\sqrt{\varepsilon_n^2+\dfrac{\pi^2 k^2}{x_{\mathrm{eD}}^2}}}\frac{\cosh\left[\sqrt{\varepsilon_n^2+\dfrac{\pi^2 k^2}{x_{\mathrm{eD}}^2}}\left(y_{\mathrm{eD}}-\left|y_{\mathrm{D1}}\right|\right)\right]}{\sinh\left(y_{\mathrm{eD}}\sqrt{\varepsilon_n^2+\dfrac{\pi^2 k^2}{x_{\mathrm{eD}}^2}}\right)}\cos\left(\pi k\frac{x_{\mathrm{D1}}}{x_{\mathrm{eD}}}\right)+$$

$$2\sum_{k=1}^{+\infty}\frac{1}{\sqrt{\varepsilon_n^2+\dfrac{\pi^2 k^2}{x_{\mathrm{eD}}^2}}}\frac{\cosh\left[\sqrt{\varepsilon_n^2+\dfrac{\pi^2 k^2}{x_{\mathrm{eD}}^2}}\left(y_{\mathrm{eD}}-\left|y_{\mathrm{D1}}\right|\right)\right]}{\sinh\left(y_{\mathrm{eD}}\sqrt{\varepsilon_n^2+\dfrac{\pi^2 k^2}{x_{\mathrm{eD}}^2}}\right)}\cos\left(\pi k\frac{x_{\mathrm{D2}}}{x_{\mathrm{eD}}}\right)-2\frac{\cosh\left[\varepsilon_n\left(y_{\mathrm{eD}}-\left|y_{\mathrm{D2}}\right|\right)\right]}{\varepsilon_n\sinh(y_{\mathrm{eD}}\varepsilon_n)}-$$

$$2\sum_{k=1}^{+\infty}\frac{1}{\sqrt{\varepsilon_n^2+\dfrac{\pi^2 k^2}{x_{\mathrm{eD}}^2}}}\frac{\cosh\left[\sqrt{\varepsilon_n^2+\dfrac{\pi^2 k^2}{x_{\mathrm{eD}}^2}}\left(y_{\mathrm{eD}}-\left|y_{\mathrm{D2}}\right|\right)\right]}{\sinh\left(y_{\mathrm{eD}}\sqrt{\varepsilon_n^2+\dfrac{\pi^2 k^2}{x_{\mathrm{eD}}^2}}\right)}\cos\left(\pi k\frac{x_{\mathrm{D1}}}{x_{\mathrm{eD}}}\right)-2\sum_{k=1}^{+\infty}\frac{1}{\sqrt{\varepsilon_n^2+\dfrac{\pi^2 k^2}{x_{\mathrm{eD}}^2}}}\frac{\cosh\left[\sqrt{\varepsilon_n^2+\dfrac{\pi^2 k^2}{x_{\mathrm{eD}}^2}}\left(y_{\mathrm{eD}}-\left|y_{\mathrm{D2}}\right|\right)\right]}{\sinh\left(y_{\mathrm{eD}}\sqrt{\varepsilon_n^2+\dfrac{\pi^2 k^2}{x_{\mathrm{eD}}^2}}\right)}\cos\left(\pi k\frac{x_{\mathrm{D2}}}{x_{\mathrm{eD}}}\right)\Bigg\}$$

$$=\frac{2\pi}{2h_{\mathrm{D}}x_{\mathrm{eD}}}\sum_{n=1}^{+\infty}\cos\left(\frac{\pi n z_{\mathrm{D2}}}{h_{\mathrm{D}}}\right)\Bigg\{2\frac{\cosh\left[\varepsilon_n\left(y_{\mathrm{eD}}-\left|y_{\mathrm{D1}}\right|\right)\right]-\cosh\left[\varepsilon_n\left(y_{\mathrm{eD}}-\left|y_{\mathrm{D2}}\right|\right)\right]}{\varepsilon_n\sinh(y_{\mathrm{eD}}\varepsilon_n)}+$$

$$2\sum_{k=1}^{+\infty}\frac{1}{\sqrt{\varepsilon_n^2+\dfrac{\pi^2 k^2}{x_{\mathrm{eD}}^2}}}\frac{\cosh\left[\sqrt{\varepsilon_n^2+\dfrac{\pi^2 k^2}{x_{\mathrm{eD}}^2}}\left(y_{\mathrm{eD}}-\left|y_{\mathrm{D1}}\right|\right)\right]-\cosh\left[\sqrt{\varepsilon_n^2+\dfrac{\pi^2 k^2}{x_{\mathrm{eD}}^2}}\left(y_{\mathrm{eD}}-\left|y_{\mathrm{D2}}\right|\right)\right]}{\sinh\left(y_{\mathrm{eD}}\sqrt{\varepsilon_n^2+\dfrac{\pi^2 k^2}{x_{\mathrm{eD}}^2}}\right)}\left[\cos\left(\pi k\frac{x_{\mathrm{D1}}}{x_{\mathrm{eD}}}\right)+\cos\left(\pi k\frac{x_{\mathrm{D2}}}{x_{\mathrm{eD}}}\right)\right]\Bigg\}$$

（1-279）

合并式（1-278）和式（1-279），综合式（1-276）和式（1-277），将其代入式（1-268）可得顶底封闭 y 方向定压 x 方向封闭盒状储层点源函数模型的点源解，并利用和差化积处理三角函数部分，整理后可得

$$\Delta \overline{p} = A \left\{ \frac{\cosh\left[\sqrt{u}\left(y_{eD} - |y_{D1}|\right)\right] - \cosh\left[\sqrt{u}\left(y_{eD} - |y_{D2}|\right)\right]}{\sqrt{u}\sinh(y_{eD}\sqrt{u})} + \right.$$

$$2\sum_{k=1}^{+\infty} B \frac{\cosh\left[\varepsilon_k\left(y_{eD} - |y_{D1}|\right)\right] - \cosh\left[\varepsilon_k\left(y_{eD} - |y_{D2}|\right)\right]}{\varepsilon_k\sinh(y_{eD}\varepsilon_k)} +$$

$$2\sum_{n=1}^{+\infty} D \frac{\cosh\left[\varepsilon_n\left(y_{eD} - |y_{D1}|\right)\right] - \cosh\left[\varepsilon_n\left(y_{eD} - |y_{D2}|\right)\right]}{\varepsilon_n\sinh(y_{eD}\varepsilon_n)} +$$

$$\left. 2\sum_{n=1}^{+\infty} D \times 2\sum_{k=1}^{+\infty} B \frac{\cosh\left[\sqrt{C}\left(y_{eD} - |y_{D1}|\right)\right] - \cosh\left[\sqrt{C}\left(y_{eD} - |y_{D2}|\right)\right]}{\sqrt{C}\sinh(y_{eD}\sqrt{C})} \right\}$$

（1–280）

其中：$A = \dfrac{\tilde{q}\mu}{2kL_{ref}sh_D x_{eD}}$，$B = \cos\left(\pi k \dfrac{x_D}{x_{eD}}\right)\cos\left(\pi k \dfrac{x_{wD}}{x_{eD}}\right)$，$C = \varepsilon_n^2 + \dfrac{\pi^2 k^2}{x_{eD}^2}$，$D = \cos\left(\dfrac{\pi n z_D}{h_D}\right)\cos\left(\dfrac{\pi n z_{wD}}{h_D}\right)$。

1.5.4 顶底封闭 x、y 正方向定压 x、y 负方向封闭盒状储层点源函数模型

图 1–16 给出了顶底封闭 x、y 正方向定压 x、y 负方向封闭盒状储层点源叠加过程的示意图，因为储层顶底封闭，因此在 z 方向上镜像井均为同号井。图 1–16 左边反映了在 xy 平面上镜像井与实际井的分布情况，红点为实际井的位置，其他均为镜像井，图 1–16 也展示了镜像井在 x 方向、y 方向的位置分布规律，在 y 方向以定压边界与封闭边界交替出现，在 x 方向也是如此。图 1–16 中绿色虚线框即为实际井沿 x 方向、y 方向与边界的基本镜像单元的分布情况。根据镜像井位置的分布规律也可以看出，绿色虚线框中的镜像井与实际井压降构成了一个基本的求解单元。图 1–16 右边描述了在 z 方向实际井与镜像井之间的镜像关系，红色的虚线框也标记了 z 方向上实际井与镜像井位置的分布规律，同时红色的虚线框中的镜像井与实际井压降也构成了 z 方向上的一个基本求解单元。

由 1.5.1 节的求解过程可以看出，在三个方向的三重双向无穷级数叠加过程中，通过 Poisson 求和公式其可以化简为 8 个独立的部分，即式（1–254）表示的 8 个部分。根据上述分析以及图 1–16 中独立求解单元中 8 个部分的表示形式，可得顶底封闭 x、y 正方向定压 x、y 负方向封闭盒状储层点源叠加的模型：

$$\Delta \overline{p} = \frac{\tilde{q}\mu}{4\pi k L_{ref}s} \sum_{k=-\infty}^{+\infty} \sum_{m=-\infty}^{+\infty} \sum_{n=-\infty}^{+\infty} (-1)^k (-1)^m \frac{\exp\left[-\sqrt{u}\sqrt{\left(x'_D - 2kx_{eD}\right)^2 + \left(y'_D - 2my_{eD}\right)^2 + \left(z'_D - 2nh_D\right)^2}\right]}{\sqrt{\left(x'_D - 2kx_{eD}\right)^2 + \left(y'_D - 2my_{eD}\right)^2 + \left(z'_D - 2nh_D\right)^2}}$$

（1–281）

特别需要说明的是，上式中的 $(-1)^k$ 表示叠加的基本单元在 x 方向上井的性质交替出现，$(-1)^m$ 则表示叠加的基本单元在 y 方向上井的性质交替出现。

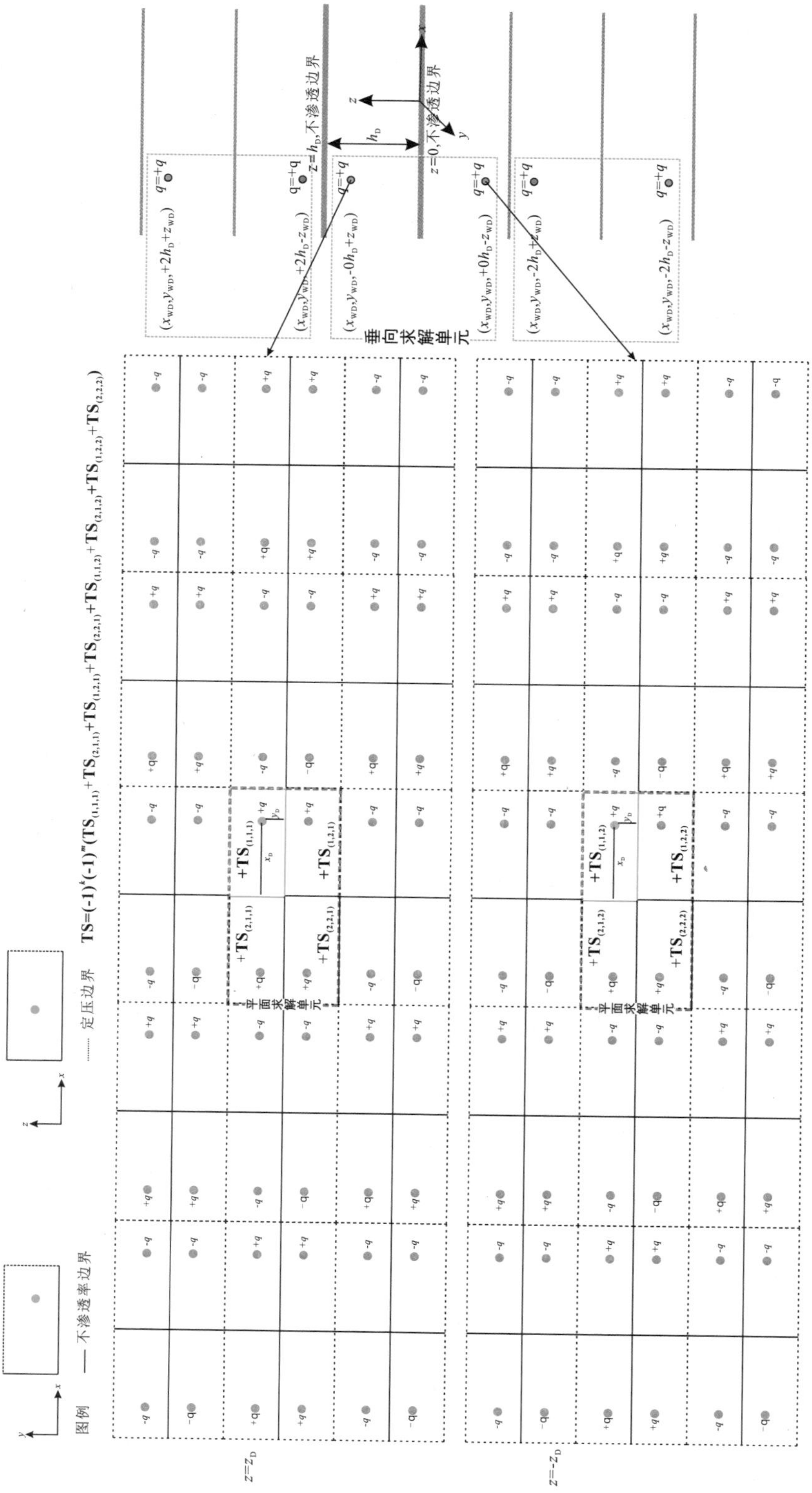

图1-16 顶底封闭 x、y 正方向定压 x、y 负方向封闭盒状储层点源叠加示意图

对于式（1-281），三重级数可处理为

$$\sum_{k=-\infty}^{+\infty}\sum_{m=-\infty}^{+\infty}\sum_{n=-\infty}^{+\infty}(-1)^k(-1)^m\frac{\exp\left[-\sqrt{u}\sqrt{\left(x_{\mathrm{D}}'-2kx_{\mathrm{eD}}\right)^2+\left(y_{\mathrm{D}}'-2my_{\mathrm{eD}}\right)^2+\left(z_{\mathrm{D}}'-2nh_{\mathrm{D}}\right)^2}\right]}{\sqrt{\left(x_{\mathrm{D}}'-2kx_{\mathrm{eD}}\right)^2+\left(y_{\mathrm{D}}'-2my_{\mathrm{eD}}\right)^2+\left(z_{\mathrm{D}}'-2nh_{\mathrm{D}}\right)^2}}$$

$$=4\underbrace{\sum_{k=-\infty}^{+\infty}\sum_{m=-\infty}^{+\infty}\sum_{n=-\infty}^{+\infty}\frac{\exp\left[-\sqrt{u}\sqrt{\left(x_{\mathrm{D}}'-4kx_{\mathrm{eD}}\right)^2+\left(y_{\mathrm{D}}'-4my_{\mathrm{eD}}\right)^2+\left(z_{\mathrm{D}}'-2nh_{\mathrm{D}}\right)^2}\right]}{\sqrt{\left(x_{\mathrm{D}}'-4kx_{\mathrm{eD}}\right)^2+\left(y_{\mathrm{D}}'-4my_{\mathrm{eD}}\right)^2+\left(z_{\mathrm{D}}'-2nh_{\mathrm{D}}\right)^2}}}_{\text{第一项}}-$$

$$2\underbrace{\sum_{k=-\infty}^{+\infty}\sum_{m=-\infty}^{+\infty}\sum_{n=-\infty}^{+\infty}\frac{\exp\left[-\sqrt{u}\sqrt{\left(x_{\mathrm{D}}'-2kx_{\mathrm{eD}}\right)^2+\left(y_{\mathrm{D}}'-4my_{\mathrm{eD}}\right)^2+\left(z_{\mathrm{D}}'-2nh_{\mathrm{D}}\right)^2}\right]}{\sqrt{\left(x_{\mathrm{D}}'-2kx_{\mathrm{eD}}\right)^2+\left(y_{\mathrm{D}}'-4my_{\mathrm{eD}}\right)^2+\left(z_{\mathrm{D}}'-2nh_{\mathrm{D}}\right)^2}}}_{\text{第二项}}-$$

$$2\underbrace{\sum_{k=-\infty}^{+\infty}\sum_{m=-\infty}^{+\infty}\sum_{n=-\infty}^{+\infty}\frac{\exp\left[-\sqrt{u}\sqrt{\left(x_{\mathrm{D}}'-4kx_{\mathrm{eD}}\right)^2+\left(y_{\mathrm{D}}'-2my_{\mathrm{eD}}\right)^2+\left(z_{\mathrm{D}}'-2nh_{\mathrm{D}}\right)^2}\right]}{\sqrt{\left(x_{\mathrm{D}}'-4kx_{\mathrm{eD}}\right)^2+\left(y_{\mathrm{D}}'-2my_{\mathrm{eD}}\right)^2+\left(z_{\mathrm{D}}'-2nh_{\mathrm{D}}\right)^2}}}_{\text{第三项}}+$$

$$\underbrace{\sum_{k=-\infty}^{+\infty}\sum_{m=-\infty}^{+\infty}\sum_{n=-\infty}^{+\infty}\frac{\exp\left[-\sqrt{u}\sqrt{\left(x_{\mathrm{D}}'-2kx_{\mathrm{eD}}\right)^2+\left(y_{\mathrm{D}}'-2my_{\mathrm{eD}}\right)^2+\left(z_{\mathrm{D}}'-2nh_{\mathrm{D}}\right)^2}\right]}{\sqrt{\left(x_{\mathrm{D}}'-2kx_{\mathrm{eD}}\right)^2+\left(y_{\mathrm{D}}'-2my_{\mathrm{eD}}\right)^2+\left(z_{\mathrm{D}}'-2nh_{\mathrm{D}}\right)^2}}}_{\text{第四项}}$$

上式中的三重级数求和四项，均采用 $\mathrm{TS}=\mathrm{TS}_{(1,1,1)}+\mathrm{TS}_{(1,1,2)}+\mathrm{TS}_{(1,2,1)}+\mathrm{TS}_{(1,2,2)}+\mathrm{TS}_{(2,1,1)}+\mathrm{TS}_{(2,1,2)}+\mathrm{TS}_{(2,2,1)}+\mathrm{TS}_{(2,2,2)}$ 的形式表示，这是由于 TS 的 8 项中只与 k、m 和 n 的取值有关，但要注意 k、m 和 n 的取值。将上式的第一项、第二项、第三项和第四项采用式（1-194）进行化简可得

$$4\underbrace{\sum_{k=-\infty}^{+\infty}\sum_{m=-\infty}^{+\infty}\sum_{n=-\infty}^{+\infty}\frac{\exp\left[-\sqrt{u}\sqrt{\left(x_{\mathrm{D}}'-4kx_{\mathrm{eD}}\right)^2+\left(y_{\mathrm{D}}'-4my_{\mathrm{eD}}\right)^2+\left(z_{\mathrm{D}}'-2nh_{\mathrm{D}}\right)^2}\right]}{\sqrt{\left(x_{\mathrm{D}}'-4kx_{\mathrm{eD}}\right)^2+\left(y_{\mathrm{D}}'-4my_{\mathrm{eD}}\right)^2+\left(z_{\mathrm{D}}'-2nh_{\mathrm{D}}\right)^2}}}_{\text{第一项}}$$

$$=\frac{4\pi}{4h_{\mathrm{D}}x_{\mathrm{eD}}}\left\{4\frac{\cosh\left[\sqrt{u}\left(2y_{\mathrm{eD}}-\left|y_{\mathrm{D1}}\right|\right)\right]+\cosh\left[\sqrt{u}\left(2y_{\mathrm{eD}}-\left|y_{\mathrm{D2}}\right|\right)\right]}{\sqrt{u}\,\sinh(2y_{\mathrm{eD}}\sqrt{u})}+\right.$$

$$8\sum_{k=1}^{+\infty}\cos\left(\pi k\frac{x_{\mathrm{D}}}{2x_{\mathrm{eD}}}\right)\cos\left(\pi k\frac{x_{\mathrm{wD}}}{2x_{\mathrm{eD}}}\right)\frac{\cosh\left[\varepsilon_{\alpha=2,k}\left(2y_{\mathrm{eD}}-\left|y_{\mathrm{D1}}\right|\right)\right]+\cosh\left[\varepsilon_{\alpha=2,k}\left(2y_{\mathrm{eD}}-\left|y_{\mathrm{D2}}\right|\right)\right]}{\varepsilon_{\alpha=2,k}\sinh(2y_{\mathrm{eD}}\varepsilon_{\alpha=2,k})}+\qquad(1\text{-}282)$$

$$8\sum_{n=1}^{+\infty}\cos\left(\frac{\pi nz_{\mathrm{D}}}{h_{\mathrm{D}}}\right)\cos\left(\frac{\pi nz_{\mathrm{wD}}}{h_{\mathrm{D}}}\right)\frac{\cosh\left[\varepsilon_{\gamma=1,n}\left(2y_{\mathrm{eD}}-\left|y_{\mathrm{D1}}\right|\right)\right]+\cosh\left[\varepsilon_{\gamma=1,n}\left(2y_{\mathrm{eD}}-\left|y_{\mathrm{D2}}\right|\right)\right]}{\varepsilon_{\gamma=1,n}\sinh(2y_{\mathrm{eD}}\varepsilon_{\gamma=1,n})}+$$

$$16\sum_{n=1}^{+\infty}\cos\left(\frac{\pi nz_{\mathrm{D}}}{h_{\mathrm{D}}}\right)\cos\left(\frac{\pi nz_{\mathrm{wD}}}{h_{\mathrm{D}}}\right)\sum_{k=1}^{+\infty}\cos\left(\pi k\frac{x_{\mathrm{D}}}{2x_{\mathrm{eD}}}\right)\cos\left(\pi k\frac{x_{\mathrm{wD}}}{2x_{\mathrm{eD}}}\right)\cdot$$

$$\left.\frac{\cosh\left[\varepsilon_{\gamma=1,nk}\left(2y_{\mathrm{eD}}-\left|y_{\mathrm{D1}}\right|\right)\right]+\cosh\left[\varepsilon_{\gamma=1,nk}\left(2y_{\mathrm{eD}}-\left|y_{\mathrm{D2}}\right|\right)\right]}{\varepsilon_{\gamma=1,nk}\sinh(2y_{\mathrm{eD}}\varepsilon_{\gamma=1,nk})}\right\}_{(\alpha=2,\ \beta=2,\ \gamma=1)}$$

$$2\sum_{k=-\infty}^{+\infty}\sum_{m=-\infty}^{+\infty}\sum_{n=-\infty}^{+\infty}\underbrace{\frac{\exp\left[-\sqrt{u}\sqrt{\left(x_{\mathrm{D}}'-2kx_{\mathrm{eD}}\right)^2+\left(y_{\mathrm{D}}'-4my_{\mathrm{eD}}\right)^2+\left(z_{\mathrm{D}}'-2nh_{\mathrm{D}}\right)^2}\right]}{\sqrt{\left(x_{\mathrm{D}}'-2kx_{\mathrm{eD}}\right)^2+\left(y_{\mathrm{D}}'-4my_{\mathrm{eD}}\right)^2+\left(z_{\mathrm{D}}'-2nh_{\mathrm{D}}\right)^2}}}_{\text{第二项}}$$

$$=\frac{2\pi}{2h_{\mathrm{D}}x_{\mathrm{eD}}}\left\{4\frac{\cosh\left[\sqrt{u}\left(2y_{\mathrm{eD}}-|y_{\mathrm{D1}}|\right)\right]+\cosh\left[\sqrt{u}\left(2y_{\mathrm{eD}}-|y_{\mathrm{D2}}|\right)\right]}{\sqrt{u}\,\sinh(2y_{\mathrm{eD}}\sqrt{u})}+\right.$$

$$8\sum_{k=1}^{+\infty}\cos\left(\pi k\frac{x_{\mathrm{D}}}{x_{\mathrm{eD}}}\right)\cos\left(\pi k\frac{x_{\mathrm{wD}}}{x_{\mathrm{eD}}}\right)\frac{\cosh\left[\varepsilon_{\alpha=1,k}\left(2y_{\mathrm{eD}}-|y_{\mathrm{D1}}|\right)\right]+\cosh\left[\varepsilon_{\alpha=1,k}\left(2y_{\mathrm{eD}}-|y_{\mathrm{D2}}|\right)\right]}{\varepsilon_{\alpha=1,k}\,\sinh(2y_{\mathrm{eD}}\varepsilon_{\alpha=1,k})}+ \quad (1-283)$$

$$8\sum_{n=1}^{+\infty}\cos\left(\frac{\pi n z_{\mathrm{D}}}{h_{\mathrm{D}}}\right)\cos\left(\frac{\pi n z_{\mathrm{wD}}}{h_{\mathrm{D}}}\right)\frac{\cosh\left[\varepsilon_{\gamma=1,n}\left(2y_{\mathrm{eD}}-|y_{\mathrm{D1}}|\right)\right]+\cosh\left[\varepsilon_{\gamma=1,n}\left(2y_{\mathrm{eD}}-|y_{\mathrm{D2}}|\right)\right]}{\varepsilon_{\gamma=1,n}\,\sinh(2y_{\mathrm{eD}}\varepsilon_{\gamma=1,n})}+$$

$$16\sum_{n=1}^{+\infty}\cos\left(\frac{\pi n z_{\mathrm{D}}}{h_{\mathrm{D}}}\right)\cos\left(\frac{\pi n z_{\mathrm{wD}}}{h_{\mathrm{D}}}\right)\sum_{k=1}^{+\infty}\cos\left(\pi k\frac{x_{\mathrm{D}}}{x_{\mathrm{eD}}}\right)\cos\left(\pi k\frac{x_{\mathrm{wD}}}{x_{\mathrm{eD}}}\right)\cdot$$

$$\left.\frac{\cosh\left[\varepsilon_{\gamma=1,nk}\left(2y_{\mathrm{eD}}-|y_{\mathrm{D1}}|\right)\right]+\cosh\left[\varepsilon_{\gamma=1,nk}\left(2y_{\mathrm{eD}}-|y_{\mathrm{D2}}|\right)\right]}{\varepsilon_{\gamma=1,nk}\,\sinh(2y_{\mathrm{eD}}\varepsilon_{\gamma=1,nk})}\right\}_{(\alpha=1,\ \beta=2,\ \gamma=1)}$$

$$2\sum_{k=-\infty}^{+\infty}\sum_{m=-\infty}^{+\infty}\sum_{n=-\infty}^{+\infty}\underbrace{\frac{\exp\left[-\sqrt{u}\sqrt{\left(x_{\mathrm{D}}'-4kx_{\mathrm{eD}}\right)^2+\left(y_{\mathrm{D}}'-2my_{\mathrm{eD}}\right)^2+\left(z_{\mathrm{D}}'-2nh_{\mathrm{D}}\right)^2}\right]}{\sqrt{\left(x_{\mathrm{D}}'-4kx_{\mathrm{eD}}\right)^2+\left(y_{\mathrm{D}}'-2my_{\mathrm{eD}}\right)^2+\left(z_{\mathrm{D}}'-2nh_{\mathrm{D}}\right)^2}}}_{\text{第三项}}\xrightarrow[\gamma=1]{\alpha=2\ \ \beta=1}$$

$$=\frac{2\pi}{4h_{\mathrm{D}}x_{\mathrm{eD}}}\left\{4\frac{\cosh\left[\sqrt{u}\left(y_{\mathrm{eD}}-|y_{\mathrm{D1}}|\right)\right]+\cosh\left[\sqrt{u}\left(y_{\mathrm{eD}}-|y_{\mathrm{D2}}|\right)\right]}{\sqrt{u}\,\sinh(y_{\mathrm{eD}}\sqrt{u})}+\right.$$

$$8\sum_{k=1}^{+\infty}\cos\left(\pi k\frac{x_{\mathrm{D}}}{2x_{\mathrm{eD}}}\right)\cos\left(\pi k\frac{x_{\mathrm{wD}}}{2x_{\mathrm{eD}}}\right)\frac{\cosh\left[\varepsilon_{\alpha=2,k}\left(y_{\mathrm{eD}}-|y_{\mathrm{D1}}|\right)\right]+\cosh\left[\varepsilon_{\alpha=2,k}\left(y_{\mathrm{eD}}-|y_{\mathrm{D2}}|\right)\right]}{\varepsilon_{\alpha=2,k}\,\sinh(y_{\mathrm{eD}}\varepsilon_{\alpha=2,k})}+ \quad (1-284)$$

$$8\sum_{n=1}^{+\infty}\cos\left(\frac{\pi n z_{\mathrm{D}}}{h_{\mathrm{D}}}\right)\cos\left(\frac{\pi n z_{\mathrm{wD}}}{h_{\mathrm{D}}}\right)\frac{\cosh\left[\varepsilon_{\gamma=1,n}\left(y_{\mathrm{eD}}-|y_{\mathrm{D1}}|\right)\right]+\cosh\left[\varepsilon_{\gamma=1,n}\left(y_{\mathrm{eD}}-|y_{\mathrm{D2}}|\right)\right]}{\varepsilon_{\gamma=1,n}\,\sinh(y_{\mathrm{eD}}\varepsilon_{\gamma=1,n})}+$$

$$16\sum_{n=1}^{+\infty}\cos\left(\frac{\pi n z_{\mathrm{D}}}{h_{\mathrm{D}}}\right)\cos\left(\frac{\pi n z_{\mathrm{wD}}}{h_{\mathrm{D}}}\right)\sum_{k=1}^{+\infty}\cos\left(\pi k\frac{x_{\mathrm{D}}}{2x_{\mathrm{eD}}}\right)\cos\left(\pi k\frac{x_{\mathrm{wD}}}{2x_{\mathrm{eD}}}\right)\cdot$$

$$\left.\frac{\cosh\left[\varepsilon_{\gamma=1,nk}\left(y_{\mathrm{eD}}-|y_{\mathrm{D1}}|\right)\right]+\cosh\left[\varepsilon_{\gamma=1,nk}\left(y_{\mathrm{eD}}-|y_{\mathrm{D2}}|\right)\right]}{\varepsilon_{\gamma=1,nk}\,\sinh(y_{\mathrm{eD}}\varepsilon_{\gamma=1,nk})}\right\}_{(\alpha=2,\ \beta=1,\ \gamma=1)}$$

$$\underbrace{\sum_{k=-\infty}^{+\infty}\sum_{m=-\infty}^{+\infty}\sum_{n=-\infty}^{+\infty}\frac{\exp\left[-\sqrt{u}\sqrt{\left(x_{D}^{'}-2kx_{eD}\right)^{2}+\left(y_{D}^{'}-2my_{eD}\right)^{2}+\left(z_{D}^{'}-2nh_{D}\right)^{2}}\right]}{\sqrt{\left(x_{D}^{'}-2kx_{eD}\right)^{2}+\left(y_{D}^{'}-2my_{eD}\right)^{2}+\left(z_{D}^{'}-2nh_{D}\right)^{2}}}}_{\text{第四项}}$$

$$=\frac{\pi}{2h_{D}x_{eD}}\left\{4\frac{\cosh\left[\sqrt{u}\left(y_{eD}-\left|y_{D1}\right|\right)\right]+\cosh\left[\sqrt{u}\left(y_{eD}-\left|y_{D2}\right|\right)\right]}{\sqrt{u}\sinh(y_{eD}\sqrt{u})}+\right.$$

$$8\sum_{k=1}^{+\infty}\cos\left(\pi k\frac{x_{D}}{x_{eD}}\right)\cos\left(\pi k\frac{x_{wD}}{x_{eD}}\right)\frac{\cosh\left[\varepsilon_{\alpha=1,k}\left(y_{eD}-\left|y_{D1}\right|\right)\right]+\cosh\left[\varepsilon_{\alpha=1,k}\left(y_{eD}-\left|y_{D2}\right|\right)\right]}{\varepsilon_{\alpha=1,k}\sinh(y_{eD}\varepsilon_{\alpha=1,k})}+ \quad（1\text{-}285）$$

$$8\sum_{n=1}^{+\infty}\cos\left(\frac{\pi nz_{D}}{h_{D}}\right)\cos\left(\frac{\pi nz_{wD}}{h_{D}}\right)\frac{\cosh\left[\varepsilon_{\gamma=1,n}\left(y_{eD}-\left|y_{D1}\right|\right)\right]+\cosh\left[\varepsilon_{\gamma=1,n}\left(y_{eD}-\left|y_{D2}\right|\right)\right]}{\varepsilon_{\gamma=1,n}\sinh(y_{eD}\varepsilon_{\gamma=1,n})}+$$

$$16\sum_{n=1}^{+\infty}\cos\left(\frac{\pi nz_{D}}{h_{D}}\right)\cos\left(\frac{\pi nz_{wD}}{h_{D}}\right)\sum_{k=1}^{+\infty}\cos\left(\pi k\frac{x_{D}}{x_{eD}}\right)\cos\left(\pi k\frac{x_{wD}}{x_{eD}}\right)\cdot$$

$$\left.\frac{\cosh\left[\varepsilon_{\gamma=1,nk}\left(y_{eD}-\left|y_{D1}\right|\right)\right]+\cosh\left[\varepsilon_{\gamma=1,nk}\left(y_{eD}-\left|y_{D2}\right|\right)\right]}{\varepsilon_{\gamma=1,nk}\sinh(y_{eD}\varepsilon_{\gamma=1,nk})}\right\}_{(\alpha=1,\ \beta=1,\ \gamma=1)}$$

合并式（1-282）～式（1-285）可得：

式（1-282）+式（1-283）+式（1-284）+式（1-285）=A+B+C+D　（1-286）

其中：

$$A=\frac{\pi}{h_{D}x_{eD}}\left\{8\sum_{k=1}^{+\infty}\cos\left(\pi k\frac{x_{D}}{2x_{eD}}\right)\cos\left(\pi k\frac{x_{wD}}{2x_{eD}}\right)\frac{\cosh\left(\varepsilon_{\alpha=2,k}\left(2y_{eD}-\left|y_{D1}\right|\right)\right)+\cosh\left(\varepsilon_{\alpha=2,k}\left(2y_{eD}-\left|y_{D2}\right|\right)\right)}{\varepsilon_{\alpha=2,k}\sinh(2y_{eD}\varepsilon_{\alpha=2,k})}+\right.$$

$$4\sum_{n=1}^{+\infty}\cos\left(\frac{\pi nz_{D}}{h_{D}}\right)\cos\left(\frac{\pi nz_{wD}}{h_{D}}\right)\left[2\frac{\cosh\left(\varepsilon_{\gamma=1,n}\left(2y_{eD}-\left|y_{D1}\right|\right)\right)+\cosh\left(\varepsilon_{\gamma=1,n}\left(2y_{eD}-\left|y_{D2}\right|\right)\right)}{\varepsilon_{\gamma=1,n}\sinh(2y_{eD}\varepsilon_{\gamma=1,n})}+\right.$$

$$\left.\left.4\sum_{k=1}^{+\infty}\cos\left(\pi k\frac{x_{D}}{2x_{eD}}\right)\cos\left(\pi k\frac{x_{wD}}{2x_{eD}}\right)\frac{\cosh\left(\varepsilon_{\gamma=1,nk}\left(2y_{eD}-\left|y_{D1}\right|\right)\right)+\cosh\left(\varepsilon_{\gamma=1,nk}\left(2y_{eD}-\left|y_{D2}\right|\right)\right)}{\varepsilon_{\gamma=1,nk}\sinh(2y_{eD}\varepsilon_{\gamma=1,nk})}\right]\right\}$$

$$B=-\frac{\pi}{h_{D}x_{eD}}\left\{8\sum_{k=1}^{+\infty}\cos\left(\pi k\frac{x_{D}}{x_{eD}}\right)\cos\left(\pi k\frac{x_{wD}}{x_{eD}}\right)\frac{\cosh\left(\varepsilon_{\alpha=1,k}\left(2y_{eD}-\left|y_{D1}\right|\right)\right)+\cosh\left(\varepsilon_{\alpha=1,k}\left(2y_{eD}-\left|y_{D2}\right|\right)\right)}{\varepsilon_{\alpha=1,k}\sinh(2y_{eD}\varepsilon_{\alpha=1,k})}+\right.$$

$$4\sum_{n=1}^{+\infty}\cos\left(\frac{\pi nz_{D}}{h_{D}}\right)\cos\left(\frac{\pi nz_{wD}}{h_{D}}\right)\left[2\frac{\cosh\left(\varepsilon_{\gamma=1,n}\left(2y_{eD}-\left|y_{D1}\right|\right)\right)+\cosh\left(\varepsilon_{\gamma=1,n}\left(2y_{eD}-\left|y_{D2}\right|\right)\right)}{\varepsilon_{\gamma=1,n}\sinh(2y_{eD}\varepsilon_{\gamma=1,n})}+\right.$$

$$\left.\left.4\sum_{k=1}^{+\infty}\cos\left(\pi k\frac{x_{D}}{x_{eD}}\right)\cos\left(\pi k\frac{x_{wD}}{x_{eD}}\right)\frac{\cosh\left(\varepsilon_{\gamma=1,nk}\left(2y_{eD}-\left|y_{D1}\right|\right)\right)+\cosh\left(\varepsilon_{\gamma=1,nk}\left(2y_{eD}-\left|y_{D2}\right|\right)\right)}{\varepsilon_{\gamma=1,nk}\sinh(2y_{eD}\varepsilon_{\gamma=1,nk})}\right]\right\}$$

$$C = -\frac{\pi}{2h_{\mathrm{D}}x_{\mathrm{eD}}}\left\{ 8\sum_{k=1}^{+\infty}\cos\left(\pi k\frac{x_{\mathrm{D}}}{2x_{\mathrm{eD}}}\right)\cos\left(\pi k\frac{x_{\mathrm{wD}}}{2x_{\mathrm{eD}}}\right)\frac{\cosh\left(\varepsilon_{\alpha=2,k}\left(y_{\mathrm{eD}}-\left|y_{\mathrm{D1}}\right|\right)\right)+\cosh\left(\varepsilon_{\alpha=2,k}\left(y_{\mathrm{eD}}-\left|y_{\mathrm{D2}}\right|\right)\right)}{\varepsilon_{\alpha=2,k}\sinh(y_{\mathrm{eD}}\varepsilon_{\alpha=2,k})}+\right.$$

$$4\sum_{n=1}^{+\infty}\cos\left(\frac{\pi n z_{\mathrm{D}}}{h_{\mathrm{D}}}\right)\cos\left(\frac{\pi n z_{\mathrm{wD}}}{h_{\mathrm{D}}}\right)\left[2\frac{\cosh\left(\varepsilon_{\gamma=1,n}\left(y_{\mathrm{eD}}-\left|y_{\mathrm{D1}}\right|\right)\right)+\cosh\left(\varepsilon_{\gamma=1,n}\left(y_{\mathrm{eD}}-\left|y_{\mathrm{D2}}\right|\right)\right)}{\varepsilon_{\gamma=1,n}\sinh(y_{\mathrm{eD}}\varepsilon_{\gamma=1,n})}+\right.$$

$$\left.\left.4\sum_{k=1}^{+\infty}\cos\left(\pi k\frac{x_{\mathrm{D}}}{2x_{\mathrm{eD}}}\right)\cos\left(\pi k\frac{x_{\mathrm{wD}}}{2x_{\mathrm{eD}}}\right)\frac{\cosh\left(\varepsilon_{\gamma=1,nk}\left(y_{\mathrm{eD}}-\left|y_{\mathrm{D1}}\right|\right)\right)+\cosh\left(\varepsilon_{\gamma=1,nk}\left(y_{\mathrm{eD}}-\left|y_{\mathrm{D2}}\right|\right)\right)}{\varepsilon_{\gamma=1,nk}\sinh(y_{\mathrm{eD}}\varepsilon_{\gamma=1,nk})}\right]\right\}$$

$$D = \frac{\pi}{2h_{\mathrm{D}}x_{\mathrm{eD}}}\left\{ 8\sum_{k=1}^{+\infty}\cos\left(\pi k\frac{x_{\mathrm{D}}}{x_{\mathrm{eD}}}\right)\cos\left(\pi k\frac{x_{\mathrm{wD}}}{x_{\mathrm{eD}}}\right)\frac{\cosh\left(\varepsilon_{\alpha=1,k}\left(y_{\mathrm{eD}}-\left|y_{\mathrm{D1}}\right|\right)\right)+\cosh\left(\varepsilon_{\alpha=1,k}\left(y_{\mathrm{eD}}-\left|y_{\mathrm{D2}}\right|\right)\right)}{\varepsilon_{\alpha=1,k}\sinh(y_{\mathrm{eD}}\varepsilon_{\alpha=1,k})}+\right.$$

$$4\sum_{n=1}^{+\infty}\cos\left(\frac{\pi n z_{\mathrm{D}}}{h_{\mathrm{D}}}\right)\cos\left(\frac{\pi n z_{\mathrm{wD}}}{h_{\mathrm{D}}}\right)\left[2\frac{\cosh\left(\varepsilon_{\gamma=1,n}\left(y_{\mathrm{eD}}-\left|y_{\mathrm{D1}}\right|\right)\right)+\cosh\left(\varepsilon_{\gamma=1,n}\left(y_{\mathrm{eD}}-\left|y_{\mathrm{D2}}\right|\right)\right)}{\varepsilon_{\gamma=1,n}\sinh(y_{\mathrm{eD}}\varepsilon_{\gamma=1,n})}+\right.$$

$$\left.\left.4\sum_{k=1}^{+\infty}\cos\left(\pi k\frac{x_{\mathrm{D}}}{x_{\mathrm{eD}}}\right)\cos\left(\pi k\frac{x_{\mathrm{wD}}}{x_{\mathrm{eD}}}\right)\frac{\cosh\left(\varepsilon_{\gamma=1,nk}\left(y_{\mathrm{eD}}-\left|y_{\mathrm{D1}}\right|\right)\right)+\cosh\left(\varepsilon_{\gamma=1,nk}\left(y_{\mathrm{eD}}-\left|y_{\mathrm{D2}}\right|\right)\right)}{\varepsilon_{\gamma=1,nk}\sinh(y_{\mathrm{eD}}\varepsilon_{\gamma=1,nk})}\right]\right\}$$

注意 α 的取值，$k\in\mathbf{N}_+$ 的取值，若 k 为偶数，则 $\cos\left(\pi k\dfrac{x_{\mathrm{D}}}{2x_{\mathrm{eD}}}\right)\cos\left(\pi k\dfrac{x_{\mathrm{wD}}}{2x_{\mathrm{eD}}}\right)\cdot$

$\dfrac{\cosh\left[\varepsilon_{\alpha=2,k}\left(2y_{\mathrm{eD}}-\left|y_{\mathrm{D1}}\right|\right)\right]+\cosh\left[\varepsilon_{\alpha=2,k}\left(2y_{\mathrm{eD}}-\left|y_{\mathrm{D2}}\right|\right)\right]}{\varepsilon_{\alpha=2,k}\sinh(2y_{\mathrm{eD}}\varepsilon_{\alpha=2,k})}$ 项与 $\cos\left(\pi k\dfrac{x_{\mathrm{D}}}{x_{\mathrm{eD}}}\right)\cos\left(\pi k\dfrac{x_{\mathrm{wD}}}{x_{\mathrm{eD}}}\right)\cdot\dfrac{\cosh\left[\varepsilon_{\alpha=1,k}\left(2y_{\mathrm{eD}}-\left|y_{\mathrm{D1}}\right|\right)\right]+}{\varepsilon_{\alpha=1,k}\sinh(2y_{\mathrm{eD}}\varepsilon_{\alpha=1,k})}$

$\dfrac{\cosh\left[\varepsilon_{\alpha=1,k}\left(2y_{\mathrm{eD}}-\left|y_{\mathrm{D2}}\right|\right)\right]}{\varepsilon_{\alpha=1,k}\sinh(2y_{\mathrm{eD}}\varepsilon_{\alpha=1,k})}$ 项抵消，剩余的只有 k 为奇数的项。这里需要说明的是，本节以

后内容出现的下标 $k=2k-1$ 表示 k 取奇数，$m=2m-1$ 表示 m 取奇数，$n=2n-1$ 表示 n 取奇数，下标 $k=2k$ 表示 k 取偶数，$m=2m$ 表示 m 取偶数，$n=2n$ 表示 n 取偶数。考虑上述情况，则式（1-286）可化简为

$$\text{式（1-286）}=A+B \tag{1-287}$$

其中：

$$A = \frac{\pi}{h_{\mathrm{D}}x_{\mathrm{eD}}}\left\{ 8\sum_{k=1}^{+\infty}\cos\left(\frac{\pi(2k-1)x_{\mathrm{D}}}{2x_{\mathrm{eD}}}\right)\cos\left(\frac{\pi(2k-1)x_{\mathrm{wD}}}{2x_{\mathrm{eD}}}\right)\frac{\cosh\left(\varepsilon_{\alpha=2,k=2k-1}\left(2y_{\mathrm{eD}}-\left|y_{\mathrm{D1}}\right|\right)\right)+\cosh\left(\varepsilon_{\alpha=2,k=2k-1}\left(2y_{\mathrm{eD}}-\left|y_{\mathrm{D2}}\right|\right)\right)}{\varepsilon_{\alpha=2,k=2k-1}\sinh(2y_{\mathrm{eD}}\varepsilon_{\alpha=2,k=2k-1})}+\right.$$

$$4\sum_{n=1}^{+\infty}\cos\left(\frac{\pi n z_{\mathrm{D}}}{h_{\mathrm{D}}}\right)\cos\left(\frac{\pi n z_{\mathrm{wD}}}{h_{\mathrm{D}}}\right)\left[4\sum_{k=1}^{+\infty}\cos\left(\frac{\pi(2k-1)x_{\mathrm{D}}}{2x_{\mathrm{eD}}}\right)\cos\left(\frac{\pi(2k-1)x_{\mathrm{wD}}}{2x_{\mathrm{eD}}}\right)\cdot\right.$$

$$\left.\left.\frac{\cosh\left(\varepsilon_{\gamma=1,n,k=2k-1}\left(2y_{\mathrm{eD}}-\left|y_{\mathrm{D1}}\right|\right)\right)+\cosh\left(\varepsilon_{\gamma=1,n,k=2k-1}\left(2y_{\mathrm{eD}}-\left|y_{\mathrm{D2}}\right|\right)\right)}{\varepsilon_{\gamma=1,n,k=2k-1}\sinh(2y_{\mathrm{eD}}\varepsilon_{\gamma=1,n,k=2k-1})}\right]\right\}$$

$$B = -\frac{\pi}{2h_D x_{eD}}\left\{8\sum_{k=1}^{+\infty}\cos\left(\frac{\pi(2k-1)x_D}{2x_{eD}}\right)\cos\left(\frac{\pi(2k-1)x_{wD}}{2x_{eD}}\right)\frac{\cosh\left(\varepsilon_{\alpha=2,k=2k-1}\left(y_{eD}-|y_{D1}|\right)\right)+\cosh\left(\varepsilon_{\alpha=2,k=2k-1}\left(y_{eD}-|y_{D2}|\right)\right)}{\varepsilon_{\alpha=2,k=2k-1}\sinh(y_{eD}\varepsilon_{\alpha=2,k=2k-1})}+\right.$$

$$\left.4\sum_{n=1}^{+\infty}\cos\left(\frac{\pi n z_D}{h_D}\right)\cos\left(\frac{\pi n z_{wD}}{h_D}\right)\left[4\sum_{k=1}^{+\infty}\cos\left(\frac{\pi(2k-1)x_D}{2x_{eD}}\right)\cos\left(\frac{\pi(2k-1)x_{wD}}{2x_{eD}}\right)\right.\right.$$

$$\left.\left.\frac{\cosh\left(\varepsilon_{\gamma=1,n,k=2k-1}\left(y_{eD}-|y_{D1}|\right)\right)+\cosh\left(\varepsilon_{\gamma=1,n,k=2k-1}\left(y_{eD}-|y_{D2}|\right)\right)}{\varepsilon_{\gamma=1,n,k=2k-1}\sinh(y_{eD}\varepsilon_{\gamma=1,n,k=2k-1})}\right]\right\}$$

根据双曲函数的基本关系 $\sinh(2x)=2\sinh(x)\cosh(x)$，则式（1-287）可化简为

$$\text{式（1-287）}=A+B \tag{1-288}$$

其中：

$$A = \frac{\pi}{h_D x_{eD}}\left\{\underbrace{8\sum_{k=1}^{+\infty}\cos\left(\frac{\pi(2k-1)x_D}{2x_{eD}}\right)\cos\left(\frac{\pi(2k-1)x_{wD}}{2x_{eD}}\right)\frac{\cosh\left(\varepsilon_{\alpha=2,k=2k-1}\left(2y_{eD}-|y_{D1}|\right)\right)+\cosh\left(\varepsilon_{\alpha=2,k=2k-1}\left(2y_{eD}-|y_{D2}|\right)\right)}{\varepsilon_{\alpha=2,k=2k-1}2\sinh(y_{eD}\varepsilon_{\alpha=2,k=2k-1})\cosh(y_{eD}\varepsilon_{\alpha=2,k=2k-1})}}_{\text{第一项}}+\right.$$

$$4\sum_{n=1}^{+\infty}\cos\left(\frac{\pi n z_D}{h_D}\right)\cos\left(\frac{\pi n z_{wD}}{h_D}\right)\left[4\sum_{k=1}^{+\infty}\cos\left(\frac{\pi(2k-1)x_D}{2x_{eD}}\right)\cos\left(\frac{\pi(2k-1)x_{wD}}{2x_{eD}}\right)\cdot$$

$$\left.\underbrace{\frac{\cosh\left(\varepsilon_{\gamma=1,n,k=2k-1}\left(2y_{eD}-|y_{D1}|\right)\right)+\cosh\left(\varepsilon_{\gamma=1,n,k=2k-1}\left(2y_{eD}-|y_{D2}|\right)\right)}{\varepsilon_{\gamma=1,n,k=2k-1}2\sinh(y_{eD}\varepsilon_{\gamma=1,n,k=2k-1})\cosh(y_{eD}\varepsilon_{\gamma=1,n,k=2k-1})}}_{\text{第二项}}\right]\right\}$$

$$B = -\frac{\pi}{2h_D x_{eD}}\left\{\underbrace{8\sum_{k=1}^{+\infty}\cos\left(\frac{\pi(2k-1)x_D}{2x_{eD}}\right)\cos\left(\frac{\pi(2k-1)x_{wD}}{2x_{eD}}\right)\frac{\cosh\left(\varepsilon_{\alpha=2,k=2k-1}\left(y_{eD}-|y_{D1}|\right)\right)+\cosh\left(\varepsilon_{\alpha=2,k=2k-1}\left(y_{eD}-|y_{D2}|\right)\right)}{\varepsilon_{\alpha=2,k=2k-1}\sinh(y_{eD}\varepsilon_{\alpha=2,k=2k-1})}}_{\text{第三项}}+\right.$$

$$4\sum_{n=1}^{+\infty}\cos\left(\frac{\pi n z_D}{h_D}\right)\cos\left(\frac{\pi n z_{wD}}{h_D}\right)\left[4\sum_{k=1}^{+\infty}\cos\left(\frac{\pi(2k-1)x_D}{2x_{eD}}\right)\cos\left(\frac{\pi(2k-1)x_{wD}}{2x_{eD}}\right)\cdot$$

$$\left.\underbrace{\frac{\cosh\left(\varepsilon_{\gamma=1,n,k=2k-1}\left(y_{eD}-|y_{D1}|\right)\right)+\cosh\left(\varepsilon_{\gamma=1,n,k=2k-1}\left(y_{eD}-|y_{D2}|\right)\right)}{\varepsilon_{\gamma=1,n,k=2k-1}\sinh(y_{eD}\varepsilon_{\gamma=1,n,k=2k-1})}}_{\text{第四项}}\right]\right\}$$

对式（1-288）的第一项和第三项进行合并，第二项与第四项进行合并得

$$\text{式（1-288）}=\frac{\pi}{h_D x_{eD}}\left(8\sum_{k=1}^{+\infty}A\times B+4\sum_{n=1}^{+\infty}C\times 4\sum_{k=1}^{+\infty}A\times D\right) \tag{1-289}$$

其中：

$$A = \cos\left(\frac{\pi(2k-1)x_D}{2x_{eD}}\right)\cos\left(\frac{\pi(2k-1)x_{wD}}{2x_{eD}}\right)$$

$$C = \cos\left(\frac{\pi n z_D}{h_D}\right)\cos\left(\frac{\pi n z_{wD}}{h_D}\right)$$

$$B = \left\{\cosh\left(\varepsilon_{\alpha=2,k=2k-1}\left(2y_{eD}-\left|y_{D1}\right|\right)\right)+\cosh\left(\varepsilon_{\alpha=2,k=2k-1}\left(2y_{eD}-\left|y_{D2}\right|\right)\right)-\cosh(y_{eD}\varepsilon_{\alpha=2,k=2k-1})\cdot\right.$$
$$\left.\left[\cosh\left(\varepsilon_{\alpha=2,k=2k-1}\left(y_{eD}-\left|y_{D1}\right|\right)\right)+\cosh\left(\varepsilon_{\alpha=2,k=2k-1}\left(y_{eD}-\left|y_{D2}\right|\right)\right)\right]\right\}/\left[\varepsilon_{\alpha=2,k=2k-1}2\sinh(y_{eD}\varepsilon_{\alpha=2,k=2k-1})\cosh(y_{eD}\varepsilon_{\alpha=2,k=2k-1})\right]$$

$$D = \left\{\cosh\left(\varepsilon_{\gamma=1,n,k=2k-1}\left(2y_{eD}-\left|y_{D1}\right|\right)\right)+\cosh\left(\varepsilon_{\gamma=1,n,k=2k-1}\left(2y_{eD}-\left|y_{D2}\right|\right)\right)-\cosh(y_{eD}\varepsilon_{\gamma=1,n,k=2k-1})\cdot\right.$$
$$\left.\left[\cosh\left(\varepsilon_{\gamma=1,n,k=2k-1}\left(y_{eD}-\left|y_{D1}\right|\right)\right)+\cosh\left(\varepsilon_{\gamma=1,n,k=2k-1}\left(y_{eD}-\left|y_{D2}\right|\right)\right)\right]\right\}/\left[\varepsilon_{\gamma=1,n,k=2k-1}2\sinh(y_{eD}\varepsilon_{\gamma=1,n,k=2k-1})\cosh(y_{eD}\varepsilon_{\gamma=1,n,k=2k-1})\right]$$

根据双曲函数的基本关系 $\cosh(x\pm y)=\cosh(x)\cosh(y)\pm\sinh(x)\sinh(y)$ ，则有如下关系：

$$\cosh(y_{eD}\varepsilon_{\alpha=2,k=2k-1})\cosh\left(\varepsilon_{\alpha=2,k=2k-1}\left(y_{eD}-\left|y_{D1}\right|\right)\right)+\cosh(y_{eD}\varepsilon_{\alpha=2,k=2k-1})\cosh\left(\varepsilon_{\alpha=2,k=2k-1}\left(y_{eD}-\left|y_{D2}\right|\right)\right)$$
$$=\cosh\left(\varepsilon_{\alpha=2,k=2k-1}\left(2y_{eD}-\left|y_{D1}\right|\right)\right)-\sinh\left(y_{eD}\varepsilon_{\alpha=2,k=2k-1}\right)\sinh\left(\varepsilon_{\alpha=2,k=2k-1}\left(y_{eD}-\left|y_{D1}\right|\right)\right)+$$
$$\cosh\left(\varepsilon_{\alpha=2,k=2k-1}\left(2y_{eD}-\left|y_{D2}\right|\right)\right)-\sinh\left(y_{eD}\varepsilon_{\alpha=2,k=2k-1}\right)\sinh\left(\varepsilon_{\alpha=2,k=2k-1}\left(y_{eD}-\left|y_{D2}\right|\right)\right)$$

（1-290）

$$\cosh(y_{eD}\varepsilon_{\gamma=1,n,k=2k-1})\cosh\left(\varepsilon_{\gamma=1,n,k=2k-1}\left(y_{eD}-\left|y_{D1}\right|\right)\right)+\cosh(y_{eD}\varepsilon_{\gamma=1,n,k=2k-1})\cosh\left(\varepsilon_{\gamma=1,n,k=2k-1}\left(y_{eD}-\left|y_{D2}\right|\right)\right)$$
$$=\cosh\left(\varepsilon_{\gamma=1,n,k=2k-1}\left(2y_{eD}-\left|y_{D1}\right|\right)\right)-\sinh\left(y_{eD}\varepsilon_{\gamma=1,n,k=2k-1}\right)\sinh\left(\varepsilon_{\gamma=1,n,k=2k-1}\left(y_{eD}-\left|y_{D1}\right|\right)\right)+$$
$$\cosh\left(\varepsilon_{\gamma=1,n,k=2k-1}\left(2y_{eD}-\left|y_{D2}\right|\right)\right)-\sinh\left(y_{eD}\varepsilon_{\gamma=1,n,k=2k-1}\right)\sinh\left(\varepsilon_{\gamma=1,n,k=2k-1}\left(y_{eD}-\left|y_{D2}\right|\right)\right)$$

（1-291）

将式（1-290）和式（1-291）的结果代入式（1-289）化简可得

$$\sum_{k=-\infty}^{+\infty}\sum_{m=-\infty}^{+\infty}\sum_{n=-\infty}^{+\infty}(-1)^k(-1)^m\frac{\exp\left[-\sqrt{u}\sqrt{\left(x_D'-2kx_{eD}\right)^2+\left(y_D'-2my_{eD}\right)^2+\left(z_D'-2nh_D\right)^2}\right]}{\sqrt{\left(x_D'-2kx_{eD}\right)^2+\left(y_D'-2my_{eD}\right)^2+\left(z_D'-2nh_D\right)^2}}$$
$$=\frac{\pi}{h_D x_{eD}}\left\{8\sum_{k=1}^{+\infty}\cos\left[\frac{\pi(2k-1)x_D}{2x_{eD}}\right]\cos\left[\frac{\pi(2k-1)x_{wD}}{2x_{eD}}\right]\cdot\right.$$
$$\frac{\sinh\left(y_{eD}\varepsilon_{\alpha=2,k=2k-1}\right)\left[\sinh\left(\varepsilon_{\alpha=2,k=2k-1}\left(y_{eD}-\left|y_{D1}\right|\right)\right)+\sinh\left(\varepsilon_{\alpha=2,k=2k-1}\left(y_{eD}-\left|y_{D2}\right|\right)\right)\right]}{\varepsilon_{\alpha=2,k=2k-1}2\sinh(y_{eD}\varepsilon_{\alpha=2,k=2k-1})\cosh(y_{eD}\varepsilon_{\alpha=2,k=2k-1})}+$$
$$4\sum_{n=1}^{+\infty}\cos\left(\frac{\pi n z_D}{h_D}\right)\cos\left(\frac{\pi n z_{wD}}{h_D}\right)\times\left[4\sum_{k=1}^{+\infty}\cos\left(\frac{\pi(2k-1)x_D}{2x_{eD}}\right)\cos\left(\frac{\pi(2k-1)x_{wD}}{2x_{eD}}\right)\cdot\right.$$
$$\left.\left.\frac{\sinh\left(y_{eD}\varepsilon_{\gamma=1,n,k=2k-1}\right)\left[\sinh\left(\varepsilon_{\gamma=1,n,k=2k-1}\left(y_{eD}-\left|y_{D1}\right|\right)\right)+\sinh\left(\varepsilon_{\gamma=1,n,k=2k-1}\left(y_{eD}-\left|y_{D2}\right|\right)\right)\right]}{\varepsilon_{\gamma=1,n,k=2k-1}2\sinh(y_{eD}\varepsilon_{\gamma=1,n,k=2k-1})\cosh(y_{eD}\varepsilon_{\gamma=1,n,k=2k-1})}\right]\right\}$$

（1-292）

考虑式（1-281），结合式（1-292）可得顶底封闭 x、y 正方向定压 x、y 负方向封闭盒状储层点源函数模型的点源解：

$$
\begin{aligned}
\Delta\bar{p} = \frac{\tilde{q}\mu}{kh_{\mathrm{D}}x_{\mathrm{eD}}L_{\mathrm{ref}}s}\Bigg\{ &\sum_{k=1}^{+\infty}\cos\left[\frac{\pi(2k-1)x_{\mathrm{D}}}{2x_{\mathrm{eD}}}\right]\cos\left[\frac{\pi(2k-1)x_{\mathrm{wD}}}{2x_{\mathrm{eD}}}\right]\cdot \\
&\frac{\sinh\left(\varepsilon_{\alpha=2,k=2k-1}\left(y_{\mathrm{eD}}-\left|y_{\mathrm{D1}}\right|\right)\right)+\sinh\left(\varepsilon_{\alpha=2,k=2k-1}\left(y_{\mathrm{eD}}-\left|y_{\mathrm{D2}}\right|\right)\right)}{\varepsilon_{\alpha=2,k=2k-1}\cosh(y_{\mathrm{eD}}\varepsilon_{\alpha=2,k=2k-1})}+ \\
&2\sum_{n=1}^{+\infty}\cos\left(\frac{\pi n z_{\mathrm{D}}}{h_{\mathrm{D}}}\right)\cos\left(\frac{\pi n z_{\mathrm{wD}}}{h_{\mathrm{D}}}\right)\left[\sum_{k=1}^{+\infty}\cos\left(\frac{\pi(2k-1)x_{\mathrm{D}}}{2x_{\mathrm{eD}}}\right)\cos\left(\frac{\pi(2k-1)x_{\mathrm{wD}}}{2x_{\mathrm{eD}}}\right)\cdot \\
&\frac{\sinh\left(\varepsilon_{\gamma=1,n,k=2k-1}\left(y_{\mathrm{eD}}-\left|y_{\mathrm{D1}}\right|\right)\right)+\sinh\left(\varepsilon_{\gamma=1,n,k=2k-1}\left(y_{\mathrm{eD}}-\left|y_{\mathrm{D2}}\right|\right)\right)}{\varepsilon_{\gamma=1,n,k=2k-1}\cosh(y_{\mathrm{eD}}\varepsilon_{\gamma=1,n,k=2k-1})}\Bigg]\Bigg\}
\end{aligned}
\tag{1-293}
$$

其中：$\varepsilon_{\alpha=2,k=2k-1}=\sqrt{\left[\dfrac{(2k-1)\pi}{2x_{\mathrm{eD}}}\right]^2+u}$，$\varepsilon_{\gamma=1,n}=\sqrt{\left(\dfrac{n\pi}{h_{\mathrm{D}}}\right)^2+u}$，$\varepsilon_{\gamma=1,n,k=2k-1}=\sqrt{\varepsilon_{\gamma=1,n}^2+\dfrac{(2k-1)^2\pi^2}{4x_{\mathrm{eD}}^2}}$。

1.5.5 顶底封闭 x 负方向、y 方向封闭 x 正方向定压盒状储层点源函数模型

图 1-17 给出了顶底封闭 x 负方向、y 方向封闭 x 正方向定压盒状储层点源叠加过程的示意图，因为储层顶底封闭，因此在 z 方向上镜像井均为同号井。图 1-17 左边反映了在 xy 平面上镜像井与实际井的分布情况，红点为实际井的位置，其他均为镜像井，图 1-17 左边也展示了镜像井在 x 方向、y 方向的位置分布规律，在 y 方向以定压边界与封闭边界交替出现，在 x 方向均以封闭边界出现。图 1-17 中绿色虚线框即为实际井沿 x 方向、y 方向与边界的基本镜像单元的分布情况。根据镜像井位置的分布规律也可以看出，绿色虚线框中的镜像井与实际井压降构成了一个基本的求解单元。图 1-17 右边描述了在 z 方向实际井与镜像井之间的镜像关系，红色的虚线框也标记了 z 方向上实际井与镜像井位置的分布规律，同时红色的虚线框中的镜像井与实际井压降也构成了 z 方向上的一个基本求解单元。

由 1.5.1 节的求解过程可以看出，在三个方向的三重双向无穷级数叠加过程中，通过 Poisson 求和公式其可以化简为 8 个独立的部分，即式（1-254）表示的 8 个部分。根据上述分析以及图 1-17 中独立求解单元中 8 个部分的表示形式，可得顶底封闭 x 负方向、y 方向封闭 x 正方向定压盒状储层点源叠加的模型：

$$
\Delta\bar{p} = \frac{\tilde{q}\mu}{4\pi kL_{\mathrm{ref}}s}\sum_{k=-\infty}^{+\infty}\sum_{m=-\infty}^{+\infty}\sum_{n=-\infty}^{+\infty}(-1)^k\frac{\exp\left[-\sqrt{u}\sqrt{\left(x_{\mathrm{D}}'-2kx_{\mathrm{eD}}\right)^2+\left(y_{\mathrm{D}}'-2my_{\mathrm{eD}}\right)^2+\left(z_{\mathrm{D}}'-2nh_{\mathrm{D}}\right)^2}\right]}{\sqrt{\left(x_{\mathrm{D}}'-2kx_{\mathrm{eD}}\right)^2+\left(y_{\mathrm{D}}'-2my_{\mathrm{eD}}\right)^2+\left(z_{\mathrm{D}}'-2nh_{\mathrm{D}}\right)^2}}
\tag{1-294}
$$

特别需要说明的是，式中的 $(-1)^k$ 表示叠加的基本单元在 x 方向上井的性质交替出现。对于式（1–294），三重级数可处理为

$$\sum_{k=-\infty}^{+\infty}\sum_{m=-\infty}^{+\infty}\sum_{n=-\infty}^{+\infty}(-1)^k\frac{\exp\left[-\sqrt{u}\sqrt{\left(x_D'-2kx_{eD}\right)^2+\left(y_D'-2my_{eD}\right)^2+\left(z_D'-2nh_D\right)^2}\right]}{\sqrt{\left(x_D'-2kx_{eD}\right)^2+\left(y_D'-2my_{eD}\right)^2+\left(z_D'-2nh_D\right)^2}}$$

$$=2\underbrace{\sum_{k=-\infty}^{+\infty}\sum_{m=-\infty}^{+\infty}\sum_{n=-\infty}^{+\infty}\frac{\exp\left[-\sqrt{u}\sqrt{\left(x_D'-4kx_{eD}\right)^2+\left(y_D'-2my_{eD}\right)^2+\left(z_D'-2nh_D\right)^2}\right]}{\sqrt{\left(x_D'-4kx_{eD}\right)^2+\left(y_D'-2my_{eD}\right)^2+\left(z_D'-2nh_D\right)^2}}}_{\text{第一项}}-$$

$$\underbrace{\sum_{k=-\infty}^{+\infty}\sum_{m=-\infty}^{+\infty}\sum_{n=-\infty}^{+\infty}\frac{\exp\left[-\sqrt{u}\sqrt{\left(x_D'-2kx_{eD}\right)^2+\left(y_D'-2my_{eD}\right)^2+\left(z_D'-2nh_D\right)^2}\right]}{\sqrt{\left(x_D'-2kx_{eD}\right)^2+\left(y_D'-2my_{eD}\right)^2+\left(z_D'-2nh_D\right)^2}}}_{\text{第二项}}$$

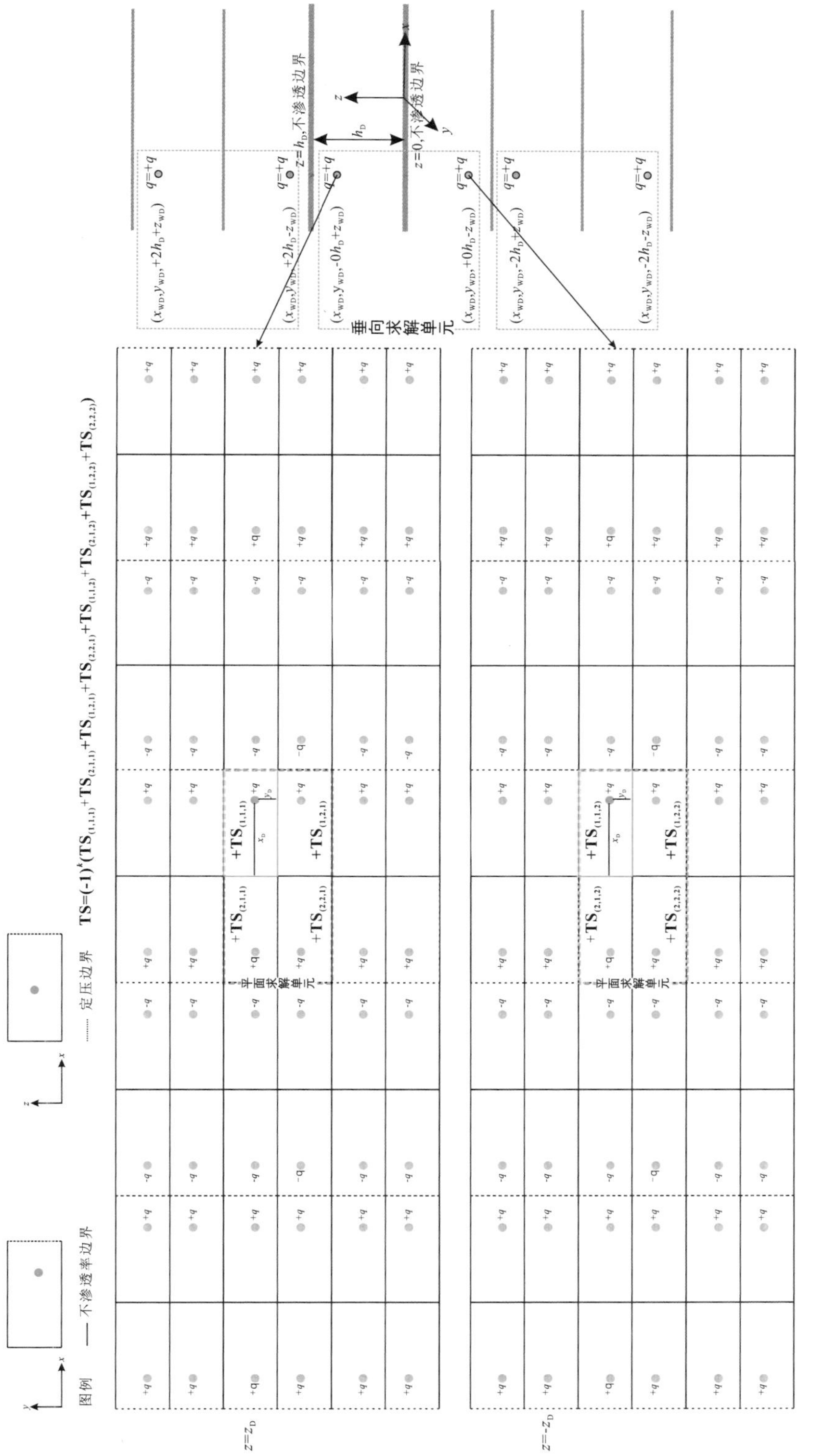

$$\mathbf{TS} = (-1)^r (\mathbf{TS}_{(1,1,1)} + \mathbf{TS}_{(2,1,1)} + \mathbf{TS}_{(1,2,1)} + \mathbf{TS}_{(2,2,1)} + \mathbf{TS}_{(1,1,2)} + \mathbf{TS}_{(2,1,2)} + \mathbf{TS}_{(1,2,2)} + \mathbf{TS}_{(2,2,2)})$$

图 1-17　顶底封闭 x 负方向、y 方向封闭 x 正方向定压盒状储层点源叠加示意图

上式中的三重级数求和两项，均采用 $TS=TS_{(1,1,1)}+TS_{(1,1,2)}+TS_{(1,2,1)}+TS_{(1,2,2)}+TS_{(2,1,1)}+TS_{(2,1,2)}+TS_{(2,2,1)}+TS_{(2,2,2)}$ 的形式表示，这是由于 TS 的 8 项中只与 k、m 和 n 的取值有关，但要注意 k、m 和 n 的取值。将上式的第一项、第二项采用式（1–194）进行化简可得

$$\underbrace{2\sum_{k=-\infty}^{+\infty}\sum_{m=-\infty}^{+\infty}\sum_{n=-\infty}^{+\infty}\frac{\exp\left[-\sqrt{u}\sqrt{\left(x'_D-4kx_{eD}\right)^2+\left(y'_D-2my_{eD}\right)^2+\left(z'_D-2nh_D\right)^2}\right]}{\sqrt{\left(x'_D-4kx_{eD}\right)^2+\left(y'_D-2my_{eD}\right)^2+\left(z'_D-2nh_D\right)^2}}}_{\text{第一项}}$$

$$=\frac{\pi}{2h_Dx_{eD}}\left\{4\frac{\cosh\left[\sqrt{u}\left(y_{eD}-\left|y_{D1}\right|\right)\right]+\cosh\left[\sqrt{u}\left(y_{eD}-\left|y_{D2}\right|\right)\right]}{\sqrt{u}\sinh(y_{eD}\sqrt{u})}+\right.$$

$$8\sum_{k=1}^{+\infty}\cos\left(\pi k\frac{x_D}{2x_{eD}}\right)\cos\left(\pi k\frac{x_{wD}}{2x_{eD}}\right)\frac{\cosh\left[\varepsilon_{\alpha=2,k}\left(y_{eD}-\left|y_{D1}\right|\right)\right]+\cosh\left[\varepsilon_{\alpha=2,k}\left(y_{eD}-\left|y_{D2}\right|\right)\right]}{\varepsilon_{\alpha=2,k}\sinh(y_{eD}\varepsilon_{\alpha=2,k})}+$$

$$8\sum_{n=1}^{+\infty}\cos\left(\frac{\pi nz_D}{h_D}\right)\cos\left(\frac{\pi nz_{wD}}{h_D}\right)\frac{\cosh\left[\varepsilon_{\gamma=1,n}\left(y_{eD}-\left|y_{D1}\right|\right)\right]+\cosh\left[\varepsilon_{\gamma=1,n}\left(y_{eD}-\left|y_{D2}\right|\right)\right]}{\varepsilon_{\gamma=1,n}\sinh(y_{eD}\varepsilon_{\gamma=1,n})}+$$

$$\left.16\sum_{n=1}^{+\infty}\cos\left(\frac{\pi nz_D}{h_D}\right)\cos\left(\frac{\pi nz_{wD}}{h_D}\right)\times\sum_{k=1}^{+\infty}\cos\left(\pi k\frac{x_D}{2x_{eD}}\right)\cos\left(\pi k\frac{x_{wD}}{2x_{eD}}\right)\frac{\cosh\left[\varepsilon_{\gamma=1,nk}\left(y_{eD}-\left|y_{D1}\right|\right)\right]+\cosh\left[\varepsilon_{\gamma=1,nk}\left(y_{eD}-\left|y_{D2}\right|\right)\right]}{\varepsilon_{\gamma=1,nk}\sinh(y_{eD}\varepsilon_{\gamma=1,nk})}\right\}(\alpha=2,\ \beta=1,\ \gamma=1)$$

$$（1-295）$$

$$\underbrace{\sum_{k=-\infty}^{+\infty}\sum_{m=-\infty}^{+\infty}\sum_{n=-\infty}^{+\infty}\frac{\exp\left[-\sqrt{u}\sqrt{\left(x'_D-2kx_{eD}\right)^2+\left(y'_D-2my_{eD}\right)^2+\left(z'_D-2nh_D\right)^2}\right]}{\sqrt{\left(x'_D-2kx_{eD}\right)^2+\left(y'_D-2my_{eD}\right)^2+\left(z'_D-2nh_D\right)^2}}}_{\text{第二项}}$$

$$=\frac{\pi}{2h_Dx_{eD}}\left\{4\frac{\cosh\left[\sqrt{u}\left(y_{eD}-\left|y_{D1}\right|\right)\right]+\cosh\left[\sqrt{u}\left(y_{eD}-\left|y_{D2}\right|\right)\right]}{\sqrt{u}\sinh(y_{eD}\sqrt{u})}+\right.$$

$$8\sum_{k=1}^{+\infty}\cos\left(\pi k\frac{x_D}{x_{eD}}\right)\cos\left(\pi k\frac{x_{wD}}{x_{eD}}\right)\frac{\cosh\left[\varepsilon_{\alpha=1,k}\left(y_{eD}-\left|y_{D1}\right|\right)\right]+\cosh\left[\varepsilon_{\alpha=1,k}\left(y_{eD}-\left|y_{D2}\right|\right)\right]}{\varepsilon_{\alpha=1,k}\sinh(y_{eD}\varepsilon_{\alpha=1,k})}+$$

$$8\sum_{n=1}^{+\infty}\cos\left(\frac{\pi nz_D}{h_D}\right)\cos\left(\frac{\pi nz_{wD}}{h_D}\right)\frac{\cosh\left[\varepsilon_{\gamma=1,n}\left(y_{eD}-\left|y_{D1}\right|\right)\right]+\cosh\left[\varepsilon_{\gamma=1,n}\left(y_{eD}-\left|y_{D2}\right|\right)\right]}{\varepsilon_{\gamma=1,n}\sinh(y_{eD}\varepsilon_{\gamma=1,n})}+$$

$$\left.16\sum_{n=1}^{+\infty}\cos\left(\frac{\pi nz_D}{h_D}\right)\cos\left(\frac{\pi nz_{wD}}{h_D}\right)\times\sum_{k=1}^{+\infty}\cos\left(\pi k\frac{x_D}{x_{eD}}\right)\cos\left(\pi k\frac{x_{wD}}{x_{eD}}\right)\frac{\cosh\left[\varepsilon_{\gamma=1,nk}\left(y_{eD}-\left|y_{D1}\right|\right)\right]+\cosh\left[\varepsilon_{\gamma=1,nk}\left(y_{eD}-\left|y_{D2}\right|\right)\right]}{\varepsilon_{\gamma=1,nk}\sinh(y_{eD}\varepsilon_{\gamma=1,nk})}\right\}(\alpha=1,\ \beta=1,\ \gamma=1)$$

$$（1-296）$$

合并式（1–295）、式（1–296）可得

$$式（1-295）+式（1-296）=A+B+C \qquad （1-297）$$

其中：

$$A=\frac{8\pi}{2h_Dx_{eD}}\sum_{k=1}^{+\infty}\cos\left(\pi k\frac{x_D}{2x_{eD}}\right)\cos\left(\pi k\frac{x_{wD}}{2x_{eD}}\right)\frac{\cosh\left[\varepsilon_{\alpha=2,k}\left(y_{eD}-\left|y_{D1}\right|\right)\right]+\cosh\left[\varepsilon_{\alpha=2,k}\left(y_{eD}-\left|y_{D2}\right|\right)\right]}{\varepsilon_{\alpha=2,k}\sinh(y_{eD}\varepsilon_{\alpha=2,k})}$$

$$B=-\frac{8\pi}{2h_Dx_{eD}}\sum_{k=1}^{+\infty}\cos\left(\pi k\frac{x_D}{x_{eD}}\right)\cos\left(\pi k\frac{x_{wD}}{x_{eD}}\right)\frac{\cosh\left[\varepsilon_{\alpha=1,k}\left(y_{eD}-\left|y_{D1}\right|\right)\right]+\cosh\left[\varepsilon_{\alpha=1,k}\left(y_{eD}-\left|y_{D2}\right|\right)\right]}{\varepsilon_{\alpha=1,k}\sinh(y_{eD}\varepsilon_{\alpha=1,k})}$$

$$C = \frac{4\pi}{2h_{\mathrm{D}}x_{\mathrm{eD}}} \sum_{n=1}^{+\infty} \cos\left(\frac{\pi n z_{\mathrm{D}}}{h_{\mathrm{D}}}\right) \cos\left(\frac{\pi n z_{\mathrm{wD}}}{h_{\mathrm{D}}}\right) \left\{ 4\sum_{k=1}^{+\infty}\left[\cos\left(\pi k \frac{x_{\mathrm{D}}}{2x_{\mathrm{eD}}}\right)\cos\left(\pi k \frac{x_{\mathrm{wD}}}{2x_{\mathrm{eD}}}\right) - \cos\left(\pi k \frac{x_{\mathrm{D}}}{x_{\mathrm{eD}}}\right)\cos\left(\pi k \frac{x_{\mathrm{wD}}}{x_{\mathrm{eD}}}\right)\right] \cdot \right.$$

$$\left. \frac{\cosh\left[\varepsilon_{\gamma=1,nk}\left(y_{\mathrm{eD}}-\left|y_{\mathrm{D1}}\right|\right)\right]+\cosh\left[\varepsilon_{\gamma=1,nk}\left(y_{\mathrm{eD}}-\left|y_{\mathrm{D2}}\right|\right)\right]}{\varepsilon_{\gamma=1,nk}\sinh(y_{\mathrm{eD}}\varepsilon_{\gamma=1,nk})} \right\}$$

注意 α 的取值，$k\in\mathbf{N}^+$ 的取值，若 k 为偶数，则部分对应的项抵消，剩余的只有 k 为奇数的项。考虑上述情况，则式（1-297）可化简为

$$\text{式}(1\text{-}297)=\frac{\pi}{2h_{\mathrm{D}}x_{\mathrm{eD}}}\left\{8\sum_{k=1}^{+\infty}\cos\left[\pi(2k-1)\frac{x_{\mathrm{D}}}{2x_{\mathrm{eD}}}\right]\cos\left[\pi(2k-1)\frac{x_{\mathrm{wD}}}{2x_{\mathrm{eD}}}\right]\right.$$

$$\frac{\cosh\left(\varepsilon_{\alpha=2,k=2k-1}\left(y_{\mathrm{eD}}-\left|y_{\mathrm{D1}}\right|\right)\right)+\cosh\left(\varepsilon_{\alpha=2,k=2k-1}\left(y_{\mathrm{eD}}-\left|y_{\mathrm{D2}}\right|\right)\right)}{\varepsilon_{\alpha=2,k=2k-1}\sinh(y_{\mathrm{eD}}\varepsilon_{\alpha=2,k=2k-1})}+$$

$$4\sum_{n=1}^{+\infty}\cos\left(\frac{\pi n z_{\mathrm{D}}}{h_{\mathrm{D}}}\right)\cos\left(\frac{\pi n z_{\mathrm{wD}}}{h_{\mathrm{D}}}\right)4\sum_{k=1}^{+\infty}\left[\cos\left(\pi(2k-1)\frac{x_{\mathrm{D}}}{2x_{\mathrm{eD}}}\right)\cos\left(\pi(2k-1)\frac{x_{\mathrm{wD}}}{2x_{\mathrm{eD}}}\right)\right]\cdot \quad (1\text{-}298)$$

$$\left.\frac{\cosh\left(\varepsilon_{\gamma=1,n,k=2k-1}\left(y_{\mathrm{eD}}-\left|y_{\mathrm{D1}}\right|\right)\right)+\cosh\left(\varepsilon_{\gamma=1,n,k=2k-1}\left(y_{\mathrm{eD}}-\left|y_{\mathrm{D2}}\right|\right)\right)}{\varepsilon_{\gamma=1,n,k=2k-1}\sinh(y_{\mathrm{eD}}\varepsilon_{\gamma=1,n,k=2k-1})}\right\}$$

考虑式（1-294）的形式，可得顶底封闭 x 负方向、y 方向封闭 x 正方向定压盒状储层点源函数模型的点源解：

$$\Delta\bar{p}=\frac{\tilde{q}\mu}{kh_{\mathrm{D}}x_{\mathrm{eD}}L_{\mathrm{ref}}s}\left\{\sum_{k=1}^{+\infty}\cos\left[\pi(2k-1)\frac{x_{\mathrm{D}}}{2x_{\mathrm{eD}}}\right]\cos\left[\pi(2k-1)\frac{x_{\mathrm{wD}}}{2x_{\mathrm{eD}}}\right]\right.$$

$$\frac{\cosh\left(\varepsilon_{\alpha=2,k=2k-1}\left(y_{\mathrm{eD}}-\left|y_{\mathrm{D1}}\right|\right)\right)+\cosh\left(\varepsilon_{\alpha=2,k=2k-1}\left(y_{\mathrm{eD}}-\left|y_{\mathrm{D2}}\right|\right)\right)}{\varepsilon_{\alpha=2,k=2k-1}\sinh(y_{\mathrm{eD}}\varepsilon_{\alpha=2,k=2k-1})}+$$

$$2\sum_{n=1}^{+\infty}\cos\left(\frac{\pi n z_{\mathrm{D}}}{h_{\mathrm{D}}}\right)\cos\left(\frac{\pi n z_{\mathrm{wD}}}{h_{\mathrm{D}}}\right)\sum_{k=1}^{+\infty}\left[\cos\left(\pi(2k-1)\frac{x_{\mathrm{D}}}{2x_{\mathrm{eD}}}\right)\cos\left(\pi(2k-1)\frac{x_{\mathrm{wD}}}{2x_{\mathrm{eD}}}\right)\right]\cdot \quad (1\text{-}299)$$

$$\left.\frac{\cosh\left(\varepsilon_{\gamma=1,n,k=2k-1}\left(y_{\mathrm{eD}}-\left|y_{\mathrm{D1}}\right|\right)\right)+\cosh\left(\varepsilon_{\gamma=1,n,k=2k-1}\left(y_{\mathrm{eD}}-\left|y_{\mathrm{D2}}\right|\right)\right)}{\varepsilon_{\gamma=1,n,k=2k-1}\sinh(y_{\mathrm{eD}}\varepsilon_{\gamma=1,n,k=2k-1})}\right\}$$

其中：$\varepsilon_{\alpha=2,k=2k-1}=\sqrt{\left[\frac{(2k-1)\pi}{2x_{\mathrm{eD}}}\right]^2+u}$ ，$\varepsilon_{\gamma=1,n}=\sqrt{\left(\frac{n\pi}{h_{\mathrm{D}}}\right)^2+u}$ ，$\varepsilon_{\gamma=1,n,k=2k-1}=\sqrt{\varepsilon_{\gamma=1,n}^2+\frac{(2k-1)^2\pi^2}{4x_{\mathrm{eD}}^2}}$ 。

1.5.6 顶底封闭 x 负方向封闭 x 正方向、y 方向定压盒状储层点源函数模型

图 1-18 给出了顶底封闭 x 负方向封闭 x 正方向、y 方向定压盒状储层点源叠加过程的示意图，因为储层顶底封闭，因此在 z 方向上镜像井均为同号井。图 1-18 左边反映了在 xy 平面上镜像井与实际井的分布情况，红点为实际井的位置，其他均为镜像井，图 1-18 左边也展示了镜像井在 x 方向、y 方向的位置分布规律，在 y 方向以定压

边界出现，在 x 方向以定压边界和封闭边界交替出现。图 1-18 中绿色虚线框即为实际井沿 x 方向、y 方向与边界的基本镜像单元的分布情况。根据镜像井位置的分布规律也可以看出，绿色虚线框中的镜像井与实际井压降构成了一个基本的求解单元。图 1-18 右边描述了在 z 方向实际井与镜像井之间的镜像关系，红色的虚线框也标记了 z 方向上实际井与镜像井位置的分布规律，同时红色的虚线框中的镜像井与实际井压降也构成了 z 方向上的一个基本求解单元。

由 1.5.1 节的求解过程可以看出，在三个方向的三重双向无穷级数叠加过程中，通过 Poisson 求和公式其可以化简为 8 个独立的部分，即式（1-254）表示的 8 个部分，但需要注意的是，这 8 个独立的部分与前面 1.5.1 节～ 1.5.5 节有所不同，TS 不是这 8 个部分的简单相加，即不能直接采用式（1-194）进行化简。为了不失一般性，采用式（1-181）～式（1-188）表示这 8 个部分，其中 α、β 和 γ 的取值与 TS 各个部分的表达式和井在 x、y、z 三个方向是否交替出现的性质有关。根据上述分析以及图 1-18 中独立求解单元中 8 个部分的表示形式，可得顶底封闭 x 负方向封闭 x 正方向、y 方向定压盒状储层点源叠加的模型：

$$\Delta \bar{p} = \frac{\tilde{q}\mu}{4\pi k L_{\text{ref}} s}(-1)^k \left(\text{TS}_{(1,1,1)} + \text{TS}_{(2,1,1)} - \text{TS}_{(1,2,1)} - \text{TS}_{(2,2,1)} + \text{TS}_{(1,1,2)} + \text{TS}_{(2,1,2)} - \text{TS}_{(1,2,2)} - \text{TS}_{(2,2,2)} \right) \quad （1-300）$$

特别需要说明的是，式（1-300）中的 $(-1)^k$ 表示叠加的基本单元在 x 方向上井的性质交替出现。

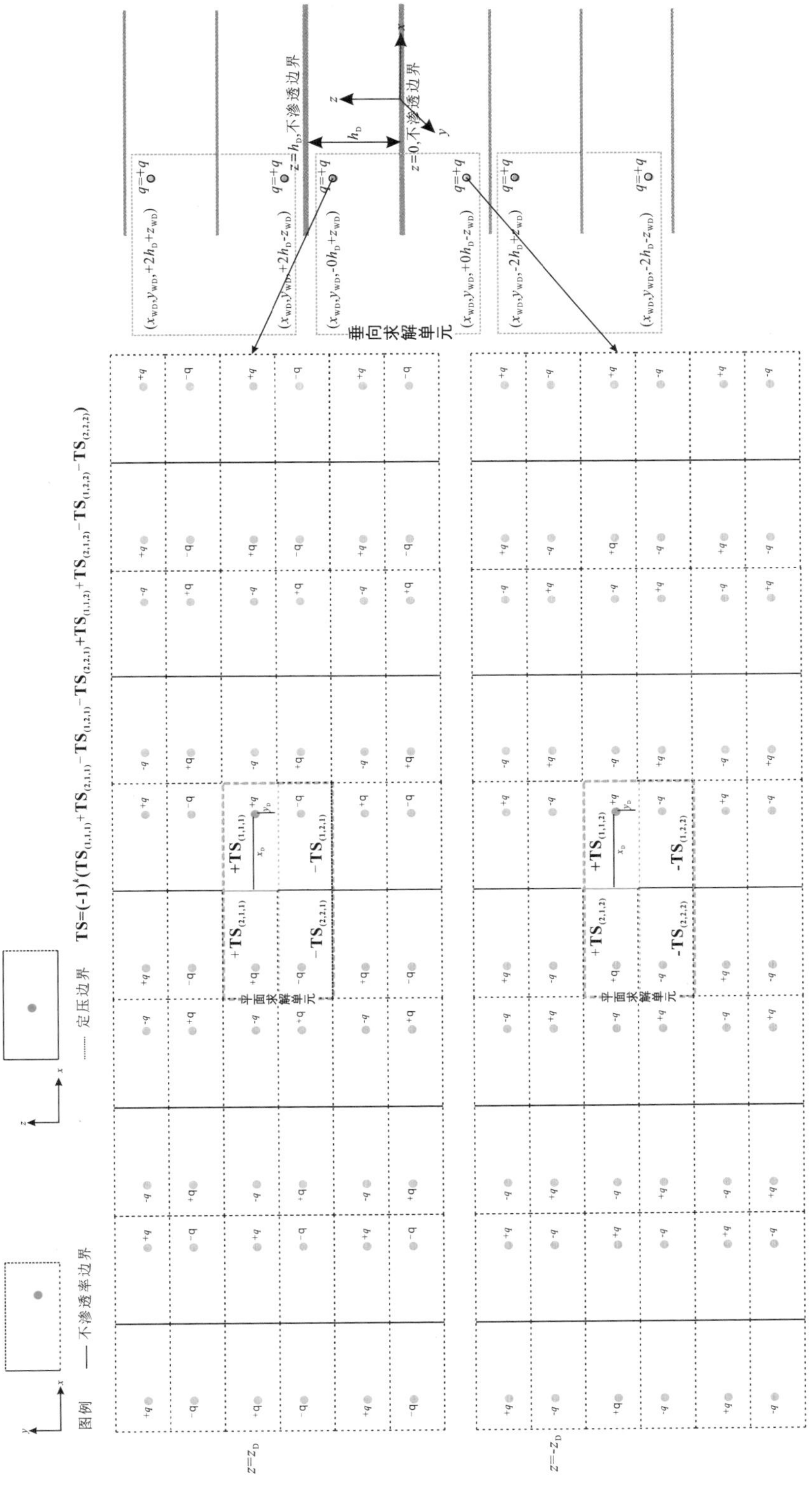

图 1-18　顶底封闭 x 负方向封闭 x 正方向、y 方向定压盒状储层点源叠加示意图

对于式（1–300）中，$\mathrm{TS} = \mathrm{TS}_{(1,1,1)} + \mathrm{TS}_{(2,1,1)} - \mathrm{TS}_{(1,2,1)} - \mathrm{TS}_{(2,2,1)} + \mathrm{TS}_{(1,1,2)} + \mathrm{TS}_{(2,1,2)} - \mathrm{TS}_{(1,2,2)} - \mathrm{TS}_{(2,2,2)}$

的化简结果参见式（1–301）：

$$\mathrm{TS}_{(1,1,1)} + \mathrm{TS}_{(2,1,1)} - \mathrm{TS}_{(1,2,1)} - \mathrm{TS}_{(2,2,1)} + \mathrm{TS}_{(1,1,2)} + \mathrm{TS}_{(2,1,2)} - \mathrm{TS}_{(1,2,2)} - \mathrm{TS}_{(2,2,2)}$$

$$= \frac{\pi}{2\alpha\gamma h_{\mathrm{D}} x_{\mathrm{eD}}} \left\{ \frac{4\cosh\left(\sqrt{u}\left(\beta y_{\mathrm{eD}} - |y_{\mathrm{D1}}|\right)\right)}{\sqrt{u}\sinh(\beta y_{\mathrm{eD}}\sqrt{u})} - \frac{4\cosh\left(\sqrt{u}\left(\beta y_{\mathrm{eD}} - |y_{\mathrm{D2}}|\right)\right)}{\sqrt{u}\sinh(\beta y_{\mathrm{eD}}\sqrt{u})} + \right.$$

$$4\sum_{k=1}^{+\infty} \cos\left(\pi k \frac{x_{\mathrm{D1}}}{\alpha x_{\mathrm{eD}}}\right) \frac{\cosh\left(\varepsilon_{\alpha k}\left(\beta y_{\mathrm{eD}} - |y_{\mathrm{D1}}|\right)\right)}{\varepsilon_{\alpha k}\sinh(\beta y_{\mathrm{eD}}\varepsilon_{\alpha k})} +$$

$$4\sum_{k=1}^{+\infty} \cos\left(\pi k \frac{x_{\mathrm{D2}}}{\alpha x_{\mathrm{eD}}}\right) \frac{\cosh\left(\varepsilon_{\alpha k}\left(\beta y_{\mathrm{eD}} - |y_{\mathrm{D1}}|\right)\right)}{\varepsilon_{\alpha k}\sinh(\beta y_{\mathrm{eD}}\varepsilon_{\alpha k})} -$$

$$4\sum_{k=1}^{+\infty} \cos\left(\pi k \frac{x_{\mathrm{D1}}}{\alpha x_{\mathrm{eD}}}\right) \frac{\cosh\left(\varepsilon_{\alpha k}\left(\beta y_{\mathrm{eD}} - |y_{\mathrm{D2}}|\right)\right)}{\varepsilon_{\alpha k}\sinh(\beta y_{\mathrm{eD}}\varepsilon_{\alpha k})} - 4\sum_{k=1}^{+\infty} \cos\left(\pi k \frac{x_{\mathrm{D2}}}{\alpha x_{\mathrm{eD}}}\right) \frac{\cosh\left(\varepsilon_{\alpha k}\left(\beta y_{\mathrm{eD}} - |y_{\mathrm{D2}}|\right)\right)}{\varepsilon_{\alpha k}\sinh(\beta y_{\mathrm{eD}}\varepsilon_{\alpha k})} +$$

$$2\sum_{n=1}^{+\infty} \left\{ \cos\left(\frac{\pi n z_{\mathrm{D1}}}{\gamma h_{\mathrm{D}}}\right) \left[\frac{2\cosh\left(\varepsilon_{\gamma n}\left(\beta y_{\mathrm{eD}} - |y_{\mathrm{D1}}|\right)\right)}{\varepsilon_{\gamma n}\sinh(\beta y_{\mathrm{eD}}\varepsilon_{\gamma n})} + 2\sum_{k=1}^{+\infty} \left[\cos\left(\pi k \frac{x_{\mathrm{D1}}}{\alpha x_{\mathrm{eD}}}\right) + \cos\left(\pi k \frac{x_{\mathrm{D2}}}{\alpha x_{\mathrm{eD}}}\right) \right] \frac{\cosh\left(\varepsilon_{\gamma n k}\left(\beta y_{\mathrm{eD}} - |y_{\mathrm{D1}}|\right)\right)}{\varepsilon_{\gamma n k}\sinh(\beta y_{\mathrm{eD}}\varepsilon_{\gamma n k})} \right] \right\} -$$

$$2\sum_{n=1}^{+\infty} \left\{ \cos\left(\frac{\pi n z_{\mathrm{D1}}}{\gamma h_{\mathrm{D}}}\right) \left[\frac{2\cosh\left(\varepsilon_{\gamma n}\left(\beta y_{\mathrm{eD}} - |y_{\mathrm{D2}}|\right)\right)}{\varepsilon_{\gamma n}\sinh(\beta y_{\mathrm{eD}}\varepsilon_{\gamma n})} + 2\sum_{k=1}^{+\infty} \left[\cos\left(\pi k \frac{x_{\mathrm{D1}}}{\alpha x_{\mathrm{eD}}}\right) + \cos\left(\pi k \frac{x_{\mathrm{D2}}}{\alpha x_{\mathrm{eD}}}\right) \right] \frac{\cosh\left(\varepsilon_{\gamma n k}\left(\beta y_{\mathrm{eD}} - |y_{\mathrm{D2}}|\right)\right)}{\varepsilon_{\gamma n k}\sinh(\beta y_{\mathrm{eD}}\varepsilon_{\gamma n k})} \right] \right\} +$$

$$2\sum_{n=1}^{+\infty} \left\{ \cos\left(\frac{\pi n z_{\mathrm{D2}}}{\gamma h_{\mathrm{D}}}\right) \left[\frac{2\cosh\left(\varepsilon_{\gamma n}\left(\beta y_{\mathrm{eD}} - |y_{\mathrm{D1}}|\right)\right)}{\varepsilon_{\gamma n}\sinh(\beta y_{\mathrm{eD}}\varepsilon_{\gamma n})} + 2\sum_{k=1}^{+\infty} \left[\cos\left(\pi k \frac{x_{\mathrm{D1}}}{\alpha x_{\mathrm{eD}}}\right) + \cos\left(\pi k \frac{x_{\mathrm{D2}}}{\alpha x_{\mathrm{eD}}}\right) \right] \frac{\cosh\left(\varepsilon_{\gamma n k}\left(\beta y_{\mathrm{eD}} - |y_{\mathrm{D1}}|\right)\right)}{\varepsilon_{\gamma n k}\sinh(\beta y_{\mathrm{eD}}\varepsilon_{\gamma n k})} \right] \right\} -$$

$$\left. 2\sum_{n=1}^{+\infty} \left\{ \cos\left(\frac{\pi n z_{\mathrm{D2}}}{\gamma h_{\mathrm{D}}}\right) \left[\frac{2\cosh\left(\varepsilon_{\gamma n}\left(\beta y_{\mathrm{eD}} - |y_{\mathrm{D2}}|\right)\right)}{\varepsilon_{\gamma n}\sinh(\beta y_{\mathrm{eD}}\varepsilon_{\gamma n})} + 2\sum_{k=1}^{+\infty} \left[\cos\left(\pi k \frac{x_{\mathrm{D1}}}{\alpha x_{\mathrm{eD}}}\right) + \cos\left(\pi k \frac{x_{\mathrm{D2}}}{\alpha x_{\mathrm{eD}}}\right) \right] \frac{\cosh\left(\varepsilon_{\gamma n k}\left(\beta y_{\mathrm{eD}} - |y_{\mathrm{D2}}|\right)\right)}{\varepsilon_{\gamma n k}\sinh(\beta y_{\mathrm{eD}}\varepsilon_{\gamma n k})} \right] \right\} \right\}$$

（1–301）

利用和差化积公式整理上式得

$$\mathrm{TS}_{(1,1,1)} + \mathrm{TS}_{(2,1,1)} - \mathrm{TS}_{(1,2,1)} - \mathrm{TS}_{(2,2,1)} + \mathrm{TS}_{(1,1,2)} + \mathrm{TS}_{(2,1,2)} - \mathrm{TS}_{(1,2,2)} - \mathrm{TS}_{(2,2,2)}$$

$$= \frac{\pi}{2\alpha\gamma h_{\mathrm{D}} x_{\mathrm{eD}}} \left\{ 4\frac{\cosh\left(\sqrt{u}\left(\beta y_{\mathrm{eD}} - |y_{\mathrm{D1}}|\right)\right) - \cosh\left(\sqrt{u}\left(\beta y_{\mathrm{eD}} - |y_{\mathrm{D2}}|\right)\right)}{\sqrt{u}\sinh(\beta y_{\mathrm{eD}}\sqrt{u})} + \right.$$

$$8\sum_{k=1}^{+\infty} \cos\left(\pi k \frac{x_{\mathrm{D}}}{\alpha x_{\mathrm{eD}}}\right) \cos\left(\pi k \frac{x_{\mathrm{wD}}}{\alpha x_{\mathrm{eD}}}\right) \frac{\cosh\left(\varepsilon_{\alpha k}\left(\beta y_{\mathrm{eD}} - |y_{\mathrm{D1}}|\right)\right) - \cosh\left(\varepsilon_{\alpha k}\left(\beta y_{\mathrm{eD}} - |y_{\mathrm{D2}}|\right)\right)}{\varepsilon_{\alpha k}\sinh(\beta y_{\mathrm{eD}}\varepsilon_{\alpha k})} + \quad （1–302）$$

$$8\sum_{n=1}^{+\infty} \left\{ \cos\left(\frac{\pi n z_{\mathrm{D}}}{\gamma h_{\mathrm{D}}}\right) \cos\left(\frac{\pi n z_{\mathrm{wD}}}{\gamma h_{\mathrm{D}}}\right) \left[\frac{\cosh\left(\varepsilon_{\gamma n}\left(\beta y_{\mathrm{eD}} - |y_{\mathrm{D1}}|\right)\right) - \cosh\left(\varepsilon_{\gamma n}\left(\beta y_{\mathrm{eD}} - |y_{\mathrm{D2}}|\right)\right)}{\varepsilon_{\gamma n}\sinh(\beta y_{\mathrm{eD}}\varepsilon_{\gamma n})} + \right. \right.$$

$$\left. \left. \left. 2\sum_{k=1}^{+\infty} \cos\left(\pi k \frac{x_{\mathrm{D}}}{\alpha x_{\mathrm{eD}}}\right) \cos\left(\pi k \frac{x_{\mathrm{wD}}}{\alpha x_{\mathrm{eD}}}\right) \frac{\cosh\left(\varepsilon_{\gamma n k}\left(\beta y_{\mathrm{eD}} - |y_{\mathrm{D1}}|\right)\right) - \cosh\left(\varepsilon_{\gamma n k}\left(\beta y_{\mathrm{eD}} - |y_{\mathrm{D2}}|\right)\right)}{\varepsilon_{\gamma n k}\sinh(\beta y_{\mathrm{eD}}\varepsilon_{\gamma n k})} \right] \right\} \right\}$$

参照式（1-295）和式（1-296），结合式（1-302）可得

$$
\begin{aligned}
&(-1)^k \left(TS_{(1,1,1)} + TS_{(2,1,1)} - TS_{(1,2,1)} - TS_{(2,2,1)} + TS_{(1,1,2)} + TS_{(2,1,2)} - TS_{(1,2,2)} - TS_{(2,2,2)} \right) \\
&= 2 \underbrace{\left(TS_{(1,1,1)} + TS_{(2,1,1)} - TS_{(1,2,1)} - TS_{(2,2,1)} + TS_{(1,1,2)} + TS_{(2,1,2)} - TS_{(1,2,2)} - TS_{(2,2,2)} \right)}_{(\alpha=2,\beta=1,\gamma=1)} - \\
&\quad \underbrace{\left(TS_{(1,1,1)} + TS_{(2,1,1)} - TS_{(1,2,1)} - TS_{(2,2,1)} + TS_{(1,1,2)} + TS_{(2,1,2)} - TS_{(1,2,2)} - TS_{(2,2,2)} \right)}_{(\alpha=1,\beta=1,\gamma=1)}
\end{aligned}
\tag{1-303}
$$

将式（1-302）代入式（1-303）化简可得

$$
\begin{aligned}
&(-1)^k \left(TS_{(1,1,1)} + TS_{(2,1,1)} - TS_{(1,2,1)} - TS_{(2,2,1)} + TS_{(1,1,2)} + TS_{(2,1,2)} - TS_{(1,2,2)} - TS_{(2,2,2)} \right) \\
&= \frac{\pi}{2h_D x_{eD}} \left\{ 8 \sum_{k=1}^{+\infty} \cos\left(\pi k \frac{x_D}{2x_{eD}} \right) \cos\left(\pi k \frac{x_{wD}}{2x_{eD}} \right) \frac{\cosh\left(\varepsilon_{\alpha=2,k}\left(y_{eD} - |y_{D1}| \right) \right) - \cosh\left(\varepsilon_{\alpha=2,k}\left(y_{eD} - |y_{D2}| \right) \right)}{\varepsilon_{\alpha=2,k} \sinh(y_{eD}\varepsilon_{\alpha=2,k})} - \right. \\
&\quad 8 \sum_{k=1}^{+\infty} \cos\left(\pi k \frac{x_D}{x_{eD}} \right) \cos\left(\pi k \frac{x_{wD}}{x_{eD}} \right) \frac{\cosh\left(\varepsilon_{\alpha=1,k}\left(y_{eD} - |y_{D1}| \right) \right) - \cosh\left(\varepsilon_{\alpha=1,k}\left(y_{eD} - |y_{D2}| \right) \right)}{\varepsilon_{\alpha=1,k} \sinh(y_{eD}\varepsilon_{\alpha=1,k})} + \\
&\quad 8 \sum_{n=1}^{+\infty} \left\{ \cos\left(\frac{\pi n z_D}{h_D} \right) \cos\left(\frac{\pi n z_{wD}}{h_D} \right) \left[2 \sum_{k=1}^{+\infty} \left[\cos\left(\pi k \frac{x_D}{2x_{eD}} \right) \cos\left(\pi k \frac{x_{wD}}{2x_{eD}} \right) - \cos\left(\pi k \frac{x_D}{x_{eD}} \right) \cos\left(\pi k \frac{x_{wD}}{x_{eD}} \right) \right] \right. \right. \cdot \\
&\quad \left. \left. \left. \frac{\cosh\left(\varepsilon_{\gamma=1,nk}\left(y_{eD} - |y_{D1}| \right) \right) - \cosh\left(\varepsilon_{\gamma=1,nk}\left(y_{eD} - |y_{D2}| \right) \right)}{\varepsilon_{\gamma=1,nk} \sinh(y_{eD}\varepsilon_{\gamma=1,nk})} \right] \right] \right\}
\end{aligned}
\tag{1-304}
$$

注意式（1-304）中前两项 α 与 k 的取值，当 k 为偶数时，第一项与第二项抵消，故剩余 k 为奇数的项，同理余弦函数表示的部分也是如此。结合和差化积公式，化简可得

$$
\begin{aligned}
&(-1)^k \left(TS_{(1,1,1)} + TS_{(2,1,1)} - TS_{(1,2,1)} - TS_{(2,2,1)} + TS_{(1,1,2)} + TS_{(2,1,2)} - TS_{(1,2,2)} - TS_{(2,2,2)} \right) \\
&= \frac{\pi}{2h_D x_{eD}} \left\{ 8 \sum_{k=1}^{+\infty} \cos\left[\pi(2k-1) \frac{x_D}{2x_{eD}} \right] \cos\left[\pi(2k-1) \frac{x_{wD}}{2x_{eD}} \right] \frac{\cosh\left(\varepsilon_{\alpha=2,k=2k-1}\left(y_{eD} - |y_{D1}| \right) \right) - \cosh\left(\varepsilon_{\alpha=2,k=2k-1}\left(y_{eD} - |y_{D2}| \right) \right)}{\varepsilon_{\alpha=2,k=2k-1} \sinh(y_{eD}\varepsilon_{\alpha=2,k=2k-1})} + \right. \\
&\quad 8 \sum_{n=1}^{+\infty} \left\{ \cos\left(\frac{\pi n z_D}{h_D} \right) \cos\left(\frac{\pi n z_{wD}}{h_D} \right) \left[2 \sum_{k=1}^{+\infty} \cos\left(\pi(2k-1) \frac{x_D}{2x_{eD}} \right) \cos\left(\pi(2k-1) \frac{x_{wD}}{2x_{eD}} \right) \right. \right. \cdot \\
&\quad \left. \left. \left. \frac{\cosh\left(\varepsilon_{\gamma=1,n,k=2k-1}\left(y_{eD} - |y_{D1}| \right) \right) - \cosh\left(\varepsilon_{\gamma=1,n,k=2k-1}\left(y_{eD} - |y_{D2}| \right) \right)}{\varepsilon_{\gamma=1,n,k=2k-1} \sinh(y_{eD}\varepsilon_{\gamma=1,n,k=2k-1})} \right] \right\} \right\}
\end{aligned}
\tag{1-305}
$$

将式（1-305）代入式（1-300）可得顶底封闭 x 负方向封闭 x 正方向、y 方向定压盒状储层点源函数模型的点源解：

$$\Delta\bar{p} = \frac{\tilde{q}\mu}{h_D x_{eD} k L_{ref} s}\left\{\sum_{k=1}^{+\infty}\cos\left[\pi(2k-1)\frac{x_D}{2x_{eD}}\right]\cos\left[\pi(2k-1)\frac{x_{wD}}{2x_{eD}}\right]\frac{\cosh\left(\varepsilon_{\alpha=2,k=2k-1}\left(y_{eD}-|y_{D1}|\right)\right)-\cosh\left(\varepsilon_{\alpha=2,k=2k-1}\left(y_{eD}-|y_{D2}|\right)\right)}{\varepsilon_{\alpha=2,k=2k-1}\sinh(y_{eD}\varepsilon_{\alpha=2,k=2k-1})}+\right.$$

$$2\sum_{n=1}^{+\infty}\left\{\cos\left(\frac{\pi n z_D}{h_D}\right)\cos\left(\frac{\pi n z_{wD}}{h_D}\right)\left[\sum_{k=1}^{+\infty}\cos\left(\pi(2k-1)\frac{x_D}{2x_{eD}}\right)\cos\left(\pi(2k-1)\frac{x_{wD}}{2x_{eD}}\right)\cdot\right.\right.$$

$$\left.\left.\left.\frac{\cosh\left(\varepsilon_{\gamma=1,n,k=2k-1}\left(y_{eD}-|y_{D1}|\right)\right)-\cosh\left(\varepsilon_{\gamma=1,n,k=2k-1}\left(y_{eD}-|y_{D2}|\right)\right)}{\varepsilon_{\gamma=1,n,k=2k-1}\sinh(y_{eD}\varepsilon_{\gamma=1,n,k=2k-1})}\right]\right\}\right\}$$

$$（1-306）$$

其中：$\varepsilon_{\gamma=1,n}=\sqrt{\left(\frac{n\pi}{h_D}\right)^2+u}$，$\varepsilon_{\gamma=1,n,k=2k-1}=\sqrt{\varepsilon_{\gamma=1,n}^2+\frac{(2k-1)^2\pi^2}{4x_{eD}^2}}$，$\varepsilon_{\alpha=2,k=2k-1}=\sqrt{\left[\frac{(2k-1)\pi}{2x_{eD}}\right]^2+u}$。

1.5.7 顶底定压 x、y 方向封闭盒状储层点源函数模型

图 1-19 给出了顶底定压四周封闭盒状储层点源叠加过程的示意图，因为储层顶底定压，因此在 z 方向上镜像井均为异号井。图 1-19 左边反映了在 xy 平面上镜像井与实际井的分布情况，红点为实际井的位置，其他均为镜像井，图 1-19 左边也展示了镜像井在 x 方向、y 方向的位置分布规律，在 y 方向以封闭边界出现，在 x 方向以封闭边界出现。图 1-19 中绿色虚线框即为实际井沿 x 方向、y 方向与边界的镜像基本情况。根据镜像井位置的分布规律也可以看出，绿色虚线框中的镜像井与实际井压降构成了一个基本的求解单元。图 1-19 右边描述了在 z 方向实际井与镜像井之间的镜像关系，红色的虚线框也标记了 z 方向上实际井与镜像井位置的分布规律，同时红色的虚线框中的镜像井与实际井压降也构成了 z 方向上的一个基本求解单元。井的性质在平面镜像单元沿 z 方向一致。

由 1.5.1 节的求解过程可以看出，在三个方向的三重双向无穷级数叠加过程中，通过 Poisson 求和公式其可以化简为 8 个独立的部分，即式（1-254）表示的 8 个部分，但需要注意的是，这 8 个独立的部分与前面 1.5.1 节～1.5.5 节有所不同，TS 不是这 8 个部分的简单相加，即不能直接采用式（1-194）进行化简。为了不失一般性，采用式（1-181）～式（1-188）表示这 8 个部分，其中 α、β 和 γ 的取值与 TS 各个部分的表达式和井在 x、y、z 三个方向是否交替出现的性质有关。根据上述分析以及图 1-19 中独立求解单元中 8 个部分的表示形式，可得顶底定压四周封闭盒状储层点源叠加的模型：

$$\Delta\bar{p}=\frac{\tilde{q}\mu}{4\pi k L_{ref} s}\left(TS_{(1,1,1)}+TS_{(2,1,1)}+TS_{(1,2,1)}+TS_{(2,2,1)}-TS_{(1,1,2)}-TS_{(2,1,2)}-TS_{(1,2,2)}-TS_{(2,2,2)}\right)\quad（1-307）$$

对于式（1-307），$TS=TS_{(1,1,1)}+TS_{(2,1,1)}+TS_{(1,2,1)}+TS_{(2,2,1)}-TS_{(1,1,2)}-TS_{(2,1,2)}-TS_{(1,2,2)}-TS_{(2,2,2)}$ 可表示为

$$
\mathrm{TS}_{(1,1,1)} + \mathrm{TS}_{(2,1,1)} + \mathrm{TS}_{(1,2,1)} + \mathrm{TS}_{(2,2,1)} - \mathrm{TS}_{(1,1,2)} - \mathrm{TS}_{(2,1,2)} - \mathrm{TS}_{(1,2,2)} - \mathrm{TS}_{(2,2,2)}
$$

$$
= A \left\{ 4 \sum_{n=1}^{+\infty} \left[\sin\left(\frac{\pi n z_{\mathrm{D}}}{\gamma h_{\mathrm{D}}} \right) \sin\left(\frac{\pi n z_{\mathrm{wD}}}{\gamma h_{\mathrm{D}}} \right) \left(2 \frac{\cosh\left(\varepsilon_{\gamma n}\left(\beta y_{\mathrm{eD}} - |y_{\mathrm{D1}}| \right) \right) + \cosh\left(\varepsilon_{\gamma n}\left(\beta y_{\mathrm{eD}} - |y_{\mathrm{D2}}| \right) \right)}{\varepsilon_{\gamma n} \sinh(\beta y_{\mathrm{eD}} \varepsilon_{\gamma n})} + \right. \right. \quad (1\text{-}308)
$$

$$
\left. \left. 4 \sum_{k=1}^{+\infty} B \frac{\cosh\left(\varepsilon_{\gamma nk}\left(\beta y_{\mathrm{eD}} - |y_{\mathrm{D1}}| \right) \right) + \cosh\left(\varepsilon_{\gamma nk}\left(\beta y_{\mathrm{eD}} - |y_{\mathrm{D2}}| \right) \right)}{\varepsilon_{\gamma nk} \sinh(\beta y_{\mathrm{eD}} \varepsilon_{\gamma nk})} \right) \right] \right\}
$$

其中：$A = \dfrac{\pi}{2\alpha\gamma h_{\mathrm{D}} x_{\mathrm{eD}}}$ ，$B = \cos\left(\pi k \dfrac{x_{\mathrm{D}}}{\alpha x_{\mathrm{eD}}} \right) \cos\left(\pi k \dfrac{x_{\mathrm{wD}}}{\alpha x_{\mathrm{eD}}} \right)$ 。

令 $\alpha = 1$，$\beta = 1$，$\gamma = 1$，并将式（1-308）代入式（1-307）可得

$$
\Delta \bar{p} = A \sum_{n=1}^{+\infty} B \left\{ \frac{\cosh\left[\varepsilon_{\gamma=1,n}\left(y_{\mathrm{eD}} - |y_{\mathrm{D1}}| \right) \right] + \cosh\left[\varepsilon_{\gamma=1,n}\left(y_{\mathrm{eD}} - |y_{\mathrm{D2}}| \right) \right]}{\varepsilon_{\gamma=1,n} \sinh(y_{\mathrm{eD}} \varepsilon_{\gamma=1,n})} + \right.
$$
$$
\left. 2 \sum_{k=1}^{+\infty} C \frac{\cosh\left[\varepsilon_{\gamma=1,nk}\left(y_{\mathrm{eD}} - |y_{\mathrm{D1}}| \right) \right] + \cosh\left[\varepsilon_{\gamma=1,nk}\left(y_{\mathrm{eD}} - |y_{\mathrm{D2}}| \right) \right]}{\varepsilon_{\gamma=1,nk} \sinh(y_{\mathrm{eD}} \varepsilon_{\gamma=1,nk})} \right\} \qquad (1\text{-}309)
$$

其中：$A = \dfrac{\tilde{q}\mu}{k L_{\mathrm{ref}} h_{\mathrm{D}} x_{\mathrm{eD}} s}$ ，$B = \sin\left(\dfrac{\pi n z_{\mathrm{D}}}{h_{\mathrm{D}}} \right) \sin\left(\dfrac{\pi n z_{\mathrm{wD}}}{h_{\mathrm{D}}} \right)$ ，$C = \cos\left(\pi k \dfrac{x_{\mathrm{D}}}{x_{\mathrm{eD}}} \right) \cos\left(\pi k \dfrac{x_{\mathrm{wD}}}{x_{\mathrm{eD}}} \right)$ ，$\varepsilon_{\gamma=1,n} = \sqrt{\left(\dfrac{n\pi}{h_{\mathrm{D}}} \right)^2 + u}$ ，

$\varepsilon_{\gamma=1,nk} = \sqrt{\varepsilon_{\gamma=1,n}^2 + \dfrac{k^2 \pi^2}{x_{\mathrm{eD}}^2}}$ 。

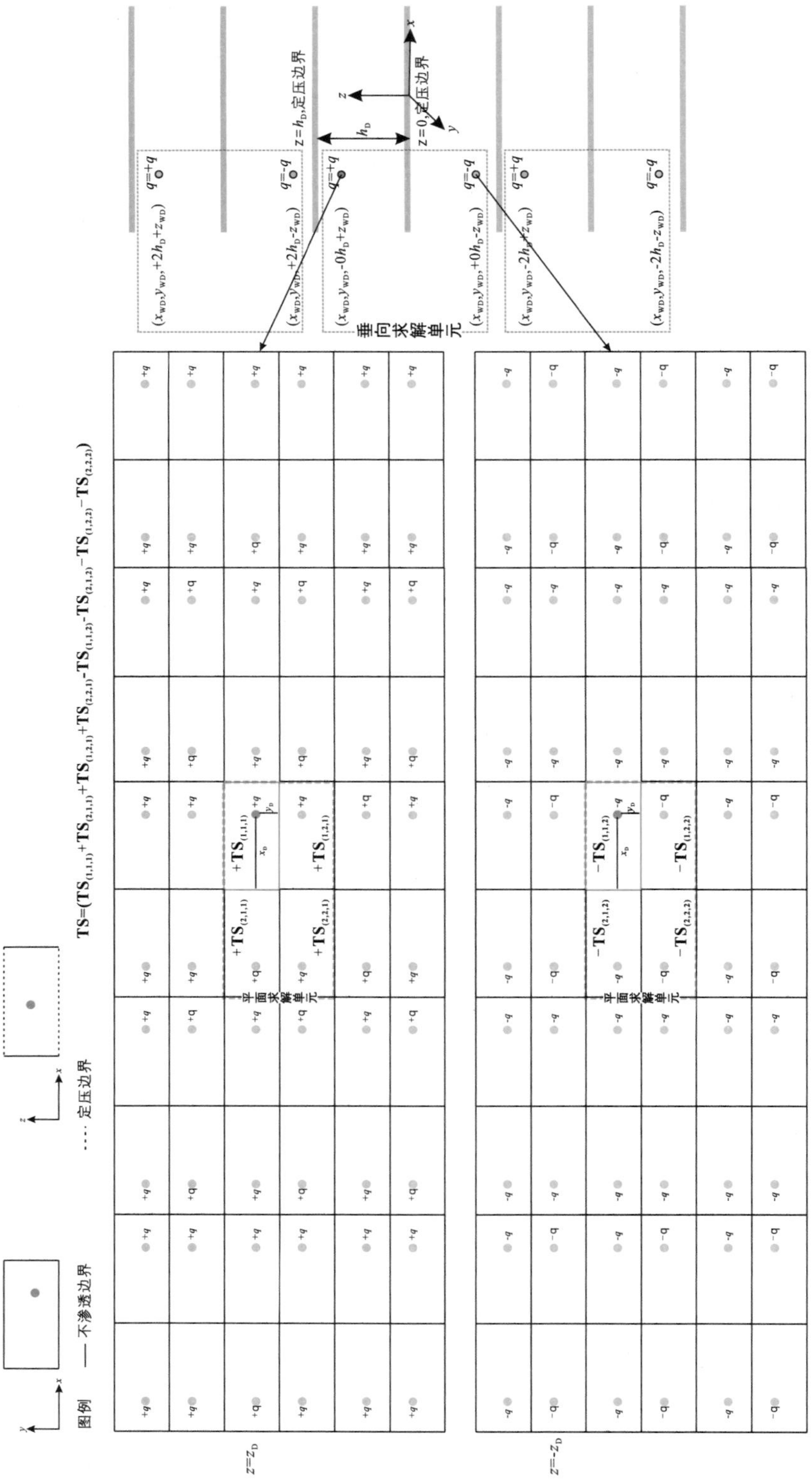

图 1-19　顶底定压 x、y 方向封闭盒状储层点源叠加示意图

1.5.8　顶底定压 x、y 方向定压盒状储层点源函数模型

图 1-20 给出了顶底定压 x、y 方向定压盒状储层点源叠加过程的示意图，因为储层顶底定压，因此在 z 方向上镜像井均为异号井。图 1-20 左边反映了在 xy 平面上镜像井与实际井的分布情况，红点为实际井的位置，其他均为镜像井，图 1-20 左边也展示了镜像井在 x 方向、y 方向的位置分布规律，在 y 方向以定压边界出现，在 x 方向以定压边界出现。图 1-20 中绿色虚线框即为实际井沿 x 方向、y 方向与边界的基本镜像单元的分布情况。根据镜像井位置的分布规律也可以看出，绿色虚线框中的镜像井与实际井压降构成了一个基本的求解单元。图 1-20 右边描述了在 z 方向实际井与镜像井之间的镜像关系，红色的虚线框也标记了 z 方向上实际井与镜像井位置的分布规律，同时红色的虚线框中的镜像井与实际井压降也构成了 z 方向上的一个基本求解单元。井的性质在平面镜像单元沿 z 方向一致。

由 1.5.1 节的求解过程可以看出，在三个方向的三重双向无穷级数叠加过程中，通过 Poisson 求和公式其可以化简为 8 个独立的部分，即式（1-254）表示的 8 个部分，但需要注意的是，这 8 个独立的部分与前面 1.5.1 节～ 1.5.5 节有所不同，TS 不是这 8 个部分的简单相加，即不能直接采用式（1-194）进行化简。为了不失一般性，采用式（1-181）～式（1-188）表示这 8 个部分，其中 α、β 和 γ 的取值与 TS 各个部分的表达式和井在 x、y、z 三个方向是否交替出现的性质有关。根据上述分析以及图 1-20 中独立求解单元中 8 个部分的表示形式，可得顶底定压 x、y 方向定压盒状储层点源叠加的模型：

$$\Delta \bar{p} = \frac{\tilde{q}\mu}{4\pi k L_{\text{ref}} s}\left(\text{TS}_{(1,1,1)} - \text{TS}_{(2,1,1)} - \text{TS}_{(1,2,1)} + \text{TS}_{(2,2,1)} - \text{TS}_{(1,1,2)} + \text{TS}_{(2,1,2)} + \text{TS}_{(1,2,2)} - \text{TS}_{(2,2,2)}\right) \quad （1\text{-}310）$$

对于式（1-310），$\text{TS} = \text{TS}_{(1,1,1)} - \text{TS}_{(2,1,1)} - \text{TS}_{(1,2,1)} + \text{TS}_{(2,2,1)} - \text{TS}_{(1,1,2)} + \text{TS}_{(2,1,2)} + \text{TS}_{(1,2,2)} - \text{TS}_{(2,2,2)}$ 可表示为

$$\text{TS}_{(1,1,1)} - \text{TS}_{(2,1,1)} - \text{TS}_{(1,2,1)} + \text{TS}_{(2,2,1)} - \text{TS}_{(1,1,2)} + \text{TS}_{(2,1,2)} + \text{TS}_{(1,2,2)} - \text{TS}_{(2,2,2)} = 4A\sum_{n=1}^{+\infty} \times 4B\sum_{k=1}^{+\infty} CD \quad （1\text{-}311）$$

其中：

$$A = \frac{\pi}{2\alpha\gamma h_{\text{D}} x_{\text{eD}}}$$

$$B = \sin\left(\frac{\pi n z_{\text{D}}}{\gamma h_{\text{D}}}\right)\sin\left(\frac{\pi n z_{\text{wD}}}{\gamma h_{\text{D}}}\right)$$

$$C = \sin\left(\pi k \frac{x_{\text{D}}}{\alpha x_{\text{eD}}}\right)\sin\left(\pi k \frac{x_{\text{wD}}}{\alpha x_{\text{eD}}}\right)$$

$$D = \frac{\cosh\left[\varepsilon_{\gamma nk}\left(\beta y_{eD} - \left|y_{D1}\right|\right)\right] - \cosh\left[\varepsilon_{\gamma nk}\left(\beta y_{eD} - \left|y_{D2}\right|\right)\right]}{\varepsilon_{\gamma nk}\sinh(\beta y_{eD}\varepsilon_{\gamma nk})}$$

令 $\alpha = 1$，$\beta = 1$，$\gamma = 1$，并将式（1-311）代入式（1-310）可得

$$\Delta\bar{p} = A\left\{\sum_{n=1}^{+\infty}\left[B\left(\sum_{k=1}^{+\infty}CD\right)\right]\right\} \tag{1-312}$$

其中：

$$A = \frac{2\tilde{q}\mu}{kh_{D}x_{eD}L_{ref}s}$$

$$B = \sin\left(\frac{\pi n z_{D}}{h_{D}}\right)\sin\left(\frac{\pi n z_{wD}}{h_{D}}\right)$$

$$C = \sin\left(\pi k\frac{x_{D}}{x_{eD}}\right)\sin\left(\pi k\frac{x_{wD}}{x_{eD}}\right)$$

$$D = \frac{\cosh\left(\varepsilon_{\gamma=1,nk}\left(y_{eD} - \left|y_{D1}\right|\right)\right) - \cosh\left(\varepsilon_{\gamma=1,nk}\left(y_{eD} - \left|y_{D2}\right|\right)\right)}{\varepsilon_{\gamma=1,nk}\sinh(y_{eD}\varepsilon_{\gamma=1,nk})}$$

$$\varepsilon_{\gamma=1,n} = \sqrt{\left(\frac{n\pi}{h_{D}}\right)^{2} + u}$$

$$\varepsilon_{\gamma=1,n,k} = \sqrt{\varepsilon_{\gamma=1,n}^{2} + \frac{k^{2}\pi^{2}}{x_{eD}^{2}}}$$

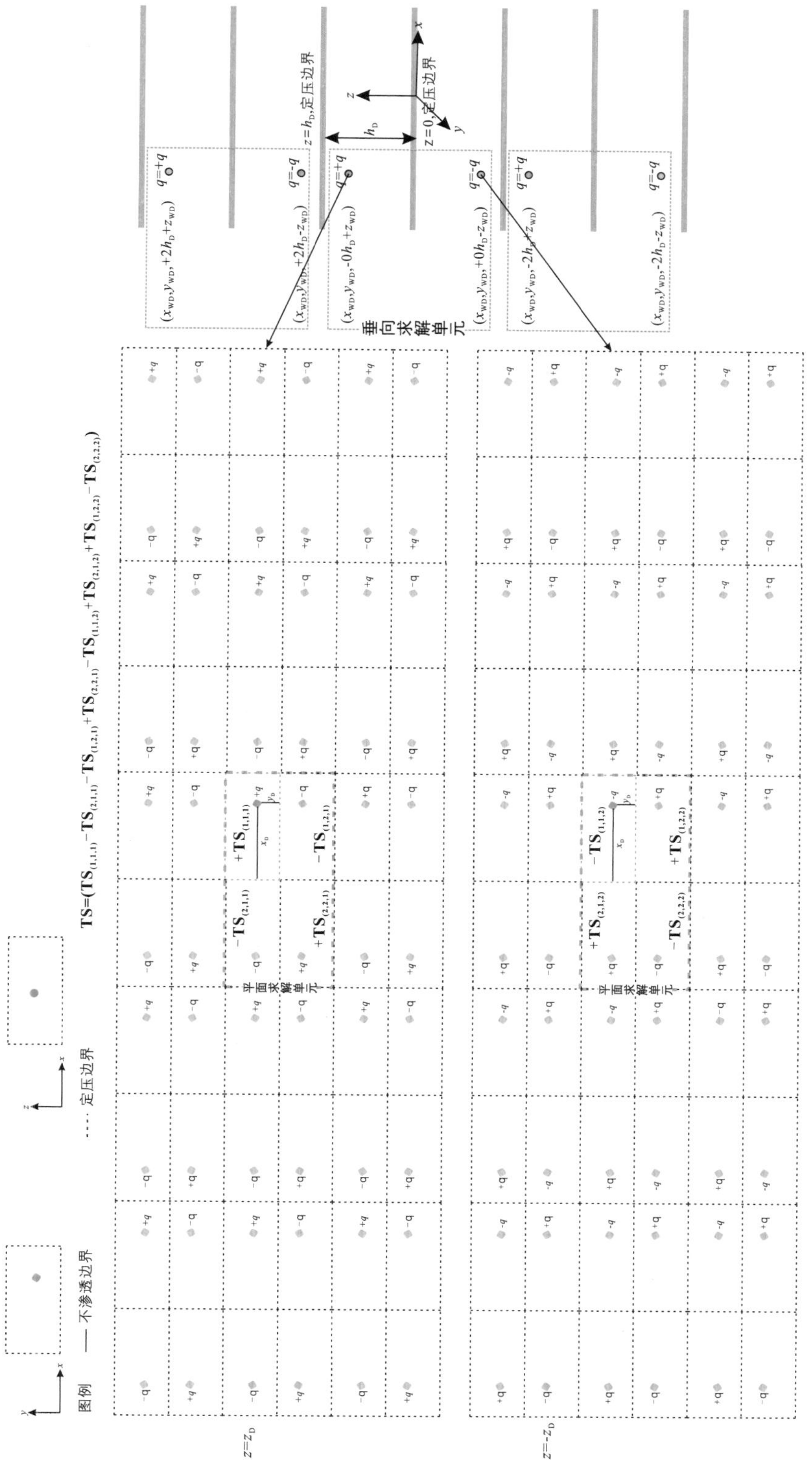

图 1-20 顶底定压 x、y 方向定压盒状储层点源叠加示意图

1.5.9 顶底定压 y 方向定压 x 方向封闭盒状储层点源函数模型

图 1–21 给出了顶底定压 y 方向定压 x 方向封闭盒状储层点源叠加过程的示意图，因为储层顶底定压，因此在 z 方向上镜像井均为异号井。图 1–21 左边反映了在 xy 平面上镜像井与实际井的分布情况，红点为实际井的位置，其他均为镜像井，图 1–21 左边也展示了镜像井在 x 方向、y 方向的位置分布规律，在 y 方向以定压边界出现，在 x 方向以封闭边界出现。图 1–21 中绿色虚线框即为实际井沿 x 方向、y 方向与边界的基本镜像单元的分布情况。根据镜像井位置的分布规律也可以看出，绿色虚线框中的镜像井与实际井压降构成了一个基本的求解单元。图 1–21 右边描述了在 z 方向实际井与镜像井之间的镜像关系，红色的虚线框也标记了 z 方向上实际井与镜像井位置的分布规律，同时红色的虚线框中的镜像井与实际井压降也构成了 z 方向上的一个基本求解单元。井的性质在平面镜像单元沿 z 方向一致。

由 1.5.1 节的求解过程可以看出，在三个方向的双向无穷级数叠加过程中，通过 Poisson 求和公式其可以化简为 8 个独立的部分，即式（1–254）表示的 8 个部分，但需要注意的是，这 8 个独立的部分与前面 1.5.1 节～1.5.5 节有所不同，TS 不是这 8 个部分的简单相加，即不能直接采用式（1–194）进行化简。为了不失一般性，采用式（1–181）～式（1–188）表示这 8 个部分，其中 α、β 和 γ 的取值与 TS 各个部分的表达式和井在 x、y、z 三个方向是否交替出现的性质有关。根据上述分析以及图 1–21 中独立求解单元中 8 个部分的表示形式，可得顶底定压 y 方向定压 x 方向封闭盒状储层点源叠加的模型：

$$\Delta\overline{p} = \frac{\tilde{q}\mu}{4\pi k L_{\text{ref}} s}\left(\text{TS}_{(1,1,1)} + \text{TS}_{(2,1,1)} - \text{TS}_{(1,2,1)} - \text{TS}_{(2,2,1)} - \text{TS}_{(1,1,2)} - \text{TS}_{(2,1,2)} + \text{TS}_{(1,2,2)} + \text{TS}_{(2,2,2)}\right) \quad （1\text{–}313）$$

对于式（1–313），$\text{TS} = \text{TS}_{(1,1,1)} + \text{TS}_{(2,1,1)} - \text{TS}_{(1,2,1)} - \text{TS}_{(2,2,1)} - \text{TS}_{(1,1,2)} - \text{TS}_{(2,1,2)} + \text{TS}_{(1,2,2)} + \text{TS}_{(2,2,2)}$ 可表示为

$$\text{TS}_{(1,1,1)} + \text{TS}_{(2,1,1)} - \text{TS}_{(1,2,1)} - \text{TS}_{(2,2,1)} - \text{TS}_{(1,1,2)} - \text{TS}_{(2,1,2)} + \text{TS}_{(1,2,2)} + \text{TS}_{(2,2,2)} = 4A\sum_{n=1}^{+\infty}B\left(C + 4\sum_{k=1}^{+\infty}DE\right) \quad （1\text{–}314）$$

其中：

$$A = \frac{\pi}{2\alpha\gamma h_{\text{D}}x_{\text{eD}}}$$

$$B = \sin\left(\frac{\pi n z_{\text{D}}}{\gamma h_{\text{D}}}\right)\sin\left(\frac{\pi n z_{\text{wD}}}{\gamma h_{\text{D}}}\right)$$

$$C = 2\frac{\cosh\left(\varepsilon_{\gamma n}\left(\beta y_{\text{eD}} - |y_{\text{D1}}|\right)\right) - \cosh\left(\varepsilon_{\gamma n}\left(\beta y_{\text{eD}} - |y_{\text{D2}}|\right)\right)}{\varepsilon_{\gamma n}\sinh(\beta y_{\text{eD}}\varepsilon_{\gamma n})}$$

$$D = \cos\left(\pi k \frac{x_{\mathrm{D}}}{\alpha x_{\mathrm{eD}}}\right) \cos\left(\pi k \frac{x_{\mathrm{wD}}}{\alpha x_{\mathrm{eD}}}\right)$$

$$E = \frac{\cosh\left(\varepsilon_{\gamma nk}\left(\beta y_{\mathrm{eD}} - |y_{\mathrm{D1}}|\right)\right) - \cosh\left(\varepsilon_{\gamma nk}\left(\beta y_{\mathrm{eD}} - |y_{\mathrm{D2}}|\right)\right)}{\varepsilon_{\gamma nk} \sinh(\beta y_{\mathrm{eD}} \varepsilon_{\gamma nk})}$$

令 $\alpha = 1$，$\beta = 1$，$\gamma = 1$，并将式（1–314）代入式（1–313）可得

$$\Delta \bar{p} = A \sum_{n=1}^{+\infty} B\left(C + 2\sum_{k=1}^{+\infty} DE \right) \tag{1-315}$$

其中：

$$A = \frac{\tilde{q}\mu}{k h_{\mathrm{D}} x_{\mathrm{eD}} L_{\mathrm{ref}} s}$$

$$B = \sin\left(\frac{\pi n z_{\mathrm{D}}}{h_{\mathrm{D}}}\right) \sin\left(\frac{\pi n z_{\mathrm{wD}}}{h_{\mathrm{D}}}\right)$$

$$C = \frac{\cosh\left(\varepsilon_{\gamma=1,n}\left(y_{\mathrm{eD}} - |y_{\mathrm{D1}}|\right)\right) - \cosh\left(\varepsilon_{\gamma=1,n}\left(y_{\mathrm{eD}} - |y_{\mathrm{D2}}|\right)\right)}{\varepsilon_{\gamma=1,n} \sinh(y_{\mathrm{eD}} \varepsilon_{\gamma=1,n})}$$

$$\varepsilon_{\gamma=1,n} = \sqrt{\left(\frac{n\pi}{h_{\mathrm{D}}}\right)^2 + u}$$

$$D = \cos\left(\pi k \frac{x_{\mathrm{D}}}{x_{\mathrm{eD}}}\right) \cos\left(\pi k \frac{x_{\mathrm{wD}}}{x_{\mathrm{eD}}}\right)$$

$$E = \frac{\cosh\left(\varepsilon_{\gamma=1,nk}\left(y_{\mathrm{eD}} - |y_{\mathrm{D1}}|\right)\right) - \cosh\left(\varepsilon_{\gamma=1,nk}\left(y_{\mathrm{eD}} - |y_{\mathrm{D2}}|\right)\right)}{\varepsilon_{\gamma=1,nk} \sinh(y_{\mathrm{eD}} \varepsilon_{\gamma=1,nk})}$$

$$\varepsilon_{\gamma=1,nk} = \sqrt{\varepsilon_{\gamma=1,n}^2 + \frac{k^2 \pi^2}{x_{\mathrm{eD}}^2}}$$

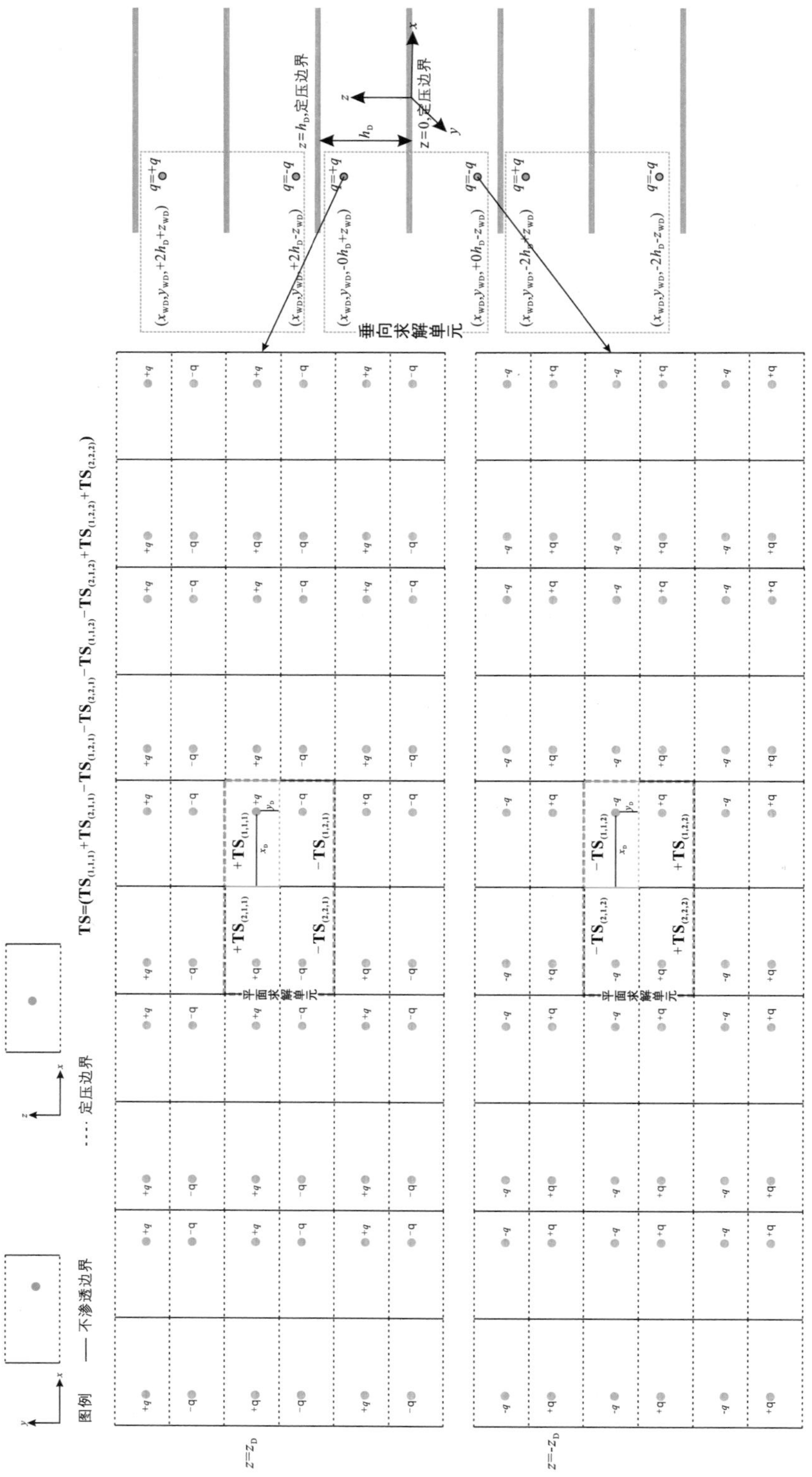

图 1-21 顶底定压 y 方向定压 x 方向封闭盒状储层点源叠加示意图

1.5.10 顶底定压 x、y 正方向定压 x、y 负方向封闭盒状储层点源函数模型

图 1-22 给出了顶底定压 x、y 正方向定压 x、y 负方向封闭盒状储层点源叠加过程的示意图，因为储层顶底定压，因此在 z 方向上镜像井均为异号井。图 1-22 左边反映了在 xy 平面上镜像井与实际井的分布情况，红点为实际井的位置，其他均为镜像井，图 1-22 左边也展示了镜像井在 x 方向、y 方向的位置分布规律，在 y 方向以定压边界和封闭边界交替出现，在 x 方向以定压边界和封闭边界交替出现。图 1-22 中绿色虚线框即为实际井沿 x 方向、y 方向与边界的基本镜像单元的分布情况。根据镜像井位置的分布规律也可以看出，绿色虚线框中的镜像井与实际井压降构成了一个基本的求解单元。图 1-22 右边描述了在 z 方向实际井与镜像井之间的镜像关系，红色的虚线框也标记了 z 方向上实际井与镜像井位置的分布规律，同时红色的虚线框中的镜像井与实际井压降也构成了 z 方向上的一个基本求解单元。井的性质在平面镜像单元沿 z 方向一致。

由 1.5.1 节的求解过程可以看出，在三个方向的双向无穷级数叠加过程中，通过 Poisson 求和公式其可以化简为 8 个独立的部分，即式（1-254）表示的 8 个部分，但需要注意的是，这 8 个独立的部分与前面 1.5.1 节 ~ 1.5.5 节有所不同，TS 不是这 8 个部分的简单相加，即不能直接采用式（1-194）进行化简。为了不失一般性，采用式（1-181）~ 式（1-188）表示这 8 个部分，其中 α、β 和 γ 的取值与 TS 各个部分的表达式和井在 x、y、z 三个方向是否交替出现的性质有关。根据上述分析以及图 1-22 中独立求解单元中 8 个部分的表示形式，可得顶底定压 x、y 正方向定压 x、y 负方向封闭盒状储层点源叠加的模型：

$$\Delta \bar{p} = \frac{\tilde{q}\mu}{4\pi k L_{\text{ref}} s} (-1)^k (-1)^m \left(\text{TS}_{(1,1,1)} + \text{TS}_{(2,1,1)} + \text{TS}_{(1,2,1)} + \text{TS}_{(2,2,1)} - \text{TS}_{(1,1,2)} - \text{TS}_{(2,1,2)} - \text{TS}_{(1,2,2)} - \text{TS}_{(2,2,2)} \right)$$

$$(1-316)$$

特别需要说明的是，上式中的 $(-1)^k$ 表示叠加的基本单元在 x 方向上井的性质交替出现，$(-1)^m$ 则表示叠加的基本单元在 y 方向上井的性质交替出现。

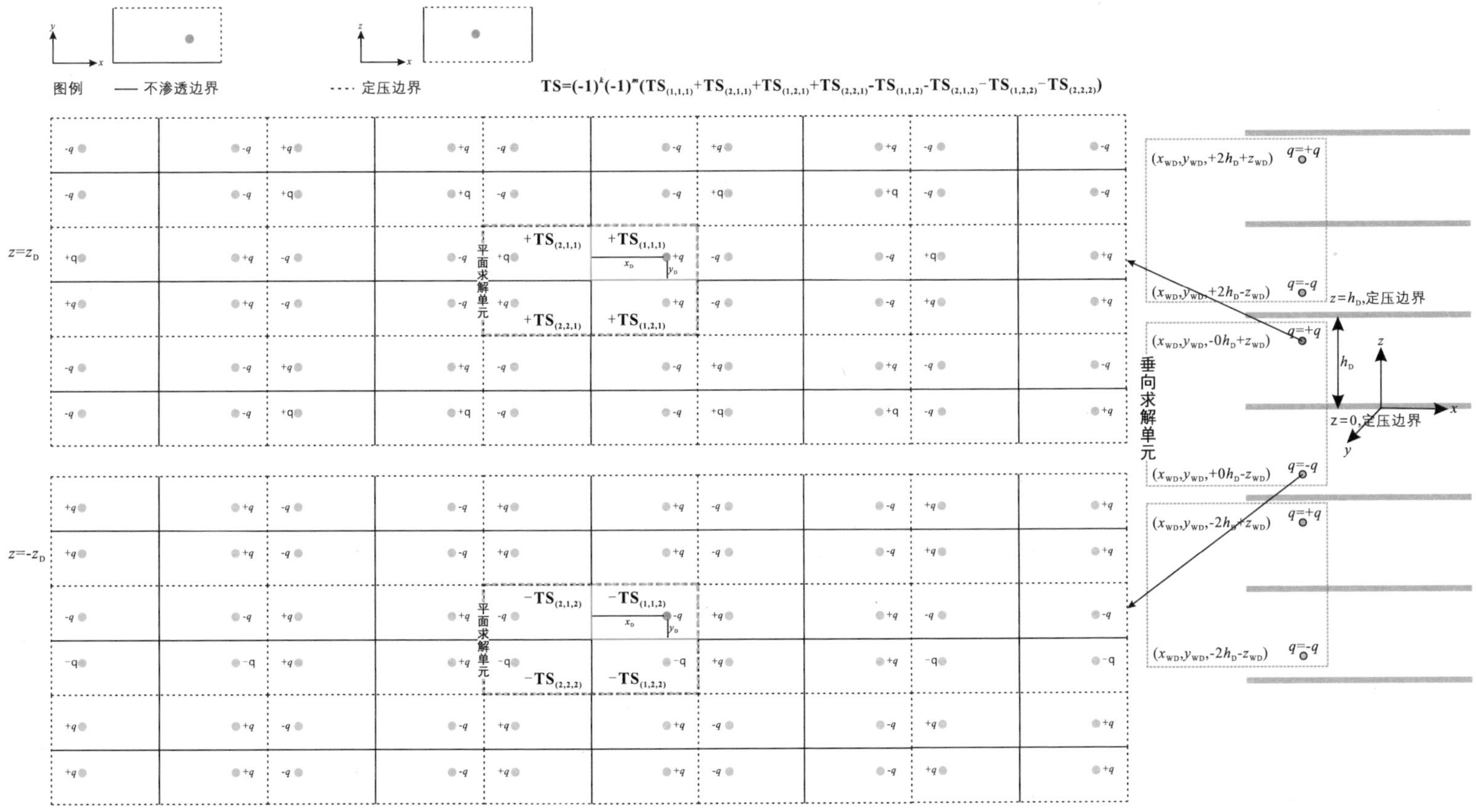

图 1-22　顶底定压 x、y 正方向定压 x、y 负方向封闭盒状储层点源叠加示意图

对于式（1–316），$TS = (-1)^k (-1)^m \left(TS_{(1,1,1)} + TS_{(2,1,1)} + TS_{(1,2,1)} + TS_{(2,2,1)} - TS_{(1,1,2)} - TS_{(2,1,2)} - TS_{(1,2,2)} - TS_{(2,2,2)} \right)$ 可表示为

$$
\begin{aligned}
&(-1)^k (-1)^m \left(TS_{(1,1,1)} + TS_{(2,1,1)} + TS_{(1,2,1)} + TS_{(2,2,1)} - TS_{(1,1,2)} - TS_{(2,1,2)} - TS_{(1,2,2)} - TS_{(2,2,2)} \right) \\
&= \frac{4\pi}{h_D x_{eD}} \sum_{n=1}^{+\infty} \left\{ \sin\left(\frac{\pi n z_D}{h_D} \right) \sin\left(\frac{\pi n z_{wD}}{h_D} \right) \left[4 \sum_{k=1}^{+\infty} \left[\cos\left(\pi k \frac{x_D}{2x_{eD}} \right) \cos\left(\pi k \frac{x_{wD}}{2x_{eD}} \right) - \cos\left(\pi k \frac{x_D}{x_{eD}} \right) \cos\left(\pi k \frac{x_{wD}}{x_{eD}} \right) \right] \cdot \right. \right. \\
&\left. \left. \frac{\cosh\left(\varepsilon_{\gamma=1,nk} \left(2y_{eD} - |y_{D1}| \right) \right) + \cosh\left(\varepsilon_{\gamma=1,nk} \left(2y_{eD} - |y_{D2}| \right) \right)}{\varepsilon_{\gamma=1,nk} \sinh(2y_{eD} \varepsilon_{\gamma=1,nk})} \right] \right\} - \\
&\frac{4\pi}{2h_D x_{eD}} \sum_{n=1}^{+\infty} \left\{ \sin\left(\frac{\pi n z_D}{h_D} \right) \sin\left(\frac{\pi n z_{wD}}{h_D} \right) \left[4 \sum_{k=1}^{+\infty} \left[\cos\left(\pi k \frac{x_D}{2x_{eD}} \right) \cos\left(\pi k \frac{x_{wD}}{2x_{eD}} \right) - \cos\left(\pi k \frac{x_D}{x_{eD}} \right) \cos\left(\pi k \frac{x_{wD}}{x_{eD}} \right) \right] \cdot \right. \right. \\
&\left. \left. \frac{\cosh\left(\varepsilon_{\gamma=1,nk} \left(y_{eD} - |y_{D1}| \right) \right) + \cosh\left(\varepsilon_{\gamma=1,nk} \left(y_{eD} - |y_{D2}| \right) \right)}{\varepsilon_{\gamma=1,nk} \sinh(y_{eD} \varepsilon_{\gamma=1,nk})} \right] \right\}_{(\alpha=1,\ \beta=1,\ \gamma=1)}
\end{aligned}
$$

$$(1–317)$$

注意 $k \in \mathbf{N}^+$ 的取值，若 k 为偶数，则部分对应的项抵消，剩余的只有 k 为奇数的项。考虑上述情况，则式（1–317）可化简为

$$
\begin{aligned}
&(-1)^k (-1)^m \left(TS_{(1,1,1)} + TS_{(2,1,1)} + TS_{(1,2,1)} + TS_{(2,2,1)} - TS_{(1,1,2)} - TS_{(2,1,2)} - TS_{(1,2,2)} - TS_{(2,2,2)} \right) \\
&= \frac{\pi}{h_D x_{eD}} \left\{ 4 \sum_{n=1}^{+\infty} \left[\sin\left(\frac{\pi n z_D}{h_D} \right) \sin\left(\frac{\pi n z_{wD}}{h_D} \right) \left(4 \sum_{k=1}^{+\infty} \cos\left(\pi(2k-1) \frac{x_D}{2x_{eD}} \right) \cos\left(\pi(2k-1) \frac{x_{wD}}{2x_{eD}} \right) \cdot \right. \right. \right. \\
&\left. \left. \left. \frac{\cosh\left(\varepsilon_{\gamma=1,n,k=2k-1} \left(2y_{eD} - |y_{D1}| \right) \right) + \cosh\left(\varepsilon_{\gamma=1,n,k=2k-1} \left(2y_{eD} - |y_{D2}| \right) \right)}{\varepsilon_{\gamma=1,n,k=2k-1} \sinh(2y_{eD} \varepsilon_{\gamma=1,n,k=2k-1})} \right) \right] \right\} - \\
&\frac{\pi}{2h_D x_{eD}} \left\{ 4 \sum_{n=1}^{+\infty} \left[\sin\left(\frac{\pi n z_D}{h_D} \right) \sin\left(\frac{\pi n z_{wD}}{h_D} \right) \left(4 \sum_{k=1}^{+\infty} \cos\left(\pi(2k-1) \frac{x_D}{2x_{eD}} \right) \cos\left(\pi(2k-1) \frac{x_{wD}}{2x_{eD}} \right) \cdot \right. \right. \right. \\
&\left. \left. \left. \frac{\cosh\left(\varepsilon_{\gamma=1,n,k=2k-1} \left(y_{eD} - |y_{D1}| \right) \right) + \cosh\left(\varepsilon_{\gamma=1,n,k=2k-1} \left(y_{eD} - |y_{D2}| \right) \right)}{\varepsilon_{\gamma=1,n,k=2k-1} \sinh(y_{eD} \varepsilon_{\gamma=1,n,k=2k-1})} \right) \right] \right\}
\end{aligned}
$$

$$(1–318)$$

根据双曲函数的基本关系 $\sinh(2x) = 2\sinh(x)\cosh(x)$，则式（1–318）可化简为

$$
\begin{aligned}
&(-1)^k (-1)^m \left(TS_{(1,1,1)} + TS_{(2,1,1)} + TS_{(1,2,1)} + TS_{(2,2,1)} - TS_{(1,1,2)} - TS_{(2,1,2)} - TS_{(1,2,2)} - TS_{(2,2,2)} \right) \\
&= \frac{4\pi}{2h_D x_{eD}} \sum_{n=1}^{+\infty} \left\{ \sin\left(\frac{\pi n z_D}{h_D} \right) \sin\left(\frac{\pi n z_{wD}}{h_D} \right) \left[4 \sum_{k=1}^{+\infty} \cos\left(\pi(2k-1) \frac{x_D}{2x_{eD}} \right) \cos\left(\pi(2k-1) \frac{x_{wD}}{2x_{eD}} \right) (A-B) \right] \right\}
\end{aligned}
$$

$$(1–319)$$

其中：

$$A = \frac{\cosh\left(\varepsilon_{\gamma=1,n,k=2k-1}\left(2y_{eD}-|y_{D1}|\right)\right)+\cosh\left(\varepsilon_{\gamma=1,n,k=2k-1}\left(2y_{eD}-|y_{D2}|\right)\right)}{\varepsilon_{\gamma=1,n,k=2k-1}\sinh(y_{eD}\varepsilon_{\gamma=1,n,k=2k-1})\cosh\left(y_{eD}\varepsilon_{\gamma=1,n,k=2k-1}\right)}$$

$$B = \frac{\left(\cosh\left(\varepsilon_{\gamma=1,n,k=2k-1}\left(y_{eD}-|y_{D1}|\right)\right)+\cosh\left(\varepsilon_{\gamma=1,n,k=2k-1}\left(y_{eD}-|y_{D2}|\right)\right)\right)\cosh\left(y_{eD}\varepsilon_{\gamma=1,n,k=2k-1}\right)}{\varepsilon_{\gamma=1,n,k=2k-1}\sinh(y_{eD}\varepsilon_{\gamma=1,n,k=2k-1})\cosh\left(y_{eD}\varepsilon_{\gamma=1,n,k=2k-1}\right)}$$

根据双曲函数的基本关系 $\cosh(x \pm y) = \cosh(x)\cosh(y) \pm \sinh(x)\sinh(y)$，则式（1-319）可化简为

$$(-1)^k(-1)^m\left(\text{TS}_{(1,1,1)}+\text{TS}_{(2,1,1)}+\text{TS}_{(1,2,1)}+\text{TS}_{(2,2,1)}-\text{TS}_{(1,1,2)}-\text{TS}_{(2,1,2)}-\text{TS}_{(1,2,2)}-\text{TS}_{(2,2,2)}\right)$$
$$=\frac{4\pi}{2h_D x_{eD}}\sum_{n=1}^{+\infty}\sin\left(\frac{\pi n z_D}{h_D}\right)\sin\left(\frac{\pi n z_{wD}}{h_D}\right)\left\{4\sum_{k=1}^{+\infty}\cos\left[\pi(2k-1)\frac{x_D}{2x_{eD}}\right]\cos\left[\pi(2k-1)\frac{x_{wD}}{2x_{eD}}\right]\cdot\right.$$
$$\left.\left[\frac{\sinh\left[\varepsilon_{\gamma=1,n,k=2k-1}\left(y_{eD}-|y_{D1}|\right)\right]+\sinh\left[\varepsilon_{\gamma=1,n,k=2k-1}\left(y_{eD}-|y_{D2}|\right)\right]}{\varepsilon_{\gamma=1,n,k=2k-1}\cosh\left(y_{eD}\varepsilon_{\gamma=1,n,k=2k-1}\right)}\right]\right\} \quad (1-320)$$

将式（1-320）代入式（1-316）可得

$$\Delta\overline{p}=\frac{2\tilde{q}\mu}{h_D x_{eD} kL_{ref}s}\sum_{n=1}^{+\infty}\sin\left(\frac{\pi n z_D}{h_D}\right)\sin\left(\frac{\pi n z_{wD}}{h_D}\right)\left\{\sum_{k=1}^{+\infty}\cos\left[\pi(2k-1)\frac{x_D}{2x_{eD}}\right]\cos\left[\pi(2k-1)\frac{x_{wD}}{2x_{eD}}\right]\right.$$
$$\left.\left[\frac{\sinh\left[\varepsilon_{\gamma=1,n,k=2k-1}\left(y_{eD}-|y_{D1}|\right)\right]+\sinh\left[\varepsilon_{\gamma=1,n,k=2k-1}\left(y_{eD}-|y_{D2}|\right)\right]}{\varepsilon_{\gamma=1,n,k=2k-1}\cosh\left(y_{eD}\varepsilon_{\gamma=1,n,k=2k-1}\right)}\right]\right\} \quad (1-321)$$

其中： $\varepsilon_{\gamma=1,n}=\sqrt{\left(\frac{n\pi}{h_D}\right)^2+u}$ ， $\varepsilon_{\gamma=1,n,k=2k-1}=\sqrt{\varepsilon_{\gamma=1,n}^2+\frac{(2k-1)^2\pi^2}{4x_{eD}^2}}$ 。

1.5.11 顶底定压 x 负方向、y 方向封闭 x 正方向定压盒状储层点源函数模型

图 1-23 给出了顶底定压 x 负方向、y 方向封闭 x 正方向定压盒状储层点源叠加过程的示意图，因为储层顶底定压，因此在 z 方向上镜像井均为异号井。图 1-23 左边反映了在 xy 平面上镜像井与实际井的分布情况，红点为实际井的位置，其他均为镜像井，图 1-23 左边也展示了镜像井在 x 方向、y 方向的位置分布规律，在 y 方向以封闭边界出现，在 x 方向以定压边界和封闭边界交替出现。图 1-23 中绿色虚线框即为实际井沿 x 方向、y 方向与边界的基本镜像单元的分布情况。根据镜像井位置的分布规律也可以看出，绿色虚线框中的镜像井与实际井压降构成了一个基本的求解单元。图 1-23 右边描述了在 z 方向实际井与镜像井之间的镜像关系，红色的虚线框也标记了 z 方向上实际井与镜像井位置的分布规律，同时红色的虚线框中的镜像井与实际井压降也构成了 z 方向上的一个基本求解单元。井的性质在平面镜像单元沿 z 方向一致。

由 1.5.1 节的求解过程可以看出，在三个方向的三重双向无穷级数叠加过程中，通过 Poisson 求和公式其可以化简为 8 个独立的部分，即式（1–254）表示的 8 个部分，但需要注意的是，这 8 个独立的部分与前面 1.5.1 节～ 1.5.5 节有所不同，TS 不是这 8 个部分的简单相加，即不能直接采用式（1–194）进行化简。为了不失一般性，采用式（1–181）～式（1–188）表示这 8 个部分，其中 α、β 和 γ 的取值与 TS 各个部分的表达式和井在 x、y、z 三个方向是否交替出现的性质有关。根据上述分析以及图 1–23 中独立求解单元中 8 个部分的表示形式，可得顶底定压 x 负方向、y 方向封闭 x 正方向定压盒状储层点源叠加的模型：

$$\Delta \bar{p} = \frac{\tilde{q}\mu}{4\pi k L_{\text{ref}} s}(-1)^k \left(\text{TS}_{(1,1,1)} + \text{TS}_{(2,1,1)} + \text{TS}_{(1,2,1)} + \text{TS}_{(2,2,1)} - \text{TS}_{(1,1,2)} - \text{TS}_{(2,1,2)} - \text{TS}_{(1,2,2)} - \text{TS}_{(2,2,2)} \right) \quad (1\text{–}322)$$

特别需要说明的是，式（1–322）中的 $(-1)^k$ 表示叠加的基本单元在 x 方向上井的性质交替出现。

对于式（1–322），$\text{TS} = (-1)^k \left(\text{TS}_{(1,1,1)} + \text{TS}_{(2,1,1)} + \text{TS}_{(1,2,1)} + \text{TS}_{(2,2,1)} - \text{TS}_{(1,1,2)} - \text{TS}_{(2,1,2)} - \text{TS}_{(1,2,2)} - \text{TS}_{(2,2,2)} \right)$ 可表示为

$$
\begin{aligned}
&(-1)^k \left(\text{TS}_{(1,1,1)} + \text{TS}_{(2,1,1)} + \text{TS}_{(1,2,1)} + \text{TS}_{(2,2,1)} - \text{TS}_{(1,1,2)} - \text{TS}_{(2,1,2)} - \text{TS}_{(1,2,2)} - \text{TS}_{(2,2,2)} \right) \\
&= 2\underbrace{\left(\text{TS}_{(1,1,1)} + \text{TS}_{(2,1,1)} + \text{TS}_{(1,2,1)} + \text{TS}_{(2,2,1)} - \text{TS}_{(1,1,2)} - \text{TS}_{(2,1,2)} - \text{TS}_{(1,2,2)} - \text{TS}_{(2,2,2)} \right)_{\alpha=2,\beta=1,\gamma=1}}_{\text{第一项}} - \\
&\quad \underbrace{\left(\text{TS}_{(1,1,1)} + \text{TS}_{(2,1,1)} + \text{TS}_{(1,2,1)} + \text{TS}_{(2,2,1)} - \text{TS}_{(1,1,2)} - \text{TS}_{(2,1,2)} - \text{TS}_{(1,2,2)} - \text{TS}_{(2,2,2)} \right)_{\alpha=1,\beta=1,\gamma=1}}_{\text{第二项}} \\
&= \frac{4\pi}{2h_{\text{D}} x_{\text{eD}}} \sum_{n=1}^{+\infty} A\left(4\sum_{k=1}^{+\infty} BC \right)
\end{aligned}
\quad (1\text{–}323)
$$

其中：

$$A = \sin\left(\frac{\pi n z_{\text{D}}}{h_{\text{D}}} \right) \sin\left(\frac{\pi n z_{\text{wD}}}{h_{\text{D}}} \right)$$

$$B = \cos\left(\pi k \frac{x_{\text{D}}}{2x_{\text{eD}}} \right) \cos\left(\pi k \frac{x_{\text{wD}}}{2x_{\text{eD}}} \right) - \cos\left(\pi k \frac{x_{\text{D}}}{x_{\text{eD}}} \right) \cos\left(\pi k \frac{x_{\text{wD}}}{x_{\text{eD}}} \right)$$

$$C = \frac{\cosh\left(\varepsilon_{\gamma=1,nk}\left(y_{\text{eD}} - |y_{\text{D1}}| \right) \right) + \cosh\left(\varepsilon_{\gamma=1,nk}\left(y_{\text{eD}} - |y_{\text{D2}}| \right) \right)}{\varepsilon_{\gamma=1,nk} \sinh(y_{\text{eD}} \varepsilon_{\gamma=1,nk})}$$

注意第一项中 $\alpha=2$，第二项中 $\alpha=1$，$k \in \mathbf{N}^+$ 的取值，若 k 为偶数，则部分对应的项抵消，剩余的只有 k 为奇数的项。考虑上述情况，则式（1–323）可化简为

$$
\begin{aligned}
&(-1)^k \left(\text{TS}_{(1,1,1)} + \text{TS}_{(2,1,1)} + \text{TS}_{(1,2,1)} + \text{TS}_{(2,2,1)} - \text{TS}_{(1,1,2)} - \text{TS}_{(2,1,2)} - \text{TS}_{(1,2,2)} - \text{TS}_{(2,2,2)} \right) \\
&= \frac{4\pi}{2h_{\text{D}} x_{\text{eD}}} \sum_{n=1}^{+\infty} \left[A\left(4\sum_{k=1}^{+\infty} BC \right) \right]
\end{aligned}
\quad (1\text{–}324)
$$

将式（1-324）代入式（1-322）可得

$$\Delta \bar{p} = \frac{2\tilde{q}\mu}{h_D x_{eD} k L_{ref} s} \sum_{n=1}^{+\infty} A \left(\sum_{k=1}^{+\infty} BC \right) \qquad (1-325)$$

其中：

$$A = \sin\left(\frac{\pi n z_D}{h_D}\right) \sin\left(\frac{\pi n z_{wD}}{h_D}\right)$$

$$B = \cos\left(\pi(2k-1)\frac{x_D}{2x_{eD}}\right) \cos\left(\pi(2k-1)\frac{x_{wD}}{2x_{eD}}\right)$$

$$C = \frac{\cosh\left(\varepsilon_{\gamma=1,n,k=2k-1}\left(y_{eD} - |y_{D1}|\right)\right) + \cosh\left(\varepsilon_{\gamma=1,n,k=2k-1}\left(y_{eD} - |y_{D2}|\right)\right)}{\varepsilon_{\gamma=1,n,k=2k-1} \sinh(y_{eD} \varepsilon_{\gamma=1,n,k=2k-1})}$$

$$\varepsilon_{\gamma=1,n} = \sqrt{\left(\frac{n\pi}{h_D}\right)^2 + u}$$

$$\varepsilon_{\gamma=1,n,k=2k-1} = \sqrt{\varepsilon_{\gamma=1,n}^2 + \frac{(2k-1)^2 \pi^2}{4x_{eD}^2}}$$

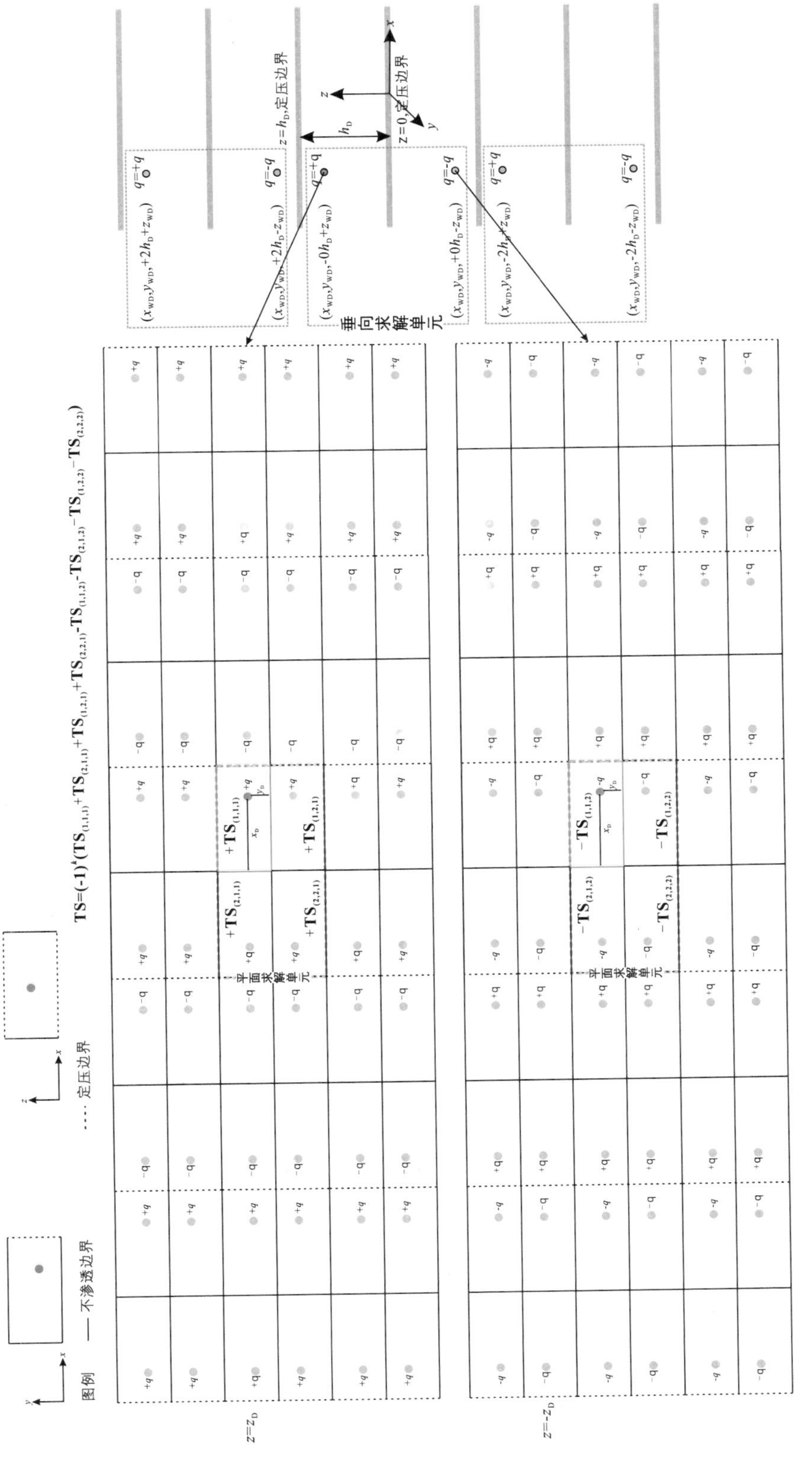

图 1-23 顶底定压 x 负方向、y 方向封闭 x 正方向定压盒状储层点源叠加示意图

1.5.12 顶底定压 x 负方向封闭 x 正方向、y 方向定压盒状储层点源函数模型

图 1-24 给出了顶底定压 x 负方向封闭 x 正方向、y 方向定压盒状储层点源叠加过程的示意图，因为储层顶底定压，因此在 z 方向上镜像井均为异号井。图 1-24 左边反映了在 xy 平面上镜像井与实际井的分布情况，红点为实际井的位置，其他均为镜像井，图 1-24 左边也展示了镜像井在 x 方向、y 方向的位置分布规律，在 y 方向以定压边界出现，在 x 方向以定压边界和封闭边界交替出现。图 1-24 中绿色虚线框即为实际井沿 x 方向、y 方向与边界的基本镜像单元的分布情况。根据镜像井位置的分布规律也可以看出，绿色虚线框中的镜像井与实际井压降构成了一个基本的求解单元。图 1-24 右边描述了在 z 方向实际井与镜像井之间的镜像关系，红色的虚线框也标记了 z 方向上实际井与镜像井位置的分布规律，同时红色的虚线框中的镜像井与实际井压降也构成了 z 方向上的一个基本求解单元。井的性质在平面镜像单元沿 z 方向一致。

由 1.5.1 节的求解过程可以看出，在三个方向的双向无穷级数叠加过程中，通过 Poisson 求和公式其可以化简为 8 个独立的部分，即式（1-254）表示的 8 个部分，但需要注意的是，这 8 个独立的部分与前面 1.5.1 节～1.5.5 节有所不同，TS 不是这 8 个部分的简单相加，即不能直接采用式（1-194）进行化简。为了不失一般性，采用式（1-181）～式（1-188）表示这 8 个部分，其中 α、β 和 γ 的取值与 TS 各个部分的表达式和井在 x、y、z 三个方向是否交替出现的性质有关。

根据上述分析以及图 1-24 中独立求解单元中 8 个部分的表示形式，可得顶底定压 x 负方向封闭 x 正方向、y 方向定压盒状储层点源叠加的模型：

$$\Delta \overline{p} = \frac{\tilde{q}\mu}{4\pi k L_{\text{ref}} s} (-1)^k \left(\text{TS}_{(1,1,1)} + \text{TS}_{(2,1,1)} - \text{TS}_{(1,2,1)} - \text{TS}_{(2,2,1)} - \text{TS}_{(1,1,2)} - \text{TS}_{(2,1,2)} + \text{TS}_{(1,2,2)} + \text{TS}_{(2,2,2)} \right) \quad (1-326)$$

特别需要说明的是，式（1-326）中的 $(-1)^k$ 表示叠加的基本单元在 x 方向上井的性质交替出现。

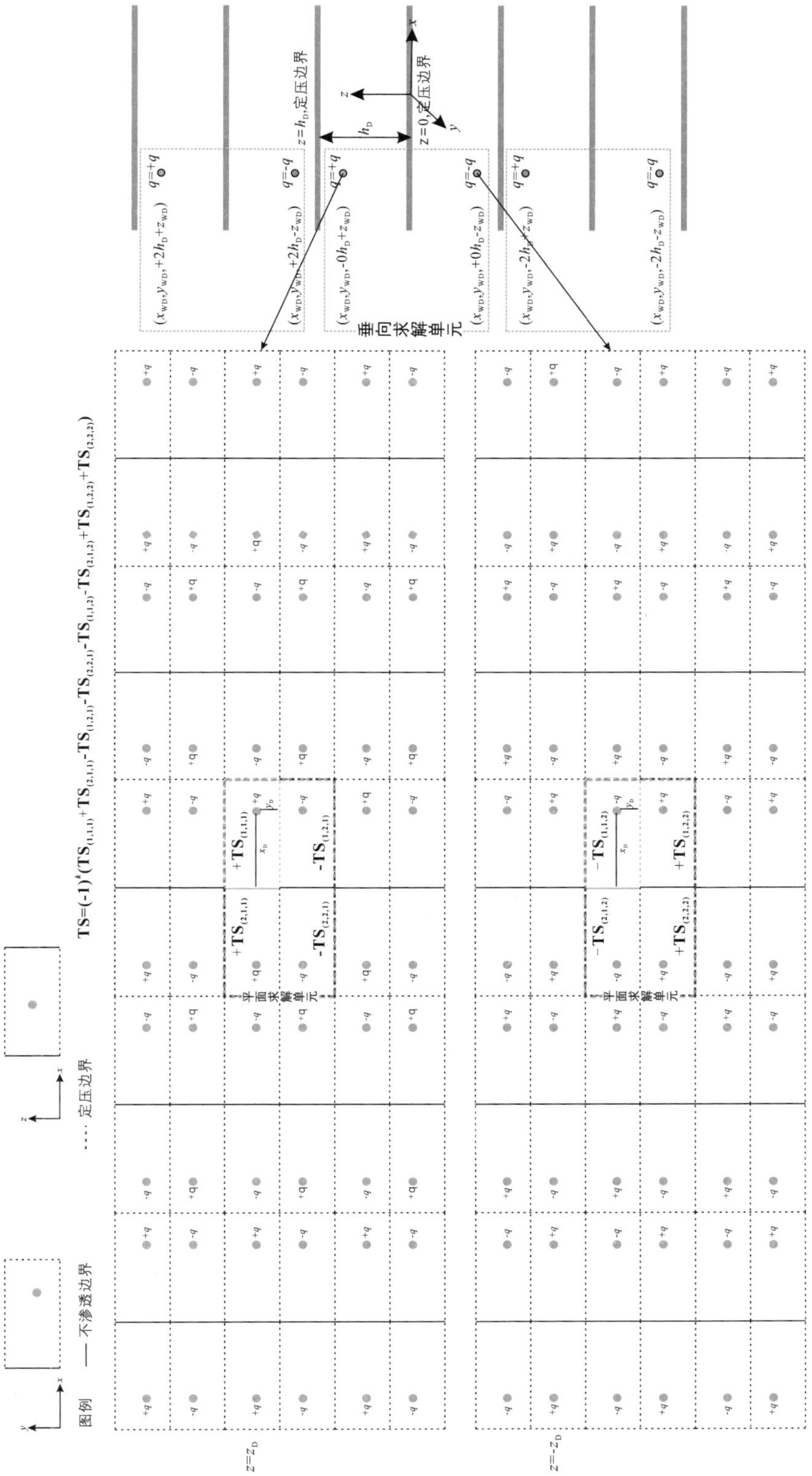

图 1-24　顶底定压 x 负方向封闭 x 正方向，y 方向定压盒状储层点源叠加示意图

对于式（1-326），$\mathrm{TS} = \mathrm{TS}_{(1,1,1)} + \mathrm{TS}_{(2,1,1)} - \mathrm{TS}_{(1,2,1)} - \mathrm{TS}_{(2,2,1)} - \mathrm{TS}_{(1,1,2)} - \mathrm{TS}_{(2,1,2)} + \mathrm{TS}_{(1,2,2)} + \mathrm{TS}_{(2,2,2)}$

可由式（1-314）表示。

$$(-1)^k \left(\mathrm{TS}_{(1,1,1)} + \mathrm{TS}_{(2,1,1)} - \mathrm{TS}_{(1,2,1)} - \mathrm{TS}_{(2,2,1)} - \mathrm{TS}_{(1,1,2)} - \mathrm{TS}_{(2,1,2)} + \mathrm{TS}_{(1,2,2)} + \mathrm{TS}_{(2,2,2)} \right)$$

$$= 2 \left(\mathrm{TS}_{(1,1,1)} + \mathrm{TS}_{(2,1,1)} - \mathrm{TS}_{(1,2,1)} - \mathrm{TS}_{(2,2,1)} - \mathrm{TS}_{(1,1,2)} - \mathrm{TS}_{(2,1,2)} + \mathrm{TS}_{(1,2,2)} + \mathrm{TS}_{(2,2,2)} \right)_{\alpha=2,\beta=1,\gamma=1} -$$

$$\left(\mathrm{TS}_{(1,1,1)} + \mathrm{TS}_{(2,1,1)} - \mathrm{TS}_{(1,2,1)} - \mathrm{TS}_{(2,2,1)} - \mathrm{TS}_{(1,1,2)} - \mathrm{TS}_{(2,1,2)} + \mathrm{TS}_{(1,2,2)} + \mathrm{TS}_{(2,2,2)} \right)_{\alpha=1,\beta=1,\gamma=1}$$

$$= \frac{\pi}{2h_\mathrm{D}x_\mathrm{eD}} \left\{ 4 \sum_{n=1}^{+\infty} \left\{ \sin\left(\frac{\pi n z_\mathrm{D}}{h_\mathrm{D}} \right) \sin\left(\frac{\pi n z_\mathrm{wD}}{h_\mathrm{D}} \right) \left[4 \sum_{k=1}^{+\infty} \cos\left(\pi k \frac{x_\mathrm{D}}{2x_\mathrm{eD}} \right) \cos\left(\pi k \frac{x_\mathrm{wD}}{2x_\mathrm{eD}} \right) \cdot \right. \right. \right.$$

$$\left. \left. \left. \frac{\cosh\left(\varepsilon_{\gamma=1,nk}\left(y_\mathrm{eD} - |y_\mathrm{D1}| \right) \right) - \cosh\left(\varepsilon_{\gamma=1,nk}\left(y_\mathrm{eD} - |y_\mathrm{D2}| \right) \right)}{\varepsilon_{\gamma=1,nk} \sinh(y_\mathrm{eD}\varepsilon_{\gamma=1,nk})} \right] \right\} \right\} - \quad (1\text{-}327)$$

$$\frac{\pi}{2h_\mathrm{D}x_\mathrm{eD}} \left\{ 4 \sum_{n=1}^{+\infty} \left\{ \sin\left(\frac{\pi n z_\mathrm{D}}{h_\mathrm{D}} \right) \sin\left(\frac{\pi n z_\mathrm{wD}}{h_\mathrm{D}} \right) \left[4 \sum_{k=1}^{+\infty} \cos\left(\pi k \frac{x_\mathrm{D}}{x_\mathrm{eD}} \right) \cos\left(\pi k \frac{x_\mathrm{wD}}{x_\mathrm{eD}} \right) \cdot \right. \right. \right.$$

$$\left. \left. \left. \frac{\cosh\left(\varepsilon_{\gamma=1,nk}\left(y_\mathrm{eD} - |y_\mathrm{D1}| \right) \right) - \cosh\left(\varepsilon_{\gamma=1,nk}\left(y_\mathrm{eD} - |y_\mathrm{D2}| \right) \right)}{\varepsilon_{\gamma=1,nk} \sinh(y_\mathrm{eD}\varepsilon_{\gamma=1,nk})} \right] \right\} \right\}$$

注意 $k \in \mathbf{N}^+$ 的取值，若 k 为偶数，则部分对应的项抵消，剩余的只有 k 为奇数的项。考虑上述情况，则式（1-327）可化简为

$$(-1)^k \left(\mathrm{TS}_{(1,1,1)} + \mathrm{TS}_{(2,1,1)} - \mathrm{TS}_{(1,2,1)} - \mathrm{TS}_{(2,2,1)} - \mathrm{TS}_{(1,1,2)} - \mathrm{TS}_{(2,1,2)} + \mathrm{TS}_{(1,2,2)} + \mathrm{TS}_{(2,2,2)} \right)$$

$$= \frac{\pi}{2h_\mathrm{D}x_\mathrm{eD}} \left\{ 4 \sum_{n=1}^{+\infty} \left\{ \sin\left(\frac{\pi n z_\mathrm{D}}{h_\mathrm{D}} \right) \sin\left(\frac{\pi n z_\mathrm{wD}}{h_\mathrm{D}} \right) \left[4 \sum_{k=1}^{+\infty} \cos\left(\pi(2k-1)\frac{x_\mathrm{D}}{2x_\mathrm{eD}} \right) \cos\left(\pi(2k-1)\frac{x_\mathrm{wD}}{2x_\mathrm{eD}} \right) \cdot \right. \right. \right.$$

$$\left. \left. \left. \frac{\cosh\left(\varepsilon_{\gamma=1,n,k=2k-1}\left(y_\mathrm{eD} - |y_\mathrm{D1}| \right) \right) - \cosh\left(\varepsilon_{\gamma=1,n,k=2k-1}\left(y_\mathrm{eD} - |y_\mathrm{D2}| \right) \right)}{\varepsilon_{\gamma=1,n,k=2k-1} \sinh(y_\mathrm{eD}\varepsilon_{\gamma=1,n,k=2k-1})} \right] \right\} \right\} \quad (1\text{-}328)$$

将式（1-328）代入式（1-326）可得

$$\Delta\overline{p} = \frac{2\tilde{q}\mu}{kh_\mathrm{D}x_\mathrm{eD}L_\mathrm{ref}s} \sum_{n=1}^{+\infty} \sin\left(\frac{\pi n z_\mathrm{D}}{h_\mathrm{D}} \right) \sin\left(\frac{\pi n z_\mathrm{wD}}{h_\mathrm{D}} \right) \left[\sum_{k=1}^{+\infty} \cos\left(\pi(2k-1)\frac{x_\mathrm{D}}{2x_\mathrm{eD}} \right) \cos\left(\pi(2k-1)\frac{x_\mathrm{wD}}{2x_\mathrm{eD}} \right) \cdot \right.$$

$$\left. \frac{\cosh\left(\varepsilon_{\gamma=1,n,k=2k-1}\left(y_\mathrm{eD} - |y_\mathrm{D1}| \right) \right) - \cosh\left(\varepsilon_{\gamma=1,n,k=2k-1}\left(y_\mathrm{eD} - |y_\mathrm{D2}| \right) \right)}{\varepsilon_{\gamma=1,n,k=2k-1} \sinh(y_\mathrm{eD}\varepsilon_{\gamma=1,n,k=2k-1})} \right] \quad (1\text{-}329)$$

其中：$\varepsilon_{\gamma=1,n} = \sqrt{\left(\frac{n\pi}{h_\mathrm{D}} \right)^2 + u}$，$\varepsilon_{\gamma=1,n,k=2k-1} = \sqrt{\varepsilon_{\gamma=1,n}^2 + \frac{(2k-1)^2\pi^2}{4x_\mathrm{eD}^2}}$。

1.5.13 顶定压底封闭 x、y 方向封闭盒状储层点源函数模型

图 1-25 给出了顶定压底封闭 x、y 方向封闭盒状储层点源叠加过程的示意图，因为储层的顶定压底封闭，因此在 z 方向上镜像井均为异号井。图 1-25 左边反映了在 xy 平面上镜像井与实际井的分布情况，红点为实际井的位置，其他均为镜像井，图 1-25 左边也展示了镜像井在 x 方向、y 方向的位置分布规律，在 y 方向以封闭边界出现，在 x 方向以封闭边界出现。图 1-25 中绿色虚线框即为实际井沿 x 方向、y 方向与边界的基本镜像单元的分布情况。根据镜像井位置的分布规律也可以看出，绿色虚线框中的镜像井与实际井压降构成了一个基本的求解单元。图 1-25 右边描述了沿 z 方向实际井与镜像井之间的镜像关系，红色的虚线框也标记了 z 方向上实际井与镜像井位置的分布规律，同时红色的虚线框中的镜像井与实际井压降也构成了 z 方向上的一个基本求解单元。井的性质在平面镜像单元沿 z 方向交替出现。

由 1.5.1 节的求解过程可以看出，在三个方向的三重双向无穷级数叠加过程中，通过 Poisson 求和公式其可以化简为 8 个独立的部分，即式（1-254）表示的 8 个部分，但需要注意的是，这 8 个独立的部分与前面 1.5.1 节～ 1.5.5 节有所不同，TS 不是这 8 个部分的简单相加，即不能直接采用式（1-194）进行化简。为了不失一般性，采用式（1-181）～式（1-188）表示这 8 个部分，其中 α、β 和 γ 的取值与 TS 各个部分的表达式和井在 x、y、z 三个方向是否交替出现的性质有关。根据上述分析以及图 1-25 中独立求解单元中 8 个部分的表示形式，可得顶定压底封闭四周封闭盒状储层点源叠加的模型：

$$\Delta \overline{p} = \frac{\tilde{q}\mu}{4\pi k L_{\mathrm{ref}} s}(-1)^n \left(\mathrm{TS}_{(1,1,1)} + \mathrm{TS}_{(2,1,1)} + \mathrm{TS}_{(1,2,1)} + \mathrm{TS}_{(2,2,1)} + \mathrm{TS}_{(1,1,2)} + \mathrm{TS}_{(2,1,2)} + \mathrm{TS}_{(1,2,2)} + \mathrm{TS}_{(2,2,2)} \right) \quad (1\text{-}330)$$

特别需要说明的是，式（1-330）中 $(-1)^n$ 表示叠加的基本单元在 z 方向上井的性质交替出现。

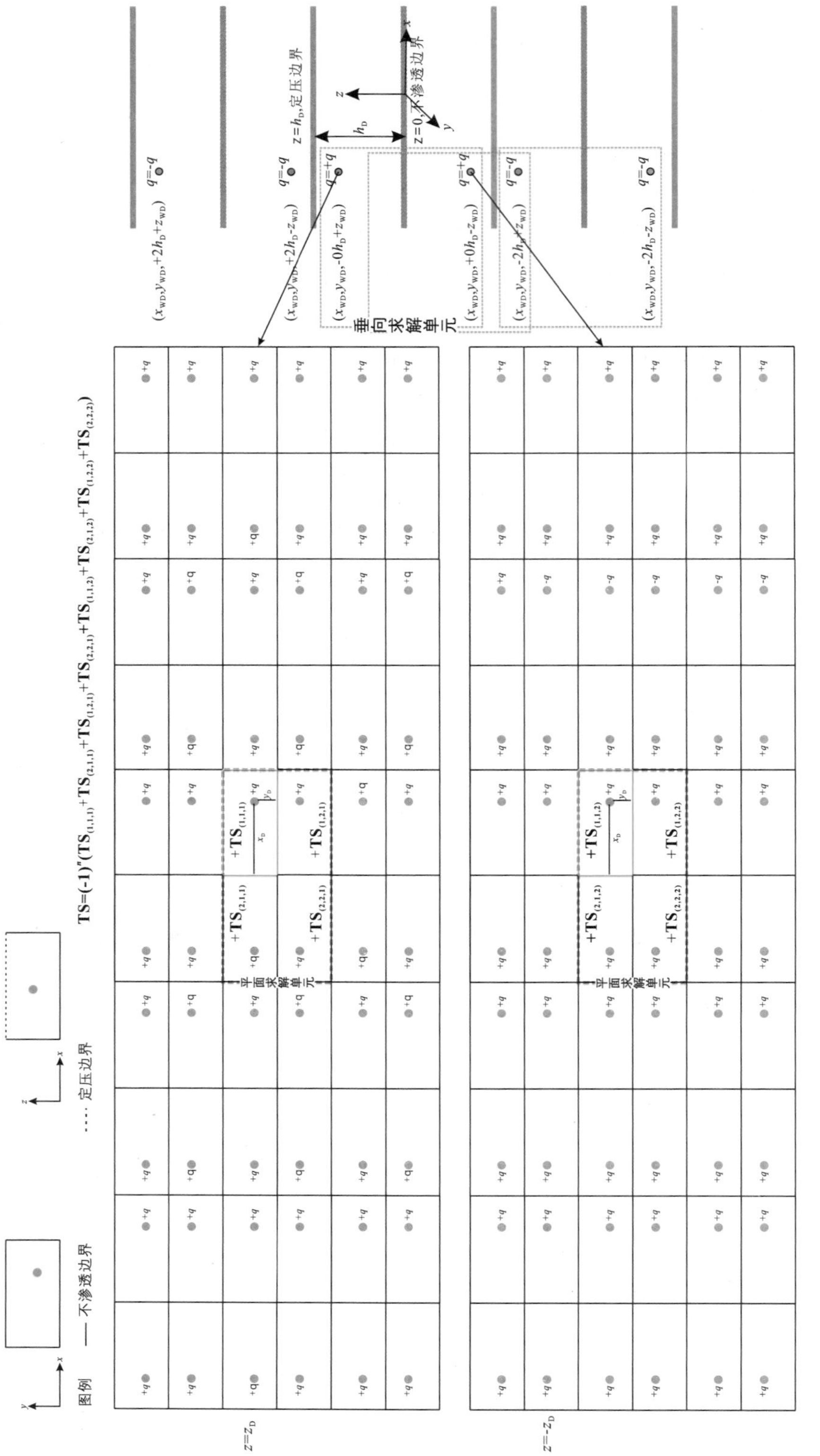

图 1-25 顶定压底封闭 x、y 方向封闭盒状储层点源叠加示意图

对于式（1–330），用 $\mathrm{TS} = \mathrm{TS}_{(1,1,1)} + \mathrm{TS}_{(2,1,1)} + \mathrm{TS}_{(1,2,1)} + \mathrm{TS}_{(2,2,1)} + \mathrm{TS}_{(1,1,2)} + \mathrm{TS}_{(2,1,2)} + \mathrm{TS}_{(1,2,2)} + \mathrm{TS}_{(2,2,2)}$ 进行表示，这里并没有采用 1.5.1 节的结果，因为井的性质交替出现使得 TS 各个部分前面的系数并不是 1，因此采用更一般的形式进行计算。

$$
\begin{aligned}
&\mathrm{TS}_{(1,1,1)} + \mathrm{TS}_{(2,1,1)} + \mathrm{TS}_{(1,2,1)} + \mathrm{TS}_{(2,2,1)} + \mathrm{TS}_{(1,1,2)} + \mathrm{TS}_{(2,1,2)} + \mathrm{TS}_{(1,2,2)} + \mathrm{TS}_{(2,2,2)} \\
&= \frac{\pi}{2\alpha\gamma h_{\mathrm{D}} x_{\mathrm{eD}}} \left\{ 4 \frac{\cosh\left(\sqrt{u}\left(\beta y_{\mathrm{eD}} - |y_{\mathrm{D1}}|\right)\right) + \cosh\left(\sqrt{u}\left(\beta y_{\mathrm{eD}} - |y_{\mathrm{D2}}|\right)\right)}{\sqrt{u}\,\sinh(\beta y_{\mathrm{eD}}\sqrt{u})} + \right. \\
&\quad 4\sum_{k=1}^{+\infty} \cos\left(\pi k \frac{x_{\mathrm{D1}}}{\alpha x_{\mathrm{eD}}}\right) \frac{\cosh\left(\varepsilon_{\alpha k}\left(\beta y_{\mathrm{eD}} - |y_{\mathrm{D1}}|\right)\right)}{\varepsilon_{\alpha k}\sinh(\beta y_{\mathrm{eD}}\varepsilon_{\alpha k})} + 4\sum_{k=1}^{+\infty} \cos\left(\pi k \frac{x_{\mathrm{D2}}}{\alpha x_{\mathrm{eD}}}\right) \frac{\cosh\left(\varepsilon_{\alpha k}\left(\beta y_{\mathrm{eD}} - |y_{\mathrm{D1}}|\right)\right)}{\varepsilon_{\alpha k}\sinh(\beta y_{\mathrm{eD}}\varepsilon_{\alpha k})} + \\
&\quad 4\sum_{k=1}^{+\infty} \cos\left(\pi k \frac{x_{\mathrm{D1}}}{\alpha x_{\mathrm{eD}}}\right) \frac{\cosh\left(\varepsilon_{\alpha k}\left(\beta y_{\mathrm{eD}} - |y_{\mathrm{D2}}|\right)\right)}{\varepsilon_{\alpha k}\sinh(\beta y_{\mathrm{eD}}\varepsilon_{\alpha k})} + 4\sum_{k=1}^{+\infty} \cos\left(\pi k \frac{x_{\mathrm{D2}}}{\alpha x_{\mathrm{eD}}}\right) \frac{\cosh\left(\varepsilon_{\alpha k}\left(\beta y_{\mathrm{eD}} - |y_{\mathrm{D2}}|\right)\right)}{\varepsilon_{\alpha k}\sinh(\beta y_{\mathrm{eD}}\varepsilon_{\alpha k})} + \\
&\quad 2\sum_{n=1}^{+\infty}\left\{\left[\cos\left(\frac{\pi n z_{\mathrm{D1}}}{\gamma h_{\mathrm{D}}}\right) + \cos\left(\frac{\pi n z_{\mathrm{D2}}}{\gamma h_{\mathrm{D}}}\right)\right]\left[2\frac{\cosh\left(\varepsilon_{\gamma n}\left(\beta y_{\mathrm{eD}} - |y_{\mathrm{D1}}|\right)\right) + \cosh\left(\varepsilon_{\gamma n}\left(\beta y_{\mathrm{eD}} - |y_{\mathrm{D2}}|\right)\right)}{\varepsilon_{\gamma n}\sinh(\beta y_{\mathrm{eD}}\varepsilon_{\gamma n})} + \right.\right. \\
&\quad \left.\left.\left. 2\sum_{k=1}^{+\infty}\left(\cos\left(\pi k \frac{x_{\mathrm{D1}}}{\alpha x_{\mathrm{eD}}}\right) + \cos\left(\pi k \frac{x_{\mathrm{D2}}}{\alpha x_{\mathrm{eD}}}\right)\right)\frac{\cosh\left(\varepsilon_{\gamma nk}\left(\beta y_{\mathrm{eD}} - |y_{\mathrm{D1}}|\right)\right) + \cosh\left(\varepsilon_{\gamma nk}\left(\beta y_{\mathrm{eD}} - |y_{\mathrm{D2}}|\right)\right)}{\varepsilon_{\gamma nk}\sinh(\beta y_{\mathrm{eD}}\varepsilon_{\gamma nk})}\right]\right\}\right\}
\end{aligned}
\tag{1–331}
$$

对于式（1–330），可表示为

$$
\begin{aligned}
&(-1)^k\left(\mathrm{TS}_{(1,1,1)} + \mathrm{TS}_{(2,1,1)} + \mathrm{TS}_{(1,2,1)} + \mathrm{TS}_{(2,2,1)} + \mathrm{TS}_{(1,1,2)} + \mathrm{TS}_{(2,1,2)} + \mathrm{TS}_{(1,2,2)} + \mathrm{TS}_{(2,2,2)}\right) \\
&= 2\left(\mathrm{TS}_{(1,1,1)} + \mathrm{TS}_{(2,1,1)} + \mathrm{TS}_{(1,2,1)} + \mathrm{TS}_{(2,2,1)} + \mathrm{TS}_{(1,1,2)} + \mathrm{TS}_{(2,1,2)} + \mathrm{TS}_{(1,2,2)} + \mathrm{TS}_{(2,2,2)}\right)_{\alpha=1,\beta=1,\gamma=2} - \\
&\quad \left(\mathrm{TS}_{(1,1,1)} + \mathrm{TS}_{(2,1,1)} + \mathrm{TS}_{(1,2,1)} + \mathrm{TS}_{(2,2,1)} + \mathrm{TS}_{(1,1,2)} + \mathrm{TS}_{(2,1,2)} + \mathrm{TS}_{(1,2,2)} + \mathrm{TS}_{(2,2,2)}\right)_{\alpha=1,\beta=1,\gamma=1} \\
&= \frac{\pi}{2h_{\mathrm{D}} x_{\mathrm{eD}}}\left\{2\sum_{n=1}^{+\infty}\left\{2\cos\left(\frac{\pi n z_{\mathrm{D}}}{2h_{\mathrm{D}}}\right)\cos\left(\frac{\pi n z_{\mathrm{wD}}}{2h_{\mathrm{D}}}\right)\left[2\frac{\cosh\left(\varepsilon_{\gamma=2,n}\left(y_{\mathrm{eD}} - |y_{\mathrm{D1}}|\right)\right) + \cosh\left(\varepsilon_{\gamma=2,n}\left(y_{\mathrm{eD}} - |y_{\mathrm{D2}}|\right)\right)}{\varepsilon_{\gamma=2,n}\sinh(y_{\mathrm{eD}}\varepsilon_{\gamma=2,n})} - \right.\right.\right. \\
&\quad 2\frac{\cosh\left(\varepsilon_{\gamma=1,n}\left(y_{\mathrm{eD}} - |y_{\mathrm{D1}}|\right)\right) + \cosh\left(\varepsilon_{\gamma=1,n}\left(y_{\mathrm{eD}} - |y_{\mathrm{D2}}|\right)\right)}{\varepsilon_{\gamma=1,n}\sinh(y_{\mathrm{eD}}\varepsilon_{\gamma n})} + 2\sum_{k=1}^{+\infty}\left(\cos\left(\pi k \frac{x_{\mathrm{D1}}}{x_{\mathrm{eD}}}\right) + \cos\left(\pi k \frac{x_{\mathrm{D2}}}{x_{\mathrm{eD}}}\right)\right)\cdot \\
&\quad \left(\frac{\cosh\left(\varepsilon_{\gamma=2,nk}\left(y_{\mathrm{eD}} - |y_{\mathrm{D1}}|\right)\right) + \cosh\left(\varepsilon_{\gamma=2,nk}\left(y_{\mathrm{eD}} - |y_{\mathrm{D2}}|\right)\right)}{\varepsilon_{\gamma=2,nk}\sinh(y_{\mathrm{eD}}\varepsilon_{\gamma=2,nk})} - \right. \\
&\quad \left.\left.\left.\left. \frac{\cosh\left(\varepsilon_{\gamma=1,nk}\left(y_{\mathrm{eD}} - |y_{\mathrm{D1}}|\right)\right) + \cosh\left(\varepsilon_{\gamma=1,nk}\left(y_{\mathrm{eD}} - |y_{\mathrm{D2}}|\right)\right)}{\varepsilon_{\gamma=1,nk}\sinh(y_{\mathrm{eD}}\varepsilon_{\gamma=1,nk})}\right]\right\}\right\}\right\}
\end{aligned}
\tag{1–332}
$$

注意 $n \in \mathbf{N}^+$ 的取值以及 γ 的取值，若 n 为偶数，则 $\dfrac{\cosh\left(\varepsilon_{\gamma=2,n}\left(y_{\mathrm{eD}} - |y_{\mathrm{D1}}|\right)\right) + \cosh\left(\varepsilon_{\gamma=2,n}\left(y_{\mathrm{eD}} - |y_{\mathrm{D2}}|\right)\right)}{\varepsilon_{\gamma=2,n}\sinh(y_{\mathrm{eD}}\varepsilon_{\gamma=2,n})}$ 项与 $\dfrac{\cosh\left(\varepsilon_{\gamma=1,n}\left(y_{\mathrm{eD}} - |y_{\mathrm{D1}}|\right)\right) + \cosh\left(\varepsilon_{\gamma=1,n}\left(y_{\mathrm{eD}} - |y_{\mathrm{D2}}|\right)\right)}{\varepsilon_{\gamma=1,n}\sinh(y_{\mathrm{eD}}\varepsilon_{\gamma n})}$ 项抵消，剩余的只有 n 为奇数的项。考虑上述情况，则式（1–332）可化简为

$$(-1)^k \left(TS_{(1,1,1)} + TS_{(2,1,1)} + TS_{(1,2,1)} + TS_{(2,2,1)} + TS_{(1,1,2)} + TS_{(2,1,2)} + TS_{(1,2,2)} + TS_{(2,2,2)} \right)$$

$$= \frac{\pi}{2h_D x_{eD}} \left\{ 2 \sum_{n=1}^{+\infty} \left\{ 2\cos\left[(2n-1)\frac{\pi z_D}{2h_D}\right] \cos\left[(2n-1)\frac{\pi z_{wD}}{2h_D}\right] \right. \right.$$

$$\left[2\frac{\cosh\left(\varepsilon_{\gamma=2,n=2n-1}\left(y_{eD}-|y_{D1}|\right)\right) + \cosh\left(\varepsilon_{\gamma=2,n=2n-1}\left(y_{eD}-|y_{D2}|\right)\right)}{\varepsilon_{\gamma=2,n=2n-1}\sinh(y_{eD}\varepsilon_{\gamma=2,n=2n-1})} + \right.$$

$$\left. \left. 2\sum_{k=1}^{+\infty}\left(\cos\left(\pi k\frac{x_{D1}}{x_{eD}}\right)+\cos\left(\pi k\frac{x_{D2}}{x_{eD}}\right)\right)\left(\frac{\cosh\left(\varepsilon_{\gamma=2,n=2n-1,k}\left(y_{eD}-|y_{D1}|\right)\right)+\cosh\left(\varepsilon_{\gamma=2,n=2n-1,k}\left(y_{eD}-|y_{D2}|\right)\right)}{\varepsilon_{\gamma=2,n=2n-1,k}\sinh(y_{eD}\varepsilon_{\gamma=2,n=2n-1,k})}\right)\right]\right\}\right\}$$

（1–333）

将式（1–333）代入式（1–330）可得

$$\Delta \bar{p} = \frac{\tilde{q}\mu}{kh_D x_{eD} L_{ref} s} \sum_{n=1}^{+\infty} \left\{ \cos\left[(2n-1)\frac{\pi z_D}{2h_D}\right]\cos\left[(2n-1)\frac{\pi z_{wD}}{2h_D}\right] \right.$$

$$\left[\frac{\cosh\left(\varepsilon_{\gamma=2,n=2n-1}\left(y_{eD}-|y_{D1}|\right)\right)+\cosh\left(\varepsilon_{\gamma=2,n=2n-1}\left(y_{eD}-|y_{D2}|\right)\right)}{\varepsilon_{\gamma=2,n=2n-1}\sinh(y_{eD}\varepsilon_{\gamma=2,n=2n-1})} + \right.$$

$$\left. \left. 2\sum_{k=1}^{+\infty}\cos\left(\pi k\frac{x_D}{x_{eD}}\right)\cos\left(\pi k\frac{x_{wD}}{x_{eD}}\right)\left(\frac{\cosh\left(\varepsilon_{\gamma=2,n=2n-1,k}\left(y_{eD}-|y_{D1}|\right)\right)+\cosh\left(\varepsilon_{\gamma=2,n=2n-1,k}\left(y_{eD}-|y_{D2}|\right)\right)}{\varepsilon_{\gamma=2,n=2n-1,k}\sinh(y_{eD}\varepsilon_{\gamma=2,n=2n-1,k})}\right)\right]\right\}$$

（1–334）

其中： $\varepsilon_{\gamma=2,n=2n-1} = \sqrt{\left[\frac{(2n-1)\pi}{2h_D}\right]^2 + u}$ ， $\varepsilon_{\gamma=2,n=2n-1,k} = \sqrt{\left[\frac{(2n-1)\pi}{2h_D}\right]^2 + u + \frac{k^2\pi^2}{x_{eD}^2}}$ 。

1.5.14 顶定压底封闭 x、y 方向定压盒状储层点源函数模型

图 1–26 给出了顶定压底封闭 x、y 方向定压盒状储层点源叠加过程的示意图，因为储层顶定压底封闭，因此在 z 方向上镜像井均为异号井。图 1–26 左边反映了在 xy 平面上镜像井与实际井的分布情况，红点为实际井的位置，其他均为镜像井，图 1–26 左边也展示了镜像井在 x 方向、y 方向的位置分布规律，在 y 方向以定压边界出现，在 x 方向以定压边界出现。图 1–26 中绿色虚线框即为实际井沿 x 方向、y 方向与边界的基本镜像单元的分布情况。根据镜像井位置的分布规律也可以看出，绿色虚线框中的镜像井与实际井压降构成了一个基本的求解单元。图 1–26 右边描述了在 z 方向实际井与镜像井之间的镜像关系，红色的虚线框也标记了 z 方向上实际井与镜像井位置的分布规律，同时红色的虚线框中的镜像井与实际井压降也构成了 z 方向上的一个基本求解单元。井的性质在平面镜像单元沿 z 方向交替出现。

由 1.5.1 节的求解过程可以看出，在三个方向的双向无穷级数叠加过程中，通过

Poisson 求和公式其可以化简为 8 个独立的部分，即式（1–254）表示的 8 个部分，但需要注意的是，这 8 个独立的部分与前面 1.5.1 节～ 1.5.5 节有所不同，TS 不是这 8 个部分的简单相加，即不能直接采用式（1–194）进行化简。为了不失一般性，采用式（1–181）～式（1–188）表示这 8 个部分，其中 α、β 和 γ 的取值与 TS 各个部分的表达式和井在 x、y、z 三个方向是否交替出现的性质有关。根据上述分析以及图 1–26 中独立求解单元中 8 个部分的表示形式，可得顶定压底封闭 x、y 方向定压盒状储层点源叠加的模型：

$$\Delta \bar{p} = \frac{\tilde{q}\mu}{4\pi k L_{\mathrm{ref}} s}(-1)^n \left(\mathrm{TS}_{(1,1,1)} - \mathrm{TS}_{(2,1,1)} - \mathrm{TS}_{(1,2,1)} + \mathrm{TS}_{(2,2,1)} + \mathrm{TS}_{(1,1,2)} - \mathrm{TS}_{(2,1,2)} - \mathrm{TS}_{(1,2,2)} + \mathrm{TS}_{(2,2,2)} \right) \quad （1\text{–}335）$$

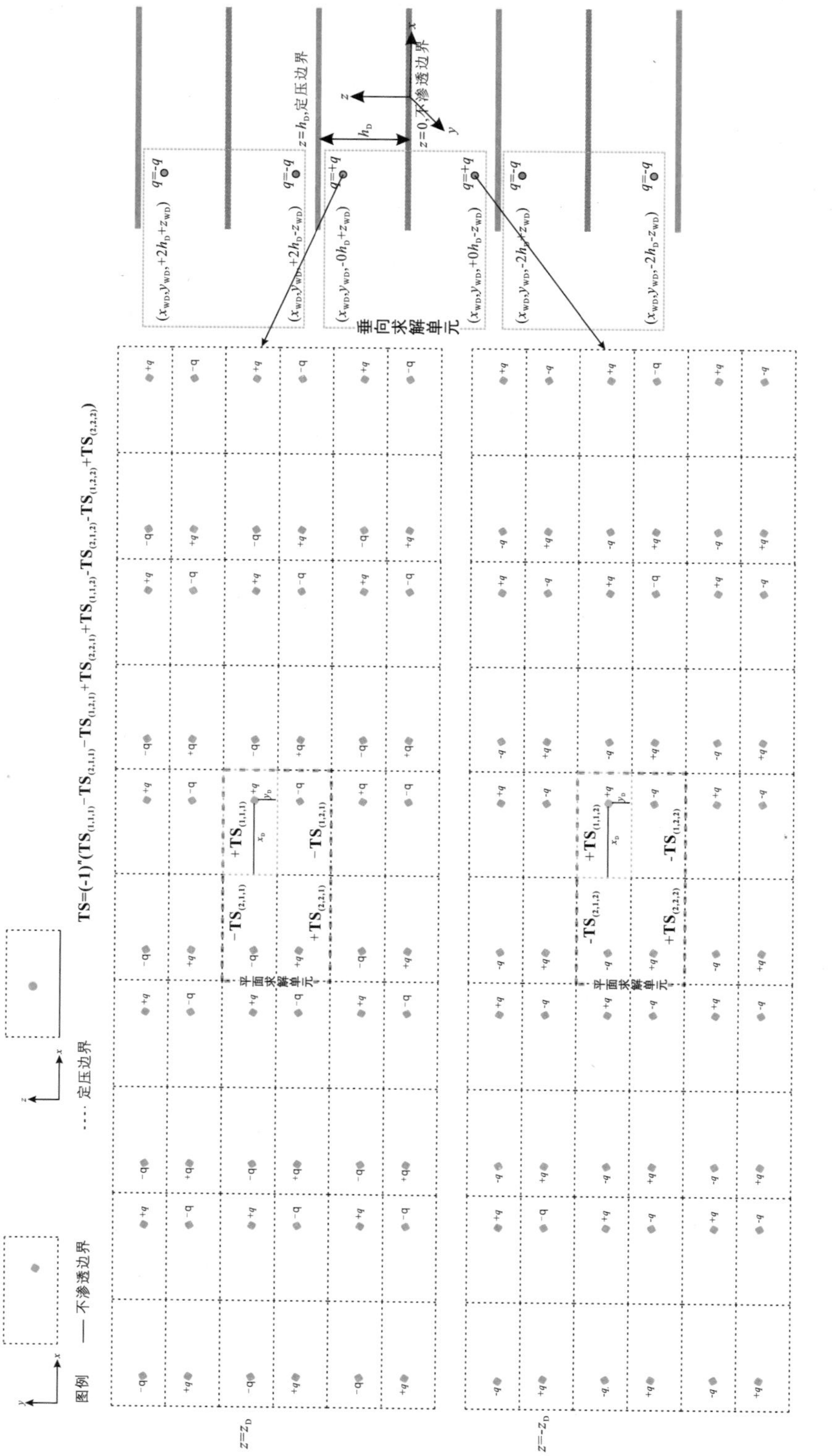
图例
不渗透边界
定压边界
TS=(-1)^n(TS(1,1,1)-TS(2,1,1)-TS(1,2,1)+TS(2,2,1)+TS(1,1,2)-TS(2,1,2)-TS(1,2,2)+TS(2,2,2))
z=hD,定压边界
z=0,不渗透边界
垂向求解单元
平面求解单元
z=zD
z=-zD

图 1-26 顶定压底封闭 x、y 方向定压盒状储层点源叠加示意图

对于式（1-335），$\mathrm{TS} = (-1)^n \Big(\mathrm{TS}_{(1,1,1)} - \mathrm{TS}_{(2,1,1)} - \mathrm{TS}_{(1,2,1)} + \mathrm{TS}_{(2,2,1)} + \mathrm{TS}_{(1,1,2)} - \mathrm{TS}_{(2,1,2)} - \mathrm{TS}_{(1,2,2)} + \mathrm{TS}_{(2,2,2)}\Big)$ 可由式（1-314）表示。

$$(-1)^n \Big(\mathrm{TS}_{(1,1,1)} - \mathrm{TS}_{(2,1,1)} - \mathrm{TS}_{(1,2,1)} + \mathrm{TS}_{(2,2,1)} + \mathrm{TS}_{(1,1,2)} - \mathrm{TS}_{(2,1,2)} - \mathrm{TS}_{(1,2,2)} + \mathrm{TS}_{(2,2,2)}\Big)$$

$$= 2\Big(\mathrm{TS}_{(1,1,1)} - \mathrm{TS}_{(2,1,1)} - \mathrm{TS}_{(1,2,1)} + \mathrm{TS}_{(2,2,1)} + \mathrm{TS}_{(1,1,2)} - \mathrm{TS}_{(2,1,2)} - \mathrm{TS}_{(1,2,2)} + \mathrm{TS}_{(2,2,2)}\Big) -$$

$$\Big(\mathrm{TS}_{(1,1,1)} - \mathrm{TS}_{(2,1,1)} - \mathrm{TS}_{(1,2,1)} + \mathrm{TS}_{(2,2,1)} + \mathrm{TS}_{(1,1,2)} - \mathrm{TS}_{(2,1,2)} - \mathrm{TS}_{(1,2,2)} + \mathrm{TS}_{(2,2,2)}\Big)$$

$$= \frac{2\pi}{2\alpha\gamma h_{\mathrm{D}} x_{\mathrm{eD}}} \left\{ \underbrace{2\sum_{k=1}^{+\infty}\left[\cos\left(\pi k \frac{x_{\mathrm{D1}}}{\alpha x_{\mathrm{eD}}}\right) - \cos\left(\pi k \frac{x_{\mathrm{D2}}}{\alpha x_{\mathrm{eD}}}\right)\right] \frac{\cosh\left(\varepsilon_{\alpha k}\left(\beta y_{\mathrm{eD}} - |y_{\mathrm{D1}}|\right)\right) - \cosh\left(\varepsilon_{\alpha k}\left(\beta y_{\mathrm{eD}} - |y_{\mathrm{D2}}|\right)\right)}{\varepsilon_{\alpha k}\sinh(\beta y_{\mathrm{eD}} \varepsilon_{\alpha k})}}_{\text{第二项}} + \right.$$

$$\left. \underbrace{2\sum_{n=1}^{+\infty}\left[\left[\cos\left(\frac{\pi n z_{\mathrm{D1}}}{\gamma h_{\mathrm{D}}}\right) + \cos\left(\frac{\pi n z_{\mathrm{D2}}}{\gamma h_{\mathrm{D}}}\right)\right]\left[2\sum_{k=1}^{+\infty}\left(\cos\left(\pi k \frac{x_{\mathrm{D1}}}{\alpha x_{\mathrm{eD}}}\right) - \cos\left(\pi k \frac{x_{\mathrm{D2}}}{\alpha x_{\mathrm{eD}}}\right)\right) \cdot \frac{\cosh\left(\varepsilon_{\gamma nk}\left(\beta y_{\mathrm{eD}} - |y_{\mathrm{D1}}|\right)\right) - \cosh\left(\varepsilon_{\gamma nk}\left(\beta y_{\mathrm{eD}} - |y_{\mathrm{D2}}|\right)\right)}{\varepsilon_{\gamma nk}\sinh(\beta y_{\mathrm{eD}} \varepsilon_{\gamma nk})}\right]\right]}_{\text{第三项}} \right\} -$$

$$\frac{\pi}{2\alpha\gamma h_{\mathrm{D}} x_{\mathrm{eD}}} \left\{ \underbrace{2\sum_{k=1}^{+\infty}\left[\cos\left(\pi k \frac{x_{\mathrm{D1}}}{\alpha x_{\mathrm{eD}}}\right) - \cos\left(\pi k \frac{x_{\mathrm{D2}}}{\alpha x_{\mathrm{eD}}}\right)\right] \frac{\cosh\left(\varepsilon_{\alpha k}\left(\beta y_{\mathrm{eD}} - |y_{\mathrm{D1}}|\right)\right) - \cosh\left(\varepsilon_{\alpha k}\left(\beta y_{\mathrm{eD}} - |y_{\mathrm{D2}}|\right)\right)}{\varepsilon_{\alpha k}\sinh(\beta y_{\mathrm{eD}} \varepsilon_{\alpha k})}}_{\text{第二项}} + \right.$$

$$\left. \underbrace{2\sum_{n=1}^{+\infty}\left[\left[\cos\left(\frac{\pi n z_{\mathrm{D1}}}{\gamma h_{\mathrm{D}}}\right) + \cos\left(\frac{\pi n z_{\mathrm{D2}}}{\gamma h_{\mathrm{D}}}\right)\right]\left[2\sum_{k=1}^{+\infty}\left(\cos\left(\pi k \frac{x_{\mathrm{D1}}}{\alpha x_{\mathrm{eD}}}\right) - \cos\left(\pi k \frac{x_{\mathrm{D2}}}{\alpha x_{\mathrm{eD}}}\right)\right) \cdot \frac{\cosh\left(\varepsilon_{\gamma nk}\left(\beta y_{\mathrm{eD}} - |y_{\mathrm{D1}}|\right)\right) - \cosh\left(\varepsilon_{\gamma nk}\left(\beta y_{\mathrm{eD}} - |y_{\mathrm{D2}}|\right)\right)}{\varepsilon_{\gamma nk}\sinh(\beta y_{\mathrm{eD}} \varepsilon_{\gamma nk})}\right]\right]}_{\text{第三项}} \right\}$$

$$(1-336)$$

化简式（1-336）可得

$$(-1)^n\left(\mathrm{TS}_{(1,1,1)}-\mathrm{TS}_{(2,1,1)}-\mathrm{TS}_{(1,2,1)}+\mathrm{TS}_{(2,2,1)}+\mathrm{TS}_{(1,1,2)}-\mathrm{TS}_{(2,1,2)}-\mathrm{TS}_{(1,2,2)}+\mathrm{TS}_{(2,2,2)}\right)$$

$$=2\left(\mathrm{TS}_{(1,1,1)}-\mathrm{TS}_{(2,1,1)}-\mathrm{TS}_{(1,2,1)}+\mathrm{TS}_{(2,2,1)}+\mathrm{TS}_{(1,1,2)}-\mathrm{TS}_{(2,1,2)}-\mathrm{TS}_{(1,2,2)}+\mathrm{TS}_{(2,2,2)}\right)-$$

$$\left(\mathrm{TS}_{(1,1,1)}-\mathrm{TS}_{(2,1,1)}-\mathrm{TS}_{(1,2,1)}+\mathrm{TS}_{(2,2,1)}+\mathrm{TS}_{(1,1,2)}-\mathrm{TS}_{(2,1,2)}-\mathrm{TS}_{(1,2,2)}+\mathrm{TS}_{(2,2,2)}\right)$$

$$=\frac{\pi}{2\alpha\gamma h_{\mathrm{D}}x_{\mathrm{eD}}}\left\{8\sum_{k=1}^{+\infty}\sin\left(\pi k\frac{x_{\mathrm{D}}}{\alpha x_{\mathrm{eD}}}\right)\sin\left(\pi k\frac{x_{\mathrm{wD}}}{\alpha x_{\mathrm{eD}}}\right)\frac{\cosh\left(\varepsilon_{\alpha k}\left(\beta y_{\mathrm{eD}}-|y_{\mathrm{D1}}|\right)\right)-\cosh\left(\varepsilon_{\alpha k}\left(\beta y_{\mathrm{eD}}-|y_{\mathrm{D2}}|\right)\right)}{\varepsilon_{\alpha k}\sinh(\beta y_{\mathrm{eD}}\varepsilon_{\alpha k})}+\right.$$

$$8\sum_{n=1}^{+\infty}\left\{\cos\left(\frac{\pi n z_{\mathrm{D}}}{\gamma h_{\mathrm{D}}}\right)\cos\left(\frac{\pi n z_{\mathrm{wD}}}{\gamma h_{\mathrm{D}}}\right)\left[4\sum_{k=1}^{+\infty}\sin\left(\pi k\frac{x_{\mathrm{D}}}{\alpha x_{\mathrm{eD}}}\right)\sin\left(\pi k\frac{x_{\mathrm{wD}}}{\alpha x_{\mathrm{eD}}}\right)\cdot\right.\right. \qquad (1-337)$$

$$\left.\left.\left.\frac{\cosh\left(\varepsilon_{\gamma nk}\left(\beta y_{\mathrm{eD}}-|y_{\mathrm{D1}}|\right)\right)-\cosh\left(\varepsilon_{\gamma nk}\left(\beta y_{\mathrm{eD}}-|y_{\mathrm{D2}}|\right)\right)}{\varepsilon_{\gamma nk}\sinh(\beta y_{\mathrm{eD}}\varepsilon_{\gamma nk})}\right]\right\}\right\}-$$

$$\frac{\pi}{2\alpha\gamma h_{\mathrm{D}}x_{\mathrm{eD}}}\left\{4\sum_{k=1}^{+\infty}\sin\left(\pi k\frac{x_{\mathrm{D}}}{\alpha x_{\mathrm{eD}}}\right)\sin\left(\pi k\frac{x_{\mathrm{wD}}}{\alpha x_{\mathrm{eD}}}\right)\frac{\cosh\left(\varepsilon_{\alpha k}\left(\beta y_{\mathrm{eD}}-|y_{\mathrm{D1}}|\right)\right)-\cosh\left(\varepsilon_{\alpha k}\left(\beta y_{\mathrm{eD}}-|y_{\mathrm{D2}}|\right)\right)}{\varepsilon_{\alpha k}\sinh(\beta y_{\mathrm{eD}}\varepsilon_{\alpha k})}+\right.$$

$$4\sum_{n=1}^{+\infty}\left\{\cos\left(\frac{\pi n z_{\mathrm{D}}}{\gamma h_{\mathrm{D}}}\right)\cos\left(\frac{\pi n z_{\mathrm{wD}}}{\gamma h_{\mathrm{D}}}\right)\left[4\sum_{k=1}^{+\infty}\sin\left(\pi k\frac{x_{\mathrm{D}}}{\alpha x_{\mathrm{eD}}}\right)\sin\left(\pi k\frac{x_{\mathrm{wD}}}{\alpha x_{\mathrm{eD}}}\right)\cdot\right.\right.$$

$$\left.\left.\left.\frac{\cosh\left(\varepsilon_{\gamma nk}\left(\beta y_{\mathrm{eD}}-|y_{\mathrm{D1}}|\right)\right)-\cosh\left(\varepsilon_{\gamma nk}\left(\beta y_{\mathrm{eD}}-|y_{\mathrm{D2}}|\right)\right)}{\varepsilon_{\gamma nk}\sinh(\beta y_{\mathrm{eD}}\varepsilon_{\gamma nk})}\right]\right\}\right\}$$

注意 n、$k\in\mathbf{N}^+$ 的取值，若 n 为偶数，则部分对应的项抵消，剩余的只有 n 为奇数的项。同理，若 n 为偶数，则 $\dfrac{\cosh\left(\varepsilon_{\gamma=2,nk}\left(y_{\mathrm{eD}}-|y_{\mathrm{D1}}|\right)\right)-\cosh\left(\varepsilon_{\gamma=2,nk}\left(y_{\mathrm{eD}}-|y_{\mathrm{D2}}|\right)\right)}{\varepsilon_{\gamma=2,nk}\sinh(y_{\mathrm{eD}}\varepsilon_{\gamma=2,nk})}$ 项与 $\dfrac{\cosh\left(\varepsilon_{\gamma=1,nk}\left(y_{\mathrm{eD}}-|y_{\mathrm{D1}}|\right)\right)-\cosh\left(\varepsilon_{\gamma=1,nk}\left(y_{\mathrm{eD}}-|y_{\mathrm{D2}}|\right)\right)}{\varepsilon_{\gamma=1,nk}\sinh(y_{\mathrm{eD}}\varepsilon_{\gamma=1,nk})}$ 项抵消，剩余的只有 n 为奇数的项，考虑上述情况，代入相关参数则式（1-337）可化简为

$$(-1)^n\left(\mathrm{TS}_{(1,1,1)}-\mathrm{TS}_{(2,1,1)}-\mathrm{TS}_{(1,2,1)}+\mathrm{TS}_{(2,2,1)}+\mathrm{TS}_{(1,1,2)}-\mathrm{TS}_{(2,1,2)}-\mathrm{TS}_{(1,2,2)}+\mathrm{TS}_{(2,2,2)}\right)$$

$$=2\left(\mathrm{TS}_{(1,1,1)}-\mathrm{TS}_{(2,1,1)}-\mathrm{TS}_{(1,2,1)}+\mathrm{TS}_{(2,2,1)}+\mathrm{TS}_{(1,1,2)}-\mathrm{TS}_{(2,1,2)}-\mathrm{TS}_{(1,2,2)}+\mathrm{TS}_{(2,2,2)}\right)_{\alpha=1,\beta=1,\gamma=2}-$$

$$\left(\mathrm{TS}_{(1,1,1)}-\mathrm{TS}_{(2,1,1)}-\mathrm{TS}_{(1,2,1)}+\mathrm{TS}_{(2,2,1)}+\mathrm{TS}_{(1,1,2)}-\mathrm{TS}_{(2,1,2)}-\mathrm{TS}_{(1,2,2)}+\mathrm{TS}_{(2,2,2)}\right)_{\alpha=1,\beta=1,\gamma=1} \qquad (1-338)$$

$$=\frac{\pi}{2h_{\mathrm{D}}x_{\mathrm{eD}}}\left\{4\sum_{n=1}^{+\infty}\left\{\cos\left((2n-1)\frac{\pi z_{\mathrm{D}}}{2h_{\mathrm{D}}}\right)\cos\left((2n-1)\frac{\pi z_{\mathrm{wD}}}{2h_{\mathrm{D}}}\right)\left[4\sum_{k=1}^{+\infty}\sin\left(\pi k\frac{x_{\mathrm{D}}}{x_{\mathrm{eD}}}\right)\sin\left(\pi k\frac{x_{\mathrm{wD}}}{x_{\mathrm{eD}}}\right)\cdot\right.\right.\right.$$

$$\left.\left.\left.\frac{\cosh\left(\varepsilon_{\gamma=2,n=2n-1,k}\left(y_{\mathrm{eD}}-|y_{\mathrm{D1}}|\right)\right)-\cosh\left(\varepsilon_{\gamma=2,n=2n-1,k}\left(y_{\mathrm{eD}}-|y_{\mathrm{D2}}|\right)\right)}{\varepsilon_{\gamma=2,n=2n-1,k}\sinh(y_{\mathrm{eD}}\varepsilon_{\gamma=2,n=2n-1,k})}\right]\right\}\right\}$$

将式（1-338）代入式（1-335）可得

$$\Delta\bar{p} = \frac{2\tilde{q}\mu}{kh_{D}x_{eD}L_{ref}s}\sum_{n=1}^{+\infty}\cos\left[(2n-1)\frac{\pi z_{D}}{2h_{D}}\right]\cos\left[(2n-1)\frac{\pi z_{wD}}{2h_{D}}\right]\sum_{k=1}^{+\infty}\sin\left(\pi k\frac{x_{D}}{x_{eD}}\right)\sin\left(\pi k\frac{x_{wD}}{x_{eD}}\right)\cdot$$

$$\frac{\cosh\left[\varepsilon_{\gamma=2,n=2n-1,k}\left(y_{eD}-|y_{D1}|\right)\right]-\cosh\left[\varepsilon_{\gamma=2,n=2n-1,k}\left(y_{eD}-|y_{D2}|\right)\right]}{\varepsilon_{\gamma=2,n=2n-1,k}\sinh(y_{eD}\varepsilon_{\gamma=2,n=2n-1,k})} \quad (1-339)$$

其中：$\varepsilon_{\gamma=2,n=2n-1,k} = \sqrt{u+\left[\frac{(2n-1)\pi}{2h_{D}}\right]^{2}+\frac{k^{2}\pi^{2}}{x_{eD}^{2}}}$。

1.5.15 顶定压底封闭 y 方向定压 x 方向封闭盒状储层点源函数模型

图 1-27 给出了顶定压底封闭 y 方向定压 x 方向封闭盒状储层点源叠加过程的示意图，因为储层顶定压底封闭，因此在 z 方向上镜像井均为异号井。图 1-27 左边反映了在 xy 平面上镜像井与实际井的分布情况，红点为实际井的位置，其他均为镜像井，图 1-27 左边也展示了镜像井在 x 方向、y 方向的位置分布规律，在 y 方向以定压边界出现，在 x 方向以封闭边界出现。图 1-27 中绿色虚线框即为实际井沿 x 方向、y 方向与边界的基本镜像单元的分布情况。根据镜像井位置的分布规则也可以看出，绿色虚线框中的镜像井与实际井压降构成了一个基本的求解单元。图 1-27 右边描述了在 z 方向实际井与镜像井之间的镜像关系，红色的虚线框也标记了 z 方向上实际井与镜像井位置的分布规律，同时红色的虚线框中的镜像井与实际井压降也构成了 z 方向上的一个基本求解单元。井的性质在平面镜像单元沿 z 方向交替出现。

由 1.5.1 节的求解过程可以看出，在三个方向的双向无穷级数叠加过程中，通过 Poisson 求和公式其可以化简为 8 个独立的部分，即式（1-254）表示的 8 个部分，但需要注意的是，这 8 个独立的部分与前面 1.5.1 节~1.5.5 节有所不同，TS 不是这 8 个部分的简单相加，即不能直接采用式（1-194）进行化简。为了不失一般性，采用式（1-181）~式（1-188）表示这 8 个部分，其中 α、β 和 γ 的取值与 TS 各个部分的表达式和井在 x、y、z 三个方向是否交替出现的性质有关。根据上述分析以及图 1-27 中独立求解单元中 8 个部分的表示形式，可得顶定压底封闭 y 方向定压 x 方向封闭盒状储层点源叠加的模型：

$$\Delta\bar{p} = \frac{\tilde{q}\mu}{4\pi kL_{ref}s}(-1)^{n}\left(TS_{(1,1,1)}+TS_{(2,1,1)}-TS_{(1,2,1)}-TS_{(2,2,1)}+TS_{(1,1,2)}+TS_{(2,1,2)}-TS_{(1,2,2)}-TS_{(2,2,2)}\right) \quad (1-340)$$

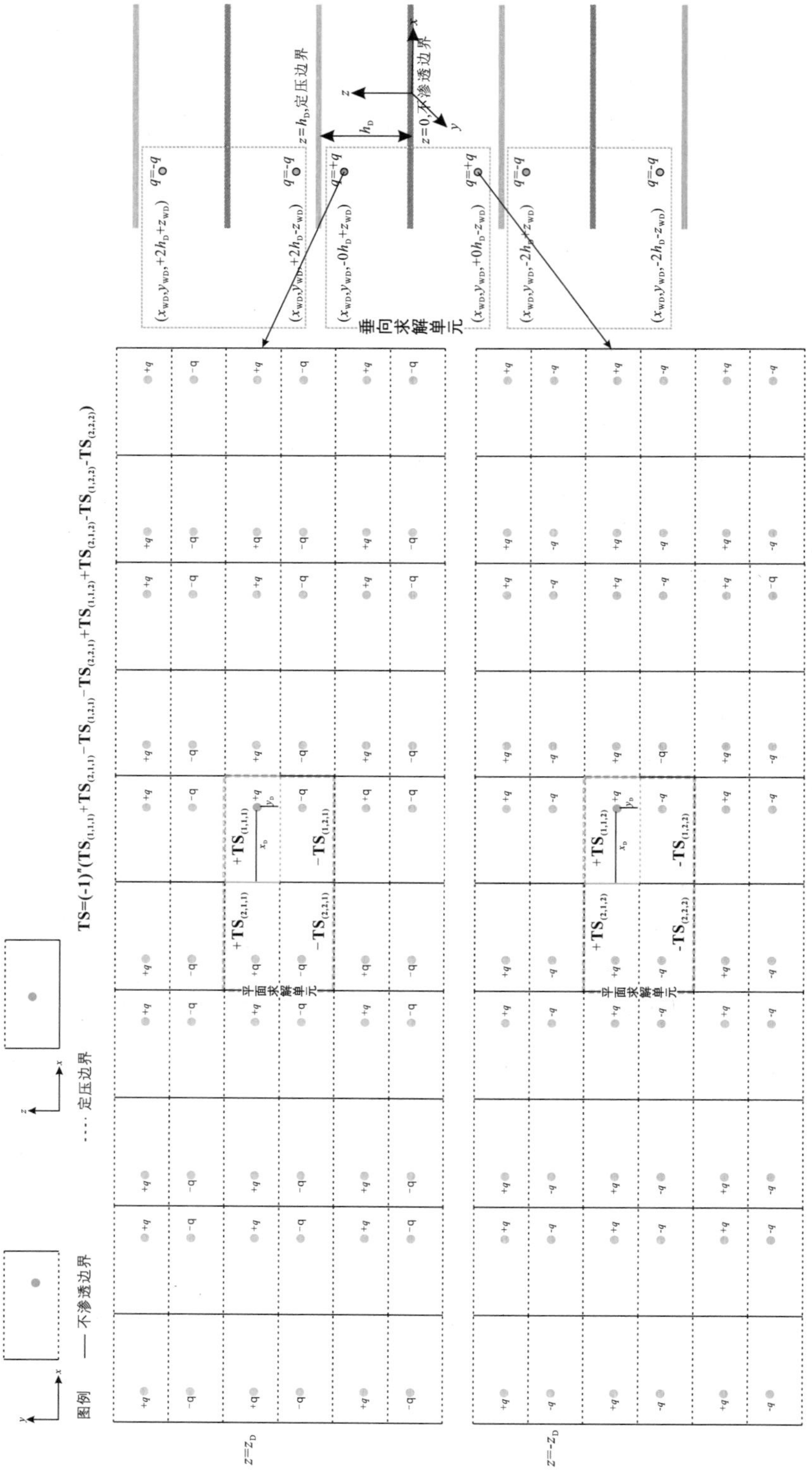

图 1-27　顶定压底封闭 y 方向定压 x 方向封闭盒状储层点源叠加示意图

对 于 式（1–340），$\mathrm{TS}_{(1,1,1)}+\mathrm{TS}_{(2,1,1)}-\mathrm{TS}_{(1,2,1)}-\mathrm{TS}_{(2,2,1)}+\mathrm{TS}_{(1,1,2)}+\mathrm{TS}_{(2,1,2)}-\mathrm{TS}_{(1,2,2)}-\mathrm{TS}_{(2,2,2)}$ 表示为

$$
\begin{aligned}
&\mathrm{TS}_{(1,1,1)}+\mathrm{TS}_{(2,1,1)}-\mathrm{TS}_{(1,2,1)}-\mathrm{TS}_{(2,2,1)}+\mathrm{TS}_{(1,1,2)}+\mathrm{TS}_{(2,1,2)}-\mathrm{TS}_{(1,2,2)}-\mathrm{TS}_{(2,2,2)}\\
&=\frac{\pi}{2\alpha\gamma h_{\mathrm D}x_{\mathrm{eD}}}\Bigg\{4\frac{\cosh\left(\sqrt{u}\left(\beta y_{\mathrm{eD}}-\left|y_{\mathrm{D1}}\right|\right)\right)-\cosh\left(\sqrt{u}\left(\beta y_{\mathrm{eD}}-\left|y_{\mathrm{D2}}\right|\right)\right)}{\sqrt{u}\,\sinh(\beta y_{\mathrm{eD}}\sqrt{u})}+\\
&4\sum_{k=1}^{+\infty}\cos\left(\pi k\frac{x_{\mathrm{D1}}}{\alpha x_{\mathrm{eD}}}\right)\frac{\cosh\left(\varepsilon_{\alpha k}\left(\beta y_{\mathrm{eD}}-\left|y_{\mathrm{D1}}\right|\right)\right)}{\varepsilon_{\alpha k}\sinh(\beta y_{\mathrm{eD}}\varepsilon_{\alpha k})}+4\sum_{k=1}^{+\infty}\cos\left(\pi k\frac{x_{\mathrm{D2}}}{\alpha x_{\mathrm{eD}}}\right)\frac{\cosh\left(\varepsilon_{\alpha k}\left(\beta y_{\mathrm{eD}}-\left|y_{\mathrm{D1}}\right|\right)\right)}{\varepsilon_{\alpha k}\sinh(\beta y_{\mathrm{eD}}\varepsilon_{\alpha k})}-\\
&4\sum_{k=1}^{+\infty}\cos\left(\pi k\frac{x_{\mathrm{D1}}}{\alpha x_{\mathrm{eD}}}\right)\frac{\cosh\left(\varepsilon_{\alpha k}\left(\beta y_{\mathrm{eD}}-\left|y_{\mathrm{D2}}\right|\right)\right)}{\varepsilon_{\alpha k}\sinh(\beta y_{\mathrm{eD}}\varepsilon_{\alpha k})}-4\sum_{k=1}^{+\infty}\cos\left(\pi k\frac{x_{\mathrm{D2}}}{\alpha x_{\mathrm{eD}}}\right)\frac{\cosh\left(\varepsilon_{\alpha k}\left(\beta y_{\mathrm{eD}}-\left|y_{\mathrm{D2}}\right|\right)\right)}{\varepsilon_{\alpha k}\sinh(\beta y_{\mathrm{eD}}\varepsilon_{\alpha k})}+\\
&2\sum_{n=1}^{+\infty}\Bigg[\left[\cos\left(\frac{\pi n z_{\mathrm{D1}}}{\gamma h_{\mathrm D}}\right)+\cos\left(\frac{\pi n z_{\mathrm{D2}}}{\gamma h_{\mathrm D}}\right)\right]2\frac{\cosh\left(\varepsilon_{\gamma n}\left(\beta y_{\mathrm{eD}}-\left|y_{\mathrm{D1}}\right|\right)\right)-\cosh\left(\varepsilon_{\gamma n}\left(\beta y_{\mathrm{eD}}-\left|y_{\mathrm{D2}}\right|\right)\right)}{\varepsilon_{\gamma n}\sinh(\beta y_{\mathrm{eD}}\varepsilon_{\gamma n})}+\\
&2\sum_{k=1}^{+\infty}\left(\cos\left(\pi k\frac{x_{\mathrm{D1}}}{\alpha x_{\mathrm{eD}}}\right)+\cos\left(\pi k\frac{x_{\mathrm{D2}}}{\alpha x_{\mathrm{eD}}}\right)\right)\frac{\cosh\left(\varepsilon_{\gamma nk}\left(\beta y_{\mathrm{eD}}-\left|y_{\mathrm{D1}}\right|\right)\right)-\cosh\left(\varepsilon_{\gamma nk}\left(\beta y_{\mathrm{eD}}-\left|y_{\mathrm{D2}}\right|\right)\right)}{\varepsilon_{\gamma nk}\sinh(\beta y_{\mathrm{eD}}\varepsilon_{\gamma nk})}\Bigg]\Bigg\}
\end{aligned}
$$

（1–341）

因此，有

$$
\begin{aligned}
&(-1)^n\left(\mathrm{TS}_{(1,1,1)}+\mathrm{TS}_{(2,1,1)}-\mathrm{TS}_{(1,2,1)}-\mathrm{TS}_{(2,2,1)}+\mathrm{TS}_{(1,1,2)}+\mathrm{TS}_{(2,1,2)}-\mathrm{TS}_{(1,2,2)}-\mathrm{TS}_{(2,2,2)}\right)\\
&=2\left(\mathrm{TS}_{(1,1,1)}+\mathrm{TS}_{(2,1,1)}-\mathrm{TS}_{(1,2,1)}-\mathrm{TS}_{(2,2,1)}+\mathrm{TS}_{(1,1,2)}+\mathrm{TS}_{(2,1,2)}-\mathrm{TS}_{(1,2,2)}-\mathrm{TS}_{(2,2,2)}\right)_{\alpha=1,\beta=1,\gamma=2}-\\
&\left(\mathrm{TS}_{(1,1,1)}+\mathrm{TS}_{(2,1,1)}-\mathrm{TS}_{(1,2,1)}-\mathrm{TS}_{(2,2,1)}+\mathrm{TS}_{(1,1,2)}+\mathrm{TS}_{(2,1,2)}-\mathrm{TS}_{(1,2,2)}-\mathrm{TS}_{(2,2,2)}\right)_{\alpha=1,\beta=1,\gamma=1}\\
&=\underbrace{\frac{\pi}{2h_{\mathrm D}x_{\mathrm{eD}}}\Bigg\{2\sum_{n=1}^{+\infty}\Bigg[\left[\cos\left(\frac{\pi n z_{\mathrm{D1}}}{2h_{\mathrm D}}\right)+\cos\left(\frac{\pi n z_{\mathrm{D2}}}{2h_{\mathrm D}}\right)\right]2\frac{\cosh\left(\varepsilon_{\gamma=2,n}\left(y_{\mathrm{eD}}-\left|y_{\mathrm{D1}}\right|\right)\right)-\cosh\left(\varepsilon_{\gamma=2,n}\left(y_{\mathrm{eD}}-\left|y_{\mathrm{D2}}\right|\right)\right)}{\varepsilon_{\gamma=2,n}\sinh(y_{\mathrm{eD}}\varepsilon_{\gamma=2,n})}+}_{\text{第一项}}\\
&\underbrace{2\sum_{k=1}^{+\infty}\left(\cos\left(\pi k\frac{x_{\mathrm{D1}}}{x_{\mathrm{eD}}}\right)+\cos\left(\pi k\frac{x_{\mathrm{D2}}}{x_{\mathrm{eD}}}\right)\right)\frac{\cosh\left(\varepsilon_{\gamma=2,nk}\left(y_{\mathrm{eD}}-\left|y_{\mathrm{D1}}\right|\right)\right)-\cosh\left(\varepsilon_{\gamma=2,nk}\left(y_{\mathrm{eD}}-\left|y_{\mathrm{D2}}\right|\right)\right)}{\varepsilon_{\gamma=2,nk}\sinh(y_{\mathrm{eD}}\varepsilon_{\gamma=2,nk})}\Bigg]\Bigg\}}_{}-\\
&\underbrace{\frac{\pi}{2h_{\mathrm D}x_{\mathrm{eD}}}\Bigg\{2\sum_{n=1}^{+\infty}\Bigg[\left[\cos\left(\frac{\pi n z_{\mathrm{D1}}}{h_{\mathrm D}}\right)+\cos\left(\frac{\pi n z_{\mathrm{D2}}}{h_{\mathrm D}}\right)\right]2\frac{\cosh\left(\varepsilon_{\gamma=1,n}\left(y_{\mathrm{eD}}-\left|y_{\mathrm{D1}}\right|\right)\right)-\cosh\left(\varepsilon_{\gamma=1,n}\left(y_{\mathrm{eD}}-\left|y_{\mathrm{D2}}\right|\right)\right)}{\varepsilon_{\gamma=1,n}\sinh(y_{\mathrm{eD}}\varepsilon_{\gamma=1,n})}+}_{\text{第二项}}\\
&2\sum_{k=1}^{+\infty}\left(\cos\left(\pi k\frac{x_{\mathrm{D1}}}{x_{\mathrm{eD}}}\right)+\cos\left(\pi k\frac{x_{\mathrm{D2}}}{x_{\mathrm{eD}}}\right)\right)\frac{\cosh\left(\varepsilon_{\gamma=1,nk}\left(y_{\mathrm{eD}}-\left|y_{\mathrm{D1}}\right|\right)\right)-\cosh\left(\varepsilon_{\gamma=1,nk}\left(y_{\mathrm{eD}}-\left|y_{\mathrm{D2}}\right|\right)\right)}{\varepsilon_{\gamma=1,nk}\sinh(y_{\mathrm{eD}}\varepsilon_{\gamma=1,nk})}\Bigg]\Bigg\}
\end{aligned}
$$

（1–342）

注意 $n\in\mathbf{N}^+$ 的取值以及 γ 的取值，若 n 为偶数，则第一项与第二项抵消，剩余的只有 n 为奇数的项。考虑上述情况，则式（1–342）可化简为

$$(-1)^n \left(TS_{(1,1,1)} + TS_{(2,1,1)} - TS_{(1,2,1)} - TS_{(2,2,1)} + TS_{(1,1,2)} + TS_{(2,1,2)} - TS_{(1,2,2)} - TS_{(2,2,2)} \right)$$

$$= \frac{\pi}{2h_D x_{eD}} \left\{ 2\sum_{n=1}^{+\infty} \left\{ 2\cos\left[(2n-1)\frac{\pi z_D}{2h_D} \right] \cos\left[(2n-1)\frac{\pi z_{wD}}{2h_D} \right] \left[2\frac{\cosh\left(\varepsilon_{\gamma=2,n=2n-1}\left(y_{eD} - |y_{D1}| \right) \right) - \cosh\left(\varepsilon_{\gamma=2,n=2n-1}\left(y_{eD} - |y_{D2}| \right) \right)}{\varepsilon_{\gamma=2,n=2n-1} \sinh(y_{eD} \varepsilon_{\gamma=2,n=2n-1})} + \right. \right. \right.$$

$$\left. \left. \left. 2\sum_{k=1}^{+\infty} 2\cos\left(\pi k \frac{x_D}{x_{eD}} \right) \cos\left(\pi k \frac{x_{wD}}{x_{eD}} \right) \left(\frac{\cosh\left(\varepsilon_{\gamma=2,n=2n-1,k}\left(y_{eD} - |y_{D1}| \right) \right) - \cosh\left(\varepsilon_{\gamma=2,n=2n-1,k}\left(y_{eD} - |y_{D2}| \right) \right)}{\varepsilon_{\gamma=2,n=2n-1,k} \sinh(y_{eD} \varepsilon_{\gamma=2,n=2n-1,k})} \right) \right] \right\} \right\}$$

$$（1-343）$$

将式（1-340）代入式（1-343）可得

$$\Delta \bar{p} = \frac{\tilde{q}\mu}{kh_D x_{eD} L_{ref} s} \sum_{n=1}^{+\infty} \cos\left[(2n-1)\frac{\pi z_D}{2h_D} \right] \cos\left[(2n-1)\frac{\pi z_{wD}}{2h_D} \right] \cdot$$

$$\left\{ \frac{\cosh\left(\varepsilon_{\gamma=2,n=2n-1}\left(y_{eD} - |y_{D1}| \right) \right) - \cosh\left(\varepsilon_{\gamma=2,n=2n-1}\left(y_{eD} - |y_{D2}| \right) \right)}{\varepsilon_{\gamma=2,n=2n-1} \sinh(y_{eD} \varepsilon_{\gamma=2,n=2n-1})} + 2\sum_{k=1}^{+\infty} \cos\left(\pi k \frac{x_D}{x_{eD}} \right) \cos\left(\pi k \frac{x_{wD}}{x_{eD}} \right) \cdot \right. （1-344）$$

$$\left. \left[\frac{\cosh\left(\varepsilon_{\gamma=2,n=2n-1,k}\left(y_{eD} - |y_{D1}| \right) \right) - \cosh\left(\varepsilon_{\gamma=2,n=2n-1,k}\left(y_{eD} - |y_{D2}| \right) \right)}{\varepsilon_{\gamma=2,n=2n-1,k} \sinh(y_{eD} \varepsilon_{\gamma=2,n=2n-1,k})} \right] \right\}$$

其中：$\varepsilon_{\gamma=2,n=2n-1} = \sqrt{\left[\frac{(2n-1)\pi}{2h_D} \right]^2 + u}$，$\varepsilon_{\gamma=2,n=2n-1,k} = \sqrt{\left[\frac{(2n-1)\pi}{2h_D} \right]^2 + u + \frac{k^2\pi^2}{x_{eD}^2}}$。

1.5.16　顶定压底封闭 x、y 正方向定压 x、y 负方向封闭盒状储层点源函数模型

图 1-28 给出了顶定压底封闭 x、y 正方向定压 x、y 负方向封闭盒状储层点源叠加过程的示意图，因为储层顶定压底封闭，因此在 z 方向上镜像井均为异号井。图 1-28 左边反映了在 xy 平面上镜像井与实际井的分布情况，红点为实际井的位置，其他均为镜像井，图 1-28 左边也展示了镜像井在 x 方向、y 方向的位置分布规律，在 y 方向以定压边界和封闭边界交替出现，在 x 方向以定压边界和封闭边界交替出现。图 1-28 中绿色虚线框即为实际井沿 x 方向、y 方向与边界的基本镜像单元的分布情况。根据镜像井位置的分布规律也可以看出，绿色虚线框中的镜像井与实际井压降构成了一个基本的求解单元。图 1-28 右边描述了在 z 方向实际井与镜像井之间的镜像关系，红色的虚线框也标记了 z 方向上实际井与镜像井位置的分布规律，同时红色的虚线框中的镜像井与实际井压降也构成了 z 方向上的一个基本求解单元。井的性质在平面镜像单元沿 z 方向交替出现。

由 1.5.1 节的求解过程可以看出，在三个方向的双向无穷级数叠加过程中，通过 Poisson 求和公式其可以化简为 8 个独立的部分，即式（1-254）表示的 8 个部分，但需要注意的是，这 8 个独立的部分与前面 1.5.1 节～1.5.5 节有所不同，TS 不是这 8 个部分的简单相加，即不能直接采用式（1-194）进行化简。为了不失一般性，采用

式（1–181）～式（1–188）表示这 8 个部分，其中 α、β 和 γ 的取值与 TS 各个部分的表达式和井在 x、y、z 三个方向是否交替出现的性质有关。根据上述分析以及图 1–28 中独立求解单元中 8 个部分的表示形式，可得顶定压底封闭 x、y 正方向定压 x、y 负方向封闭盒状储层点源叠加的模型：

$$\Delta \overline{p} = \frac{\tilde{q}\mu}{4\pi k L_{\text{ref}} s}(-1)^k (-1)^m (-1)^n \left(\text{TS}_{(1,1,1)} + \text{TS}_{(2,1,1)} + \text{TS}_{(1,2,1)} + \text{TS}_{(2,2,1)} + \text{TS}_{(1,1,2)} + \text{TS}_{(2,1,2)} + \text{TS}_{(1,2,2)} + \text{TS}_{(2,2,2)}\right)$$

$$（1\text{–}345）$$

化简式（1–345）中的 TS 表达式的部分可得

$$
\begin{aligned}
\text{TS} =& (-1)^k (-1)^m (-1)^n \left(\text{TS}_{(1,1,1)} + \text{TS}_{(2,1,1)} + \text{TS}_{(1,2,1)} + \text{TS}_{(2,2,1)} + \text{TS}_{(1,1,2)} + \text{TS}_{(2,1,2)} + \text{TS}_{(1,2,2)} + \text{TS}_{(2,2,2)}\right) \\
=& (-1)^m (-1)^n \Bigg[2\left(\text{TS}_{(1,1,1)} + \text{TS}_{(2,1,1)} + \text{TS}_{(1,2,1)} + \text{TS}_{(2,2,1)} + \text{TS}_{(1,1,2)} + \text{TS}_{(2,1,2)} + \text{TS}_{(1,2,2)} + \text{TS}_{(2,2,2)}\right)_{\alpha=2,\beta=1,\gamma=1} - \\
& \left(\text{TS}_{(1,1,1)} + \text{TS}_{(2,1,1)} + \text{TS}_{(1,2,1)} + \text{TS}_{(2,2,1)} + \text{TS}_{(1,1,2)} + \text{TS}_{(2,1,2)} + \text{TS}_{(1,2,2)} + \text{TS}_{(2,2,2)}\right)_{\alpha=1,\beta=1,\gamma=1} \Bigg] \\
=& 8\left(\text{TS}_{(1,1,1)} + \text{TS}_{(2,1,1)} + \text{TS}_{(1,2,1)} + \text{TS}_{(2,2,1)} + \text{TS}_{(1,1,2)} + \text{TS}_{(2,1,2)} + \text{TS}_{(1,2,2)} + \text{TS}_{(2,2,2)}\right)_{\alpha=2,\beta=2,\gamma=2} - \\
& 4\left(\text{TS}_{(1,1,1)} + \text{TS}_{(2,1,1)} + \text{TS}_{(1,2,1)} + \text{TS}_{(2,2,1)} + \text{TS}_{(1,1,2)} + \text{TS}_{(2,1,2)} + \text{TS}_{(1,2,2)} + \text{TS}_{(2,2,2)}\right)_{\alpha=1,\beta=2,\gamma=2} - \\
& 4\left(\text{TS}_{(1,1,1)} + \text{TS}_{(2,1,1)} + \text{TS}_{(1,2,1)} + \text{TS}_{(2,2,1)} + \text{TS}_{(1,1,2)} + \text{TS}_{(2,1,2)} + \text{TS}_{(1,2,2)} + \text{TS}_{(2,2,2)}\right)_{\alpha=2,\beta=1,\gamma=2} + \\
& 2\left(\text{TS}_{(1,1,1)} + \text{TS}_{(2,1,1)} + \text{TS}_{(1,2,1)} + \text{TS}_{(2,2,1)} + \text{TS}_{(1,1,2)} + \text{TS}_{(2,1,2)} + \text{TS}_{(1,2,2)} + \text{TS}_{(2,2,2)}\right)_{\alpha=1,\beta=1,\gamma=2} - \\
& 4\left(\text{TS}_{(1,1,1)} + \text{TS}_{(2,1,1)} + \text{TS}_{(1,2,1)} + \text{TS}_{(2,2,1)} + \text{TS}_{(1,1,2)} + \text{TS}_{(2,1,2)} + \text{TS}_{(1,2,2)} + \text{TS}_{(2,2,2)}\right)_{\alpha=2,\beta=2,\gamma=1} + \\
& 2\left(\text{TS}_{(1,1,1)} + \text{TS}_{(2,1,1)} + \text{TS}_{(1,2,1)} + \text{TS}_{(2,2,1)} + \text{TS}_{(1,1,2)} + \text{TS}_{(2,1,2)} + \text{TS}_{(1,2,2)} + \text{TS}_{(2,2,2)}\right)_{\alpha=1,\beta=2,\gamma=1} + \\
& 2\left(\text{TS}_{(1,1,1)} + \text{TS}_{(2,1,1)} + \text{TS}_{(1,2,1)} + \text{TS}_{(2,2,1)} + \text{TS}_{(1,1,2)} + \text{TS}_{(2,1,2)} + \text{TS}_{(1,2,2)} + \text{TS}_{(2,2,2)}\right)_{\alpha=2,\beta=1,\gamma=1} - \\
& \left(\text{TS}_{(1,1,1)} + \text{TS}_{(2,1,1)} + \text{TS}_{(1,2,1)} + \text{TS}_{(2,2,1)} + \text{TS}_{(1,1,2)} + \text{TS}_{(2,1,2)} + \text{TS}_{(1,2,2)} + \text{TS}_{(2,2,2)}\right)_{\alpha=1,\beta=1,\gamma=1}
\end{aligned}
$$

$$（1\text{–}346）$$

特别需要注意的是，式（1–346）中的各个部分参数取值以及系数均不一致。

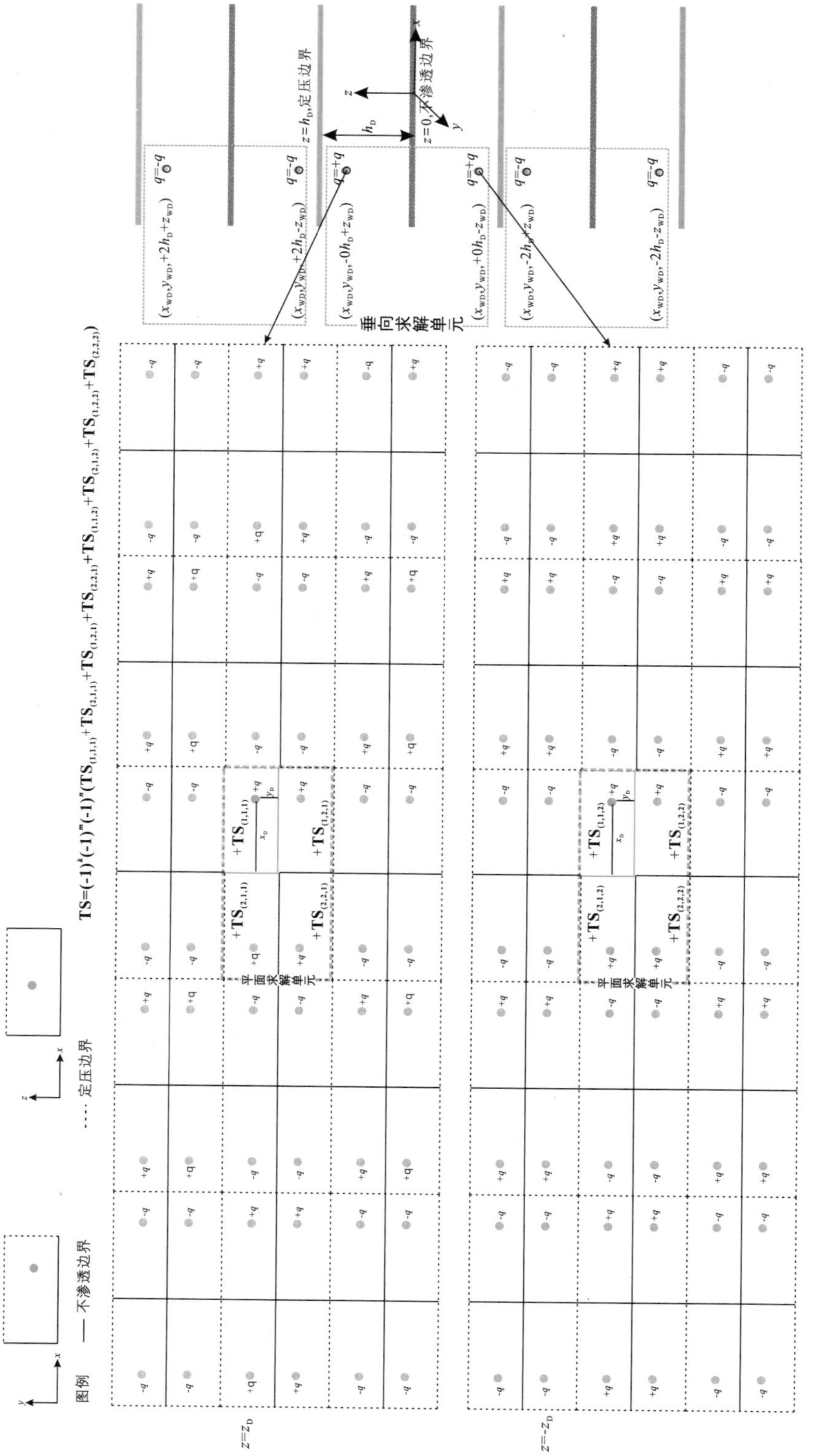

图 1-28 顶定压底封闭 x、y 正方向定压 x、y 负方向封闭盒状储层点源叠加示意图

将式（1–331）代入式（1–346）化简可得
式（1–346）

$$
= \frac{\pi}{2h_{\mathrm{D}}x_{\mathrm{eD}}}\left\{4\sum_{n=1}^{+\infty}\left\{\cos\left(\frac{\pi n z_{\mathrm{D}}}{2h_{\mathrm{D}}}\right)\cos\left(\frac{\pi n z_{\mathrm{wD}}}{2h_{\mathrm{D}}}\right)\left[4\sum_{k=1}^{+\infty}\cos\left(\pi k\frac{x_{\mathrm{D}}}{2x_{\mathrm{eD}}}\right)\cos\left(\pi k\frac{x_{\mathrm{wD}}}{2x_{\mathrm{eD}}}\right)\cdot\right.\right.
$$

$$
\left[\frac{\cosh\left(\varepsilon_{\gamma=2,nk(\alpha=2)}\left(2y_{\mathrm{eD}}-\left|y_{\mathrm{D1}}\right|\right)\right)+\cosh\left(\varepsilon_{\gamma=2,nk(\alpha=2)}\left(2y_{\mathrm{eD}}-\left|y_{\mathrm{D2}}\right|\right)\right)}{\varepsilon_{\gamma=2,nk(\alpha=2)}\sinh(y_{\mathrm{eD}}\varepsilon_{\gamma=2,nk(\alpha=2)})\cosh\left(y_{\mathrm{eD}}\varepsilon_{\gamma=2,nk(\alpha=2)}\right)}-\right.
$$

$$
\left.\left.\left.\frac{\left[\cosh\left(\varepsilon_{\gamma=2,nk(\alpha=2)}\left(y_{\mathrm{eD}}-\left|y_{\mathrm{D1}}\right|\right)\right)+\cosh\left(\varepsilon_{\gamma=2,nk(\alpha=2)}\left(y_{\mathrm{eD}}-\left|y_{\mathrm{D2}}\right|\right)\right)\right]\cosh\left(y_{\mathrm{eD}}\varepsilon_{\gamma=2,nk(\alpha=2)}\right)}{\varepsilon_{\gamma=2,nk(\alpha=2)}\sinh(y_{\mathrm{eD}}\varepsilon_{\gamma=2,nk(\alpha=2)})\cosh\left(y_{\mathrm{eD}}\varepsilon_{\gamma=2,nk(\alpha=2)}\right)}\right]\right]\right\}\right\}-
$$

$$
\frac{\pi}{2h_{\mathrm{D}}x_{\mathrm{eD}}}\left\{4\sum_{n=1}^{+\infty}\left\{\cos\left(\frac{\pi n z_{\mathrm{D}}}{2h_{\mathrm{D}}}\right)\cos\left(\frac{\pi n z_{\mathrm{wD}}}{2h_{\mathrm{D}}}\right)\left[4\sum_{k=1}^{+\infty}\cos\left(\pi k\frac{x_{\mathrm{D}}}{x_{\mathrm{eD}}}\right)\cos\left(\pi k\frac{x_{\mathrm{wD}}}{x_{\mathrm{eD}}}\right)\cdot\right.\right.
$$

$$
\left[\frac{\cosh\left(\varepsilon_{\gamma=2,nk(\alpha=1)}\left(2y_{\mathrm{eD}}-\left|y_{\mathrm{D1}}\right|\right)\right)+\cosh\left(\varepsilon_{\gamma=2,nk(\alpha=1)}\left(2y_{\mathrm{eD}}-\left|y_{\mathrm{D2}}\right|\right)\right)}{\varepsilon_{\gamma=2,nk(\alpha=1)}\sinh(y_{\mathrm{eD}}\varepsilon_{\gamma=2,nk(\alpha=1)})\cosh\left(y_{\mathrm{eD}}\varepsilon_{\gamma=2,nk(\alpha=1)}\right)}-\right.
$$

$$
\left.\left.\left.\frac{\left[\cosh\left(\varepsilon_{\gamma=2,nk(\alpha=1)}\left(y_{\mathrm{eD}}-\left|y_{\mathrm{D1}}\right|\right)\right)+\cosh\left(\varepsilon_{\gamma=2,nk(\alpha=1)}\left(y_{\mathrm{eD}}-\left|y_{\mathrm{D2}}\right|\right)\right)\right]\cosh\left(y_{\mathrm{eD}}\varepsilon_{\gamma=2,nk(\alpha=1)}\right)}{\varepsilon_{\gamma=2,nk(\alpha=1)}\sinh(y_{\mathrm{eD}}\varepsilon_{\gamma=2,nk(\alpha=1)})\cosh\left(y_{\mathrm{eD}}\varepsilon_{\gamma=2,nk(\alpha=1)}\right)}\right]\right]\right\}\right\}-
$$

$$
\frac{\pi}{2h_{\mathrm{D}}x_{\mathrm{eD}}}\left\{4\sum_{n=1}^{+\infty}\left\{\cos\left(\frac{\pi n z_{\mathrm{D}}}{h_{\mathrm{D}}}\right)\cos\left(\frac{\pi n z_{\mathrm{wD}}}{h_{\mathrm{D}}}\right)\left[4\sum_{k=1}^{+\infty}\cos\left(\pi k\frac{x_{\mathrm{D}}}{2x_{\mathrm{eD}}}\right)\cos\left(\pi k\frac{x_{\mathrm{wD}}}{2x_{\mathrm{eD}}}\right)\cdot\right.\right.
$$

$$
\left[\frac{\cosh\left(\varepsilon_{\gamma=1,nk(\alpha=2)}\left(2y_{\mathrm{eD}}-\left|y_{\mathrm{D1}}\right|\right)\right)+\cosh\left(\varepsilon_{\gamma=1,nk(\alpha=2)}\left(2y_{\mathrm{eD}}-\left|y_{\mathrm{D2}}\right|\right)\right)}{\varepsilon_{\gamma=1,nk(\alpha=2)}\sinh(y_{\mathrm{eD}}\varepsilon_{\gamma=1,nk(\alpha=2)})\cosh(y_{\mathrm{eD}}\varepsilon_{\gamma=1,nk(\alpha=2)})}-\right.
$$

$$
\left.\left.\left.\frac{\left[\cosh\left(\varepsilon_{\gamma=1,nk(\alpha=2)}\left(y_{\mathrm{eD}}-\left|y_{\mathrm{D1}}\right|\right)\right)+\cosh\left(\varepsilon_{\gamma=1,nk(\alpha=2)}\left(y_{\mathrm{eD}}-\left|y_{\mathrm{D2}}\right|\right)\right)\right]\cosh(y_{\mathrm{eD}}\varepsilon_{\gamma=1,nk(\alpha=2)})}{\varepsilon_{\gamma=1,nk(\alpha=2)}\sinh(y_{\mathrm{eD}}\varepsilon_{\gamma=1,nk(\alpha=2)})\cosh(y_{\mathrm{eD}}\varepsilon_{\gamma=1,nk(\alpha=2)})}\right]\right]\right\}\right\}+
$$

$$
\frac{\pi}{2h_{\mathrm{D}}x_{\mathrm{eD}}}\left\{4\sum_{n=1}^{+\infty}\left\{\cos\left(\frac{\pi n z_{\mathrm{D}}}{h_{\mathrm{D}}}\right)\cos\left(\frac{\pi n z_{\mathrm{wD}}}{h_{\mathrm{D}}}\right)\left[4\sum_{k=1}^{+\infty}\cos\left(\pi k\frac{x_{\mathrm{D}}}{x_{\mathrm{eD}}}\right)\cos\left(\pi k\frac{x_{\mathrm{wD}}}{x_{\mathrm{eD}}}\right)\cdot\right.\right.
$$

$$
\left[\frac{\cosh\left(\varepsilon_{\gamma=1,nk(\alpha=1)}\left(2y_{\mathrm{eD}}-\left|y_{\mathrm{D1}}\right|\right)\right)+\cosh\left(\varepsilon_{\gamma=1,nk(\alpha=1)}\left(2y_{\mathrm{eD}}-\left|y_{\mathrm{D2}}\right|\right)\right)}{\varepsilon_{\gamma=1,nk(\alpha=1)}\sinh(y_{\mathrm{eD}}\varepsilon_{\gamma=1,nk(\alpha=1)})\cosh(y_{\mathrm{eD}}\varepsilon_{\gamma=1,nk(\alpha=1)})}-\right.
$$

$$
\left.\left.\left.\frac{\left[\cosh\left(\varepsilon_{\gamma=1,nk(\alpha=1)}\left(y_{\mathrm{eD}}-\left|y_{\mathrm{D1}}\right|\right)\right)+\cosh\left(\varepsilon_{\gamma=1,nk(\alpha=1)}\left(y_{\mathrm{eD}}-\left|y_{\mathrm{D2}}\right|\right)\right)\right]\cosh(y_{\mathrm{eD}}\varepsilon_{\gamma=1,nk(\alpha=1)})}{\varepsilon_{\gamma=1,nk(\alpha=1)}\sinh(y_{\mathrm{eD}}\varepsilon_{\gamma=1,nk(\alpha=1)})\cosh(y_{\mathrm{eD}}\varepsilon_{\gamma=1,nk(\alpha=1)})}\right]\right]\right\}\right\}
$$

$$(1\text{–}347)$$

根据双曲函数的基本关系 $\cosh(x\pm y)=\cosh(x)\cosh(y)\pm\sinh(x)\sinh(y)$ ，有如下关系：

$$\left[\cosh\left(\varepsilon_{\gamma=2,nk(\alpha=2)}\left(y_{eD}-\left|y_{D1}\right|\right)\right)+\cosh\left(\varepsilon_{\gamma=2,nk(\alpha=2)}\left(y_{eD}-\left|y_{D2}\right|\right)\right)\right]\cosh\left(y_{eD}\varepsilon_{\gamma=2,nk(\alpha=2)}\right)$$
$$=\cosh\left(\varepsilon_{\gamma=2,nk(\alpha=2)}\left(2y_{eD}-\left|y_{D1}\right|\right)\right)-\sinh\left(y_{eD}\varepsilon_{\gamma=2,nk(\alpha=2)}\right)\sinh\left(\varepsilon_{\gamma=2,nk(\alpha=2)}\left(y_{eD}-\left|y_{D1}\right|\right)\right)+ \qquad (1\text{-}348)$$
$$\cosh\left(\varepsilon_{\gamma=2,nk(\alpha=2)}\left(2y_{eD}-\left|y_{D2}\right|\right)\right)-\sinh\left(y_{eD}\varepsilon_{\gamma=2,nk(\alpha=2)}\right)\sinh\left(\varepsilon_{\gamma=2,nk(\alpha=2)}\left(y_{eD}-\left|y_{D2}\right|\right)\right)$$

$$\left[\cosh\left(\varepsilon_{\gamma=2,nk(\alpha=1)}\left(y_{eD}-\left|y_{D1}\right|\right)\right)+\cosh\left(\varepsilon_{\gamma=2,nk(\alpha=1)}\left(y_{eD}-\left|y_{D2}\right|\right)\right)\right]\cosh\left(y_{eD}\varepsilon_{\gamma=2,nk(\alpha=1)}\right)$$
$$=\cosh\left(\varepsilon_{\gamma=2,nk(\alpha=1)}\left(2y_{eD}-\left|y_{D1}\right|\right)\right)-\sinh\left(y_{eD}\varepsilon_{\gamma=2,nk(\alpha=1)}\right)\sinh\left(\varepsilon_{\gamma=2,nk(\alpha=1)}\left(y_{eD}-\left|y_{D1}\right|\right)\right)+ \qquad (1\text{-}349)$$
$$\cosh\left(\varepsilon_{\gamma=2,nk(\alpha=1)}\left(2y_{eD}-\left|y_{D2}\right|\right)\right)-\sinh\left(y_{eD}\varepsilon_{\gamma=2,nk(\alpha=1)}\right)\sinh\left(\varepsilon_{\gamma=2,nk(\alpha=1)}\left(y_{eD}-\left|y_{D2}\right|\right)\right)$$

$$\left[\cosh\left(\varepsilon_{\gamma=1,nk(\alpha=2)}\left(y_{eD}-\left|y_{D1}\right|\right)\right)+\cosh\left(\varepsilon_{\gamma=1,nk(\alpha=2)}\left(y_{eD}-\left|y_{D2}\right|\right)\right)\right]\cosh\left(y_{eD}\varepsilon_{\gamma=1,nk(\alpha=2)}\right)$$
$$=\cosh\left(\varepsilon_{\gamma=1,nk(\alpha=2)}\left(2y_{eD}-\left|y_{D1}\right|\right)\right)-\sinh\left(y_{eD}\varepsilon_{\gamma=1,nk(\alpha=2)}\right)\sinh\left(\varepsilon_{\gamma=1,nk(\alpha=2)}\left(y_{eD}-\left|y_{D1}\right|\right)\right)+ \qquad (1\text{-}350)$$
$$\cosh\left(\varepsilon_{\gamma=1,nk(\alpha=2)}\left(2y_{eD}-\left|y_{D2}\right|\right)\right)-\sinh\left(y_{eD}\varepsilon_{\gamma=1,nk(\alpha=2)}\right)\sinh\left(\varepsilon_{\gamma=1,nk(\alpha=2)}\left(y_{eD}-\left|y_{D2}\right|\right)\right)$$

$$\left[\cosh\left(\varepsilon_{\gamma=1,nk(\alpha=1)}\left(y_{eD}-\left|y_{D1}\right|\right)\right)+\cosh\left(\varepsilon_{\gamma=1,nk(\alpha=1)}\left(y_{eD}-\left|y_{D2}\right|\right)\right)\right]\cosh\left(y_{eD}\varepsilon_{\gamma=1,nk(\alpha=1)}\right)$$
$$=\cosh\left(\varepsilon_{\gamma=1,nk(\alpha=1)}\left(2y_{eD}-\left|y_{D1}\right|\right)\right)-\sinh\left(y_{eD}\varepsilon_{\gamma=1,nk(\alpha=1)}\right)\sinh\left(\varepsilon_{\gamma=1,nk(\alpha=1)}\left(y_{eD}-\left|y_{D1}\right|\right)\right)+ \qquad (1\text{-}351)$$
$$\cosh\left(\varepsilon_{\gamma=1,nk(\alpha=1)}\left(2y_{eD}-\left|y_{D2}\right|\right)\right)-\sinh\left(y_{eD}\varepsilon_{\gamma=1,nk(\alpha=1)}\right)\sinh\left(\varepsilon_{\gamma=1,nk(\alpha=1)}\left(y_{eD}-\left|y_{D2}\right|\right)\right)$$

将式（1-348）～式（1-351）代入式（1-347）可得

$$TS=(-1)^k(-1)^m(-1)^n\left(TS_{(1,1,1)}+TS_{(2,1,1)}+TS_{(1,2,1)}+TS_{(2,2,1)}+TS_{(1,1,2)}+TS_{(2,1,2)}+TS_{(1,2,2)}+TS_{(2,2,2)}\right)$$

$$=\frac{\pi}{2h_D x_{eD}}4\sum_{n=1}^{+\infty}\cos\left(\frac{\pi n z_D}{2h_D}\right)\cos\left(\frac{\pi n z_{wD}}{2h_D}\right)\left\{4\sum_{k=1}^{+\infty}\cos\left(\pi k\frac{x_D}{2x_{eD}}\right)\cos\left(\pi k\frac{x_{wD}}{2x_{eD}}\right)\cdot\right.$$
$$\left.\left[\frac{\sinh\left(\varepsilon_{\gamma=2,nk(\alpha=2)}\left(y_{eD}-\left|y_{D1}\right|\right)\right)+\sinh\left(\varepsilon_{\gamma=2,nk(\alpha=2)}\left(y_{eD}-\left|y_{D2}\right|\right)\right)}{\varepsilon_{\gamma=2,nk(\alpha=2)}\cosh\left(y_{eD}\varepsilon_{\gamma=2,nk(\alpha=2)}\right)}\right]\right\}-$$

$$\frac{\pi}{2h_D x_{eD}}4\sum_{n=1}^{+\infty}\cos\left(\frac{\pi n z_D}{2h_D}\right)\cos\left(\frac{\pi n z_{wD}}{2h_D}\right)\left\{4\sum_{k=1}^{+\infty}\cos\left(\pi k\frac{x_D}{x_{eD}}\right)\cos\left(\pi k\frac{x_{wD}}{x_{eD}}\right)\cdot\right.$$
$$\left.\left[\frac{\sinh\left(\varepsilon_{\gamma=2,nk(\alpha=1)}\left(y_{eD}-\left|y_{D1}\right|\right)\right)+\sinh\left(\varepsilon_{\gamma=2,nk(\alpha=1)}\left(y_{eD}-\left|y_{D2}\right|\right)\right)}{\varepsilon_{\gamma=2,nk(\alpha=1)}\cosh\left(y_{eD}\varepsilon_{\gamma=2,nk(\alpha=1)}\right)}\right]\right\}-$$

$$\frac{\pi}{2h_D x_{eD}}4\sum_{n=1}^{+\infty}\cos\left(\frac{\pi n z_D}{h_D}\right)\cos\left(\frac{\pi n z_{wD}}{h_D}\right)\left\{4\sum_{k=1}^{+\infty}\cos\left(\pi k\frac{x_D}{2x_{eD}}\right)\cos\left(\pi k\frac{x_{wD}}{2x_{eD}}\right)\cdot\right.$$
$$\left.\left[\frac{\sinh\left(\varepsilon_{\gamma=1,nk(\alpha=2)}\left(y_{eD}-\left|y_{D1}\right|\right)\right)+\sinh\left(\varepsilon_{\gamma=1,nk(\alpha=2)}\left(2y_{eD}-\left|y_{D2}\right|\right)\right)}{\varepsilon_{\gamma=1,nk(\alpha=2)}\cosh(y_{eD}\varepsilon_{\gamma=1,nk(\alpha=2)})}\right]\right\}+$$

$$\frac{\pi}{2h_D x_{eD}} 4 \sum_{n=1}^{+\infty} \cos\left(\frac{\pi n z_D}{h_D}\right) \cos\left(\frac{\pi n z_{wD}}{h_D}\right) \left\{ 4 \sum_{k=1}^{+\infty} \cos\left(\pi k \frac{x_D}{x_{eD}}\right) \cos\left(\pi k \frac{x_{wD}}{x_{eD}}\right) \cdot \right.$$

$$\left. \left[\frac{\sinh\left(\varepsilon_{\gamma=1,nk(\alpha=1)}\left(y_{eD}-|y_{D1}|\right)\right)+\sinh\left(\varepsilon_{\gamma=1,nk(\alpha=1)}\left(y_{eD}-|y_{D2}|\right)\right)}{\varepsilon_{\gamma=1,nk(\alpha=1)}\cosh(y_{eD}\varepsilon_{\gamma=1,nk(\alpha=1)})} \right] \right\}$$

（1–352）

因此，有

$$\mathrm{TS}=(-1)^k (-1)^m (-1)^n \left(\mathrm{TS}_{(1,1,1)} + \mathrm{TS}_{(2,1,1)} + \mathrm{TS}_{(1,2,1)} + \mathrm{TS}_{(2,2,1)} + \mathrm{TS}_{(1,1,2)} + \mathrm{TS}_{(2,1,2)} + \mathrm{TS}_{(1,2,2)} + \mathrm{TS}_{(2,2,2)} \right)$$

$$= \frac{\pi}{2h_D x_{eD}} 4 \sum_{n=1}^{+\infty} \cos\left(\frac{\pi n z_D}{2h_D}\right) \cos\left(\frac{\pi n z_{wD}}{2h_D}\right) \left\{ 4 \sum_{k=1}^{+\infty} \cos\left(\pi k \frac{x_D}{2x_{eD}}\right) \cos\left(\pi k \frac{x_{wD}}{2x_{eD}}\right) \cdot \right.$$

$$\left. \underbrace{\left[\frac{\sinh\left(\varepsilon_{\gamma=2,nk(\alpha=2)}\left(y_{eD}-|y_{D1}|\right)\right)+\sinh\left(\varepsilon_{\gamma=2,nk(\alpha=2)}\left(y_{eD}-|y_{D2}|\right)\right)}{\varepsilon_{\gamma=2,nk(\alpha=2)}\cosh\left(y_{eD}\varepsilon_{\gamma=2,nk(\alpha=2)}\right)} \right] \right\}}_{\text{第一项}} -$$

$$\underbrace{\frac{\pi}{2h_D x_{eD}} 4 \sum_{n=1}^{+\infty} \cos\left(\frac{\pi n z_D}{h_D}\right) \cos\left(\frac{\pi n z_{wD}}{h_D}\right) \left\{ 4 \sum_{k=1}^{+\infty} \cos\left(\pi k \frac{x_D}{2x_{eD}}\right) \cos\left(\pi k \frac{x_{wD}}{2x_{eD}}\right) \cdot \left[\frac{\sinh\left(\varepsilon_{\gamma=1,nk(\alpha=2)}\left(y_{eD}-|y_{D1}|\right)\right)+\sinh\left(\varepsilon_{\gamma=1,nk(\alpha=2)}\left(2y_{eD}-|y_{D2}|\right)\right)}{\varepsilon_{\gamma=1,nk(\alpha=2)}\cosh(y_{eD}\varepsilon_{\gamma=1,nk(\alpha=2)})} \right] \right\}}_{\text{第二项}} -$$

$$\underbrace{\frac{\pi}{2h_D x_{eD}} 4 \sum_{n=1}^{+\infty} \cos\left(\frac{\pi n z_D}{2h_D}\right) \cos\left(\frac{\pi n z_{wD}}{2h_D}\right) \left\{ 4 \sum_{k=1}^{+\infty} \cos\left(\pi k \frac{x_D}{x_{eD}}\right) \cos\left(\pi k \frac{x_{wD}}{x_{eD}}\right) \cdot \left[\frac{\sinh\left(\varepsilon_{\gamma=2,nk(\alpha=1)}\left(y_{eD}-|y_{D1}|\right)\right)+\sinh\left(\varepsilon_{\gamma=2,nk(\alpha=1)}\left(y_{eD}-|y_{D2}|\right)\right)}{\varepsilon_{\gamma=2,nk(\alpha=1)}\cosh\left(y_{eD}\varepsilon_{\gamma=2,nk(\alpha=1)}\right)} \right] \right\}}_{\text{第三项}} +$$

$$\underbrace{\frac{\pi}{2h_D x_{eD}} 4 \sum_{n=1}^{+\infty} \cos\left(\frac{\pi n z_D}{h_D}\right) \cos\left(\frac{\pi n z_{wD}}{h_D}\right) \left\{ 4 \sum_{k=1}^{+\infty} \cos\left(\pi k \frac{x_D}{x_{eD}}\right) \cos\left(\pi k \frac{x_{wD}}{x_{eD}}\right) \cdot \left[\frac{\sinh\left(\varepsilon_{\gamma=1,nk(\alpha=1)}\left(y_{eD}-|y_{D1}|\right)\right)+\sinh\left(\varepsilon_{\gamma=1,nk(\alpha=1)}\left(y_{eD}-|y_{D2}|\right)\right)}{\varepsilon_{\gamma=1,nk(\alpha=1)}\cosh(y_{eD}\varepsilon_{\gamma=1,nk(\alpha=1)})} \right] \right\}}_{\text{第四项}}$$

（1–353）

式（1–353）的第一项中 $\cos\left(\frac{\pi n z_D}{2h_D}\right) \cos\left(\frac{\pi n z_{wD}}{2h_D}\right)$ 和第二项中 $\cos\left(\frac{\pi n z_D}{h_D}\right) \cos\left(\frac{\pi n z_{wD}}{h_D}\right)$，当 n 为偶数时，第一项与第二项抵消，只剩余 n 为奇数的部分，第三项与第四项亦是如此。因此，有

$$\text{TS}=(-1)^k(-1)^m(-1)^n\left(\text{TS}_{(1,1,1)}+\text{TS}_{(2,1,1)}+\text{TS}_{(1,2,1)}+\text{TS}_{(2,2,1)}+\text{TS}_{(1,1,2)}+\text{TS}_{(2,1,2)}+\text{TS}_{(1,2,2)}+\text{TS}_{(2,2,2)}\right)$$

$$=\frac{\pi}{2h_\text{D}x_\text{eD}}4\sum_{n=1}^{+\infty}\cos\left[(2n-1)\frac{\pi z_\text{D}}{2h_\text{D}}\right]\cos\left[(2n-1)\frac{\pi z_\text{wD}}{2h_\text{D}}\right]\left\{4\sum_{k=1}^{+\infty}\cos\left(\pi k\frac{x_\text{D}}{2x_\text{eD}}\right)\cos\left(\pi k\frac{x_\text{wD}}{2x_\text{eD}}\right)\cdot\right.$$

$$\underbrace{\left.\frac{\sinh\left[\varepsilon_{\gamma=2,n=2n-1,k(\alpha=2)}\left(y_\text{eD}-\left|y_\text{D1}\right|\right)\right]+\sinh\left[\varepsilon_{\gamma=2,n=2n-1,k(\alpha=2)}\left(y_\text{eD}-\left|y_\text{D2}\right|\right)\right]}{\varepsilon_{\gamma=2,n=2n-1,k(\alpha=2)}\cosh\left(y_\text{eD}\varepsilon_{\gamma=2,n=2n-1,k(\alpha=2)}\right)}\right\}}_{\text{第一项}}-$$

$$\frac{\pi}{2h_\text{D}x_\text{eD}}4\sum_{n=1}^{+\infty}\cos\left[(2n-1)\frac{\pi z_\text{D}}{2h_\text{D}}\right]\cos\left[(2n-1)\frac{\pi z_\text{wD}}{2h_\text{D}}\right]\left\{4\sum_{k=1}^{+\infty}\cos\left(\pi k\frac{x_\text{D}}{x_\text{eD}}\right)\cos\left(\pi k\frac{x_\text{wD}}{x_\text{eD}}\right)\cdot\right.$$

$$\underbrace{\left.\frac{\sinh\left[\varepsilon_{\gamma=2,n=2n-1,k(\alpha=1)}\left(y_\text{eD}-\left|y_\text{D1}\right|\right)\right]+\sinh\left[\varepsilon_{\gamma=2,n=2n-1,k(\alpha=1)}\left(y_\text{eD}-\left|y_\text{D2}\right|\right)\right]}{\varepsilon_{\gamma=2,n=2n-1,k(\alpha=1)}\cosh\left(y_\text{eD}\varepsilon_{\gamma=2,n=2n-1,k(\alpha=1)}\right)}\right\}}_{\text{第二项}}$$

$$（1-354）$$

式（1-354）的第一项中 $\cos\left(\pi k\dfrac{x_\text{D}}{2x_\text{eD}}\right)\cos\left(\pi k\dfrac{x_\text{wD}}{2x_\text{eD}}\right)$ 和第二项中 $\cos\left(\pi k\dfrac{x_\text{D}}{x_\text{eD}}\right)\cos\left(\pi k\dfrac{x_\text{wD}}{x_\text{eD}}\right)$，

当 k 为偶数时，第一项与第二项抵消，只剩余 k 为奇数的部分，第三项与第四项亦是如此。因此，有

$$\text{TS}=(-1)^k(-1)^m(-1)^n\left(\text{TS}_{(1,1,1)}+\text{TS}_{(2,1,1)}+\text{TS}_{(1,2,1)}+\text{TS}_{(2,2,1)}+\text{TS}_{(1,1,2)}+\text{TS}_{(2,1,2)}+\text{TS}_{(1,2,2)}+\text{TS}_{(2,2,2)}\right)$$

$$=\frac{\pi}{2h_\text{D}x_\text{eD}}4\sum_{n=1}^{+\infty}\cos\left[(2n-1)\frac{\pi z_\text{D}}{2h_\text{D}}\right]\cos\left[(2n-1)\frac{\pi z_\text{wD}}{2h_\text{D}}\right]\left\{4\sum_{k=1}^{+\infty}\cos\left[(2k-1)\frac{\pi x_\text{D}}{2x_\text{eD}}\right]\cos\left[(2k-1)\frac{\pi x_\text{wD}}{2x_\text{eD}}\right]\cdot\right.$$

$$\left.\frac{\sinh\left[\varepsilon_{\gamma=2,n=2n-1,k=2k-1(\alpha=2)}\left(y_\text{eD}-\left|y_\text{D1}\right|\right)\right]+\sinh\left[\varepsilon_{\gamma=2,n=2n-1,k=2k-1(\alpha=2)}\left(y_\text{eD}-\left|y_\text{D2}\right|\right)\right]}{\varepsilon_{\gamma=2,n=2n-1,k=2k-1(\alpha=2)}\cosh\left(y_\text{eD}\varepsilon_{\gamma=2,n=2n-1,k=2k-1(\alpha=2)}\right)}\right\}$$

$$（1-355）$$

将式（1-355）代入式（1-345），可得顶定压底封闭 x、y 正方向定压 x、y 负方向封闭盒状储层点源函数模型的点源解：

$$\Delta\bar{p}=A\sum_{n=1}^{+\infty}B\sum_{k=1}^{+\infty}\cos\left[(2k-1)\frac{\pi x_\text{D}}{2x_\text{eD}}\right]\cos\left[(2k-1)\frac{\pi x_\text{wD}}{2x_\text{eD}}\right]\cdot$$

$$\frac{\sinh\left[\varepsilon_{\gamma=2,n=2n-1,k=2k-1(\alpha=2)}\left(y_\text{eD}-\left|y_\text{D1}\right|\right)\right]+\sinh\left[\varepsilon_{\gamma=2,n=2n-1,k=2k-1(\alpha=2)}\left(y_\text{eD}-\left|y_\text{D2}\right|\right)\right]}{\varepsilon_{\gamma=2,n=2n-1,k=2k-1(\alpha=2)}\cosh\left(y_\text{eD}\varepsilon_{\gamma=2,n=2n-1,k=2k-1(\alpha=2)}\right)}$$

$$（1-356）$$

其中：$A=\dfrac{2\tilde{q}\mu}{kh_\text{D}x_\text{eD}L_\text{ref}s}$，$B=\cos\left[(2n-1)\dfrac{\pi z_\text{D}}{2h_\text{D}}\right]\cos\left[(2n-1)\dfrac{\pi z_\text{wD}}{2h_\text{D}}\right]$，$\varepsilon_{\gamma=2,n=2n-1,k=2k-1(\alpha=2)}=\sqrt{u+\dfrac{(2n-1)^2\pi^2}{4h_\text{D}^2}+\sqrt{\dfrac{(2k-1)^2\pi^2}{4x_\text{eD}^2}}}$。

1.5.17 顶定压底封闭 x 负方向、y 方向封闭 x 正方向定压盒状储层点源函数模型

图 1-29 给出了顶定压底封闭 x 负方向、y 方向封闭 x 正方向定压盒状储层点源叠加过程的示意图，因为储层顶定压底封闭，因此在 z 方向上镜像井均为异号井。图 1-29 左边反映了在 xy 平面上镜像井与实际井的分布情况，红点为实际井的位置，其他均为镜像井，图 1-29 左边也展示了镜像井在 x 方向、y 方向的位置分布规律，在 y 方向以封闭边界出现，在 x 方向以定压边界和封闭边界交替出现。图 1-29 中绿色虚线框即为实际井沿 x 方向、y 方向与边界的基本镜像单元的分布情况。根据镜像井位置的分布规律也可以看出，绿色虚线框中的镜像井与实际井压降构成了一个基本的求解单元。图 1-29 右边描述了在 z 方向实际井与镜像井之间的镜像关系，红色的虚线框也标记了 z 方向上实际井与镜像井位置的分布规律，同时红色的虚线框中的镜像井与实际井压降也构成了 z 方向上的一个基本求解单元。井的性质在平面镜像单元沿 z 方向交替出现。

由 1.5.1 节的求解过程可以看出，在三个方向的双向无穷级数叠加过程中，通过 Poisson 求和公式其可以化简为 8 个独立的部分，即式（1-254）表示的 8 个部分，但需要注意的是，这 8 个独立的部分与前面 1.5.1 节～1.5.5 节有所不同，TS 不是这 8 个部分的简单相加，即不能直接采用式（1-194）进行化简。为了不失一般性，采用式（1-181）～式（1-188）表示这 8 个部分，其中 α、β 和 γ 的取值与 TS 各个部分的表达式和井在 x、y、z 三个方向是否交替出现的性质有关。根据上述分析以及图 1-29 中独立求解单元中 8 个部分的表示形式，可得顶定压底封闭 x 负方向、y 方向封闭 x 正方向定压盒状储层点源叠加的模型：

$$\Delta \overline{p} = \frac{\tilde{q}\mu}{4\pi k L_{\text{ref}} s}(-1)^k(-1)^n\left(\text{TS}_{(1,1,1)} + \text{TS}_{(2,1,1)} + \text{TS}_{(1,2,1)} + \text{TS}_{(2,2,1)} + \text{TS}_{(1,1,2)} + \text{TS}_{(2,1,2)} + \text{TS}_{(1,2,2)} + \text{TS}_{(2,2,2)}\right) \quad (1-357)$$

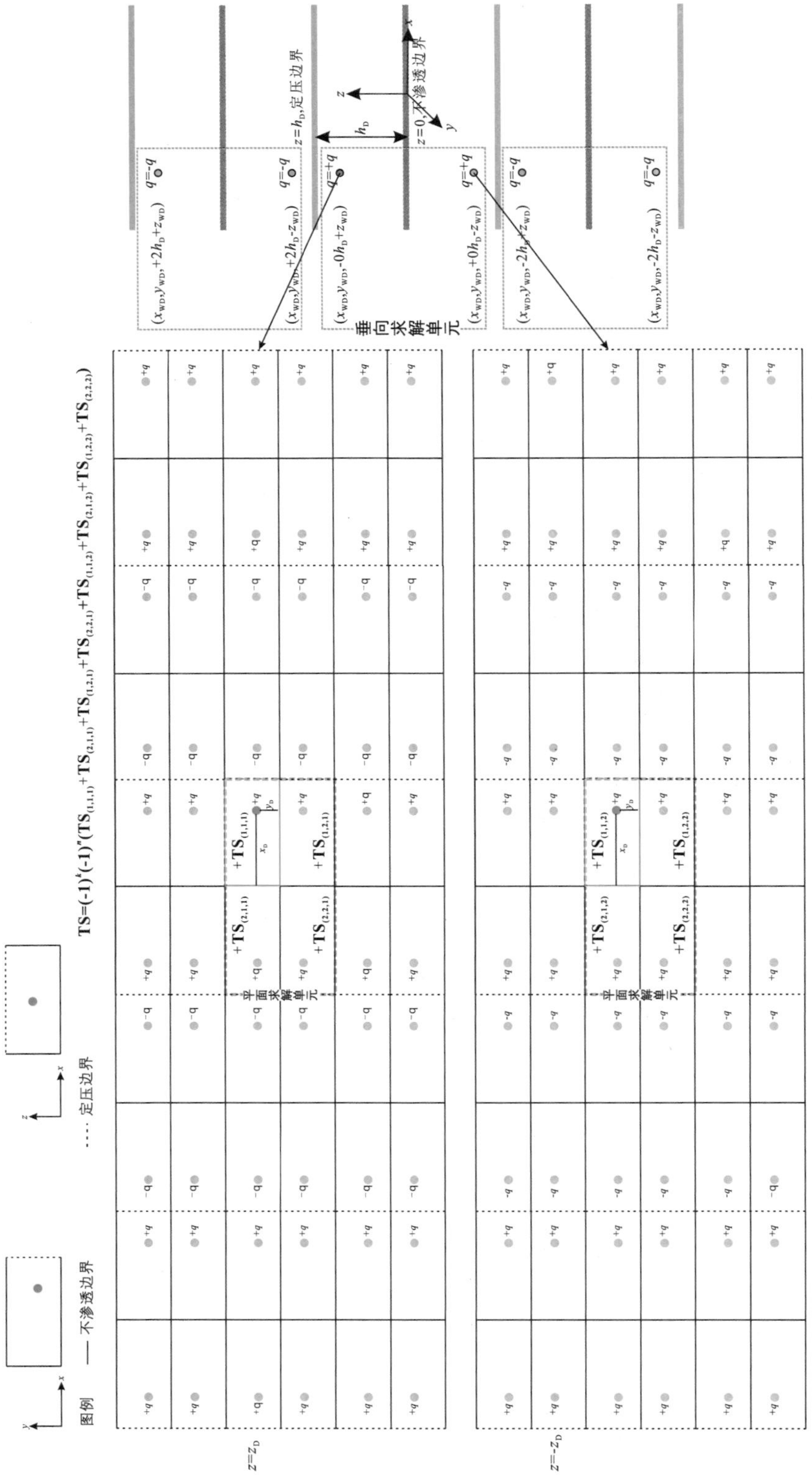

图1-29 顶定压底封闭 x 负方向、y 方向封闭 x 正方向定压盒状储层点源叠加示意图

化简式（1-357）中的 TS 表达式的部分可得

$$
\begin{aligned}
\mathrm{TS} =& (-1)^k (-1)^n \left(\mathrm{TS}_{(1,1,1)} + \mathrm{TS}_{(2,1,1)} + \mathrm{TS}_{(1,2,1)} + \mathrm{TS}_{(2,2,1)} + \mathrm{TS}_{(1,1,2)} + \mathrm{TS}_{(2,1,2)} + \mathrm{TS}_{(1,2,2)} + \mathrm{TS}_{(2,2,2)} \right) \\
=& (-1)^n \left[2\left(\mathrm{TS}_{(1,1,1)} + \mathrm{TS}_{(2,1,1)} + \mathrm{TS}_{(1,2,1)} + \mathrm{TS}_{(2,2,1)} + \mathrm{TS}_{(1,1,2)} + \mathrm{TS}_{(2,1,2)} + \mathrm{TS}_{(1,2,2)} + \mathrm{TS}_{(2,2,2)} \right)_{\alpha=2,\beta=1,\gamma=1} - \right. \\
& \left. \left(\mathrm{TS}_{(1,1,1)} + \mathrm{TS}_{(2,1,1)} + \mathrm{TS}_{(1,2,1)} + \mathrm{TS}_{(2,2,1)} + \mathrm{TS}_{(1,1,2)} + \mathrm{TS}_{(2,1,2)} + \mathrm{TS}_{(1,2,2)} + \mathrm{TS}_{(2,2,2)} \right)_{\alpha=1,\beta=1,\gamma=1} \right] \\
=& 4\left(\mathrm{TS}_{(1,1,1)} + \mathrm{TS}_{(2,1,1)} + \mathrm{TS}_{(1,2,1)} + \mathrm{TS}_{(2,2,1)} + \mathrm{TS}_{(1,1,2)} + \mathrm{TS}_{(2,1,2)} + \mathrm{TS}_{(1,2,2)} + \mathrm{TS}_{(2,2,2)} \right)_{\alpha=2,\beta=1,\gamma=2} - \\
& 2\left(\mathrm{TS}_{(1,1,1)} + \mathrm{TS}_{(2,1,1)} + \mathrm{TS}_{(1,2,1)} + \mathrm{TS}_{(2,2,1)} + \mathrm{TS}_{(1,1,2)} + \mathrm{TS}_{(2,1,2)} + \mathrm{TS}_{(1,2,2)} + \mathrm{TS}_{(2,2,2)} \right)_{\alpha=1,\beta=1,\gamma=2} - \\
& 2\left(\mathrm{TS}_{(1,1,1)} + \mathrm{TS}_{(2,1,1)} + \mathrm{TS}_{(1,2,1)} + \mathrm{TS}_{(2,2,1)} + \mathrm{TS}_{(1,1,2)} + \mathrm{TS}_{(2,1,2)} + \mathrm{TS}_{(1,2,2)} + \mathrm{TS}_{(2,2,2)} \right)_{\alpha=2,\beta=1,\gamma=1} + \\
& \left(\mathrm{TS}_{(1,1,1)} + \mathrm{TS}_{(2,1,1)} + \mathrm{TS}_{(1,2,1)} + \mathrm{TS}_{(2,2,1)} + \mathrm{TS}_{(1,1,2)} + \mathrm{TS}_{(2,1,2)} + \mathrm{TS}_{(1,2,2)} + \mathrm{TS}_{(2,2,2)} \right)_{\alpha=1,\beta=1,\gamma=1}
\end{aligned}
\tag{1-358}
$$

将式（1-331）代入式（1-358）化简可得

$$
\mathrm{TS} = (-1)^k (-1)^n \left(\mathrm{TS}_{(1,1,1)} + \mathrm{TS}_{(2,1,1)} + \mathrm{TS}_{(1,2,1)} + \mathrm{TS}_{(2,2,1)} + \mathrm{TS}_{(1,1,2)} + \mathrm{TS}_{(2,1,2)} + \mathrm{TS}_{(1,2,2)} + \mathrm{TS}_{(2,2,2)} \right)
$$

$$
= \frac{\pi}{2h_\mathrm{D} x_\mathrm{eD}} \left\{ 4\sum_{n=1}^{+\infty} \left\{ \cos\left(\frac{\pi n z_\mathrm{D}}{2h_\mathrm{D}} \right) \cos\left(\frac{\pi n z_\mathrm{wD}}{2h_\mathrm{D}} \right) \left[4\sum_{k=1}^{+\infty} \cos\left(\pi k \frac{x_\mathrm{D}}{2x_\mathrm{eD}} \right) \cos\left(\pi k \frac{x_\mathrm{wD}}{2x_\mathrm{eD}} \right) \cdot \right.\right.\right.
$$

$$
\left.\left.\left. \frac{\cosh\left(\varepsilon_{\gamma=2,nk(\alpha=2)} \left(y_\mathrm{eD} - |y_\mathrm{D1}| \right) \right) + \cosh\left(\varepsilon_{\gamma=2,nk(\alpha=2)} \left(y_\mathrm{eD} - |y_\mathrm{D2}| \right) \right)}{\varepsilon_{\gamma=2,nk(\alpha=2)} \sinh(y_\mathrm{eD} \varepsilon_{\gamma=2,nk(\alpha=2)})} \right] \right\} \right\} -
$$

$$
\frac{\pi}{2h_\mathrm{D} x_\mathrm{eD}} \left\{ 4\sum_{n=1}^{+\infty} \left\{ \cos\left(\frac{\pi n z_\mathrm{D}}{2h_\mathrm{D}} \right) \cos\left(\frac{\pi n z_\mathrm{wD}}{2h_\mathrm{D}} \right) \left[4\sum_{k=1}^{+\infty} \cos\left(\pi k \frac{x_\mathrm{D}}{x_\mathrm{eD}} \right) \cos\left(\pi k \frac{x_\mathrm{wD}}{x_\mathrm{eD}} \right) \cdot \right.\right.\right.
$$

$$
\left.\left.\left. \frac{\cosh\left(\varepsilon_{\gamma=2,nk(\alpha=1)} \left(y_\mathrm{eD} - |y_\mathrm{D1}| \right) \right) + \cosh\left(\varepsilon_{\gamma=2,nk(\alpha=1)} \left(y_\mathrm{eD} - |y_\mathrm{D2}| \right) \right)}{\varepsilon_{\gamma=2,nk(\alpha=1)} \sinh(y_\mathrm{eD} \varepsilon_{\gamma=2,nk(\alpha=1)})} \right] \right\} \right\} -
$$

$$
\frac{\pi}{2h_\mathrm{D} x_\mathrm{eD}} \left\{ 4\sum_{n=1}^{+\infty} \left\{ \cos\left(\frac{\pi n z_\mathrm{D}}{h_\mathrm{D}} \right) \cos\left(\frac{\pi n z_\mathrm{wD}}{h_\mathrm{D}} \right) \left[4\sum_{k=1}^{+\infty} \cos\left(\pi k \frac{x_\mathrm{D}}{2x_\mathrm{eD}} \right) \cos\left(\pi k \frac{x_\mathrm{wD}}{2x_\mathrm{eD}} \right) \cdot \right.\right.\right.
$$

$$
\left.\left.\left. \frac{\cosh\left(\varepsilon_{\gamma=1,nk(\alpha=2)} \left(y_\mathrm{eD} - |y_\mathrm{D1}| \right) \right) + \cosh\left(\varepsilon_{\gamma=1,nk(\alpha=2)} \left(y_\mathrm{eD} - |y_\mathrm{D2}| \right) \right)}{\varepsilon_{\gamma=1,nk(\alpha=2)} \sinh(y_\mathrm{eD} \varepsilon_{\gamma=1,nk(\alpha=2)})} \right] \right\} \right\} +
$$

$$
\frac{\pi}{2h_\mathrm{D} x_\mathrm{eD}} \left\{ 4\sum_{n=1}^{+\infty} \left\{ \cos\left(\frac{\pi n z_\mathrm{D}}{h_\mathrm{D}} \right) \cos\left(\frac{\pi n z_\mathrm{wD}}{h_\mathrm{D}} \right) \left[4\sum_{k=1}^{+\infty} \cos\left(\pi k \frac{x_\mathrm{D}}{x_\mathrm{eD}} \right) \cos\left(\pi k \frac{x_\mathrm{wD}}{x_\mathrm{eD}} \right) \cdot \right.\right.\right.
$$

$$
\left.\left.\left. \frac{\cosh\left(\varepsilon_{\gamma=1,nk(\alpha=1)} \left(y_\mathrm{eD} - |y_\mathrm{D1}| \right) \right) + \cosh\left(\varepsilon_{\gamma=1,nk(\alpha=1)} \left(y_\mathrm{eD} - |y_\mathrm{D2}| \right) \right)}{\varepsilon_{\gamma=1,nk(\alpha=1)} \sinh(y_\mathrm{eD} \varepsilon_{\gamma=1,nk(\alpha=1)})} \right] \right\} \right\}
$$

上式 k 为偶数的项前后抵消，只剩余 k 为奇数的项。因此，有

$$TS = (-1)^k (-1)^n \left(TS_{(1,1,1)} + TS_{(2,1,1)} + TS_{(1,2,1)} + TS_{(2,2,1)} + TS_{(1,1,2)} + TS_{(2,1,2)} + TS_{(1,2,2)} + TS_{(2,2,2)} \right)$$

$$= \frac{\pi}{2h_D x_{eD}} 4 \sum_{n=1}^{+\infty} \cos\left(\frac{\pi n z_D}{2h_D}\right) \cos\left(\frac{\pi n z_{wD}}{2h_D}\right) \left\{ 4 \sum_{k=1}^{+\infty} \cos\left[\pi(2k-1)\frac{x_D}{2x_{eD}}\right] \cos\left[\pi(2k-1)\frac{x_{wD}}{2x_{eD}}\right] \cdot \right.$$

$$\frac{\cosh\left[\varepsilon_{\gamma=2,nk=2k-1(\alpha=2)}\left(y_{eD} - |y_{D1}|\right)\right] + \cosh\left[\varepsilon_{\gamma=2,nk=2k-1(\alpha=2)}\left(y_{eD} - |y_{D2}|\right)\right]}{\varepsilon_{\gamma=2,nk=2k-1(\alpha=2)} \sinh(y_{eD}\varepsilon_{\gamma=2,nk=2k-1(\alpha=2)})} \right\} -$$

$$\frac{\pi}{2h_D x_{eD}} 4 \sum_{n=1}^{+\infty} \cos\left(\frac{\pi n z_D}{h_D}\right) \cos\left(\frac{\pi n z_{wD}}{h_D}\right) \left\{ 4 \sum_{k=1}^{+\infty} \cos\left[\pi(2k-1)\frac{x_D}{2x_{eD}}\right] \cos\left[\pi(2k-1)\frac{x_{wD}}{2x_{eD}}\right] \cdot \right.$$

$$\left. \frac{\cosh\left[\varepsilon_{\gamma=1,nk=2k-1(\alpha=2)}\left(y_{eD} - |y_{D1}|\right)\right] + \cosh\left[\varepsilon_{\gamma=1,nk=2k-1(\alpha=2)}\left(y_{eD} - |y_{D2}|\right)\right]}{\varepsilon_{\gamma=1,nk=2k-1(\alpha=2)} \sinh(y_{eD}\varepsilon_{\gamma=1,nk=2k-1(\alpha=2)})} \right\}$$

上式 n 为偶数的项前后抵消，只剩余 n 为奇数的项。因此，有

$$TS = (-1)^k (-1)^n \left(TS_{(1,1,1)} + TS_{(2,1,1)} + TS_{(1,2,1)} + TS_{(2,2,1)} + TS_{(1,1,2)} + TS_{(2,1,2)} + TS_{(1,2,2)} + TS_{(2,2,2)} \right)$$

$$= \frac{\pi}{2h_D x_{eD}} 4 \sum_{n=1}^{+\infty} B \left\{ 4 \sum_{k=1}^{+\infty} C \frac{\cosh\left[\varepsilon_{\gamma=2,n=2n-1,k=2k-1(\alpha=2)}\left(y_{eD} - |y_{D1}|\right)\right] + \cosh\left[\varepsilon_{\gamma=2,n=2n-1,k=2k-1(\alpha=2)}\left(y_{eD} - |y_{D2}|\right)\right]}{\varepsilon_{\gamma=2,n=2n-1,k=2k-1(\alpha=2)} \sinh(y_{eD}\varepsilon_{\gamma=2,n=2n-1,k=2k-1(\alpha=2)})} \right\}$$

$$(1-359)$$

其中：$B = \cos\left[(2n-1)\frac{\pi z_D}{2h_D}\right] \cos\left[(2n-1)\frac{\pi z_{wD}}{2h_D}\right]$，$C = \cos\left[\pi(2k-1)\frac{x_D}{2x_{eD}}\right]$，$\cos\left[\pi(2k-1)\frac{x_{wD}}{2x_{eD}}\right]$。

将式（1-359）代入式（1-357）可得顶定压底封闭 x 负方向、y 方向封闭 x 正方向定压盒状储层点源函数模型的点源解：

$$\Delta \bar{p} = \frac{2\tilde{q}\mu}{kh_D x_{eD} L_{ref} s}$$

$$\frac{\sum_{n=1}^{+\infty} B \left\{ \sum_{k=1}^{+\infty} C \cosh\left[\varepsilon_{\gamma=2,n=2n-1,k=2k-1(\alpha=2)}\left(y_{eD} - |y_{D1}|\right)\right] + \cosh\left[\varepsilon_{\gamma=2,n=2n-1,k=2k-1(\alpha=2)}\left(y_{eD} - |y_{D2}|\right)\right] \right\}}{\varepsilon_{\gamma=2,n=2n-1,k=2k-1(\alpha=2)} \sinh(y_{eD}\varepsilon_{\gamma=2,n=2n-1,k=2k-1(\alpha=2)})} \quad (1-360)$$

其中：$\varepsilon_{\gamma=2,n=2n-1,k=2k-1(\alpha=2)} = \sqrt{u + \frac{(2n-1)^2 \pi^2}{4h_D^2} + \frac{(2k-1)^2 \pi^2}{4x_{eD}^2}}$，系数 B 与 C 同式（1-359）。

1.5.18 顶定压底封闭 x 负方向封闭 x 正方向、y 方向定压盒状储层点源函数模型

图 1-30 给出了顶定压底封闭 x 负方向封闭 x 正方向、y 方向定压盒状储层点源叠加过程的示意图，因为储层顶定压底封闭，因此在 z 方向上镜像井均为异号井。图

1-30 左边反映了在 xy 平面上镜像井与实际井的分布情况，红点为实际井的位置，其他均为镜像井，图 1-30 左边也展示了镜像井在 x 方向、y 方向的位置分布规律，在 y 方向以定压边界出现，在 x 方向以定压边界和封闭边界交替出现。图 1-30 中绿色虚线框即为实际井沿 x 方向、y 方向与边界的基本镜像单元的分布情况。根据镜像井位置的分布规律也可以看出，绿色虚线框中的镜像井与实际井压降构成了一个基本的求解单元。图 1-30 右边描述了在 z 方向实际井与镜像井之间的镜像关系，红色的虚线框也标记了 z 方向上实际井与镜像井位置的分布规律，同时红色的虚线框中的镜像井与实际井压降也构成了 z 方向上的一个基本求解单元。井的性质在平面镜像单元沿 z 方向交替出现。

　　由 1.5.1 节的求解过程可以看出，在三个方向的双向无穷级数叠加过程中，通过 Poisson 求和公式其可以化简为 8 个独立的部分，即式（1-254）表示的 8 个部分，但需要注意的是，这 8 个独立的部分与前面 1.5.1 节～ 1.5.5 节有所不同，TS 不是这 8 个部分的简单相加，即不能直接采用式（1-194）进行化简。为了不失一般性，采用式（1-181）～式（1-188）表示这 8 个部分，其中 α、β 和 γ 的取值与 TS 各个部分的表达式和井在 x、y、z 三个方向是否交替出现的性质有关。根据上述分析以及图 1-30 中独立求解单元中 8 个部分的表示形式，可得顶定压底封闭 x 负方向封闭 x 正方向、y 方向定压盒状储层点源叠加的模型：

$$\Delta \bar{p} = \frac{\tilde{q}\mu}{4\pi k L_{\mathrm{ref}} s}(-1)^{k}(-1)^{n}\Big(\mathrm{TS}_{(1,1,1)} + \mathrm{TS}_{(2,1,1)} - \mathrm{TS}_{(1,2,1)} - \mathrm{TS}_{(2,2,1)} + \mathrm{TS}_{(1,1,2)} + \mathrm{TS}_{(2,1,2)} - \mathrm{TS}_{(1,2,2)} - \mathrm{TS}_{(2,2,2)}\Big) \quad (1-361)$$

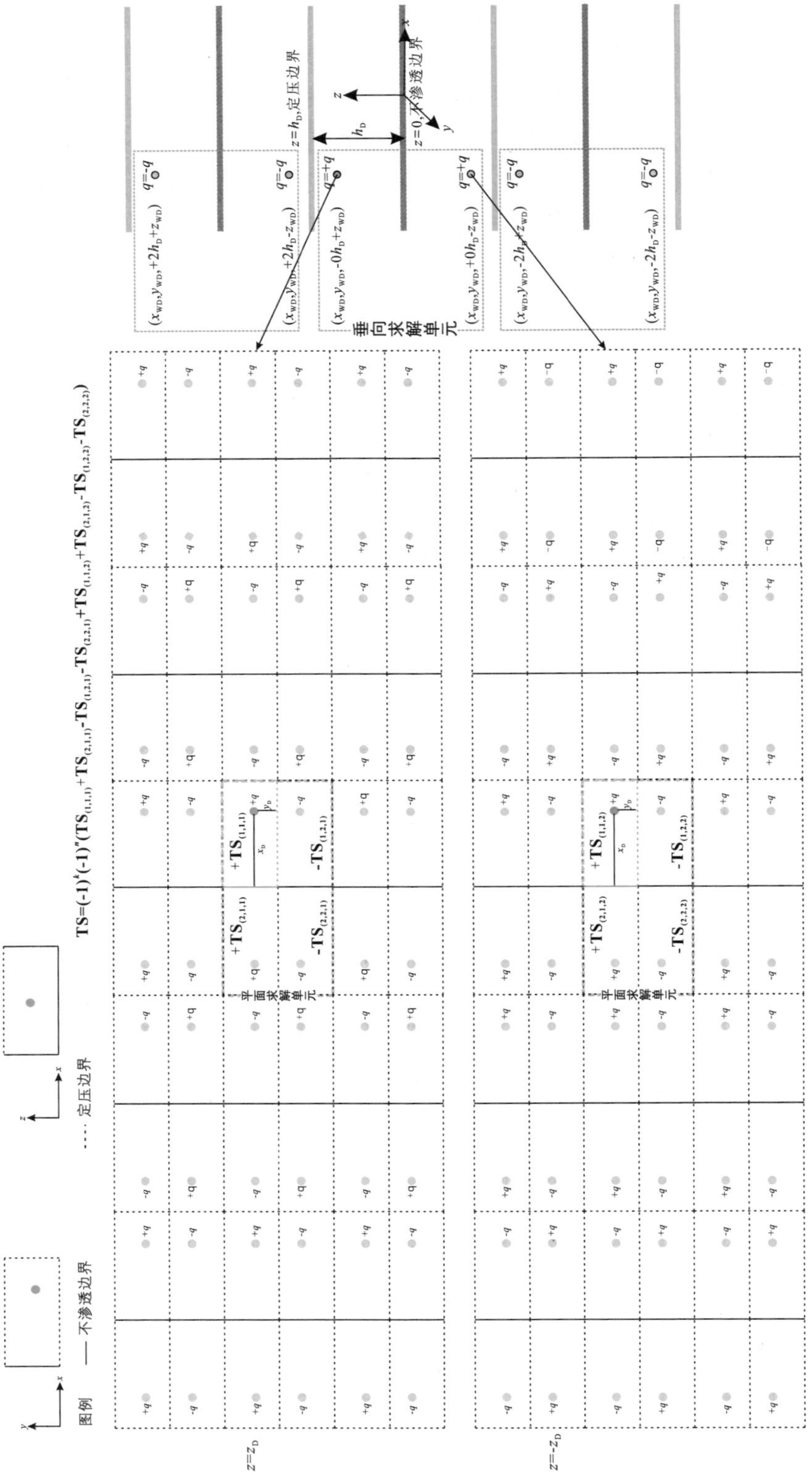

图 1-30　顶定压底封闭 x 负方向封闭 x 正方向、y 方向定压盒状储层点源叠加示意图

对于式（1-361），其中的 TS$=(-1)^k(-1)^n\left(\mathrm{TS}_{(1,1,1)}+\mathrm{TS}_{(2,1,1)}-\mathrm{TS}_{(1,2,1)}-\mathrm{TS}_{(2,2,1)}+\mathrm{TS}_{(1,1,2)}+\mathrm{TS}_{(2,1,2)}-\right.$

$\left.\mathrm{TS}_{(1,2,2)}-\mathrm{TS}_{(2,2,2)}\right)$ 可化简为

$$
\begin{aligned}
\mathrm{TS}=&(-1)^k(-1)^n\left(\mathrm{TS}_{(1,1,1)}+\mathrm{TS}_{(2,1,1)}-\mathrm{TS}_{(1,2,1)}-\mathrm{TS}_{(2,2,1)}+\mathrm{TS}_{(1,1,2)}+\mathrm{TS}_{(2,1,2)}-\mathrm{TS}_{(1,2,2)}-\mathrm{TS}_{(2,2,2)}\right) \\
=&(-1)^n\left[2\left(\mathrm{TS}_{(1,1,1)}+\mathrm{TS}_{(2,1,1)}-\mathrm{TS}_{(1,2,1)}-\mathrm{TS}_{(2,2,1)}+\mathrm{TS}_{(1,1,2)}+\mathrm{TS}_{(2,1,2)}-\mathrm{TS}_{(1,2,2)}-\mathrm{TS}_{(2,2,2)}\right)_{\alpha=2,\beta=1,\gamma=1}-\right.\\
&\left.\left(\mathrm{TS}_{(1,1,1)}+\mathrm{TS}_{(2,1,1)}-\mathrm{TS}_{(1,2,1)}-\mathrm{TS}_{(2,2,1)}+\mathrm{TS}_{(1,1,2)}+\mathrm{TS}_{(2,1,2)}-\mathrm{TS}_{(1,2,2)}-\mathrm{TS}_{(2,2,2)}\right)_{\alpha=1,\beta=1,\gamma=1}\right]\\
=&\left[4\left(\mathrm{TS}_{(1,1,1)}+\mathrm{TS}_{(2,1,1)}-\mathrm{TS}_{(1,2,1)}-\mathrm{TS}_{(2,2,1)}+\mathrm{TS}_{(1,1,2)}+\mathrm{TS}_{(2,1,2)}-\mathrm{TS}_{(1,2,2)}-\mathrm{TS}_{(2,2,2)}\right)_{\alpha=2,\beta=1,\gamma=2}-\right.\\
&2\left(\mathrm{TS}_{(1,1,1)}+\mathrm{TS}_{(2,1,1)}-\mathrm{TS}_{(1,2,1)}-\mathrm{TS}_{(2,2,1)}+\mathrm{TS}_{(1,1,2)}+\mathrm{TS}_{(2,1,2)}-\mathrm{TS}_{(1,2,2)}-\mathrm{TS}_{(2,2,2)}\right)_{\alpha=1,\beta=1,\gamma=2}-\\
&2\left(\mathrm{TS}_{(1,1,1)}+\mathrm{TS}_{(2,1,1)}-\mathrm{TS}_{(1,2,1)}-\mathrm{TS}_{(2,2,1)}+\mathrm{TS}_{(1,1,2)}+\mathrm{TS}_{(2,1,2)}-\mathrm{TS}_{(1,2,2)}-\mathrm{TS}_{(2,2,2)}\right)_{\alpha=2,\beta=1,\gamma=1}+\\
&\left.\left(\mathrm{TS}_{(1,1,1)}+\mathrm{TS}_{(2,1,1)}-\mathrm{TS}_{(1,2,1)}-\mathrm{TS}_{(2,2,1)}+\mathrm{TS}_{(1,1,2)}+\mathrm{TS}_{(2,1,2)}-\mathrm{TS}_{(1,2,2)}-\mathrm{TS}_{(2,2,2)}\right)_{\alpha=1,\beta=1,\gamma=1}\right]
\end{aligned}
\tag{1-362}
$$

$$
\begin{aligned}
\mathrm{TS}=&(-1)^k(-1)^n\,\mathrm{TS}\left(\mathrm{TS}_{(1,1,1)}+\mathrm{TS}_{(2,1,1)}+\mathrm{TS}_{(1,2,1)}+\mathrm{TS}_{(2,2,1)}+\mathrm{TS}_{(1,1,2)}+\mathrm{TS}_{(2,1,2)}+\mathrm{TS}_{(1,2,2)}+\mathrm{TS}_{(2,2,2)}\right)\\
=&\frac{\pi}{2h_{\mathrm{D}}x_{\mathrm{eD}}}4\sum_{n=1}^{+\infty}B\left\{4\sum_{k=1}^{+\infty}C\frac{\cosh\left[\varepsilon_{\gamma=2,n=2n-1,k=2k-1(\alpha=2)}\left(y_{\mathrm{eD}}-\left|y_{\mathrm{D}1}\right|\right)\right]-\cosh\left[\varepsilon_{\gamma=2,n=2n-1,k=2k-1(\alpha=2)}\left(y_{\mathrm{eD}}-\left|y_{\mathrm{D}2}\right|\right)\right]}{\varepsilon_{\gamma=2,n=2n-1,k=2k-1(\alpha=2)}\sinh(y_{\mathrm{eD}}\varepsilon_{\gamma=2,n=2n-1,k=2k-1(\alpha=2)})}\right\}
\end{aligned}
\tag{1-363}
$$

其中：$B=\cos\left[(2n-1)\dfrac{\pi z_{\mathrm{D}}}{2h_{\mathrm{D}}}\right]\cos\left[(2n-1)\dfrac{\pi z_{\mathrm{wD}}}{2h_{\mathrm{D}}}\right]$，$C=\cos\left[\pi(2k-1)\dfrac{x_{\mathrm{D}}}{2x_{\mathrm{eD}}}\right]$，$\cos\left[\pi(2k-1)\dfrac{x_{\mathrm{wD}}}{2x_{\mathrm{eD}}}\right]$。

将式（1-363）代入式（1-361）可得顶定压底封闭 x 负方向封闭 x 正方向、y 方向定压盒状储层点源函数模型的点源解：

$$
\begin{aligned}
\Delta\bar{p}=&\frac{2\tilde{q}\mu}{kh_{\mathrm{D}}x_{\mathrm{eD}}L_{\mathrm{ref}}s}\\
&\frac{\displaystyle\sum_{n=1}^{+\infty}B\left\{\sum_{k=1}^{+\infty}C\cosh\left[\varepsilon_{\gamma=2,n=2n-1,k=2k-1(\alpha=2)}\left(y_{\mathrm{eD}}-\left|y_{\mathrm{D}1}\right|\right)\right]-\cosh\left[\varepsilon_{\gamma=2,n=2n-1,k=2k-1(\alpha=2)}\left(y_{\mathrm{eD}}-\left|y_{\mathrm{D}2}\right|\right)\right]\right\}}{\varepsilon_{\gamma=2,n=2n-1,k=2k-1(\alpha=2)}\sinh(y_{\mathrm{eD}}\varepsilon_{\gamma=2,n=2n-1,k=2k-1(\alpha=2)})}
\end{aligned}
\tag{1-364}
$$

其中：$\varepsilon_{\gamma=2,n=2n-1,k=2k-1(\alpha=2)}=\sqrt{u+\left(\dfrac{(2n-1)\pi}{2h_{\mathrm{D}}}\right)^2+\dfrac{(2k-1)^2\pi^2}{4x_{\mathrm{eD}}^2}}$。

2 典型渗流数学模型的线源解

2.1 典型边界完全射孔直井线源解

2.1.1 顶底封闭径向无限大储层

为了得到顶底封闭径向无限大储层完全射孔直井的线源解，需要对式（1-85）在 z 方向对点源位置 z_{w} 从 0 到 h 进行积分，其中参数 r_{D}、μ、ε_m、h_{D} 和 z_{D} 均与积分变量 z_{w} 无关，只有 z_{wD} 是积分变量 z_{w} 的函数，整理后可得

$$\Delta \bar{p} = \frac{\tilde{q}\mu h}{2\pi k L_{\mathrm{ref}} s h_{\mathrm{D}}} K_0 \left(r_{\mathrm{D}} \sqrt{u} \right) \tag{2-1}$$

将式（2-1）化为无因次形式：

$$\bar{p}_{\mathrm{D}} = \frac{1}{s} K_0 \left(r_{\mathrm{D}} \sqrt{u} \right) \tag{2-2}$$

其中：无因次压力定义为 $\bar{p}_{\mathrm{D}} = \dfrac{2\pi k h}{(\tilde{q} h)\mu} \Delta \bar{p}$。

2.1.2 顶底封闭径向封闭柱状储层

为了得到顶底封闭径向封闭柱状储层完全射孔直井的线源解，需要对式（1-207）在 z 方向对点源位置 z_{w} 从 0 到 h 进行积分，整理后可得

$$\Delta \bar{p} = \frac{\tilde{q}h\mu}{2\pi k L_{\mathrm{ref}} s h_{\mathrm{D}}} \left[K_0 \left(r_{\mathrm{D}} \sqrt{u} \right) + \frac{K_1 \left(r_{\mathrm{eD}} \sqrt{u} \right)}{I_1 \left(r_{\mathrm{eD}} \sqrt{u} \right)} I_0 \left(r_{\mathrm{D}} \sqrt{u} \right) \right] \tag{2-3}$$

其中：I_1 为 1 阶修正的第一类 Bessel 函数，K_1 为 1 阶修正的第二类 Bessel 函数。

将式（2-3）化为无因次形式：

$$\bar{p}_{\mathrm{D}} = \frac{1}{s} \left[K_0 \left(r_{\mathrm{D}} \sqrt{u} \right) + \frac{K_1 \left(r_{\mathrm{eD}} \sqrt{u} \right)}{I_1 \left(r_{\mathrm{eD}} \sqrt{u} \right)} I_0 \left(r_{\mathrm{D}} \sqrt{u} \right) \right] \tag{2-4}$$

其中：无因次压力定义为 $\bar{p}_{\mathrm{D}}=\dfrac{2\pi kh}{(\tilde{q}h)\mu}\Delta\bar{p}$。

2.1.3 顶底封闭径向定压柱状储层

为了得到顶底封闭径向定压柱状储层完全射孔直井的线源解，需要对式（1-211）在 z 方向对点源位置 z_{w} 从 0 到 h 进行积分，整理后可得：

$$\Delta\bar{p}=\frac{\tilde{q}h\mu}{2\pi kL_{\mathrm{ref}}sh_{\mathrm{D}}}\left[K_0\left(r_{\mathrm{D}}\sqrt{u}\right)-\frac{K_0\left(r_{\mathrm{eD}}\sqrt{u}\right)}{I_0\left(r_{\mathrm{eD}}\sqrt{u}\right)}I_0\left(r_{\mathrm{D}}\sqrt{u}\right)\right] \tag{2-5}$$

将式（2-5）化为无因次形式：

$$\bar{p}_{\mathrm{D}}=\frac{1}{s}\left[K_0\left(r_{\mathrm{D}}\sqrt{u}\right)-\frac{K_0\left(r_{\mathrm{eD}}\sqrt{u}\right)}{I_0\left(r_{\mathrm{eD}}\sqrt{u}\right)}I_0\left(r_{\mathrm{D}}\sqrt{u}\right)\right] \tag{2-6}$$

其中：无因次压力定义为 $\bar{p}_{\mathrm{D}}=\dfrac{2\pi kh}{(\tilde{q}h)\mu}\Delta\bar{p}$。

2.1.4 顶底定压径向无限大储层

为了得到顶底定压径向无限大储层完全射孔直井的线源解，需要对式（1-93）在 z 方向对点源位置 z_{w} 从 0 到 h 进行积分，整理后可得

$$\Delta\bar{p}=\frac{2\tilde{q}h\mu}{\pi kL_{\mathrm{ref}}h_{\mathrm{D}}s}\sum_{n=1}^{+\infty}\frac{1}{(2n-1)\pi}K_0\left(r_{\mathrm{D}}\sqrt{\frac{\left((2n-1)\pi\right)^2}{h_{\mathrm{D}}^2}+u}\right)\sin\left[\frac{(2n-1)\pi z_{\mathrm{D}}}{h_{\mathrm{D}}}\right] \tag{2-7}$$

将式（2-7）化为无因次形式：

$$\bar{p}_{\mathrm{D}}=\frac{4}{s}\sum_{n=1}^{+\infty}\frac{1}{(2n-1)\pi}K_0\left(r_{\mathrm{D}}\sqrt{\frac{\left((2n-1)\pi\right)^2}{h_{\mathrm{D}}^2}+u}\right)\sin\left[\frac{(2n-1)\pi z_{\mathrm{D}}}{h_{\mathrm{D}}}\right] \tag{2-8}$$

其中：无因次压力定义为 $\bar{p}_{\mathrm{D}}=\dfrac{2\pi kh}{(\tilde{q}h)\mu}\Delta\bar{p}$。

2.1.5 顶底定压径向封闭柱状储层

为了得到顶底定压径向封闭柱状储层完全射孔直井的线源解，需要对式（1-216）在 z 方向对点源位置 z_{w} 从 0 到 h 进行积分，整理后可得

$$\Delta\bar{p}=-\frac{\tilde{q}\mu}{\pi kL_{\mathrm{ref}}h_{\mathrm{D}}s}\sum_{n=1}^{+\infty}\frac{h}{n\pi}\left[K_0(Cr_{\mathrm{D}})+\frac{K_1(Cr_{\mathrm{eD}})}{I_1(Cr_{\mathrm{eD}})}I_0(Cr_{\mathrm{D}})\right]\sin\left(n\pi\frac{z_{\mathrm{D}}}{h_{\mathrm{D}}}\right)(\cos n\pi-1) \tag{2-9}$$

其中：$C=\sqrt{\dfrac{(n\pi)^2}{h_{\mathrm{D}}^2}+u}$。

当 n 为偶数时，式（2-9）结果为 0，只剩余 n 为奇数的项，即

$$\Delta \bar{p} = \frac{2(\tilde{q}h)\mu}{\pi k L_{\text{ref}} h_{\text{D}} s} \sum_{n=1}^{+\infty} \frac{1}{(2n-1)\pi} \left[K_0(Br_{\text{D}}) + \frac{K_1(Br_{\text{eD}})}{I_1(Br_{\text{eD}})} I_0(Br_{\text{D}}) \right] \sin \left[(2n-1)\pi \frac{z_{\text{D}}}{h_{\text{D}}} \right] \quad （2-10）$$

其中： $B = \sqrt{\dfrac{\left((2n-1)\pi\right)^2}{h_{\text{D}}^2} + u}$ 。

将式（2-10）化为无因次形式：

$$\bar{p}_{\text{D}} = \frac{4}{s} \sum_{n=1}^{+\infty} \frac{1}{(2n-1)\pi} \left[K_0(Br_{\text{D}}) + \frac{K_1(Br_{\text{eD}})}{I_1(Br_{\text{eD}})} I_0(Br_{\text{D}}) \right] \sin \left[(2n-1)\pi \frac{z_{\text{D}}}{h_{\text{D}}} \right] \quad （2-11）$$

其中：无因次压力定义为 $\bar{p}_{\text{D}} = \dfrac{2\pi k h}{(\tilde{q}h)\mu} \Delta \bar{p}$ ，系数 B 同式（2-10）。

2.1.6 顶底定压径向定压柱状储层

为了得到顶底定压径向定压柱状储层完全射孔直井的线源解，需要对式（1-219）在 z 方向对点源位置 z_{w} 从 0 到 h 进行积分，整理后可得

$$\Delta \bar{p} = -\frac{\tilde{q}\mu}{\pi k L_{\text{ref}} h_{\text{D}} s} \sum_{n=1}^{+\infty} \frac{h}{n\pi} \left[K_0(Br_{\text{D}}) - \frac{K_0(Br_{\text{eD}})}{I_0(Br_{\text{eD}})} I_0(Br_{\text{D}}) \right] \sin \left(n\pi \frac{z_{\text{D}}}{h_{\text{D}}} \right) (\cos n\pi - 1) \quad （2-12）$$

其中： $B = \sqrt{\dfrac{(n\pi)^2}{h_{\text{D}}^2} + u}$ 。

当 n 为偶数时，式（2-12）结果为 0，只剩余 n 为奇数的项，即

$$\Delta \bar{p} = \frac{2\tilde{q}\mu}{\pi k L_{\text{ref}} h_{\text{D}} s} \sum_{n=1}^{+\infty} \frac{h}{(2n-1)\pi} \left[K_0(Br_{\text{D}}) - \frac{K_0(Br_{\text{eD}})}{I_0(Br_{\text{eD}})} I_0(Br_{\text{D}}) \right] \sin \left[(2n-1)\pi \frac{z_{\text{D}}}{h_{\text{D}}} \right] \quad （2-13）$$

其中： $B = \sqrt{\dfrac{\left((2n-1)\pi\right)^2}{h_{\text{D}}^2} + u}$ 。

将式（2-13）化为无因次形式：

$$\bar{p}_{\text{D}} = -\frac{2}{s} \sum_{n=1}^{+\infty} \frac{1}{n\pi} \left[K_0(Br_{\text{D}}) - \frac{K_0(Br_{\text{eD}})}{I_0(Br_{\text{eD}})} I_0(Br_{\text{D}}) \right] \sin \left(n\pi \frac{z_{\text{D}}}{h_{\text{D}}} \right) (\cos n\pi - 1) \quad （2-14）$$

其中：无因次压力定义为 $\bar{p}_{\text{D}} = \dfrac{2\pi k h}{(\tilde{q}h)\mu} \Delta \bar{p}$ ，系数 B 同式（2-13）。

2.1.7 上边界定压下边界封闭径向无限大储层

为了得到上边界定压下边界封闭径向无限大储层直井的线源解，需要对式（1-102）在 z 方向对点源位置 z_{w} 从 0 到 h 进行积分，整理后可得

$$\Delta \bar{p} = \frac{\tilde{q}\mu}{\pi k L_{ref} h_D s} \left\{ \sum_{n=1}^{+\infty} \frac{2h}{\pi(2n-1)} K_0(Br_D) \cos\left[\frac{\pi(2n-1)}{2h_D} z_D\right] \sin\left(n\pi - \frac{1}{2}\pi\right) \right\} \qquad (2-15)$$

其中： $B = \sqrt{\dfrac{\left((2n-1)\pi\right)^2}{4h_D^2} + u}$ 。

将式（2-15）化为无因次形式：

$$\bar{p}_D = \frac{2}{s} \left\{ \sum_{n=1}^{+\infty} (-1)^{n+1} \frac{2}{\pi(2n-1)} K_0\left(r_D\sqrt{\frac{\left((2n-1)\pi\right)^2}{4h_D^2} + u}\right) \cos\left[\frac{\pi(2n-1)}{2h_D} z_D\right] \right\} \qquad (2-16)$$

其中：无因次压力定义为 $\bar{p}_D = \dfrac{2\pi k h}{(\tilde{q}h)\mu} \Delta \bar{p}$ 。

2.1.8 上边界定压下边界封闭径向封闭柱状储层

为了得到上边界定压下边界封闭径向封闭柱状储层完全射孔直井的线源解，需要对式（1-225）在 z 方向对点源位置 z_w 从 0 到 h 进行积分，整理后可得

$$\Delta \bar{p} = \frac{2h\tilde{q}\mu}{\pi^2 k L_{ref} h_D s} \sum_{n=1}^{+\infty} \frac{C}{(2n-1)} \left[K_0(Br_D) + \frac{K_1(Br_{eD})}{I_1(Br_{eD})} I_0(Br_D) \right] \qquad (2-17)$$

其中： $B = \sqrt{\dfrac{\left((2n-1)\pi\right)^2}{4h_D^2} + u}$ ， $C = \cos\left[\dfrac{\pi(2n-1)}{2h_D} z_D\right] \sin\left(\pi n - \dfrac{\pi}{2}\right)$ 。

将式（2-17）化为无因次形式：

$$\bar{p}_D = \frac{4}{s} \sum_{n=1}^{+\infty} \frac{C}{(2n-1)\pi} \left[K_0(Br_D) + \frac{K_1(Br_{eD})}{I_1(Br_{eD})} I_0(Br_D) \right] \qquad (2-18)$$

其中：无因次压力定义为 $\bar{p}_D = \dfrac{2\pi k h}{(\tilde{q}h)\mu} \Delta \bar{p}$ ，系数 B 、 C 同式（2-17）。

2.1.9 上边界定压下边界封闭径向定压柱状储层

为了得到上边界定压下边界封闭径向定压柱状储层完全射孔直井的线源解，需要对式（1-228）在 z 方向对点源位置 z_w 从 0 到 h 进行积分，整理后可得

$$\Delta \bar{p} = \frac{2h\tilde{q}\mu}{\pi k L_{ref} h_D s} \sum_{n=1}^{+\infty} \frac{1}{(2n-1)\pi} \left[K_0(Br_D) - \frac{K_0(Br_{eD})}{I_0(Br_{eD})} I_0(Br_D) \right] \cos\left[\frac{\pi(2n-1)}{2h_D} z_D\right] \sin\left(\pi n - \frac{\pi}{2}\right) \qquad (2-19)$$

其中： $B = \sqrt{\dfrac{\left((2n-1)\pi\right)^2}{4h_D^2} + u}$ 。

将式（2-19）化为无因次形式：

$$\bar{p}_D = \frac{4}{s} \sum_{n=1}^{+\infty} \frac{1}{(2n-1)\pi}\left[K_0(Br_D) - \frac{K_0(Br_{eD})}{I_0(Br_{eD})}I_0(Br_D)\right]\cos\left[\frac{\pi(2n-1)}{2h_D}z_D\right]\sin\left(\pi n - \frac{\pi}{2}\right) \quad （2-20）$$

其中：无因次压力定义为 $\bar{p}_D = \frac{2\pi kh}{(\tilde{q}h)\mu}\Delta\bar{p}$，系数 B 同式（2-19）。

2.1.10　顶底封闭 x、y 方向封闭盒状储层

为了得到顶底封闭 x、y 方向封闭盒状储层完全射孔直井的线源解，需要对式（1-267）在 z 方向对点源位置 z_w 从 0 到 h 进行积分，整理后可得

$$\Delta\bar{p} = \frac{\tilde{q}\mu h}{2kh_D x_{eD}L_{ref}s}\left\{\frac{\cosh\left[\sqrt{u}\left(y_{eD}-|y_{D1}|\right)\right] + \cosh\left[\sqrt{u}\left(y_{eD}-|y_{D2}|\right)\right]}{\sqrt{u}\sinh(y_{eD}\sqrt{u})} + 2\sum_{k=1}^{+\infty}\cos\left(\pi k\frac{x_D}{x_{eD}}\right)\cos\left(\pi k\frac{x_{wD}}{x_{eD}}\right)\left\{\frac{\cosh\left[\varepsilon_k\left(y_{eD}-|y_{D1}|\right)\right] + \cosh\left[\varepsilon_k\left(y_{eD}-|y_{D2}|\right)\right]}{\varepsilon_k\sinh(y_{eD}\varepsilon_k)}\right\}\right\} \quad （2-21）$$

将式（2-21）化为无因次形式：

$$\bar{p}_D = \frac{\pi}{x_{eD}s}\left\{\frac{\cosh\left[\sqrt{u}\left(y_{eD}-|y_{D1}|\right)\right] + \cosh\left[\sqrt{u}\left(y_{eD}-|y_{D2}|\right)\right]}{\sqrt{u}\sinh(y_{eD}\sqrt{u})} + 2\sum_{k=1}^{+\infty}\cos\left(\pi k\frac{x_D}{x_{eD}}\right)\cos\left(\pi k\frac{x_{wD}}{x_{eD}}\right)\left\{\frac{\cosh\left[\varepsilon_k\left(y_{eD}-|y_{D1}|\right)\right] + \cosh\left[\varepsilon_k\left(y_{eD}-|y_{D2}|\right)\right]}{\varepsilon_k\sinh(y_{eD}\varepsilon_k)}\right\}\right\} \quad （2-22）$$

其中：无因次压力定义为 $\bar{p}_D = \frac{2\pi kh}{(\tilde{q}h)\mu}\Delta\bar{p}$，$\varepsilon_k = \sqrt{\frac{(k\pi)^2}{x_{eD}^2}+u}$。

2.1.11　顶底封闭 x、y 方向定压盒状储层

为了得到顶底封闭 x、y 方向定压盒状储层完全射孔直井的线源解，需要对式（1-274）在 z 方向对点源位置 z_w 从 0 到 h 进行积分，整理后可得

$$\Delta\bar{p} = \frac{(\tilde{q}h)\mu}{kh_D x_{eD}L_{ref}s}\sum_{k=1}^{+\infty}\sin\left(\pi k\frac{x_D}{x_{eD}}\right)\sin\left(\pi k\frac{x_{wD}}{x_{eD}}\right)\frac{\cosh\left[\varepsilon_k\left(y_{eD}-|y_{D1}|\right)\right] - \cosh\left[\varepsilon_k\left(y_{eD}-|y_{D2}|\right)\right]}{\varepsilon_k\sinh(y_{eD}\varepsilon_k)} \quad （2-23）$$

将式（2-23）化为无因次形式：

$$\bar{p}_D = \frac{2\pi}{x_{eD}s}\sum_{k=1}^{+\infty}\sin\left(\pi k\frac{x_D}{x_{eD}}\right)\sin\left(\pi k\frac{x_{wD}}{x_{eD}}\right)\frac{\cosh\left[\varepsilon_k\left(y_{eD}-|y_{D1}|\right)\right] - \cosh\left[\varepsilon_k\left(y_{eD}-|y_{D2}|\right)\right]}{\varepsilon_k\sinh(y_{eD}\varepsilon_k)} \quad （2-24）$$

其中：无因次压力定义为 $\bar{p}_D = \frac{2\pi kh}{(\tilde{q}h)\mu}\Delta\bar{p}$，$\varepsilon_k = \sqrt{\frac{(k\pi)^2}{x_{eD}^2}+u}$。

2.1.12　顶底封闭 y 方向定压 x 方向封闭盒状储层

为了得到顶底封闭 y 方向定压 x 方向封闭盒状储层完全射孔直井的线源解，需要对式（1-280）在 z 方向对点源位置 z_w 从 0 到 h 进行积分，整理后可得

$$\Delta \bar{p} = \frac{(\tilde{q}h)\mu}{2kL_{\mathrm{ref}}sh_{\mathrm{D}}x_{\mathrm{eD}}} \left\{ \frac{\cosh\left[\sqrt{u}\left(y_{\mathrm{eD}} - |y_{\mathrm{D1}}|\right)\right] - \cosh\left[\sqrt{u}\left(y_{\mathrm{eD}} - |y_{\mathrm{D2}}|\right)\right]}{\sqrt{u}\,\sinh(y_{\mathrm{eD}}\sqrt{u})} + \right.$$
$$\left. 2\sum_{k=1}^{+\infty} \cos\left(\pi k \frac{x_{\mathrm{D}}}{x_{\mathrm{eD}}}\right) \cos\left(\pi k \frac{x_{\mathrm{wD}}}{x_{\mathrm{eD}}}\right) \frac{\cosh\left[\varepsilon_k\left(y_{\mathrm{eD}} - |y_{\mathrm{D1}}|\right)\right] - \cosh\left[\varepsilon_k\left(y_{\mathrm{eD}} - |y_{\mathrm{D2}}|\right)\right]}{\varepsilon_k \sinh(y_{\mathrm{eD}}\varepsilon_k)} \right\}$$

（2-25）

将式（2-25）化为无因次形式：

$$\bar{p}_{\mathrm{D}} = \frac{\pi}{sx_{\mathrm{eD}}} \left\{ \frac{\cosh\left[\sqrt{u}\left(y_{\mathrm{eD}} - |y_{\mathrm{D1}}|\right)\right] - \cosh\left[\sqrt{u}\left(y_{\mathrm{eD}} - |y_{\mathrm{D2}}|\right)\right]}{\sqrt{u}\,\sinh(y_{\mathrm{eD}}\sqrt{u})} + \right.$$
$$\left. 2\sum_{k=1}^{+\infty} \cos\left(\pi k \frac{x_{\mathrm{D}}}{x_{\mathrm{eD}}}\right) \cos\left(\pi k \frac{x_{\mathrm{wD}}}{x_{\mathrm{eD}}}\right) \frac{\cosh\left[\varepsilon_k\left(y_{\mathrm{eD}} - |y_{\mathrm{D1}}|\right)\right] - \cosh\left[\varepsilon_k\left(y_{\mathrm{eD}} - |y_{\mathrm{D2}}|\right)\right]}{\varepsilon_k \sinh(y_{\mathrm{eD}}\varepsilon_k)} \right\}$$

（2-26）

其中：无因次压力定义为 $\bar{p}_{\mathrm{D}} = \dfrac{2\pi kh}{(\tilde{q}h)\mu}\Delta\bar{p}$，$\varepsilon_k = \sqrt{\dfrac{(k\pi)^2}{x_{\mathrm{eD}}^2} + u}$。

2.1.13　顶底封闭 x、y 正方向定压 x、y 负方向封闭盒状储层

为了得到顶底封闭 x、y 正方向定压 x、y 负方向封闭盒状储层完全射孔直井的线源解，需要对式（1-293）在 z 方向对点源位置 z_w 从 0 到 h 进行积分，整理后可得

$$\Delta\bar{p} = \frac{(\tilde{q}h)\mu}{kh_{\mathrm{D}}x_{\mathrm{eD}}L_{\mathrm{ref}}s} \sum_{k=1}^{+\infty} \cos\left[\frac{\pi(2k-1)x_{\mathrm{D}}}{2x_{\mathrm{eD}}}\right] \cos\left[\frac{\pi(2k-1)x_{\mathrm{wD}}}{2x_{\mathrm{eD}}}\right] \cdot$$
$$\frac{\sinh\left[\varepsilon_{\alpha=2,k=2k-1}\left(y_{\mathrm{eD}} - |y_{\mathrm{D1}}|\right)\right] + \sinh\left[\varepsilon_{\alpha=2,k=2k-1}\left(y_{\mathrm{eD}} - |y_{\mathrm{D2}}|\right)\right]}{\varepsilon_{\alpha=2,k=2k-1}\cosh(y_{\mathrm{eD}}\varepsilon_{\alpha=2,k=2k-1})}$$

（2-27）

将式（2-27）化为无因次形式：

$$\bar{p}_{\mathrm{D}} = \frac{2\pi}{x_{\mathrm{eD}}s} \sum_{k=1}^{+\infty} \cos\left[\frac{\pi(2k-1)x_{\mathrm{D}}}{2x_{\mathrm{eD}}}\right] \cos\left[\frac{\pi(2k-1)x_{\mathrm{wD}}}{2x_{\mathrm{eD}}}\right] \cdot$$
$$\frac{\sinh\left[\varepsilon_{\alpha=2,k=2k-1}\left(y_{\mathrm{eD}} - |y_{\mathrm{D1}}|\right)\right] + \sinh\left[\varepsilon_{\alpha=2,k=2k-1}\left(y_{\mathrm{eD}} - |y_{\mathrm{D2}}|\right)\right]}{\varepsilon_{\alpha=2,k=2k-1}\cosh(y_{\mathrm{eD}}\varepsilon_{\alpha=2,k=2k-1})}$$

（2-28）

其中：无因次压力定义为 $\bar{p}_{\mathrm{D}} = \dfrac{2\pi kh}{(\tilde{q}h)\mu}\Delta\bar{p}$，其他参数见式（1-293）。

2.1.14　顶底封闭 x 负方向、y 方向封闭 x 正方向定压盒状储层

为了得到顶底封闭 x 负方向、y 方向封闭 x 正方向定压盒状储层完全射孔直井的线源解，需要对式（1–299）在 z 方向对点源位置 z_w 从 0 到 h 进行积分，整理后可得

$$\Delta\bar{p}=\frac{(\tilde{q}h)\mu}{kh_D x_{eD}L_{ref}s}\sum_{k=1}^{+\infty}B\frac{\cosh\left[\varepsilon_{\alpha=2,k=2k-1}\left(y_{eD}-|y_{D1}|\right)\right]+\cosh\left[\varepsilon_{\alpha=2,k=2k-1}\left(y_{eD}-|y_{D2}|\right)\right]}{\varepsilon_{\alpha=2,k=2k-1}\sinh(y_{eD}\varepsilon_{\alpha=2,k=2k-1})} \quad（2-29）$$

其中：$B=\cos\left[\pi(2k-1)\frac{x_D}{2x_{eD}}\right]\cos\left[\pi(2k-1)\frac{x_{wD}}{2x_{eD}}\right]$。

将式（2–29）化为无因次形式：

$$\bar{p}_D=\frac{2\pi}{x_{eD}s}\sum_{k=1}^{+\infty}B\frac{\cosh\left[\varepsilon_{\alpha=2,k=2k-1}\left(y_{eD}-|y_{D1}|\right)\right]+\cosh\left[\varepsilon_{\alpha=2,k=2k-1}\left(y_{eD}-|y_{D2}|\right)\right]}{\varepsilon_{\alpha=2,k=2k-1}\sinh(y_{eD}\varepsilon_{\alpha=2,k=2k-1})} \quad（2-30）$$

其中：无因次压力定义为 $\bar{p}_D=\frac{2\pi kh}{(\tilde{q}h)\mu}\Delta\bar{p}$，参数 B 同式（2–29）。

2.1.15　顶底封闭 x 负方向封闭 x 正方向、y 方向定压盒状储层

为了得到顶底封闭 x 负方向封闭 x 正方向、y 方向定压盒状储层完全射孔直井的线源解，需要对式（1–306）在 z 方向对点源位置 z_w 从 0 到 h 进行积分，整理后可得

$$\Delta\bar{p}=\frac{\tilde{q}h\mu}{h_D x_{eD}kL_{ref}s}\sum_{k=1}^{+\infty}B\frac{\cosh\left[\varepsilon_{\alpha=2,k=2k-1}\left(y_{eD}-|y_{D1}|\right)\right]-\cosh\left[\varepsilon_{\alpha=2,k=2k-1}\left(y_{eD}-|y_{D2}|\right)\right]}{\varepsilon_{\alpha=2,k=2k-1}\sinh(y_{eD}\varepsilon_{\alpha=2,k=2k-1})} \quad（2-31）$$

其中：$B=\cos\left[\pi(2k-1)\frac{x_D}{2x_{eD}}\right]\cos\left[\pi(2k-1)\frac{x_{wD}}{2x_{eD}}\right]$。

将式（2–31）化为无因次形式：

$$\bar{p}_D=\frac{2\pi}{x_{eD}s}\sum_{k=1}^{+\infty}B\frac{\cosh\left[\varepsilon_{\alpha=2,k=2k-1}\left(y_{eD}-|y_{D1}|\right)\right]-\cosh\left[\varepsilon_{\alpha=2,k=2k-1}\left(y_{eD}-|y_{D2}|\right)\right]}{\varepsilon_{\alpha=2,k=2k-1}\sinh(y_{eD}\varepsilon_{\alpha=2,k=2k-1})} \quad（2-32）$$

其中：无因次压力定义为 $\bar{p}_D=\frac{2\pi kh}{(\tilde{q}h)\mu}\Delta\bar{p}$，参数 B 同式（2–31）。

2.1.16　顶底定压 x、y 方向封闭盒状储层

为了得到顶底定压 x、y 方向封闭盒状储层完全射孔直井的线源解，需要对式（1–309）在 z 方向对点源位置 z_w 从 0 到 h 进行积分，整理后可得

$$\Delta \overline{p} = \frac{2\tilde{q}h\mu}{k\pi L_{\text{ref}}h_{\text{D}}x_{\text{eD}}s}\sum_{n=1}^{+\infty}B\left\{\frac{\cosh\left[\varepsilon_{\gamma=1,n=2n-1}\left(y_{\text{eD}}-\left|y_{\text{D1}}\right|\right)\right]+\cosh\left[\varepsilon_{\gamma=1,n=2n-1}\left(y_{\text{eD}}-\left|y_{\text{D2}}\right|\right)\right]}{\varepsilon_{\gamma=1,n=2n-1}\sinh(y_{\text{eD}}\varepsilon_{\gamma=1,n=2n-1})}+\right.$$
$$\left.2\sum_{k=1}^{+\infty}C\frac{\cosh\left[\varepsilon_{\gamma=1,n=2n-1,k}\left(y_{\text{eD}}-\left|y_{\text{D1}}\right|\right)\right]+\cosh\left[\varepsilon_{\gamma=1,n=2n-1,k}\left(y_{\text{eD}}-\left|y_{\text{D2}}\right|\right)\right]}{\varepsilon_{\gamma=1,n=2n-1,k}\sinh(y_{\text{eD}}\varepsilon_{\gamma=1,n=2n-1,k})}\right\} \tag{2-33}$$

其中：$B=\dfrac{1}{2n-1}\sin\left[\dfrac{\pi(2n-1)z_{\text{D}}}{h_{\text{D}}}\right]$，　$C=\cos\left(\pi k\dfrac{x_{\text{D}}}{x_{\text{eD}}}\right)\cos\left(\pi k\dfrac{x_{\text{wD}}}{x_{\text{eD}}}\right)$。

将式（2-33）化为无因次形式：

$$\overline{p}_{\text{D}} = \frac{4}{x_{\text{eD}}s}\sum_{n=1}^{+\infty}B\left\{\frac{\cosh\left[\varepsilon_{\gamma=1,n=2n-1}\left(y_{\text{eD}}-\left|y_{\text{D1}}\right|\right)\right]+\cosh\left[\varepsilon_{\gamma=1,n=2n-1}\left(y_{\text{eD}}-\left|y_{\text{D2}}\right|\right)\right]}{\varepsilon_{\gamma=1,n=2n-1}\sinh(y_{\text{eD}}\varepsilon_{\gamma=1,n=2n-1})}+\right.$$
$$\left.2\sum_{k=1}^{+\infty}C\frac{\cosh\left[\varepsilon_{\gamma=1,n=2n-1,k}\left(y_{\text{eD}}-\left|y_{\text{D1}}\right|\right)\right]+\cosh\left[\varepsilon_{\gamma=1,n=2n-1,k}\left(y_{\text{eD}}-\left|y_{\text{D2}}\right|\right)\right]}{\varepsilon_{\gamma=1,n=2n-1,k}\sinh(y_{\text{eD}}\varepsilon_{\gamma=1,n=2n-1,k})}\right\} \tag{2-34}$$

其中：无因次压力定义为 $\overline{p}_{\text{D}}=\dfrac{2\pi kh}{(\tilde{q}h)\mu}\Delta\overline{p}$，参数 B 与 C 同式（2-33）。

2.1.17　顶底定压 x、y 方向定压盒状储层

为了得到顶底定压 x、y 方向定压盒状储层完全射孔直井的线源解，需要对式（1-312）在 z 方向对点源位置 z_{w} 从 0 到 h 进行积分，整理后可得

$$\Delta\overline{p} = \frac{4\tilde{q}h\mu}{k\pi h_{\text{D}}x_{\text{eD}}L_{\text{ref}}s}\sum_{n=1}^{+\infty}B\sum_{k=1}^{+\infty}C\frac{\cosh\left[\varepsilon_{\gamma=1,n=2n-1,k}\left(y_{\text{eD}}-\left|y_{\text{D1}}\right|\right)\right]-\cosh\left[\varepsilon_{\gamma=1,n=2n-1,k}\left(y_{\text{eD}}-\left|y_{\text{D2}}\right|\right)\right]}{\varepsilon_{\gamma=1,n=2n-1,k}\sinh(y_{\text{eD}}\varepsilon_{\gamma=1,n=2n-1,k})} \tag{2-35}$$

其中：$B=\dfrac{1}{2n-1}\sin\left[\dfrac{\pi(2n-1)z_{\text{D}}}{h_{\text{D}}}\right]$，　$C=\sin\left(\pi k\dfrac{x_{\text{D}}}{x_{\text{eD}}}\right)\sin\left(\pi k\dfrac{x_{\text{wD}}}{x_{\text{eD}}}\right)$。

将式（2-35）化为无因次形式：

$$\overline{p}_{\text{D}} = \frac{8}{x_{\text{eD}}s}\sum_{n=1}^{+\infty}B\sum_{k=1}^{+\infty}C\frac{\cosh\left[\varepsilon_{\gamma=1,n=2n-1,k}\left(y_{\text{eD}}-\left|y_{\text{D1}}\right|\right)\right]-\cosh\left[\varepsilon_{\gamma=1,n=2n-1,k}\left(y_{\text{eD}}-\left|y_{\text{D2}}\right|\right)\right]}{\varepsilon_{\gamma=1,n=2n-1,k}\sinh(y_{\text{eD}}\varepsilon_{\gamma=1,n=2n-1,k})} \tag{2-36}$$

其中：无因次压力定义为 $\overline{p}_{\text{D}}=\dfrac{2\pi kh}{(\tilde{q}h)\mu}\Delta\overline{p}$，参数 B 与 C 同式（2-35）。

2.1.18　顶底定压 y 方向定压 x 方向封闭盒状储层

为了得到顶底定压 y 方向定压 x 方向封闭盒状储层完全射孔直井的线源解，需要对式（1-315）在 z 方向对点源位置 z_{w} 从 0 到 h 进行积分，整理后可得

$$\Delta \overline{p} = \frac{2\tilde{q}h\mu}{\pi k h_{\mathrm{D}} x_{\mathrm{eD}} L_{\mathrm{ref}} s} \sum_{n=1}^{+\infty} B \left\{ \frac{\cosh\left[\varepsilon_{\gamma,n=2n-1}\left(y_{\mathrm{eD}} - |y_{\mathrm{D1}}|\right)\right] - \cosh\left[\varepsilon_{\gamma,n=2n-1}\left(y_{\mathrm{eD}} - |y_{\mathrm{D2}}|\right)\right]}{\varepsilon_{\gamma,n=2n-1} \sinh(y_{\mathrm{eD}} \varepsilon_{\gamma,n=2n-1})} + \right. $$
$$\left. 2\sum_{k=1}^{+\infty} C \frac{\cosh\left[\varepsilon_{\gamma,n=2n-1,k}\left(y_{\mathrm{eD}} - |y_{\mathrm{D1}}|\right)\right] - \cosh\left[\varepsilon_{\gamma,n=2n-1,k}\left(y_{\mathrm{eD}} - |y_{\mathrm{D2}}|\right)\right]}{\varepsilon_{\gamma,n=2n-1,k} \sinh(y_{\mathrm{eD}} \varepsilon_{\gamma,n=2n-1,k})} \right\} \tag{2-37}$$

其中：$B = \dfrac{1}{2n-1} \sin\left[\dfrac{\pi(2n-1)z_{\mathrm{D}}}{h_{\mathrm{D}}}\right]$，$C = \cos\left(\pi k \dfrac{x_{\mathrm{D}}}{x_{\mathrm{eD}}}\right) \cos\left(\pi k \dfrac{x_{\mathrm{wD}}}{x_{\mathrm{eD}}}\right)$。

将式（2-37）化为无因次形式：

$$\overline{p}_{\mathrm{D}} = \frac{4}{x_{\mathrm{eD}} s} \sum_{n=1}^{+\infty} B \left\{ \frac{\cosh\left[\varepsilon_{\gamma,n=2n-1}\left(y_{\mathrm{eD}} - |y_{\mathrm{D1}}|\right)\right] - \cosh\left[\varepsilon_{\gamma,n=2n-1}\left(y_{\mathrm{eD}} - |y_{\mathrm{D2}}|\right)\right]}{\varepsilon_{\gamma,n=2n-1} \sinh(y_{\mathrm{eD}} \varepsilon_{\gamma,n=2n-1})} + \right.$$
$$\left. 2\sum_{k=1}^{+\infty} C \frac{\cosh\left[\varepsilon_{\gamma,n=2n-1,k}\left(y_{\mathrm{eD}} - |y_{\mathrm{D1}}|\right)\right] - \cosh\left[\varepsilon_{\gamma,n=2n-1,k}\left(y_{\mathrm{eD}} - |y_{\mathrm{D2}}|\right)\right]}{\varepsilon_{\gamma,n=2n-1,k} \sinh(y_{\mathrm{eD}} \varepsilon_{\gamma,n=2n-1,k})} \right\} \tag{2-38}$$

其中：无因次压力定义为 $\overline{p}_{\mathrm{D}} = \dfrac{2\pi k h}{(\tilde{q}h)\mu} \Delta \overline{p}$，参数 B 与 C 同式（2-37）。

2.1.19　顶底定压 x、y 正方向定压 x、y 负方向封闭盒状储层

为了得到顶底定压 x、y 正方向定压 x、y 负方向封闭盒状储层完全射孔直井的线源解，需要对式（1-321）在 z 方向对点源位置 z_{w} 从 0 到 h 进行积分，整理后可得

$$\Delta \overline{p} = \frac{4\tilde{q}h\mu}{\pi h_{\mathrm{D}} x_{\mathrm{eD}} k L_{\mathrm{ref}} s} \sum_{n=1}^{+\infty} B \left\{ \sum_{k=1}^{+\infty} C \frac{\sinh\left[\varepsilon_{\gamma,n=2n-1,k=2k-1}\left(y_{\mathrm{eD}} - |y_{\mathrm{D1}}|\right)\right] + \sinh\left[\varepsilon_{\gamma,n=2n-1,k=2k-1}\left(y_{\mathrm{eD}} - |y_{\mathrm{D2}}|\right)\right]}{\varepsilon_{\gamma,n=2n-1,k=2k-1} \cosh(y_{\mathrm{eD}} \varepsilon_{\gamma,n=2n-1,k=2k-1})} \right\} \tag{2-39}$$

其中：$B = \dfrac{1}{2n-1} \sin\left[\dfrac{\pi(2n-1)z_{\mathrm{D}}}{h_{\mathrm{D}}}\right]$，$C = \cos\left[\pi(2k-1)\dfrac{x_{\mathrm{D}}}{2x_{\mathrm{eD}}}\right] \cos\left[\pi(2k-1)\dfrac{x_{\mathrm{wD}}}{2x_{\mathrm{eD}}}\right]$。

将式（2-39）化为无因次形式：

$$\overline{p}_{\mathrm{D}} = \frac{8}{x_{\mathrm{eD}} s} \sum_{n=1}^{+\infty} B \left\{ \sum_{k=1}^{+\infty} C \frac{\sinh\left[\varepsilon_{\gamma,n=2n-1,k=2k-1}\left(y_{\mathrm{eD}} - |y_{\mathrm{D1}}|\right)\right] + \sinh\left[\varepsilon_{\gamma,n=2n-1,k=2k-1}\left(y_{\mathrm{eD}} - |y_{\mathrm{D2}}|\right)\right]}{\varepsilon_{\gamma,n=2n-1,k=2k-1} \cosh(y_{\mathrm{eD}} \varepsilon_{\gamma,n=2n-1,k=2k-1})} \right\} \tag{2-40}$$

其中：无因次压力定义为 $\overline{p}_{\mathrm{D}} = \dfrac{2\pi k h}{(\tilde{q}h)\mu} \Delta \overline{p}$，参数 B 与 C 同式（2-39）。

2.1.20　顶底定压 x 负方向、y 方向封闭 x 正方向定压盒状储层

为了得到顶底定压 x 负方向、y 方向封闭 x 正方向定压盒状储层完全射孔直井的线源解，需要对式（1-325）在 z 方向对点源位置 z_{w} 从 0 到 h 进行积分，整理后可得

$$\Delta \bar{p}=\frac{4\tilde{q}h\mu}{\pi h_{\mathrm{D}}x_{\mathrm{eD}}kL_{\mathrm{ref}}s}\sum_{n=1}^{+\infty}B\left\{\sum_{k=1}^{+\infty}C\frac{\cosh\left[\varepsilon_{\gamma=1,n=2n-1,k=2k-1}\left(y_{\mathrm{eD}}-\left|y_{\mathrm{D1}}\right|\right)\right]+\cosh\left[\varepsilon_{\gamma=1,n=2n-1,k=2k-1}\left(y_{\mathrm{eD}}-\left|y_{\mathrm{D2}}\right|\right)\right]}{\varepsilon_{\gamma=1,n=2n-1,k=2k-1}\sinh(y_{\mathrm{eD}}\varepsilon_{\gamma=1,n=2n-1,k=2k-1})}\right\} \quad (2\text{-}41)$$

其中：$B=\dfrac{1}{2n-1}\sin\left[\dfrac{\pi(2n-1)z_{\mathrm{D}}}{h_{\mathrm{D}}}\right]$, $\quad C=\cos\left[\pi(2k-1)\dfrac{x_{\mathrm{D}}}{2x_{\mathrm{eD}}}\right]\cos\left[\pi(2k-1)\dfrac{x_{\mathrm{wD}}}{2x_{\mathrm{eD}}}\right]$。

将式（2-41）化为无因次形式为

$$\bar{p}_{\mathrm{D}}=\frac{8}{x_{\mathrm{eD}}s}\sum_{n=1}^{+\infty}B\left\{\sum_{k=1}^{+\infty}C\frac{\cosh\left[\varepsilon_{\gamma=1,n=2n-1,k=2k-1}\left(y_{\mathrm{eD}}-\left|y_{\mathrm{D1}}\right|\right)\right]+\cosh\left[\varepsilon_{\gamma=1,n=2n-1,k=2k-1}\left(y_{\mathrm{eD}}-\left|y_{\mathrm{D2}}\right|\right)\right]}{\varepsilon_{\gamma=1,n=2n-1,k=2k-1}\sinh(y_{\mathrm{eD}}\varepsilon_{\gamma=1,n=2n-1,k=2k-1})}\right\} \quad (2\text{-}42)$$

其中：无因次压力定义为 $\bar{p}_{\mathrm{D}}=\dfrac{2\pi kh}{(\tilde{q}h)\mu}\Delta\bar{p}$，参数 B 与 C 同式（2-41）。

2.1.21 顶底定压 x 负方向封闭 x 正方向、y 方向定压盒状储层

为了得到顶底定压 x 负方向封闭 x 正方向、y 方向定压盒状储层完全射孔直井的线源解，需要对式（1-329）在 z 方向对点源位置 z_{w} 从 0 到 h 进行积分，整理后可得

$$\Delta \bar{p}=\frac{4\tilde{q}h\mu}{\pi h_{\mathrm{D}}x_{\mathrm{eD}}kL_{\mathrm{ref}}s}\sum_{n=1}^{+\infty}B\left\{\sum_{k=1}^{+\infty}C\frac{\cosh\left[\varepsilon_{\gamma=1,n=2n-1,k=2k-1}\left(y_{\mathrm{eD}}-\left|y_{\mathrm{D1}}\right|\right)\right]-\cosh\left[\varepsilon_{\gamma=1,n=2n-1,k=2k-1}\left(y_{\mathrm{eD}}-\left|y_{\mathrm{D2}}\right|\right)\right]}{\varepsilon_{\gamma=1,n=2n-1,k=2k-1}\sinh(y_{\mathrm{eD}}\varepsilon_{\gamma=1,n=2n-1,k=2k-1})}\right\} \quad (2\text{-}43)$$

其中：$B=\dfrac{1}{2n-1}\sin\left[\dfrac{\pi(2n-1)z_{\mathrm{D}}}{h_{\mathrm{D}}}\right]$, $\quad C=\cos\left[\pi(2k-1)\dfrac{x_{\mathrm{D}}}{2x_{\mathrm{eD}}}\right]\cos\left[\pi(2k-1)\dfrac{x_{\mathrm{wD}}}{2x_{\mathrm{eD}}}\right]$。

将式（2-43）化为无因次形式：

$$\bar{p}_{\mathrm{D}}=\frac{8}{x_{\mathrm{eD}}s}\sum_{n=1}^{+\infty}B\left\{\sum_{k=1}^{+\infty}C\frac{\cosh\left[\varepsilon_{\gamma=1,n=2n-1,k=2k-1}\left(y_{\mathrm{eD}}-\left|y_{\mathrm{D1}}\right|\right)\right]-\cosh\left[\varepsilon_{\gamma=1,n=2n-1,k=2k-1}\left(y_{\mathrm{eD}}-\left|y_{\mathrm{D2}}\right|\right)\right]}{\varepsilon_{\gamma=1,n=2n-1,k=2k-1}\sinh(y_{\mathrm{eD}}\varepsilon_{\gamma=1,n=2n-1,k=2k-1})}\right\} \quad (2\text{-}44)$$

其中：无因次压力定义为 $\bar{p}_{\mathrm{D}}=\dfrac{2\pi kh}{(\tilde{q}h)\mu}\Delta\bar{p}$，参数 B 与 C 同式（2-43）。

2.1.22 顶定压底封闭 x、y 方向封闭盒状储层

为了得到顶定压底封闭 x、y 方向封闭盒状储层完全射孔直井的线源解，需要对式（1-334）在 z 方向对点源位置 z_{w} 从 0 到 h 进行积分，整理后可得

$$\Delta \bar{p}=\frac{2h\tilde{q}\mu}{\pi kh_{\mathrm{D}}x_{\mathrm{eD}}L_{\mathrm{ref}}s}\sum_{n=1}^{+\infty}B\left\{\frac{\cosh\left(\varepsilon_{\gamma=2,n=2n-1}\left(y_{\mathrm{eD}}-\left|y_{\mathrm{D1}}\right|\right)\right)+\cosh\left(\varepsilon_{\gamma=2,n=2n-1}\left(y_{\mathrm{eD}}-\left|y_{\mathrm{D2}}\right|\right)\right)}{\varepsilon_{\gamma=2,n=2n-1}\sinh(y_{\mathrm{eD}}\varepsilon_{\gamma=2,n=2n-1})}+\right.$$
$$\left.2\sum_{k=1}^{+\infty}C\left[\frac{\cosh\left(\varepsilon_{\gamma=2,n=2n-1,k}\left(y_{\mathrm{eD}}-\left|y_{\mathrm{D1}}\right|\right)\right)+\cosh\left(\varepsilon_{\gamma=2,n=2n-1,k}\left(y_{\mathrm{eD}}-\left|y_{\mathrm{D2}}\right|\right)\right)}{\varepsilon_{\gamma=2,n=2n-1,k}\sinh(y_{\mathrm{eD}}\varepsilon_{\gamma=2,n=2n-1,k})}\right]\right\} \quad (2\text{-}45)$$

其中：$B = \dfrac{1}{2n-1} \sin\left[\dfrac{(2n-1)\pi}{2}\right] \cos\left[(2n-1)\dfrac{\pi z_D}{2h_D}\right]$，$C = \cos\left(\pi k \dfrac{x_D}{x_{eD}}\right) \cos\left(\pi k \dfrac{x_{wD}}{x_{eD}}\right)$。

将式（2-45）化为无因次形式：

$$\bar{p}_D = \frac{4}{x_{eD}s} \sum_{n=1}^{+\infty} B \left\{ \frac{\cosh\left(\varepsilon_{\gamma=2,n=2n-1}\left(y_{eD} - |y_{D1}|\right)\right) + \cosh\left(\varepsilon_{\gamma=2,n=2n-1}\left(y_{eD} - |y_{D2}|\right)\right)}{\varepsilon_{\gamma=2,n=2n-1}\sinh(y_{eD}\varepsilon_{\gamma=2,n=2n-1})} + \right.$$
$$\left. 2\sum_{k=1}^{+\infty} C\left[\frac{\cosh\left(\varepsilon_{\gamma=2,n=2n-1,k}\left(y_{eD} - |y_{D1}|\right)\right) + \cosh\left(\varepsilon_{\gamma=2,n=2n-1,k}\left(y_{eD} - |y_{D2}|\right)\right)}{\varepsilon_{\gamma=2,n=2n-1,k}\sinh(y_{eD}\varepsilon_{\gamma=2,n=2n-1,k})} \right] \right\} \qquad (2\text{-}46)$$

其中：无因次压力定义为 $\bar{p}_D = \dfrac{2\pi kh}{(\tilde{q}h)\mu}\Delta\bar{p}$，参数 B 与 C 同式（2-45）。

2.1.23 顶定压底封闭 x、y 方向定压盒状储层

为了得到顶定压底封闭 x、y 方向定压盒状储层完全射孔直井的线源解，需要对式（1-339）在 z 方向对点源位置 z_w 从 0 到 h 进行积分，整理后可得

$$\Delta\bar{p} = \frac{2\tilde{q}\mu h}{kh_D x_{eD} L_{ref}s} \sum_{n=1}^{+\infty} B \sum_{k=1}^{+\infty} C \frac{\cosh\left[\varepsilon_{\gamma=2,n=2n-1,k}\left(y_{eD} - |y_{D1}|\right)\right] - \cosh\left[\varepsilon_{\gamma=2,n=2n-1,k}\left(y_{eD} - |y_{D2}|\right)\right]}{\varepsilon_{\gamma=2,n=2n-1,k}\sinh(y_{eD}\varepsilon_{\gamma=2,n=2n-1,k})} \qquad (2\text{-}47)$$

其中：$B = \dfrac{2}{\pi(2n-1)} \sin\left[(2n-1)\dfrac{\pi}{2}\right]\cos\left[(2n-1)\dfrac{\pi z_D}{2h_D}\right]$，$C = \sin\left(\pi k\dfrac{x_D}{x_{eD}}\right)\sin\left(\pi k\dfrac{x_{wD}}{x_{eD}}\right)$，$\varepsilon_{\gamma=2,n=2n-1,k} = $

$\sqrt{u + \left(\dfrac{(2n-1)\pi}{2h_D}\right)^2 + \dfrac{k^2\pi^2}{x_{eD}^2}}$。

将式（2-47）化为无因次形式：

$$\bar{p}_D = \frac{4\pi}{x_{eD}s} \sum_{n=1}^{+\infty} B \sum_{k=1}^{+\infty} C \frac{\cosh\left[\varepsilon_{\gamma=2,n=2n-1,k}\left(y_{eD} - |y_{D1}|\right)\right] - \cosh\left[\varepsilon_{\gamma=2,n=2n-1,k}\left(y_{eD} - |y_{D2}|\right)\right]}{\varepsilon_{\gamma=2,n=2n-1,k}\sinh(y_{eD}\varepsilon_{\gamma=2,n=2n-1,k})} \qquad (2\text{-}48)$$

其中：无因次压力定义为 $\bar{p}_D = \dfrac{2\pi kh}{(\tilde{q}h)\mu}\Delta\bar{p}$，参数 B 与 C 同式（2-47）。

2.1.24 顶定压底封闭 y 方向定压 x 方向封闭盒状储层

为了得到顶定压底封闭 y 方向定压 x 方向封闭盒状储层完全射孔直井的线源解，需要对式（1-344）在 z 方向对点源位置 z_w 从 0 到 h 进行积分，整理后可得

$$\Delta \overline{p} = \frac{2\tilde{q}\mu h}{\pi k h_{\mathrm{D}} x_{\mathrm{eD}} L_{\mathrm{ref}} s} \sum_{n=1}^{+\infty} B \left\{ \frac{\cosh\left(\varepsilon_{\gamma=2,n=2n-1}\left(y_{\mathrm{eD}} - \left|y_{\mathrm{D1}}\right|\right)\right) - \cosh\left(\varepsilon_{\gamma=2,n=2n-1}\left(y_{\mathrm{eD}} - \left|y_{\mathrm{D2}}\right|\right)\right)}{\varepsilon_{\gamma=2,n=2n-1} \sinh(y_{\mathrm{eD}} \varepsilon_{\gamma=2,n=2n-1})} + \right.$$
$$\left. 2\sum_{k=1}^{+\infty} C \left[\frac{\cosh\left(\varepsilon_{\gamma=2,n=2n-1,k}\left(y_{\mathrm{eD}} - \left|y_{\mathrm{D1}}\right|\right)\right) - \cosh\left(\varepsilon_{\gamma=2,n=2n-1,k}\left(y_{\mathrm{eD}} - \left|y_{\mathrm{D2}}\right|\right)\right)}{\varepsilon_{\gamma=2,n=2n-1,k} \sinh(y_{\mathrm{eD}} \varepsilon_{\gamma=2,n=2n-1,k})} \right] \right\}$$

（2-49）

其中：$B = \dfrac{1}{(2n-1)} \sin\left[(2n-1)\dfrac{\pi}{2}\right] \cos\left[(2n-1)\dfrac{\pi z_{\mathrm{D}}}{2h_{\mathrm{D}}}\right]$，$C = \cos\left(\pi k \dfrac{x_{\mathrm{D}}}{x_{\mathrm{eD}}}\right) \cos\left(\pi k \dfrac{x_{\mathrm{wD}}}{x_{\mathrm{eD}}}\right)$，$\varepsilon_{\gamma=2,n=2n-1} =$

$\sqrt{\left(\dfrac{(2n-1)\pi}{2h_{\mathrm{D}}}\right)^2 + u}$，$\varepsilon_{\gamma=2,n=2n-1,k} = \sqrt{\left(\dfrac{(2n-1)\pi}{2h_{\mathrm{D}}}\right)^2 + u + \dfrac{k^2\pi^2}{x_{\mathrm{eD}}^2}}$。

将式（2-49）化为无因次形式：

$$\overline{p}_{\mathrm{D}} = \frac{4}{x_{\mathrm{eD}} s} \sum_{n=1}^{+\infty} B \left\{ \frac{\cosh\left(\varepsilon_{\gamma=2,n=2n-1}\left(y_{\mathrm{eD}} - \left|y_{\mathrm{D1}}\right|\right)\right) - \cosh\left(\varepsilon_{\gamma=2,n=2n-1}\left(y_{\mathrm{eD}} - \left|y_{\mathrm{D2}}\right|\right)\right)}{\varepsilon_{\gamma=2,n=2n-1} \sinh(y_{\mathrm{eD}} \varepsilon_{\gamma=2,n=2n-1})} + \right.$$
$$\left. 2\sum_{k=1}^{+\infty} C \left[\frac{\cosh\left(\varepsilon_{\gamma=2,n=2n-1,k}\left(y_{\mathrm{eD}} - \left|y_{\mathrm{D1}}\right|\right)\right) - \cosh\left(\varepsilon_{\gamma=2,n=2n-1,k}\left(y_{\mathrm{eD}} - \left|y_{\mathrm{D2}}\right|\right)\right)}{\varepsilon_{\gamma=2,n=2n-1,k} \sinh(y_{\mathrm{eD}} \varepsilon_{\gamma=2,n=2n-1,k})} \right] \right\}$$

（2-50）

其中：无因次压力定义为 $\overline{p}_{\mathrm{D}} = \dfrac{2\pi k h}{(\tilde{q}h)\mu} \Delta \overline{p}$，参数 B 与 C 同式（2-49）。

2.1.25 顶定压底封闭 x、y 正方向定压 x、y 负方向封闭盒状储层

为了得到顶定压底封闭 x、y 正方向定压 x、y 负方向封闭盒状储层完全射孔直井的线源解，需要对式（1-356）在 z 方向对点源位置 z_{w} 从 0 到 h 进行积分，整理后可得

$$\Delta \overline{p} = A \sum_{n=1}^{+\infty} B \sum_{k=1}^{+\infty} C \frac{\sinh\left[\varepsilon_{\gamma=2,n=2n-1,k=2k-1(\alpha=2)}\left(y_{\mathrm{eD}} - \left|y_{\mathrm{D1}}\right|\right)\right] + \sinh\left[\varepsilon_{\gamma=2,n=2n-1,k=2k-1(\alpha=2)}\left(y_{\mathrm{eD}} - \left|y_{\mathrm{D2}}\right|\right)\right]}{\varepsilon_{\gamma=2,n=2n-1,k=2k-1(\alpha=2)} \cosh\left(y_{\mathrm{eD}} \varepsilon_{\gamma=2,n=2n-1,k=2k-1(\alpha=2)}\right)}$$

（2-51）

其中：$A = \dfrac{2\tilde{q}\mu h}{\pi k h_{\mathrm{D}} x_{\mathrm{eD}} L_{\mathrm{ref}} s}$，$B = \dfrac{2}{(2n-1)} \sin\left[(2n-1)\dfrac{\pi}{2}\right] \cos\left[(2n-1)\dfrac{\pi z_{\mathrm{D}}}{2h_{\mathrm{D}}}\right]$，$C = \cos\left[(2k-1)\dfrac{\pi x_{\mathrm{D}}}{2x_{\mathrm{eD}}}\right]$

$\cos\left[(2k-1)\dfrac{\pi x_{\mathrm{wD}}}{2x_{\mathrm{eD}}}\right]$，$\varepsilon_{\gamma=2,n=2n-1,k=2k-1(\alpha=2)} = \sqrt{u + \dfrac{(2n-1)^2\pi^2}{4h_{\mathrm{D}}^2} + \dfrac{(2k-1)^2\pi^2}{4x_{\mathrm{eD}}^2}}$。

将式（2-51）化为无因次形式：

$$\overline{p}_{\mathrm{D}} = \frac{4}{x_{\mathrm{eD}} s} \sum_{n=1}^{+\infty} B \sum_{k=1}^{+\infty} C \frac{\sinh\left[\varepsilon_{\gamma=2,n=2n-1,k=2k-1(\alpha=2)}\left(y_{\mathrm{eD}} - \left|y_{\mathrm{D1}}\right|\right)\right] + \sinh\left[\varepsilon_{\gamma=2,n=2n-1,k=2k-1(\alpha=2)}\left(y_{\mathrm{eD}} - \left|y_{\mathrm{D2}}\right|\right)\right]}{\varepsilon_{\gamma=2,n=2n-1,k=2k-1(\alpha=2)} \cosh\left(y_{\mathrm{eD}} \varepsilon_{\gamma=2,n=2n-1,k=2k-1(\alpha=2)}\right)}$$ （2-52）

其中：无因次压力定义为 $\bar{p}_D = \dfrac{2\pi kh}{(\tilde{q}h)\mu}\Delta\bar{p}$，参数 B 与 C 同式（2-51）。

2.1.26 顶定压底封闭 x 负方向、y 方向封闭 x 正方向定压盒状储层

为了得到顶定压底封闭 x 负方向、y 方向封闭 x 正方向定压盒状储层完全射孔直井的线源解，需要对式（1-360）在 z 方向对点源位置 z_w 从 0 到 h 进行积分，整理后可得

$$\Delta\bar{p} = A\sum_{n=1}^{+\infty} B\left\{\sum_{k=1}^{+\infty} C\frac{\cosh\left[\varepsilon_{\gamma=2,n=2n-1,k=2k-1(\alpha=2)}\left(y_{eD}-\left|y_{D1}\right|\right)\right]+\cosh\left[\varepsilon_{\gamma=2,n=2n-1,k=2k-1(\alpha=2)}\left(y_{eD}-\left|y_{D2}\right|\right)\right]}{\varepsilon_{\gamma=2,n=2n-1,k=2k-1(\alpha=2)}\sinh(y_{eD}\varepsilon_{\gamma=2,n=2n-1,k=2k-1(\alpha=2)})}\right\} \quad (2-53)$$

其中：$A = \dfrac{4h\tilde{q}\mu}{\pi kh_D x_{eD} L_{ref} s}$，$B = \dfrac{1}{(2n-1)}\sin\left[(2n-1)\dfrac{\pi}{2}\right]\cos\left[(2n-1)\dfrac{\pi z_D}{2h_D}\right]$，$C = \cos\left[\pi(2k-1)\dfrac{x_D}{2x_{eD}}\right]$

$\cos\left[\pi(2k-1)\dfrac{x_{wD}}{2x_{eD}}\right]$，$\varepsilon_{\gamma=2,n=2n-1,k=2k-1(\alpha=2)} = \sqrt{u+\dfrac{(2n-1)^2\pi^2}{4h_D^2}+\dfrac{(2k-1)^2\pi^2}{4x_{eD}^2}}$。

将式（2-53）化为无因次形式：

$$\bar{p}_D = \frac{8}{x_{eD}s}\sum_{n=1}^{+\infty} B\left\{\sum_{k=1}^{+\infty} C\frac{\cosh\left[\varepsilon_{\gamma=2,n=2n-1,k=2k-1(\alpha=2)}\left(y_{eD}-\left|y_{D1}\right|\right)\right]+\cosh\left[\varepsilon_{\gamma=2,n=2n-1,k=2k-1(\alpha=2)}\left(y_{eD}-\left|y_{D2}\right|\right)\right]}{\varepsilon_{\gamma=2,n=2n-1,k=2k-1(\alpha=2)}\sinh(y_{eD}\varepsilon_{\gamma=2,n=2n-1,k=2k-1(\alpha=2)})}\right\}$$

$$(2-54)$$

其中：无因次压力定义为 $\bar{p}_D = \dfrac{2\pi kh}{(\tilde{q}h)\mu}\Delta\bar{p}$，参数 B 与 C 同式（2-53）。

2.1.27 顶定压底封闭 x 负方向封闭 x 正方向、y 方向定压盒状储层

为了得到顶定压底封闭 x 负方向封闭 x 正方向、y 方向定压盒状储层完全射孔直井的线源解，需要对式（1-364）在 z 方向对点源位置 z_w 从 0 到 h 进行积分，整理后可得

$$\Delta\bar{p} = A\sum_{n=1}^{+\infty} B\left\{\sum_{k=1}^{+\infty} C\frac{\cosh\left[\varepsilon_{\gamma=2,n=2n-1,k=2k-1(\alpha=2)}\left(y_{eD}-\left|y_{D1}\right|\right)\right]-\cosh\left[\varepsilon_{\gamma=2,n=2n-1,k=2k-1(\alpha=2)}\left(y_{eD}-\left|y_{D2}\right|\right)\right]}{\varepsilon_{\gamma=2,n=2n-1,k=2k-1(\alpha=2)}\sinh(y_{eD}\varepsilon_{\gamma=2,n=2n-1,k=2k-1(\alpha=2)})}\right\} \quad (2-55)$$

其中：$A = \dfrac{4h\tilde{q}\mu}{\pi kh_D x_{eD} L_{ref} s}$，$B = \dfrac{1}{(2n-1)}\sin\left[(2n-1)\dfrac{\pi}{2}\right]\cos\left[(2n-1)\dfrac{\pi z_D}{2h_D}\right]$，$C = \cos\left[\pi(2k-1)\dfrac{x_D}{2x_{eD}}\right]$

$\cos\left[\pi(2k-1)\dfrac{x_{wD}}{2x_{eD}}\right]$，$\varepsilon_{\gamma=2,n=2n-1,k=2k-1(\alpha=2)} = \sqrt{u+\left(\dfrac{(2n-1)\pi}{2h_D}\right)^2+\dfrac{(2k-1)^2\pi^2}{4x_{eD}^2}}$。

将式（2-55）化为无因次形式：

$$\overline{p}_{\mathrm{D}} = \frac{8}{x_{\mathrm{eD}}s}\sum_{n=1}^{+\infty}B\left\{\sum_{k=1}^{+\infty}C\frac{\cosh\left[\varepsilon_{\gamma=2,n=2n-1,k=2k-1(\alpha=2)}\left(y_{\mathrm{eD}}-\left|y_{\mathrm{D1}}\right|\right)\right]-\cosh\left[\varepsilon_{\gamma=2,n=2n-1,k=2k-1(\alpha=2)}\left(y_{\mathrm{eD}}-\left|y_{\mathrm{D2}}\right|\right)\right]}{\varepsilon_{\gamma=2,n=2n-1,k=2k-1(\alpha=2)}\sinh(y_{\mathrm{eD}}\varepsilon_{\gamma=2,n=2n-1,k=2k-1(\alpha=2)})}\right\}\quad（2\text{-}56）$$

其中：无因次压力定义为 $\overline{p}_{\mathrm{D}} = \dfrac{2\pi kh}{(\tilde{q}h)\mu}\Delta\overline{p}$，参数 B 与 C 同式（2-55）。

2.2 典型边界部分射孔直井线源解

2.2.1 顶底封闭径向无限大储层

为了得到顶底封闭径向无限大储层部分射孔直井的线源解，需要对式（1-85）在 z 方向对点源位置 z_{w} 从 $z_{\mathrm{w}}-h_{\mathrm{b}}$ 到 $z_{\mathrm{w}}+h_{\mathrm{t}}$ 进行积分，如图 2-1 所示。

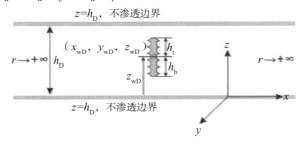

图 2-1　顶底封闭径向无限大储层部分射孔示意图

$$\Delta\overline{p} = \frac{\tilde{q}\mu}{2\pi kL_{\mathrm{ref}}sh_{\mathrm{D}}}\int_{z_{\mathrm{w}}-h_{\mathrm{b}}}^{z_{\mathrm{w}}+h_{\mathrm{t}}}\left[K_{0}\left(r_{\mathrm{D}}\sqrt{u}\right)+2\sum_{m=1}^{+\infty}\cos\left(\frac{\pi m z_{\mathrm{D}}}{h_{\mathrm{D}}}\right)\cos\left(\frac{\pi m z_{\mathrm{wD}}}{h_{\mathrm{D}}}\right)K_{0}(r_{\mathrm{D}}\varepsilon_{m})\right]\mathrm{d}z_{\mathrm{w}}\quad（2\text{-}57）$$

其中：h_{b} 为点源位置到射孔段底部的距离，cm；h_{t} 为点源位置到射孔段顶部的距离，cm。式（2-57）中只有 z_{wD} 是积分变量 z_{w} 的函数。将 z_{wD} 和 h_{D} 变换为有因次的形式，并对含有 z_{w} 的项进行积分，整理后可得

$$\Delta\overline{p} = \frac{\tilde{q}\mu h_{\mathrm{w}}}{2\pi kL_{\mathrm{ref}}sh_{\mathrm{D}}}\left[K_{0}\left(r_{\mathrm{D}}\sqrt{u}\right)+\frac{4h}{h_{\mathrm{w}}\pi}\sum_{m=1}^{+\infty}BK_{0}(r_{\mathrm{D}}\varepsilon_{m})\right]\quad（2\text{-}58）$$

其中：$B = \dfrac{1}{m}\cos\left(\dfrac{\pi m z_{\mathrm{D}}}{h_{\mathrm{D}}}\right)\cos\left(\dfrac{\pi m(2z_{\mathrm{w}}+h_{\mathrm{t}}-h_{\mathrm{b}})}{2h}\right)\sin\left(\dfrac{\pi m h_{\mathrm{w}}}{2h}\right)$，$h_{\mathrm{w}}$ 为射孔段的总长度，cm。

将式（2-58）化为无因次形式：

$$\overline{p}_{\mathrm{D}} = \frac{1}{s}\left[K_{0}\left(r_{\mathrm{D}}\sqrt{u}\right)+\frac{4h}{h_{\mathrm{w}}\pi}\sum_{m=1}^{+\infty}BK_{0}(r_{\mathrm{D}}\varepsilon_{m})\right]\quad（2\text{-}59）$$

其中：无因次压力定义为 $\overline{p}_{\mathrm{D}} = \dfrac{2\pi kh}{(\tilde{q}h_{\mathrm{w}})\mu}\Delta\overline{p}$，$\tilde{q}h_{\mathrm{w}}$ 表示射孔段总流量，参数 B 同式（2-58）。

2.2.2 顶底封闭径向封闭柱状储层

为了得到顶底封闭径向封闭柱状储层部分射孔直井的线源解，需要对式（1-207）在 z 方向对点源位置 z_w 从 z_w-h_b 到 z_w+h_t 进行积分，如图 2-2 所示。

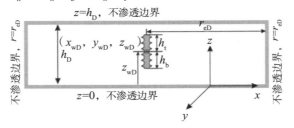

图 2-2　顶底封闭径向封闭柱状储层部分射孔示意图

$$\Delta\bar{p} = \frac{\tilde{q}\mu}{2\pi k L_{ref} s h_D}\int_{z_w-h_b}^{z_w+h_t}\left[K_0(r_D\sqrt{u}) + \frac{K_1(r_{eD}\sqrt{u})}{I_1(r_{eD}\sqrt{u})}I_0(r_D\sqrt{u}) + \right.$$
$$2\sum_{n=1}^{+\infty}K_0(\varepsilon_n r_D)\cos\left(n\pi\frac{z_D}{h_D}\right)\cos\left(n\pi\frac{z_{wD}}{h_D}\right) + \tag{2-60}$$
$$\left. 2\sum_{n=1}^{+\infty}\frac{K_1(\varepsilon_n r_{eD})}{I_1(\varepsilon_n r_{eD})}I_0(\varepsilon_n r_D)\cos\left(n\pi\frac{z_D}{h_D}\right)\cos\left(n\pi\frac{z_{wD}}{h_D}\right)\right]dz_w$$

式（2-60）中只有 z_{wD} 是积分变量 z_w 的函数。将 z_{wD} 和 h_D 变换为有因次的形式，并对含有 z_w 的项进行积分，整理后可得

$$\Delta\bar{p} = \frac{\tilde{q}\mu}{2\pi k L_{ref} s h_D}\left[K_0(r_D\sqrt{u})h_w + \frac{K_1(r_{eD}\sqrt{u})}{I_1(r_{eD}\sqrt{u})}I_0(r_D\sqrt{u})h_w + \right.$$
$$4\sum_{n=1}^{+\infty}\frac{h}{n\pi}K_0(\varepsilon_n r_D)\cos\left(n\pi\frac{z_D}{h_D}\right)\cos\left(n\pi\frac{2z_w+h_t-h_b}{2h}\right)\sin\left(n\pi\frac{h_w}{2h}\right) + \tag{2-61}$$
$$\left. 4\sum_{n=1}^{+\infty}\frac{h}{n\pi}\frac{K_1(\varepsilon_n r_{eD})}{I_1(\varepsilon_n r_{eD})}I_0(\varepsilon_n r_D)\cos\left(n\pi\frac{z_D}{h_D}\right)\cos\left(n\pi\frac{2z_w+h_t-h_b}{2h}\right)\sin\left(n\pi\frac{h_w}{2h}\right)\right]$$

将式（2-61）化为无因次形式：

$$\bar{p}_D = \frac{1}{s}\left[K_0(r_D\sqrt{u}) + \frac{K_1(r_{eD}\sqrt{u})}{I_1(r_{eD}\sqrt{u})}I_0(r_D\sqrt{u}) + \right.$$
$$4\sum_{n=1}^{+\infty}\frac{h}{h_w n\pi}K_0(\varepsilon_n r_D)\cos\left(n\pi\frac{z_D}{h_D}\right)\cos\left(n\pi\frac{2z_w+h_t-h_b}{2h}\right)\sin\left(n\pi\frac{h_w}{2h}\right) + \tag{2-62}$$
$$\left. 4\sum_{n=1}^{+\infty}\frac{h}{h_w n\pi}\frac{K_1(\varepsilon_n r_{eD})}{I_1(\varepsilon_n r_{eD})}I_0(\varepsilon_n r_D)\cos\left(n\pi\frac{z_D}{h_D}\right)\cos\left(n\pi\frac{2z_w+h_t-h_b}{2h}\right)\sin\left(n\pi\frac{h_w}{2h}\right)\right]$$

其中：无因次压力定义为 $\bar{p}_D = \frac{2\pi k h}{(\tilde{q}h_w)\mu}\Delta\bar{p}$。

2.2.3 顶底封闭径向定压柱状储层

为了得到顶底封闭径向定压柱状储层部分射孔直井的线源解，需要对式（1–211）在 z 方向对点源位置 z_w 从 $z_w - h_b$ 到 $z_w + h_t$ 进行积分，如图 2–3 所示。

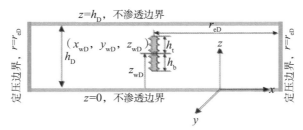

图 2–3 顶底封闭径向定压柱状储层部分射孔示意图

$$\Delta \bar{p} = \frac{\tilde{q}\mu}{2\pi k L_{ref} s h_D} \int_{z_w - h_b}^{z_w + h_t} \left[K_0(r_D\sqrt{u}) - \frac{K_0(r_{eD}\sqrt{u})}{I_0(r_{eD}\sqrt{u})} I_0(r_D\sqrt{u}) + \right.$$
$$2\sum_{n=1}^{+\infty} K_0(\varepsilon_n r_D)\cos\left(n\pi\frac{z_D}{h_D}\right)\cos\left(n\pi\frac{z_{wD}}{h_D}\right) -$$
$$\left. 2\sum_{n=1}^{+\infty} \frac{K_0(\varepsilon_n r_{eD})}{I_0(\varepsilon_n r_{eD})} I_0(\varepsilon_n r_D)\cos\left(n\pi\frac{z_D}{h_D}\right)\cos\left(n\pi\frac{z_{wD}}{h_D}\right) \right] dz_w \qquad （2-63）$$

式（2–63）中只有 z_{wD} 是积分变量 z_w 的函数。将 z_{wD} 和 h_D 变换为有因次的形式，并对含有 z_w 的项进行积分，整理后可得

$$\Delta \bar{p} = \frac{\tilde{q}\mu}{2\pi k L_{ref} s h_D} \left[K_0(r_D\sqrt{u})h_w - \frac{K_0(r_{eD}\sqrt{u})}{I_0(r_{eD}\sqrt{u})} I_0(r_D\sqrt{u})h_w + \right.$$
$$4\sum_{n=1}^{+\infty} \frac{h}{n\pi} K_0(\varepsilon_n r_D)\cos\left(n\pi\frac{z_D}{h_D}\right)\cos\left(n\pi\frac{2z_w + h_t - h_b}{2h}\right)\sin\left(n\pi\frac{h_w}{2h}\right) -$$
$$\left. 4\sum_{n=1}^{+\infty} \frac{h}{n\pi} \frac{K_0(\varepsilon_n r_{eD})}{I_0(\varepsilon_n r_{eD})} I_0(\varepsilon_n r_D)\cos\left(n\pi\frac{z_D}{h_D}\right)\cos\left(n\pi\frac{2z_w + h_t - h_b}{2h}\right)\sin\left(n\pi\frac{h_w}{2h}\right) \right] \qquad （2-64）$$

将式（2–64）化为无因次形式：

$$\bar{p}_D = \frac{1}{s} \left[K_0(r_D\sqrt{u}) - \frac{K_0(r_{eD}\sqrt{u})}{I_0(r_{eD}\sqrt{u})} I_0(r_D\sqrt{u}) + \right.$$
$$4\sum_{n=1}^{+\infty} \frac{h}{h_w n\pi} K_0(\varepsilon_n r_D)\cos\left(n\pi\frac{z_D}{h_D}\right)\cos\left(n\pi\frac{2z_w + h_t - h_b}{2h}\right)\sin\left(n\pi\frac{h_w}{2h}\right) -$$
$$\left. 4\sum_{n=1}^{+\infty} \frac{h}{h_w n\pi} \frac{K_0(\varepsilon_n r_{eD})}{I_0(\varepsilon_n r_{eD})} I_0(\varepsilon_n r_D)\cos\left(n\pi\frac{z_D}{h_D}\right)\cos\left(n\pi\frac{2z_w + h_t - h_b}{2h}\right)\sin\left(n\pi\frac{h_w}{2h}\right) \right] \qquad （2-65）$$

其中：无因次压力定义为 $\bar{p}_D = \frac{2\pi k h}{(\tilde{q}h_w)\mu}\Delta\bar{p}$。

2.2.4 顶底定压径向无限大储层

为了得到顶底定压径向无限大储层部分射孔直井的线源解，需要对式（1-93）在 z 方向对点源位置 z_w 从 $z_w - h_b$ 到 $z_w + h_t$ 进行积分，如图 2-4 所示。

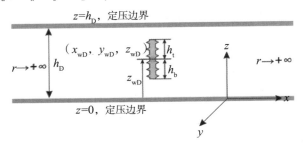

图 2-4 顶底定压径向无限大储层部分射孔示意图

$$\Delta \overline{p} = \frac{\tilde{q}\mu}{\pi k L_{ref} h_D s} \int_{z_w - h_b}^{z_w + h_t} \left[\sum_{n=1}^{+\infty} K_0 \left(r_D \sqrt{\frac{(n\pi)^2}{h_D^2} + u} \right) \sin \left(n\pi \frac{z_D}{h_D} \right) \sin \left(n\pi \frac{z_{wD}}{h_D} \right) \right] dz_w \qquad （2-66）$$

式（2-66）中只有 z_{wD} 是积分变量 z_w 的函数。将 z_{wD} 和 h_D 变换为有因次的形式，并对含有 z_w 的项进行积分，整理后可得

$$\Delta \overline{p} = \frac{2\tilde{q}\mu}{\pi k L_{ref} h_D s} \sum_{n=1}^{+\infty} \frac{h}{n\pi} K_0 \left(r_D \sqrt{\frac{(n\pi)^2}{h_D^2} + u} \right) \sin \left(n\pi \frac{z_D}{h_D} \right) \sin \left(n\pi \frac{2z_w + h_t - h_b}{2h} \right) \sin \left(n\pi \frac{h_w}{2h} \right) \qquad （2-67）$$

将式（2-67）化为无因次形式：

$$\overline{p}_D = \frac{4h_D}{h_w \pi s} \sum_{n=1}^{+\infty} \frac{1}{n} K_0 \left(r_D \sqrt{\frac{(n\pi)^2}{h_D^2} + u} \right) \sin \left(n\pi \frac{z_D}{h_D} \right) \sin \left(n\pi \frac{2z_w + h_t - h_b}{2h} \right) \sin \left(n\pi \frac{h_{wD}}{2h_D} \right) \qquad （2-68）$$

其中：无因次压力定义为 $\overline{p}_D = \dfrac{2\pi kh}{(\tilde{q}h_w)\mu} \Delta \overline{p}$。

2.2.5 顶底定压径向封闭柱状储层

为了得到顶底定压径向封闭柱状储层部分射孔直井的线源解，需要对式（1-216）在 z 方向对点源位置 z_w 从 $z_w - h_b$ 到 $z_w + h_t$ 进行积分，如图 2-5 所示。

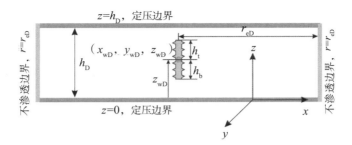

图 2-5 顶底定压径向封闭柱状储层部分射孔示意图

$$\Delta\bar{p} = \frac{\tilde{q}\mu}{\pi k L_{\text{ref}} h_{\text{D}} s} \int_{z_{\text{w}}-h_{\text{b}}}^{z_{\text{w}}+h_{\text{t}}} \sum_{n=1}^{+\infty}\left[K_0(Br_{\text{D}}) + \frac{K_1(Br_{\text{eD}})}{I_1(Br_{\text{eD}})}I_0(Br_{\text{D}})\right]\sin\left(n\pi\frac{z_{\text{D}}}{h_{\text{D}}}\right)\sin\left(n\pi\frac{z_{\text{wD}}}{h_{\text{D}}}\right)\mathrm{d}z_{\text{w}} \qquad (2\text{-}69)$$

其中：$B = \sqrt{\dfrac{(n\pi)^2}{h_{\text{D}}^2} + u}$。

式（2-69）中只有 z_{wD} 是积分变量 z_{w} 的函数。将 z_{wD} 和 h_{D} 变换为有因次的形式，并对含有 z_{w} 的项进行积分，整理后可得

$$\Delta\bar{p} = \frac{2\tilde{q}\mu}{\pi k L_{\text{ref}} h_{\text{D}} s}\sum_{n=1}^{+\infty}\frac{h}{n\pi}\left[K_0(Br_{\text{D}}) + \frac{K_1(Br_{\text{eD}})}{I_1(Br_{\text{eD}})}I_0(Br_{\text{D}})\right]\sin\left(n\pi\frac{z_{\text{D}}}{h_{\text{D}}}\right)\sin\left(n\pi\frac{2z_{\text{w}}+h_{\text{t}}-h_{\text{b}}}{2h}\right)\sin\left(n\pi\frac{h_{\text{w}}}{2h}\right) \qquad (2\text{-}70)$$

将式（2-70）化为无因次形式：

$$\bar{p}_{\text{D}} = \frac{4h}{\pi h_{\text{w}} s}\sum_{n=1}^{+\infty}\frac{1}{n}\left[K_0(Br_{\text{D}}) + \frac{K_1(Br_{\text{eD}})}{I_1(Br_{\text{eD}})}I_0(Br_{\text{D}})\right]\sin n\pi\frac{z_{\text{D}}}{h_{\text{D}}}\sin n\pi\frac{2z_{\text{w}}+h_{\text{t}}-h_{\text{b}}}{2h}\sin n\pi\frac{h_{\text{w}}}{2h} \qquad (2\text{-}71)$$

其中：无因次压力定义为 $\bar{p}_{\text{D}} = \dfrac{2\pi k h}{(\tilde{q}h_{\text{w}})\mu}\Delta\bar{p}$，参数 B 同式（2-69）。

2.2.6 顶底定压径向定压柱状储层

为了得到顶底定压径向定压柱状储层部分射孔直井的线源解，需要对式（1-219）在 z 方向对点源位置 z_{w} 从 $z_{\text{w}}-h_{\text{b}}$ 到 $z_{\text{w}}+h_{\text{t}}$ 进行积分，如图 2-6 所示。

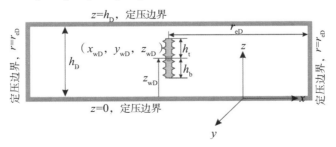

图 2-6 顶底定压径向定压柱状储层部分射孔示意图

$$\Delta \bar{p} = \frac{\tilde{q}\mu}{\pi k L_{\text{ref}} h_{\text{D}} s} \int_{z_{\text{w}}-h_{\text{b}}}^{z_{\text{w}}+h_{\text{t}}} \sum_{n=1}^{+\infty} \left[K_0(B r_{\text{D}}) - \frac{K_0(B r_{\text{eD}})}{I_0(B r_{\text{eD}})} I_0(B r_{\text{D}}) \right] \sin\left(n\pi \frac{z_{\text{D}}}{h_{\text{D}}}\right) \sin\left(n\pi \frac{z_{\text{wD}}}{h_{\text{D}}}\right) dz_{\text{w}} \qquad (2-72)$$

其中：$B = \sqrt{\dfrac{(n\pi)^2}{h_{\text{D}}^2} + u}$。

式（2-72）中只有 z_{wD} 是积分变量 z_{w} 的函数。将 z_{wD} 和 h_{D} 变换为有因次的形式，并对含有 z_{w} 的项进行积分，整理后可得

$$\Delta \bar{p} = \frac{2\tilde{q}\mu}{\pi k L_{\text{ref}} h_{\text{D}} s} \sum_{n=1}^{+\infty} \frac{h}{n\pi} \left[K_0(B r_{\text{D}}) - \frac{K_0(B r_{\text{eD}})}{I_0(B r_{\text{eD}})} I_0(B r_{\text{D}}) \right] \sin\left(n\pi \frac{z_{\text{D}}}{h_{\text{D}}}\right) \sin\left(n\pi \frac{2z_{\text{w}} + h_{\text{t}} - h_{\text{b}}}{2h}\right) \sin\left(n\pi \frac{h_{\text{w}}}{2h}\right) \qquad (2-73)$$

将式（2-73）化为无因次形式：

$$\bar{p}_{\text{D}} = \frac{4h}{\pi h_{\text{w}} s} \sum_{n=1}^{+\infty} \frac{1}{n} \left[K_0(B r_{\text{D}}) - \frac{K_0(B r_{\text{eD}})}{I_0(B r_{\text{eD}})} I_0(B r_{\text{D}}) \right] \sin\left(n\pi \frac{z_{\text{D}}}{h_{\text{D}}}\right) \sin\left(n\pi \frac{2z_{\text{w}} + h_{\text{t}} - h_{\text{b}}}{2h}\right) \sin\left(n\pi \frac{h_{\text{w}}}{2h}\right) \qquad (2-74)$$

其中：无因次压力定义为 $\bar{p}_{\text{D}} = \dfrac{2\pi k h}{(\tilde{q} h_{\text{w}})\mu} \Delta \bar{p}$，参数 B 同式（2-72）。

2.2.7　上边界定压下边界封闭径向无限大储层

为了得到上边界定压下边界封闭径向无限大储层部分射孔直井的线源解，需要对式（1-102）在 z 方向对点源位置 z_{w} 从 $z_{\text{w}} - h_{\text{b}}$ 到 $z_{\text{w}} + h_{\text{t}}$ 进行积分，如图2-7所示。

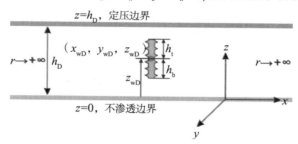

图2-7　上边界定压下边界封闭径向无限大储层部分射孔示意图

$$\Delta \bar{p} = \frac{\tilde{q}\mu}{\pi k L_{\text{ref}} h_{\text{D}} s} \int_{z_{\text{w}}-h_{\text{b}}}^{z_{\text{w}}+h_{\text{t}}} \left[\sum_{n=1}^{+\infty} K_0\left(r_{\text{D}} \sqrt{\frac{((2n-1)\pi)^2}{4h_{\text{D}}^2} + u}\right) \cos\left[\frac{\pi(2n-1)}{2h_{\text{D}}} z_{\text{D}}\right] \cos\left[\frac{\pi(2n-1)}{2h_{\text{D}}} z_{\text{wD}}\right] \right] dz_{\text{w}} \qquad (2-75)$$

式（2-75）中只有 z_{wD} 是积分变量 z_{w} 的函数。将 z_{wD} 和 h_{D} 变换为有因次的形式，并对含有 z_{w} 的项进行积分，整理后可得

$$\Delta \bar{p} = \frac{4\tilde{q}\mu h}{\pi^2 k L_{\text{ref}} h_{\text{D}} s} \sum_{n=1}^{+\infty} \frac{B}{(2n-1)} K_0\left(r_{\text{D}} \sqrt{\frac{((2n-1)\pi)^2}{4h_{\text{D}}^2} + u}\right) \qquad (2-76)$$

其中：$B=\cos\left[\dfrac{\pi(2n-1)}{2h_\mathrm{D}}z_\mathrm{D}\right]\cos\left[\dfrac{\pi(2n-1)}{4h}(2z_\mathrm{w}+h_\mathrm{t}-h_\mathrm{b})\right]\sin\left[\dfrac{\pi(2n-1)}{4h}h_\mathrm{w}\right]$。

将式（2-76）化为无因次形式：

$$\overline{p}_\mathrm{D}=\frac{8h}{s\pi h_\mathrm{w}}\sum_{n=1}^{+\infty}\frac{B}{(2n-1)}K_0\left(r_\mathrm{D}\sqrt{\frac{\left((2n-1)\pi\right)^2}{4h_\mathrm{D}^2}+u}\right)\qquad（2-77）$$

其中：无因次压力定义为 $\overline{p}_\mathrm{D}=\dfrac{2\pi kh}{(\tilde{q}h_\mathrm{w})\mu}\Delta\overline{p}$，参数 B 同式（2-76）。

2.2.8　上边界定压下边界封闭径向封闭柱状储层

为了得到上边界定压下边界封闭径向封闭柱状储层部分射孔直井的线源解，需要对式（1-225）在 z 方向对点源位置 z_w 从 $z_\mathrm{w}-h_\mathrm{b}$ 到 $z_\mathrm{w}+h_\mathrm{t}$ 进行积分，如图 2-8 所示。

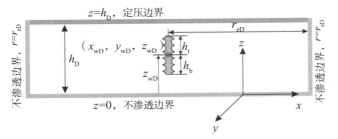

图 2-8　上边界定压下边界封闭径向封闭柱状储层部分射孔示意图

$$\Delta\overline{p}=\frac{\tilde{q}\mu}{\pi kL_\mathrm{ref}h_\mathrm{D}s}\int_{z_\mathrm{w}-h_\mathrm{b}}^{z_\mathrm{w}+h_\mathrm{t}}\sum_{n=1}^{+\infty}\left\{\left[K_0(Br_\mathrm{D})+\frac{K_1(Br_\mathrm{eD})}{I_1(Br_\mathrm{eD})}I_0(Br_\mathrm{D})\right]\cos\left[\frac{\pi(2n-1)}{2h_\mathrm{D}}z_\mathrm{D}\right]\cos\left[\frac{\pi(2n-1)}{2h_\mathrm{D}}z_\mathrm{wD}\right]\right\}\mathrm{d}z_\mathrm{w}\qquad（2-78）$$

其中：$B=\sqrt{\dfrac{\left((2n-1)\pi\right)^2}{4h_\mathrm{D}^2}+u}$。

式（2-78）中只有 z_wD 是积分变量 z_w 的函数。将 z_wD 和 h_D 变换为有因次的形式，并对含有 z_w 的项进行积分，整理后可得

$$\Delta\overline{p}=\frac{\tilde{q}\mu}{\pi kL_\mathrm{ref}h_\mathrm{D}s}\sum_{n=1}^{+\infty}\frac{4hC}{\pi(2n-1)}\left[K_0(Br_\mathrm{D})+\frac{K_1(Br_\mathrm{eD})}{I_1(Br_\mathrm{eD})}I_0(Br_\mathrm{D})\right]\qquad（2-79）$$

其中：$B=\sqrt{\dfrac{\left((2n-1)\pi\right)^2}{4h_\mathrm{D}^2}+u}$，$C=\cos\left[\dfrac{\pi(2n-1)}{2h_\mathrm{D}}z_\mathrm{D}\right]\cos\left[\dfrac{\pi(2n-1)}{4h}(2z_\mathrm{w}+h_\mathrm{t}-h_\mathrm{b})\right]\cdot\sin\left[\dfrac{\pi(2n-1)h_\mathrm{w}}{4h}\right]$。

将式（2-79）化为无因次形式：

$$\overline{p}_\mathrm{D}=\frac{8h}{s\pi h_\mathrm{w}}\sum_{n=1}^{+\infty}\frac{C}{(2n-1)}\left[K_0(Br_\mathrm{D})+\frac{K_1(Br_\mathrm{eD})}{I_1(Br_\mathrm{eD})}I_0(Br_\mathrm{D})\right]\qquad（2-80）$$

其中：无因次压力定义为 $\bar{p}_D = \dfrac{2\pi kh}{(\tilde{q}h_w)\mu}\Delta\bar{p}$，参数 B 与 C 同式（2-79）。

2.2.9 上边界定压下边界封闭径向定压柱状储层

为了得到上边界定压下边界封闭径向定压柱状储层部分射孔直井的线源解，需要对式（1-228）在 z 方向对点源位置 z_w 从 $z_w - h_b$ 到 $z_w + h_t$ 进行积分，如图 2-9 所示。

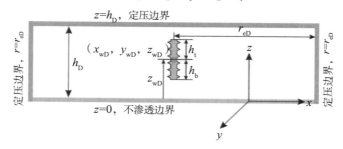

图 2-9 上边界定压下边界封闭径向定压柱状储层部分射孔示意图

$$\Delta\bar{p} = \frac{\tilde{q}\mu}{\pi k L_{ref}h_D s}\int_{z_w-h_b}^{z_w+h_t}\sum_{n=1}^{+\infty}\left[K_0(Br_D) - \frac{K_0(Br_{eD})}{I_0(Br_{eD})}I_0(Br_D)\right]\cos\left[\frac{\pi(2n-1)}{2h_D}z_D\right]\cos\left[\frac{\pi(2n-1)}{2h_D}z_{wD}\right]dz_w \quad （2-81）$$

其中：$B = \sqrt{\dfrac{((2n-1)\pi)^2}{4h_D^2} + u}$。

式（2-81）中只有 z_{wD} 是积分变量 z_w 的函数。将 z_{wD} 和 h_D 变换为有因次的形式，并对含有 z_w 的项进行积分，整理后可得

$$\Delta\bar{p} = \frac{\tilde{q}\mu}{\pi k L_{ref}h_D s}\sum_{n=1}^{+\infty}\frac{4hC}{\pi(2n-1)}\left[K_0(Br_D) - \frac{K_0(Br_{eD})}{I_0(Br_{eD})}I_0(Br_D)\right] \quad （2-82）$$

其中：$B = \sqrt{\dfrac{((2n-1)\pi)^2}{4h_D^2} + u}$，$C = \cos\left[\dfrac{\pi(2n-1)}{2h_D}z_D\right]\cos\left[\dfrac{\pi(2n-1)}{4h}(2z_w + h_t - h_b)\right]\cdot\sin\left[\dfrac{\pi(2n-1)h_w}{4h}\right]$。

将式（2-82）化为无因次形式：

$$\bar{p}_D = \frac{8h}{s\pi h_w}\sum_{n=1}^{+\infty}\frac{C}{(2n-1)}\left[K_0(Br_D) - \frac{K_0(Br_{eD})}{I_0(Br_{eD})}I_0(Br_D)\right] \quad （2-83）$$

其中：无因次压力定义为 $\bar{p}_D = \dfrac{2\pi kh}{(\tilde{q}h_w)\mu}\Delta\bar{p}$，参数 B 与 C 同式（2-82）。

2.2.10 顶底封闭 x、y 方向封闭盒状储层

为了得到顶底封闭 x、y 方向封闭盒状储层部分射孔直井的线源解，需要对式（1-267）在 z 方向对点源位置 z_w 从 $z_w - h_b$ 到 $z_w + h_t$ 进行积分。

$$\Delta \overline{p} = A\int_{z_w - h_b}^{z_w + h_t}\left\{\frac{\cosh\left(\sqrt{u}\left(y_{eD} - \left|y_{D1}\right|\right)\right) + \cosh\left(\sqrt{u}\left(y_{eD} - \left|y_{D2}\right|\right)\right)}{\sqrt{u}\,\sinh(y_{eD}\sqrt{u})} + \right.$$

$$2\sum_{k=1}^{+\infty}B\frac{\cosh\left(\varepsilon_k\left(y_{eD} - \left|y_{D1}\right|\right)\right) + \cosh\left(\varepsilon_k\left(y_{eD} - \left|y_{D2}\right|\right)\right)}{\varepsilon_k\sinh(y_{eD}\varepsilon_k)} +$$

$$2\sum_{n=1}^{+\infty}\left[\cos\left(\frac{\pi n z_D}{h_D}\right)\cos\left(\frac{\pi n z_{wD}}{h_D}\right)\right]\left[\frac{\cosh\left(\varepsilon_n\left(y_{eD} - \left|y_{D1}\right|\right)\right) + \cosh\left(\varepsilon_n\left(y_{eD} - \left|y_{D2}\right|\right)\right)}{\varepsilon_n\sinh(y_{eD}\varepsilon_n)}\right] +$$

$$\left.2\sum_{n=1}^{+\infty}\left[\cos\left(\frac{\pi n z_D}{h_D}\right)\cos\left(\frac{\pi n z_{wD}}{h_D}\right)\right]\left[2\sum_{k=1}^{+\infty}B\frac{\cosh\left(\varepsilon_{nk}\left(y_{eD} - \left|y_{D1}\right|\right)\right) + \cosh\left(\varepsilon_{nk}\left(y_{eD} - \left|y_{D2}\right|\right)\right)}{\varepsilon_{nk}\sinh(y_{eD}\varepsilon_{nk})}\right]\right\}\mathrm{d}z_w \tag{2-84}$$

其中：$A = \dfrac{\tilde{q}\mu}{2kh_D x_{eD}L_{ref}s}$，$B = \cos\left(\pi k\dfrac{x_D}{x_{eD}}\right)\cos\left(\pi k\dfrac{x_{wD}}{x_{eD}}\right)$。

式（2-84）中只有 z_{wD} 是积分变量 z_w 的函数。将 z_{wD} 和 h_D 变换为有因次的形式，并对含有 z_w 的项进行积分，整理后可得

$$\Delta \overline{p} = \frac{\tilde{q}\mu h_w}{2kh_D x_{eD}L_{ref}s}\left\{\frac{\cosh\left(\sqrt{u}\left(y_{eD} - \left|y_{D1}\right|\right)\right) + \cosh\left(\sqrt{u}\left(y_{eD} - \left|y_{D2}\right|\right)\right)}{\sqrt{u}\,\sinh(y_{eD}\sqrt{u})} + \right.$$

$$2\sum_{k=1}^{+\infty}B\frac{\cosh\left(\varepsilon_k\left(y_{eD} - \left|y_{D1}\right|\right)\right) + \cosh\left(\varepsilon_k\left(y_{eD} - \left|y_{D2}\right|\right)\right)}{\varepsilon_k\sinh(y_{eD}\varepsilon_k)} +$$

$$2\sum_{n=1}^{+\infty}C\frac{\cosh\left(\varepsilon_n\left(y_{eD} - \left|y_{D1}\right|\right)\right) + \cosh\left(\varepsilon_n\left(y_{eD} - \left|y_{D2}\right|\right)\right)}{\varepsilon_n\sinh(y_{eD}\varepsilon_n)} +$$

$$\left.2\sum_{n=1}^{+\infty}C\left[2\sum_{k=1}^{+\infty}B\frac{\cosh\left(\varepsilon_{nk}\left(y_{eD} - \left|y_{D1}\right|\right)\right) + \cosh\left(\varepsilon_{nk}\left(y_{eD} - \left|y_{D2}\right|\right)\right)}{\varepsilon_{nk}\sinh(y_{eD}\varepsilon_{nk})}\right]\right\} \tag{2-85}$$

其中：$B = \cos\left(\pi k\dfrac{x_D}{x_{eD}}\right)\cos\left(\pi k\dfrac{x_{wD}}{x_{eD}}\right)$，$C = \dfrac{2h}{\pi n h_w}\cos\left(\dfrac{\pi n z_D}{h_D}\right)\cos\left[\dfrac{\pi n}{2h}\left(2z_w + h_t - h_b\right)\right]\sin\left(\dfrac{\pi n h_w}{2h}\right)$。

将式（2-85）化为无因次形式：

$$\overline{p}_D = \frac{\pi}{x_{eD}s}\left\{\frac{\cosh\left(\sqrt{u}\left(y_{eD} - \left|y_{D1}\right|\right)\right) + \cosh\left(\sqrt{u}\left(y_{eD} - \left|y_{D2}\right|\right)\right)}{\sqrt{u}\,\sinh(y_{eD}\sqrt{u})} + \right.$$

$$2\sum_{k=1}^{+\infty}B\frac{\cosh\left(\varepsilon_k\left(y_{eD} - \left|y_{D1}\right|\right)\right) + \cosh\left(\varepsilon_k\left(y_{eD} - \left|y_{D2}\right|\right)\right)}{\varepsilon_k\sinh(y_{eD}\varepsilon_k)} +$$

$$2\sum_{n=1}^{+\infty}C\frac{\cosh\left(\varepsilon_n\left(y_{eD} - \left|y_{D1}\right|\right)\right) + \cosh\left(\varepsilon_n\left(y_{eD} - \left|y_{D2}\right|\right)\right)}{\varepsilon_n\sinh(y_{eD}\varepsilon_n)} +$$

$$\left.2\sum_{n=1}^{+\infty}C\left[2\sum_{k=1}^{+\infty}B\frac{\cosh\left(\varepsilon_{nk}\left(y_{eD} - \left|y_{D1}\right|\right)\right) + \cosh\left(\varepsilon_{nk}\left(y_{eD} - \left|y_{D2}\right|\right)\right)}{\varepsilon_{nk}\sinh(y_{eD}\varepsilon_{nk})}\right]\right\} \tag{2-86}$$

其中：无因次压力定义为 $\bar{p}_D = \dfrac{2\pi kh}{(\tilde{q}h_w)\mu}\Delta\bar{p}$ ，$\varepsilon_{nk} = \sqrt{\varepsilon_n^2 + \dfrac{\pi^2 k^2}{x_{eD}^2}}$ ，$\varepsilon_k = \sqrt{\dfrac{(k\pi)^2}{x_{eD}^2} + u}$ ，$\varepsilon_n = \sqrt{\dfrac{(n\pi)^2}{z_{eD}^2} + u}$ ，

参数 B 与 C 同式（2-85）。

2.2.11　顶底封闭 x、y 方向定压盒状储层

为了得到顶底封闭 x、y 方向定压盒状储层部分射孔直井的线源解，需要对式（1-274）在 z 方向对点源位置 z_w 从 $z_w - h_b$ 到 $z_w + h_t$ 进行积分。

$$\Delta\bar{p} = A\int_{z_w-h_b}^{z_w+h_t}\left\{\sum_{k=1}^{+\infty} B\frac{\cosh\left[\varepsilon_k\left(y_{eD} - |y_{D1}|\right)\right] - \cosh\left[\varepsilon_k\left(y_{eD} - |y_{D2}|\right)\right]}{\varepsilon_k \sinh(y_{eD}\varepsilon_k)} + \right.$$
$$\left. 2\sum_{n=1}^{+\infty}\cos\left(\pi n\frac{z_D}{h_D}\right)\cos\left(\pi n\frac{z_{wD}}{h_D}\right)\sum_{k=1}^{+\infty}\frac{B}{C}\frac{\cosh\left[C\left(y_{eD} - |y_{D1}|\right)\right] - \cosh\left[C\left(y_{eD} - |y_{D2}|\right)\right]}{\sinh(Cy_{eD})}\right\}dz_w \tag{2-87}$$

其中：$A = \dfrac{\tilde{q}\mu}{kh_D x_{eD}L_{ref}s}$ ，$B = \sin\left(\pi k\dfrac{x_D}{x_{eD}}\right)\sin\left(\pi k\dfrac{x_{wD}}{x_{eD}}\right)$ ，$C = \sqrt{\varepsilon_n^2 + \dfrac{\pi^2 k^2}{x_{eD}^2}}$ 。

式（2-87）中只有 z_{wD} 是积分变量 z_w 的函数。将 z_{wD} 和 h_D 变换为有因次的形式，并对含有 z_w 的项进行积分，整理后可得

$$\Delta\bar{p} = A\left\{\sum_{k=1}^{+\infty} B\frac{\cosh\left[\varepsilon_k\left(y_{eD} - |y_{D1}|\right)\right] - \cosh\left[\varepsilon_k\left(y_{eD} - |y_{D2}|\right)\right]}{\varepsilon_k \sinh(y_{eD}\varepsilon_k)}h_w + \right.$$
$$\left. 2\sum_{n=1}^{+\infty} D\left[\sum_{k=1}^{+\infty}\frac{B}{C}\frac{\cosh\left[C\left(y_{eD} - |y_{D1}|\right)\right] - \cosh\left[C\left(y_{eD} - |y_{D2}|\right)\right]}{\sinh(y_{eD}C)}\right]\right\} \tag{2-88}$$

其中：$A = \dfrac{\tilde{q}\mu}{kh_D x_{eD}L_{ref}s}$ ，$B = \sin\left(\pi k\dfrac{x_D}{x_{eD}}\right)\sin\left(\pi k\dfrac{x_{wD}}{x_{eD}}\right)$ ，$C = \sqrt{\varepsilon_n^2 + \dfrac{\pi^2 k^2}{x_{eD}^2}}$ ，$D = \dfrac{2h}{\pi n}\cos\left(\pi n\dfrac{z_D}{h_D}\right)$ ，

$\cos\left(\pi n\dfrac{2z_w + h_t - h_b}{2h}\right)\sin\left(\pi n\dfrac{h_w}{2h}\right)$ 。

将式（2-88）化为无因次形式：

$$\bar{p}_D = \frac{2\pi}{x_{eD}s}\left\{\sum_{k=1}^{+\infty} B\frac{\cosh\left[\varepsilon_k\left(y_{eD} - |y_{D1}|\right)\right] - \cosh\left[\varepsilon_k\left(y_{eD} - |y_{D2}|\right)\right]}{\varepsilon_k \sinh(y_{eD}\varepsilon_k)} + \right.$$
$$\left. 4\sum_{n=1}^{+\infty} D\sum_{k=1}^{+\infty}\frac{B}{C}\frac{\cosh\left[C\left(y_{eD} - |y_{D1}|\right)\right] - \cosh\left[C\left(y_{eD} - |y_{D2}|\right)\right]}{\sinh(Cy_{eD})}\right\} \tag{2-89}$$

其中：无因次压力定义为 $\bar{p}_D = \dfrac{2\pi kh}{(\tilde{q}h_w)\mu}\Delta\bar{p}$ ，$B = \sin\left(\pi k\dfrac{x_D}{x_{eD}}\right)\sin\left(\pi k\dfrac{x_{wD}}{x_{eD}}\right)$ ，$C = \sqrt{\varepsilon_n^2 + \dfrac{\pi^2 k^2}{x_{eD}^2}}$ ，

$$D = \frac{h}{\pi n h_{\mathrm{w}}} \cos\left(\pi n \frac{z_{\mathrm{D}}}{h_{\mathrm{D}}}\right) \cos\left(\pi n \frac{2z_{\mathrm{w}} + h_{\mathrm{t}} - h_{\mathrm{b}}}{2h}\right) \sin\left(\pi n \frac{h_{\mathrm{w}}}{2h}\right), \quad \varepsilon_{nk} = \sqrt{\varepsilon_n^2 + \frac{\pi^2 k^2}{x_{\mathrm{eD}}^2}}, \quad \varepsilon_k = \sqrt{\frac{(k\pi)^2}{x_{\mathrm{eD}}^2} + u},$$

$$\varepsilon_n = \sqrt{\frac{(n\pi)^2}{z_{\mathrm{eD}}^2} + u} \,\circ$$

2.2.12　顶底封闭 y 方向定压 x 方向封闭盒状储层

为了得到顶底封闭 y 方向定压 x 方向封闭盒状储层部分射孔直井的线源解，需要对式（1—280）在 z 方向对点源位置 z_{w} 从 $z_{\mathrm{w}} - h_{\mathrm{b}}$ 到 $z_{\mathrm{w}} + h_{\mathrm{t}}$ 进行积分。

$$
\begin{aligned}
\Delta \bar{p} = A \int_{z_{\mathrm{w}} - h_{\mathrm{b}}}^{z_{\mathrm{w}} + h_{\mathrm{t}}} &\left\{ \frac{\cosh\left[\sqrt{u}\left(y_{\mathrm{eD}} - |y_{\mathrm{D1}}|\right)\right] - \cosh\left[\sqrt{u}\left(y_{\mathrm{eD}} - |y_{\mathrm{D2}}|\right)\right]}{\sqrt{u}\,\sinh(y_{\mathrm{eD}}\sqrt{u})} + \right. \\
&2\sum_{k=1}^{+\infty} B \frac{\cosh\left[\varepsilon_k\left(y_{\mathrm{eD}} - |y_{\mathrm{D1}}|\right)\right] - \cosh\left[\varepsilon_k\left(y_{\mathrm{eD}} - |y_{\mathrm{D2}}|\right)\right]}{\varepsilon_k \sinh(y_{\mathrm{eD}}\varepsilon_k)} + \\
&2\sum_{n=1}^{+\infty} \cos\left(\frac{\pi n z_{\mathrm{D}}}{h_{\mathrm{D}}}\right)\cos\left(\frac{\pi n z_{\mathrm{wD}}}{h_{\mathrm{D}}}\right)\frac{\cosh\left[\varepsilon_n\left(y_{\mathrm{eD}} - |y_{\mathrm{D1}}|\right)\right] - \cosh\left[\varepsilon_n\left(y_{\mathrm{eD}} - |y_{\mathrm{D2}}|\right)\right]}{\varepsilon_n \sinh(y_{\mathrm{eD}}\varepsilon_n)} + \\
&\left. 2\sum_{n=1}^{+\infty} \cos\left(\frac{\pi n z_{\mathrm{D}}}{h_{\mathrm{D}}}\right)\cos\left(\frac{\pi n z_{\mathrm{wD}}}{h_{\mathrm{D}}}\right) \times 2\sum_{k=1}^{+\infty} B \frac{\cosh\left[C\left(y_{\mathrm{eD}} - |y_{\mathrm{D1}}|\right)\right] - \cosh\left[C\left(y_{\mathrm{eD}} - |y_{\mathrm{D2}}|\right)\right]}{C \sinh(C y_{\mathrm{eD}})} \right\} \mathrm{d}z_{\mathrm{w}}
\end{aligned}
$$

（2—90）

其中：$A = \dfrac{\tilde{q}\mu}{2kh_{\mathrm{D}} x_{\mathrm{eD}} L_{\mathrm{ref}} s}$，$B = \cos\left(\pi k \dfrac{x_{\mathrm{D}}}{x_{\mathrm{eD}}}\right)\cos\left(\pi k \dfrac{x_{\mathrm{wD}}}{x_{\mathrm{eD}}}\right)$，$C = \sqrt{\varepsilon_n^2 + \dfrac{\pi^2 k^2}{x_{\mathrm{eD}}^2}}\,\circ$

式（2—90）中只有 z_{wD} 是积分变量 z_{w} 的函数。将 z_{wD} 和 h_{D} 变换为有因次的形式，并对含有 z_{w} 的项进行积分，整理后可得

$$
\begin{aligned}
\Delta \bar{p} = A &\left\{ \frac{\cosh\left[\sqrt{u}\left(y_{\mathrm{eD}} - |y_{\mathrm{D1}}|\right)\right] - \cosh\left[\sqrt{u}\left(y_{\mathrm{eD}} - |y_{\mathrm{D2}}|\right)\right]}{\sqrt{u}\,\sinh(y_{\mathrm{eD}}\sqrt{u})} h_{\mathrm{w}} + \right. \\
&2\sum_{k=1}^{+\infty} B \frac{\cosh\left[\varepsilon_k\left(y_{\mathrm{eD}} - |y_{\mathrm{D1}}|\right)\right] - \cosh\left[\varepsilon_k\left(y_{\mathrm{eD}} - |y_{\mathrm{D2}}|\right)\right]}{\varepsilon_k \sinh(y_{\mathrm{eD}}\varepsilon_k)} h_{\mathrm{w}} + \\
&2\sum_{n=1}^{+\infty} D \frac{\cosh\left[\varepsilon_n\left(y_{\mathrm{eD}} - |y_{\mathrm{D1}}|\right)\right] - \cosh\left[\varepsilon_n\left(y_{\mathrm{eD}} - |y_{\mathrm{D2}}|\right)\right]}{\varepsilon_n \sinh(y_{\mathrm{eD}}\varepsilon_n)} + \\
&\left. 2\sum_{n=1}^{+\infty} 2D \sum_{k=1}^{+\infty} B \frac{\cosh\left(C\left(y_{\mathrm{eD}} - |y_{\mathrm{D1}}|\right)\right) - \cosh\left(C\left(y_{\mathrm{eD}} - |y_{\mathrm{D2}}|\right)\right)}{C \sinh(C y_{\mathrm{eD}})} \right\}
\end{aligned}
$$

（2—91）

其中：$A = \dfrac{\tilde{q}\mu}{2kh_{\mathrm{D}} x_{\mathrm{eD}} L_{\mathrm{ref}} s}$，$B = \cos\left(\pi k \dfrac{x_{\mathrm{D}}}{x_{\mathrm{eD}}}\right)\cos\left(\pi k \dfrac{x_{\mathrm{wD}}}{x_{\mathrm{eD}}}\right)$，$C = \sqrt{\varepsilon_n^2 + \dfrac{\pi^2 k^2}{x_{\mathrm{eD}}^2}}$，$D = \dfrac{2h}{\pi n}\cos\left(\dfrac{\pi n z_{\mathrm{D}}}{h_{\mathrm{D}}}\right)$

$\cos\left[\dfrac{\pi n}{2h}\left(2z_{\mathrm{w}} + h_{\mathrm{t}} - h_{\mathrm{b}}\right)\right]\sin\left(\dfrac{\pi n h_{\mathrm{w}}}{2h}\right)\circ$

将（2-91）式化为无因次形式：

$$\bar{p}_{\mathrm{D}} = \frac{\pi}{x_{\mathrm{eD}} s} \left\{ \frac{\cosh\left[\sqrt{u}\left(y_{\mathrm{eD}} - |y_{\mathrm{D1}}|\right)\right] - \cosh\left[\sqrt{u}\left(y_{\mathrm{eD}} - |y_{\mathrm{D2}}|\right)\right]}{\sqrt{u}\,\sinh(y_{\mathrm{eD}}\sqrt{u})} + \right.$$

$$2\sum_{k=1}^{+\infty} B\, \frac{\cosh\left[\varepsilon_k\left(y_{\mathrm{eD}} - |y_{\mathrm{D1}}|\right)\right] - \cosh\left[\varepsilon_k\left(y_{\mathrm{eD}} - |y_{\mathrm{D2}}|\right)\right]}{\varepsilon_k \sinh(y_{\mathrm{eD}}\varepsilon_k)} +$$

$$2\sum_{n=1}^{+\infty} C\, \frac{\cosh\left[\varepsilon_n\left(y_{\mathrm{eD}} - |y_{\mathrm{D1}}|\right)\right] - \cosh\left[\varepsilon_n\left(y_{\mathrm{eD}} - |y_{\mathrm{D2}}|\right)\right]}{\varepsilon_n \sinh(y_{\mathrm{eD}}\varepsilon_n)} +$$

$$\left. 2\sum_{n=1}^{+\infty} 2C\sum_{k=1}^{+\infty} B\, \frac{\cosh\left[\varepsilon_{nk}\left(y_{\mathrm{eD}} - |y_{\mathrm{D1}}|\right)\right] - \cosh\left[\varepsilon_{nk}\left(y_{\mathrm{eD}} - |y_{\mathrm{D2}}|\right)\right]}{\varepsilon_{nk} \sinh(y_{\mathrm{eD}}\varepsilon_{nk})} \right\} \qquad (2\text{-}92)$$

其中：无因次压力定义为 $\bar{p}_{\mathrm{D}} = \dfrac{2\pi k h}{(\tilde{q} h_{\mathrm{w}})\mu}\Delta\bar{p}$ ，$B = \cos\left(\pi k \dfrac{x_{\mathrm{D}}}{x_{\mathrm{eD}}}\right)\cos\left(\pi k \dfrac{x_{\mathrm{wD}}}{x_{\mathrm{eD}}}\right)$ ，$C = \dfrac{2h}{\pi n h_{\mathrm{w}}}\cos\left(\dfrac{\pi n z_{\mathrm{D}}}{h_{\mathrm{D}}}\right)$

$\cos\left[\dfrac{\pi n}{2h}\left(2z_{\mathrm{w}} + h_{\mathrm{t}} - h_{\mathrm{b}}\right)\right]\sin\left(\dfrac{\pi n h_{\mathrm{w}}}{2h}\right)$ ，$\varepsilon_{nk} = \sqrt{\varepsilon_n^2 + \dfrac{\pi^2 k^2}{x_{\mathrm{eD}}^2}}$ ，$\varepsilon_k = \sqrt{\dfrac{(k\pi)^2}{x_{\mathrm{eD}}^2} + u}$ ，$\varepsilon_n = \sqrt{\dfrac{(n\pi)^2}{z_{\mathrm{eD}}^2} + u}$ 。

2.2.13 顶底封闭 x、y 正方向定压 x、y 负方向封闭盒状储层

为了得到顶底封闭 x、y 正方向定压 x、y 负方向封闭盒状储层部分射孔直井的线源解，需要对式（1-293）在 z 方向对点源位置 z_{w} 从 $z_{\mathrm{w}} - h_{\mathrm{b}}$ 到 $z_{\mathrm{w}} + h_{\mathrm{t}}$ 进行积分。

$$\Delta\bar{p} = A\int_{z_{\mathrm{w}}-h_{\mathrm{b}}}^{z_{\mathrm{w}}+h_{\mathrm{t}}} \left\{ \sum_{k=1}^{+\infty} B\, \frac{\sinh\left[\varepsilon_{\alpha=2,k=2k-1}\left(y_{\mathrm{eD}} - |y_{\mathrm{D1}}|\right)\right] + \sinh\left[\varepsilon_{\alpha=2,k=2k-1}\left(y_{\mathrm{eD}} - |y_{\mathrm{D2}}|\right)\right]}{\varepsilon_{\alpha=2,k=2k-1}\cosh(y_{\mathrm{eD}}\varepsilon_{\alpha=2,k=2k-1})} + \right.$$

$$\left. 2\sum_{n=1}^{+\infty} C\sum_{k=1}^{+\infty} B\, \frac{\sinh\left[\varepsilon_{\gamma=1,n,k=2k-1}\left(y_{\mathrm{eD}} - |y_{\mathrm{D1}}|\right)\right] + \sinh\left[\varepsilon_{\gamma=1,n,k=2k-1}\left(y_{\mathrm{eD}} - |y_{\mathrm{D2}}|\right)\right]}{\varepsilon_{\gamma=1,n,k=2k-1}\cosh(y_{\mathrm{eD}}\varepsilon_{\gamma=1,n,k=2k-1})} \right\} \mathrm{d}z_{\mathrm{w}} \qquad (2\text{-}93)$$

其中：$A = \dfrac{\tilde{q}\mu}{kh_{\mathrm{D}}x_{\mathrm{eD}}L_{\mathrm{ref}} s}$ ，$B = \cos\left[\dfrac{\pi(2k-1)x_{\mathrm{D}}}{2x_{\mathrm{eD}}}\right]\cos\left[\dfrac{\pi(2k-1)x_{\mathrm{wD}}}{2x_{\mathrm{eD}}}\right]$ ，$C = \cos\left(\dfrac{\pi n z_{\mathrm{D}}}{h_{\mathrm{D}}}\right)\cos\left(\dfrac{\pi n z_{\mathrm{wD}}}{h_{\mathrm{D}}}\right)$ 。

式（2-93）中只有 z_{wD} 是积分变量 z_{w} 的函数。将 z_{wD} 和 h_{D} 变换为有因次的形式，并对含有 z_{w} 的项进行积分，整理后可得

$$\Delta\bar{p} = A\left\{ \sum_{k=1}^{+\infty} B\, \frac{\sinh\left[\varepsilon_{\alpha=2,k=2k-1}\left(y_{\mathrm{eD}} - |y_{\mathrm{D1}}|\right)\right] + \sinh\left[\varepsilon_{\alpha=2,k=2k-1}\left(y_{\mathrm{eD}} - |y_{\mathrm{D2}}|\right)\right]}{\varepsilon_{\alpha=2,k=2k-1}\cosh(y_{\mathrm{eD}}\varepsilon_{\alpha=2,k=2k-1})} h_{\mathrm{w}} + \right.$$

$$\left. 4\sum_{n=1}^{+\infty} C\left[\sum_{k=1}^{+\infty} B\, \frac{\sinh\left[\varepsilon_{\gamma=1,n,k=2k-1}\left(y_{\mathrm{eD}} - |y_{\mathrm{D1}}|\right)\right] + \sinh\left[\varepsilon_{\gamma=1,n,k=2k-1}\left(y_{\mathrm{eD}} - |y_{\mathrm{D2}}|\right)\right]}{\varepsilon_{\gamma=1,n,k=2k-1}\cosh(y_{\mathrm{eD}}\varepsilon_{\gamma=1,n,k=2k-1})} \right] \right\} \qquad (2\text{-}94)$$

其中：$A = \dfrac{\tilde{q}\mu}{kh_{\mathrm{D}}x_{\mathrm{eD}}L_{\mathrm{ref}} s}$ ，$B = \cos\left[\dfrac{\pi(2k-1)x_{\mathrm{D}}}{2x_{\mathrm{eD}}}\right]\cos\left[\dfrac{\pi(2k-1)x_{\mathrm{wD}}}{2x_{\mathrm{eD}}}\right]$ ，$C = \dfrac{h}{\pi n}\cos\left(\dfrac{\pi n z_{\mathrm{D}}}{h_{\mathrm{D}}}\right)$

$$\cos\left[\frac{\pi n\left(2z_{\mathrm{w}}+h_{\mathrm{t}}-h_{\mathrm{b}}\right)}{2h}\right]\sin\left(\frac{\pi nh_{\mathrm{w}}}{2h}\right)。$$

将式（2-94）化为无因次形式：

$$\overline{p}_{\mathrm{D}}=\frac{2\pi}{x_{\mathrm{eD}}s}\left\{\sum_{k=1}^{+\infty}B\frac{\sinh\left[\varepsilon_{\alpha=2,k=2k-1}\left(y_{\mathrm{eD}}-\left|y_{\mathrm{D1}}\right|\right)\right]+\sinh\left[\varepsilon_{\alpha=2,k=2k-1}\left(y_{\mathrm{eD}}-\left|y_{\mathrm{D2}}\right|\right)\right]}{\varepsilon_{\alpha=2,k=2k-1}\cosh(y_{\mathrm{eD}}\varepsilon_{\alpha=2,k=2k-1})}+\right.$$
$$\left.4\sum_{n=1}^{+\infty}C\left[\sum_{k=1}^{+\infty}B\frac{\sinh\left[\varepsilon_{\gamma=1,n,k=2k-1}\left(y_{\mathrm{eD}}-\left|y_{\mathrm{D1}}\right|\right)\right]+\sinh\left[\varepsilon_{\gamma=1,n,k=2k-1}\left(y_{\mathrm{eD}}-\left|y_{\mathrm{D2}}\right|\right)\right]}{\varepsilon_{\gamma=1,n,k=2k-1}\cosh(y_{\mathrm{eD}}\varepsilon_{\gamma=1,n,k=2k-1})}\right]\right\}$$

（2-95）

其中：无因次压力定义为 $\overline{p}_{\mathrm{D}}=\dfrac{2\pi kh}{(\tilde{q}h_{\mathrm{w}})\mu}\Delta\overline{p}$，$B=\cos\left[\dfrac{\pi(2k-1)x_{\mathrm{D}}}{2x_{\mathrm{eD}}}\right]\cos\left[\dfrac{\pi(2k-1)x_{\mathrm{wD}}}{2x_{\mathrm{eD}}}\right]$，$C=\dfrac{h}{\pi nh_{\mathrm{w}}}$

$\cos\left(\dfrac{\pi nz_{\mathrm{D}}}{h_{\mathrm{D}}}\right)\cos\left[\dfrac{\pi n\left(2z_{\mathrm{w}}+h_{\mathrm{t}}-h_{\mathrm{b}}\right)}{2h}\right]\sin\left(\dfrac{\pi nh_{\mathrm{w}}}{2h}\right)$，$\varepsilon_{\alpha=2,k=2k-1}=\sqrt{\left(\dfrac{(2k-1)\pi}{2x_{\mathrm{eD}}}\right)^{2}+u}$，$\varepsilon_{\gamma=1,n}=\sqrt{\left(\dfrac{n\pi}{h_{\mathrm{D}}}\right)^{2}+u}$，

$\varepsilon_{\gamma=1,n,k=2k-1}=\sqrt{\varepsilon_{\gamma=1,n}^{2}+\dfrac{(2k-1)^{2}\pi^{2}}{4x_{\mathrm{eD}}^{2}}}$。

2.2.14　顶底封闭 x 负方向、y 方向封闭 x 正方向定压盒状储层

为了得到顶底封闭 x 负方向、y 方向封闭 x 正方向定压盒状储层部分射孔直井的线源解，需要对式（1-299）在 z 方向对点源位置 z_{w} 从 $z_{\mathrm{w}}-h_{\mathrm{b}}$ 到 $z_{\mathrm{w}}+h_{\mathrm{t}}$ 进行积分。

$$\Delta\overline{p}=A\int_{z_{\mathrm{w}}-h_{\mathrm{b}}}^{z_{\mathrm{w}}+h_{\mathrm{t}}}\left\{\sum_{k=1}^{+\infty}B\frac{\cosh\left[\varepsilon_{\alpha=2,k=2k-1}\left(y_{\mathrm{eD}}-\left|y_{\mathrm{D1}}\right|\right)\right]+\cosh\left[\varepsilon_{\alpha=2,k=2k-1}\left(y_{\mathrm{eD}}-\left|y_{\mathrm{D2}}\right|\right)\right]}{\varepsilon_{\alpha=2,k=2k-1}\sinh(y_{\mathrm{eD}}\varepsilon_{\alpha=2,k=2k-1})}+\right.$$
$$\left.2\sum_{n=1}^{+\infty}\cos\left(\frac{\pi nz_{\mathrm{D}}}{h_{\mathrm{D}}}\right)\cos\left(\frac{\pi nz_{\mathrm{wD}}}{h_{\mathrm{D}}}\right)\sum_{k=1}^{+\infty}B\frac{\cosh\left[\varepsilon_{\gamma=1,n,k=2k-1}\left(y_{\mathrm{eD}}-\left|y_{\mathrm{D1}}\right|\right)\right]+\cosh\left[\varepsilon_{\gamma=1,n,k=2k-1}\left(y_{\mathrm{eD}}-\left|y_{\mathrm{D2}}\right|\right)\right]}{\varepsilon_{\gamma=1,n,k=2k-1}\sinh(y_{\mathrm{eD}}\varepsilon_{\gamma=1,n,k=2k-1})}\right\}\mathrm{d}z_{\mathrm{w}}$$

（2-96）

其中：$A=\dfrac{\tilde{q}\mu}{kh_{\mathrm{D}}x_{\mathrm{eD}}L_{\mathrm{ref}}s}$，$B=\cos\left[\pi(2k-1)\dfrac{x_{\mathrm{D}}}{2x_{\mathrm{eD}}}\right]\cos\left[\pi(2k-1)\dfrac{x_{\mathrm{wD}}}{2x_{\mathrm{eD}}}\right]$。

式（2-96）中只有 z_{wD} 是积分变量 z_{w} 的函数。将 z_{wD} 和 h_{D} 变换为有因次的形式，并对含有 z_{w} 的项进行积分，整理后可得

$$\Delta\overline{p}=A\left\{\sum_{k=1}^{+\infty}B\frac{\cosh\left[\varepsilon_{\alpha=2,k=2k-1}\left(y_{\mathrm{eD}}-\left|y_{\mathrm{D1}}\right|\right)\right]+\cosh\left[\varepsilon_{\alpha=2,k=2k-1}\left(y_{\mathrm{eD}}-\left|y_{\mathrm{D2}}\right|\right)\right]}{\varepsilon_{\alpha=2,k=2k-1}\sinh(y_{\mathrm{eD}}\varepsilon_{\alpha=2,k=2k-1})}h_{\mathrm{w}}+\right.$$
$$\left.4\sum_{n=1}^{+\infty}C\sum_{k=1}^{+\infty}B\frac{\cosh\left[\varepsilon_{\gamma=1,n,k=2k-1}\left(y_{\mathrm{eD}}-\left|y_{\mathrm{D1}}\right|\right)\right]+\cosh\left[\varepsilon_{\gamma=1,n,k=2k-1}\left(y_{\mathrm{eD}}-\left|y_{\mathrm{D2}}\right|\right)\right]}{\varepsilon_{\gamma=1,n,k=2k-1}\sinh(y_{\mathrm{eD}}\varepsilon_{\gamma=1,n,k=2k-1})}\right\}$$

（2-97）

其中：$A = \dfrac{\tilde{q}\mu}{kh_{\mathrm{D}}x_{\mathrm{eD}}L_{\mathrm{ref}}s}$，$B = \cos\left[\pi(2k-1)\dfrac{x_{\mathrm{D}}}{2x_{\mathrm{eD}}}\right]\cos\left[\pi(2k-1)\dfrac{x_{\mathrm{wD}}}{2x_{\mathrm{eD}}}\right]$，$C = \dfrac{h}{\pi n}\cos\left(\dfrac{\pi n z_{\mathrm{D}}}{h_{\mathrm{D}}}\right)$

$\cos\left[\dfrac{\pi n}{2h}(2z_{\mathrm{w}}+h_{\mathrm{t}}-h_{\mathrm{b}})\right]\sin\left(\dfrac{\pi n h_{\mathrm{w}}}{2h}\right)$。

将式（2-97）化为无因次形式：

$$\bar{p}_{\mathrm{D}} = \frac{2\pi}{x_{\mathrm{eD}}s}\left\{\sum_{k=1}^{+\infty}B\frac{\cosh\left[\varepsilon_{\alpha=2,k=2k-1}\left(y_{\mathrm{eD}}-|y_{\mathrm{D}1}|\right)\right]+\cosh\left[\varepsilon_{\alpha=2,k=2k-1}\left(y_{\mathrm{eD}}-|y_{\mathrm{D}2}|\right)\right]}{\varepsilon_{\alpha=2,k=2k-1}\sinh(y_{\mathrm{eD}}\varepsilon_{\alpha=2,k=2k-1})}h_{\mathrm{w}}+\right.$$
$$\left. 4\sum_{n=1}^{+\infty}C\sum_{k=1}^{+\infty}B\frac{\cosh\left[\varepsilon_{\gamma=1,n,k=2k-1}\left(y_{\mathrm{eD}}-|y_{\mathrm{D}1}|\right)\right]+\cosh\left[\varepsilon_{\gamma=1,n,k=2k-1}\left(y_{\mathrm{eD}}-|y_{\mathrm{D}2}|\right)\right]}{\varepsilon_{\gamma=1,n,k=2k-1}\sinh(y_{\mathrm{eD}}\varepsilon_{\gamma=1,n,k=2k-1})}\right\}$$

（2-98）

其中：无因次压力定义为 $\bar{p}_{\mathrm{D}} = \dfrac{2\pi kh}{(\tilde{q}h_{\mathrm{w}})\mu}\Delta p$，$B = \cos\left[\pi(2k-1)\dfrac{x_{\mathrm{D}}}{2x_{\mathrm{eD}}}\right]\cos\left[\pi(2k-1)\dfrac{x_{\mathrm{wD}}}{2x_{\mathrm{eD}}}\right]$，$C = \dfrac{h}{\pi n h_{\mathrm{w}}}$

$\cos\left(\dfrac{\pi n z_{\mathrm{D}}}{h_{\mathrm{D}}}\right)\cos\left[\dfrac{\pi n}{2h}(2z_{\mathrm{w}}+h_{\mathrm{t}}-h_{\mathrm{b}})\right]\sin\left(\dfrac{\pi n h_{\mathrm{w}}}{2h}\right)$，$\varepsilon_{\alpha=2,k=2k-1} = \sqrt{\left(\dfrac{(2k-1)\pi}{2x_{\mathrm{eD}}}\right)^2+u}$，$\varepsilon_{\gamma=1,n} = \sqrt{\left(\dfrac{n\pi}{h_{\mathrm{D}}}\right)^2+u}$，

$\varepsilon_{\gamma=1,n,k=2k-1} = \sqrt{\varepsilon_{\gamma=1,n}^2+\dfrac{(2k-1)^2\pi^2}{4x_{\mathrm{eD}}^2}}$。

2.2.15　顶底封闭 x 负方向封闭 x 正方向、y 方向定压盒状储层

为了得到顶底封闭 x 负方向封闭 x 正方向、y 方向定压盒状储层部分射孔直井的线源解，需要对式（1-306）在 z 方向对点源位置 z_{w} 从 $z_{\mathrm{w}}-h_{\mathrm{b}}$ 到 $z_{\mathrm{w}}+h_{\mathrm{t}}$ 进行积分。

$$\Delta\bar{p} = A\int_{z_{\mathrm{w}}-h_{\mathrm{b}}}^{z_{\mathrm{w}}+h_{\mathrm{t}}}\left\{\sum_{k=1}^{+\infty}B\frac{\cosh\left[\varepsilon_{\alpha=2,k=2k-1}\left(y_{\mathrm{eD}}-|y_{\mathrm{D}1}|\right)\right]-\cosh\left[\varepsilon_{\alpha=2,k=2k-1}\left(y_{\mathrm{eD}}-|y_{\mathrm{D}2}|\right)\right]}{\varepsilon_{\alpha=2,k=2k-1}\sinh(y_{\mathrm{eD}}\varepsilon_{\alpha=2,k=2k-1})}+\right.$$
$$\left. 2\sum_{n=1}^{+\infty}\cos\left(\frac{\pi n z_{\mathrm{D}}}{h_{\mathrm{D}}}\right)\cos\left(\frac{\pi n z_{\mathrm{wD}}}{h_{\mathrm{D}}}\right)\sum_{k=1}^{+\infty}B\frac{\cosh\left[\varepsilon_{\gamma=1,n,k=2k-1}\left(y_{\mathrm{eD}}-|y_{\mathrm{D}1}|\right)\right]-\cosh\left[\varepsilon_{\gamma=1,n,k=2k-1}\left(y_{\mathrm{eD}}-|y_{\mathrm{D}2}|\right)\right]}{\varepsilon_{\gamma=1,n,k=2k-1}\sinh(y_{\mathrm{eD}}\varepsilon_{\gamma=1,n,k=2k-1})}\right\}\mathrm{d}z_{\mathrm{w}}$$

（2-99）

其中：$A = \dfrac{\tilde{q}\mu}{kh_{\mathrm{D}}x_{\mathrm{eD}}L_{\mathrm{ref}}s}$，$B = \cos\left[\pi(2k-1)\dfrac{x_{\mathrm{D}}}{2x_{\mathrm{eD}}}\right]\cos\left[\pi(2k-1)\dfrac{x_{\mathrm{wD}}}{2x_{\mathrm{eD}}}\right]$。

式（2-99）中只有 z_{wD} 是积分变量 z_{w} 的函数。将 z_{wD} 和 h_{D} 变换为有因次的形式，并对含有 z_{w} 的项进行积分，整理后可得

$$\Delta\bar{p} = A\left\{\sum_{k=1}^{+\infty}B\frac{\cosh\left[\varepsilon_{\alpha=2,k=2k-1}\left(y_{\mathrm{eD}}-|y_{\mathrm{D}1}|\right)\right]-\cosh\left[\varepsilon_{\alpha=2,k=2k-1}\left(y_{\mathrm{eD}}-|y_{\mathrm{D}2}|\right)\right]}{\varepsilon_{\alpha=2,k=2k-1}\sinh(y_{\mathrm{eD}}\varepsilon_{\alpha=2,k=2k-1})}h_{\mathrm{w}}+\right.$$

$$4\sum_{n=1}^{+\infty}C\sum_{k=1}^{+\infty}B\frac{\cosh\left[\varepsilon_{\gamma=1,n,k=2k-1}\left(y_{eD}-\left|y_{D1}\right|\right)\right]-\cosh\left[\varepsilon_{\gamma=1,n,k=2k-1}\left(y_{eD}-\left|y_{D2}\right|\right)\right]}{\varepsilon_{\gamma=1,n,k=2k-1}\sinh(y_{eD}\varepsilon_{\gamma=1,n,k=2k-1})}\right\} \tag{2-100}$$

其中：$A=\dfrac{\tilde{q}\mu}{kh_{D}x_{eD}L_{ref}s}$，$B=\cos\left[\pi(2k-1)\dfrac{x_{D}}{2x_{eD}}\right]\cos\left[\pi(2k-1)\dfrac{x_{wD}}{2x_{eD}}\right]$，$C=\dfrac{h}{\pi n}\cos\left[\dfrac{\pi n}{2h}(2z_{w}+h_{t}-h_{b})\right]$

$\sin\left(\dfrac{\pi n}{2h}h_{w}\right)\cos\left(\dfrac{\pi nz_{D}}{h_{D}}\right)$。

将式（2-100）化为无因次形式：

$$\bar{p}_{D}=\frac{2\pi}{x_{eD}s}\left\{\sum_{k=1}^{+\infty}B\frac{\cosh\left[\varepsilon_{\alpha=2,k=2k-1}\left(y_{eD}-\left|y_{D1}\right|\right)\right]-\cosh\left[\varepsilon_{\alpha=2,k=2k-1}\left(y_{eD}-\left|y_{D2}\right|\right)\right]}{\varepsilon_{\alpha=2,k=2k-1}\sinh(y_{eD}\varepsilon_{\alpha=2,k=2k-1})}+\right.$$
$$\left.4\sum_{n=1}^{+\infty}C\sum_{k=1}^{+\infty}B\frac{\cosh\left[\varepsilon_{\gamma=1,n,k=2k-1}\left(y_{eD}-\left|y_{D1}\right|\right)\right]-\cosh\left[\varepsilon_{\gamma=1,n,k=2k-1}\left(y_{eD}-\left|y_{D2}\right|\right)\right]}{\varepsilon_{\gamma=1,n,k=2k-1}\sinh(y_{eD}\varepsilon_{\gamma=1,n,k=2k-1})}\right\} \tag{2-101}$$

其中：无因次压力定义为$\bar{p}_{D}=\dfrac{2\pi kh}{(\tilde{q}h_{w})\mu}\Delta\bar{p}$，$B=\cos\left[\pi(2k-1)\dfrac{x_{D}}{2x_{eD}}\right]\cos\left[\pi(2k-1)\dfrac{x_{wD}}{2x_{eD}}\right]$，$C=\dfrac{h}{\pi nh_{w}}$

$\cos\left(\dfrac{\pi nz_{D}}{h_{D}}\right)\cos\left[\dfrac{\pi n}{2h}(2z_{w}+h_{t}-h_{b})\right]\sin\left(\dfrac{\pi n}{2h}h_{w}\right)$，$\varepsilon_{\gamma=1,n}=\sqrt{\left(\dfrac{n\pi}{h_{D}}\right)^{2}+u}$，$\varepsilon_{\gamma=1,n,k=2k-1}=\sqrt{\varepsilon_{\gamma=1,n}^{2}+\dfrac{(2k-1)^{2}\pi^{2}}{4x_{eD}^{2}}}$，

$\varepsilon_{\alpha=2,k=2k-1}=\sqrt{\left(\dfrac{(2k-1)\pi}{2x_{eD}}\right)^{2}+u}$。

2.2.16 顶底定压 x、y 方向封闭盒状储层

为了得到顶底定压 x、y 方向封闭盒状储层部分射孔直井的线源解，需要对式（1-309）在 z 方向对点源位置 z_{w} 从 $z_{w}-h_{b}$ 到 $z_{w}+h_{t}$ 进行积分。

$$\Delta\bar{p}=A\int_{z_{w}-h_{b}}^{z_{w}+h_{t}}\sum_{n=1}^{+\infty}\sin\left(\frac{\pi nz_{D}}{h_{D}}\right)\sin\left(\frac{\pi nz_{wD}}{h_{D}}\right)\left\{\frac{\cosh\left[\varepsilon_{\gamma=1,n}\left(y_{eD}-\left|y_{D1}\right|\right)\right]+\cosh\left[\varepsilon_{\gamma=1,n}\left(y_{eD}-\left|y_{D2}\right|\right)\right]}{\varepsilon_{\gamma=1,n}\sinh(y_{eD}\varepsilon_{\gamma=1,n})}+\right.$$
$$\left.2\sum_{k=1}^{+\infty}C\frac{\cosh\left[\varepsilon_{\gamma=1,nk}\left(y_{eD}-\left|y_{D1}\right|\right)\right]+\cosh\left[\varepsilon_{\gamma=1,nk}\left(y_{eD}-\left|y_{D2}\right|\right)\right]}{\varepsilon_{\gamma=1,nk}\sinh(y_{eD}\varepsilon_{\gamma=1,nk})}\right\}dz_{w} \tag{2-102}$$

其中：$A=\dfrac{\tilde{q}\mu}{kh_{D}x_{eD}L_{ref}s}$，$C=\cos\left(\pi k\dfrac{x_{D}}{x_{eD}}\right)\cos\left(\pi k\dfrac{x_{wD}}{x_{eD}}\right)$。

式（2-102）中只有 z_{wD} 是积分变量 z_{w} 的函数。将 z_{wD} 和 h_{D} 变换为有因次的形式，并对含有 z_{w} 的项进行积分，整理后可得

$$\Delta \overline{p} = A \sum_{n=1}^{+\infty} B \left\{ \left\{ \frac{\cosh\left[\varepsilon_{\gamma=1,n}\left(y_{eD} - \left|y_{D1}\right|\right)\right] + \cosh\left[\varepsilon_{\gamma=1,n}\left(y_{eD} - \left|y_{D2}\right|\right)\right]}{\varepsilon_{\gamma=1,n}\sinh(y_{eD}\varepsilon_{\gamma=1,n})} + \right. \right.$$
$$\left. \left. 2\sum_{k=1}^{+\infty} C \frac{\cosh\left[\varepsilon_{\gamma=1,nk}\left(y_{eD} - \left|y_{D1}\right|\right)\right] + \cosh\left[\varepsilon_{\gamma=1,nk}\left(y_{eD} - \left|y_{D2}\right|\right)\right]}{\varepsilon_{\gamma=1,nk}\sinh(y_{eD}\varepsilon_{\gamma=1,nk})} \right\} \right\} \quad (2-103)$$

其中：$A = \dfrac{2\tilde{q}\mu}{kh_D x_{eD} L_{ref} s}$，$B = \dfrac{h}{\pi n}\sin\left(\dfrac{\pi n z_D}{h_D}\right)\sin\left[\dfrac{\pi n}{2h}\left(2z_w + h_t - h_b\right)\right]\sin\left(\dfrac{\pi n h_w}{2h}\right)$，$C = \cos\left(\pi k \dfrac{x_D}{x_{eD}}\right)$

$\cos\left(\pi k \dfrac{x_{wD}}{x_{eD}}\right)$。

将式（2-103）化为无因次形式：

$$\overline{p}_D = \frac{4}{x_{eD}s}\sum_{n=1}^{+\infty} B \left\{ \frac{\cosh\left[\varepsilon_{\gamma=1,n}\left(y_{eD} - \left|y_{D1}\right|\right)\right] + \cosh\left[\varepsilon_{\gamma=1,n}\left(y_{eD} - \left|y_{D2}\right|\right)\right]}{\varepsilon_{\gamma=1,n}\sinh(y_{eD}\varepsilon_{\gamma=1,n})} + \right.$$
$$\left. 2\sum_{k=1}^{+\infty} C \frac{\cosh\left[\varepsilon_{\gamma=1,nk}\left(y_{eD} - \left|y_{D1}\right|\right)\right] + \cosh\left[\varepsilon_{\gamma=1,nk}\left(y_{eD} - \left|y_{D2}\right|\right)\right]}{\varepsilon_{\gamma=1,nk}\sinh(y_{eD}\varepsilon_{\gamma=1,nk})} \right\} \quad (2-104)$$

其中：无因次压力定义为 $\overline{p}_D = \dfrac{2\pi kh}{(\tilde{q}h_w)\mu}\Delta\overline{p}$，$B = \dfrac{h}{nh_w}\sin\left(\dfrac{\pi n z_D}{h_D}\right)\sin\left[\dfrac{\pi n}{2h}\left(2z_w + h_t - h_b\right)\right]\sin\left(\dfrac{\pi n h_w}{2h}\right)$，

$C = \cos\left(\pi k \dfrac{x_D}{x_{eD}}\right)\cos\left(\pi k \dfrac{x_{wD}}{x_{eD}}\right)$，$\varepsilon_{\gamma=1,n} = \sqrt{\left(\dfrac{n\pi}{h_D}\right)^2 + u}$，$\varepsilon_{\gamma=1,nk} = \sqrt{\varepsilon_{\gamma=1,n}^2 + \dfrac{k^2\pi^2}{x_{eD}^2}}$。

2.2.17 顶底定压 x、y 方向定压盒状储层

为了得到顶底定压 x、y 方向定压盒状储层部分射孔直井的线源解，需要对式（1-312）在 z 方向对点源位置 z_w 从 $z_w - h_b$ 到 $z_w + h_t$ 进行积分。

$$\Delta\overline{p} = A\int_{z_w-h_b}^{z_w+h_t}\sum_{n=1}^{+\infty}\sin\left(\frac{\pi n z_D}{h_D}\right)\sin\left(\frac{\pi n z_{wD}}{h_D}\right)\sum_{k=1}^{+\infty} B \frac{\cosh\left[\varepsilon_{\gamma=1,nk}\left(y_{eD} - \left|y_{D1}\right|\right)\right] - \cosh\left[\varepsilon_{\gamma=1,nk}\left(y_{eD} - \left|y_{D2}\right|\right)\right]}{\varepsilon_{\gamma=1,nk}\sinh(y_{eD}\varepsilon_{\gamma=1,nk})}dz_w \quad (2-105)$$

其中：$A = \dfrac{2\tilde{q}\mu}{kh_D x_{eD} L_{ref} s}$，$B = \sin\left(\pi k \dfrac{x_D}{x_{eD}}\right)\sin\left(\pi k \dfrac{x_{wD}}{x_{eD}}\right)$。

式（2-105）中只有 z_{wD} 是积分变量 z_w 的函数。将 z_{wD} 和 h_D 变换为有因次的形式，并对含有 z_w 的项进行积分，整理后可得

$$\Delta\overline{p} = \frac{4\tilde{q}\mu}{kh_D x_{eD} L_{ref} s}\sum_{n=1}^{+\infty} B \sum_{k=1}^{+\infty} C \frac{\cosh\left[\varepsilon_{\gamma=1,nk}\left(y_{eD} - \left|y_{D1}\right|\right)\right] - \cosh\left[\varepsilon_{\gamma=1,nk}\left(y_{eD} - \left|y_{D2}\right|\right)\right]}{\varepsilon_{\gamma=1,nk}\sinh(y_{eD}\varepsilon_{\gamma=1,nk})} \quad (2-106)$$

其中：$B = \dfrac{h}{\pi n}\sin\left(\dfrac{\pi n z_D}{h_D}\right)\sin\left[\dfrac{\pi n}{2h}\left(2z_w + h_t - h_b\right)\right]\sin\left(\dfrac{\pi n}{2h}h_w\right)$，$C = \sin\left(\pi k \dfrac{x_D}{x_{eD}}\right)\sin\left(\pi k \dfrac{x_{wD}}{x_{eD}}\right)$。

将式（2-106）化为无因次形式：

$$\bar{p}_D = \frac{8}{x_{eD}s}\sum_{n=1}^{+\infty}B\sum_{k=1}^{+\infty}C\frac{\cosh\left[\varepsilon_{\gamma=1,nk}\left(y_{eD}-\left|y_{D1}\right|\right)\right]-\cosh\left[\varepsilon_{\gamma=1,nk}\left(y_{eD}-\left|y_{D2}\right|\right)\right]}{\varepsilon_{\gamma=1,nk}\sinh(y_{eD}\varepsilon_{\gamma=1,nk})} \tag{2-107}$$

其中：无因次压力定义为 $\bar{p}_D = \frac{2\pi kh}{(\tilde{q}h_w)\mu}\Delta\bar{p}$，$B = \frac{h}{nh_w}\sin\left(\frac{\pi nz_D}{h_D}\right)\sin\left[\frac{\pi n}{2h}\left(2z_w+h_t-h_b\right)\right]\sin\left(\frac{\pi n}{2h}h_w\right)$，

$\varepsilon_{\gamma=1,n} = \sqrt{\left(\frac{n\pi}{h_D}\right)^2+u}$，$\varepsilon_{\gamma=1,n,k} = \sqrt{\varepsilon_{\gamma=1,n}^2+\frac{k^2\pi^2}{x_{eD}^2}}$，$C = \sin\left(\pi k\frac{x_D}{x_{eD}}\right)\sin\left(\pi k\frac{x_{wD}}{x_{eD}}\right)$。

2.2.18 顶底定压 y 方向定压 x 方向封闭盒状储层

为了得到顶底定压 y 方向定压 x 方向封闭盒状储层部分射孔直井的线源解，需要对式（1-315）在 z 方向对点源位置 z_w 从 z_w-h_b 到 z_w+h_t 进行积分。

$$\Delta\bar{p} = A\int_{z_w-h_b}^{z_w+h_t}\sum_{n=1}^{+\infty}\left\{\sin\left(\frac{\pi nz_D}{h_D}\right)\sin\left(\frac{\pi nz_{wD}}{h_D}\right)\left[\frac{\cosh\left(\varepsilon_{\gamma=1,n}\left(y_{eD}-\left|y_{D1}\right|\right)\right)-\cosh\left(\varepsilon_{\gamma=1,n}\left(y_{eD}-\left|y_{D2}\right|\right)\right)}{\varepsilon_{\gamma=1,n}\sinh(y_{eD}\varepsilon_{\gamma=1,n})}+\right.\right.$$
$$\left.\left.2\sum_{k=1}^{+\infty}B\frac{\cosh\left(\varepsilon_{\gamma=1,nk}\left(y_{eD}-\left|y_{D1}\right|\right)\right)-\cosh\left(\varepsilon_{\gamma=1,nk}\left(y_{eD}-\left|y_{D2}\right|\right)\right)}{\varepsilon_{\gamma=1,nk}\sinh(y_{eD}\varepsilon_{\gamma=1,nk})}\right]\right\}dz_w \tag{2-108}$$

其中：$A = \frac{\tilde{q}\mu}{kh_Dx_{eD}L_{ref}s}$，$B = \cos\left(\pi k\frac{x_D}{x_{eD}}\right)\cos\left(\pi k\frac{x_{wD}}{x_{eD}}\right)$。

式（2-108）中只有 z_{wD} 是积分变量 z_w 的函数。将 z_{wD} 和 h_D 变换为有因次的形式，并对含有 z_w 的项进行积分，整理后可得

$$\Delta\bar{p} = A\sum_{n=1}^{+\infty}B\left[\frac{\cosh\left(\varepsilon_{\gamma=1,n}\left(y_{eD}-\left|y_{D1}\right|\right)\right)-\cosh\left(\varepsilon_{\gamma=1,n}\left(y_{eD}-\left|y_{D2}\right|\right)\right)}{\varepsilon_{\gamma=1,n}\sinh(y_{eD}\varepsilon_{\gamma=1,n})}+\right.$$
$$\left.2\sum_{k=1}^{+\infty}C\frac{\cosh\left(\varepsilon_{\gamma=1,nk}\left(y_{eD}-\left|y_{D1}\right|\right)\right)-\cosh\left(\varepsilon_{\gamma=1,nk}\left(y_{eD}-\left|y_{D2}\right|\right)\right)}{\varepsilon_{\gamma=1,nk}\sinh(y_{eD}\varepsilon_{\gamma=1,nk})}\right] \tag{2-109}$$

其中：$A = \frac{2\tilde{q}\mu}{kh_Dx_{eD}L_{ref}s}$，$B = \frac{h}{\pi n}\sin\left(\frac{\pi nz_D}{h_D}\right)\sin\left[\frac{\pi n(2z_w+h_t-h_b)}{2h}\right]\sin\left(\frac{\pi nh_w}{2h}\right)$，$C = \cos\left(\pi k\frac{x_D}{x_{eD}}\right)\cos\left(\pi k\frac{x_{wD}}{x_{eD}}\right)$。

将式（2-109）化为无因次形式：

$$\bar{p}_D = \frac{4\pi}{x_{eD}s}\sum_{n=1}^{+\infty}B\left[\frac{\cosh\left(\varepsilon_{\gamma=1,n}\left(y_{eD}-\left|y_{D1}\right|\right)\right)-\cosh\left(\varepsilon_{\gamma=1,n}\left(y_{eD}-\left|y_{D2}\right|\right)\right)}{\varepsilon_{\gamma=1,n}\sinh(y_{eD}\varepsilon_{\gamma=1,n})}+\right.$$
$$\left.2\sum_{k=1}^{+\infty}C\frac{\cosh\left(\varepsilon_{\gamma=1,nk}\left(y_{eD}-\left|y_{D1}\right|\right)\right)-\cosh\left(\varepsilon_{\gamma=1,nk}\left(y_{eD}-\left|y_{D2}\right|\right)\right)}{\varepsilon_{\gamma=1,nk}\sinh(y_{eD}\varepsilon_{\gamma=1,nk})}\right] \tag{2-110}$$

其中：无因次压力定义为 $\overline{p}_\mathrm{D} = \dfrac{2\pi k h}{(\tilde{q} h_\mathrm{w}) \mu} \Delta \overline{p}$，$B = \dfrac{h}{\pi n h_\mathrm{w}} \sin\left(\dfrac{\pi n z_\mathrm{D}}{h_\mathrm{D}}\right) \sin\left(\dfrac{\pi n (2 z_\mathrm{w} + h_\mathrm{t} - h_\mathrm{b})}{2h}\right) \sin\left(\dfrac{\pi n h_\mathrm{w}}{2h}\right)$，

$\varepsilon_{\gamma=1,n} = \sqrt{\left(\dfrac{n\pi}{h_\mathrm{D}}\right)^2 + u}$，$\varepsilon_{\gamma=1,nk} = \sqrt{\varepsilon_{\gamma=1,n}^2 + \dfrac{k^2 \pi^2}{x_\mathrm{eD}^2}}$，$C = \cos\left(\pi k \dfrac{x_\mathrm{D}}{x_\mathrm{eD}}\right) \cos\left(\pi k \dfrac{x_\mathrm{wD}}{x_\mathrm{eD}}\right)$。

2.2.19 顶底定压 x、y 正方向定压 x、y 负方向封闭盒状储层

为了得到顶底定压 x、y 正方向定压 x、y 负方向封闭盒状储层部分射孔直井的线源解，需要对式（1–321）在 z 方向对点源位置 z_w 从 $z_\mathrm{w} - h_\mathrm{b}$ 到 $z_\mathrm{w} + h_\mathrm{t}$ 进行积分。

$$\Delta \overline{p} = A \int_{z_\mathrm{w}-h_\mathrm{b}}^{z_\mathrm{w}+h_\mathrm{t}} \sum_{n=1}^{+\infty} \left\{ \sin\left(\dfrac{\pi n z_\mathrm{D}}{h_\mathrm{D}}\right) \sin\left(\dfrac{\pi n z_\mathrm{wD}}{h_\mathrm{D}}\right) \right.$$
$$\left. \sum_{k=1}^{+\infty} B \dfrac{\sinh\left[\varepsilon_{\gamma=1,n,k=2k-1}\left(y_\mathrm{eD} - |y_\mathrm{D1}|\right)\right] + \sinh\left[\varepsilon_{\gamma=1,n,k=2k-1}\left(y_\mathrm{eD} - |y_\mathrm{D2}|\right)\right]}{\varepsilon_{\gamma=1,n,k=2k-1} \cosh\left(y_\mathrm{eD} \varepsilon_{\gamma=1,n,k=2k-1}\right)} \right\} \mathrm{d}z_\mathrm{w} \tag{2-111}$$

其中：$A = \dfrac{2\tilde{q}\mu}{h_\mathrm{D} x_\mathrm{eD} k L_\mathrm{ref} s}$，$B = \cos\left[\pi(2k-1) \dfrac{x_\mathrm{D}}{2x_\mathrm{eD}}\right] \cos\left[\pi(2k-1) \dfrac{x_\mathrm{wD}}{2x_\mathrm{eD}}\right]$。

式（2–111）中只有 z_wD 是积分变量 z_w 的函数。将 z_wD 和 h_D 变换为有因次的形式，并对含有 z_w 的项进行积分，整理后可得

$$\Delta \overline{p} = A \sum_{n=1}^{+\infty} B \sum_{k=1}^{+\infty} C \dfrac{\sinh\left[\varepsilon_{\gamma=1,n,k=2k-1}\left(y_\mathrm{eD} - |y_\mathrm{D1}|\right)\right] + \sinh\left[\varepsilon_{\gamma=1,n,k=2k-1}\left(y_\mathrm{eD} - |y_\mathrm{D2}|\right)\right]}{\varepsilon_{\gamma=1,n,k=2k-1} \cosh\left(y_\mathrm{eD} \varepsilon_{\gamma=1,n,k=2k-1}\right)} \tag{2-112}$$

其中：$A = \dfrac{4\tilde{q}\mu}{h_\mathrm{D} x_\mathrm{eD} k L_\mathrm{ref} s}$，$B = \dfrac{h}{\pi n} \sin\left(\dfrac{\pi n z_\mathrm{D}}{h_\mathrm{D}}\right) \sin\left[\dfrac{\pi n}{2h}(2z_\mathrm{w} + h_\mathrm{t} - h_\mathrm{b})\right] \sin\left(\dfrac{\pi n}{2h} h_\mathrm{w}\right)$，$C = \cos\left[\pi(2k-1) \dfrac{x_\mathrm{D}}{2x_\mathrm{eD}}\right]$

$\cos\left[\pi(2k-1) \dfrac{x_\mathrm{wD}}{2x_\mathrm{eD}}\right]$。

将式（2–112）化为无因次形式：

$$\overline{p}_\mathrm{D} = \dfrac{8}{x_\mathrm{eD} s} \sum_{n=1}^{+\infty} B \sum_{k=1}^{+\infty} C \dfrac{\sinh\left[\varepsilon_{\gamma=1,n,k=2k-1}\left(y_\mathrm{eD} - |y_\mathrm{D1}|\right)\right] + \sinh\left[\varepsilon_{\gamma=1,n,k=2k-1}\left(y_\mathrm{eD} - |y_\mathrm{D2}|\right)\right]}{\varepsilon_{\gamma=1,n,k=2k-1} \cosh\left(y_\mathrm{eD} \varepsilon_{\gamma=1,n,k=2k-1}\right)} \tag{2-113}$$

其中：无因次压力定义为 $\overline{p}_\mathrm{D} = \dfrac{2\pi k h}{(\tilde{q} h_\mathrm{w}) \mu} \Delta \overline{p}$，$B = \dfrac{h}{n h_\mathrm{w}} \sin\left(\dfrac{\pi n z_\mathrm{D}}{h_\mathrm{D}}\right) \sin\left[\dfrac{\pi n}{2h}(2z_\mathrm{w} + h_\mathrm{t} - h_\mathrm{b})\right] \sin\left(\dfrac{\pi n}{2h} h_\mathrm{w}\right)$，

$\varepsilon_{\gamma=1,n} = \sqrt{\left(\dfrac{n\pi}{h_\mathrm{D}}\right)^2 + u}$，$\varepsilon_{\gamma=1,n,k=2k-1} = \sqrt{\varepsilon_{\gamma=1,n}^2 + \dfrac{(2k-1)^2 \pi^2}{4 x_\mathrm{eD}^2}}$ $C = \cos\left[\pi(2k-1) \dfrac{x_\mathrm{D}}{2x_\mathrm{eD}}\right] \cos\left[\pi(2k-1) \dfrac{x_\mathrm{wD}}{2x_\mathrm{eD}}\right]$。

2.2.20 顶底定压 x 负方向、y 方向封闭 x 正方向定压盒状储层

为了得到顶底定压 x 负方向、y 方向封闭 x 正方向定压盒状储层部分射孔直井的线源解，需要对式（1-325）在 z 方向对点源位置 z_w 从 $z_w - h_b$ 到 $z_w + h_t$ 进行积分。

$$\Delta \bar{p} = A \int_{z_w - h_b}^{z_w + h_t} \sum_{n=1}^{+\infty} \left\{ \sin\left(\frac{\pi n z_D}{h_D}\right) \sin\left(\frac{\pi n z_{wD}}{h_D}\right) \sum_{k=1}^{+\infty} B \frac{\cosh\left[\varepsilon_{\gamma=1,n,k=2k-1}\left(y_{eD} - |y_{D1}|\right)\right] + \cosh\left[\varepsilon_{\gamma=1,n,k=2k-1}\left(y_{eD} - |y_{D2}|\right)\right]}{\varepsilon_{\gamma=1,n,k=2k-1} \sinh(y_{eD}\varepsilon_{\gamma=1,n,k=2k-1})} \right\} dz_w$$

（2-114）

其中：$A = \dfrac{2\tilde{q}\mu}{h_D x_{eD} k L_{ref} s}$，$B = \cos\left[\pi(2k-1)\dfrac{x_D}{2x_{eD}}\right]\cos\left[\pi(2k-1)\dfrac{x_{wD}}{2x_{eD}}\right]$。

式（2-114）中只有 z_{wD} 是积分变量 z_w 的函数。将 z_{wD} 和 h_D 变换为有因次的形式，并对含有 z_w 的项进行积分，整理后可得

$$\Delta \bar{p} = A \sum_{n=1}^{+\infty} B \sum_{k=1}^{+\infty} C \frac{\cosh\left[\varepsilon_{\gamma=1,n,k=2k-1}\left(y_{eD} - |y_{D1}|\right)\right] + \cosh\left[\varepsilon_{\gamma=1,n,k=2k-1}\left(y_{eD} - |y_{D2}|\right)\right]}{\varepsilon_{\gamma=1,n,k=2k-1} \sinh(y_{eD}\varepsilon_{\gamma=1,n,k=2k-1})}$$

（2-115）

其中：$A = \dfrac{4\tilde{q}\mu}{h_D x_{eD} k L_{ref} s}$，$B = \dfrac{h}{\pi n}\sin\left(\dfrac{\pi n z_D}{h_D}\right)\sin\left[\dfrac{\pi n}{2h}(2z_w + h_t - h_b)\right]\sin\left(\dfrac{\pi n}{2h}h_w\right)$，$C = \cos\left[\pi(2k-1)\dfrac{x_D}{2x_{eD}}\right]$ $\cos\left[\pi(2k-1)\dfrac{x_{wD}}{2x_{eD}}\right]$。

将式（2-115）化为无因次形式：

$$\bar{p}_D = \frac{8}{x_{eD} s} \sum_{n=1}^{+\infty} B \sum_{k=1}^{+\infty} C \frac{\cosh\left(\varepsilon_{\gamma=1,n,k=2k-1}\left(y_{eD} - |y_{D1}|\right)\right) + \cosh\left(\varepsilon_{\gamma=1,n,k=2k-1}\left(y_{eD} - |y_{D2}|\right)\right)}{\varepsilon_{\gamma=1,n,k=2k-1} \sinh(y_{eD}\varepsilon_{\gamma=1,n,k=2k-1})}$$

（2-116）

其中：无因次压力定义为 $\bar{p}_D = \dfrac{2\pi k h}{(\tilde{q}h_w)\mu}\Delta\bar{p}$，$B = \dfrac{h}{n h_w}\sin\left(\dfrac{\pi n z_D}{h_D}\right)\sin\left[\dfrac{\pi n}{2h}(2z_w + h_t - h_b)\right]\sin\left(\dfrac{\pi n}{2h}h_w\right)$，

$\varepsilon_{\gamma=1,n} = \sqrt{\left(\dfrac{n\pi}{h_D}\right)^2 + u}$，$\varepsilon_{\gamma=1,n,k=2k-1} = \sqrt{\varepsilon_{\gamma=1,n}^2 + \dfrac{(2k-1)^2\pi^2}{4x_{eD}^2}}$，$C = \cos\left[\pi(2k-1)\dfrac{x_D}{2x_{eD}}\right]\cos\left[\pi(2k-1)\dfrac{x_{wD}}{2x_{eD}}\right]$。

2.2.21 顶底定压 x 负方向封闭 x 正方向、y 方向定压盒状储层

为了得到顶底定压 x 负方向封闭 x 正方向、y 方向定压盒状储层部分射孔直井的线源解，需要对式（1-329）在 z 方向对点源位置 z_w 从 $z_w - h_b$ 到 $z_w + h_t$ 进行积分。

$$\Delta \bar{p} = A \int_{z_w - h_b}^{z_w + h_t} \sum_{n=1}^{+\infty} \left\{ \sin\left(\frac{\pi n z_D}{h_D}\right) \sin\left(\frac{\pi n z_{wD}}{h_D}\right) \sum_{k=1}^{+\infty} B \frac{\cosh\left[\varepsilon_{\gamma=1,n,k=2k-1}\left(y_{eD} - |y_{D1}|\right)\right] - \cosh\left[\varepsilon_{\gamma=1,n,k=2k-1}\left(y_{eD} - |y_{D2}|\right)\right]}{\varepsilon_{\gamma=1,n,k=2k-1} \sinh(y_{eD}\varepsilon_{\gamma=1,n,k=2k-1})} \right\} dz_w$$

（2-117）

其中：$A = \dfrac{2\tilde{q}\mu}{h_D x_{eD} k L_{ref} s}$，$B = \cos\left[\pi(2k-1)\dfrac{x_D}{2x_{eD}}\right]\cos\left[\pi(2k-1)\dfrac{x_{wD}}{2x_{eD}}\right]$。

式（2-117）中只有 z_{wD} 是积分变量 z_w 的函数。将 z_{wD} 和 h_D 变换为有因次的形式，并对含有 z_w 的项进行积分，整理后可得

$$\Delta\bar{p} = A\sum_{n=1}^{+\infty}B\sum_{k=1}^{+\infty}C\frac{\cosh\left[\varepsilon_{\gamma=1,n,k=2k-1}\left(y_{eD}-|y_{D1}|\right)\right]-\cosh\left[\varepsilon_{\gamma=1,n,k=2k-1}\left(y_{eD}-|y_{D2}|\right)\right]}{\varepsilon_{\gamma=1,n,k=2k-1}\sinh(y_{eD}\varepsilon_{\gamma=1,n,k=2k-1})} \quad (2\text{-}118)$$

其中：$A = \dfrac{4\tilde{q}\mu}{h_D x_{eD} k L_{ref} s}$，$B = \dfrac{h}{\pi n}\sin\left(\dfrac{\pi n z_D}{h_D}\right)\sin\left[\dfrac{\pi n}{2h}(2z_w + h_t - h_b)\right]\sin\left(\dfrac{\pi n}{2h}h_w\right)$，$C = \cos\left[\pi(2k-1)\dfrac{x_D}{2x_{eD}}\right]$

$\cos\left[\pi(2k-1)\dfrac{x_{wD}}{2x_{eD}}\right]$。

将式（2-118）化为无因次形式：

$$\bar{p}_D = \frac{8}{x_{eD}s}\sum_{n=1}^{+\infty}B\sum_{k=1}^{+\infty}C\frac{\cosh\left[\varepsilon_{\gamma=1,n,k=2k-1}\left(y_{eD}-|y_{D1}|\right)\right]-\cosh\left[\varepsilon_{\gamma=1,n,k=2k-1}\left(y_{eD}-|y_{D2}|\right)\right]}{\varepsilon_{\gamma=1,n,k=2k-1}\sinh(y_{eD}\varepsilon_{\gamma=1,n,k=2k-1})} \quad (2\text{-}119)$$

其中：无因次压力定义为 $\bar{p}_D = \dfrac{2\pi kh}{(\tilde{q}h_w)\mu}\Delta\bar{p}$，$B = \dfrac{h}{nh_w}\sin\left(\dfrac{\pi n z_D}{h_D}\right)\sin\left[\dfrac{\pi n}{2h}(2z_w + h_t - h_b)\right]\sin\left(\dfrac{\pi n}{2h}h_w\right)$，

$\varepsilon_{\gamma=1,n} = \sqrt{\left(\dfrac{n\pi}{h_D}\right)^2 + u}$，$\varepsilon_{\gamma=1,n,k=2k-1} = \sqrt{\varepsilon_{\gamma=1,n}^2 + \dfrac{(2k-1)^2\pi^2}{4x_{eD}^2}}$，$C = \cos\left[\pi(2k-1)\dfrac{x_D}{2x_{eD}}\right]\cos\left[\pi(2k-1)\dfrac{x_{wD}}{2x_{eD}}\right]$。

2.2.22　顶定压底封闭 x、y 方向封闭盒状储层

为了得到顶定压底封闭 x、y 方向封闭盒状储层部分射孔直井的线源解，需要对式（1-334）在 z 方向对点源位置 z_w 从 $z_w - h_b$ 到 $z_w + h_t$ 进行积分。

$$\Delta\bar{p} = A\int_{z_w-h_b}^{z_w+h_t}\sum_{n=1}^{+\infty}\left\{\cos\left[(2n-1)\frac{\pi z_D}{2h_D}\right]\cos\left[(2n-1)\frac{\pi z_{wD}}{2h_D}\right]\left[\frac{\cosh\left(\varepsilon_{\gamma=2,n=2n-1}\left(y_{eD}-|y_{D1}|\right)\right)+\cosh\left(\varepsilon_{\gamma=2,n=2n-1}\left(y_{eD}-|y_{D2}|\right)\right)}{\varepsilon_{\gamma=2,n=2n-1}\sinh(y_{eD}\varepsilon_{\gamma=2,n=2n-1})}\right. +\right.$$

$$\left.\left.2\sum_{k=1}^{+\infty}B\left(\frac{\cosh\left(\varepsilon_{\gamma=2,n=2n-1,k}\left(y_{eD}-|y_{D1}|\right)\right)+\cosh\left(\varepsilon_{\gamma=2,n=2n-1,k}\left(y_{eD}-|y_{D2}|\right)\right)}{\varepsilon_{\gamma=2,n=2n-1,k}\sinh(y_{eD}\varepsilon_{\gamma=2,n=2n-1,k})}\right)\right]\right\}dz_w$$

$$(2\text{-}120)$$

其中：$A = \dfrac{\tilde{q}\mu}{kh_D x_{eD} L_{ref} s}$，$B = \cos\left(\pi k\dfrac{x_D}{x_{eD}}\right)\cos\left(\pi k\dfrac{x_{wD}}{x_{eD}}\right)$。

式（2-120）中只有 z_{wD} 是积分变量 z_w 的函数。将 z_{wD} 和 h_D 变换为有因次的形式，并对含有 z_w 的项进行积分，整理后可得

$$\Delta\overline{p} = A\sum_{n=1}^{+\infty} B\left\{\frac{\cosh\left(\varepsilon_{\gamma=2,n=2n-1}\left(y_{eD}-\left|y_{D1}\right|\right)\right)+\cosh\left(\varepsilon_{\gamma=2,n=2n-1}\left(y_{eD}-\left|y_{D2}\right|\right)\right)}{\varepsilon_{\gamma=2,n=2n-1}\sinh(y_{eD}\varepsilon_{\gamma=2,n=2n-1})}+\right.$$
$$\left. 2\sum_{k=1}^{+\infty} C\left[\frac{\cosh\left(\varepsilon_{\gamma=2,n=2n-1,k}\left(y_{eD}-\left|y_{D1}\right|\right)\right)+\cosh\left(\varepsilon_{\gamma=2,n=2n-1,k}\left(y_{eD}-\left|y_{D2}\right|\right)\right)}{\varepsilon_{\gamma=2,n=2n-1,k}\sinh(y_{eD}\varepsilon_{\gamma=2,n=2n-1,k})}\right]\right\}$$

（2-121）

其中：$A=\dfrac{2\tilde{q}\mu}{kh_D x_{eD} L_{ref}s}$，　$B=\dfrac{2h}{\pi(2n-1)}\cos\left[(2n-1)\dfrac{\pi z_D}{2h_D}\right]\cos\left[\dfrac{\pi(2n-1)(2z_w+h_t-h_b)}{4h}\right]\sin\left[\dfrac{\pi(2n-1)h_w}{4h}\right]$，

$C=\cos\left(\pi k\dfrac{x_D}{x_{eD}}\right)\cos\left(\pi k\dfrac{x_{wD}}{x_{eD}}\right)$。

将式（2-121）化为无因次形式：

$$\overline{p}_D = \frac{4}{x_{eD}s}\sum_{n=1}^{+\infty} B\left\{\frac{\cosh\left(\varepsilon_{\gamma=2,n=2n-1}\left(y_{eD}-\left|y_{D1}\right|\right)\right)+\cosh\left(\varepsilon_{\gamma=2,n=2n-1}\left(y_{eD}-\left|y_{D2}\right|\right)\right)}{\varepsilon_{\gamma=2,n=2n-1}\sinh(y_{eD}\varepsilon_{\gamma=2,n=2n-1})}+\right.$$
$$\left. 2\sum_{k=1}^{+\infty} C\left[\frac{\cosh\left(\varepsilon_{\gamma=2,n=2n-1,k}\left(y_{eD}-\left|y_{D1}\right|\right)\right)+\cosh\left(\varepsilon_{\gamma=2,n=2n-1,k}\left(y_{eD}-\left|y_{D2}\right|\right)\right)}{\varepsilon_{\gamma=2,n=2n-1,k}\sinh(y_{eD}\varepsilon_{\gamma=2,n=2n-1,k})}\right]\right\}$$

（2-122）

其中：无因次压力定义为 $\overline{p}_D=\dfrac{2\pi kh}{(\tilde{q}h_w)\mu}\Delta\overline{p}$，　$B=\dfrac{2h}{(2n-1)h_w}\cos\left[(2n-1)\dfrac{\pi z_D}{2h_D}\right]\cos\left[\dfrac{\pi(2n-1)(2z_w+h_t-h_b)}{4h}\right]$

$\sin\left[\dfrac{\pi(2n-1)h_w}{4h}\right]$，　$\varepsilon_{\gamma=2,n=2n-1}=\sqrt{\left(\dfrac{(2n-1)\pi}{2h_D}\right)^2+u}$，　$\varepsilon_{\gamma=2,n=2n-1,k}=\sqrt{\left(\dfrac{(2n-1)\pi}{2h_D}\right)^2+u+\dfrac{k^2\pi^2}{x_{eD}^2}}$，

$C=\cos\left(\pi k\dfrac{x_D}{x_{eD}}\right)\cos\left(\pi k\dfrac{x_{wD}}{x_{eD}}\right)$。

2.2.23　顶定压底封闭 x、y 方向定压盒状储层

为了得到顶定压底封闭 x、y 方向定压盒状储层部分射孔直井的线源解，需要对式（1-339）在 z 方向对点源位置 z_w 从 z_w-h_b 到 z_w+h_t 进行积分。

$$\Delta\overline{p} = A\int_{z_w-h_b}^{z_w+h_t}\sum_{n=1}^{+\infty}\left\{\cos\left[(2n-1)\dfrac{\pi z_D}{2h_D}\right]\cos\left[(2n-1)\dfrac{\pi z_{wD}}{2h_D}\right]\right.$$
$$\left.\sum_{k=1}^{+\infty} B\frac{\cosh\left[\varepsilon_{\gamma=2,n=2n-1,k}\left(y_{eD}-\left|y_{D1}\right|\right)\right]-\cosh\left[\varepsilon_{\gamma=2,n=2n-1,k}\left(y_{eD}-\left|y_{D2}\right|\right)\right]}{\varepsilon_{\gamma=2,n=2n-1,k}\sinh(y_{eD}\varepsilon_{\gamma=2,n=2n-1,k})}\right\}dz_w$$

（2-123）

其中：$A=\dfrac{2\tilde{q}\mu}{kh_D x_{eD} L_{ref}s}$，　$B=\sin\left(\pi k\dfrac{x_D}{x_{eD}}\right)\sin\left(\pi k\dfrac{x_{wD}}{x_{eD}}\right)$。

式（2-123）中只有 z_{wD} 是积分变量 z_w 的函数。将 z_{wD} 和 h_D 变换为有因次的形式，并

对含有 z_w 的项进行积分，整理后可得

$$\Delta\bar{p} = A\sum_{n=1}^{+\infty}B\sum_{k=1}^{+\infty}C\frac{\cosh\left[\varepsilon_{\gamma=2,n=2n-1,k}\left(y_{eD}-\left|y_{D1}\right|\right)\right]-\cosh\left[\varepsilon_{\gamma=2,n=2n-1,k}\left(y_{eD}-\left|y_{D2}\right|\right)\right]}{\varepsilon_{\gamma=2,n=2n-1,k}\sinh(y_{eD}\varepsilon_{\gamma=2,n=2n-1,k})} \qquad (2\text{-}124)$$

其中：$A=\dfrac{4\tilde{q}\mu}{kh_D x_{eD} L_{ref}s}$，$B=\dfrac{2h}{\pi(2n-1)}\cos\left[(2n-1)\dfrac{\pi z_D}{2h_D}\right]\cos\left[\dfrac{\pi(2n-1)(2z_w+h_t-h_b)}{4h}\right]\sin\left[\dfrac{\pi(2n-1)h_w}{4h}\right]$，

$C=\sin\left(\pi k\dfrac{x_D}{x_{eD}}\right)\sin\left(\pi k\dfrac{x_{wD}}{x_{eD}}\right)$。

将式（2-124）化为无因次形式：

$$\bar{p}_D = \frac{8}{x_{eD}s}\sum_{n=1}^{+\infty}B\sum_{k=1}^{+\infty}C\frac{\cosh\left[\varepsilon_{\gamma=2,n=2n-1,k}\left(y_{eD}-\left|y_{D1}\right|\right)\right]-\cosh\left[\varepsilon_{\gamma=2,n=2n-1,k}\left(y_{eD}-\left|y_{D2}\right|\right)\right]}{\varepsilon_{\gamma=2,n=2n-1,k}\sinh(y_{eD}\varepsilon_{\gamma=2,n=2n-1,k})} \qquad (2\text{-}125)$$

其中：无因次压力定义为 $\bar{p}_D=\dfrac{2\pi kh}{(\tilde{q}h_w)\mu}\Delta\bar{p}$，$B=\dfrac{2h}{(2n-1)h_w}\cos\left[(2n-1)\dfrac{\pi z_D}{2h_D}\right]\cos\left[\dfrac{\pi(2n-1)(2z_w+h_t-h_b)}{4h}\right]$

$\sin\left[\dfrac{\pi(2n-1)h_w}{4h}\right]$，$\varepsilon_{\gamma=2,n=2n-1,k}=\sqrt{u+\left(\dfrac{(2n-1)\pi}{2h_D}\right)^2+\dfrac{k^2\pi^2}{x_{eD}^2}}$，$C=\sin\left(\pi k\dfrac{x_D}{x_{eD}}\right)\sin\left(\pi k\dfrac{x_{wD}}{x_{eD}}\right)$。

2.2.24 顶定压底封闭 y 方向定压 x 方向封闭盒状储层

为了得到顶定压底封闭 y 方向定压 x 方向封闭盒状储层部分射孔直井的线源解，需要对式（1-344）在 z 方向对点源位置 z_w 从 z_w-h_b 到 z_w+h_t 进行积分。

$$\Delta\bar{p} = A\int_{z_w-h_b}^{z_w+h_t}\sum_{n=1}^{+\infty}\left\{\cos\left[(2n-1)\frac{\pi z_D}{2h_D}\right]\cos\left[(2n-1)\frac{\pi z_{wD}}{2h_D}\right]\cdot\right.$$
$$\left[\frac{\cosh\left(\varepsilon_{\gamma=2,n=2n-1}\left(y_{eD}-\left|y_{D1}\right|\right)\right)-\cosh\left(\varepsilon_{\gamma=2,n=2n-1}\left(y_{eD}-\left|y_{D2}\right|\right)\right)}{\varepsilon_{\gamma=2,n=2n-1}\sinh(y_{eD}\varepsilon_{\gamma=2,n=2n-1})}+\right. \qquad (2\text{-}126)$$
$$\left.\left.2\sum_{k=1}^{+\infty}B\left(\frac{\cosh\left(\varepsilon_{\gamma=2,n=2n-1,k}\left(y_{eD}-\left|y_{D1}\right|\right)\right)-\cosh\left(\varepsilon_{\gamma=2,n=2n-1,k}\left(y_{eD}-\left|y_{D2}\right|\right)\right)}{\varepsilon_{\gamma=2,n=2n-1,k}\sinh(y_{eD}\varepsilon_{\gamma=2,n=2n-1,k})}\right)\right]\right\}dz_w$$

其中：$A=\dfrac{\tilde{q}\mu}{kh_D x_{eD} L_{ref}s}$，$B=\cos\left(\pi k\dfrac{x_D}{x_{eD}}\right)\cos\left(\pi k\dfrac{x_{wD}}{x_{eD}}\right)$。

式（2-126）中只有 z_{wD} 是积分变量 z_w 的函数。将 z_{wD} 和 h_D 变换为有因次的形式，并对含有 z_w 的项进行积分，整理后可得

$$\Delta \bar{p} = A \sum_{n=1}^{+\infty} B \left\{ \frac{\cosh\left(\varepsilon_{\gamma=2,n=2n-1}\left(y_{eD} - |y_{D1}|\right)\right) - \cosh\left(\varepsilon_{\gamma=2,n=2n-1}\left(y_{eD} - |y_{D2}|\right)\right)}{\varepsilon_{\gamma=2,n=2n-1}\sinh(y_{eD}\varepsilon_{\gamma=2,n=2n-1})} + \right.$$

$$\left. 2\sum_{k=1}^{+\infty} C \left[\frac{\cosh\left(\varepsilon_{\gamma=2,n=2n-1,k}\left(y_{eD} - |y_{D1}|\right)\right) - \cosh\left(\varepsilon_{\gamma=2,n=2n-1,k}\left(y_{eD} - |y_{D2}|\right)\right)}{\varepsilon_{\gamma=2,n=2n-1,k}\sinh(y_{eD}\varepsilon_{\gamma=2,n=2n-1,k})} \right] \right\} \quad (2\text{-}127)$$

其中：$A = \dfrac{2\tilde{q}\mu}{kh_D x_{eD} L_{ref} s}$，$B = \dfrac{2h}{\pi(2n-1)}\cos\left[(2n-1)\dfrac{\pi z_D}{2h_D}\right]\cos\left[\dfrac{\pi(2n-1)(2z_w + h_t - h_b)}{4h}\right]\sin\left[\dfrac{\pi(2n-1)h_w}{4h}\right]$，

$C = \cos\left(\pi k \dfrac{x_D}{x_{eD}}\right)\cos\left(\pi k \dfrac{x_{wD}}{x_{eD}}\right)$。

将（2-127）式化为无因次形式：

$$\bar{p}_D = \frac{4}{x_{eD} s} \sum_{n=1}^{+\infty} B \left[\frac{\cosh\left(\varepsilon_{\gamma=2,n=2n-1}\left(y_{eD} - |y_{D1}|\right)\right) - \cosh\left(\varepsilon_{\gamma=2,n=2n-1}\left(y_{eD} - |y_{D2}|\right)\right)}{\varepsilon_{\gamma=2,n=2n-1}\sinh(y_{eD}\varepsilon_{\gamma=2,n=2n-1})} + \right.$$

$$\left. 2\sum_{k=1}^{+\infty} C \left(\frac{\cosh\left(\varepsilon_{\gamma=2,n=2n-1,k}\left(y_{eD} - |y_{D1}|\right)\right) - \cosh\left(\varepsilon_{\gamma=2,n=2n-1,k}\left(y_{eD} - |y_{D2}|\right)\right)}{\varepsilon_{\gamma=2,n=2n-1,k}\sinh(y_{eD}\varepsilon_{\gamma=2,n=2n-1,k})} \right) \right] \quad (2\text{-}128)$$

其中：无因次压力定义为 $\bar{p}_D = \dfrac{2\pi kh}{(\tilde{q}h_w)\mu}\Delta\bar{p}$，$B = \dfrac{2h}{(2n-1)h_w}\cos\left[(2n-1)\dfrac{\pi z_D}{2h_D}\right]\cos\left[\dfrac{\pi(2n-1)(2z_w + h_t - h_b)}{4h}\right]$

$\sin\left[\dfrac{\pi(2n-1)h_w}{4h}\right]$，$\varepsilon_{\gamma=2,n=2n-1} = \sqrt{\left(\dfrac{(2n-1)\pi}{2h_D}\right)^2 + u}$，$\varepsilon_{\gamma=2,n=2n-1,k} = \sqrt{\left(\dfrac{(2n-1)\pi}{2h_D}\right)^2 + u + \dfrac{k^2\pi^2}{x_{eD}^2}}$，

$C = \cos\left(\pi k \dfrac{x_D}{x_{eD}}\right)\cos\left(\pi k \dfrac{x_{wD}}{x_{eD}}\right)$。

2.2.25 顶定压底封闭 x、y 正方向定压 x、y 负方向封闭盒状储层

为了得到顶定压底封闭 x、y 正方向定压 x、y 负方向封闭盒状储层部分射孔直井的线源解，需要对式（1-356）在 z 方向对点源位置 z_w 从 $z_w - h_b$ 到 $z_w + h_t$ 进行积分。

$$\Delta\bar{p} = A \int_{z_w - h_b}^{z_w + h_t} \sum_{n=1}^{+\infty} \left\{ \cos\left[(2n-1)\dfrac{\pi z_D}{2h_D}\right]\cos\left[(2n-1)\dfrac{\pi z_{wD}}{2h_D}\right] \cdot \right.$$

$$\left. \sum_{k=1}^{+\infty} B \frac{\sinh\left[\varepsilon_{\gamma=2,n=2n-1,k=2k-1(\alpha=2)}\left(y_{eD} - |y_{D1}|\right)\right] + \sinh\left[\varepsilon_{\gamma=2,n=2n-1,k=2k-1(\alpha=2)}\left(y_{eD} - |y_{D2}|\right)\right]}{\varepsilon_{\gamma=2,n=2n-1,k=2k-1(\alpha=2)}\cosh\left(y_{eD}\varepsilon_{\gamma=2,n=2n-1,k=2k-1(\alpha=2)}\right)} \right\} dz_w \quad (2\text{-}129)$$

其中：$A = \dfrac{2\tilde{q}\mu}{kh_D x_{eD} L_{ref} s}$，$B = \cos\left[(2k-1)\dfrac{\pi x_D}{2x_{eD}}\right]\cos\left[(2k-1)\dfrac{\pi x_{wD}}{2x_{eD}}\right]$。

式（2-129）中只有 z_{wD} 是积分变量 z_w 的函数。将 z_{wD} 和 h_D 变换为有因次的形式，并

对含有 z_w 的项进行积分，整理后可得

$$\Delta \bar{p} = A \sum_{n=1}^{+\infty} B \sum_{k=1}^{+\infty} C \frac{\sinh\left[\varepsilon_{\gamma=2,n=2n-1,k=2k-1(\alpha=2)}\left(y_{eD}-\left|y_{D1}\right|\right)\right] + \sinh\left[\varepsilon_{\gamma=2,n=2n-1,k=2k-1(\alpha=2)}\left(y_{eD}-\left|y_{D2}\right|\right)\right]}{\varepsilon_{\gamma=2,n=2n-1,k=2k-1(\alpha=2)}\cosh\left(y_{eD}\varepsilon_{\gamma=2,n=2n-1,k=2k-1(\alpha=2)}\right)} \quad （2-130）$$

其中：$A = \dfrac{2\tilde{q}\mu}{kh_D x_{eD} L_{ref} s}$，$B = \dfrac{2h}{\pi(2n-1)}\cos\left[(2n-1)\dfrac{\pi z_D}{2h_D}\right]\cos\left[\dfrac{\pi(2n-1)(2z_w+h_t-h_b)}{4h}\right]\sin\left[\dfrac{\pi(2n-1)h_w}{4h}\right]$，

$C = \cos\left[(2k-1)\dfrac{\pi x_D}{2x_{eD}}\right]\cos\left[(2k-1)\dfrac{\pi x_{wD}}{2x_{eD}}\right]$。

将式（2-130）化为无因次形式：

$$\bar{p}_D = \frac{4}{x_{eD}s} \sum_{n=1}^{+\infty} B \sum_{k=1}^{+\infty} C \frac{\sinh\left(\varepsilon_{\gamma=2,n=2n-1,k=2k-1(\alpha=2)}\left(y_{eD}-\left|y_{D1}\right|\right)\right) + \sinh\left(\varepsilon_{\gamma=2,n=2n-1,k=2k-1(\alpha=2)}\left(y_{eD}-\left|y_{D2}\right|\right)\right)}{\varepsilon_{\gamma=2,n=2n-1,k=2k-1(\alpha=2)}\cosh\left(y_{eD}\varepsilon_{\gamma=2,n=2n-1,k=2k-1(\alpha=2)}\right)} \quad （2-131）$$

其中：无因次压力定义为 $\bar{p}_D = \dfrac{2\pi kh}{(\tilde{q}h_w)\mu}\Delta\bar{p}$，$B = \dfrac{2h}{(2n-1)h_w}\cos\left((2n-1)\dfrac{\pi z_D}{2h_D}\right)\cos\left(\dfrac{\pi(2n-1)(2z_w+h_t-h_b)}{4h}\right)$

$\sin\left(\dfrac{\pi(2n-1)h_w}{4h}\right)$，$\varepsilon_{\gamma=2,n=2n-1,k=2k-1(\alpha=2)} = \sqrt{u + \dfrac{(2n-1)^2\pi^2}{4h_D^2} + \dfrac{(2k-1)^2\pi^2}{4x_{eD}^2}}$，$C = \cos\left((2k-1)\dfrac{\pi x_D}{2x_{eD}}\right)$

$\cos\left((2k-1)\dfrac{\pi x_{wD}}{2x_{eD}}\right)$。

2.2.26 顶定压底封闭 x 负方向、y 方向封闭 x 正方向定压盒状储层

为了得到顶定压底封闭 x 负方向、y 方向封闭 x 正方向定压盒状储层部分射孔直井的线源解，需要对式（1-360）在 z 方向对点源位置 z_w 从 z_w-h_b 到 z_w+h_t 进行积分。

$$\Delta\bar{p} = A\int_{z_w-h_b}^{z_w+h_t} \sum_{n=1}^{+\infty} \left\{ \cos\left[(2n-1)\frac{\pi z_D}{2h_D}\right]\cos\left[(2n-1)\frac{\pi z_{wD}}{2h_D}\right] \cdot \right.$$
$$\left. \sum_{k=1}^{+\infty} B \frac{\cosh\left[\varepsilon_{\gamma=2,n=2n-1,k=2k-1(\alpha=2)}\left(y_{eD}-\left|y_{D1}\right|\right)\right] + \cosh\left[\varepsilon_{\gamma=2,n=2n-1,k=2k-1(\alpha=2)}\left(y_{eD}-\left|y_{D2}\right|\right)\right]}{\varepsilon_{\gamma=2,n=2n-1,k=2k-1(\alpha=2)}\sinh(y_{eD}\varepsilon_{\gamma=2,n=2n-1,k=2k-1(\alpha=2)})} \right\} dz_w \quad （2-132）$$

其中：$A = \dfrac{2\tilde{q}\mu}{kh_D x_{eD} L_{ref} s}$，$B = \cos\left[\pi(2k-1)\dfrac{x_D}{2x_{eD}}\right]\cos\left[\pi(2k-1)\dfrac{x_{wD}}{2x_{eD}}\right]$。

式（2-132）中只有 z_{wD} 是积分变量 z_w 的函数。将 z_{wD} 和 h_D 变换为有因次的形式，并对含有 z_w 的项进行积分，整理后可得

$$\Delta\bar{p} = A \sum_{n=1}^{+\infty} B \sum_{k=1}^{+\infty} C \frac{\cosh\left[\varepsilon_{\gamma=2,n=2n-1,k=2k-1(\alpha=2)}\left(y_{eD}-\left|y_{D1}\right|\right)\right] + \cosh\left[\varepsilon_{\gamma=2,n=2n-1,k=2k-1(\alpha=2)}\left(y_{eD}-\left|y_{D2}\right|\right)\right]}{\varepsilon_{\gamma=2,n=2n-1,k=2k-1(\alpha=2)}\sinh(y_{eD}\varepsilon_{\gamma=2,n=2n-1,k=2k-1(\alpha=2)})} \quad （2-133）$$

其中：$A = \dfrac{4\tilde{q}\mu}{kh_{\mathrm{D}}x_{\mathrm{eD}}L_{\mathrm{ref}}s}$，$B = \dfrac{2h}{\pi(2n-1)}\cos\left[(2n-1)\dfrac{\pi z_{\mathrm{D}}}{2h_{\mathrm{D}}}\right]\cos\left[\dfrac{\pi(2n-1)(2z_{\mathrm{w}}+h_{\mathrm{t}}-h_{\mathrm{b}})}{4h}\right]\sin\left[\dfrac{\pi(2n-1)h_{\mathrm{w}}}{4h}\right]$，

$C = \cos\left[\pi(2k-1)\dfrac{x_{\mathrm{D}}}{2x_{\mathrm{eD}}}\right]\cos\left[\pi(2k-1)\dfrac{x_{\mathrm{wD}}}{2x_{\mathrm{eD}}}\right]$。

将式（2-133）化为无因次形式：

$$\bar{p}_{\mathrm{D}} = \frac{8}{x_{\mathrm{eD}}s}\sum_{n=1}^{+\infty}B\sum_{k=1}^{+\infty}C\frac{\cosh\left[\varepsilon_{\gamma=2,n=2n-1,k=2k-1(\alpha=2)}\left(y_{\mathrm{eD}}-|y_{\mathrm{D1}}|\right)\right]+\cosh\left[\varepsilon_{\gamma=2,n=2n-1,k=2k-1(\alpha=2)}\left(y_{\mathrm{eD}}-|y_{\mathrm{D2}}|\right)\right]}{\varepsilon_{\gamma=2,n=2n-1,k=2k-1(\alpha=2)}\sinh(y_{\mathrm{eD}}\varepsilon_{\gamma=2,n=2n-1,k=2k-1(\alpha=2)})} \quad (2\text{-}134)$$

其中：无因次压力定义为 $\bar{p}_{\mathrm{D}} = \dfrac{2\pi kh}{(\tilde{q}h_{\mathrm{w}})\mu}\Delta\bar{p}$，$B = \dfrac{2h}{(2n-1)h_{\mathrm{w}}}\cos\left[(2n-1)\dfrac{\pi z_{\mathrm{D}}}{2h_{\mathrm{D}}}\right]\cos\left[\dfrac{\pi(2n-1)(2z_{\mathrm{w}}+h_{\mathrm{t}}-h_{\mathrm{b}})}{4h}\right]$

$\sin\left[\dfrac{\pi(2n-1)h_{\mathrm{w}}}{4h}\right]$，$\varepsilon_{\gamma=2,n=2n-1,k=2k-1(\alpha=2)} = \sqrt{u+\dfrac{(2n-1)^2\pi^2}{4h_{\mathrm{D}}^2}+\dfrac{(2k-1)^2\pi^2}{4x_{\mathrm{eD}}^2}}$，$C = \cos\left[\pi(2k-1)\dfrac{x_{\mathrm{D}}}{2x_{\mathrm{eD}}}\right]$

$\cos\left[\pi(2k-1)\dfrac{x_{\mathrm{wD}}}{2x_{\mathrm{eD}}}\right]$。

2.2.27 顶定压底封闭 x 负方向封闭 x 正方向、y 方向定压盒状储层

为了得到顶定压底封闭 x 负方向封闭 x 正方向、y 方向定压盒状储层部分射孔直井的线源解，需要对式（1-364）在 z 方向对点源位置 z_{w} 从 $z_{\mathrm{w}}-h_{\mathrm{b}}$ 到 $z_{\mathrm{w}}+h_{\mathrm{t}}$ 进行积分。

$$\Delta\bar{p} = A\int_{z_{\mathrm{w}}-h_{\mathrm{b}}}^{z_{\mathrm{w}}+h_{\mathrm{t}}}\sum_{n=1}^{+\infty}\left\{\cos\left[(2n-1)\frac{\pi z_{\mathrm{D}}}{2h_{\mathrm{D}}}\right]\cos\left[(2n-1)\frac{\pi z_{\mathrm{wD}}}{2h_{\mathrm{D}}}\right]\cdot\right.$$
$$\left.\sum_{k=1}^{+\infty}B\frac{\cosh\left[\varepsilon_{\gamma=2,n=2n-1,k=2k-1(\alpha=2)}\left(y_{\mathrm{eD}}-|y_{\mathrm{D1}}|\right)\right]-\cosh\left[\varepsilon_{\gamma=2,n=2n-1,k=2k-1(\alpha=2)}\left(y_{\mathrm{eD}}-|y_{\mathrm{D2}}|\right)\right]}{\varepsilon_{\gamma=2,n=2n-1,k=2k-1(\alpha=2)}\sinh(y_{\mathrm{eD}}\varepsilon_{\gamma=2,n=2n-1,k=2k-1(\alpha=2)})}\right\}\mathrm{d}z_{\mathrm{w}} \quad (2\text{-}135)$$

其中：$A = \dfrac{2\tilde{q}\mu}{kh_{\mathrm{D}}x_{\mathrm{eD}}L_{\mathrm{ref}}s}$，$B = \cos\left[\pi(2k-1)\dfrac{x_{\mathrm{D}}}{2x_{\mathrm{eD}}}\right]\cos\left[\pi(2k-1)\dfrac{x_{\mathrm{wD}}}{2x_{\mathrm{eD}}}\right]$。

式（2-135）中只有 z_{wD} 是积分变量 z_{w} 的函数。将 z_{wD} 和 h_{D} 变换为有因次的形式，并对含有 z_{w} 的项进行积分，整理后可得

$$\Delta\bar{p} = A\sum_{n=1}^{+\infty}B\sum_{k=1}^{+\infty}C\frac{\cosh\left[\varepsilon_{\gamma=2,n=2n-1,k=2k-1(\alpha=2)}\left(y_{\mathrm{eD}}-|y_{\mathrm{D1}}|\right)\right]-\cosh\left[\varepsilon_{\gamma=2,n=2n-1,k=2k-1(\alpha=2)}\left(y_{\mathrm{eD}}-|y_{\mathrm{D2}}|\right)\right]}{\varepsilon_{\gamma=2,n=2n-1,k=2k-1(\alpha=2)}\sinh(y_{\mathrm{eD}}\varepsilon_{\gamma=2,n=2n-1,k=2k-1(\alpha=2)})} \quad (2\text{-}136)$$

其中：$A = \dfrac{4\tilde{q}\mu}{kh_{\mathrm{D}}x_{\mathrm{eD}}L_{\mathrm{ref}}s}$，$B = \dfrac{2h}{\pi(2n-1)}\cos\left[(2n-1)\dfrac{\pi z_{\mathrm{D}}}{2h_{\mathrm{D}}}\right]\cos\left[\dfrac{\pi(2n-1)(2z_{\mathrm{w}}+h_{\mathrm{t}}-h_{\mathrm{b}})}{4h}\right]\sin\left[\dfrac{\pi(2n-1)h_{\mathrm{w}}}{4h}\right]$，

$C = \cos\left[\pi(2k-1)\dfrac{x_{\mathrm{D}}}{2x_{\mathrm{eD}}}\right]\cos\left[\pi(2k-1)\dfrac{x_{\mathrm{wD}}}{2x_{\mathrm{eD}}}\right]$。

将式（2-136）化为无因次形式：

$$\bar{p}_D = \frac{8}{x_{eD}s} \sum_{n=1}^{+\infty} B \sum_{k=1}^{+\infty} C \frac{\cosh\left[\varepsilon_{\gamma=2,n=2n-1,k=2k-1(\alpha=2)}\left(y_{eD}-|y_{D1}|\right)\right] - \cosh\left[\varepsilon_{\gamma=2,n=2n-1,k=2k-1(\alpha=2)}\left(y_{eD}-|y_{D2}|\right)\right]}{\varepsilon_{\gamma=2,n=2n-1,k=2k-1(\alpha=2)}\sinh(y_{eD}\varepsilon_{\gamma=2,n=2n-1,k=2k-1(\alpha=2)})} \quad (2-137)$$

其中：无因次压力定义为 $\bar{p}_D = \dfrac{2\pi kh}{(\bar{q}h_w)\mu}\Delta\bar{p}$，$B = \dfrac{2h}{(2n-1)h_w}\cos\left[(2n-1)\dfrac{\pi z_D}{2h_D}\right]\cos\left[\dfrac{\pi(2n-1)(2z_w+h_t-h_b)}{4h}\right]$

$\sin\left[\dfrac{\pi(2n-1)h_w}{4h}\right]$，$\varepsilon_{\gamma=2,n=2n-1,k=2k-1(\alpha=2)} = \sqrt{u + \left(\dfrac{(2n-1)\pi}{2h_D}\right)^2 + \dfrac{(2k-1)^2\pi^2}{4x_{eD}^2}}$，$C = \cos\left[\pi(2k-1)\dfrac{x_D}{2x_{eD}}\right]$

$\cos\left[\pi(2k-1)\dfrac{x_{wD}}{2x_{eD}}\right]$。

3 无限导流垂直对称裂缝井试井数学模型

↗

近年来，国内老油田的开发已经进入中后期阶段，产量递减明显，含水率逐渐上升，继续开发的难度随之增加。因此，低渗透油气藏以及非常规油气藏的开发逐渐受到了更多关注，成为当今油气行业发展中的重要内容。

但是由于现今绝大多数低渗透油气藏及非常规油气藏储层的渗透率很低，物性较差，想要获得可观的产量十分困难。对于直井来讲，提高储层的导流能力对于提高油气井产量具有十分重要的意义。因此，通过储层改造，提高其导流能力是提高油气井产量的重要手段。对直井进行压裂，可以产生垂直裂缝，然而人工压裂裂缝与天然裂缝储层的渗流特征不同，所以对垂直裂缝井进行试井分析时需要考虑其特定的渗流特征。因此，建立无限导流垂直对称裂缝井试井数学模型对储层的试井分析有着重要的作用 [23-30]。无限导流裂缝即为裂缝的渗透能力无限大，流体在裂缝中流动时无压降损失或压降损失可以忽略 [31-40]，有限导流裂缝即为流体在裂缝中流动时有压降损失，结果沿裂缝壁面有流量分布。

3.1 基本数学模型

无限导流垂直对称裂缝井试井数学模型的假设条件如下：

（1）均质储层中被压开一条垂直裂缝，裂缝与井筒相对称，裂缝半长为 L_f；

（2）整条裂缝中压力相同，即沿着裂缝没有压降产生，也没有渗流，此时裂缝的渗透率 k_f 无限大；

（3）不计裂缝宽度，即 $w_f = 0$，裂缝穿过整个地层；

（4）忽略毛细管压力和重力的影响；

（5）地层流体为微可压缩单相流体，在地层中做达西渗流；

（6）地层流体从储层中一旦流入裂缝，即瞬时流入井筒，该井以某定产量进行生产；

（7）裂缝延伸的方向与 x 方向一致。

根据上述假设，在 2.1 节完全射孔直井线源解的基础之上，沿着裂缝方向再进行积分，可得裂缝穿过整个地层的面源解。

3.1.1 顶底封闭径向无限大储层

由于式（2-1）已经得到了顶底封闭径向无限大储层垂直方向线源解，因此，要得到完全射孔垂直裂缝井压力解，需要继续对式（2-1）在 x 方向对点源位置 x_w 从 $-L_f$ 到 $+L_f$ 进行积分，得到顶底封闭径向无限大储层无限导流垂直裂缝井的试井数学模型：

$$\bar{p}_D = \frac{1}{2s} \int_{-1}^{1} K_0\left(\sqrt{(x_D - \alpha)^2}\sqrt{u}\right) d\alpha \tag{3-1}$$

其中：无因次压力定义为 $\bar{p}_D = \frac{2\pi kh}{(2\tilde{q}hL_f)\mu}\Delta\bar{p}$，$2\tilde{q}hL_f$ 表示整个裂缝面的流量。参考长度取裂缝半长，即 $L_{ref} = L_f$。如果计算井底压力，源点位于中心位置，那么 $y_{wD} = 0$，$y_D = y_{wD}$，$x_D = 0.732$，对于本节以下的无限导流垂直裂缝部分，均做相同处理，不再赘述。

对于非均匀流量，沿着裂缝面不同位置处的裂缝流量不是常数，则其无因次压力如下：

$$\bar{p}_D = \frac{1}{2} \int_{-1}^{1} \bar{q}_D(\alpha) K_0\left(\sqrt{(x_D - \alpha)^2}\sqrt{u}\right) d\alpha \tag{3-2}$$

其中：无因次压力定义为 $\bar{p}_D = \frac{2\pi kh}{q\mu}\Delta\bar{p}$；无量纲产量 $q_D = \frac{2L_f(\tilde{q}h)}{q}$；$q$ 为井的产量，cm^3/s；$\bar{q}_D(\alpha)$ 为裂缝位置 α 处的 Laplace 空间的无因次产量，无量纲 [$\bar{q}_D(\alpha) = q_D(\alpha)/s$]；$q_D(\alpha)$ 为裂缝位置 α 处的无因次产量，无量纲。本节其他部分的无因次压力定义、无量纲产量与井的产量与 3.1.1 节相同，不再赘述。

3.1.2 顶底封闭径向封闭柱状储层

由于式（2-3）已经得到了顶底封闭径向封闭柱状储层垂直方向线源解，因此，要得到完全射孔垂直裂缝井压力解，需要继续对式（2-3）在 x 方向对点源位置 x_w 从 $-L_f$ 到 $+L_f$ 进行积分，得到顶底封闭径向封闭柱状储层垂直裂缝井的试井数学模型：

$$\Delta\bar{p} = \frac{\tilde{q}hL_f\mu}{2\pi kL_{ref}sh_D} \int_{-L_f}^{L_f} \left[K_0\left(r_D\sqrt{u}\right) + \frac{K_1\left(r_{eD}\sqrt{u}\right)}{I_1\left(r_{eD}\sqrt{u}\right)} I_0\left(r_D\sqrt{u}\right) \right] dx_w \tag{3-3}$$

将式（3-3）化为无因次形式：

$$\bar{p}_D = \frac{1}{2s} \int_{-1}^{1} \left[K_0\left(\sqrt{(x_D - \alpha)^2}\sqrt{u}\right) + \frac{K_1\left(r_{eD}\sqrt{u}\right)}{I_1\left(r_{eD}\sqrt{u}\right)} I_0\left(\sqrt{(x_D - \alpha)^2}\sqrt{u}\right) \right] d\alpha \tag{3-4}$$

对于非均匀流量，沿着裂缝面不同位置处的裂缝流量不是常数，则其无因次压力如下：

$$\overline{p}_D = \frac{1}{2s} \int_{-1}^{1} q_D(\alpha) \left[K_0\left(\sqrt{(x_D-\alpha)^2}\sqrt{u}\right) + \frac{K_1\left(r_{eD}\sqrt{u}\right)}{I_1\left(r_{eD}\sqrt{u}\right)} I_0\left(\sqrt{(x_D-\alpha)^2}\sqrt{u}\right) \right] d\alpha \tag{3-5}$$

后续非均匀流量形式的试井模型请参照式（3-2）和式（3-5），不再赘述。

3.1.3　顶底封闭径向定压柱状储层

由于式（2-5）已经得到了顶底封闭径向定压柱状储层垂直方向线源解，因此，要得到完全射孔垂直裂缝井压力解，需要继续对式（2-5）在 x 方向对点源位置 x_w 从 $-L_f$ 到 $+L_f$ 进行积分，得到顶底封闭径向定压柱状储层垂直裂缝井的试井数学模型：

$$\Delta\overline{p} = \frac{\tilde{q}hL_f\mu}{2\pi kL_{ref}sh_D} \int_{-L_f}^{L_f} \left[K_0\left(r_D\sqrt{u}\right) - \frac{K_0\left(r_{eD}\sqrt{u}\right)}{I_0\left(r_{eD}\sqrt{u}\right)} I_0\left(r_D\sqrt{u}\right) \right] dx_w \tag{3-6}$$

将式（3-6）化为无因次形式：

$$\overline{p}_D = \frac{1}{2s} \int_{-1}^{1} \left[K_0\left(\sqrt{(x_D-\alpha)^2}\sqrt{u}\right) - \frac{K_0\left(r_{eD}\sqrt{u}\right)}{I_0\left(r_{eD}\sqrt{u}\right)} I_0\left(\sqrt{(x_D-\alpha)^2}\sqrt{u}\right) \right] d\alpha \tag{3-7}$$

3.1.4　顶底定压径向无限大储层

由于式（2-7）已经得到了顶底定压径向无限大储层垂直方向线源解，因此，要得到完全射孔垂直裂缝井压力解，需要继续对式（2-7）在 x 方向对点源位置 x_w 从 $-L_f$ 到 $+L_f$ 进行积分，得到顶底定压径向无限大储层垂直裂缝井的试井数学模型：

$$\Delta\overline{p} = \frac{2\tilde{q}hL_f\mu}{\pi kL_{ref}h_D s} \int_{-1}^{1} \sum_{n=1}^{+\infty} \frac{1}{(2n-1)\pi} K_0\left(\varepsilon_{2n-1}\sqrt{(x_D-\alpha)^2}\right) \sin\left[\frac{(2n-1)\pi z_D}{h_D}\right] d\alpha \tag{3-8}$$

将式（3-8）化为无因次形式：

$$\overline{p}_D = \frac{2}{s} \int_{-1}^{1} \sum_{n=1}^{+\infty} \frac{1}{(2n-1)\pi} K_0\left(\varepsilon_{2n-1}\sqrt{(x_D-\alpha)^2}\right) \sin\left[\frac{(2n-1)\pi z_D}{h_D}\right] d\alpha \tag{3-9}$$

其中：$\varepsilon_{2n-1} = \sqrt{\frac{\left((2n-1)\pi\right)^2}{h_D^2} + u}$。

3.1.5　顶底定压径向封闭柱状储层

由于式（2-10）已经得到了顶底定压径向封闭柱状储层垂直方向线源解，因此，要得到完全射孔垂直裂缝井压力解，需要继续对式（2-10）在 x 方向对点源位置 x_w 从

$-L_f$ 到 $+L_f$ 进行积分，得到顶底定压径向封闭柱状储层垂直裂缝井的试井数学模型：

$$\Delta \bar{p} = \frac{(2\tilde{q}hL_f)\mu}{\pi k L_{ref} h_D s} \int_{-1}^{1} \sum_{n=1}^{+\infty} \frac{1}{(2n-1)\pi} \Big[K_0\Big(\sqrt{(x_D-\alpha)^2}\,\varepsilon_{2n-1}\Big) +$$
$$\frac{K_1(r_{eD}\varepsilon_{2n-1})}{I_1(r_{eD}\varepsilon_{2n-1})} I_0\Big(\sqrt{(x_D-\alpha)^2}\,\varepsilon_{2n-1}\Big) \Big] \sin\Big[(2n-1)\pi \frac{z_D}{h_D}\Big] d\alpha \tag{3-10}$$

将式（3-10）化为无因次形式：

$$\bar{p}_D = \frac{2}{s} \int_{-1}^{1} \sum_{n=1}^{+\infty} \frac{1}{(2n-1)\pi} \Big[K_0\Big(\sqrt{(x_D-\alpha)^2}\,\varepsilon_{2n-1}\Big) +$$
$$\frac{K_1(r_{eD}\varepsilon_{2n-1})}{I_1(r_{eD}\varepsilon_{2n-1})} I_0\Big(\sqrt{(x_D-\alpha)^2}\,\varepsilon_{2n-1}\Big) \Big] \sin\Big[(2n-1)\pi \frac{z_D}{h_D}\Big] d\alpha \tag{3-11}$$

其中：$\varepsilon_{2n-1} = \sqrt{\dfrac{[(2n-1)\pi]^2}{h_D^2} + u}$。

3.1.6 顶底定压径向定压柱状储层

由于式（2-13）已经得到了顶底定压径向定压柱状储层垂直方向线源解，因此，要得到完全射孔垂直裂缝井压力解，需要继续对式（2-13）在 x 方向对点源位置 x_w 从 $-L_f$ 到 $+L_f$ 进行积分，得到顶底定压径向定压柱状储层垂直裂缝井的试井数学模型：

$$\Delta \bar{p} = \frac{(2\tilde{q}hL_f)\mu}{\pi k L_{ref} h_D s} \int_{-1}^{1} \sum_{n=1}^{+\infty} \frac{1}{(2n-1)\pi} \Big[K_0\Big(\varepsilon_{2n-1}\sqrt{(x_D-\alpha)^2}\Big) -$$
$$\frac{K_0(r_{eD}\varepsilon_{2n-1})}{I_0(r_{eD}\varepsilon_{2n-1})} I_0\Big(\varepsilon_{2n-1}\sqrt{(x_D-\alpha)^2}\Big) \Big] \sin\Big[(2n-1)\pi \frac{z_D}{h_D}\Big] d\alpha \tag{3-12}$$

将式（3-12）化为无因次形式：

$$\bar{p}_D = \frac{2}{s} \int_{-1}^{1} \sum_{n=1}^{+\infty} \frac{1}{(2n-1)\pi} \Big[K_0\Big(\varepsilon_{2n-1}\sqrt{(x_D-\alpha)^2}\Big) -$$
$$\frac{K_0(r_{eD}\varepsilon_{2n-1})}{I_0(r_{eD}\varepsilon_{2n-1})} I_0\Big(\varepsilon_{2n-1}\sqrt{(x_D-\alpha)^2}\Big) \Big] \sin\Big[(2n-1)\pi \frac{z_D}{h_D}\Big] d\alpha \tag{3-13}$$

其中：$\varepsilon_{2n-1} = \sqrt{\dfrac{[(2n-1)\pi]^2}{h_D^2} + u}$。

3.1.7 上边界定压下边界封闭径向无限大储层

由于式（2-15）已经得到了上边界定压下边界封闭径向无限大储层垂直方向线源解，因此，要得到完全射孔垂直裂缝井压力解，需要继续对式（2-15）在 x 方向对点源位置 x_w 从 $-L_f$ 到 $+L_f$ 进行积分，得到上边界定压下边界封闭径向无限大储层垂直裂缝井的试井数学模型：

$$\Delta\bar{p} = \frac{\left(2\tilde{q}hL_{\mathrm{f}}\right)\mu}{\pi k L_{\mathrm{ref}} h_{\mathrm{D}} s} \int_{-1}^{1} \left\{ \sum_{n=1}^{+\infty} \frac{1}{\pi(2n-1)} K_0\left(\sqrt{(x_{\mathrm{D}}-\alpha)^2}\,\varepsilon_{2n-1}\right) \cos\left[\frac{\pi(2n-1)}{2h_{\mathrm{D}}} z_{\mathrm{D}}\right] \sin\left(n\pi - \frac{1}{2}\pi\right) \right\} \mathrm{d}\alpha \quad （3-14）$$

将式（3-14）化为无因次形式：

$$\bar{p}_{\mathrm{D}} = \frac{2}{s} \int_{-1}^{1} \left[\sum_{n=1}^{+\infty} \frac{1}{\pi(2n-1)} K_0\left(\sqrt{(x_{\mathrm{D}}-\alpha)^2}\,\varepsilon_{2n-1}\right) \cos\left[\frac{\pi(2n-1)}{2h_{\mathrm{D}}} z_{\mathrm{D}}\right] \sin\left(n\pi - \frac{1}{2}\pi\right) \right] \mathrm{d}\alpha \quad （3-15）$$

其中：$\varepsilon_{2n-1} = \sqrt{\dfrac{\left[(2n-1)\pi\right]^2}{4h_{\mathrm{D}}^2} + u}$ 。

3.1.8 上边界定压下边界封闭径向封闭柱状储层

由于式（2-17）已经得到了上边界定压下边界封闭径向封闭柱状储层垂直方向线源解，因此，要得到完全射孔垂直裂缝井压力解，需要继续对式（2-17）在 x 方向对点源位置 x_{w} 从 $-L_{\mathrm{f}}$ 到 $+L_{\mathrm{f}}$ 进行积分，得到上边界定压下边界封闭径向封闭柱状储层垂直裂缝井的试井数学模型：

$$\Delta\bar{p} = \frac{2h\tilde{q}L_{\mathrm{f}}\mu}{\pi k L_{\mathrm{ref}} h_{\mathrm{D}} s} \int_{-1}^{1} \sum_{n=1}^{+\infty} \left\{ \frac{1}{(2n-1)\pi} \cos\left[\frac{\pi(2n-1)}{2h_{\mathrm{D}}} z_{\mathrm{D}}\right] \sin\left(\pi n - \frac{\pi}{2}\right) \cdot \right.$$
$$\left. \left[K_0\left(\varepsilon_{2n-1}\sqrt{(x_{\mathrm{D}}-\alpha)^2}\right) + \frac{K_1(r_{\mathrm{eD}}\varepsilon_{2n-1})}{I_1(r_{\mathrm{eD}}\varepsilon_{2n-1})} I_0\left(\varepsilon_{2n-1}\sqrt{(x_{\mathrm{D}}-\alpha)^2}\right) \right] \right\} \mathrm{d}\alpha \quad （3-16）$$

将式（3-16）化为无因次形式：

$$\bar{p}_{\mathrm{D}} = \frac{2}{s} \int_{-1}^{1} \sum_{n=1}^{+\infty} \left\{ \frac{1}{(2n-1)\pi} \cos\left[\frac{\pi(2n-1)}{2h_{\mathrm{D}}} z_{\mathrm{D}}\right] \sin\left(\pi n - \frac{\pi}{2}\right) \cdot \right.$$
$$\left. \left[K_0\left(\varepsilon_{2n-1}\sqrt{(x_{\mathrm{D}}-\alpha)^2}\right) + \frac{K_1(r_{\mathrm{eD}}\varepsilon_{2n-1})}{I_1(r_{\mathrm{eD}}\varepsilon_{2n-1})} I_0\left(\varepsilon_{2n-1}\sqrt{(x_{\mathrm{D}}-\alpha)^2}\right) \right] \right\} \mathrm{d}\alpha \quad （3-17）$$

其中：$\varepsilon_{2n-1} = \sqrt{\dfrac{\left[(2n-1)\pi\right]^2}{4h_{\mathrm{D}}^2} + u}$ 。

3.1.9 上边界定压下边界封闭径向定压柱状储层

由于式（2-19）已经得到了上边界定压下边界封闭径向定压柱状储层垂直方向线源解，因此，要得到完全射孔垂直裂缝井压力解，需要继续对式（2-19）在 x 方向对点源位置 x_{w} 从 $-L_{\mathrm{f}}$ 到 $+L_{\mathrm{f}}$ 进行积分，得到上边界定压下边界封闭径向定压柱状储层垂直裂缝井的试井数学模型：

$$\Delta \overline{p} = \frac{2h\tilde{q}L_{f}\mu}{\pi kL_{ref}h_{D}s} \int_{-1}^{1} \sum_{n=1}^{+\infty} \left\{ \frac{1}{(2n-1)\pi} \cos\left[\frac{\pi(2n-1)}{2h_{D}}z_{D}\right] \sin\left(\pi n - \frac{\pi}{2}\right) \cdot \right.$$
$$\left. \left[K_{0}\left(\varepsilon_{2n-1}\sqrt{(x_{D}-\alpha)^{2}}\right) - \frac{K_{0}(r_{eD}\varepsilon_{2n-1})}{I_{0}(r_{eD}\varepsilon_{2n-1})} I_{0}\left(\varepsilon_{2n-1}\sqrt{(x_{D}-\alpha)^{2}}\right) \right] \right\} d\alpha \quad (3-18)$$

将式（3-18）化为无因次形式：

$$\overline{p}_{D} = \frac{2}{s} \int_{-1}^{1} \sum_{n=1}^{+\infty} \left\{ \frac{1}{(2n-1)\pi} \cos\left[\frac{\pi(2n-1)}{2h_{D}}z_{D}\right] \sin\left(\pi n - \frac{\pi}{2}\right) \cdot \right.$$
$$\left. \left[K_{0}\left(\varepsilon_{2n-1}\sqrt{(x_{D}-\alpha)^{2}}\right) - \frac{K_{0}(r_{eD}\varepsilon_{2n-1})}{I_{0}(r_{eD}\varepsilon_{2n-1})} I_{0}\left(\varepsilon_{2n-1}\sqrt{(x_{D}-\alpha)^{2}}\right) \right] \right\} d\alpha \quad (3-19)$$

其中：$\varepsilon_{2n-1} = \sqrt{\frac{\left[(2n-1)\pi\right]^{2}}{4h_{D}^{2}} + u}$。

3.1.10 顶底封闭 x、y 方向封闭盒状储层

由于式（2-21）已经得到了顶底封闭 x、y 方向封闭盒状储层垂直方向线源解，因此，要得到完全射孔垂直裂缝井压力解，需要继续对式（2-21）在 x 方向对点源位置 x_{w} 从 $x_{w}-L_{f}$ 到 $x_{w}+L_{f}$ 进行积分，得到顶底封闭 x、y 方向封闭盒状储层垂直裂缝井的试井数学模型：

$$\Delta \overline{p} = \frac{(2\tilde{q}L_{f}h)\mu}{2kh_{D}x_{eD}L_{ref}s} \left\{ \frac{\cosh\left[\sqrt{u}\left(y_{eD}-|y_{D1}|\right)\right] + \cosh\left[\sqrt{u}\left(y_{eD}-|y_{D2}|\right)\right]}{\sqrt{u}\sinh(y_{eD}\sqrt{u})} + \right.$$
$$\left. 2\sum_{k=1}^{+\infty} \left[\frac{x_{eD}}{\pi k} \cos\left(\pi k \frac{x_{D}}{x_{eD}}\right) \cos\left(\frac{\pi kx_{wD}}{x_{eD}}\right) \sin\left(\frac{\pi k}{x_{eD}}\right) \frac{\cosh\left[\varepsilon_{k}\left(y_{eD}-|y_{D1}|\right)\right] + \cosh\left[\varepsilon_{k}\left(y_{eD}-|y_{D2}|\right)\right]}{\varepsilon_{k}\sinh(y_{eD}\varepsilon_{k})} \right] \right\} \quad (3-20)$$

将式（3-20）化为无因次形式：

$$\overline{p}_{D} = \frac{\pi}{x_{eD}s} \left\{ \frac{\cosh\left[\sqrt{u}\left(y_{eD}-|y_{D1}|\right)\right] + \cosh\left[\sqrt{u}\left(y_{eD}-|y_{D2}|\right)\right]}{\sqrt{u}\sinh(y_{eD}\sqrt{u})} + \right.$$
$$\left. 2\sum_{k=1}^{+\infty} \left[\frac{x_{eD}}{\pi k} \cos\left(\pi k \frac{x_{D}}{x_{eD}}\right) \cos\left(\frac{\pi kx_{wD}}{x_{eD}}\right) \sin\left(\frac{\pi k}{x_{eD}}\right) \frac{\cosh\left[\varepsilon_{k}\left(y_{eD}-|y_{D1}|\right)\right] + \cosh\left[\varepsilon_{k}\left(y_{eD}-|y_{D2}|\right)\right]}{\varepsilon_{k}\sinh(y_{eD}\varepsilon_{k})} \right] \right\} \quad (3-21)$$

其中：$\varepsilon_{k} = \sqrt{\frac{(k\pi)^{2}}{x_{eD}^{2}} + u}$。

3.1.11 顶底封闭 x、y 方向定压盒状储层

由于式（2-23）已经得到了顶底封闭 x、y 方向定压盒状储层垂直方向线源解，因此，要得到完全射孔垂直裂缝井压力解，需要继续对式（2-23）在 x 方向对点源位置 x_w 从 $x_w - L_f$ 到 $x_w + L_f$ 进行积分，得到顶底封闭 x、y 方向定压盒状储层垂直裂缝井的试井数学模型：

$$\Delta\bar{p} = \frac{(2\tilde{q}hL_f)\mu}{kh_D x_{eD} L_{ref} s} \sum_{k=1}^{+\infty} \left\{ \frac{x_{eD}}{\pi k} \sin\left(\pi k \frac{x_D}{x_{eD}}\right) \sin\left(\pi k \frac{x_{wD}}{x_{eD}}\right) \sin\left(\pi k \frac{1}{x_{eD}}\right) \cdot \frac{\cosh\left[\varepsilon_k\left(y_{eD} - |y_{D1}|\right)\right] - \cosh\left[\varepsilon_k\left(y_{eD} - |y_{D2}|\right)\right]}{\varepsilon_k \sinh(y_{eD}\varepsilon_k)} \right\}$$

$$(3-22)$$

将式（3-22）化为无因次形式：

$$\bar{p}_D = \frac{2}{x_{eD} s} \sum_{k=1}^{+\infty} \left\{ \frac{x_{eD}}{k} \sin\left(\pi k \frac{x_D}{x_{eD}}\right) \sin\left(\pi k \frac{x_{wD}}{x_{eD}}\right) \sin\left(\pi k \frac{1}{x_{eD}}\right) \cdot \frac{\cosh\left[\varepsilon_k\left(y_{eD} - |y_{D1}|\right)\right] - \cosh\left[\varepsilon_k\left(y_{eD} - |y_{D2}|\right)\right]}{\varepsilon_k \sinh(y_{eD}\varepsilon_k)} \right\} \quad (3-23)$$

其中：$\varepsilon_k = \sqrt{\frac{(k\pi)^2}{x_{eD}^2} + u}$。

3.1.12 顶底封闭 y 方向定压 x 方向封闭盒状储层

由于式（2-25）已经得到了顶底封闭 y 方向定压 x 方向封闭盒状储层垂直方向线源解，因此，要得到完全射孔垂直裂缝井压力解，需要继续对式（2-25）在 x 方向对点源位置 x_w 从 $x_w - L_f$ 到 $x_w + L_f$ 进行积分，得到顶底封闭 y 方向定压 x 方向封闭盒状储层垂直裂缝井的试井数学模型：

$$\Delta\bar{p} = \frac{(2\tilde{q}hL_f)\mu}{2kL_{ref} sh_D x_{eD}} \left\{ \frac{\cosh\left[\sqrt{u}\left(y_{eD} - |y_{D1}|\right)\right] - \cosh\left[\sqrt{u}\left(y_{eD} - |y_{D2}|\right)\right]}{\sqrt{u}\sinh(y_{eD}\sqrt{u})} + \right.$$

$$\left. 2\sum_{k=1}^{+\infty} \left\{ \frac{x_{eD}}{\pi k} \cos\left(\frac{\pi k x_{wD}}{x_{eD}}\right) \sin\left(\frac{\pi k}{x_{eD}}\right) \cos\left(\pi k \frac{x_D}{x_{eD}}\right) \frac{\cosh\left[\varepsilon_k\left(y_{eD} - |y_{D1}|\right)\right] - \cosh\left[\varepsilon_k\left(y_{eD} - |y_{D2}|\right)\right]}{\varepsilon_k \sinh(y_{eD}\varepsilon_k)} \right\} \right\}$$

$$(3-24)$$

将式（3-24）化为无因次形式：

$$\bar{p}_D = \frac{\pi}{s x_{eD}} \left\{ \frac{\cosh\left[\sqrt{u}\left(y_{eD} - |y_{D1}|\right)\right] - \cosh\left[\sqrt{u}\left(y_{eD} - |y_{D2}|\right)\right]}{\sqrt{u}\sinh(y_{eD}\sqrt{u})} + \right.$$

$$\left. 2\sum_{k=1}^{+\infty} \left\{ \frac{x_{eD}}{\pi k} \cos\left(\frac{\pi k x_{wD}}{x_{eD}}\right) \sin\left(\frac{\pi k}{x_{eD}}\right) \cos\left(\pi k \frac{x_D}{x_{eD}}\right) \frac{\cosh\left[\varepsilon_k\left(y_{eD} - |y_{D1}|\right)\right] - \cosh\left[\varepsilon_k\left(y_{eD} - |y_{D2}|\right)\right]}{\varepsilon_k \sinh(y_{eD}\varepsilon_k)} \right\} \right\}$$

$$(3-25)$$

其中：$\varepsilon_k = \sqrt{\frac{(k\pi)^2}{x_{eD}^2} + u}$。

3.1.13 顶底封闭 x、y 正方向定压 x、y 负方向封闭盒状储层

由于式（2-27）已经得到了顶底封闭 x、y 正方向定压 x、y 负方向封闭盒状储层垂直方向线源解，因此，要得到完全射孔垂直裂缝井压力解，需要继续对式（2-27）在 x 方向对点源位置 x_w 从 $x_w - L_f$ 到 $x_w + L_f$ 进行积分，得到顶底封闭 x、y 正方向定压 x、y 负方向封闭盒状储层垂直裂缝井的试井数学模型：

$$\Delta \bar{p} = \frac{2\left(2\tilde{q}hL_f\right)\mu}{2\pi k h_D x_{eD} L_{ref} s} \sum_{k=1}^{+\infty} \left\{ \frac{2x_{eD}}{(2k-1)} \cos\left[\frac{\pi(2k-1)x_{wD}}{2x_{eD}}\right] \sin\left[\frac{\pi(2k-1)}{2x_{eD}}\right] \cos\left[\frac{\pi(2k-1)x_D}{2x_{eD}}\right] \cdot \frac{\sinh\left[\varepsilon_{\alpha=2,k=2k-1}\left(y_{eD}-|y_{D1}|\right)\right] + \sinh\left[\varepsilon_{\alpha=2,k=2k-1}\left(y_{eD}-|y_{D2}|\right)\right]}{\varepsilon_{\alpha=2,k=2k-1}\cosh(y_{eD}\varepsilon_{\alpha=2,k=2k-1})} \right\} \tag{3-26}$$

将式（3-26）化为无因次形式：

$$\bar{p}_D = \frac{2}{x_{eD}s} \sum_{k=1}^{+\infty} \left\{ \frac{2x_{eD}}{(2k-1)} \cos\left[\frac{\pi(2k-1)x_{wD}}{2x_{eD}}\right] \sin\left[\frac{\pi(2k-1)}{2x_{eD}}\right] \cos\left[\frac{\pi(2k-1)x_D}{2x_{eD}}\right] \cdot \frac{\sinh\left[\varepsilon_{\alpha=2,k=2k-1}\left(y_{eD}-|y_{D1}|\right)\right] + \sinh\left[\varepsilon_{\alpha=2,k=2k-1}\left(y_{eD}-|y_{D2}|\right)\right]}{\varepsilon_{\alpha=2,k=2k-1}\cosh(y_{eD}\varepsilon_{\alpha=2,k=2k-1})} \right\} \tag{3-27}$$

其中： $\varepsilon_{\alpha=2,k=2k-1} = \sqrt{\left[\frac{(2k-1)\pi}{2x_{eD}}\right]^2 + u}$ 。

3.1.14 顶底封闭 x 负方向、y 方向封闭 x 正方向定压盒状储层

由于式（2-29）已经得到了顶底封闭 x 负方向、y 方向封闭 x 正方向定压盒状储层垂直方向线源解，因此，要得到完全射孔垂直裂缝井压力解，需要继续对式（2-29）在 x 方向对点源位置 x_w 从 $x_w - L_f$ 到 $x_w + L_f$ 进行积分，得到顶底封闭 x 负方向、y 方向封闭 x 正方向定压盒状储层垂直裂缝井的试井数学模型：

$$\Delta \bar{p} = \frac{4\left(2\tilde{q}L_f h\right)\mu}{2\pi k h_D x_{eD} L_{ref} s} \sum_{k=1}^{+\infty} \left\{ \frac{x_{eD}}{(2k-1)} \cos\left[\frac{\pi(2k-1)x_{wD}}{2x_{eD}}\right] \sin\left[\frac{\pi(2k-1)}{2x_{eD}}\right] \cos\left[\pi(2k-1)\frac{x_D}{2x_{eD}}\right] \cdot \frac{\cosh\left[\varepsilon_{\alpha=2,k=2k-1}\left(y_{eD}-|y_{D1}|\right)\right] + \cosh\left[\varepsilon_{\alpha=2,k=2k-1}\left(y_{eD}-|y_{D2}|\right)\right]}{\varepsilon_{\alpha=2,k=2k-1}\sinh(y_{eD}\varepsilon_{\alpha=2,k=2k-1})} \right\} \tag{3-28}$$

将式（3-28）化为无因次形式：

$$\bar{p}_D = \frac{4}{x_{eD}s} \sum_{k=1}^{+\infty} \left\{ \frac{x_{eD}}{(2k-1)} \cos\left[\frac{\pi(2k-1)x_{wD}}{2x_{eD}}\right] \sin\left[\frac{\pi(2k-1)}{2x_{eD}}\right] \cos\left[\pi(2k-1)\frac{x_D}{2x_{eD}}\right] \cdot \frac{\cosh\left[\varepsilon_{\alpha=2,k=2k-1}\left(y_{eD}-|y_{D1}|\right)\right] + \cosh\left[\varepsilon_{\alpha=2,k=2k-1}\left(y_{eD}-|y_{D2}|\right)\right]}{\varepsilon_{\alpha=2,k=2k-1}\sinh(y_{eD}\varepsilon_{\alpha=2,k=2k-1})} \right\} \tag{3-29}$$

其中：$\varepsilon_{\alpha=2,k=2k-1} = \sqrt{\left[\dfrac{(2k-1)\pi}{2x_{eD}}\right]^2 + u}$。

3.1.15 顶底封闭 x 负方向封闭 x 正方向、y 方向定压盒状储层

由于式（2-31）已经得到了顶底封闭 x 负方向封闭 x 正方向、y 方向定压盒状储层垂直方向线源解，因此，要得到完全射孔垂直裂缝井压力解，需要继续对式（2-31）在 x 方向对点源位置 x_w 从 $x_w - L_f$ 到 $x_w + L_f$ 进行积分，得到顶底封闭 x 负方向封闭 x 正方向、y 方向定压盒状储层垂直裂缝井的试井数学模型：

$$\Delta\bar{p} = \frac{(2\tilde{q}hL_f)\mu}{h_D x_{eD} k L_{ref} s} \sum_{k=1}^{+\infty} \left\{ \frac{2x_{eD}}{\pi(2k-1)} \cos\left[\pi(2k-1)\frac{x_{wD}}{2x_{eD}}\right] \sin\left[\frac{\pi(2k-1)}{2x_{eD}}\right] \cos\left[\pi(2k-1)\frac{x_D}{2x_{eD}}\right] \cdot \right.$$
$$\left. \frac{\cosh\left[\varepsilon_{\alpha=2,k=2k-1}\left(y_{eD} - |y_{D1}|\right)\right] - \cosh\left[\varepsilon_{\alpha=2,k=2k-1}\left(y_{eD} - |y_{D2}|\right)\right]}{\varepsilon_{\alpha=2,k=2k-1} \sinh(y_{eD}\varepsilon_{\alpha=2,k=2k-1})} \right\} \tag{3-30}$$

将式（3-30）化为无因次形式：

$$\bar{p}_D = \frac{2\pi}{x_{eD} s} \sum_{k=1}^{+\infty} \left\{ \frac{2x_{eD}}{\pi(2k-1)} \cos\left[\pi(2k-1)\frac{x_{wD}}{2x_{eD}}\right] \sin\left[\frac{\pi(2k-1)}{2x_{eD}}\right] \cos\left[\pi(2k-1)\frac{x_D}{2x_{eD}}\right] \cdot \right.$$
$$\left. \frac{\cosh\left[\varepsilon_{\alpha=2,k=2k-1}\left(y_{eD} - |y_{D1}|\right)\right] - \cosh\left[\varepsilon_{\alpha=2,k=2k-1}\left(y_{eD} - |y_{D2}|\right)\right]}{\varepsilon_{\alpha=2,k=2k-1} \sinh(y_{eD}\varepsilon_{\alpha=2,k=2k-1})} \right\} \tag{3-31}$$

其中：$\varepsilon_{\alpha=2,k=2k-1} = \sqrt{\left[\dfrac{(2k-1)\pi}{2x_{eD}}\right]^2 + u}$。

3.1.16 顶底定压 x、y 方向封闭盒状储层

由于式（2-33）已经得到了顶底定压 x、y 方向封闭盒状储层垂直方向线源解，因此，要得到完全射孔垂直裂缝井压力解，需要继续对式（2-33）在 x 方向对点源位置 x_w 从 $x_w - L_f$ 到 $x_w + L_f$ 进行积分，得到顶底定压 x、y 方向封闭盒状储层垂直裂缝井的试井数学模型：

$$\Delta\bar{p} = A \sum_{n=1}^{+\infty} B \left\{ \frac{\cosh\left[\varepsilon_{\gamma=1,n=2n-1}\left(y_{eD} - |y_{D1}|\right)\right] + \cosh\left[\varepsilon_{\gamma=1,n=2n-1}\left(y_{eD} - |y_{D2}|\right)\right]}{\varepsilon_{\gamma=1,n=2n-1} \sinh(y_{eD}\varepsilon_{\gamma=1,n})} + \right.$$
$$\left. 2\sum_{k=1}^{+\infty} C \frac{\cosh\left[\varepsilon_{\gamma=1,nk}\left(y_{eD} - |y_{D1}|\right)\right] + \cosh\left[\varepsilon_{\gamma=1,nk}\left(y_{eD} - |y_{D2}|\right)\right]}{\varepsilon_{\gamma=1,nk} \sinh(y_{eD}\varepsilon_{\gamma=1,nk})} \right\} \tag{3-32}$$

其中：$A = \dfrac{(2\tilde{q}hL_f)\mu}{k\pi L_{ref} h_D x_{eD} s}$，$B = \dfrac{2}{2n-1} \sin\left[\dfrac{\pi(2n-1)z_D}{h_D}\right]$，$C = \dfrac{x_{eD}}{\pi k} \cos\left(\dfrac{\pi k x_{wD}}{x_{eD}}\right) \sin\left(\dfrac{\pi k}{x_{eD}}\right) \cos\left(\pi k \dfrac{x_D}{x_{eD}}\right)$。

将式（3-32）化为无因次形式：

$$\bar{p}_D = \frac{2}{x_{eD}s}\sum_{n=1}^{+\infty}B\left\{\frac{\cosh\left[\varepsilon_{\gamma=1,n=2n-1}\left(y_{eD}-|y_{D1}|\right)\right]+\cosh\left[\varepsilon_{\gamma=1,n=2n-1}\left(y_{eD}-|y_{D2}|\right)\right]}{\varepsilon_{\gamma=1,n=2n-1}\sinh(y_{eD}\varepsilon_{\gamma=1,n})}+\right.$$
$$\left.2\sum_{k=1}^{+\infty}C\frac{\cosh\left[\varepsilon_{\gamma=1,n=2n-1,k}\left(y_{eD}-|y_{D1}|\right)\right]+\cosh\left[\varepsilon_{\gamma=1,n=2n-1,k}\left(y_{eD}-|y_{D2}|\right)\right]}{\varepsilon_{\gamma=1,n=2n-1,k}\sinh(y_{eD}\varepsilon_{\gamma=1,n=2n-1,k})}\right\}$$

（3-33）

其中：$B=\dfrac{2}{2n-1}\sin\left[\dfrac{\pi(2n-1)z_D}{h_D}\right]$，$C=\dfrac{x_{eD}}{\pi k}\cos\left(\dfrac{\pi k x_{wD}}{x_{eD}}\right)\sin\left(\dfrac{\pi k}{x_{eD}}\right)\cos\left(\pi k\dfrac{x_D}{x_{eD}}\right)$，$\varepsilon_{\gamma=1,n=2n-1}=\sqrt{\left(\dfrac{(2n-1)\pi}{h_D}\right)^2+u}$，

$\varepsilon_{\gamma=1,n=2n-1,k}=\sqrt{\varepsilon_{\gamma=1,n=2n-1}^2+\dfrac{k^2\pi^2}{x_{eD}^2}}$。

3.1.17　顶底定压 x、y 方向定压盒状储层

由于式（2-35）已经得到了顶底定压 x、y 方向定压盒状储层垂直方向线源解，因此，要得到完全射孔垂直裂缝井压力解，需要继续对式（2-35）在 x 方向对点源位置 x_w 从 x_w-L_f 到 x_w+L_f 进行积分，得到顶底定压 x、y 方向定压盒状储层垂直裂缝井的试井数学模型：

$$\Delta\bar{p}=A\sum_{n=1}^{+\infty}B\sum_{k=1}^{+\infty}C\frac{\cosh\left[\varepsilon_{\gamma=1,n=2n-1,k}\left(y_{eD}-|y_{D1}|\right)\right]-\cosh\left[\varepsilon_{\gamma=1,n=2n-1,k}\left(y_{eD}-|y_{D2}|\right)\right]}{\varepsilon_{\gamma=1,n=2n-1,k}\sinh(y_{eD}\varepsilon_{\gamma=1,n=2n-1,k})}$$

（3-34）

其中：$A=\dfrac{2\left(2\tilde{q}hL_f\right)\mu}{k\pi h_D x_{eD}L_{ref}s}$，$B=\dfrac{1}{2n-1}\sin\left[\dfrac{\pi(2n-1)z_D}{h_D}\right]$，$C=\dfrac{2x_{eD}}{\pi k}\sin\left(\pi k\dfrac{x_{wD}}{x_{eD}}\right)\sin\left(\pi k\dfrac{1}{x_{eD}}\right)\sin\left(\pi k\dfrac{x_D}{x_{eD}}\right)$。

将式（3-34）化为无因次形式：

$$\bar{p}_D=\frac{4}{x_{eD}s}\sum_{n=1}^{+\infty}B\sum_{k=1}^{+\infty}C\frac{\cosh\left[\varepsilon_{\gamma=1,n=2n-1,k}\left(y_{eD}-|y_{D1}|\right)\right]-\cosh\left[\varepsilon_{\gamma=1,n=2n-1,k}\left(y_{eD}-|y_{D2}|\right)\right]}{\varepsilon_{\gamma=1,n=2n-1,k}\sinh(y_{eD}\varepsilon_{\gamma=1,n=2n-1,k})}$$

（3-35）

其中：$\varepsilon_{\gamma=1,n=2n-1}=\sqrt{\left(\dfrac{(2n-1)\pi}{h_D}\right)^2+u}$，$\varepsilon_{\gamma=1,n=2n-1,k}=\sqrt{\varepsilon_{\gamma=1,n=2n-1}^2+\dfrac{k^2\pi^2}{x_{eD}^2}}$，$B=\dfrac{1}{2n-1}\sin\left[\dfrac{\pi(2n-1)z_D}{h_D}\right]$，

$C=\dfrac{2x_{eD}}{\pi k}\sin\left(\pi k\dfrac{x_{wD}}{x_{eD}}\right)\sin\left(\pi k\dfrac{1}{x_{eD}}\right)\sin\left(\pi k\dfrac{x_D}{x_{eD}}\right)$。

3.1.18　顶底定压 y 方向定压 x 方向封闭盒状储层

由于式（2-37）已经得到了顶底定压 y 方向定压 x 方向封闭盒状储层垂直方向线源解，因此，要得到完全射孔垂直裂缝井压力解，需要继续对式（2-37）在 x 方向对点源位置 x_w 从 x_w-L_f 到 x_w+L_f 进行积分，得到顶底定压 y 方向定压 x 方向封闭盒状储层

垂直裂缝井的试井数学模型：

$$\Delta \bar{p} = A\sum_{n=1}^{+\infty} B\left\{\frac{\cosh\left[\varepsilon_{\gamma=1,n=2n-1}\left(y_{eD}-|y_{D1}|\right)\right]-\cosh\left[\varepsilon_{\gamma=1,n=2n-1}\left(y_{eD}-|y_{D2}|\right)\right]}{\varepsilon_{\gamma=1,n=2n-1}\sinh(y_{eD}\varepsilon_{\gamma=1,n=2n-1})}+\right.$$
$$\left.2\sum_{k=1}^{+\infty} C\frac{\cosh\left[\varepsilon_{\gamma=1,n=2n-1,k}\left(y_{eD}-|y_{D1}|\right)\right]-\cosh\left[\varepsilon_{\gamma=1,n=2n-1,k}\left(y_{eD}-|y_{D2}|\right)\right]}{\varepsilon_{\gamma=1,n=2n-1,k}\sinh(y_{eD}\varepsilon_{\gamma=1,n=2n-1,k})}\right\} \qquad (3-36)$$

其中：$A=\dfrac{(2\tilde{q}hL_{f})\mu}{\pi k h_{D}x_{eD}L_{ref}s}$，$B=\dfrac{2}{2n-1}\sin\left[\dfrac{\pi(2n-1)z_{D}}{h_{D}}\right]$，$C=\dfrac{x_{eD}}{\pi k}\cos\left(\dfrac{\pi k x_{wD}}{x_{eD}}\right)\sin\left(\dfrac{\pi k}{x_{eD}}\right)\cos\left(\pi k\dfrac{x_{D}}{x_{eD}}\right)$。

将式（3-36）化为无因次形式：

$$\bar{p}_{D}=\frac{2}{x_{eD}s}\sum_{n=1}^{+\infty} B\left\{\frac{\cosh\left[\varepsilon_{\gamma=1,n=2n-1}\left(y_{eD}-|y_{D1}|\right)\right]-\cosh\left[\varepsilon_{\gamma=1,n=2n-1}\left(y_{eD}-|y_{D2}|\right)\right]}{\varepsilon_{\gamma=1,n=2n-1}\sinh(y_{eD}\varepsilon_{\gamma=1,n=2n-1})}+\right.$$
$$\left.2\sum_{k=1}^{+\infty} C\frac{\cosh\left[\varepsilon_{\gamma=1,n=2n-1,k}\left(y_{eD}-|y_{D1}|\right)\right]-\cosh\left[\varepsilon_{\gamma=1,n=2n-1,k}\left(y_{eD}-|y_{D2}|\right)\right]}{\varepsilon_{\gamma=1,n=2n-1,k}\sinh(y_{eD}\varepsilon_{\gamma=1,n=2n-1,k})}\right\} \qquad (3-37)$$

其中：$\varepsilon_{\gamma=1,n=2n-1}=\sqrt{\left[\dfrac{(2n-1)\pi}{h_{D}}\right]^{2}+u}$，$\varepsilon_{\gamma=1,n=2n-1,k}=\sqrt{\varepsilon_{\gamma=1,n=2n-1}^{2}+\dfrac{k^{2}\pi^{2}}{x_{eD}^{2}}}$，$B=\dfrac{2}{2n-1}\sin\left[\dfrac{\pi(2n-1)z_{D}}{h_{D}}\right]$，

$C=\dfrac{x_{eD}}{\pi k}\cos\left(\dfrac{\pi k x_{wD}}{x_{eD}}\right)\sin\left(\dfrac{\pi k}{x_{eD}}\right)\cos\left(\pi k\dfrac{x_{D}}{x_{eD}}\right)$。

3.1.19 顶底定压 x、y 正方向定压 x、y 负方向封闭盒状储层

由于式（2-39）已经得到了顶底定压 x、y 正方向定压 x、y 负方向封闭盒状储层垂直方向线源解，因此，要得到完全射孔垂直裂缝井压力解，需要继续对式（2-39）在 x 方向对点源位置 x_{w} 从 $x_{w}-L_{f}$ 到 $x_{w}+L_{f}$ 进行积分，得到顶底定压 x、y 正方向定压 x、y 负方向封闭盒状储层垂直裂缝井的试井数学模型：

$$\Delta\bar{p}=A\sum_{n=1}^{+\infty} B\sum_{k=1}^{+\infty} C\frac{\sinh\left[\varepsilon_{\gamma=1,n=2n-1,k=2k-1}\left(y_{eD}-|y_{D1}|\right)\right]+\sinh\left[\varepsilon_{\gamma=1,n=2n-1,k=2k-1}\left(y_{eD}-|y_{D2}|\right)\right]}{\varepsilon_{\gamma=1,n=2n-1,k=2k-1}\cosh(y_{eD}\varepsilon_{\gamma=1,n=2n-1,k=2k-1})} \qquad (3-38)$$

其中：$A=\dfrac{2(2\tilde{q}hL_{f})\mu}{\pi h_{D}x_{eD}kL_{ref}s}$，$B=\dfrac{1}{2n-1}\sin\left[\dfrac{\pi(2n-1)z_{D}}{h_{D}}\right]$，$C=\dfrac{4x_{eD}}{\pi(2k-1)}\cos\left[\dfrac{\pi(2k-1)x_{wD}}{2x_{eD}}\right]\sin\left[\dfrac{\pi(2k-1)}{2x_{eD}}\right]$

$\cos\left[\pi(2k-1)\dfrac{x_{D}}{2x_{eD}}\right]$。

将式（3-38）化为无因次形式：

$$\bar{p}_{D}=\frac{4}{x_{eD}s}\sum_{n=1}^{+\infty} B\sum_{k=1}^{+\infty} C\frac{\sinh\left[\varepsilon_{\gamma=1,n=2n-1,k=2k-1}\left(y_{eD}-|y_{D1}|\right)\right]+\sinh\left[\varepsilon_{\gamma=1,n=2n-1,k=2k-1}\left(y_{eD}-|y_{D2}|\right)\right]}{\varepsilon_{\gamma=1,n=2n-1,k=2k-1}\cosh(y_{eD}\varepsilon_{\gamma=1,n=2n-1,k=2k-1})} \qquad (3-39)$$

其中：$\varepsilon_{\gamma=1,n=2n-1}=\sqrt{\left[\dfrac{(2n-1)\pi}{h_{\mathrm{D}}}\right]^2+u}$ ， $\varepsilon_{\gamma=1,n=2n-1,k=2k-1}=\sqrt{\varepsilon_{\gamma=1,n=2n-1}^2+\dfrac{(2k-1)^2\pi^2}{4x_{\mathrm{eD}}^2}}$ ， $B=\dfrac{1}{2n-1}$

$\sin\left[\dfrac{\pi(2n-1)z_{\mathrm{D}}}{h_{\mathrm{D}}}\right]$ ， $C=\dfrac{4x_{\mathrm{eD}}}{\pi(2k-1)}\cos\left[\dfrac{\pi(2k-1)x_{\mathrm{wD}}}{2x_{\mathrm{eD}}}\right]\sin\left[\dfrac{\pi(2k-1)}{2x_{\mathrm{eD}}}\right]\cos\left[\pi(2k-1)\dfrac{x_{\mathrm{D}}}{2x_{\mathrm{eD}}}\right]$ 。

3.1.20 顶底定压 x 负方向、y 方向封闭 x 正方向定压盒状储层

由于式（2-41）已经得到顶底定压 x 负方向、y 方向封闭 x 正方向定压盒状储层垂直方向线源解，因此，要得到完全射孔垂直裂缝井压力解，需要继续对式（2-41）在 x 方向对点源位置 x_{w} 从 $x_{\mathrm{w}}-L_{\mathrm{f}}$ 到 $x_{\mathrm{w}}+L_{\mathrm{f}}$ 进行积分，得到顶底定压 x 负方向、y 方向封闭 x 正方向定压盒状储层垂直裂缝井的试井数学模型：

$$\Delta\bar{p}=A\sum_{n=1}^{+\infty}B\sum_{k=1}^{+\infty}C\dfrac{\cosh\left[\varepsilon_{\gamma=1,n=2n-1,k=2k-1}\left(y_{\mathrm{eD}}-\left|y_{\mathrm{D1}}\right|\right)\right]+\cosh\left[\varepsilon_{\gamma=1,n=2n-1,k=2k-1}\left(y_{\mathrm{eD}}-\left|y_{\mathrm{D2}}\right|\right)\right]}{\varepsilon_{\gamma=1,n=2n-1,k=2k-1}\sinh(y_{\mathrm{eD}}\varepsilon_{\gamma=1,n=2n-1,k=2k-1})} \quad (3\text{-}40)$$

其中：$A=\dfrac{2(2\bar{q}hL_{\mathrm{f}})\mu}{\pi h_{\mathrm{D}}x_{\mathrm{eD}}kL_{\mathrm{ref}}s}$ ， $B=\dfrac{1}{2n-1}\sin\left[\dfrac{\pi(2n-1)z_{\mathrm{D}}}{h_{\mathrm{D}}}\right]$ ， $C=\dfrac{4x_{\mathrm{eD}}}{\pi(2k-1)}\cos\left[\dfrac{\pi(2k-1)x_{\mathrm{wD}}}{2x_{\mathrm{eD}}}\right]\sin\left[\dfrac{\pi(2k-1)}{2x_{\mathrm{eD}}}\right]$

$\cos\left[\pi(2k-1)\dfrac{x_{\mathrm{D}}}{2x_{\mathrm{eD}}}\right]$ 。

将式（3-40）化为无因次形式：

$$\bar{p}_{\mathrm{D}}=\dfrac{4}{x_{\mathrm{eD}}s}\sum_{n=1}^{+\infty}B\sum_{k=1}^{+\infty}C\dfrac{\cosh\left[\varepsilon_{\gamma=1,n=2n-1,k=2k-1}\left(y_{\mathrm{eD}}-\left|y_{\mathrm{D1}}\right|\right)\right]+\cosh\left[\varepsilon_{\gamma=1,n=2n-1,k=2k-1}\left(y_{\mathrm{eD}}-\left|y_{\mathrm{D2}}\right|\right)\right]}{\varepsilon_{\gamma=1,n=2n-1,k=2k-1}\sinh(y_{\mathrm{eD}}\varepsilon_{\gamma=1,n=2n-1,k=2k-1})} \quad (3\text{-}41)$$

其中：$\varepsilon_{\gamma=1,n=2n-1}=\sqrt{\left[\dfrac{(2n-1)\pi}{h_{\mathrm{D}}}\right]^2+u}$ ， $\varepsilon_{\gamma=1,n=2n-1,k=2k-1}=\sqrt{\varepsilon_{\gamma=1,n=2n-1}^2+\dfrac{(2k-1)^2\pi^2}{4x_{\mathrm{eD}}^2}}$ ， $B=\dfrac{1}{2n-1}$

$\sin\left[\dfrac{\pi(2n-1)z_{\mathrm{D}}}{h_{\mathrm{D}}}\right]$ ， $C=\dfrac{4x_{\mathrm{eD}}}{\pi(2k-1)}\cos\left[\dfrac{\pi(2k-1)x_{\mathrm{wD}}}{2x_{\mathrm{eD}}}\right]\sin\left[\dfrac{\pi(2k-1)}{2x_{\mathrm{eD}}}\right]\cos\left[\pi(2k-1)\dfrac{x_{\mathrm{D}}}{2x_{\mathrm{eD}}}\right]$ 。

3.1.21 顶底定压 x 负方向封闭 x 正方向、y 方向定压盒状储层

由于式（2-43）已经得到了顶底定压 x 负方向封闭 x 正方向、y 方向定压盒状储层垂直方向线源解，因此，要得到完全射孔垂直裂缝井压力解，需要继续对式（2-43）在 x 方向对点源位置 x_{w} 从 $x_{\mathrm{w}}-L_{\mathrm{f}}$ 到 $x_{\mathrm{w}}+L_{\mathrm{f}}$ 进行积分，得到顶底定压 x 负方向封闭 x 正方向、y 方向定压盒状储层垂直裂缝井的试井数学模型：

$$\Delta\bar{p}=A\sum_{n=1}^{+\infty}B\sum_{k=1}^{+\infty}C\dfrac{\cosh\left[\varepsilon_{\gamma=1,n=2n-1,k=2k-1}\left(y_{\mathrm{eD}}-\left|y_{\mathrm{D1}}\right|\right)\right]-\cosh\left[\varepsilon_{\gamma=1,n=2n-1,k=2k-1}\left(y_{\mathrm{eD}}-\left|y_{\mathrm{D2}}\right|\right)\right]}{\varepsilon_{\gamma=1,n=2n-1,k=2k-1}\sinh(y_{\mathrm{eD}}\varepsilon_{\gamma=1,n=2n-1,k=2k-1})} \quad (3\text{-}42)$$

其中：$A = \dfrac{2\left(2\tilde{q}hL_{\mathrm{f}}\right)\mu}{\pi k h_{\mathrm{D}}L_{\mathrm{ref}}x_{\mathrm{eD}}s}$ ， $B = \dfrac{1}{2n-1}\sin\left[\dfrac{\pi(2n-1)z_{\mathrm{D}}}{h_{\mathrm{D}}}\right]$ ， $C = \dfrac{4x_{\mathrm{eD}}}{\pi(2k-1)}\cos\left[\dfrac{\pi(2k-1)x_{\mathrm{wD}}}{2x_{\mathrm{eD}}}\right]\sin\left[\dfrac{\pi(2k-1)}{2x_{\mathrm{eD}}}\right]$

$\cos\left[\pi(2k-1)\dfrac{x_{\mathrm{D}}}{2x_{\mathrm{eD}}}\right]$ 。

将式（3-42）化为无因次形式：

$$\bar{p}_{\mathrm{D}} = \frac{4}{x_{\mathrm{eD}}s}\sum_{n=1}^{+\infty}B\sum_{k=1}^{+\infty}C\frac{\cosh\left[\varepsilon_{\gamma=1,n=2n-1,k=2k-1}\left(y_{\mathrm{eD}}-\left|y_{\mathrm{D1}}\right|\right)\right]-\cosh\left[\varepsilon_{\gamma=1,n=2n-1,k=2k-1}\left(y_{\mathrm{eD}}-\left|y_{\mathrm{D2}}\right|\right)\right]}{\varepsilon_{\gamma=1,n=2n-1,k=2k-1}\sinh(y_{\mathrm{eD}}\varepsilon_{\gamma=1,n=2n-1,k=2k-1})} \quad （3-43）$$

其中： $\varepsilon_{\gamma=1,n=2n-1} = \sqrt{\left[\dfrac{(2n-1)\pi}{h_{\mathrm{D}}}\right]^2+u}$ ， $\varepsilon_{\gamma=1,n=2n-1,k=2k-1} = \sqrt{\varepsilon_{\gamma=1,n=2n-1}^2+\dfrac{(2k-1)^2\pi^2}{4x_{\mathrm{eD}}^2}}$ ， $B = \dfrac{1}{2n-1}$

$\sin\left[\dfrac{\pi(2n-1)z_{\mathrm{D}}}{h_{\mathrm{D}}}\right]$ ， $C = \dfrac{4x_{\mathrm{eD}}}{\pi(2k-1)}\cos\left[\dfrac{\pi(2k-1)x_{\mathrm{wD}}}{2x_{\mathrm{eD}}}\right]\sin\left[\dfrac{\pi(2k-1)}{2x_{\mathrm{eD}}}\right]\cos\left[\pi(2k-1)\dfrac{x_{\mathrm{D}}}{2x_{\mathrm{eD}}}\right]$ 。

3.1.22 顶定压底封闭 x、y 方向封闭盒状储层

由于式（2-45）已经得到了顶定压底封闭 x、y 方向封闭盒状储层垂直方向线源解，因此，要得到完全射孔垂直裂缝井压力解，需要继续对式（2-45）在 x 方向对点源位置 x_{w} 从 $x_{\mathrm{w}}-L_{\mathrm{f}}$ 到 $x_{\mathrm{w}}+L_{\mathrm{f}}$ 进行积分，得到顶定压底封闭 x、y 方向封闭盒状储层垂直裂缝井的试井数学模型：

$$\Delta\bar{p} = A\sum_{n=1}^{+\infty}B\left\{\frac{\cosh\left[\varepsilon_{\gamma=2,n=2n-1}\left(y_{\mathrm{eD}}-\left|y_{\mathrm{D1}}\right|\right)\right]+\cosh\left[\varepsilon_{\gamma=2,n=2n-1}\left(y_{\mathrm{eD}}-\left|y_{\mathrm{D2}}\right|\right)\right]}{\varepsilon_{\gamma=2,n=2n-1}\sinh(y_{\mathrm{eD}}\varepsilon_{\gamma=2,n=2n-1})}+\right.$$
$$\left.2\sum_{k=1}^{+\infty}C\left[\frac{\cosh\left[\varepsilon_{\gamma=2,n=2n-1,k}\left(y_{\mathrm{eD}}-\left|y_{\mathrm{D1}}\right|\right)\right]+\cosh\left[\varepsilon_{\gamma=2,n=2n-1,k}\left(y_{\mathrm{eD}}-\left|y_{\mathrm{D2}}\right|\right)\right]}{\varepsilon_{\gamma=2,n=2n-1,k}\sinh(y_{\mathrm{eD}}\varepsilon_{\gamma=2,n=2n-1,k})}\right]\right\} \quad （3-44）$$

其中： $A = \dfrac{2\left(2hL_{\mathrm{f}}\tilde{q}\right)\mu}{\pi k h_{\mathrm{D}}x_{\mathrm{eD}}L_{\mathrm{ref}}s}$ ， $B = \dfrac{1}{2n-1}\sin\left[\dfrac{(2n-1)\pi}{2}\right]\cos\left[(2n-1)\dfrac{\pi z_{\mathrm{D}}}{2h_{\mathrm{D}}}\right]$ ， $C = \dfrac{x_{\mathrm{eD}}}{\pi k}\cos\left(\dfrac{\pi k x_{\mathrm{wD}}}{x_{\mathrm{eD}}}\right)\sin\left(\dfrac{\pi k}{x_{\mathrm{eD}}}\right)$

$\cos\left(\pi k\dfrac{x_{\mathrm{D}}}{x_{\mathrm{eD}}}\right)$ 。

将式（3-44）化为无因次形式：

$$\bar{p}_{\mathrm{D}} = \frac{4}{x_{\mathrm{eD}}s}\sum_{n=1}^{+\infty}B\left\{\frac{\cosh\left[\varepsilon_{\gamma=2,n=2n-1}\left(y_{\mathrm{eD}}-\left|y_{\mathrm{D1}}\right|\right)\right]+\cosh\left[\varepsilon_{\gamma=2,n=2n-1}\left(y_{\mathrm{eD}}-\left|y_{\mathrm{D2}}\right|\right)\right]}{\varepsilon_{\gamma=2,n=2n-1}\sinh(y_{\mathrm{eD}}\varepsilon_{\gamma=2,n=2n-1})}+\right.$$
$$\left.2\sum_{k=1}^{+\infty}C\left[\frac{\cosh\left[\varepsilon_{\gamma=2,n=2n-1,k}\left(y_{\mathrm{eD}}-\left|y_{\mathrm{D1}}\right|\right)\right]+\cosh\left[\varepsilon_{\gamma=2,n=2n-1,k}\left(y_{\mathrm{eD}}-\left|y_{\mathrm{D2}}\right|\right)\right]}{\varepsilon_{\gamma=2,n=2n-1,k}\sinh(y_{\mathrm{eD}}\varepsilon_{\gamma=2,n=2n-1,k})}\right]\right\} \quad （3-45）$$

其中：$\varepsilon_{\gamma=2,n=2n-1} = \sqrt{\left[\dfrac{(2n-1)\pi}{2h_{D}}\right]^{2} + u}$，$\varepsilon_{\gamma=2,n=2n-1,k} = \sqrt{\left(\dfrac{(2n-1)\pi}{2h_{D}}\right)^{2} + u + \dfrac{k^{2}\pi^{2}}{x_{eD}^{2}}}$，$B = \dfrac{1}{2n-1}\sin\left[\dfrac{(2n-1)\pi}{2}\right]$

$\cos\left[(2n-1)\dfrac{\pi z_{D}}{2h_{D}}\right]$，$C = \dfrac{x_{eD}}{\pi k}\cos\left(\dfrac{\pi k x_{wD}}{x_{eD}}\right)\sin\left(\dfrac{\pi k}{x_{eD}}\right)\cos\left(\pi k \dfrac{x_{D}}{x_{eD}}\right)$。

3.1.23　顶定压底封闭 x、y 方向定压盒状储层

由于式（2-47）已经得到了顶定压底封闭 x、y 方向定压盒状储层垂直方向线源解，因此，要得到完全射孔垂直裂缝井压力解，需要继续对式（2-47）在 x 方向对点源位置 x_{w} 从 $x_{w}-L_{f}$ 到 $x_{w}+L_{f}$ 进行积分，得到顶定压底封闭 x、y 方向定压盒状储层垂直裂缝井的试井数学模型：

$$\Delta\overline{p} = A\sum_{n=1}^{+\infty}B\sum_{k=1}^{+\infty}C\frac{\cosh\left[\varepsilon_{\gamma=2,n=2n-1,k}\left(y_{eD}-\left|y_{D1}\right|\right)\right] - \cosh\left[\varepsilon_{\gamma=2,n=2n-1,k}\left(y_{eD}-\left|y_{D2}\right|\right)\right]}{\varepsilon_{\gamma=2,n=2n-1,k}\sinh(y_{eD}\varepsilon_{\gamma=2,n=2n-1,k})} \tag{3-46}$$

其中：$A = \dfrac{(2\tilde{q}hL_{f})\mu}{kh_{D}x_{eD}L_{ref}s}$，$B = \dfrac{2}{\pi(2n-1)}\sin\left[(2n-1)\dfrac{\pi}{2}\right]\cos\left[(2n-1)\dfrac{\pi z_{D}}{2h_{D}}\right]$，$C = \dfrac{2x_{eD}}{\pi k}\sin\left(\pi k\dfrac{x_{wD}}{x_{eD}}\right)\sin\left(\pi k\dfrac{1}{x_{eD}}\right)$

$\sin\left(\pi k\dfrac{x_{D}}{x_{eD}}\right)$。

将式（3-46）化为无因次形式：

$$\overline{p}_{D} = \frac{2}{x_{eD}s}\sum_{n=1}^{+\infty}B\sum_{k=1}^{+\infty}C\frac{\cosh\left[\varepsilon_{\gamma=2,n=2n-1,k}\left(y_{eD}-\left|y_{D1}\right|\right)\right] - \cosh\left[\varepsilon_{\gamma=2,n=2n-1,k}\left(y_{eD}-\left|y_{D2}\right|\right)\right]}{\varepsilon_{\gamma=2,n=2n-1,k}\sinh(y_{eD}\varepsilon_{\gamma=2,n=2n-1,k})} \tag{3-47}$$

其中：$\varepsilon_{\gamma=2,n=2n-1,k} = \sqrt{u + \left[\dfrac{(2n-1)\pi}{2h_{D}}\right]^{2} + \dfrac{k^{2}\pi^{2}}{x_{eD}^{2}}}$，$B = \dfrac{2}{(2n-1)}\sin\left[(2n-1)\dfrac{\pi}{2}\right]\cos\left[(2n-1)\dfrac{\pi z_{D}}{2h_{D}}\right]$，$C = \dfrac{2x_{eD}}{\pi k}$

$\sin\left(\pi k\dfrac{x_{wD}}{x_{eD}}\right)\sin\left(\pi k\dfrac{1}{x_{eD}}\right)\sin\left(\pi k\dfrac{x_{D}}{x_{eD}}\right)$。

3.1.24　顶定压底封闭 y 方向定压 x 方向封闭盒状储层

由于式（2-49）已经得到了顶定压底封闭 y 方向定压 x 方向封闭盒状储层垂直方向线源解，因此，要得到完全射孔垂直裂缝井压力解，需要继续对式（2-49）在 x 方向对点源位置 x_{w} 从 $x_{w}-L_{f}$ 到 $x_{w}+L_{f}$ 进行积分，得到顶定压底封闭 y 方向定压 x 方向封闭盒状储层垂直裂缝井的试井数学模型：

$$\Delta\overline{p} = A\sum_{n=1}^{+\infty}B\left\{\frac{\cosh\left[\varepsilon_{\gamma=2,n=2n-1}\left(y_{eD}-\left|y_{D1}\right|\right)\right] - \cosh\left[\varepsilon_{\gamma=2,n=2n-1}\left(y_{eD}-\left|y_{D2}\right|\right)\right]}{\varepsilon_{\gamma=2,n=2n-1}\sinh(y_{eD}\varepsilon_{\gamma=2,n=2n-1})} + \right.$$

$$2\sum_{k=1}^{+\infty}C\left[\frac{\cosh\left[\varepsilon_{\gamma=2,n=2n-1,k}\left(y_{eD}-|y_{D1}|\right)\right]-\cosh\left[\varepsilon_{\gamma=2,n=2n-1,k}\left(y_{eD}-|y_{D2}|\right)\right]}{\varepsilon_{\gamma=2,n=2n-1,k}\sinh(y_{eD}\varepsilon_{\gamma=2,n=2n-1,k})}\right]\right\} \quad (3-48)$$

其中：$A=\dfrac{2\left(2L_{f}h\tilde{q}\right)\mu}{kh_{D}x_{eD}L_{ref}s}$，$B=\dfrac{1}{\pi\left(2n-1\right)}\sin\left[\left(2n-1\right)\dfrac{\pi}{2}\right]\cos\left[\left(2n-1\right)\dfrac{\pi z_{D}}{2h_{D}}\right]$，$C=\dfrac{x_{eD}}{\pi k}\cos\left(\dfrac{\pi k x_{wD}}{x_{eD}}\right)\sin\left(\dfrac{\pi k}{x_{eD}}\right)$

$\cos\left(\pi k\dfrac{x_{D}}{x_{eD}}\right)$。

将式（3-48）化为无因次形式：

$$\bar{p}_{D}=\frac{4}{x_{eD}s}\sum_{n=1}^{+\infty}B\left\{\frac{\cosh\left[\varepsilon_{\gamma=2,n=2n-1}\left(y_{eD}-|y_{D1}|\right)\right]-\cosh\left[\varepsilon_{\gamma=2,n=2n-1}\left(y_{eD}-|y_{D2}|\right)\right]}{\varepsilon_{\gamma=2,n=2n-1}\sinh(y_{eD}\varepsilon_{\gamma=2,n=2n-1})}+\right.$$
$$\left.2\sum_{k=1}^{+\infty}C\left[\frac{\cosh\left[\varepsilon_{\gamma=2,n=2n-1,k}\left(y_{eD}-|y_{D1}|\right)\right]-\cosh\left[\varepsilon_{\gamma=2,n=2n-1,k}\left(y_{eD}-|y_{D2}|\right)\right]}{\varepsilon_{\gamma=2,n=2n-1,k}\sinh(y_{eD}\varepsilon_{\gamma=2,n=2n-1,k})}\right]\right\} \quad (3-49)$$

其中：$\varepsilon_{\gamma=2,n=2n-1}=\sqrt{\left[\dfrac{(2n-1)\pi}{2h_{D}}\right]^{2}+u}$，$\varepsilon_{\gamma=2,n=2n-1,k}=\sqrt{\left[\dfrac{(2n-1)\pi}{2h_{D}}\right]^{2}+u+\dfrac{k^{2}\pi^{2}}{x_{eD}^{2}}}$，$B=\dfrac{1}{(2n-1)}\sin\left[(2n-1)\dfrac{\pi}{2}\right]$

$\cos\left[(2n-1)\dfrac{\pi z_{D}}{2h_{D}}\right]$，$C=\dfrac{x_{eD}}{\pi k}\cos\left(\dfrac{\pi k x_{wD}}{x_{eD}}\right)\sin\left(\dfrac{\pi k}{x_{eD}}\right)\cos\left(\pi k\dfrac{x_{D}}{x_{eD}}\right)$。

3.1.25 顶定压底封闭 x、y 正方向定压 x、y 负方向封闭盒状储层

由于式（2-51）已经得到了顶定压底封闭 x、y 正方向定压 x、y 负方向封闭盒状储层垂直方向线源解，因此，要得到完全射孔垂直裂缝井压力解，需要继续对式（2-51）在 x 方向对点源位置 x_{w} 从 $x_{w}-L_{f}$ 到 $x_{w}+L_{f}$ 进行积分，得到顶定压底封闭 x、y 正方向定压 x、y 负方向封闭盒状储层垂直裂缝井的试井数学模型：

$$\Delta\bar{p}=A\sum_{n=1}^{+\infty}B\sum_{k=1}^{+\infty}C\frac{\sinh\left[\varepsilon_{\gamma=2,n=2n-1,k=2k-1(\alpha=2)}\left(y_{eD}-|y_{D1}|\right)\right]+\sinh\left[\varepsilon_{\gamma=2,n=2n-1,k=2k-1(\alpha=2)}\left(y_{eD}-|y_{D2}|\right)\right]}{\varepsilon_{\gamma=2,n=2n-1,k=2k-1(\alpha=2)}\cosh\left(y_{eD}\varepsilon_{\gamma=2,n=2n-1,k=2k-1(\alpha=2)}\right)} \quad (3-50)$$

其中：$A=\dfrac{\left(2\tilde{q}hL_{f}\right)\mu}{\pi kh_{D}x_{eD}L_{ref}s}$，$B=\dfrac{4}{(2n-1)}\sin\left[(2n-1)\dfrac{\pi}{2}\right]\cos\left[(2n-1)\dfrac{\pi z_{D}}{2h_{D}}\right]$，$C=\dfrac{2x_{eD}}{(2k-1)\pi}\cos\left[(2k-1)\dfrac{\pi x_{wD}}{2x_{eD}}\right]$

$\sin\left[(2k-1)\dfrac{\pi}{2x_{eD}}\right]\cos\left[(2k-1)\dfrac{\pi x_{D}}{2x_{eD}}\right]$。

将式（3-50）化为无因次形式：

$$\bar{p}_{D}=\frac{2}{x_{eD}s}\sum_{n=1}^{+\infty}B\sum_{k=1}^{+\infty}C\frac{\sinh\left[\varepsilon_{\gamma=2,n=2n-1,k=2k-1(\alpha=2)}\left(y_{eD}-|y_{D1}|\right)\right]+\sinh\left[\varepsilon_{\gamma=2,n=2n-1,k=2k-1(\alpha=2)}\left(y_{eD}-|y_{D2}|\right)\right]}{\varepsilon_{\gamma=2,n=2n-1,k=2k-1(\alpha=2)}\cosh\left(y_{eD}\varepsilon_{\gamma=2,n=2n-1,k=2k-1(\alpha=2)}\right)} \quad (3-51)$$

其中：$\varepsilon_{\gamma=2,n=2n-1,k=2k-1(\alpha=2)}=\sqrt{u+\dfrac{(2n-1)^2\pi^2}{4h_D^2}+\dfrac{(2k-1)^2\pi^2}{4x_{eD}^2}}$，$B=\dfrac{4}{(2n-1)}\sin\left[(2n-1)\dfrac{\pi}{2}\right]\cos\left[(2n-1)\dfrac{\pi z_D}{2h_D}\right]$，

$C=\dfrac{2x_{eD}}{(2k-1)\pi}\cos\left[(2k-1)\dfrac{\pi x_{wD}}{2x_{eD}}\right]\sin\left[(2k-1)\dfrac{\pi}{2x_{eD}}\right]\cos\left[(2k-1)\dfrac{\pi x_D}{2x_{eD}}\right]$。

3.1.26　顶定压底封闭 x 负方向、y 方向封闭 x 正方向定压盒状储层

由于式（2-53）已经得到了顶定压底封闭 x 负方向、y 方向封闭 x 正方向定压盒状储层垂直方向线源解，因此，要得到完全射孔垂直裂缝井压力解，需要继续对式（2-53）在 x 方向对点源位置 x_w 从 x_w-L_f 到 x_w+L_f 进行积分，得到顶定压底封闭 x 负方向、y 方向封闭 x 正方向定压盒状储层垂直裂缝井的试井数学模型：

$$\Delta\bar p=A\sum_{n=1}^{+\infty}B\sum_{k=1}^{+\infty}C\frac{\cosh\left[\varepsilon_{\gamma=2,n=2n-1,k=2k-1(\alpha=2)}\left(y_{eD}-\left|y_{D1}\right|\right)\right]+\cosh\left[\varepsilon_{\gamma=2,n=2n-1,k=2k-1(\alpha=2)}\left(y_{eD}-\left|y_{D2}\right|\right)\right]}{\varepsilon_{\gamma=2,n=2n-1,k=2k-1(\alpha=2)}\sinh(y_{eD}\varepsilon_{\gamma=2,n=2n-1,k=2k-1(\alpha=2)})}\tag{3-52}$$

其中：$A=\dfrac{2(2L_f h\tilde q)\mu}{kh_D x_{eD}L_{ref}s}$，$B=\dfrac{1}{\pi(2n-1)}\sin\left[(2n-1)\dfrac{\pi}{2}\right]\cos\left[(2n-1)\dfrac{\pi z_D}{2h_D}\right]$，$C=\dfrac{4x_{eD}}{\pi(2k-1)}\cos\left[\dfrac{\pi(2k-1)x_{wD}}{2x_{eD}}\right]$

$\sin\left[\dfrac{\pi(2k-1)}{2x_{eD}}\right]\cos\left[\pi(2k-1)\dfrac{x_D}{2x_{eD}}\right]$。

将式（3-52）化为无因次形式：

$$\bar p_D=\frac{4}{x_{eD}s}\sum_{n=1}^{+\infty}B\sum_{k=1}^{+\infty}C\frac{\cosh\left[\varepsilon_{\gamma=2,n=2n-1,k=2k-1(\alpha=2)}\left(y_{eD}-\left|y_{D1}\right|\right)\right]+\cosh\left[\varepsilon_{\gamma=2,n=2n-1,k=2k-1(\alpha=2)}\left(y_{eD}-\left|y_{D2}\right|\right)\right]}{\varepsilon_{\gamma=2,n=2n-1,k=2k-1(\alpha=2)}\sinh(y_{eD}\varepsilon_{\gamma=2,n=2n-1,k=2k-1(\alpha=2)})}\tag{3-53}$$

其中：$\varepsilon_{\gamma=2,n=2n-1,k=2k-1(\alpha=2)}=\sqrt{u+\dfrac{(2n-1)^2\pi^2}{4h_D^2}+\dfrac{(2k-1)^2\pi^2}{4x_{eD}^2}}$，$B=\dfrac{1}{(2n-1)}\sin\left[(2n-1)\dfrac{\pi}{2}\right]\cos\left[(2n-1)\dfrac{\pi z_D}{2h_D}\right]$，

$C=\dfrac{4x_{eD}}{\pi(2k-1)}\cos\left[\dfrac{\pi(2k-1)x_{wD}}{2x_{eD}}\right]\sin\left[\dfrac{\pi(2k-1)}{2x_{eD}}\right]\cos\left[\pi(2k-1)\dfrac{x_D}{2x_{eD}}\right]$。

3.1.27　顶定压底封闭 x 负方向封闭 x 正方向、y 方向定压盒状储层

由于式（2-55）已经得到了顶定压底封闭 x 负方向封闭 x 正方向、y 方向定压盒状储层垂直方向线源解，因此，要得到完全射孔垂直裂缝井压力解，需要继续对式（2-55）在 x 方向对点源位置 x_w 从 x_w-L_f 到 x_w+L_f 进行积分，得到顶定压底封闭 x 负方向封闭 x 正方向、y 方向定压盒状储层垂直裂缝井的试井数学模型：

$$\Delta\bar p=A\sum_{n=1}^{+\infty}B\sum_{k=1}^{+\infty}C\frac{\cosh\left[\varepsilon_{\gamma=2,n=2n-1,k=2k-1(\alpha=2)}\left(y_{eD}-\left|y_{D1}\right|\right)\right]-\cosh\left[\varepsilon_{\gamma=2,n=2n-1,k=2k-1(\alpha=2)}\left(y_{eD}-\left|y_{D2}\right|\right)\right]}{\varepsilon_{\gamma=2,n=2n-1,k=2k-1(\alpha=2)}\sinh(y_{eD}\varepsilon_{\gamma=2,n=2n-1,k=2k-1(\alpha=2)})}\tag{3-54}$$

其中：$A = \dfrac{2\left(2L_{\mathrm{f}}h\tilde{q}\right)\mu}{\pi kh_{\mathrm{D}}x_{\mathrm{eD}}L_{\mathrm{ref}}s}$，$B = \dfrac{1}{(2n-1)}\sin\left[(2n-1)\dfrac{\pi}{2}\right]\cos\left[(2n-1)\dfrac{\pi z_{\mathrm{D}}}{2h_{\mathrm{D}}}\right]$，$C = \dfrac{4x_{\mathrm{eD}}}{\pi(2k-1)}\cos\left[\dfrac{\pi(2k-1)x_{\mathrm{wD}}}{2x_{\mathrm{eD}}}\right]$

$\sin\left[\dfrac{\pi(2k-1)}{2x_{\mathrm{eD}}}\right]\cos\left[\pi(2k-1)\dfrac{x_{\mathrm{D}}}{2x_{\mathrm{eD}}}\right]$。

将式（3–54）化为无因次形式：

$$\bar{p}_{\mathrm{D}} = \frac{4}{x_{\mathrm{eD}}s}\sum_{n=1}^{+\infty}B\sum_{k=1}^{+\infty}C\frac{\cosh\left[\varepsilon_{\gamma=2,n=2n-1,k=2k-1(\alpha=2)}\left(y_{\mathrm{eD}}-|y_{\mathrm{D1}}|\right)\right]-\cosh\left[\varepsilon_{\gamma=2,n=2n-1,k=2k-1(\alpha=2)}\left(y_{\mathrm{eD}}-|y_{\mathrm{D2}}|\right)\right]}{\varepsilon_{\gamma=2,n=2n-1,k=2k-1(\alpha=2)}\sinh(y_{\mathrm{eD}}\varepsilon_{\gamma=2,n=2n-1,k=2k-1(\alpha=2)})} \quad （3\text{–}55）$$

其中：$\varepsilon_{\gamma=2,n=2n-1,k=2k-1(\alpha=2)} = \sqrt{u+\left(\dfrac{(2n-1)\pi}{2h_{\mathrm{D}}}\right)^2+\dfrac{(2k-1)^2\pi^2}{4x_{\mathrm{eD}}^2}}$，$B = \dfrac{1}{(2n-1)}\sin\left[(2n-1)\dfrac{\pi}{2}\right]\cos\left[(2n-1)\dfrac{\pi z_{\mathrm{D}}}{2h_{\mathrm{D}}}\right]$，

$C = \dfrac{4x_{\mathrm{eD}}}{\pi(2k-1)}\cos\left[\dfrac{\pi(2k-1)x_{\mathrm{wD}}}{2x_{\mathrm{eD}}}\right]\sin\left[\dfrac{\pi(2k-1)}{2x_{\mathrm{eD}}}\right]\cos\left[\pi(2k-1)\dfrac{x_{\mathrm{D}}}{2x_{\mathrm{eD}}}\right]$。

3.2　模型求解算法研究

针对已有模型的解，由于计算不收敛或者计算速度慢，需要对其进行分解或者采用其他方法获得渐近解，以在不影响计算结果的情况下提高计算速度。因此，本节主要针对 Bessel 函数积分和双曲函数进行处理，改进算法从而提高计算速度和计算精度。

3.2.1　Bessel 函数积分算法研究

关于 Bessel 函数积分 [4,40-50] 的具体计算如下：

$$\int_{-a}^{+a}Z_0\left(b\sqrt{(x_{\mathrm{D}}-cx)^2}\right)\mathrm{d}x \quad （3\text{–}56）$$

其中：Z_0 代表 0 阶第一类或第二类 Bessel 函数。

因为 Bessel 函数只有变量大于 0 时才有意义，因此对式（3–56）进行分类讨论：

若 $|x_{\mathrm{D}}| < ca$，则有

$$\int_{-a}^{+a}Z_0\left(b\sqrt{(x_{\mathrm{D}}-cx)^2}\right)\mathrm{d}x = \frac{1}{bc}\left[\int_0^{b(ac+x_{\mathrm{D}})}Z_0(x)\mathrm{d}x+\int_0^{b(ac-x_{\mathrm{D}})}Z_0(x)\mathrm{d}x\right] \quad （3\text{–}57）$$

若 $|x_{\mathrm{D}}| > ca$，则有

$$\int_{-a}^{+a}Z_0\left(b\sqrt{(x_{\mathrm{D}}-cx)^2}\right)\mathrm{d}x = \frac{1}{bc}\left[\int_0^{b(ac+|x_{\mathrm{D}}|)}Z_0(x)\mathrm{d}x-\int_0^{b(|x_{\mathrm{D}}|-ac)}Z_0(x)\mathrm{d}x\right] \quad （3\text{–}58）$$

若 $|x_D| = ca$，则有

$$\int_{-a}^{+a} Z_0\left(b\sqrt{(x_D - cx)^2}\right)\mathrm{d}x = \frac{1}{bc}\int_0^{2bac} Z_0(x)\mathrm{d}x \tag{3-59}$$

对于式（3-57）～式（3-59）的 Bessel 函数积分，根据 Ozkan 的方法可以写出 Bessel 函数 K_0 的积分形式：

$$\int_0^x K_0(x)\mathrm{d}x = x[1 - \gamma - \ln(x/2)] + x\sum_{k=1}^{\infty}\left(\frac{x}{2}\right)^{2k}\frac{1}{k!^2(2k+1)}\sum_{n=1}^k\frac{1}{n} + $$
$$x\sum_{k=1}^{\infty}\left(\frac{x}{2}\right)^{2k}\frac{1}{k!^2(2k+1)}\left\{\frac{1}{2k+1} - [\gamma + \ln(x/2)]\right\} \tag{3-60}$$

式（3-60）中当变量 $x \geq 9$ 时，其值恒为 $\pi/2$。

3.2.2　双曲函数算法研究

在矩形盒状储层数值计算过程中，遇到双曲函数的计算，如果直接计算，在 Laplace 空间，当 s 很小或很大时，会出现数值溢出或异常值问题，为此需要做特殊处理[51-71]。

矩形盒状储层垂直裂缝井的处理（小时间）。对于含有边界的储层，重新定义无因次时间：

$$t_{AD} = t_D / A_D \tag{3-61}$$

其中，无因次时间 t_D 的定义与前面相同，无因次面积可以定义为如下形式：

$$A_D = x_e y_e / L_{ref}^2 \tag{3-62}$$

为了提高小时间段的计算速度，对于矩形封闭的储层存在双曲函数的计算，对其进行改写可以得到快速计算双曲函数的方法，因此，根据 Ozkan 提出的方法，当 $t_{AD} \leq 0.01$ 时，对式（3-20）各部分进行处理，以达到快速数值计算的效果。

对 $\dfrac{\cosh\left[\sqrt{u}\left(y_{eD} - |y_{D1}|\right)\right]}{\sinh(y_{eD}\sqrt{u})}$ 进行处理，整理后可得

$$\frac{\cosh\left[\sqrt{u}\left(y_{eD} - |y_{D1}|\right)\right]}{\sinh(y_{eD}\sqrt{u})} = \frac{\mathrm{e}^{\sqrt{u}y_{eD} - \sqrt{u}|y_{D1}|} + \mathrm{e}^{-\sqrt{u}y_{eD} + \sqrt{u}|y_{D1}|}}{\mathrm{e}^{\sqrt{u}y_{eD}} - \mathrm{e}^{-\sqrt{u}y_{eD}}}$$
$$= \frac{\mathrm{e}^{-\sqrt{u}y_{eD}}\left(\mathrm{e}^{\sqrt{u}y_{eD} - \sqrt{u}|y_{D1}|} + \mathrm{e}^{-\sqrt{u}y_{eD} + \sqrt{u}|y_{D1}|}\right)}{\mathrm{e}^{-\sqrt{u}y_{eD}}\left(\mathrm{e}^{\sqrt{u}y_{eD}} - \mathrm{e}^{-\sqrt{u}y_{eD}}\right)} \tag{3-63}$$
$$= \frac{\mathrm{e}^{-\sqrt{u}|y_{D1}|} + \mathrm{e}^{-2\sqrt{u}y_{eD} + \sqrt{u}|y_{D1}|}}{1 - \mathrm{e}^{-2\sqrt{u}y_{eD}}} = \left(\mathrm{e}^{-\sqrt{u}|y_{D1}|} + \mathrm{e}^{-2\sqrt{u}y_{eD} + \sqrt{u}|y_{D1}|}\right)\frac{1}{1 - \mathrm{e}^{-2\sqrt{u}y_{eD}}}$$
$$= \left(\mathrm{e}^{-\sqrt{u}|y_{D1}|} + \mathrm{e}^{-2\sqrt{u}y_{eD} + \sqrt{u}|y_{D1}|}\right)\left(1 + \sum_{i=1}^{+\infty}\mathrm{e}^{-2\sqrt{u}y_{eD}i}\right)$$

根据式（3-63）同理处理 $\dfrac{\cosh\left[\varepsilon_k\left(y_{eD}-|y_{D1}|\right)\right]}{\varepsilon_k\sinh(y_{eD}\varepsilon_k)}$，可得

$$\frac{\cosh\left[\varepsilon_k\left(y_{eD}-|y_{D1}|\right)\right]}{\varepsilon_k\sinh(y_{eD}\varepsilon_k)}=\frac{1}{\varepsilon_k}\left(e^{-\varepsilon_k|y_{D1}|}+e^{-2\varepsilon_k y_{eD}+\varepsilon_k|y_{D1}|}\right)\left(1+\sum_{i=1}^{+\infty}e^{-2\varepsilon_k y_{eD}i}\right) \tag{3-64}$$

根据式（3-63）同理处理 $\dfrac{\sinh\left[\sqrt{u}\left(y_{eD}-|y_{D1}|\right)\right]}{\cosh(y_{eD}\sqrt{u})}$，可得

$$\frac{\sinh\left[\sqrt{u}\left(y_{eD}-|y_{D1}|\right)\right]}{\cosh(y_{eD}\sqrt{u})}=\frac{e^{-\sqrt{u}|y_{D1}|}-e^{-2\sqrt{u}y_{eD}+\sqrt{u}|y_{D1}|}}{1+e^{-2\sqrt{u}y_{eD}}} \tag{3-65}$$

根据式（3-63）同理处理 $\dfrac{\sinh\left[\varepsilon_k\left(y_{eD}-|y_{D1}|\right)\right]}{\cosh(y_{eD}\varepsilon_k)}$，可得

$$\frac{\sinh\left[\varepsilon_k\left(y_{eD}-|y_{D1}|\right)\right]}{\cosh(y_{eD}\varepsilon_k)}=\frac{e^{-\varepsilon_k|y_{D1}|}-e^{-2\varepsilon_k y_{eD}+\varepsilon_k|y_{D1}|}}{1+e^{-2\varepsilon_k y_{eD}}} \tag{3-66}$$

在进行包含双曲函数的数值计算时，采用式（3-63）～式（3-66）进行数值计算即可。

根据式（3-63）和式（3-64）的形式，改写式（3-21），以提高计算速度，下面给出详细的推导过程，其他同类型问题均可借助此方法进行处理。

$$\overline{p}_D=\frac{\pi}{x_{eD}s}\left\{\frac{\cosh\left[\sqrt{u}\left(y_{eD}-|y_{D1}|\right)\right]+\cosh\left[\sqrt{u}\left(y_{eD}-|y_{D2}|\right)\right]}{\sqrt{u}\sinh(y_{eD}\sqrt{u})}+\right.$$

$$\left.2\sum_{k=1}^{+\infty}\frac{x_{eD}}{\pi k}\cos\left(\pi k\frac{x_D}{x_{eD}}\right)\cos\left(\frac{\pi k x_{wD}}{x_{eD}}\right)\sin\left(\frac{\pi k}{x_{eD}}\right)\left[\frac{\cosh\left[\varepsilon_k\left(y_{eD}-|y_{D1}|\right)\right]+\cosh\left[\varepsilon_k\left(y_{eD}-|y_{D2}|\right)\right]}{\varepsilon_k\sinh(y_{eD}\varepsilon_k)}\right]\right\}$$

$$=\frac{\pi}{x_{eD}s}\left\{\frac{1}{\sqrt{u}}\left[\left(e^{-\sqrt{u}|y_{D1}|}+e^{-\sqrt{u}\left(2y_{eD}-|y_{D1}|\right)}+e^{-\sqrt{u}|y_{D2}|}+e^{-\sqrt{u}\left(2y_{eD}-|y_{D2}|\right)}\right)\left(1+\sum_{m=1}^{+\infty}e^{-2\sqrt{u}y_{eD}m}\right)\right]+\right.$$

$$\left.2\sum_{k=1}^{+\infty}\frac{x_{eD}}{\pi k}\cos\left(\pi k\frac{x_D}{x_{eD}}\right)\cos\left(\frac{\pi k x_{wD}}{x_{eD}}\right)\sin\left(\frac{\pi k}{x_{eD}}\right)\frac{1}{\varepsilon_k}\left[\left(e^{-\varepsilon_k|y_{D1}|}+e^{-\varepsilon_k\left(2y_{eD}-|y_{D1}|\right)}+e^{-\varepsilon_k|y_{D2}|}+e^{-\varepsilon_k\left(2y_{eD}-|y_{D2}|\right)}\right)\left(1+\sum_{m=1}^{+\infty}e^{-2\varepsilon_k y_{eD}m}\right)\right]\right\}$$

$$=\frac{\pi}{x_{eD}s\sqrt{u}}\left\{\left[e^{-\sqrt{u}|y_{D1}|}+e^{-\sqrt{u}\left(2y_{eD}-|y_{D1}|\right)}+e^{-\sqrt{u}|y_{D2}|}+e^{-\sqrt{u}\left(2y_{eD}-|y_{D2}|\right)}\right]\left(1+\sum_{m=1}^{+\infty}e^{-2\sqrt{u}y_{eD}m}\right)\right\}+$$

$$\frac{2}{s}\sum_{k=1}^{+\infty}\frac{1}{\varepsilon_k k}\cos\left(\pi k\frac{x_D}{x_{eD}}\right)\cos\left(\frac{\pi k x_{wD}}{x_{eD}}\right)\sin\left(\frac{\pi k}{x_{eD}}\right)\left[\underset{\text{第一项}}{e^{-\varepsilon_k|y_{D1}|}}+\underset{\text{第二项}}{e^{-\varepsilon_k\left(2y_{eD}-|y_{D1}|\right)}}+\underset{\text{第三项}}{e^{-\varepsilon_k|y_{D2}|}}+\underset{\text{第四项}}{e^{-\varepsilon_k\left(2y_{eD}-|y_{D2}|\right)}}\right]+e^{-\varepsilon_k|y_{D1}|}\sum_{m=1}^{+\infty}e^{-2\varepsilon_k y_{eD}m}+$$

$$e^{-\varepsilon_k\left(2y_{eD}-|y_{D1}|\right)}\sum_{m=1}^{+\infty}e^{-2\varepsilon_k y_{eD}m}+e^{-\varepsilon_k|y_{D2}|}\sum_{m=1}^{+\infty}e^{-2\varepsilon_k y_{eD}m}+e^{-\varepsilon_k\left(2y_{eD}-|y_{D2}|\right)}\sum_{m=1}^{+\infty}e^{-2\varepsilon_k y_{eD}m}\right]$$

由式（2-22）和式（3-21）可得

$$\frac{\pi}{sx_{\mathrm{eD}}}\sum_{k=1}^{+\infty}\int_{x_{\mathrm{wD}-1}}^{x_{\mathrm{wD}+1}}\frac{1}{\varepsilon_k}\cos\left(\pi k\frac{x_{\mathrm{D}}}{x_{\mathrm{eD}}}\right)\cos\left(\pi k\frac{\alpha}{x_{\mathrm{eD}}}\right)\mathrm{e}^{-\varepsilon_k|y_{\mathrm{D}1}|}\mathrm{d}\alpha$$

$$=\frac{2}{s}\sum_{k=1}^{+\infty}\frac{1}{\varepsilon_k k}\cos\left(\pi k\frac{x_{\mathrm{D}}}{x_{\mathrm{eD}}}\right)\cos\left(\frac{\pi k x_{\mathrm{wD}}}{x_{\mathrm{eD}}}\right)\sin\left(\frac{\pi k}{x_{\mathrm{eD}}}\right)\mathrm{e}^{-\varepsilon_k|y_{\mathrm{D}1}|}$$

对上式等式左边积分进行化简：

$$\frac{\pi}{sx_{\mathrm{eD}}}\int_{x_{\mathrm{wD}-1}}^{x_{\mathrm{wD}+1}}\left[\sum_{k=1}^{+\infty}\frac{1}{\varepsilon_k}\cos\left(\pi k\frac{x_{\mathrm{D}}}{x_{\mathrm{eD}}}\right)\cos\left(\pi k\frac{\alpha}{x_{\mathrm{eD}}}\right)\mathrm{e}^{-\varepsilon_k|y_{\mathrm{D}1}|}\right]\mathrm{d}\alpha$$

$$=\frac{\pi}{sx_{\mathrm{eD}}}\int_{x_{\mathrm{wD}-1}}^{x_{\mathrm{wD}+1}}\sum_{k=1}^{+\infty}\left(\sqrt{\frac{(k\pi)^2}{x_{\mathrm{eD}}^2}+u}\right)^{-1}\cos\left(\pi k\frac{x_{\mathrm{D}}}{x_{\mathrm{eD}}}\right)\cos\left(\pi k\frac{\alpha}{x_{\mathrm{eD}}}\right)\mathrm{e}^{-|y_{\mathrm{D}1}|\sqrt{\frac{(k\pi)^2}{x_{\mathrm{eD}}^2}+u}}\mathrm{d}\alpha$$

根据文献 [4]，存在如下关系：

$$\frac{\pi}{sx_{\mathrm{eD}}}\int_{x_{\mathrm{wD}-1}}^{x_{\mathrm{wD}+1}}\left[\sum_{k=1}^{+\infty}\frac{\cos\left(\pi k\frac{x_{\mathrm{D}}}{x_{\mathrm{eD}}}\right)\cos\left(\pi k\frac{\alpha}{x_{\mathrm{eD}}}\right)}{\sqrt{\frac{(k\pi)^2}{x_{\mathrm{eD}}^2}+u}}\mathrm{e}^{-|y_{\mathrm{D}1}|\sqrt{\frac{(k\pi)^2}{x_{\mathrm{eD}}^2}+u}}\right]\mathrm{d}\alpha$$

$$=\frac{\pi}{sx_{\mathrm{eD}}}\int_{x_{\mathrm{wD}-1}}^{x_{\mathrm{wD}+1}}\left\{\frac{x_{\mathrm{eD}}}{2\pi}\sum_{k=-\infty}^{+\infty}\left[K_0\left(\sqrt{\left(\frac{x_{\mathrm{D}}}{x_{\mathrm{eD}}}-\frac{\alpha}{x_{\mathrm{eD}}}-2k\right)^2 x_{\mathrm{eD}}^2+y_{\mathrm{D}1}^2}\sqrt{u}\right)+K_0\left(\sqrt{\left(\frac{x_{\mathrm{D}}}{x_{\mathrm{eD}}}+\frac{\alpha}{x_{\mathrm{eD}}}-2k\right)^2 x_{\mathrm{eD}}^2+y_{\mathrm{D}1}^2}\sqrt{u}\right)\right]-\frac{\exp\left(-|y_{\mathrm{D}1}|\sqrt{u}\right)}{2\sqrt{u}}\right\}\mathrm{d}\alpha$$

对上式等式右边进行整理：

$$\frac{\pi}{sx_{\mathrm{eD}}}\int_{x_{\mathrm{wD}-1}}^{x_{\mathrm{wD}+1}}\left\{\frac{x_{\mathrm{eD}}}{2\pi}\sum_{k=-\infty}^{+\infty}\left[K_0\left(\sqrt{\left(x_{\mathrm{D}}-\alpha-2kx_{\mathrm{eD}}\right)^2+y_{\mathrm{D}1}^2}\sqrt{u}\right)+K_0\left(\sqrt{\left(x_{\mathrm{D}}+\alpha-2kx_{\mathrm{eD}}\right)^2+y_{\mathrm{D}1}^2}\sqrt{u}\right)\right]-\frac{\exp\left(-|y_{\mathrm{D}1}|\sqrt{u}\right)}{2\sqrt{u}}\right\}\mathrm{d}\alpha$$

$$=\frac{1}{2s}\int_{x_{\mathrm{wD}-1}}^{x_{\mathrm{wD}+1}}\sum_{k=1}^{+\infty}\left[K_0\left(\sqrt{\left(x_{\mathrm{D}}-\alpha-2kx_{\mathrm{eD}}\right)^2+y_{\mathrm{D}1}^2}\sqrt{u}\right)+K_0\left(\sqrt{\left(x_{\mathrm{D}}+\alpha-2kx_{\mathrm{eD}}\right)^2+y_{\mathrm{D}1}^2}\sqrt{u}\right)+\right.$$

$$\left.K_0\left(\sqrt{\left(x_{\mathrm{D}}-\alpha+2kx_{\mathrm{eD}}\right)^2+y_{\mathrm{D}1}^2}\sqrt{u}\right)+K_0\left(\sqrt{\left(x_{\mathrm{D}}+\alpha+2kx_{\mathrm{eD}}\right)^2+y_{\mathrm{D}1}^2}\sqrt{u}\right)\right]\mathrm{d}\alpha+$$

$$\frac{1}{2s}\int_{x_{\mathrm{wD}-1}}^{x_{\mathrm{wD}+1}}\left[K_0\left(\sqrt{\left(x_{\mathrm{D}}-\alpha\right)^2+y_{\mathrm{D}1}^2}\sqrt{u}\right)+K_0\left(\sqrt{\left(x_{\mathrm{D}}+\alpha\right)^2+y_{\mathrm{D}1}^2}\sqrt{u}\right)\right]\mathrm{d}\alpha-\frac{\pi\exp\left(-|y_{\mathrm{D}1}|\sqrt{u}\right)}{x_{\mathrm{eD}}s\sqrt{u}}$$

将积分区间转化为 -1 到 1，令 $\alpha=x_{\mathrm{wD}}+\beta$，可得

$$\frac{2}{s}\sum_{k=1}^{+\infty}\frac{1}{\varepsilon_k k}\cos\left(\pi k\frac{x_{\mathrm{D}}}{x_{\mathrm{eD}}}\right)\cos\left(\frac{\pi k x_{\mathrm{wD}}}{x_{\mathrm{eD}}}\right)\sin\left(\frac{\pi k}{x_{\mathrm{eD}}}\right)\mathrm{e}^{-\varepsilon_k|y_{\mathrm{D}1}|}$$

$$=\frac{1}{2s}\sum_{k=1}^{+\infty}\int_{-1}^{1}\left[K_0\left(\sqrt{\left(x_{\mathrm{D}}-x_{\mathrm{wD}}-2kx_{\mathrm{eD}}-\beta\right)^2+y_{\mathrm{D}1}^2}\sqrt{u}\right)+K_0\left(\sqrt{\left(x_{\mathrm{D}}+x_{\mathrm{wD}}-2kx_{\mathrm{eD}}-\beta\right)^2+y_{\mathrm{D}1}^2}\sqrt{u}\right)+\right. \tag{3-67}$$

$$\left.K_0\left(\sqrt{\left(x_{\mathrm{D}}-x_{\mathrm{wD}}+2kx_{\mathrm{eD}}-\beta\right)^2+y_{\mathrm{D}1}^2}\sqrt{u}\right)+K_0\left(\sqrt{\left(x_{\mathrm{D}}+x_{\mathrm{wD}}+2kx_{\mathrm{eD}}-\beta\right)^2+y_{\mathrm{D}1}^2}\sqrt{u}\right)\right]\mathrm{d}\beta+$$

$$\frac{1}{2s}\int_{-1}^{1}\left[K_0\left(\sqrt{\left(x_{\mathrm{D}}-x_{\mathrm{wD}}-\beta\right)^2+y_{\mathrm{D}1}^2}\sqrt{u}\right)+K_0\left(\sqrt{\left(x_{\mathrm{D}}+x_{\mathrm{wD}}-\beta\right)^2+y_{\mathrm{D}1}^2}\sqrt{u}\right)\right]\mathrm{d}\beta-\frac{\pi\exp\left(-|y_{\mathrm{D}1}|\sqrt{u}\right)}{x_{\mathrm{eD}}s\sqrt{u}}$$

同理可得

$$\frac{2}{s}\sum_{k=1}^{+\infty}\frac{1}{\varepsilon_k k}\cos\left(\pi k\frac{x_D}{x_{eD}}\right)\cos\left(\frac{\pi k x_{wD}}{x_{eD}}\right)\sin\left(\frac{\pi k}{x_{eD}}\right)e^{-\varepsilon_k\left(2y_{eD}-|y_{D1}|\right)}$$

$$=\frac{1}{2s}\sum_{k=1}^{+\infty}\int_{-1}^{1}\left[K_0\left(\sqrt{\left(x_D-x_{wD}-2kx_{eD}-\beta\right)^2+\left(2y_{eD}-|y_{D1}|\right)^2}\sqrt{u}\right)+K_0\left(\sqrt{\left(x_D+x_{wD}-2kx_{eD}-\beta\right)^2+\left(2y_{eD}-|y_{D1}|\right)^2}\sqrt{u}\right)+\right.$$

$$\left.K_0\left(\sqrt{\left(x_D-x_{wD}+2kx_{eD}-\beta\right)^2+\left(2y_{eD}-|y_{D1}|\right)^2}\sqrt{u}\right)+K_0\left(\sqrt{\left(x_D+x_{wD}+2kx_{eD}-\beta\right)^2+\left(2y_{eD}-|y_{D1}|\right)^2}\sqrt{u}\right)\right]d\beta-$$

$$\frac{\pi e\exp\left[-\left(2y_{eD}-|y_{D1}|\right)\sqrt{u}\right]}{x_{eD}s\sqrt{u}}+\frac{1}{2s}\int_{-1}^{1}\left[K_0\left(\sqrt{\left(x_D-x_{wD}-\beta\right)^2+\left(2y_{eD}-|y_{D1}|\right)^2}\sqrt{u}\right)+\right.$$

$$\left.K_0\left(\sqrt{\left(x_D+x_{wD}-\beta\right)^2+\left(2y_{eD}-|y_{D1}|\right)^2}\sqrt{u}\right)\right]d\beta$$

$$(3-68)$$

$$\frac{2}{s}\sum_{k=1}^{+\infty}\frac{1}{\varepsilon_k k}\cos\left(\pi k\frac{x_D}{x_{eD}}\right)\cos\left(\frac{\pi k x_{wD}}{x_{eD}}\right)\sin\left(\frac{\pi k}{x_{eD}}\right)e^{-\varepsilon_k|y_{D2}|}$$

$$=\frac{1}{2s}\sum_{k=1}^{+\infty}\int_{-1}^{1}\left[K_0\left(\sqrt{\left(x_D-x_{wD}-2kx_{eD}-\beta\right)^2+y_{D2}^2}\sqrt{u}\right)+K_0\left(\sqrt{\left(x_D+x_{wD}-2kx_{eD}-\beta\right)^2+y_{D2}^2}\sqrt{u}\right)+\right.$$

$$\left.K_0\left(\sqrt{\left(x_D-x_{wD}+2kx_{eD}-\beta\right)^2+y_{D2}^2}\sqrt{u}\right)+K_0\left(\sqrt{\left(x_D+x_{wD}+2kx_{eD}-\beta\right)^2+y_{D2}^2}\sqrt{u}\right)\right]d\beta-\frac{\pi e\exp\left(-|y_{D2}|\sqrt{u}\right)}{x_{eD}s\sqrt{u}}+$$

$$\frac{1}{2s}\int_{-1}^{1}\left[K_0\left(\sqrt{\left(x_D-x_{wD}-\beta\right)^2+y_{D2}^2}\sqrt{u}\right)+K_0\left(\sqrt{\left(x_D+x_{wD}-\beta\right)^2+y_{D2}^2}\sqrt{u}\right)\right]d\beta$$

$$(3-69)$$

$$\frac{2}{s}\sum_{k=1}^{+\infty}\frac{1}{\varepsilon_k k}\cos\left(\pi k\frac{x_D}{x_{eD}}\right)\cos\left(\frac{\pi k x_{wD}}{x_{eD}}\right)\sin\left(\frac{\pi k}{x_{eD}}\right)e^{-\varepsilon_k\left(2y_{eD}-|y_{D2}|\right)}$$

$$=\frac{1}{2s}\sum_{k=1}^{+\infty}\int_{-1}^{1}\left[K_0\left(\sqrt{\left(x_D-x_{wD}-2kx_{eD}-\beta\right)^2+\left(2y_{eD}-|y_{D2}|\right)^2}\sqrt{u}\right)+K_0\left(\sqrt{\left(x_D+x_{wD}-2kx_{eD}-\beta\right)^2+\left(2y_{eD}-|y_{D2}|\right)^2}\sqrt{u}\right)+\right.$$

$$\left.K_0\left(\sqrt{\left(x_D-x_{wD}+2kx_{eD}-\beta\right)^2+\left(2y_{eD}-|y_{D2}|\right)^2}\sqrt{u}\right)+K_0\left(\sqrt{\left(x_D+x_{wD}+2kx_{eD}-\beta\right)^2+\left(2y_{eD}-|y_{D2}|\right)^2}\sqrt{u}\right)\right]d\beta-$$

$$\frac{\pi e\exp\left[-\left(2y_{eD}-|y_{D2}|\right)\sqrt{u}\right]}{x_{eD}s\sqrt{u}}+\frac{1}{2s}\int_{-1}^{1}\left[K_0\left(\sqrt{\left(x_D-x_{wD}-\beta\right)^2+\left(2y_{eD}-|y_{D2}|\right)^2}\sqrt{u}\right)+\right.$$

$$\left.K_0\left(\sqrt{\left(x_D+x_{wD}-\beta\right)^2+\left(2y_{eD}-|y_{D2}|\right)^2}\sqrt{u}\right)\right]d\beta$$

$$(3-70)$$

令 $f\left(\varepsilon_k, y_{eD}\right)=\sum\limits_{m=1}^{+\infty} e^{-2\varepsilon_k y_{eD} m}$ ，则式（3-21）可写成

$$
\left\{\frac{\pi}{x_{eD}s}\frac{\cosh\left[\sqrt{u}\left(y_{eD}-\left|y_{D1}\right|\right)\right]+\cosh\left[\sqrt{u}\left(y_{eD}-\left|y_{D2}\right|\right)\right]}{\sqrt{u}\sinh(y_{eD}\sqrt{u})}+2\sum_{k=1}^{+\infty}\frac{x_{eD}}{\pi k}\cos\left(\pi k\frac{x_D}{x_{eD}}\right)\cos\left(\frac{\pi k x_{wD}}{x_{eD}}\right)\sin\left(\frac{\pi k}{x_{eD}}\right)\cdot\right.
$$

$$
\left.\frac{\cosh\left[\varepsilon_k\left(y_{eD}-\left|y_{D1}\right|\right)\right]+\cosh\left[\varepsilon_k\left(y_{eD}-\left|y_{D2}\right|\right)\right]}{\varepsilon_k\sinh(y_{eD}\varepsilon_k)}\right\}
$$

$$
=\frac{\pi}{x_{eD}s\sqrt{u}}\left\{\left[e^{-\sqrt{u}\left|y_{D1}\right|}+e^{-\sqrt{u}\left(2y_{eD}-\left|y_{D1}\right|\right)}+e^{-\sqrt{u}\left|y_{D2}\right|}+e^{-\sqrt{u}\left(2y_{eD}-\left|y_{D2}\right|\right)}\right]\left[1+f\left(\sqrt{u},y_{eD}\right)\right]\right\}+
$$

$$
\frac{2}{s}\sum_{k=1}^{+\infty}\frac{1}{\varepsilon_k k}\cos\left(\pi k\frac{x_D}{x_{eD}}\right)\cos\left(\frac{\pi k x_{wD}}{x_{eD}}\right)\sin\left(\frac{\pi k}{x_{eD}}\right)\left\{\left[e^{-\varepsilon_k\left|y_{D1}\right|}+e^{-\varepsilon_k\left(2y_{eD}-\left|y_{D1}\right|\right)}+e^{-\varepsilon_k\left|y_{D2}\right|}+e^{-\varepsilon_k\left(2y_{eD}-\left|y_{D2}\right|\right)}\right]\left[1+f\left(\varepsilon_k,y_{eD}\right)\right]\right\}
$$

$$(3-71)$$

式（3-71）的第二部分根据式（3-67）~式（3-70）的形式进行改写：

$$
\frac{\pi}{x_{eD}s\sqrt{u}}\left\{\left[e^{-\sqrt{u}\left|y_{D1}\right|}+e^{-\sqrt{u}\left(2y_{eD}-\left|y_{D1}\right|\right)}+e^{-\sqrt{u}\left|y_{D2}\right|}+e^{-\sqrt{u}\left(2y_{eD}-\left|y_{D2}\right|\right)}\right]\left[1+f\left(\sqrt{u},y_{eD}\right)\right]\right\}+
$$

$$
\frac{2}{s}\sum_{k=1}^{+\infty}\frac{1}{\varepsilon_k k}\cos\left(\pi k\frac{x_D}{x_{eD}}\right)\cos\left(\frac{\pi k x_{wD}}{x_{eD}}\right)\sin\left(\frac{\pi k}{x_{eD}}\right)\left\{\left[e^{-\varepsilon_k\left|y_{D1}\right|}+e^{-\varepsilon_k\left(2y_{eD}-\left|y_{D1}\right|\right)}+e^{-\varepsilon_k\left|y_{D2}\right|}+e^{-\varepsilon_k\left(2y_{eD}-\left|y_{D2}\right|\right)}\right]\left[1+f\left(\varepsilon_k,y_{eD}\right)\right]\right\}
$$

$$
=\frac{\pi}{x_{eD}s\sqrt{u}}\left\{\left[e^{-\sqrt{u}\left|y_{D1}\right|}+e^{-\sqrt{u}\left(2y_{eD}-\left|y_{D1}\right|\right)}+e^{-\sqrt{u}\left|y_{D2}\right|}+e^{-\sqrt{u}\left(2y_{eD}-\left|y_{D2}\right|\right)}\right]\left[1+f\left(\sqrt{u},y_{eD}\right)\right]\right\}+
$$

$$
\frac{2}{s}\sum_{k=1}^{+\infty}\frac{1}{\varepsilon_k k}\cos\left(\pi k\frac{x_D}{x_{eD}}\right)\cos\left(\frac{\pi k x_{wD}}{x_{eD}}\right)\sin\left(\frac{\pi k}{x_{eD}}\right)e^{-\varepsilon_k\left|y_{D1}\right|}\left[1+f\left(\varepsilon_k,y_{eD}\right)\right]+\frac{2}{s}\sum_{k=1}^{+\infty}\frac{1}{\varepsilon_k k}\cos\left(\pi k\frac{x_D}{x_{eD}}\right)\cos\left(\frac{\pi k x_{wD}}{x_{eD}}\right)\cdot
$$

$$
\sin\left(\frac{\pi k}{x_{eD}}\right)e^{-\varepsilon_k\left(2y_{eD}-\left|y_{D1}\right|\right)}\left[1+f\left(\varepsilon_k,y_{eD}\right)\right]+\frac{2}{s}\sum_{k=1}^{+\infty}\frac{1}{\varepsilon_k k}\cos\left(\pi k\frac{x_D}{x_{eD}}\right)\cos\left(\frac{\pi k x_{wD}}{x_{eD}}\right)\sin\left(\frac{\pi k}{x_{eD}}\right)e^{-\varepsilon_k\left|y_{D2}\right|}\left[1+f\left(\varepsilon_k,y_{eD}\right)\right]+
$$

$$
\frac{2}{s}\sum_{k=1}^{+\infty}\frac{1}{\varepsilon_k k}\cos\left(\pi k\frac{x_D}{x_{eD}}\right)\cos\left(\frac{\pi k x_{wD}}{x_{eD}}\right)\sin\left(\frac{\pi k}{x_{eD}}\right)e^{-\varepsilon_k\left(2y_{eD}-\left|y_{D2}\right|\right)}\left[1+f\left(\varepsilon_k,y_{eD}\right)\right]
$$

$$(3-72)$$

由式（3-63）和式（3-64）可得

$$
\frac{\pi}{x_{eD}s\sqrt{u}}\left[\left(e^{-\sqrt{u}\left|y_{D1}\right|}+e^{-\sqrt{u}\left(2y_{eD}-\left|y_{D1}\right|\right)}+e^{-\sqrt{u}\left|y_{D2}\right|}+e^{-\sqrt{u}\left(2y_{eD}-\left|y_{D2}\right|\right)}\right)\frac{1}{1-e^{-2\sqrt{u}y_{eD}}}\right]+
$$

$$
\frac{2}{s}\sum_{k=1}^{+\infty}\frac{1}{\varepsilon_k k}\cos\left(\pi k\frac{x_D}{x_{eD}}\right)\cos\left(\frac{\pi k x_{wD}}{x_{eD}}\right)\sin\left(\frac{\pi k}{x_{eD}}\right)\left\{\left[e^{-\varepsilon_k\left|y_{D1}\right|}+e^{-\varepsilon_k\left(2y_{eD}-\left|y_{D1}\right|\right)}+e^{-\varepsilon_k\left|y_{D2}\right|}+e^{-\varepsilon_k\left(2y_{eD}-\left|y_{D2}\right|\right)}\right]\frac{1}{1-e^{-2\varepsilon_k y_{eD}}}\right\}
$$

$$
=\frac{\pi}{x_{eD}s\sqrt{u}}\left\{\left[e^{-\sqrt{u}\left|y_{D1}\right|}+e^{-\sqrt{u}\left(2y_{eD}-\left|y_{D1}\right|\right)}+e^{-\sqrt{u}\left|y_{D2}\right|}+e^{-\sqrt{u}\left(2y_{eD}-\left|y_{D2}\right|\right)}\right]\frac{1}{1-e^{-2\sqrt{u}y_{eD}}}\right\}+
$$

$$
\frac{2}{s}\sum_{k=1}^{+\infty}\frac{1}{\varepsilon_k k}\cos\left(\pi k\frac{x_D}{x_{eD}}\right)\cos\left(\frac{\pi k x_{wD}}{x_{eD}}\right)\sin\left(\frac{\pi k}{x_{eD}}\right)e^{-\varepsilon_k\left|y_{D1}\right|}\frac{1}{1-e^{-2\varepsilon_k y_{eD}}}+
$$

$$
\frac{2}{s}\sum_{k=1}^{+\infty}\frac{1}{\varepsilon_k k}\cos\left(\pi k\frac{x_D}{x_{eD}}\right)\cos\left(\frac{\pi k x_{wD}}{x_{eD}}\right)\sin\left(\frac{\pi k}{x_{eD}}\right)e^{-\varepsilon_k\left(2y_{eD}-\left|y_{D1}\right|\right)}\frac{1}{1-e^{-2\varepsilon_k y_{eD}}}+
$$

$$\frac{2}{s}\sum_{k=1}^{+\infty}\frac{1}{\varepsilon_k k}\cos\left(\pi k\frac{x_{\mathrm{D}}}{x_{\mathrm{eD}}}\right)\cos\left(\frac{\pi k x_{\mathrm{wD}}}{x_{\mathrm{eD}}}\right)\sin\left(\frac{\pi k}{x_{\mathrm{eD}}}\right)\mathrm{e}^{-\varepsilon_k|y_{\mathrm{D2}}|}\frac{1}{1-\mathrm{e}^{-2\varepsilon_k y_{\mathrm{eD}}}}+$$

$$\frac{2}{s}\sum_{k=1}^{+\infty}\frac{1}{\varepsilon_k k}\cos\left(\pi k\frac{x_{\mathrm{D}}}{x_{\mathrm{eD}}}\right)\cos\left(\frac{\pi k x_{\mathrm{wD}}}{x_{\mathrm{eD}}}\right)\sin\left(\frac{\pi k}{x_{\mathrm{eD}}}\right)\mathrm{e}^{-\varepsilon_k\left(2y_{\mathrm{eD}}-|y_{\mathrm{D2}}|\right)}\frac{1}{1-\mathrm{e}^{-2\varepsilon_k y_{\mathrm{eD}}}}$$

（3-73）

根据式（3-67）～式（3-70）的形式，提取含有 Bessel 部分的公共因子，并令其为 $g(x)$，则 $g(x)$ 的表达式为

$$g(x)=\frac{1}{2s}\sum_{k=1}^{+\infty}\int_{-1}^{1}\left[K_0\left(\sqrt{\left(x_{\mathrm{D}}-x_{\mathrm{wD}}-2kx_{\mathrm{eD}}-\beta\right)^2+x^2}\sqrt{u}\right)+K_0\left(\sqrt{\left(x_{\mathrm{D}}+x_{\mathrm{wD}}-2kx_{\mathrm{eD}}-\beta\right)^2+x^2}\sqrt{u}\right)+\right.$$
$$\left.K_0\left(\sqrt{\left(x_{\mathrm{D}}-x_{\mathrm{wD}}+2kx_{\mathrm{eD}}-\beta\right)^2+x^2}\sqrt{u}\right)+K_0\left(\sqrt{\left(x_{\mathrm{D}}+x_{\mathrm{wD}}+2kx_{\mathrm{eD}}-\beta\right)^2+x^2}\sqrt{u}\right)\right]\mathrm{d}\beta+$$
$$\frac{1}{2s}\int_{-1}^{1}\left[K_0\left(\sqrt{\left(x_{\mathrm{D}}-x_{\mathrm{wD}}-\beta\right)^2+x^2}\sqrt{u}\right)+K_0\left(\sqrt{\left(x_{\mathrm{D}}+x_{\mathrm{wD}}-\beta\right)^2+x^2}\sqrt{u}\right)\right]\mathrm{d}\beta-\frac{\pi\exp\left(-|x|\sqrt{u}\right)}{x_{\mathrm{eD}}s\sqrt{u}}$$

（3-74）

根据式（3-73）和式（3-74）改写式（3-72）：

$$\bar{p}_{\mathrm{D}}=\frac{\pi}{x_{\mathrm{eD}}s}\left\{\frac{\cosh\left[\sqrt{u}\left(y_{\mathrm{eD}}-|y_{\mathrm{D1}}|\right)\right]+\cosh\left[\sqrt{u}\left(y_{\mathrm{eD}}-|y_{\mathrm{D2}}|\right)\right]}{\sqrt{u}\sinh(y_{\mathrm{eD}}\sqrt{u})}+\right.$$
$$\left.2\sum_{k=1}^{+\infty}\frac{x_{\mathrm{eD}}}{\pi k}\cos\left(\pi k\frac{x_{\mathrm{D}}}{x_{\mathrm{eD}}}\right)\cos\left(\frac{\pi k x_{\mathrm{wD}}}{x_{\mathrm{eD}}}\right)\sin\left(\frac{\pi k}{x_{\mathrm{eD}}}\right)\left\{\frac{\cosh\left[\varepsilon_k\left(y_{\mathrm{eD}}-|y_{\mathrm{D1}}|\right)\right]+\cosh\left[\varepsilon_k\left(y_{\mathrm{eD}}-|y_{\mathrm{D2}}|\right)\right]}{\varepsilon_k\sinh(y_{\mathrm{eD}}\varepsilon_k)}\right\}\right\}$$

$$=\underbrace{\frac{\pi}{x_{\mathrm{eD}}s\sqrt{u}}\left\{\left[\mathrm{e}^{-\sqrt{u}|y_{\mathrm{D1}}|}+\mathrm{e}^{-\sqrt{u}\left(2y_{\mathrm{eD}}-|y_{\mathrm{D1}}|\right)}+\mathrm{e}^{-\sqrt{u}|y_{\mathrm{D2}}|}+\mathrm{e}^{-\sqrt{u}\left(2y_{\mathrm{eD}}-|y_{\mathrm{D2}}|\right)}\right]\frac{1}{1-\mathrm{e}^{-2\sqrt{u}y_{\mathrm{eD}}}}\right\}}_{\text{数值计算第一部分}}+$$

$$\underbrace{\frac{2}{s}\sum_{k=1}^{+\infty}\frac{1}{\varepsilon_k k}\cos\left(\pi k\frac{x_{\mathrm{D}}}{x_{\mathrm{eD}}}\right)\cos\left(\frac{\pi k x_{\mathrm{wD}}}{x_{\mathrm{eD}}}\right)\sin\left(\frac{\pi k}{x_{\mathrm{eD}}}\right)\mathrm{e}^{-\varepsilon_k|y_{\mathrm{D1}}|}}_{g(|y_{\mathrm{D1}}|)}+\frac{2}{s}\sum_{k=1}^{+\infty}B\mathrm{e}^{-\varepsilon_k|y_{\mathrm{D1}}|}f\left(\varepsilon_k,y_{\mathrm{eD}}\right)+$$

$$\underbrace{\frac{2}{s}\sum_{k=1}^{+\infty}\frac{1}{\varepsilon_k k}\cos\left(\pi k\frac{x_{\mathrm{D}}}{x_{\mathrm{eD}}}\right)\cos\left(\frac{\pi k x_{\mathrm{wD}}}{x_{\mathrm{eD}}}\right)\sin\left(\frac{\pi k}{x_{\mathrm{eD}}}\right)\mathrm{e}^{-\varepsilon_k\left(2y_{\mathrm{eD}}-|y_{\mathrm{D1}}|\right)}}_{g\left(\left(2y_{\mathrm{eD}}-|y_{\mathrm{D1}}|\right)\right)}+$$

（3-75）

$$\frac{2}{s}\sum_{k=1}^{+\infty}B\mathrm{e}^{-\varepsilon_k\left(2y_{\mathrm{eD}}-|y_{\mathrm{D1}}|\right)}f\left(\varepsilon_k,y_{\mathrm{eD}}\right)+\underbrace{\frac{2}{s}\sum_{k=1}^{+\infty}\frac{1}{\varepsilon_k k}\cos\left(\pi k\frac{x_{\mathrm{D}}}{x_{\mathrm{eD}}}\right)\cos\left(\frac{\pi k x_{\mathrm{wD}}}{x_{\mathrm{eD}}}\right)\sin\left(\frac{\pi k}{x_{\mathrm{eD}}}\right)\mathrm{e}^{-\varepsilon_k|y_{\mathrm{D2}}|}}_{g(|y_{\mathrm{D2}}|)}+$$

$$\frac{2}{s}\sum_{k=1}^{+\infty}B\mathrm{e}^{-\varepsilon_k|y_{\mathrm{D2}}|}f\left(\varepsilon_k,y_{\mathrm{eD}}\right)+\underbrace{\frac{2}{s}\sum_{k=1}^{+\infty}\frac{1}{\varepsilon_k k}\cos\left(\pi k\frac{x_{\mathrm{D}}}{x_{\mathrm{eD}}}\right)\cos\left(\frac{\pi k x_{\mathrm{wD}}}{x_{\mathrm{eD}}}\right)\sin\left(\frac{\pi k}{x_{\mathrm{eD}}}\right)\mathrm{e}^{-\varepsilon_k\left(2y_{\mathrm{eD}}-|y_{\mathrm{D2}}|\right)}}_{g\left(\left(2y_{\mathrm{eD}}-|y_{\mathrm{D2}}|\right)\right)}+$$

$$\frac{2}{s}\sum_{k=1}^{+\infty}B\mathrm{e}^{-\varepsilon_k\left(2y_{\mathrm{eD}}-|y_{\mathrm{D2}}|\right)}f\left(\varepsilon_k,y_{\mathrm{eD}}\right)$$

其中：$B=\dfrac{1}{\varepsilon_k k}\cos\left(\pi k\dfrac{x_{\mathrm{D}}}{x_{\mathrm{eD}}}\right)\cos\left(\dfrac{\pi k x_{\mathrm{wD}}}{x_{\mathrm{eD}}}\right)\sin\left(\dfrac{\pi k}{x_{\mathrm{eD}}}\right)$。

在式（3-75）中代入 $g(x)$ 表达式的部分可得

$$\bar{p}_\mathrm{D} = \frac{\pi}{x_\mathrm{eD}s}\left\{\frac{\cosh\left[\sqrt{u}\left(y_\mathrm{eD}-|y_\mathrm{D1}|\right)\right]+\cosh\left[\sqrt{u}\left(y_\mathrm{eD}-|y_\mathrm{D2}|\right)\right]}{\sqrt{u}\sinh(y_\mathrm{eD}\sqrt{u})}+\right.$$

$$\left. 2\sum_{k=1}^{+\infty}\frac{x_\mathrm{eD}}{\pi k}\cos\left(\pi k\frac{x_\mathrm{D}}{x_\mathrm{eD}}\right)\cos\left(\frac{\pi k x_\mathrm{wD}}{x_\mathrm{eD}}\right)\sin\left(\frac{\pi k}{x_\mathrm{eD}}\right)\left\{\frac{\cosh\left[\varepsilon_k\left(y_\mathrm{eD}-|y_\mathrm{D1}|\right)\right]+\cosh\left[\varepsilon_k\left(y_\mathrm{eD}-|y_\mathrm{D2}|\right)\right]}{\varepsilon_k\sinh(y_\mathrm{eD}\varepsilon_k)}\right\}\right\}$$

$$=\underbrace{\frac{\pi}{x_\mathrm{eD}s\sqrt{u}}\left\{\left[\mathrm{e}^{-\sqrt{u}|y_\mathrm{D1}|}+\mathrm{e}^{-\sqrt{u}\left(2y_\mathrm{eD}-|y_\mathrm{D1}|\right)}+\mathrm{e}^{-\sqrt{u}|y_\mathrm{D2}|}+\mathrm{e}^{-\sqrt{u}\left(2y_\mathrm{eD}-|y_\mathrm{D2}|\right)}\right]\frac{1}{1-\mathrm{e}^{-2\sqrt{u}y_\mathrm{eD}}}\right\}}_{\text{数值计算第一部分}}+$$

$$g\left(|y_\mathrm{D1}|\right)+\frac{2}{s}\sum_{k=1}^{+\infty}\frac{1}{\varepsilon_k k}\cos\left(\pi k\frac{x_\mathrm{D}}{x_\mathrm{eD}}\right)\cos\left(\frac{\pi k x_\mathrm{wD}}{x_\mathrm{eD}}\right)\sin\left(\frac{\pi k}{x_\mathrm{eD}}\right)\mathrm{e}^{-\varepsilon_k|y_\mathrm{D1}|}f\left(\varepsilon_k,y_\mathrm{eD}\right)+g\left(2y_\mathrm{eD}-|y_\mathrm{D1}|\right)+\quad（3-76）$$

$$\frac{2}{s}\sum_{k=1}^{+\infty}\frac{1}{\varepsilon_k k}\cos\left(\pi k\frac{x_\mathrm{D}}{x_\mathrm{eD}}\right)\cos\left(\frac{\pi k x_\mathrm{wD}}{x_\mathrm{eD}}\right)\sin\left(\frac{\pi k}{x_\mathrm{eD}}\right)\mathrm{e}^{-\varepsilon_k\left(2y_\mathrm{eD}-|y_\mathrm{D1}|\right)}f\left(\varepsilon_k,y_\mathrm{eD}\right)+g\left(|y_\mathrm{D2}|\right)+$$

$$\frac{2}{s}\sum_{k=1}^{+\infty}\frac{1}{\varepsilon_k k}\cos\left(\pi k\frac{x_\mathrm{D}}{x_\mathrm{eD}}\right)\cos\left(\frac{\pi k x_\mathrm{wD}}{x_\mathrm{eD}}\right)\sin\left(\frac{\pi k}{x_\mathrm{eD}}\right)\mathrm{e}^{-\varepsilon_k|y_\mathrm{D2}|}f\left(\varepsilon_k,y_\mathrm{eD}\right)+g\left(2y_\mathrm{eD}-|y_\mathrm{D2}|\right)+$$

$$\frac{2}{s}\sum_{k=1}^{+\infty}\frac{1}{\varepsilon_k k}\cos\left(\pi k\frac{x_\mathrm{D}}{x_\mathrm{eD}}\right)\cos\left(\frac{\pi k x_\mathrm{wD}}{x_\mathrm{eD}}\right)\sin\left(\frac{\pi k}{x_\mathrm{eD}}\right)\mathrm{e}^{-\varepsilon_k\left(2y_\mathrm{eD}-|y_\mathrm{D2}|\right)}f\left(\varepsilon_k,y_\mathrm{eD}\right)$$

式（3-76）即为盒状储层无限导流垂直对称裂缝直井的数值计算模型，其具体应用在后续章节给出。

3.2.3　Stehfest 数值反演方法

第 3 章给出的所有结果都是 Laplace 空间的解，要想获得时空间解，需要利用 Stehfest 数值反演的方法，其基本原理为

$$p_\mathrm{wD}(t_\mathrm{D})=\frac{\ln 2}{t_\mathrm{D}}\sum_{i=1}^{N}V_i\bar{p}_\mathrm{wD}(s_i)\qquad（3-77）$$

其中：N 通常取 6 或 8，$s_i=\dfrac{\ln 2}{t_\mathrm{D}}i$，$V_i=(-1)^{\frac{N}{2}+i}\displaystyle\sum_{K=\left[\frac{i+1}{2}\right]}^{\min\left\{\frac{N}{2},i\right\}}\dfrac{K^{\frac{N}{2}+1}(2K)!}{\left(\dfrac{N}{2}-K\right)!(K!)^2(i-K)!(2K-i)!}$。

3.3　井筒储集效应与表皮效应

井筒储集效应，就是当油井处于关闭状态，井筒压力升高 1 MPa 时，地层流体流入井筒后井筒中流量的增量；当油井开井，井筒压力下降 1 MPa 时，地层流体还未及时补充到井筒中，井筒中的流体凭借其弹性能量排出地面的体积。在此将无因次井筒储集系数 C_D 定义如下：

$$C_{\mathrm{D}} = \frac{C}{2\pi \phi C_{\mathrm{t}} h L_{\mathrm{ref}}^2} \qquad (3-78)$$

其中：C 为井储系数，$\mathrm{cm^3/atm}$；ϕ 为孔隙度，无量纲；C_{t} 为总压缩系数，$\mathrm{atm^{-1}}$；h 为油层厚度，cm。

井储系数 C 的定义为

$$C = \frac{\mathrm{d}V}{\mathrm{d}p} \approx \frac{\Delta V}{\Delta p} \qquad (3-79)$$

表皮系数通常表示地层被污染的程度，通常可以将表皮效应有效分解成由不同因素如钻井液的污染、井斜产生的表皮等造成的不同表皮效应。在实际的生产过程中这些因素都是客观存在的，为了方便研究，本书对表皮系数不进行详细分解，将表皮系数 S 定义为

$$S = \frac{2\pi kh}{q\mu} \Delta p_{\mathrm{s}} \qquad (3-80)$$

其中：Δp_{s} 为由表皮效应引起的附加压降，atm；S 为表皮系数，无因次。

结合试井分析中常用的杜哈美原理以及叠加原理，即可求得 Laplace 空间中考虑井筒储集效应和表皮效应的无因次井底压力：

$$\bar{p}_{\mathrm{wDS}}(s) = \frac{s\bar{p}_{\mathrm{wD}} + S}{s + C_{\mathrm{D}} s^2 (s\bar{p}_{\mathrm{wD}} + S)} \qquad (3-81)$$

其中：$\bar{p}_{\mathrm{wDS}}$ 为考虑井筒储集效应及表皮效应的无因次井底压力，无量纲。

3.4 实例分析

以 3.1.1 ～ 3.1.3 和 3.1.10 为例，这里分别给出了顶底封闭径向无限大、径向封闭、径向定压的柱状储层以及顶底封闭 x、y 方向封闭的盒状储层的实例。前三个模型涉及 Bessel 函数 K 与 I 的积分，常见的数值积分计算的方法很多，这里主要借助 Matlab 平台强大的矩阵设计与计算能力。对于无限导流垂直裂缝井试井数学模型而言，这里积分的计算量比较小，充分利用 Matlab 平台内置的积分函数进行计算即可。通过对比，这里选用 Matlab 平台内置的高阶全局自适应积分 quadgk() 函数进行数值计算，quadgk() 函数的第一个参数为积分函数，其类型为句柄函数，第二个参数为积分的起点，第三个参数为积分的终点，其他参数为数值积分计算时的优化选项，可以采用默认值。对于前三个模型，表皮系数均为 0.1，无因次井储系数均为 0.001，封闭外边界和定压外边界的无因次半径均为 2 000。通过图 3-1 可以看出，径向无限大的柱状储层整体无限导流计算结果较好，而其他两个模型在初期阶段计算结果不太好，这主要是因为在外边界的影响下，早期阶段在计算包含外边界的 Bessel 函数时，有些值趋近于无限大，而有些值则趋近于 0。根据 Bessel 函数的近似表达式，这里的部分内容在

计算时应进行相应的近似处理。第四个盒状储层模型主要涉及双曲函数的计算，这部分的优化数值算法在 3.2.2 节已经进行了详细的讨论。通过图 3-1 可以看出，无论对于什么样的外边界，柱状储层和盒状储层中的无限导流垂直裂缝井试井数学模型对于外边界均有相应的特征响应。这四个模型的具体 Matlab 程序在附录 1 列出。

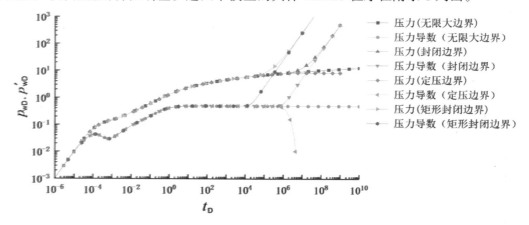

图 3-1　无限导流垂直裂缝井典型试井图版

4 有限导流垂直对称裂缝井试井数学模型

与无限导流压裂直井不同的是，在有限导流压裂直井模型中，由于人工压裂裂缝的渗透率为有限值，流体在压裂裂缝中流动会产生压降，即压裂裂缝内不同位置处所对应的压力和流量不同，即压裂裂缝内的流量呈非均匀分布。因此，利用点源函数法求解流体在储层内渗流引起的压力响应时，点源函数中的点源强度并不是常数，而是时间和位置的函数。因此，求解有限导流压裂直井的压力响应时，需要分别针对储层和压裂裂缝建立渗流模型，然后利用压裂裂缝壁面处的连接条件将二者耦合进行求解。对于有限导流垂直对称裂缝井试井数学模型，采用点源函数法对其进行求解，同无限导流垂直对称裂缝井试井数学模型的基本思路一致。目前主要有 Cinco-Ley 给出的有限导流垂直裂缝的计算方法 [72-96] 以及王晓冬 [97-105] 教授提出的导流函数法，现对这两种方法进行介绍。

4.1 Cinco-Ley 基本模型及其数值解

4.1.1 储层渗流数学模型

由于有限导流垂直裂缝中的流量随时间变化，因此在对点源函数处理时需要分段进行处理。依据点源函数的影响，要得到储层中裂缝任意位置的压力解，需要对顶底封闭径向无限大储层线源函数式（2-1）点源位置 x_w 从 $-L_f$ 到 $+L_f$ 进行积分，其中参考长度 L_{ref} 取裂缝半长 L_f。因为时空中的线源产量 $\tilde{q}h$ 是随时间变化的，为了方便研究，通常将其表达到 Laplace 空间，即 $L[\tilde{q}h] = \bar{q}(u) = \tilde{q}h/s$，因此得到顶底封闭径向无限大储层的面元解：

$$\Delta \bar{p} = \frac{L_f \mu}{2\pi k h} \int_{-1}^{1} \bar{q}(\alpha, u) K_0 \left(\sqrt{(x_D - \alpha)^2} \sqrt{u} \right) d\alpha \qquad (4-1)$$

定义 Laplace 空间无因次产量：

$$\overline{q}_D(\alpha,u) = \frac{2L_f \overline{q}(\alpha,u)}{q} \tag{4-2}$$

将式（4-2）代入式（4-1）可得

$$\Delta\overline{p} = \frac{q\mu}{4\pi kh}\int_{-1}^{1}\overline{q}_D(\alpha,u)K_0\left(\sqrt{(x_D-\alpha)^2}\sqrt{u}\right)\mathrm{d}\alpha \tag{4-3}$$

将式（4-3）表示为无因次形式：

$$\overline{p}_D = \frac{1}{2}\int_{-1}^{1}\overline{q}_D(\alpha,u)K_0\left(\sqrt{(x_D-\alpha)^2}\sqrt{u}\right)\mathrm{d}\alpha \tag{4-4}$$

4.1.2　裂缝渗流数学模型

对于考虑裂缝宽度的有限导流垂直裂缝，以裂缝宽度的 1/4 为基本单元，根据连续性方程、状态方程和速度方程建立裂缝渗流数学模型。

$$\frac{\partial}{\partial x}\left(\frac{\partial p_f}{\partial x}\right) + \frac{\partial}{\partial y}\left(\frac{\partial p_f}{\partial y}\right) = \frac{\mu\phi C_t}{k_f}\frac{\partial p_f}{\partial t} \tag{4-5}$$

对于水力压裂裂缝来讲，其裂缝宽度很小，因此对其进行积分平均处理可以得到：

$$\frac{\partial}{\partial x}\left(\frac{\partial p_f}{\partial x}\right) + \frac{2}{W_f}\left[\left(\frac{\partial p_f}{\partial y}\right)_{y=\frac{W_f}{2}} - \left(\frac{\partial p_f}{\partial y}\right)_{y=0}\right] = \frac{\mu\phi C_t}{k_f}\frac{\partial p_f}{\partial t} \tag{4-6}$$

其中：W_f 为裂缝宽度，cm；其他参数含义同第 1 章。

由于裂缝具有对称性，因此在裂缝中轴线上，流体不流动，可以得到中轴线上的边界条件：

$$\left(\frac{\partial p_f}{\partial y}\right)_{y=0} = 0 \tag{4-7}$$

将式（4-7）代入式（4-6）可得

$$\frac{\partial}{\partial x}\left(\frac{\partial p_f}{\partial x}\right) + \frac{2}{W_f}\left(\frac{\partial p_f}{\partial y}\right)_{y=\frac{W_f}{2}} = \frac{\mu\phi C_t}{k_f}\frac{\partial p_f}{\partial t} \tag{4-8}$$

若在裂缝界面处流量相等，则有

$$\frac{k}{\mu}\left(\frac{\partial p}{\partial y}\right)_{y=\frac{W_f}{2}} = \frac{k_f}{\mu}\left(\frac{\partial p_f}{\partial y}\right)_{y=\frac{W_f}{2}} \tag{4-9}$$

将式（4-9）代入式（4-8）可得

$$\frac{\partial}{\partial x}\left(\frac{\partial p_f}{\partial x}\right) + \frac{2k}{W_f k_f}\left(\frac{\partial p}{\partial y}\right)_{y=\frac{W_f}{2}} = \frac{\mu\phi C_t}{k_f}\frac{\partial p_f}{\partial t} \tag{4-10}$$

相对于整个储层体积而言，裂缝体积非常小，因此裂缝的弹性膨胀忽略不计，则裂缝渗流微分方程可以写为

$$\frac{\partial}{\partial x}\left(\frac{\partial p_f}{\partial x}\right) + \frac{2k}{W_f k_f}\left(\frac{\partial p}{\partial y}\right)_{y=\frac{W_f}{2}} = 0 \qquad (4-11)$$

由于油井以定产量生产，则内边界条件可以表示为

$$\frac{k_f}{\mu}\left(\frac{\partial p_f}{\partial x}\right)_{x=0}\frac{W_f}{2}h = \frac{q}{4} \qquad (4-12)$$

缝端封闭条件为

$$\left(\frac{\partial p_f}{\partial x}\right)_{x=L_f} = 0 \qquad (4-13)$$

对式（4-11）～式（4-13）进行无因次处理可得

$$\frac{\partial}{\partial x_D}\left(\frac{\partial p_{fD}}{\partial x_D}\right) + \frac{2}{C_{fD}}\left(\frac{\partial p_D}{\partial y_D}\right)_{y_D=\frac{W_{fD}}{2}} = 0 \qquad (4-14)$$

$$\left(\frac{\partial p_{fD}}{\partial x_D}\right)_{x=0} = -\frac{\pi}{C_{fD}} \qquad (4-15)$$

$$\left(\frac{\partial p_{fD}}{\partial x_D}\right)_{x_D=1} = 0 \qquad (4-16)$$

由式（4-9）可得单位长度裂缝的流量：

$$0.5q_f = h\frac{k}{\mu}\left(\frac{\partial p}{\partial y}\right)_{y=\frac{W_f}{2}} \qquad (4-17)$$

式（4-17）中系数 0.5 表示裂缝关于 y 轴对称，还有另一半，对式（4-17）无因次化后再进行 Laplace 变换可得

$$\overline{q}_{fD} = -\frac{2}{\pi}\left(\frac{\partial \overline{p}_D}{\partial y_D}\right)_{y_D=\frac{W_{fD}}{2}} \qquad (4-18)$$

其中：$\overline{q}_{fD}$ 为 Laplace 空间裂缝的无因次产量，无量纲。

无因次的定义：

（1）裂缝无因次宽度：$W_{fD} = \dfrac{W_f}{L_f}$；

（2）裂缝无因次导流能力：$C_{fD} = \dfrac{k_f W_f}{k L_f}$；

（3）裂缝无因次压力：$p_{fD} = \dfrac{2\pi k h}{q u}(p_i - p_f)$；

（4）裂缝无因次产量：$q_{fD} = \dfrac{2q_f L_f}{q}$。

对式（4-14）～式（4-16）进行 Laplace 变换：

$$\frac{\partial}{\partial x_D}\left(\frac{\partial \overline{p}_{fD}}{\partial x_D}\right) + \frac{2}{C_{fD}}\left(\frac{\partial \overline{p}_D}{\partial y_D}\right)_{y_D=\frac{W_{fD}}{2}} = 0 \tag{4-19}$$

$$\left(\frac{\partial \overline{p}_{fD}}{\partial x_D}\right)_{x=0} = -\frac{\pi}{sC_{fD}} \tag{4-20}$$

$$\left(\frac{\partial \overline{p}_{fD}}{\partial x_D}\right)_{x_D=1} = 0 \tag{4-21}$$

将式（4-18）代入式（4-19）微分方程并进行积分可得

$$\int_0^{x_D}\int_0^x \frac{\partial}{\partial x_D}\left(\frac{\partial \overline{p}_{fD}}{\partial x_D}\right)d\alpha dx - \frac{\pi}{C_{fD}}\int_0^{x_D}\int_0^x \overline{q}_{fD}(\alpha,\ \mu)d\alpha dx = 0 \tag{4-22}$$

代入裂缝的内边界和外边界条件得到 [100-108]：

$$\overline{p}_{wD} - \overline{p}_{fD} = \frac{\pi}{uC_{fD}}\left[x_D - u\int_0^{x_D}\int_0^x \overline{q}_{fD}(\alpha,\ \mu)dx_D dx\right] \tag{4-23}$$

4.1.3 储层与裂缝耦合

若在裂缝壁面处储层压力与裂缝压力相等，则有

$$\overline{p}_{wD} - \frac{1}{2}\int_{-1}^1 \overline{q}_D(\alpha,\ u)K_0\left(\sqrt{u}\sqrt{(x_D-\alpha)^2}\right)d\alpha = \frac{\pi}{uC_{fD}}\left[x_D - u\int_0^{x_D}\int_0^x \overline{q}_{fD}(\alpha,\ \mu)dx_D dx\right] \tag{4-24}$$

根据产量守恒有

$$\int_{-x_f}^{x_f} q_f(x,\ t)dx = q \tag{4-25}$$

经过 Laplace 变换得到

$$\int_{-x_f}^{x_f} q_f(x,\ t)dx = q \Rightarrow \int_{-x_f}^{x_f}\frac{q_{fD}(x,\ t)}{2L_f}qdx = q \Rightarrow \int_{-1}^1\frac{q_{fD}(x_{wD},\ t)}{2L_f}qL_f dx_{wD} = q \Rightarrow$$

$$\int_{-1}^1\frac{q_{fD}(x_{wD},\ t)}{2}dx_{wD} = 1 \Rightarrow \int_{-1}^1\frac{\overline{q}_{fD}(x_{wD},\ u)}{2}dx_{wD} = 1/u \Rightarrow \int_0^1 \overline{q}_{fD}(x_D,\ u)dx_D = 1/u \tag{4-26}$$

特别提醒：若为不对称裂缝，则使用式（4-26）–1 到 +1 积分的表达式即可。

4.1.4 Cinco-Ley 模型的数值计算

尽管有限导流裂缝中不同位置具有不同的流量，但是在很小的一段距离内其流量可以假定为一个恒定值。因此，在处理过程中将裂缝离散化为多个网格块，为了更好地描述网格块选取两个参数，即裂缝离散单元端点和裂缝离散单元中点，它们的定义如图 4-1 所示。

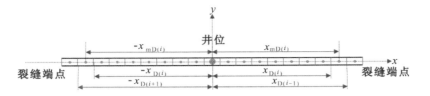

图 4-1 裂缝单元网格划分示意图

对式（4-24）和式（4-26）进行离散化得到 $n+1$ 个方程，关于 Bessel 函数 K_0 积分可参照 3.2.1，对其整理写成矩阵形式便于求解。对式（4-24）离散 [12-21] 的结果：

$$
\begin{aligned}
& \bar{p}_{\mathrm{wD}} - \frac{1}{2} \int_{-1}^{1} \bar{q}_{\mathrm{D}}(\alpha,\ u) K_0\left(\sqrt{u}\sqrt{(x_{\mathrm{D}}-\alpha)^2}\right) \mathrm{d}\alpha \\
& = \bar{p}_{\mathrm{wD}} - \frac{1}{2} \int_{0}^{1} \bar{q}_{\mathrm{D}}(\alpha,\ u)\left[K_0\left(\sqrt{u}\sqrt{(x_{\mathrm{D}}-\alpha)^2}\right) - K_0\left(\sqrt{u}\sqrt{(x_{\mathrm{D}}+\alpha)^2}\right) \right] \mathrm{d}\alpha \\
& = \bar{p}_{\mathrm{wD}} - \frac{1}{2} \left\{ \sum_{i=1}^{n} \int_{x_{\mathrm{D}(i)}}^{x_{\mathrm{D}(i+1)}} \bar{q}_{\mathrm{D}(j)}(u)\left[K_0\left(\sqrt{u}\sqrt{\left(x_{\mathrm{mD}(j)}-\alpha\right)^2}\right) + K_0\left(\sqrt{u}\sqrt{\left(x_{\mathrm{mD}(j)}+\alpha\right)^2}\right) \right] \mathrm{d}\alpha \right\} \\
& = \frac{\pi}{uC_{\mathrm{fD}}} \left\{ x_{\mathrm{mD}(j)} - u\left[\sum_{k=1}^{j-1} \bar{q}_{\mathrm{D}(k)}(u)(j-k)\Delta x_{\mathrm{D}}^2 + \bar{q}_{\mathrm{D}(j)}(u)\frac{\Delta x_{\mathrm{D}}^2}{8} \right] \right\}
\end{aligned}
\tag{4-27}
$$

其中：$\bar{q}_{\mathrm{D}(j)}$ 为第 j 个裂缝网格单元的无因次产量，无量纲；$x_{\mathrm{mD}(j)}$ 为第 j 个裂缝网格单元的无因次中点位置，无量纲。

为了计算方便，以 5 个网格为例说明 Cinco-Ley 模型的有限导流裂缝数值计算时矩阵的构造方法。

$$
a_{ij} = K_0\left(\sqrt{u}\sqrt{\left(x_{\mathrm{mD}(j)}-\alpha\right)^2}\right) + K_0\left(\sqrt{u}\sqrt{\left(x_{\mathrm{mD}(j)}+\alpha\right)^2}\right) \quad (i=1,\cdots,5;\ j=1,\cdots,5)
\tag{4-28}
$$

网格 1（$j=1$）：

$$
\begin{aligned}
& -\left[\left(\int_{x_{\mathrm{D}(1)}}^{x_{\mathrm{D}(2)}} a_{11}\mathrm{d}\alpha - \frac{\pi\Delta x_{\mathrm{D}}^2}{8C_{\mathrm{fD}}} \right)\bar{q}_{\mathrm{D}(1)} + \left(\int_{x_{\mathrm{D}(2)}}^{x_{\mathrm{D}(3)}} a_{12}\mathrm{d}\alpha \right)\bar{q}_{\mathrm{D}(2)} + \right. \\
& \left. \left(\int_{x_{\mathrm{D}(3)}}^{x_{\mathrm{D}(4)}} a_{13}\mathrm{d}\alpha \right)\bar{q}_{\mathrm{D}(3)} + \left(\int_{x_{\mathrm{D}(4)}}^{x_{\mathrm{D}(5)}} a_{14}\mathrm{d}\alpha \right)\bar{q}_{\mathrm{D}(4)} + \left(\int_{x_{\mathrm{D}(5)}}^{1} a_{15}\mathrm{d}\alpha \right)\bar{q}_{\mathrm{D}(5)} \right] + \bar{p}_{\mathrm{wD}} = \frac{\pi x_{\mathrm{mD}(1)}}{uC_{\mathrm{fD}}}
\end{aligned}
\tag{4-29}
$$

网格 2（$j=2$）：

$$
\begin{aligned}
& -\left[\left(\int_{x_{\mathrm{D}(1)}}^{x_{\mathrm{D}(2)}} a_{21}\mathrm{d}\alpha - \frac{\pi\Delta x_{\mathrm{D}}^2}{C_{\mathrm{fD}}} \right)\bar{q}_{\mathrm{D}(1)} + \left(\int_{x_{\mathrm{D}(2)}}^{x_{\mathrm{D}(3)}} a_{22}\mathrm{d}\alpha - \frac{\pi\Delta x_{\mathrm{D}}^2}{8C_{\mathrm{fD}}} \right)\bar{q}_{\mathrm{D}(2)} + \right. \\
& \left. \left(\int_{x_{\mathrm{D}(3)}}^{x_{\mathrm{D}(4)}} a_{23}\mathrm{d}\alpha \right)\bar{q}_{\mathrm{D}(3)} + \left(\int_{x_{\mathrm{D}(4)}}^{x_{\mathrm{D}(5)}} a_{24}\mathrm{d}\alpha \right)\bar{q}_{\mathrm{D}(4)} + \left(\int_{x_{\mathrm{D}(5)}}^{1} a_{25}\mathrm{d}\alpha \right)\bar{q}_{\mathrm{D}(5)} \right] + \bar{p}_{\mathrm{wD}} = \frac{\pi x_{\mathrm{mD}(2)}}{uC_{\mathrm{fD}}}
\end{aligned}
\tag{4-30}
$$

网格 3（$j=3$）：

$$-\left[\left(\int_{x_{D(1)}}^{x_{D(2)}} a_{31}\mathrm{d}\alpha - \frac{2\pi\Delta x_D^2}{C_{fD}}\right)\bar{q}_{D(1)} + \left(\int_{x_{D(2)}}^{x_{D(3)}} a_{32}\mathrm{d}\alpha - \frac{\pi\Delta x_D^2}{C_{fD}}\right)\bar{q}_{D(2)} + \right.$$
$$\left.\left(\int_{x_{D(3)}}^{x_{D(4)}} a_{33}\mathrm{d}\alpha - \frac{\pi\Delta x_D^2}{8C_{fD}}\right)\bar{q}_{D(3)} + \left(\int_{x_{D(4)}}^{x_{D(5)}} a_{34}\mathrm{d}\alpha\right)\bar{q}_{D(4)} + \left(\int_{x_{D(5)}}^{1} a_{35}\mathrm{d}\alpha\right)\bar{q}_{D(5)}\right] + \bar{p}_{wD} = \frac{\pi x_{mD(3)}}{uC_{fD}} \qquad （4-31）$$

网格 4（$j=4$）：

$$-\left[\left(\int_{x_{D(1)}}^{x_{D(2)}} a_{41}\mathrm{d}\alpha - \frac{3\pi\Delta x_D^2}{C_{fD}}\right)\bar{q}_{D(1)} + \left(\int_{x_{D(2)}}^{x_{D(3)}} a_{42}\mathrm{d}\alpha - \frac{2\pi\Delta x_D^2}{C_{fD}}\right)\bar{q}_{D(2)} + \right.$$
$$\left.\left(\int_{x_{D(3)}}^{x_{D(4)}} a_{43}\mathrm{d}\alpha - \frac{\pi\Delta x_D^2}{C_{fD}}\right)\bar{q}_{D(3)} + \left(\int_{x_{D(4)}}^{x_{D(5)}} a_{44}\mathrm{d}\alpha - \frac{\pi\Delta x_D^2}{8C_{fD}}\right)\bar{q}_{D(4)} + \left(\int_{D(5)}^{1} a_{45}\mathrm{d}\alpha\right)\bar{q}_{D(5)}\right] + \bar{p}_{wD} = \frac{\pi x_{mD(4)}}{uC_{fD}} \qquad （4-32）$$

网格 5（$j=5$）：

$$-\left[\left(\int_{x_{D(1)}}^{x_{D(2)}} a_{51}\mathrm{d}\alpha - \frac{4\pi\Delta x_D^2}{C_{fD}}\right)\bar{q}_{D(1)} + \left(\int_{x_{D(2)}}^{x_{D(3)}} a_{52}\mathrm{d}\alpha - \frac{3\pi\Delta x_D^2}{C_{fD}}\right)\bar{q}_{D(2)} + \right.$$
$$\left.\left(\int_{x_{D(3)}}^{x_{D(4)}} a_{53}\mathrm{d}\alpha - \frac{2\pi\Delta x_D^2}{C_{fD}}\right)\bar{q}_{D(3)} + \left(\int_{x_{D(4)}}^{x_{D(5)}} a_{54}\mathrm{d}\alpha - \frac{\pi\Delta x_D^2}{C_{fD}}\right)\bar{q}_{D(4)} + \left(\int_{x_{D(5)}}^{1} a_{55}\mathrm{d}\alpha - \frac{\pi\Delta x_D^2}{8C_{fD}}\right)\bar{q}_{D(5)}\right] + \bar{p}_{wD} = \frac{\pi x_{mD(5)}}{uC_{fD}} \qquad （4-33）$$

根据式（4-26），质量守恒的辅助方程为

$$\sum_{i=1}^{n} \bar{q}_{D(i)}\Delta x_D = 1/u \qquad （4-34）$$

将式（4-29）～式（4-33）写成矩阵形式：

$$-\begin{bmatrix} C_{11} & E_{12} & E_{13} & E_{14} & E_{15} & -1 \\ W_{21} & C_{22} & E_{23} & E_{24} & E_{25} & -1 \\ W_{31} & W_{32} & C_{33} & E_{34} & E_{35} & -1 \\ W_{41} & W_{42} & W_{43} & C_{44} & W_{45} & -1 \\ W_{51} & W_{52} & W_{53} & W_{54} & C_{55} & -1 \\ \Delta x_D & \Delta x_D & \Delta x_D & \Delta x_D & \Delta x_D & 0 \end{bmatrix}\begin{bmatrix} \bar{q}_{D(1)} \\ \bar{q}_{D(2)} \\ \bar{q}_{D(3)} \\ \bar{q}_{D(4)} \\ \bar{q}_{D(5)} \\ \bar{p}_{wD} \end{bmatrix} = \frac{\pi}{uC_{fD}}\begin{bmatrix} x_{mD(1)} \\ x_{mD(2)} \\ x_{mD(3)} \\ x_{mD(4)} \\ x_{mD(5)} \\ -C_{fD}/\pi \end{bmatrix} \qquad （4-35）$$

由矩阵构造的形式式（4-35）可以看出，将系数矩阵分为三部分矩阵的和，即上三角矩阵＋对角矩阵＋下三角矩阵，由于每个元素都带有 Bessel 函数积分，且积分区间不对称，通过线性变换，现将其处理为对称区间，以便于 Bessel 函数积分的数值计算。

$$A_{ij} = \int_{x_{D(j)}}^{x_{D(j+1)}}\left[K_0\left(\sqrt{u}\sqrt{\left(x_{mD(i)} - \alpha\right)^2}\right) + K_0\left(\sqrt{u}\sqrt{\left(x_{mD(i)} + \alpha\right)^2}\right)\right]\mathrm{d}\alpha$$
$$= \frac{\Delta L_{D(j)}}{2}\int_{-1}^{1}\left[K_0\left(\sqrt{u}\sqrt{\left(x_{mD(i)} - \frac{x_{D(j+1)} + x_{D(j)}}{2} - \frac{\Delta L_{D(j)}}{2}x\right)^2}\right) + \right.$$
$$\left.K_0\left(\sqrt{u}\sqrt{\left(x_{mD(i)} + \frac{x_{D(j+1)} + x_{D(j)}}{2} + \frac{\Delta L_{D(j)}}{2}x\right)^2}\right)\right]\mathrm{d}x \qquad （4-36）$$

式（4-36）的积分具体方法参见 3.2.1。考虑到式（4-29）～式（4-33）与式（4-36）的形式，式（4-35）的每个元素可写成

$$C_{ii} = A_{ii} - \frac{\pi \Delta x_{\mathrm{D}}^2}{8 C_{\mathrm{fD}}} (i = j) \tag{4-37}$$

$$E_{ij} = A_{ij} (i < j) \tag{4-38}$$

$$W_{ij} = A_{ij} - \frac{(i-j)\pi \Delta x_{\mathrm{D}}^2}{C_{\mathrm{fD}}} (i > j) \tag{4-39}$$

4.2 有限导流函数介绍

王晓冬教授提出的裂缝导流能力函数减少了网格划分的过程，相比于 Cinco-Ley 的计算方法大大提高了计算速度，模型具体如下：

$$s \bar{p}_{\mathrm{D}} = s \bar{p}_{\mathrm{fD}} + s \overline{f}(C_{\mathrm{fD}}) \tag{4-40}$$

其中：$\bar{p}_{\mathrm{D}}$ 为有限导流垂直裂缝的解；$\bar{p}_{\mathrm{fD}}$ 为无限导流垂直裂缝的解；$s \overline{f}(C_{\mathrm{fD}})$ 为有限导流函数，$s \overline{f}(C_{\mathrm{fD}}) = 2\pi \sum_{n=1}^{\infty} \frac{1}{(n\pi)^2 C_{\mathrm{fD}} + 2\sqrt{(n\pi)^2 + u}} + \frac{0.406\,3\pi}{\pi(C_{\mathrm{fD}} + 0.899\,7) + 1.625\,2u}$。

4.3 有限导流垂直对称单条裂缝井常见的试井数学模型

4.3.1 顶底封闭径向无限大储层有限导流垂直裂缝井

有限导流函数与顶底封闭径向无限大储层无限导流垂直裂缝井试井数学模型组合为有限导流垂直裂缝井试井数学模型，具体如下：

$$s \bar{p}_{\mathrm{D}} = s \bar{p}_{\mathrm{fD}} + s \overline{f}(C_{\mathrm{fD}}) \tag{4-41}$$

其中：$\bar{p}_{\mathrm{fD}} = \frac{1}{2s} \int_{-1}^{1} K_0 \left(\sqrt{(x_{\mathrm{D}} - \alpha)^2} \sqrt{u} \right) \mathrm{d}\alpha$。

若计算井底压力，源点位于中心位置，则 $y_{\mathrm{wD}} = 0$，$y_{\mathrm{D}} = 0$，$x_{\mathrm{D}} = 0.732$。

4.3.2 顶底封闭径向封闭柱状储层有限导流垂直裂缝井

有限导流函数与顶底封闭径向封闭柱状储层有限导流垂直裂缝井试井数学模型组合为有限导流垂直裂缝井试井数学模型，具体如下：

$$s \bar{p}_{\mathrm{D}} = s \bar{p}_{\mathrm{fD}} + s \overline{f}(C_{\mathrm{fD}}) \tag{4-42}$$

其中：$\overline{p}_{fD} = \dfrac{1}{2s} \displaystyle\int_{-1}^{1} \left[K_0\left(\sqrt{(x_D-\alpha)^2}\sqrt{u}\right) + \dfrac{K_1(r_{eD}\sqrt{u})}{I_1(r_{eD}\sqrt{u})} I_0\left(\sqrt{(x_D-\alpha)^2}\sqrt{u}\right) \right] d\alpha$。

若计算井底压力，源点位于中心位置，则 $y_{wD}=0$，$y_D=0$，$x_D=0.732$。

4.3.3 顶底封闭径向定压柱状储层有限导流垂直裂缝井

有限导流函数与顶底封闭径向定压柱状储层有限导流垂直裂缝井试井数学模型组合为有限导流垂直裂缝井试井数学模型，具体如下：

$$s\overline{p}_D = s\overline{p}_{fD} + s\,\overline{f}(C_{fD}) \tag{4-43}$$

其中：$\overline{p}_{fD} = \dfrac{1}{2s} \displaystyle\int_{-1}^{1} \left[K_0\left(\sqrt{(x_D-\alpha)^2}\sqrt{u}\right) - \dfrac{K_0(r_{eD}\sqrt{u})}{I_0(r_{eD}\sqrt{u})} I_0\left(\sqrt{(x_D-\alpha)^2}\sqrt{u}\right) \right] d\alpha$。

若计算井底压力，源点位于中心位置，则 $y_{wD}=0$，$y_D=0$，$x_D=0.732$。

4.3.4 顶底定压径向无限大储层有限导流垂直裂缝井

有限导流函数与顶底定压径向无限大储层有限导流垂直裂缝井试井数学模型组合为有限导流垂直裂缝井试井数学模型，具体如下：

$$s\overline{p}_D = s\overline{p}_{fD} + s\,\overline{f}(C_{fD}) \tag{4-44}$$

其中：$\overline{p}_{fD} = \dfrac{2}{s} \displaystyle\int_{-1}^{1} \sum_{n=1}^{+\infty} \dfrac{1}{(2n-1)\pi} K_0\left(\varepsilon_{2n-1}\sqrt{(x_D-\alpha)^2}\right) \sin\left[\dfrac{(2n-1)\pi z_D}{h_D}\right] d\alpha$，$\varepsilon_{2n-1} = \sqrt{\dfrac{((2n-1)\pi)^2}{h_D^2} + u}$。

若计算井底压力，源点位于中心位置，则 $y_{wD}=0$，$y_D=0$，$x_D=0.732$。

4.3.5 顶底定压径向封闭柱状储层有限导流垂直裂缝井

有限导流函数与顶底定压径向封闭柱状储层有限导流垂直裂缝井试井数学模型组合为有限导流垂直裂缝井试井数学模型，具体如下：

$$s\overline{p}_D = s\overline{p}_{fD} + s\,\overline{f}(C_{fD}) \tag{4-45}$$

其中：$\overline{p}_{fD} = \dfrac{2}{s} \displaystyle\int_{-1}^{1} \sum_{n=1}^{+\infty} \left\{ \dfrac{1}{(2n-1)\pi} \sin\left[(2n-1)\pi\dfrac{z_D}{h_D}\right]\left[K_0\left(\sqrt{(x_D-\alpha)^2}\,\varepsilon_{2n-1}\right) + \dfrac{K_1(r_{eD}\varepsilon_{2n-1})}{I_1(r_{eD}\varepsilon_{2n-1})} I_0\left(\sqrt{(x_D-\alpha)^2}\,\varepsilon_{2n-1}\right) \right] \right\} d\alpha$，

$\varepsilon_{2n-1} = \sqrt{\dfrac{((2n-1)\pi)^2}{h_D^2} + u}$。

若计算井底压力，源点位于中心位置，则 $y_{wD}=0$，$y_D=0$，$x_D=0.732$。

4.3.6 顶底定压径向定压柱状储层有限导流垂直裂缝井

有限导流函数与顶底定压径向定压柱状储层有限导流垂直裂缝井试井数学模型组合为有限导流垂直裂缝井试井数学模型，具体如下：

$$s\overline{p}_D = s\overline{p}_{fD} + s\overline{f}(C_{fD}) \tag{4-46}$$

其中： $\overline{p}_{fD} = \dfrac{2}{s}\displaystyle\int_{-1}^{1}\sum_{n=1}^{+\infty}\left\{\dfrac{1}{(2n-1)\pi}\sin\left[(2n-1)\pi\dfrac{z_D}{h_D}\right]\left[K_0\left(\sqrt{(x_D-\alpha)^2}\,\varepsilon_{2n-1}\right)-\dfrac{K_0(r_{eD}\varepsilon_{2n-1})}{I_0(r_{eD}\varepsilon_{2n-1})}I_0\left(\sqrt{(x_D-\alpha)^2}\,\varepsilon_{2n-1}\right)\right]\right\}d\alpha$ ，

$\varepsilon_{2n-1} = \sqrt{\dfrac{\left((2n-1)\pi\right)^2}{h_D^2}+u}$ 。

若计算井底压力，源点位于中心位置，则 $y_{wD} = 0$ ， $y_D = 0$ ， $x_D = 0.732$ 。

4.3.7 上边界定压下边界封闭径向无限大储层有限导流垂直裂缝井

有限导流函数与上边界定压下边界封闭径向无限大储层有限导流垂直裂缝井试井数学模型组合为有限导流垂直裂缝井试井数学模型，具体如下：

$$s\overline{p}_D = s\overline{p}_{fD} + s\overline{f}(C_{fD}) \tag{4-47}$$

其中： $\overline{p}_{fD} = \dfrac{2}{s}\displaystyle\int_{-1}^{1}\left\{\sum_{n=1}^{+\infty}\dfrac{1}{\pi(2n-1)}\cos\left[\dfrac{\pi(2n-1)}{2h_D}z_D\right]\sin\left(n\pi-\dfrac{1}{2}\pi\right)K_0\left(\sqrt{(x_D-\alpha)^2}\,\varepsilon_{2n-1}\right)\right\}d\alpha$ ， $\varepsilon_{2n-1} = \sqrt{\dfrac{\left((2n-1)\pi\right)^2}{4h_D^2}+u}$ 。

若计算井底压力，源点位于中心位置，则 $y_{wD} = 0$ ， $y_D = 0$ ， $x_D = 0.732$ 。

4.3.8 上边界定压下边界封闭径向封闭柱状储层有限导流垂直裂缝井

有限导流函数与上边界定压下边界封闭径向封闭柱状储层有限导流垂直裂缝井试井数学模型组合为有限导流垂直裂缝井试井数学模型，具体如下：

$$s\overline{p}_D = s\overline{p}_{fD} + s\overline{f}(C_{fD}) \tag{4-48}$$

其中： $\overline{p}_{fD} = \dfrac{2}{s}\displaystyle\int_{-1}^{1}\left\{\sum_{n=1}^{+\infty}\dfrac{1}{(2n-1)\pi}\cos\left[\dfrac{\pi(2n-1)}{2h_D}z_D\right]\sin\left(\pi n-\dfrac{\pi}{2}\right)\left[K_0\left(\varepsilon_{2n-1}\sqrt{(x_D-\alpha)^2}\right)+\dfrac{K_1(r_{eD}\varepsilon_{2n-1})}{I_1(r_{eD}\varepsilon_{2n-1})}\right.\right.$

$\left.\left.I_0\left(\varepsilon_{2n-1}\sqrt{(x_D-\alpha)^2}\right)\right]\right\}d\alpha$ ， $\varepsilon_{2n-1} = \sqrt{\dfrac{\left((2n-1)\pi\right)^2}{4h_D^2}+u}$ 。

若计算井底压力，源点位于中心位置，则 $y_{wD} = 0$ ， $y_D = 0$ ， $x_D = 0.732$ 。

4.3.9 上边界定压下边界封闭径向定压柱状储层有限导流垂直裂缝井

有限导流函数与上边界定压下边界封闭径向定压柱状储层有限导流垂直裂缝井试

井数学模型组合为有限导流垂直裂缝井试井数学模型，具体如下：

$$s\bar{p}_D = s\bar{p}_{fD} + s\overline{f}(C_{fD})$$ （4-49）

其中：$\bar{p}_{fD} = \dfrac{2}{s}\displaystyle\int_{-1}^{1}\sum_{n=1}^{+\infty}\left\{\dfrac{1}{(2n-1)\pi}\cos\left[\dfrac{\pi(2n-1)}{2h_D}z_D\right]\sin\left(\pi n-\dfrac{\pi}{2}\right)\left[K_0\left(\varepsilon_{2n-1}\sqrt{(x_D-\alpha)^2}\right)-\dfrac{K_0(r_D\varepsilon_{2n-1})}{I_0(r_D\varepsilon_{2n-1})}\right.\right.$

$\left.\left. I_0\left(\varepsilon_{2n-1}\sqrt{(x_D-\alpha)^2}\right)\right]\right\}d\alpha$，$\varepsilon_{2n-1}=\sqrt{\dfrac{((2n-1)\pi)^2}{4h_D^2}+u}$。

若计算井底压力，源点位于中心位置，则 $y_{wD}=0$，$y_D=0$，$x_D=0.732$。

4.3.10 顶底封闭 x、y 方向封闭盒状储层有限导流垂直裂缝井

有限导流函数与顶底封闭 x、y 方向封闭盒状储层有限导流垂直裂缝井试井数学模型组合为有限导流垂直裂缝井试井数学模型，具体如下：

$$s\bar{p}_D = s\bar{p}_{fD} + s\overline{f}(C_{fD})$$ （4-50）

其中：$\bar{p}_{fD} = \dfrac{\pi}{x_{eD}s}\left\{\dfrac{\cosh\left[\sqrt{u}\left(y_{eD}-|y_{D1}|\right)\right]+\cosh\left[\sqrt{u}\left(y_{eD}-|y_{D2}|\right)\right]}{\sqrt{u}\sinh(y_{eD}\sqrt{u})}+2\sum_{k=1}^{+\infty}\left[\dfrac{x_{eD}}{\pi k}\cos\left(\pi k\dfrac{x_D}{x_{eD}}\right)\right.\right.$

$\left.\left.\cos\left(\dfrac{\pi k x_{wD}}{x_{eD}}\right)\sin\left(\dfrac{\pi k}{x_{eD}}\right)\dfrac{\cosh\left[\varepsilon_k\left(y_{eD}-|y_{D1}|\right)\right]+\cosh\left[\varepsilon_k\left(y_{eD}-|y_{D2}|\right)\right]}{\varepsilon_k\sinh(y_{eD}\varepsilon_k)}\right]\right\}$，$\varepsilon_k=\sqrt{\dfrac{(k\pi)^2}{x_{eD}^2}+u}$。

若计算井底压力，源点位于中心位置，则 $y_{wD}=0$，$y_D=0$，$x_D=0.732$。

4.4 实例分析

为了验证 Cinco-Ley 给出的离散形式的有限导流垂直裂缝的计算方法与王晓冬教授提出的裂缝导流能力函数的吻合程度，这里以顶底封闭径向无限大储层有限导流垂直裂缝井试井数学模型为例，其中井储系数为 0.00，表皮系数为 0.00，单条对称裂缝的无因次裂缝导流系数为 40，裂缝半长为 50 m，参考长度取裂缝半长，裂缝一侧的网格数为 50。根据上述参数，分别采用 Cinco-Ley 离散方法与裂缝导流能力函数方法对同一个模型（其他参数设置一致）计算无因次井底压力与压力导数值，然后进行比较。通过图 4-2 可以看出，这两种方法在处理有限导流垂直裂缝时，结果基本一致，裂缝导流能力函数方法在计算时更加简洁、速度更快。Cinco-Ley 离散方法涉及裂缝网格划分，及网格相邻的端点对 Bessel 函数的计算，为方便使用，本书已将涉及 Bessel 函数 K 与 I 的相关数值计算整合到相应的函数中，相应的函数在附录 2 中给出。这里需要说明的是，之所以不采用 Matalb 内置积分函数进行积分，主要是因为

Matlab 内置的积分函数不能实现以向量或矩阵形式批量传入参数形式的积分计算。这里在处理不对称裂缝、多条裂缝时，采用Cinco-Ley 离散方法进行数值计算时速度慢，因此为了提高数值计算效率，对 Bessel 函数 K 与 I 相关数值计算进行了程序优化设计，该设计主要体现了并行运算能力，充分利用了 Matlab 对矩阵与向量计算的优势并结合了相关的逻辑运算，综合设计的程序提高了计算效率。同时在设计 Bessel 积分计算时，也考虑到了 3.2.1 中相关的参数 b、c 以及 x_D 的形式，在遇到复杂裂缝问题时，这三个参数有可能是向量形式的参数，也有可能是矩阵形式的参数，为了适应这种情况，本书也将上述情况考虑在内，并通过统一的积分函数进行不同形式的调用计算。具体的相关函数参见附录 2，程序的使用方法及功能在程序设计部分进行了详细的说明，这里不再赘述。

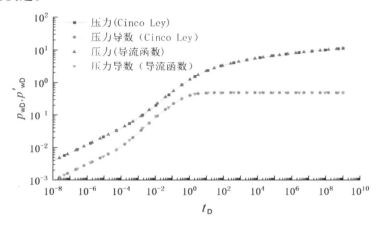

图 4-2　Cinco-Ley 离散方法与裂缝导流能力函数方法对比

对于有限导流垂直裂缝井试井数学模型，这里也给出了以顶底封闭，径向无限大、径向封闭、径向定压三种柱状储层的有限导流垂直裂缝模型，同时也给出了盒状储层顶底封闭 x、y 方向封闭的有限导流垂直裂缝模型。前三种柱状储层模型的参数：井筒表皮系数均为 0.1，井储系数均为 0.001，单条对称裂缝无因次导流系数为 10，导流函数求和项级数计算的相对误差为 10^{-9}。盒状储层的表皮系数、井储系数及裂缝的无因次导流系数与柱状储层的相同，因为盒状储层在建立模型时，坐标原点在左下角，因此在有限导流垂直裂缝井试井时，井的位置可以选择模型的中心位置，这里设置盒状储层在 x 方向与 y 方向的无因次长度和宽度均为 200。通过图 4-3 可以看出，无论对于无限大边界、定压边界还是封闭边界，在柱状储层与盒状储层中有对应的边界下响应特征，并且井筒表皮效应阶段和井筒储集效应阶段在压力与压力导数曲线上也有响应特征。

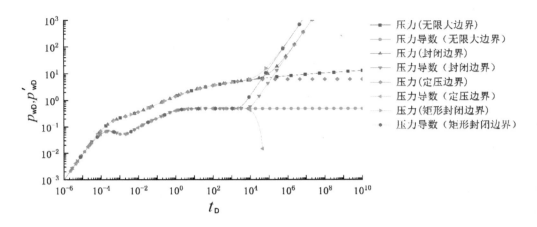

图 4-3　有限导流垂直裂缝井典型试井图版

5　压裂直井非常规裂缝试井数学模型

➚

针对压裂直井，上一章主要介绍了裂缝关于井筒对称时不同边界条件下的试井数学模型，然而对于各向异性储层来讲，水力压裂裂缝可能关于井筒不对称并且渗透率各向异性改变了渗流方式，同时由于地层应力分布的不均匀，导致水力压裂裂缝关于井筒不对称并且裂缝与裂缝之间存在一定夹角，因此有必要对不对称垂直裂缝的试井数学模型展开研究。

5.1　基于 Green 函数的压裂直井不对称裂缝试井数学模型

所谓裂缝不对称，是指直井在压裂过程中裂缝两端关于井筒不对称，使得地层流体在流入裂缝过程中渗流方式发生改变，因此有必要对不对称垂直裂缝展开研究。流体从地层流入井筒可以分为两部分，从地层流入裂缝再从裂缝流入井筒。因此首先分别建立裂缝与储层渗流数学模型，通过 Laplace 积分变换等相关数学方法获得模型解析解，最后将裂缝模型与储层模型进行耦合求解，获得裂缝与储层整个系统的压力解。

5.1.1　裂缝数学模型的建立与求解

复杂的地层条件和水力压裂过程中的种种不确定因素，导致直井在压裂过程中裂缝关于井筒中心不对称，从而导致渗流方式发生变化，为了更好地建立不对称垂直裂缝井试井数学模型，与对称裂缝的研究方法一样，以裂缝中心为原点建立直角坐标系，设井偏离裂缝中心位置的位移为 x_w，如图 5-1 所示。模型基本假设条件如下：
（1）裂缝两端没有流体通过；
（2）流体在裂缝和储层中的流动符合达西渗流定律；
（3）裂缝宽度为 W_f，裂缝穿过整个地层；
（4）整条裂缝中压力不相同，即沿着裂缝有压降产生，裂缝的渗透率为 k_f；
（5）忽略毛细管压力和重力的影响；

（6）储层中的流体为单相微可压缩流体。

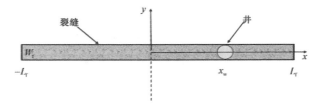

图 5-1　不对称裂缝与井位的几何关系示意图

对于不对称垂直裂缝，由于井筒两端裂缝不对称，所以不能将裂缝分为 4 部分来计算，以裂缝宽度的 1/2 为基本单元建立微分方程。基于渗流力学基本原理，根据状态方程、连续性微分方程和运动方程，建立试井解释渗流微分方程以及相应的内边界条件。根据裂缝中流体流动的物理过程，其渗流微分方程可以表示如下：

$$\frac{\partial}{\partial x}\left(k_f \frac{\partial p_f}{\partial x}\right) + \frac{\partial}{\partial y}\left(k_f \frac{\partial p_f}{\partial y}\right) = \frac{\mu q}{h W_f L_{\text{ref}}} \delta(x - x_w)\left(-L_f \leqslant x \leqslant L_f, 0 \leqslant y \leqslant \frac{W_f}{2}\right) \quad （5-1）$$

对水力压裂裂缝来讲，其裂缝宽度很小，因此对其进行积分平均处理可以得到

$$\frac{\partial}{\partial x}\left(\frac{\partial p_f}{\partial x}\right) + \frac{2}{W_f}\left[\left(\frac{\partial p_f}{\partial y}\right)_{y=\frac{W_f}{2}} - \left(\frac{\partial p_f}{\partial y}\right)_{y=0}\right] = \frac{\mu q}{k_f W_f h L_{\text{ref}}} \delta(x - x_w) \quad （5-2）$$

由于裂缝具有对称性，因此，在裂缝中轴线上，流体不流动，可以得到中轴线上的边界条件：

$$\left(\frac{\partial p_f}{\partial y}\right)_{y=0} = 0 \quad （5-3）$$

相对于裂缝长度而言，沿裂缝宽度壁面处流量处处相等，所以有如下关系式：

$$\frac{k}{\mu}\left(\frac{\partial p}{\partial y}\right)_{y=\frac{W_f}{2}} = \frac{k_f}{\mu}\left(\frac{\partial p_f}{\partial y}\right)_{y=\frac{W_f}{2}} \quad （5-4）$$

将式（5-3）和式（5-4）代入式（5-2）可得

$$\frac{\partial}{\partial x}\left(\frac{\partial p_f}{\partial x}\right) + \frac{2k}{W_f k_f}\left(\frac{\partial p}{\partial y}\right)_{y=\frac{W_f}{2}} = \frac{\mu q}{k_f W_f h L_{\text{ref}}} \delta(x - x_w) \quad （5-5）$$

沿着裂缝方向单位长度的线流量为

$$h\frac{k}{\mu}\left(\frac{\partial p}{\partial y}\right)_{y=\frac{W_f}{2}} = \frac{q_f}{2} \quad （5-6）$$

裂缝两端的封闭条件为

$$\left(\frac{\partial p_f}{\partial x}\right)_{x=L_f} = 0 \quad （5-7）$$

$$\left(\frac{\partial p_{\mathrm{f}}}{\partial x}\right)_{x=-L_{\mathrm{f}}}=0 \tag{5-8}$$

对式（5-5）～式（5-8）进行无因次处理可以得到

$$\begin{cases}\dfrac{\partial}{\partial x_{\mathrm{D}}}\left[\dfrac{\partial p_{\mathrm{fD}}\left(x_{\mathrm{D}},\ y_{\mathrm{D}},\ t_{\mathrm{D}}\right)}{\partial x_{\mathrm{D}}}\right]+\dfrac{2}{C_{\mathrm{fD}}}\left[\dfrac{\partial p_{\mathrm{D}}\left(x_{\mathrm{D}},\ y_{\mathrm{D}},\ t_{\mathrm{D}}\right)}{\partial y_{\mathrm{D}}}\right]_{y_{\mathrm{D}}=\frac{W_{\mathrm{fD}}}{2}}+\dfrac{2\pi}{C_{\mathrm{fD}}}\delta\left(x_{\mathrm{D}}-x_{\mathrm{asmy}},\ y_{\mathrm{D}}=0\right)=0\\[4mm]\left[\dfrac{\partial p_{\mathrm{fD}}\left(x_{\mathrm{D}},\ y_{\mathrm{D}},\ t_{\mathrm{D}}\right)}{\partial x_{\mathrm{D}}}\right]_{x_{\mathrm{D}}=1}=0\\[4mm]\left[\dfrac{\partial p_{\mathrm{fD}}\left(x_{\mathrm{D}},\ y_{\mathrm{D}},\ t_{\mathrm{D}}\right)}{\partial x_{\mathrm{D}}}\right]_{x_{\mathrm{D}}=-1}=0\\[4mm]-\dfrac{\pi}{2}q_{\mathrm{fD}}\left(x_{\mathrm{D}},\ y_{\mathrm{D}}=\dfrac{W_{\mathrm{fD}}}{2},\ s\right)=\left[\dfrac{\partial p_{\mathrm{D}}\left(x_{\mathrm{D}},\ y_{\mathrm{D}},\ t_{\mathrm{D}}\right)}{\partial y_{\mathrm{D}}}\right]_{y_{\mathrm{D}}=\frac{W_{\mathrm{fD}}}{2}}\end{cases} \tag{5-9}$$

其中：裂缝的无因次参数的定义与第 4 章相同。对式（5-9）的时间变量进行 Laplace 变换可以得到

$$\begin{cases}\dfrac{\partial}{\partial x_{\mathrm{D}}}\left(\dfrac{\partial\overline{p}_{\mathrm{fD}}}{\partial x_{\mathrm{D}}}\right)+\dfrac{2}{C_{\mathrm{Df}}}\left(\dfrac{\partial\overline{p}_{\mathrm{D}}}{\partial y_{\mathrm{D}}}\right)_{y_{\mathrm{D}}=\frac{W_{\mathrm{fD}}}{2}}+\dfrac{2\pi}{sC_{\mathrm{fD}}}\delta\left(x_{\mathrm{D}}-x_{\mathrm{asmy}}\right)=0\\[4mm]\left[\dfrac{\partial\overline{p}_{\mathrm{fD}}}{\partial x_{\mathrm{D}}}\right]_{x_{\mathrm{D}}=1}=0\\[4mm]\left[\dfrac{\partial\overline{p}_{\mathrm{fD}}}{\partial x_{\mathrm{D}}}\right]_{x_{\mathrm{D}}=-1}=0\\[4mm]\left(\dfrac{\partial\overline{p}_{\mathrm{D}}}{\partial y_{\mathrm{D}}}\right)_{y_{\mathrm{D}}=\frac{W_{\mathrm{fD}}}{2}}=-\dfrac{\pi}{2}\overline{q}_{\mathrm{fD}}\end{cases} \tag{5-10}$$

对式（5-10）进行化简：

$$\begin{cases}\dfrac{\partial}{\partial x_{\mathrm{D}}}\left[\dfrac{\partial\overline{p}_{\mathrm{fD}}\left(x_{\mathrm{D}},\ y_{\mathrm{D}},\ s\right)}{\partial x_{\mathrm{D}}}\right]-\dfrac{\pi}{C_{\mathrm{fD}}}\overline{q}_{\mathrm{fD}}\left(x_{\mathrm{D}},\ y_{\mathrm{D}}=\dfrac{W_{\mathrm{fD}}}{2},\ s\right)+\dfrac{2\pi}{sC_{\mathrm{fD}}}\delta\left(x_{\mathrm{D}}-x_{\mathrm{asmy}}\right)=0\\[4mm]\left[\dfrac{\partial\overline{p}_{\mathrm{fD}}\left(x_{\mathrm{D}},\ y_{\mathrm{D}},\ s\right)}{\partial x_{\mathrm{D}}}\right]_{x_{\mathrm{D}}=1}=0\\[4mm]\left[\dfrac{\partial\overline{p}_{\mathrm{fD}}\left(x_{\mathrm{D}},\ y_{\mathrm{D}},\ s\right)}{\partial x_{\mathrm{D}}}\right]_{x_{\mathrm{D}}=-1}=0\end{cases} \tag{5-11}$$

为了求解式（5-10），采用 Green 函数方法，不妨先假设 Green 函数为 $G\left(x_{\mathrm{D}};\ \alpha\right)$，$y$ 方向的宽度很小，这里忽略不计，然后根据微分方程的形式和边界条件确定具体 Green 函数的表达式。将 Green 函数 $G\left(x_{\mathrm{D}};\ \alpha\right)$ 分别与式（5-11）微分方程左右两边相乘，然后从 -1 到 1 进行积分。

$$\int_{-1}^{1} G\left(x_{\mathrm{D}};\ \alpha\right)\frac{\partial}{\partial x_{\mathrm{D}}}\left[\frac{\partial \overline{p}_{\mathrm{fD}}\left(x_{\mathrm{D}},\ y_{\mathrm{D}},\ s\right)}{\partial x_{\mathrm{D}}}\right]\mathrm{d}x_{\mathrm{D}}+\frac{2\pi}{sC_{\mathrm{fD}}}\int_{-1}^{1}G\left(x_{\mathrm{D}};\ \alpha\right)\delta\left(x_{\mathrm{D}}-x_{\mathrm{asmy}}\right)\mathrm{d}x_{\mathrm{D}}-$$

$$\frac{\pi}{C_{\mathrm{fD}}}\int_{-1}^{1}G\left(x_{\mathrm{D}};\ \alpha\right)\overline{q}_{\mathrm{fD}}\left(x_{\mathrm{D}},\ y_{\mathrm{D}}=\frac{W_{\mathrm{fD}}}{2},\ s\right)\mathrm{d}x_{\mathrm{D}}=0$$

$$\int_{-1}^{1}G\left(x_{\mathrm{D}};\ \alpha\right)\mathrm{d}\frac{\partial \overline{p}_{\mathrm{fD}}\left(x_{\mathrm{D}},\ y_{\mathrm{D}},\ s\right)}{\partial x_{\mathrm{D}}}+\frac{2\pi}{sC_{\mathrm{fD}}}\int_{-1}^{1}G\left(x_{\mathrm{D}};\ \alpha\right)\delta\left(x_{\mathrm{D}}-x_{\mathrm{asmy}}\right)\mathrm{d}x_{\mathrm{D}}-$$

$$\frac{\pi}{C_{\mathrm{fD}}}\int_{-1}^{1}G\left(x_{\mathrm{D}};\ \alpha\right)\overline{q}_{\mathrm{fD}}\left(x_{\mathrm{D}},\ y_{\mathrm{D}}=\frac{W_{\mathrm{fD}}}{2},\ s\right)\mathrm{d}x_{\mathrm{D}}=0$$

对上式第一项采用分部积分法可得

$$G\left(x_{\mathrm{D}};\ \alpha\right)\frac{\partial \overline{p}_{\mathrm{fD}}\left(x_{\mathrm{D}},\ y_{\mathrm{D}},\ s\right)}{\partial x_{\mathrm{D}}}\bigg|_{x_{\mathrm{D}}=1}-G\left(x_{\mathrm{D}};\ \alpha\right)\frac{\partial \overline{p}_{\mathrm{fD}}\left(x_{\mathrm{D}},\ y_{\mathrm{D}},\ s\right)}{\partial x_{\mathrm{D}}}\bigg|_{x_{\mathrm{D}}=-1}-\int_{-1}^{1}\frac{\partial \overline{p}_{\mathrm{fD}}\left(x_{\mathrm{D}},\ y_{\mathrm{D}},\ s\right)}{\partial x_{\mathrm{D}}}\mathrm{d}G\left(x_{\mathrm{D}};\ \alpha\right)-$$

$$\frac{\pi}{C_{\mathrm{fD}}}\int_{-1}^{1}G\left(x_{\mathrm{D}};\ \alpha\right)\overline{q}_{\mathrm{fD}}\left(x_{\mathrm{D}},\ y_{\mathrm{D}}=\frac{W_{\mathrm{fD}}}{2},\ s\right)\mathrm{d}x_{\mathrm{D}}+\frac{2\pi}{sC_{\mathrm{fD}}}\int_{-1}^{1}G\left(x_{\mathrm{D}};\ \alpha\right)\delta\left(x_{\mathrm{D}}-x_{\mathrm{asmy}}\right)\mathrm{d}x_{\mathrm{D}}=0$$

将式（5-11）边界条件代入上式可得

$$-\int_{-1}^{1}\frac{\partial \overline{p}_{\mathrm{fD}}\left(x_{\mathrm{D}},\ y_{\mathrm{D}},\ s\right)}{\partial x_{\mathrm{D}}}\mathrm{d}G\left(x_{\mathrm{D}};\ \alpha\right)+\frac{2\pi}{sC_{\mathrm{fD}}}\int_{-1}^{1}G\left(x_{\mathrm{D}};\ \alpha\right)\delta\left(x_{\mathrm{D}}-x_{\mathrm{asmy}}\right)\mathrm{d}x_{\mathrm{D}}-$$

$$\frac{\pi}{C_{\mathrm{fD}}}\int_{-1}^{1}G\left(x_{\mathrm{D}};\ \alpha\right)\overline{q}_{\mathrm{fD}}\left(x_{\mathrm{D}},\ y_{\mathrm{D}}=\frac{W_{\mathrm{fD}}}{2},\ s\right)\mathrm{d}x_{\mathrm{D}}=0$$

根据 $\delta\left(x_{\mathrm{D}}-x_{\mathrm{asmy}}\right)$ 函数的性质可得

$$-\int_{-1}^{1}\frac{\partial \overline{p}_{\mathrm{fD}}\left(x_{\mathrm{D}},\ y_{\mathrm{D}},\ s\right)}{\partial x_{\mathrm{D}}}\mathrm{d}G\left(x_{\mathrm{D}};\ \alpha\right)-\frac{\pi}{C_{\mathrm{fD}}}\int_{-1}^{1}G\left(x_{\mathrm{D}};\ \alpha\right)\overline{q}_{\mathrm{fD}}\left(x_{\mathrm{D}},\ y_{\mathrm{D}}=\frac{W_{\mathrm{fD}}}{2},\ s\right)\mathrm{d}x_{\mathrm{D}}+\frac{2\pi}{sC_{\mathrm{fD}}}G\left(x_{\mathrm{asmy}};\ \alpha\right)=0$$

对上式第一项再次采用分部积分法可得

$$-\left[G'\left(1;\ \alpha\right)\overline{p}_{\mathrm{fD}}\left(1,\ y_{\mathrm{D}},\ s\right)-G'\left(-1;\ \alpha\right)\overline{p}_{\mathrm{fD}}\left(-1,\ y_{\mathrm{D}},\ s\right)-\int_{-1}^{1}\overline{p}_{\mathrm{fD}}\left(x_{\mathrm{D}},\ y_{\mathrm{D}},\ s\right)G''\left(x_{\mathrm{D}};\ \alpha\right)\mathrm{d}x_{\mathrm{D}}\right]-$$

$$\frac{\pi}{C_{\mathrm{fD}}}\int_{-1}^{1}G\left(x_{\mathrm{D}};\ \alpha\right)\overline{q}_{\mathrm{fD}}\left(x_{\mathrm{D}},\ y_{\mathrm{D}}=\frac{W_{\mathrm{fD}}}{2},\ s\right)\mathrm{d}x_{\mathrm{D}}+\frac{2\pi}{sC_{\mathrm{fD}}}G\left(x_{\mathrm{asmy}};\ \alpha\right)=0 \tag{5-12}$$

为了沿着 x 方向计算裂缝的压力，受式（5-12）第三项启发，构造 $\delta(x)$ 函数形式的 $G''\left(x_{\mathrm{D}};\ \alpha\right)$，只有 $G''\left(x_{\mathrm{D}};\ \alpha\right)$ 为 $\delta(x)$ 函数的形式，$\overline{p}_{\mathrm{fD}}\left(x_{\mathrm{D}},\ y_{\mathrm{D}},\ s\right)$ 才能脱离积分的形式。因此假设 $G''\left(x_{\mathrm{D}};\ \alpha\right)$ 的形式为

$$G''\left(x_{\mathrm{D}};\ \alpha\right)=\delta\left(x_{\mathrm{D}}-\alpha\right)+F\left(\alpha\right) \tag{5-13}$$

再根据式（5-12）的第一项与第二项，为了求解问题的方便，容易得到，当 $G'\left(1;\ \alpha\right)=G'\left(-1;\ \alpha\right)=0$，即式（5-12）的第一项与第二项均为 0 时，可以简化求解过程。这样就得到了 $G''\left(x_{\mathrm{D}};\ \alpha\right)$ 函数的两个边界条件。

$$\begin{cases} G''(x_D;\ \alpha) = \delta(x_D - \alpha) + F(\alpha) \\ G'(-1;\ \alpha) = 0 \\ G'(1;\ \alpha) = 0 \end{cases} \tag{5-14}$$

对式（5-14）进行积分可得

$$G'(x_D;\ \alpha) = \eta(x_D - \alpha) + F(\alpha)x_D + G(\alpha) \tag{5-15}$$

其中：

$$\eta(x_D - \alpha) = \begin{cases} 0, x_D < \alpha \\ 1, x_D > \alpha \end{cases}$$

根据式（5-14）的边界条件可得 $F(\alpha) = -1/2$，$G(\alpha) = -1/2$，因此式（5-15）可写成

$$G'(x_D;\ \alpha) = \eta(x_D - \alpha) - \frac{1}{2}x_D - \frac{1}{2} \tag{5-16}$$

通过分析式（5-14）和式（5-15），可知 $G''(x_D;\ \alpha)$ 含有 $\delta(x)$ 函数，则 $G''(x_D;\ \alpha)$ 应为分段的不连续函数，$G(x_D;\ \alpha)$ 应为连续函数，因此式（5-16）可以写成

$$G'(x_D;\ \alpha) = \begin{cases} -\dfrac{1}{2}x_D - \dfrac{1}{2},\ -1 \leqslant x_D < \alpha \\ -\dfrac{1}{2}x_D + \dfrac{1}{2},\ \alpha \leqslant x_D \leqslant 1 \end{cases} \tag{5-17}$$

对式（5-17）进行积分可得

$$G(x_D;\ \alpha) = \begin{cases} -\dfrac{1}{4}x_D^2 - \dfrac{1}{2}x_D + C_1(\alpha),\ -1 \leqslant x_D < \alpha \\ -\dfrac{1}{4}x_D^2 + \dfrac{1}{2}x_D + C_2(\alpha),\ \alpha \leqslant x_D \leqslant 1 \end{cases} \tag{5-18}$$

根据 $G(x_D;\ \alpha)$ 的连续性和对称性（这里的对称性是由裂缝数学模型问题本身决定的，即位于 α 处的单位源在 x_D 处场的强度与位于 $-\alpha$ 处单位源在 $-x_D$ 处场的强度相等，即 $G(x_D;\ \alpha) = G(-x_D; -\alpha)$）可得

$$\begin{cases} -\dfrac{1}{4}\alpha^2 - \dfrac{1}{2}\alpha + C_1(\alpha) = -\dfrac{1}{4}\alpha^2 + \dfrac{1}{2}\alpha + C_2(\alpha) \\ -\dfrac{1}{4}x_D^2 - \dfrac{1}{2}x_D + C_1(\alpha) = -\dfrac{1}{4}x_D^2 - \dfrac{1}{2}x_D + C_2(-\alpha) \\ -\dfrac{1}{4}x_D^2 + \dfrac{1}{2}x_D + C_1(-\alpha) = -\dfrac{1}{4}x_D^2 + \dfrac{1}{2}x_D + C_2(\alpha) \end{cases} \tag{5-19}$$

整理式（5-19）可得

$$\begin{cases} C_1(\alpha) = -\dfrac{1}{4}\alpha^2 + \dfrac{1}{2}\alpha \\ C_2(\alpha) = -\dfrac{1}{4}\alpha^2 - \dfrac{1}{2}\alpha \end{cases} \quad 或 \quad \begin{cases} C_1(\alpha) = \dfrac{1}{4}\alpha^2 + \dfrac{1}{2}\alpha \\ C_2(\alpha) = \dfrac{1}{4}\alpha^2 - \dfrac{1}{2}\alpha \end{cases} \tag{5-20}$$

将式（5-20）代入式（5-18）整理可得

$$G(x_D;\ \alpha) = \begin{cases} -\dfrac{1}{4}\Big[(x_D+1)^2+(\alpha-1)^2-2\Big], & -1 \leqslant x_D < \alpha \\ -\dfrac{1}{4}\Big[(x_D-1)^2+(\alpha+1)^2-2\Big], & \alpha \leqslant x_D \leqslant 1 \end{cases}$$

或 （5-21）

$$G(x_D;\ \alpha) = \begin{cases} -\dfrac{1}{4}\Big[(x_D+1)^2-(\alpha+1)^2\Big], & -1 \leqslant x_D < \alpha \\ -\dfrac{1}{4}\Big[(x_D-1)^2-(\alpha-1)^2\Big], & \alpha \leqslant x_D \leqslant 1 \end{cases}$$

将式（5-14）代入式（5-12）可得

$$\bar{p}_{fD}(\alpha,\ y_D,\ s) = \frac{1}{2}\int_{-1}^{1}\bar{p}_{fD}(x_D,\ y_D,\ s)\mathrm{d}x_D - \frac{2\pi}{sC_{fD}}G(x_{asmy};\ \alpha) + \\ \frac{\pi}{C_{fD}}\int_{-1}^{1}G(x_D;\ \alpha)\bar{q}_{fD}\left(x_D,\ y_D = \frac{W_{fD}}{2},\ s\right)\mathrm{d}x_D$$

（5-22）

仔细观察式（5-22）可发现，式（5-22）表示的结果为原像的位置。要求解的结果应为像的位置，而不是原像的位置，因此可利用空间 Green 函数的倒易性 $G(x_D;\ \alpha)=G(\alpha;\ x_D)$，调换像和原像的位置。所以式（5-21）和式（5-22）可写成

$$G(\alpha;\ x_D) = \begin{cases} -\dfrac{1}{4}\Big[(\alpha+1)^2+(x_D-1)^2-2\Big], & -1 \leqslant \alpha < x_D \\ -\dfrac{1}{4}\Big[(\alpha-1)^2+(x_D+1)^2-2\Big], & x_D \leqslant \alpha \leqslant 1 \end{cases}$$

或 （5-23）

$$G(\alpha;\ x_D) = \begin{cases} -\dfrac{1}{4}\Big[(\alpha+1)^2-(x_D+1)^2\Big], & -1 \leqslant \alpha < x_D \\ -\dfrac{1}{4}\Big[(\alpha-1)^2-(x_D-1)^2\Big], & x_D \leqslant \alpha \leqslant 1 \end{cases}$$

$$\bar{p}_{fD}(x_D,\ y_D,\ s) = \bar{p}_{fDavg}(y_D,\ s) - \frac{2\pi}{sC_{fD}}G(x_{asmy};\ x_D) + \frac{\pi}{C_{fD}}\int_{-1}^{1}G(\alpha;\ x_D)\bar{q}_{fD}\left(\alpha,\ y_D = \frac{W_{fD}}{2},\ s\right)\mathrm{d}\alpha$$ （5-24）

其中：$\bar{p}_{fDavg} = \dfrac{1}{2}\int_{-1}^{1}\bar{p}_{fD}(x_D,\ y_D,\ s)\mathrm{d}x_D$ 为无因次平均压力。当 $x_{asmy}=0$ 时，裂缝关于井筒对称。

5.1.2 不对称裂缝的一般 Green 函数

对于多翼裂缝问题，因为每条裂缝的压裂程度不同，因此在无因次化时，裂缝的两端点的无因次位置不一定为 –1 与 1。但对于固定的一条裂缝而言，裂缝的两个端点一定是关于 x 轴对称的，若其与 x 轴成一定夹角，则可通过坐标旋转，使其与 x 轴

重合。不妨假设无因次化后该条裂缝两个端点的位置为 $-x_{\mathrm{Dpoint}}$ 与 x_{Dpoint}，重新改写式（5–11）的边界条件。

$$\begin{cases} \dfrac{\partial}{\partial x_{\mathrm{D}}}\left[\dfrac{\partial \overline{p}_{\mathrm{fD}}\left(x_{\mathrm{D}},\ y_{\mathrm{D}},\ s\right)}{\partial x_{\mathrm{D}}}\right]-\dfrac{\pi}{C_{\mathrm{fD}}}\overline{q}_{\mathrm{fD}}\left(x_{\mathrm{D}},\ y_{\mathrm{D}}=\dfrac{W_{\mathrm{fD}}}{2},\ s\right)+\dfrac{2\pi}{sC_{\mathrm{fD}}}\delta\left(x_{\mathrm{D}}-x_{\mathrm{asmy}}\right)=0 \\[4mm] \left[\dfrac{\partial \overline{p}_{\mathrm{fD}}\left(x_{\mathrm{D}},\ y_{\mathrm{D}},\ s\right)}{\partial x_{\mathrm{D}}}\right]_{x_{\mathrm{D}}=x_{\mathrm{Dpoint}}}=0 \\[4mm] \left[\dfrac{\partial \overline{p}_{\mathrm{fD}}\left(x_{\mathrm{D}},\ y_{\mathrm{D}},\ s\right)}{\partial x_{\mathrm{D}}}\right]_{x_{\mathrm{D}}=-x_{\mathrm{Dpoint}}}=0 \end{cases} \tag{5–25}$$

为了求解式（5–25），采用 Green 函数方法，不妨先假设 Green 函数为 $G\left(x_{\mathrm{D}};\ \alpha\right)$，$y$ 方向的宽度很小，这里忽略不计，然后根据微分方程的形式和边界条件确定具体 Green 函数的表达式。将 Green 函数 $G\left(x_{\mathrm{D}};\ \alpha\right)$ 分别与式（5–25）微分方程左右两边相乘，然后从 $-x_{\mathrm{Dpoint}}$ 到 x_{Dpoint} 进行积分。

$$\int_{-x_{\mathrm{Dpoint}}}^{x_{\mathrm{Dpoint}}}G\left(x_{\mathrm{D}};\ \alpha\right)\mathrm{d}\frac{\partial \overline{p}_{\mathrm{fD}}\left(x_{\mathrm{D}},\ y_{\mathrm{D}},\ s\right)}{\partial x_{\mathrm{D}}}-\frac{\pi}{C_{\mathrm{fD}}}\int_{-x_{\mathrm{Dpoint}}}^{x_{\mathrm{Dpoint}}}G\left(x_{\mathrm{D}};\ \alpha\right)\overline{q}_{\mathrm{fD}}\left(x_{\mathrm{D}},\ y_{\mathrm{D}}=\frac{W_{\mathrm{fD}}}{2},\ s\right)\mathrm{d}x_{\mathrm{D}}+$$
$$\frac{2\pi}{sC_{\mathrm{fD}}}\int_{-x_{\mathrm{Dpoint}}}^{x_{\mathrm{Dpoint}}}G\left(x_{\mathrm{D}};\ \alpha\right)\delta\left(x_{\mathrm{D}}-x_{\mathrm{asmy}}\right)\mathrm{d}x_{\mathrm{D}}=0$$

对上式第一项采用分部积分法可得

$$G\left(x_{\mathrm{D}};\ \alpha\right)\frac{\partial \overline{p}_{\mathrm{fD}}\left(x_{\mathrm{D}},\ y_{\mathrm{D}},\ s\right)}{\partial x_{\mathrm{D}}}\bigg|_{x_{\mathrm{D}}=x_{\mathrm{Dpoint}}}-G\left(x_{\mathrm{D}};\ \alpha\right)\frac{\partial \overline{p}_{\mathrm{fD}}\left(x_{\mathrm{D}},\ y_{\mathrm{D}},\ s\right)}{\partial x_{\mathrm{D}}}\bigg|_{x_{\mathrm{D}}=-x_{\mathrm{Dpoint}}}-\int_{-x_{\mathrm{Dpoint}}}^{x_{\mathrm{Dpoint}}}\frac{\partial \overline{p}_{\mathrm{fD}}\left(x_{\mathrm{D}},\ y_{\mathrm{D}},\ s\right)}{\partial x_{\mathrm{D}}}\mathrm{d}G\left(x_{\mathrm{D}};\ \alpha\right)-$$
$$\frac{\pi}{C_{\mathrm{fD}}}\int_{-x_{\mathrm{Dpoint}}}^{x_{\mathrm{Dpoint}}}G\left(x_{\mathrm{D}};\ \alpha\right)\overline{q}_{\mathrm{fD}}\left(x_{\mathrm{D}},\ y_{\mathrm{D}}=\frac{W_{\mathrm{fD}}}{2},\ s\right)\mathrm{d}x_{\mathrm{D}}+\frac{2\pi}{sC_{\mathrm{fD}}}\int_{-x_{\mathrm{Dpoint}}}^{x_{\mathrm{Dpoint}}}G\left(x_{\mathrm{D}};\ \alpha\right)\delta\left(x_{\mathrm{D}}-x_{\mathrm{asmy}}\right)\mathrm{d}x_{\mathrm{D}}=0$$

将式（5–25）边界条件代入上式可得

$$-\int_{-x_{\mathrm{Dpoint}}}^{x_{\mathrm{Dpoint}}}\frac{\partial \overline{p}_{\mathrm{fD}}\left(x_{\mathrm{D}},\ y_{\mathrm{D}},\ s\right)}{\partial x_{\mathrm{D}}}\mathrm{d}G\left(x_{\mathrm{D}};\ \alpha\right)-\frac{\pi}{C_{\mathrm{fD}}}\int_{-x_{\mathrm{Dpoint}}}^{x_{\mathrm{Dpoint}}}G\left(x_{\mathrm{D}};\ \alpha\right)\overline{q}_{\mathrm{fD}}\left(x_{\mathrm{D}},\ y_{\mathrm{D}}=\frac{W_{\mathrm{fD}}}{2},\ s\right)\mathrm{d}x_{\mathrm{D}}+$$
$$\frac{2\pi}{sC_{\mathrm{fD}}}\int_{-x_{\mathrm{Dpoint}}}^{x_{\mathrm{Dpoint}}}G\left(x_{\mathrm{D}};\ \alpha\right)\delta\left(x_{\mathrm{D}}-x_{\mathrm{asmy}}\right)\mathrm{d}x_{\mathrm{D}}=0$$

根据 $\delta\left(x_{\mathrm{D}}-x_{\mathrm{asmy}}\right)$ 函数的性质可得

$$-\int_{-x_{\mathrm{Dpoint}}}^{x_{\mathrm{Dpoint}}}\frac{\partial \overline{p}_{\mathrm{fD}}\left(x_{\mathrm{D}},\ y_{\mathrm{D}},\ s\right)}{\partial x_{\mathrm{D}}}\mathrm{d}G\left(x_{\mathrm{D}};\ \alpha\right)+\frac{2\pi}{sC_{\mathrm{fD}}}G\left(x_{\mathrm{asmy}};\ \alpha\right)-$$
$$\frac{\pi}{C_{\mathrm{fD}}}\int_{-x_{\mathrm{Dpoint}}}^{x_{\mathrm{Dpoint}}}G\left(x_{\mathrm{D}};\ \alpha\right)\overline{q}_{\mathrm{fD}}\left(x_{\mathrm{D}},\ y_{\mathrm{D}}=\frac{W_{\mathrm{fD}}}{2},\ s\right)\mathrm{d}x_{\mathrm{D}}=0$$

对上式第一项再次采用分部积分法可得

$$-G'\left(x_{\mathrm{Dpoint}};\ \alpha\right)\overline{p}_{\mathrm{fD}}\left(x_{\mathrm{Dpoint}},\ y_{\mathrm{D}},\ s\right)+G'\left(-x_{\mathrm{Dpoint}};\ \alpha\right)\overline{p}_{\mathrm{fD}}\left(-x_{\mathrm{Dpoint}},\ y_{\mathrm{D}},\ s\right)+\frac{2\pi}{sC_{\mathrm{fD}}}G\left(x_{\mathrm{asmy}};\ \alpha\right)-$$
$$\frac{\pi}{C_{\mathrm{fD}}}\int_{-x_{\mathrm{Dpoint}}}^{x_{\mathrm{Dpoint}}}G\left(x_{\mathrm{D}};\ \alpha\right)\overline{q}_{\mathrm{fD}}\left(x_{\mathrm{D}},\ y_{\mathrm{D}}=\frac{W_{\mathrm{fD}}}{2},\ s\right)\mathrm{d}x_{\mathrm{D}}+\int_{-x_{\mathrm{Dpoint}}}^{x_{\mathrm{Dpoint}}}\overline{p}_{\mathrm{fD}}\left(x_{\mathrm{D}},\ y_{\mathrm{D}},\ s\right)G''\left(x_{\mathrm{D}};\ \alpha\right)\mathrm{d}x_{\mathrm{D}}=0 \tag{5–26}$$

为了计算沿着 x 方向裂缝的压力，受式（5-26）第三项启发，构造 $\delta(x)$ 函数形式的 $G''(x_D;\ \alpha)$，只有 $G''(x_D;\ \alpha)$ 为 $\delta(x)$ 函数的形式，$\bar{p}_{fD}(x_D,\ y_D,\ s)$ 才能脱离积分的形式。因此假设 $G''(x_D;\ \alpha)$ 的形式为

$$G''(x_D;\ \alpha) = \delta(x_D - \alpha) + F(\alpha) \tag{5-27}$$

再根据式（5-26）的第一项与第二项，为了求解问题的方便，容易得到，当 $G'(x_{Dpoint};\ \alpha) = G'(-x_{Dpoint};\ \alpha) = 0$，即式（5-26）的第一项与第二项均为 0 时，可以简化求解过程。这样就得到了 $G''(x_D;\ \alpha)$ 函数的两个边界条件。

$$\begin{cases} G''(x_D;\ \alpha) = \delta(x_D - \alpha) + F(\alpha) \\ G'(-x_{Dpoint};\ \alpha) = 0 \\ G'(x_{Dpoint};\ \alpha) = 0 \end{cases} \tag{5-28}$$

对式（5-28）进行积分可得

$$G'(x_D;\ \alpha) = \eta(x_D - \alpha) + F(\alpha)x_D + G(\alpha) \tag{5-29}$$

其中：

$$\eta(x_D - \alpha) = \begin{cases} 0, x_D < \alpha \\ 1, x_D > \alpha \end{cases}$$

根据式（5-28）的边界条件可得 $F(\alpha) = -1/(2x_{Dpoint})$，$G(\alpha) = -1/2$，因此式（5-29）可写成

$$G'(x_D;\ \alpha) = \eta(x_D - \alpha) - \frac{1}{2x_{Dpoint}}x_D - \frac{1}{2} \tag{5-30}$$

通过分析式（5-28）和式（5-29），可知 $G''(x_D;\ \alpha)$ 含有 $\delta(x)$ 函数，则 $G'(x_D;\ \alpha)$ 应为分段的不连续函数，$G(x_D;\ \alpha)$ 应为连续函数，因此式（5-30）可以写成

$$G'(x_D;\ \alpha) = \begin{cases} -\dfrac{1}{2x_{Dpoint}}x_D - \dfrac{1}{2}, -x_{Dpoint} \leqslant x_D < \alpha \\ -\dfrac{1}{2x_{Dpoint}}x_D + \dfrac{1}{2}, \alpha \leqslant x_D \leqslant x_{Dpoint} \end{cases} \tag{5-31}$$

对式（5-31）进行积分可得

$$G(x_D;\ \alpha) = \begin{cases} -\dfrac{1}{4x_{Dpoint}}x_D^2 - \dfrac{1}{2}x_D + C_1(\alpha), -x_{Dpoint} \leqslant x_D < \alpha \\ -\dfrac{1}{4x_{Dpoint}}x_D^2 + \dfrac{1}{2}x_D + C_2(\alpha), \alpha \leqslant x_D \leqslant x_{Dpoint} \end{cases} \tag{5-32}$$

根据 $G(x_D; \alpha)$ 的连续性和对称性可得

$$\begin{cases} -\dfrac{1}{4x_{\text{Dpoint}}}\alpha^2 - \dfrac{1}{2}\alpha + C_1(\alpha) = -\dfrac{1}{4x_{\text{Dpoint}}}\alpha^2 + \dfrac{1}{2}\alpha + C_2(\alpha) \\[2mm] -\dfrac{1}{4x_{\text{Dpoint}}}x_D^2 - \dfrac{1}{2}x_D + C_1(\alpha) = -\dfrac{1}{4x_{\text{Dpoint}}}x_D^2 - \dfrac{1}{2}x_D + C_2(-\alpha) \\[2mm] -\dfrac{1}{4x_{\text{Dpoint}}}x_D^2 + \dfrac{1}{2}x_D + C_1(-\alpha) = -\dfrac{1}{4x_{\text{Dpoint}}}x_D^2 + \dfrac{1}{2}x_D + C_2(\alpha) \end{cases} \qquad (5\text{-}33)$$

整理式（5-33）可得

$$\begin{cases} C_1(\alpha) = -\dfrac{1}{4x_{\text{Dpoint}}}\alpha^2 + \dfrac{1}{2}\alpha \\[2mm] C_2(\alpha) = -\dfrac{1}{4x_{\text{Dpoint}}}\alpha^2 - \dfrac{1}{2}\alpha \end{cases}$$

或

$$\begin{cases} C_1(\alpha) = \dfrac{1}{4x_{\text{Dpoint}}}\alpha^2 + \dfrac{1}{2}\alpha \\[2mm] C_2(\alpha) = \dfrac{1}{4x_{\text{Dpoint}}}\alpha^2 - \dfrac{1}{2}\alpha \end{cases} \qquad (5\text{-}34)$$

将式（5-34）代入式（5-32）整理可得

$$G(x_D; \alpha) = \begin{cases} -\dfrac{1}{4x_{\text{Dpoint}}}\Big[(x_D+1)^2 + (\alpha-1)^2 - 2\Big], & -x_{\text{Dpoint}} \leqslant x_D < \alpha \\[3mm] -\dfrac{1}{4x_{\text{Dpoint}}}\Big[(x_D-1)^2 + (\alpha+1)^2 - 2\Big], & \alpha \leqslant x_D \leqslant x_{\text{Dpoint}} \end{cases}$$

或

$$G(x_D; \alpha) = \begin{cases} -\dfrac{1}{4x_{\text{Dpoint}}}\Big[(x_D+1)^2 - (\alpha+1)^2\Big], & -x_{\text{Dpoint}} \leqslant x_D < \alpha \\[3mm] -\dfrac{1}{4x_{\text{Dpoint}}}\Big[(x_D-1)^2 - (\alpha-1)^2\Big], & \alpha \leqslant x_D \leqslant x_{\text{Dpoint}} \end{cases} \qquad (5\text{-}35)$$

将式（5-28）代入式（5-26）可得

$$\bar{p}_{fD}(\alpha, y_D, s) = \frac{1}{2x_{\text{Dpoint}}}\int_{-x_{\text{Dpoint}}}^{x_{\text{Dpoint}}} \bar{p}_{fD}(x_D, y_D, s)\,\mathrm{d}x_D +$$

$$\frac{\pi}{C_{fD}}\int_{-x_{\text{Dpoint}}}^{x_{\text{Dpoint}}} G(x_D; \alpha)\bar{q}_{fD}\left(x_D, y_D = \frac{W_{fD}}{2}, s\right)\mathrm{d}x_D - \frac{2\pi}{sC_{fD}} G(x_{\text{asmy}}; \alpha) \qquad (5\text{-}36)$$

仔细观察式（5-36）可发现，式（5-36）表示的结果为原像的位置。要求解的结果应为像的位置，而不是原像的位置，因此可利用空间 Green 函数的倒易性 $G(x_D; \alpha) = G(\alpha; x_D)$，调换像和原像的位置。所以式（5-35）和式（5-36）可写成

$$G\left(\alpha;\ x_{\mathrm{D}}\right)=\begin{cases}-\dfrac{1}{4x_{\mathrm{Dpoint}}}\left[\left(\alpha+1\right)^2+\left(x_{\mathrm{D}}-1\right)^2-2\right],\ -x_{\mathrm{Dpoint}}\leqslant\alpha<x_{\mathrm{D}}\\[2mm]-\dfrac{1}{4x_{\mathrm{Dpoint}}}\left[\left(\alpha-1\right)^2+\left(x_{\mathrm{D}}+1\right)^2-2\right],\ \ x_{\mathrm{D}}\leqslant\alpha\leqslant x_{\mathrm{Dpoint}}\end{cases}$$

或 （5-37）

$$G\left(\alpha;\ x_{\mathrm{D}}\right)=\begin{cases}-\dfrac{1}{4x_{\mathrm{Dpoint}}}\left[\left(\alpha+1\right)^2-\left(x_{\mathrm{D}}+1\right)^2\right],\ -x_{\mathrm{Dpoint}}\leqslant\alpha<x_{\mathrm{D}}\\[2mm]-\dfrac{1}{4x_{\mathrm{Dpoint}}}\left[\left(\alpha-1\right)^2-\left(x_{\mathrm{D}}-1\right)^2\right],\ \ x_{\mathrm{D}}\leqslant\alpha\leqslant x_{\mathrm{Dpoint}}\end{cases}$$

$$\bar{p}_{\mathrm{fD}}\left(x_{\mathrm{D}},\ y_{\mathrm{D}},\ s\right)=\bar{p}_{\mathrm{fDavg}}\left(y_{\mathrm{D}},\ s\right)+\frac{\pi}{C_{\mathrm{fD}}}\int_{-x_{\mathrm{Dpoint}}}^{x_{\mathrm{Dpoint}}}G\left(\alpha;\ x_{\mathrm{D}}\right)\bar{q}_{\mathrm{fD}}\left(\alpha,\ y_{\mathrm{D}}=\frac{W_{\mathrm{fD}}}{2},\ s\right)\mathrm{d}\alpha-\frac{2\pi}{sC_{\mathrm{fD}}}G\left(x_{\mathrm{asmy}};\ x_{\mathrm{D}}\right)$$

（5-38）

其中：$\bar{p}_{\mathrm{fDavg}}=\dfrac{1}{2x_{\mathrm{Dpoint}}}\displaystyle\int_{-x_{\mathrm{Dpoint}}}^{x_{\mathrm{Dpoint}}}\bar{p}_{\mathrm{fD}}\left(x_{\mathrm{D}},\ y_{\mathrm{D}},\ s\right)\mathrm{d}x_{\mathrm{D}}$ 为无因次平均压力。当 $x_{\mathrm{asmy}}=0$ 时，裂缝关于井

筒对称。这里需要特别说明的是，一般不采用此方法研究多条不等长（不对称）裂缝的情况，因为每条裂缝端点与所处的井位不一致，且每条裂缝的平均压力也不一定相等，因此在压力和流量方程联立求解时，会增加未知数的个数，方程在没有其他附加条件时，无法求解。

5.1.3　储层与裂缝耦合

对于无限导流垂直裂缝，裂缝壁面处压力相等，并且 $y_{\mathrm{D}}=y_{\mathrm{wD}}$，因此式（5-24）等号左侧可以使用 3.1 节中的无限导流垂直裂缝模型解进行替代，但需要考虑非均匀流量的情况。

对于有限导流垂直裂缝，裂缝壁面处压力相等，并且 $y_{\mathrm{D}}=y_{\mathrm{wD}}$，以顶底封闭径向无限大储层为例，则有

$$\frac{1}{2}\int_{-1}^{1}\bar{q}_{\mathrm{fD}}\left(\alpha,\ u\right)K_0\left(\sqrt{u}\sqrt{\left(x_{\mathrm{D}}-\alpha\right)^2}\right)\mathrm{d}\alpha$$
$$=\bar{p}_{\mathrm{fDavg}}\left(y_{\mathrm{D}},\ s\right)+\frac{\pi}{C_{\mathrm{fD}}}\int_{-1}^{1}G\left(\alpha;\ x_{\mathrm{D}}\right)\bar{q}_{\mathrm{fD}}\left(\alpha,\ y_{\mathrm{D}}=\frac{W_{\mathrm{fD}}}{2},\ s\right)\mathrm{d}\alpha-\frac{2\pi}{sC_{\mathrm{fD}}}G\left(x_{\mathrm{asmy}};\ x_{\mathrm{D}}\right)$$
（5-39）

然而，式（5-39）仅仅是不对称裂缝模型的半解析解，为了获得其定产生产条件下的解并绘制压力和压力导数双对数曲线，需要对含有积分的表达式进行离散，将裂缝划分为 N 个单元格。为了提高计算速度和计算准确度，需要对网格进行不等距划分。其不等距划分的依据：在井筒附近，流动阻力大，单位网格内流量变化快，因此，在划分网格时，在井筒附近网格划分密集，在远离井筒的地方，网格稀疏。因此，网格端点坐标可以表示为

$$x_{D(i)} = \begin{cases} \dfrac{\lg\left[a_L^{x_{asmy}} + \Delta L_L\left(N_L - i + 1\right)\right]}{\lg a_L} & (1 \leqslant i \leqslant N_L + 1) \\[4mm] \dfrac{-\lg\left[a_R^{-x_{asmy}} + \Delta L_R\left(i - N_L - 1\right)\right]}{\lg a_R} & (N_L + 2 \leqslant i \leqslant N) \end{cases} \quad (5-40)$$

网格中点坐标可以写为

$$x_{mD(i)} = \frac{x_{D(i)} + x_{D(i+1)}}{2} \quad (5-41)$$

其 中： $\beta = \left(1 + x_{asmy}\right)/\left(1 - x_{asmy}\right)$； $N_L = \left(\beta N\right)/\left(1 + \beta\right)$； $N_L + N_R = N$； $\Delta L_L = \left(a_L^{-1} - a_L^{x_{asmy}}\right)/N_L$；

$\Delta L_R = \left(a_R^{-1} - a_R^{-x_{asmy}}\right)/N_R$，$\beta$ 为左侧长度与右侧长度的比值；N_L 为裂缝左侧网格数；N_R 为裂缝右侧网格数；ΔL_L 为裂缝左侧步长；ΔL_R 为裂缝右侧步长。

式（5-39）经过离散后可以表示为如下形式：

$$\left\{ \frac{1}{2}\left[\sum_{j=1}^{N} \bar{q}_{fD(j)}\left(x_{mD(i)}, \ u\right) \int_{x_{D(j)}}^{x_{D(j+1)}} K_0\left(\sqrt{u}\sqrt{\left(x_{mD(i)} - \alpha\right)^2}\right)d\alpha \right] - \right.$$
$$\left. \frac{\pi}{C_{fD}} \sum_{j=1}^{N} \bar{q}_{fD(j)} \int_{x_{D(j)}}^{x_{D(j+1)}} G\left(\alpha; \ x_{mD(i)}\right)d\alpha + \frac{2\pi}{sC_{fD}} G\left(x_{asmy}; \ x_{mD(i)}\right) \right\} - \bar{p}_{fDavg} = 0 \quad (5-42)$$

根据质量守恒方程可得：

$$\frac{1}{2}\Delta x \sum_{j=1}^{N} \bar{q}_{fD(j)} = \frac{1}{s} \quad (5-43)$$

以上方程有 $N+1$ 个未知数，通过这 $N+1$ 个方程求解 $N+1$ 个未知数，将其反代入方程式（5-24）并取 $x_D = x_{asym}$ 可以求解压力解。

方程式（5-42）的离散整理结果为

$$\frac{1}{2}\sum_{j=1}^{N} \bar{q}_{fD(j)}\left(x_{mD(i)}, \ u\right) \frac{x_{D(j+1)} - x_{D(j)}}{2} \int_{-1}^{1} K_0\left(\sqrt{u}\sqrt{\left(x_{mD(i)} - \frac{x_{D(j+1)} + x_{D(j)}}{2} - \frac{x_{D(j+1)} - x_{D(j)}}{2}x\right)^2}\right)dx -$$
$$\frac{\pi}{C_{fD}} \sum_{j=1}^{N} \bar{q}_{fD(j)} \int_{x_{D(j)}}^{x_{D(j+1)}} G\left(\alpha; \ x_{mD(i)}\right)d\alpha - \bar{p}_{fDavg} = -\frac{2\pi}{sC_{fD}} G\left(x_{asmy}; \ x_{mD(i)}\right) \quad (5-44)$$

其中：$x_{mD(i)}$ 为第 i 个裂缝单元的中点的无因次位置，无量纲；$x_{D(j)}$、$x_{D(j+1)}$ 分别为第 j 个裂缝单元两个端点的无因次位置，无量纲。

式（5-44）第一项具体的离散即计算详细过程可参见 3.2.1 中式（3-57）~式（3-60）部分。Green 函数积分部分的离散详细过程如下，通过前面分析可知，Green 函数有两种不同形式的表达式，这里取其中一种来分析。根据积分变量的取值，分三种情况进行讨论。

情况 a：当 $x_{D(j)} < x_{mD(i)} < x_{D(j+1)}$ 时，有

$$\sum_{j=1}^{N} \overline{q}_{fD(j)} \int_{x_{D(j)}}^{x_{D(j+1)}} G\left(\alpha;\ x_{mD(i)}\right) d\alpha$$

$$= \sum_{j=1}^{N} \overline{q}_{fD(j)} \int_{x_{D(j)}}^{x_{mD(i)}} \left\{ -\frac{1}{4}\left[\left(\alpha+1\right)^2 + \left(x_{mD(i)}-1\right)^2 - 2 \right] \right\} d\alpha +$$

$$\sum_{j=1}^{N} \overline{q}_{fD(j)} \int_{x_{mD(i)}}^{x_{D(j+1)}} \left\{ -\frac{1}{4}\left[\left(\alpha-1\right)^2 + \left(x_{mD(i)}+1\right)^2 - 2 \right] \right\} d\alpha$$

$$= \sum_{j=1}^{N} \overline{q}_{fD(j)} \left\{ -\frac{1}{4}\left[\frac{\left(x_{mD(i)}+1\right)^3}{3} - \frac{\left(x_{D(j)}+1\right)^3}{3} + \left(x_{mD(i)}-1\right)^2\left(x_{mD(i)}-x_{D(j)}\right) - 2\left(x_{mD(i)}-x_{D(j)}\right) \right] \right\} +$$

$$\sum_{j=1}^{N} \overline{q}_{fD(j)} \left\{ -\frac{1}{4}\left[\frac{\left(x_{D(j+1)}-1\right)^3}{3} - \frac{\left(x_{mD(i)}-1\right)^3}{3} + \left(x_{mD(i)}+1\right)^2\left(x_{D(j+1)}-x_{mD(i)}\right) - 2\left(x_{D(j+1)}-x_{mD(i)}\right) \right] \right\} \tag{5-45}$$

情况 b：当 $x_{mD(i)} < x_{D(j)} < x_{D(j+1)}$ 时，有

$$\sum_{j=1}^{N} \overline{q}_{fD(j)} \int_{x_{D(j)}}^{x_{D(j+1)}} G\left(\alpha;\ x_{mD(i)}\right) d\alpha$$

$$= \sum_{j=1}^{N} \overline{q}_{fD(j)} \int_{x_{D(j)}}^{x_{D(j+1)}} \left\{ -\frac{1}{4}\left[\left(\alpha-1\right)^2 + \left(x_{mD(i)}+1\right)^2 - 2 \right] \right\} d\alpha$$

$$= \sum_{j=1}^{N} \overline{q}_{fD(j)} \left\{ -\frac{1}{4}\left[\frac{\left(x_{D(j+1)}-1\right)^3}{3} - \frac{\left(x_{D(j)}-1\right)^3}{3} + \left(x_{mD(i)}+1\right)^2\left(x_{D(j+1)}-x_{D(j)}\right) - 2\left(x_{D(j+1)}-x_{D(j)}\right) \right] \right\} \tag{5-46}$$

情况 c：当 $x_{D(j)} < x_{D(j+1)} < x_{mD(i)}$ 时，有

$$\sum_{j=1}^{N} \overline{q}_{fD(j)} \int_{x_{D(j)}}^{x_{D(j+1)}} G\left(\alpha;\ x_{mD(i)}\right) d\alpha$$

$$= \sum_{j=1}^{N} \overline{q}_{fD(j)} \int_{x_{D(j)}}^{x_{D(j+1)}} \left\{ -\frac{1}{4}\left[\left(\alpha+1\right)^2 + \left(x_{mD(i)}-1\right)^2 - 2 \right] \right\} d\alpha \tag{5-47}$$

$$= \sum_{j=1}^{N} \overline{q}_{fD(j)} \left\{ -\frac{1}{4}\left[\frac{1}{3}\left(x_{D(j+1)}+1\right)^3 - \frac{1}{3}\left(x_{D(j)}+1\right)^3 + \left(x_{mD(i)}-1\right)^2\left(x_{D(j+1)}-x_{D(j)}\right) - 2\left(x_{D(j+1)}-x_{D(j)}\right) \right] \right\}$$

根据式（5-42）和式（5-43）求解得到未知参数 $\overline{q}_{fD(j)}(x_{mD(i)},\ u)$ 和 $\overline{p}_{fDavg}(y_D,\ s)$，将式（5-24）进行离散，并取 $x_D = x_{asmy}$，即可求解得到井底压力：

$$\overline{p}_{wD}\left(x_{asmy},\ y_D,\ s\right) = \overline{p}_{fDavg}\left(y_D,\ s\right) + \frac{\pi}{C_{fD}}\sum_{j=1}^{N} \overline{q}_{fD(j)} \int_{x_{D(j)}}^{x_{D(j+1)}} G\left(\alpha;\ x_{asmy}\right) d\alpha - \frac{2\pi}{sC_{fD}} G\left(x_{asmy};\ x_{asmy}\right) \tag{5-48}$$

5.2 基于 Green 函数的单条不对称裂缝典型渗流数学模型

5.2.1 顶底封闭径向无限大储层与非常规裂缝耦合模型

根据 5.1 节的研究结果式（5-39），直接可得顶底封闭径向无限大储层与非常规裂缝耦合模型：

$$\frac{1}{2}\sum_{j=1}^{N}\overline{q}_{\mathrm{fD}(j)}(x_{\mathrm{mD}(i)},\ u)\frac{x_{\mathrm{D}(j+1)}-x_{\mathrm{D}(j)}}{2}\int_{-1}^{1}K_0\left(\sqrt{u}\sqrt{\left(x_{\mathrm{mD}(i)}-\frac{x_{\mathrm{D}(j+1)}+x_{\mathrm{D}(j)}}{2}-\frac{x_{\mathrm{D}(j+1)}-x_{\mathrm{D}(j)}}{2}x\right)^2}\right)\mathrm{d}x-$$

$$\frac{\pi}{C_{\mathrm{fD}}}\sum_{j=1}^{N}\overline{q}_{\mathrm{fD}(j)}\int_{x_{\mathrm{D}(j)}}^{x_{\mathrm{D}(j+1)}}G(\alpha;\ x_{\mathrm{mD}(i)})\mathrm{d}\alpha-\overline{p}_{\mathrm{fDavg}}=-\frac{2\pi}{sC_{\mathrm{fD}}}G(x_{\mathrm{asmy}};\ x_{\mathrm{mD}(i)}) \tag{5-49}$$

5.2.2 顶底封闭径向封闭柱状储层与非常规裂缝耦合模型

根据 5.1 节的研究结果式（5-39），结合式（3-4）直接可得顶底封闭径向封闭柱状储层与非常规裂缝耦合模型：

$$\frac{1}{2}\sum_{j=1}^{N}\overline{q}_{\mathrm{fD}(j)}(x_{\mathrm{mD}(i)},\ u)\frac{x_{\mathrm{D}(j+1)}-x_{\mathrm{D}(j)}}{2}\int_{-1}^{1}\left[K_0\left(\sqrt{u}\sqrt{\left(x_{\mathrm{mD}(i)}-\frac{x_{\mathrm{D}(j+1)}+x_{\mathrm{D}(j)}}{2}-\frac{x_{\mathrm{D}(j+1)}-x_{\mathrm{D}(j)}}{2}x\right)^2}\right)+\right.$$

$$\left.\frac{K_1(r_{\mathrm{eD}}\sqrt{u})}{I_1(r_{\mathrm{eD}}\sqrt{u})}I_0\left(\sqrt{u}\sqrt{\left(x_{\mathrm{mD}(i)}-\frac{x_{\mathrm{D}(j+1)}+x_{\mathrm{D}(j)}}{2}-\frac{x_{\mathrm{D}(j+1)}-x_{\mathrm{D}(j)}}{2}x\right)^2}\right)\right]\mathrm{d}x-$$

$$\frac{\pi}{C_{\mathrm{fD}}}\sum_{j=1}^{N}\overline{q}_{\mathrm{fD}(j)}\int_{x_{\mathrm{D}(j)}}^{x_{\mathrm{D}(j+1)}}G(\alpha;\ x_{\mathrm{mD}(i)})\mathrm{d}\alpha-\overline{p}_{\mathrm{fDavg}}=-\frac{2\pi}{sC_{\mathrm{fD}}}G(x_{\mathrm{asmy}};\ x_{\mathrm{mD}(i)}) \tag{5-50}$$

5.2.3 顶底封闭径向定压柱状储层与非常规裂缝耦合模型

根据 5.1 节的研究结果式（5-39），结合式（3-7）直接可得顶底封闭径向定压柱状储层与非常规裂缝耦合模型：

$$\frac{1}{2}\sum_{j=1}^{N}\overline{q}_{\mathrm{fD}(j)}(x_{\mathrm{mD}(i)},\ u)\frac{x_{\mathrm{D}(j+1)}-x_{\mathrm{D}(j)}}{2}\int_{-1}^{1}\left[K_0\left(\sqrt{u}\sqrt{\left(x_{\mathrm{mD}(i)}-\frac{x_{\mathrm{D}(j+1)}+x_{\mathrm{D}(j)}}{2}-\frac{x_{\mathrm{D}(j+1)}-x_{\mathrm{D}(j)}}{2}x\right)^2}\right)-\right.$$

$$\left.\frac{K_0(r_{\mathrm{eD}}\sqrt{u})}{I_0(r_{\mathrm{eD}}\sqrt{u})}I_0\left(\sqrt{u}\sqrt{\left(x_{\mathrm{mD}(i)}-\frac{x_{\mathrm{D}(j+1)}+x_{\mathrm{D}(j)}}{2}-\frac{x_{\mathrm{D}(j+1)}-x_{\mathrm{D}(j)}}{2}x\right)^2}\right)\right]\mathrm{d}x-$$

$$\frac{\pi}{C_{\mathrm{fD}}}\sum_{j=1}^{N}\overline{q}_{\mathrm{fD}(j)}\int_{x_{\mathrm{D}(j)}}^{x_{\mathrm{D}(j+1)}}G(\alpha;\ x_{\mathrm{mD}(i)})\mathrm{d}\alpha-\overline{p}_{\mathrm{fDavg}}=-\frac{2\pi}{sC_{\mathrm{fD}}}G(x_{\mathrm{asmy}};\ x_{\mathrm{mD}(i)}) \tag{5-51}$$

5.2.4 顶底定压径向无限大储层与非常规裂缝耦合模型

根据 5.1 节的研究结果式（5-39），结合式（3-9）直接可得顶底定压径向无限大储层与非常规裂缝耦合模型：

$$
\begin{aligned}
&2\sum_{j=1}^{N}\overline{q}_{\mathrm{fD}(j)}(x_{\mathrm{mD}(i)},\ u)\frac{x_{\mathrm{D}(j+1)}-x_{\mathrm{D}(j)}}{2}\sum_{n=1}^{+\infty}\left[\frac{2}{(2n-1)^2\pi^2}\sin\frac{(2n-1)\pi z_{\mathrm{D}}}{h_{\mathrm{D}}}\cdot\right.\\
&\left.\int_{-1}^{1}K_0\left(\varepsilon_{2n-1}\sqrt{\left(x_{\mathrm{mD}(i)}-\frac{x_{\mathrm{D}(j+1)}+x_{\mathrm{D}(j)}}{2}-\frac{x_{\mathrm{D}(j+1)}-x_{\mathrm{D}(j)}}{2}x\right)^2}\right)\mathrm{d}x\right]-\\
&\frac{\pi}{C_{\mathrm{fD}}}\sum_{j=1}^{N}\overline{q}_{\mathrm{fD}(j)}\int_{x_{\mathrm{D}(j)}}^{x_{\mathrm{D}(j+1)}}G\left(\alpha;\ x_{\mathrm{mD}(i)}\right)\mathrm{d}\alpha-\overline{p}_{\mathrm{fDavg}}=-\frac{2\pi}{sC_{\mathrm{fD}}}G\left(x_{\mathrm{asmy}};\ x_{\mathrm{mD}(i)}\right)
\end{aligned}
\tag{5-52}
$$

5.2.5 顶底定压径向封闭柱状储层与非常规裂缝耦合模型

根据 5.1 节的研究结果式（5-39），结合式（3-11）直接可得顶底定压径向封闭柱状储层与非常规裂缝耦合模型：

$$
\begin{aligned}
&2\sum_{j=1}^{N}\overline{q}_{\mathrm{fD}(j)}(x_{\mathrm{mD}(i)},\ u)B\sum_{n=1}^{+\infty}\frac{2}{(2n-1)^2\pi^2}\int_{-1}^{1}\left[K_0\left(\varepsilon_{2n-1}\sqrt{\left(x_{\mathrm{mD}(i)}-C-Bx\right)^2}\right)+\right.\\
&\left.\frac{K_1(r_{\mathrm{eD}}\varepsilon_{2n-1})}{I_1(r_{\mathrm{eD}}\varepsilon_{2n-1})}I_0\left(\varepsilon_{2n-1}\sqrt{\left(x_{\mathrm{mD}(i)}-C-Bx\right)^2}\right)\right]\mathrm{d}x-\\
&\frac{\pi}{C_{\mathrm{fD}}}\sum_{j=1}^{N}\overline{q}_{\mathrm{fD}(j)}\int_{x_{\mathrm{D}(j)}}^{x_{\mathrm{D}(j+1)}}G\left(\alpha;\ x_{\mathrm{mD}(i)}\right)\mathrm{d}\alpha-\overline{p}_{\mathrm{fDavg}}=-\frac{2\pi}{sC_{\mathrm{fD}}}G\left(x_{\mathrm{asmy}};\ x_{\mathrm{mD}(i)}\right)
\end{aligned}
\tag{5-53}
$$

其中：$B=\dfrac{x_{\mathrm{D}(j+1)}-x_{\mathrm{D}(j)}}{2}$，$C=\dfrac{x_{\mathrm{D}(j+1)}+x_{\mathrm{D}(j)}}{2}$。

5.2.6 顶底定压径向定压柱状储层与非常规裂缝耦合模型

根据 5.1 节的研究结果式（5-39），结合式（3-13）直接可得顶底定压径向定压柱状储层与非常规裂缝耦合模型：

$$
\begin{aligned}
&2\sum_{j=1}^{N}\overline{q}_{\mathrm{fD}(j)}(x_{\mathrm{mD}(i)},\ u)B\sum_{n=1}^{+\infty}\frac{2}{(2n-1)^2\pi^2}\int_{-1}^{1}\left[K_0\left(\varepsilon_{2n-1}\sqrt{\left(x_{\mathrm{mD}(i)}-C-Bx\right)^2}\right)-\right.\\
&\left.\frac{K_0(r_{\mathrm{eD}}\varepsilon_{2n-1})}{I_0(r_{\mathrm{eD}}\varepsilon_{2n-1})}I_0\left(\varepsilon_{2n-1}\sqrt{\left(x_{\mathrm{mD}(i)}-C-Bx\right)^2}\right)\right]\mathrm{d}x-\\
&\frac{\pi}{C_{\mathrm{fD}}}\sum_{j=1}^{N}\overline{q}_{\mathrm{fD}(j)}\int_{x_{\mathrm{D}(j)}}^{x_{\mathrm{D}(j+1)}}G\left(\alpha;\ x_{\mathrm{mD}(i)}\right)\mathrm{d}\alpha-\overline{p}_{\mathrm{fDavg}}=-\frac{2\pi}{sC_{\mathrm{fD}}}G\left(x_{\mathrm{asmy}};\ x_{\mathrm{mD}(i)}\right)
\end{aligned}
\tag{5-54}
$$

其中：$B=\dfrac{x_{\mathrm{D}(j+1)}-x_{\mathrm{D}(j)}}{2}$，$C=\dfrac{x_{\mathrm{D}(j+1)}+x_{\mathrm{D}(j)}}{2}$。

5.2.7 顶底封闭 x、y 方向封闭盒状储层与非常规裂缝耦合模型

根据 2.1 节的研究结果式（2-21），先将裂缝进行离散，然后沿着离散的网格节点进行积分，对第 i 个网格来说，有如下关系：

$$\bar{p}_{fD} = \frac{\pi}{2x_{eD}} \sum_{j=1}^{+\infty} \bar{q}_{fD(j)}\left(x_{mD(j)},\ y_{wD}\right)\left\{\frac{\cosh\left[\sqrt{u}\left(y_{eD}-|y_{D1}|\right)\right]+\cosh\left[\sqrt{u}\left(y_{eD}-|y_{D2}|\right)\right]}{\sqrt{u}\,\sinh(y_{eD}\sqrt{u})}\Delta x_{D(j)}+\right.$$

$$\left.4\sum_{k=1}^{+\infty} B\frac{\cosh\left[\varepsilon_k\left(y_{eD}-|y_{D1}|\right)\right]+\cosh\left[\varepsilon_k\left(y_{eD}-|y_{D2}|\right)\right]}{\varepsilon_k\,\sinh(y_{eD}\varepsilon_k)}\right\} \tag{5-55}$$

其中：$B = \dfrac{x_{eD}}{\pi k}\cos\left(\pi k\dfrac{x_{mD(i)}}{x_{eD}}\right)\cos\left(\pi k\dfrac{x_{mD(j)}}{x_{eD}}\right)\sin\left(\pi k\dfrac{\Delta x_{D(j)}}{2x_{eD}}\right)$。

根据式（5-39）和式（5-55）可得顶底封闭 x、y 方向封闭盒状储层与非常规裂缝耦合模型：

$$\frac{\pi}{2x_{eD}} \sum_{j=1}^{+\infty} \bar{q}_{fD(j)}\left(x_{mD(j)},\ y_{wD}\right)\left\{\frac{\cosh\left[\sqrt{u}\left(y_{eD}-|y_{D1}|\right)\right]+\cosh\left[\sqrt{u}\left(y_{eD}-|y_{D2}|\right)\right]}{\sqrt{u}\,\sinh(y_{eD}\sqrt{u})}\Delta x_{D(j)}+\right.$$

$$\left.4\sum_{k=1}^{+\infty} B\frac{\cosh\left[\varepsilon_k\left(y_{eD}-|y_{D1}|\right)\right]+\cosh\left[\varepsilon_k\left(y_{eD}-|y_{D2}|\right)\right]}{\varepsilon_k\,\sinh(y_{eD}\varepsilon_k)}\right\}- \tag{5-56}$$

$$\frac{\pi}{C_{fD}} \sum_{j=1}^{N} \bar{q}_{fD(j)} \int_{x_{D(j)}}^{x_{D(j+1)}} G\left(\alpha;\ x_{mD(i)}\right)\mathrm{d}\alpha - \bar{p}_{fDavg} = -\frac{2\pi}{sC_{fD}}G\left(x_{asmy};\ x_{mD(i)}\right)$$

其中：$B = \dfrac{x_{eD}}{\pi k}\cos\left(\pi k\dfrac{x_{mD(i)}}{x_{eD}}\right)\cos\left(\pi k\dfrac{x_{mD(j)}}{x_{eD}}\right)\sin\left(\pi k\dfrac{\Delta x_{D(j)}}{2x_{eD}}\right)$。

5.3 基于 Cinco-Ley 数值计算的压裂直井多翼裂缝试井数学模型

压裂井在油气田开发过程中被广泛应用，5.1 节研究了裂缝不对称时的试井数学模型，然而，对于实际压裂直井而言，往往所形成的裂缝分布复杂，并且形成多条裂缝，裂缝与裂缝之间存在一定的夹角。与单条压裂裂缝所不同的是，压裂直井多条裂缝之间存在相互干扰，因此有必要对其展开深入研究。

前面对单条压裂裂缝进行了研究，该研究是以裂缝中心为坐标原点建立平面直角坐标系的，对于对称裂缝而言，通过计算裂缝一端就可以获得整条裂缝的解。因此基于常规对称裂缝的思想，对于多翼裂缝的研究，以裂缝的一翼为研究对象，通过压降叠加原理获得多翼裂缝的压力解。这里需要说明的是，多翼裂缝与一般的单条裂缝有

所不同，每翼裂缝的长度不同，每翼裂缝与 x 轴或 y 轴有一定的夹角（有些裂缝平行于 x 轴或 y 轴），每翼裂缝的产量不相等，因此每条裂缝无因次产量并不等于 1，但所有裂缝无因次产量之和为 1。因此，需要建立多翼裂缝数学模型。

5.3.1 多翼裂缝数学模型的建立与求解

通过前面分析可知，每翼裂缝与坐标轴有一定夹角。但在计算压降时只与压降产生点与计算点的相对位置有关。因此对于直井的多翼裂缝而言，每条裂缝都可以通过坐标旋转的方式，将压降计算点所在的裂缝旋转到与 x 轴重合，其他裂缝也进行相应的坐标变换。这里规定，以原来坐标系为基准，按照顺时针方向旋转，如顺时针旋转角度 θ_{F2}，如图 5-2 所示。

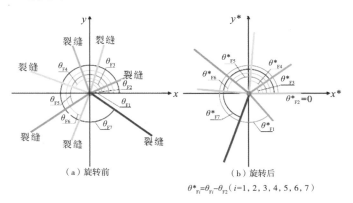

（a）旋转前　　　　　　　　　　（b）旋转后

$\theta^*_{Fi}=\theta_{Fi}-\theta_{F2}(i=1,2,3,4,5,6,7)$

图 5-2　多翼裂缝旋转示意图

根据图 5-2 的变换过程，第 i 条裂缝经过旋转后在新坐标系中的点位可以表示为

$$\begin{bmatrix} x^*_{Di} \\ y^*_{Di} \end{bmatrix}=\begin{bmatrix} \cos\theta_{Fi} & \sin\theta_{Fi} \\ -\sin\theta_{Fi} & \cos\theta_{Fi} \end{bmatrix}\begin{bmatrix} x_{Di} \\ y_{Di} \end{bmatrix} \qquad (5-57)$$

若计算第 i 条裂缝所产生的压降，将第 i 条裂缝旋转与 x 轴重合，其他裂缝伴随着一起旋转，则第 i 条裂缝到第 j 条裂缝的距离可表示为

$$r^{*2}_{(i,\,j)}=r_i^2+r_j^2-2r_ir_j\cos\left(\theta^*_{Fj}-\theta^*_{Fi}\right)\left(\theta^*_{Fi}=0\right) \qquad (5-58)$$

在进行数值积分计算时，建议采用下面等价的形式，如图 5-3 所示。

$$r^2_{(i,\,j)}=\left(r_j\sin\theta_{Fj}\right)^2+\left(r_i-r_j\cos\theta_{Fj}\right)^2\left(\theta_{Fi}=0\right) \qquad (5-59)$$

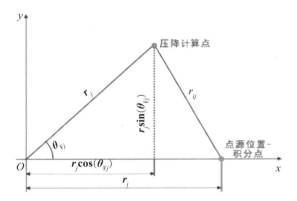

图 5-3　压降计算点与点源位置的关系

对于多翼裂缝，只考虑裂缝一翼的长度及宽度，根据连续性方程、状态方程和速度方程，在新的坐标系下建立第 i 条裂缝渗流数学模型。

$$\frac{\partial}{\partial x_i^*}\left[\frac{\partial p_f(x_i^*,\ y_i^*,\ t)}{\partial x_i^*}\right]+\frac{\partial}{\partial y_i^*}\left[\frac{\partial p_f(x_i^*,\ y_i^*,\ t)}{\partial y_i^*}\right]$$
$$=\frac{\mu\phi C_{ti}}{k_{fi}}\frac{\partial p_f(x_i^*,\ y_i^*,\ t)}{\partial t}\quad\left(0<x_i^*<L_{fi},\ -\frac{W_{fi}}{2}<y_i^*<\frac{w_{fi}}{2}\right) \tag{5-60}$$

对水力压裂裂缝来讲，其裂缝宽度很小，因此对其进行积分平均处理可以得到：

$$\frac{\partial}{\partial x_i^*}\left[\frac{\partial p_f(x_i^*,\ y_i^*,\ t)}{\partial x_i^*}\right]+\frac{1}{W_{fi}}\left\{\left[\frac{\partial p_f(x_i^*,\ y_i^*,\ t)}{\partial y_i^*}\right]_{y_i^*=\frac{W_{fi}}{2}}-\left[\frac{\partial p_f(x_i^*,\ y_i^*,\ t)}{\partial y_i^*}\right]_{y_i^*=-\frac{W_{fi}}{2}}\right\}$$
$$=\frac{\mu\phi C_{ti}}{k_{fi}}\frac{\partial p_f(x_i^*,\ y_i^*,\ t)}{\partial t}\quad\left(0<x_i^*<L_{fi},\ -\frac{W_{fi}}{2}<y_i^*<\frac{W_{fi}}{2}\right) \tag{5-61}$$

根据质量守恒原则，储层与裂缝接触面处流量相等，则有

$$\frac{k}{\mu}\left[\frac{\partial p(x_i^*,\ y_i^*,\ t)}{\partial y_i^*}\right]_{y=\pm\frac{W_{fi}}{2}}=\frac{k_{fi}}{\mu}\left[\frac{\partial p_f(x_i^*,\ y_i^*,\ t)}{\partial y_i^*}\right]_{y=\pm\frac{W_{fi}}{2}} \tag{5-62}$$

将式（5-62）代入式（5-61）可得

$$\frac{\partial}{\partial x_i^*}\left[\frac{\partial p_f(x_i^*,\ y_i^*,\ t)}{\partial x_i^*}\right]+\frac{k}{W_{fi}k_{fi}}\left\{\left[\frac{\partial p(x_i^*,\ y_i^*,\ t)}{\partial y_i^*}\right]_{y_i^*=\frac{W_{fi}}{2}}-\left[\frac{\partial p(x_i^*,\ y_i^*,\ t)}{\partial y_i^*}\right]_{y_i^*=-\frac{W_{fi}}{2}}\right\}$$
$$=\frac{\mu\phi C_{ti}}{k_{fi}}\frac{\partial p_f(x_i^*,\ y_i^*,\ t)}{\partial t}\quad\left(0<x_i^*<L_{fi},\ -\frac{W_{fi}}{2}<y_i^*<\frac{W_{fi}}{2}\right) \tag{5-63}$$

相对于整个储层体积而言，裂缝体积非常小，因此裂缝的弹性膨胀忽略不计，则裂缝渗流微分方程可以写为

$$\frac{\partial}{\partial x_i^*}\left[\frac{\partial p_f(x_i^*,\ y_i^*,\ t)}{\partial x_i^*}\right]+\frac{k}{W_{fi}k_{fi}}\left\{\left[\frac{\partial p(x_i^*,\ y_i^*,\ t)}{\partial y_i^*}\right]_{y_i^*=\frac{W_{fi}}{2}}-\left[\frac{\partial p(x_i^*,\ y_i^*,\ t)}{\partial y_i^*}\right]_{y_i^*=-\frac{W_{fi}}{2}}\right\}=0 \tag{5-64}$$

第 i 条裂缝中单位长度流量可以表示为

$$q_{\mathrm{fi}}(x_i^*,\ y_i^*,\ t) = \frac{kh}{\mu}\left\{\left[\frac{\partial p(x_i^*,\ y_i^*,\ t)}{\partial y_i^*}\right]_{y_i^*=\frac{W_{\mathrm{fi}}}{2}} - \left[\frac{\partial p(x_i^*,\ y_i^*,\ t)}{\partial y_i^*}\right]_{y_i^*=-\frac{W_{\mathrm{fi}}}{2}}\right\} \quad (5-65)$$

将（5-65）式代入（5-64）式可得：

$$\frac{\partial}{\partial x_i^*}\left[\frac{\partial p_{\mathrm{f}}(x_i^*,\ y_i^*,\ t)}{\partial x_i^*}\right] + \frac{q_{\mathrm{fi}}(x_i^*,\ y_i^*,\ t)\mu}{W_{\mathrm{fi}}k_{\mathrm{fi}}h} = 0 \quad (5-66)$$

第 i 条裂缝产生的总流量可以表示为

$$Q_{\mathrm{fi}} = \frac{k_{\mathrm{fi}}}{\mu}hW_{\mathrm{fi}}\left[\frac{\partial p_{\mathrm{f}}(x_i^*,\ y_i^*,\ t)}{\partial x_i^*}\right]_{x_i^*=0} \quad (5-67)$$

$$Q_{\mathrm{fi}} = \int_0^{L_{\mathrm{fi}}} q_{\mathrm{fi}}(x_i^*,\ y_i^*,\ t)\mathrm{d}x_i^* \quad (5-68)$$

M 条裂缝产生的总流量为

$$\sum_{i=1}^M Q_{\mathrm{fi}} = q_{\mathrm{sc}} \quad (5-69)$$

裂缝两端的封闭条件可以表示为

$$\left[\frac{\partial p_{\mathrm{f}}(x_i^*,\ y_i^*,\ t)}{\partial x_i^*}\right]_{x_i^*=L_{\mathrm{fi}}} = 0 \quad (5-70)$$

该模型中所有的无因次定义如下：

$$x_{\mathrm{D}i}^* = \frac{x_i^*}{L_{\mathrm{ref}}};\quad y_{\mathrm{D}i}^* = \frac{y_i^*}{L_{\mathrm{ref}}};\quad q_{\mathrm{fD}i} = \frac{q_{\mathrm{fi}}L_{\mathrm{ref}}}{q_{\mathrm{sc}}};\quad Q_{\mathrm{fD}i} = \frac{q_{\mathrm{fi}}L_{\mathrm{fi}}}{q_{\mathrm{sc}}}$$

$$q_{\mathrm{D}} = \frac{q}{q_{\mathrm{sc}}} = 1;\quad W_{\mathrm{fD}i} = \frac{W_{\mathrm{fi}}}{L_{\mathrm{ref}}};\quad C_{\mathrm{fD}i} = \frac{k_{\mathrm{fi}}W_{\mathrm{fi}}}{kL_{\mathrm{fi}}};\quad L_{\mathrm{fD}i} = \frac{L_{\mathrm{fi}}}{L_{\mathrm{ref}}}$$

其中：k_{fi} 为第 i 条压裂裂缝的渗透率，μm^2；L_{fi} 为第 i 条裂缝的长度，cm；q_{fi} 为第 i 条裂缝的单位长度流量，cm²/s；q_i 为第 i 条裂缝的单位长度储层流量，cm³/s；Q_{fi} 为第 i 条裂缝总流量，cm³/s；q_{sc} 为所有裂缝的生产总流量，cm³/s。

对式（5-66）～式（5-70）进行无因次处理可得

$$\frac{\partial}{\partial x_{\mathrm{D}i}^*}\left[\frac{\partial p_{\mathrm{fD}}(x_{\mathrm{D}i}^*,\ y_{\mathrm{D}i}^*,\ t)}{\partial x_{\mathrm{D}i}^*}\right] - \frac{2\pi}{L_{\mathrm{fD}i}^2 C_{\mathrm{fD}}}Q_{\mathrm{fD}i}(x_{\mathrm{D}i}^*,\ y_{\mathrm{D}i}^*,\ t) = 0 \quad (5-71)$$

$$\left[\frac{\partial p_{\mathrm{fD}i}(x_{\mathrm{D}i}^*,\ y_{\mathrm{D}i}^*,\ t)}{\partial x_{\mathrm{D}i}^*}\right]_{x_{\mathrm{D}i}^*=0} = -\frac{2\pi}{C_{\mathrm{fD}}L_{\mathrm{fD}i}}Q_{\mathrm{fD}i} \quad (5-72)$$

$$Q_{\mathrm{fD}i} = \int_0^{L_{\mathrm{fD}i}} q_{\mathrm{fD}i}(x_i^*,\ y_i^*,\ t)\mathrm{d}x_{\mathrm{D}i}^* \quad (5-73)$$

$$\sum_{i=1}^M Q_{\mathrm{fD}i} = 1 \quad (5-74)$$

$$\left[\frac{\partial p_{\mathrm{fD}}(x_{\mathrm{D}i}^{*},\ y_{\mathrm{D}i}^{*},\ t)}{\partial x_{\mathrm{D}i}^{*}}\right]_{x_{\mathrm{D}i}^{*}=L_{\mathrm{fD}i}}=0 \tag{5-75}$$

对式（5-71）～式（5-75）进行 Laplace 变换可得

$$\frac{\partial}{\partial x_{\mathrm{D}i}^{*}}\left[\frac{\partial \overline{p}_{\mathrm{fD}}(x_{\mathrm{D}i}^{*},\ y_{\mathrm{D}i}^{*},\ s)}{\partial x_{\mathrm{D}i}^{*}}\right]-\frac{2\pi}{L_{\mathrm{fD}i}C_{\mathrm{fD}}}\overline{q}_{\mathrm{fD}i}(x_{\mathrm{D}i}^{*},\ y_{\mathrm{D}i}^{*},\ s)=0 \tag{5-76}$$

$$\left[\frac{\partial \overline{p}_{\mathrm{fD}i}(x_{\mathrm{D}i}^{*},\ y_{\mathrm{D}i}^{*},\ s)}{\partial x_{\mathrm{D}i}^{*}}\right]_{x_{\mathrm{D}i}^{*}=0}=-\frac{2\pi}{C_{\mathrm{fD}}L_{\mathrm{fD}i}}\overline{Q}_{\mathrm{fD}i}(x_{\mathrm{D}i}^{*},\ y_{\mathrm{D}i}^{*},\ s)=-\frac{2\pi}{C_{\mathrm{fD}}}\overline{q}_{\mathrm{fD}i}(x_{\mathrm{D}i}^{*},\ y_{\mathrm{D}i}^{*},\ s) \tag{5-77}$$

$$\overline{Q}_{\mathrm{fD}i}=\int_{0}^{L_{\mathrm{fD}i}}\overline{q}_{\mathrm{fD}i}(x_{i}^{*},\ y_{i}^{*},\ t)\mathrm{d}x_{\mathrm{D}i}^{*} \tag{5-78}$$

$$\sum_{i=1}^{M}\overline{Q}_{\mathrm{fD}i}(x_{\mathrm{D}i}^{*},\ y_{\mathrm{D}i}^{*},\ s)=\frac{1}{s} \tag{5-79}$$

$$\left[\frac{\partial \overline{p}_{\mathrm{fD}}(x_{\mathrm{D}i}^{*},\ y_{\mathrm{D}i}^{*},\ s)}{\partial x_{\mathrm{D}i}^{*}}\right]_{x_{\mathrm{D}i}^{*}=L_{\mathrm{fD}}}=0 \tag{5-80}$$

将式（5-76）微分方程进行积分，并代入裂缝的边界条件式（5-77）和式（5-80）得到

$$\overline{p}_{\mathrm{vD}}-\overline{p}_{\mathrm{fD}i}(x_{\mathrm{D}i}^{*},\ y_{\mathrm{D}i}^{*},\ s)=\frac{2\pi}{L_{\mathrm{fD}i}C_{\mathrm{fD}i}}\left[x_{\mathrm{D}}^{*}\int_{0}^{L_{\mathrm{fD}i}}\overline{q}_{\mathrm{fD}i}\mathrm{d}x_{\mathrm{D}}^{*}-\int_{0}^{x_{\mathrm{D}}^{*}}\int_{0}^{\alpha}\overline{q}_{\mathrm{fD}i}(\beta,\ y_{\mathrm{D}i}^{*},\ s)\mathrm{d}\beta\mathrm{d}\alpha\right] \tag{5-81}$$

特别需要说明的是，式（5-81）是经过坐标旋转后的表达式，因此式（5-81）也可以看成沿着裂缝方向进行的积分。$\overline{p}_{\mathrm{fD}i}(x_{\mathrm{D}i}^{*},\ y_{\mathrm{D}i}^{*},\ s)$ 表示裂缝的压力，可由无限导流垂直的单条裂缝表示。式（5-81）为 Fredholm 积分方程，直接求解较为困难，利用均匀流量思想，将每条水力裂缝分为 N 段，每段内的流量为定值。因此，有

$$\overline{p}_{\mathrm{vD}}-\overline{p}_{\mathrm{fD}i}(x_{\mathrm{D}i}^{*},\ y_{\mathrm{D}i}^{*},\ s)=\frac{2\pi}{L_{\mathrm{fD}i}C_{\mathrm{fD}i}}\left[x_{\mathrm{mD}(i,\ j)}^{*}\sum_{n=1}^{N}\overline{q}_{\mathrm{fD}(i,\ n)}\Delta x_{\mathrm{D}(i,\ n)}^{*}-\frac{\Delta x_{\mathrm{D}(i,\ j)}^{*2}}{8}\overline{q}_{\mathrm{fD}(i,\ j)}-\sum_{k=1}^{j-1}\overline{q}_{\mathrm{fD}(i,\ k)}\left(j-k\right)\Delta x_{\mathrm{D}(i,\ j)}^{*2}\right]$$

$$\tag{5-82}$$

5.3.2 储层渗流数学模型

对于无限导流垂直裂缝，裂缝壁面处压力相等，并且 $y_{\mathrm{D}}=y_{\mathrm{wD}}$，因此式（5-81）中的 $\overline{p}_{\mathrm{fD}i}(x_{\mathrm{D}i}^{*},\ y_{\mathrm{D}i}^{*},\ s)$ 可以使用 3.1 节中的无限导流垂直裂缝模型解进行替代，但需要考虑非均匀流量的情况。下面以顶底封闭径向无限大储层为例来进行说明。

由于式（2-1）已经得到了顶底封闭径向无限大储层垂直方向线源解，因此，要得到完全射孔垂直裂缝井压力解，需要继续对式（2-1）在 x 方向对点源位置 $x_{\mathrm{w}i}^{*}$ 从 0 到 $L_{\mathrm{f}i}$ 进行积分，得到顶底封闭径向无限大储层无限导流垂直裂缝井的试井数学模型：

$$\Delta\overline{p}=\frac{(\tilde{q}h)\mu}{2\pi khs}\int_{0}^{L_{\mathrm{f}i}}K_{0}\left(r_{i}^{*}\sqrt{u}\right)\mathrm{d}x_{\mathrm{w}i}^{*} \tag{5-83}$$

其中：无因次压力定义为 $\bar{p}_D = \dfrac{2\pi kh}{(\tilde{q}hL_{ref})\mu}\Delta\bar{p}$，这里需要将原来的裂缝长度改为参考长度，因为多翼裂缝的每条裂缝长度不一定相等。

无因次参数定义：

$$x_{Di}^* = \frac{x_i^*}{L_{ref}}, \quad y_{Di}^* = \frac{y_i^*}{L_{ref}}, \quad x_{wDi}^* = \frac{x_{wi}^*}{L_{ref}}, \quad y_{wDi}^* = \frac{y_{wi}^*}{L_{ref}}$$

$$r_{Di}^* = \sqrt{(x_{Di}^* - x_{wDi}^*)^2 + (y_{Di}^* - y_{wDi}^*)^2}, \quad r_i^* = \sqrt{(x_i^* - x_{wi}^*)^2 + (y_i^* - y_{wi}^*)^2}$$

对于非恒定流量，$\tilde{q}h$ 不是常数，根据上述无因次参数的定义，将式（5-83）进行无因次化处理可得

$$\bar{p}_D = \int_0^{L_{fDi}} \bar{q}_{fDi}(\alpha) K_0\left(r_{Di}^*\sqrt{u}\right)\mathrm{d}\alpha \tag{5-84}$$

5.3.3　储层与裂缝耦合

根据 5.3.2 储层渗流数学模型非恒定流量的分析，结合式（5-82）裂缝的离散方式，可得顶底封闭径向无限大储层多翼裂缝（M 条裂缝，每条裂缝划分为 N 个网格）井的试井数学模型：

$$\bar{p}_{vD} - \sum_{m=1}^{M}\sum_{n=1}^{N}\bar{q}_{fD(m,\,n)}(\alpha)\int_{x_{D(m,\,n)}^*}^{x_{D(m,\,n+1)}^*} K_0\left(\sqrt{(x_{mD(i,\,j)}^* - \alpha)^2 + (y_{mD(i,\,j)}^* - y_{mD(m,\,n)}^*)^2}\sqrt{u}\right)\mathrm{d}\alpha$$
$$= \frac{2\pi}{L_{fDi}C_{fDi}}\left[x_{mD(i,\,n)}^*\sum_{n=1}^{N}\bar{q}_{fD(i,\,n)}\Delta x_{D(i,\,n)}^* - \frac{\Delta x_{D(i,\,j)}^{*2}}{8}\bar{q}_{fD(i,\,j)} - \sum_{k=1}^{j-1}\bar{q}_{fD(i,\,k)}(j-k)\Delta x_{D(i,\,j)}^{*2}\right] \tag{5-85}$$

5.3.4　储层与裂缝耦合数值计算方法

式（5-85）反映了多条裂缝的叠加情况，其中每个网格的 Laplace 空间的产量 $\bar{q}_{fD(i,\,j)}$ 及井底压力 $\bar{p}_{vD}$ 均为未知数，共计 $M\times N+1$ 个未知数，但式（5-85）只能列 $M\times N$ 个方程，再结合质量守恒方程式（5-86），可得 $M\times N+1$ 个方程。

$$\sum_{i=1}^{M}\sum_{j=1}^{N}\bar{q}_{fD(i,\,j)}\Delta x_{D(i,\,j)}^* = \frac{1}{s} \tag{5-86}$$

下面取 3 条裂缝，每条裂缝 5 个网格来进行方程式（5-85）和式（5-86）的数值计算求解。在这里约定以每条裂缝的网格优先列方程，方程分为三部分，裂缝网格部分、无限导流部分、井底压力部分，其中无限导流部分与 4.1.4 的数值计算一致，这里不再赘述。下面以裂缝网格部分的数值计算为例来说明如何进行数值计算。

$$\underbrace{\frac{2\pi}{L_{\mathrm{f}Di}C_{\mathrm{f}Di}}\left[x^*_{\mathrm{mD}(i,\ j)}\sum_{n=1}^{N}\overline{q}_{\mathrm{f}D(i,\ n)}\Delta x^*_{\mathrm{D}(i,\ n)}-\frac{\Delta x^{*2}_{\mathrm{D}(i,\ j)}}{8}\overline{q}_{\mathrm{f}D(i,\ j)}-\sum_{k=1}^{j-1}\overline{q}_{\mathrm{f}D(i,\ k)}\left(j-k\right)\Delta x^{*2}_{\mathrm{D}(i,\ j)}\right]}_{(N\times M,\ N\times M)\text{裂缝网格部分}}+$$

$$\underbrace{\sum_{m=1}^{M}\sum_{n=1}^{N}\overline{q}_{\mathrm{f}D(m,\ n)}\left(\alpha\right)\int_{x^*_{\mathrm{D}(m,\ n)}}^{x^*_{\mathrm{D}(m,\ n+1)}}K_0\left(\sqrt{\left(x^*_{\mathrm{mD}(i,\ j)}-\alpha\right)^2}\sqrt{u}\right)\mathrm{d}\alpha}_{(N\times M,\ N\times M)\text{无限导流裂缝网格部分}}-\overline{p}_{\mathrm{v}D}=0\quad(1\leqslant j\leqslant N,1\leqslant i\leqslant M)$$

当 $i=1$，$j=1$，2，3，4，5 时裂缝网格部分矩阵表示如下：

$$\underbrace{\frac{2\pi}{L_{\mathrm{f}Di}C_{\mathrm{f}Di}}\left[x^*_{\mathrm{mD}(i,\ j)}\sum_{n=1}^{N}\overline{q}_{\mathrm{f}D(i,\ n)}\Delta x^*_{\mathrm{D}(i,\ n)}-\frac{\Delta x^{*2}_{\mathrm{D}(i,\ j)}}{8}\overline{q}_{\mathrm{f}D(i,\ j)}-\sum_{k=1}^{j-1}\overline{q}_{\mathrm{f}D(i,\ k)}\left(j-k\right)\Delta x^{*2}_{\mathrm{D}(i,\ j)}\right]}_{(N\times M,\ N\times M)\text{裂缝网格部分}}\qquad(5-87)$$

$$=\frac{2\pi}{L_{\mathrm{f}D1}C_{\mathrm{f}D1}}\boldsymbol{A}_{11}\overline{\boldsymbol{Q}}_1\quad(i=1,\ j=1,2,3,4,5)$$

其中：

$$\overline{\boldsymbol{Q}}_1=\begin{bmatrix}\overline{q}_{\mathrm{f}D(1,1)} & \overline{q}_{\mathrm{f}D(1,2)} & \overline{q}_{\mathrm{f}D(1,3)} & \overline{q}_{\mathrm{f}D(1,4)} & \overline{q}_{\mathrm{f}D(1,5)}\end{bmatrix}^{\mathrm{T}}$$

$$\overline{\boldsymbol{Q}}_2=\begin{bmatrix}\overline{q}_{\mathrm{f}D(2,1)} & \overline{q}_{\mathrm{f}D(2,2)} & \overline{q}_{\mathrm{f}D(2,3)} & \overline{q}_{\mathrm{f}D(2,4)} & \overline{q}_{\mathrm{f}D(2,5)}\end{bmatrix}^{\mathrm{T}}$$

$$\overline{\boldsymbol{Q}}_3=\begin{bmatrix}\overline{q}_{\mathrm{f}D(3,1)} & \overline{q}_{\mathrm{f}D(3,2)} & \overline{q}_{\mathrm{f}D(3,3)} & \overline{q}_{\mathrm{f}D(3,4)} & \overline{q}_{\mathrm{f}D(3,5)}\end{bmatrix}^{\mathrm{T}}$$

$$\boldsymbol{A}_{11}=\begin{bmatrix}x^*_{\mathrm{mD}(1,1)}\Delta x^*_{\mathrm{D}(1,1)}-\dfrac{\Delta x^{*2}_{\mathrm{D}(1,1)}}{8} & x^*_{\mathrm{mD}(1,1)}\Delta x^*_{\mathrm{D}(1,2)} & x^*_{\mathrm{mD}(1,1)}\Delta x^*_{\mathrm{D}(1,3)} & x^*_{\mathrm{mD}(1,1)}\Delta x^*_{\mathrm{D}(1,4)} & x^*_{\mathrm{mD}(1,1)}\Delta x^*_{\mathrm{D}(1,5)}\\[2mm] x^*_{\mathrm{mD}(1,2)}\Delta x^*_{\mathrm{D}(1,1)}-\Delta x^{*2}_{\mathrm{D}(1,2)} & x^*_{\mathrm{mD}(1,2)}\Delta x^*_{\mathrm{D}(1,2)}-\dfrac{\Delta x^{*2}_{\mathrm{D}(1,2)}}{8} & x^*_{\mathrm{mD}(1,2)}\Delta x^*_{\mathrm{D}(1,3)} & x^*_{\mathrm{mD}(1,2)}\Delta x^*_{\mathrm{D}(1,4)} & x^*_{\mathrm{mD}(1,2)}\Delta x^*_{\mathrm{D}(1,5)}\\[2mm] x^*_{\mathrm{mD}(1,3)}\Delta x^*_{\mathrm{D}(1,1)}-2\Delta x^{*2}_{\mathrm{D}(1,3)} & x^*_{\mathrm{mD}(1,3)}\Delta x^*_{\mathrm{D}(1,2)}-\Delta x^{*2}_{\mathrm{D}(1,3)} & x^*_{\mathrm{mD}(1,3)}\Delta x^*_{\mathrm{D}(1,3)}-\dfrac{\Delta x^{*2}_{\mathrm{D}(1,3)}}{8} & x^*_{\mathrm{mD}(1,3)}\Delta x^*_{\mathrm{D}(1,4)} & x^*_{\mathrm{mD}(1,3)}\Delta x^*_{\mathrm{D}(1,5)}\\[2mm] x^*_{\mathrm{mD}(1,4)}\Delta x^*_{\mathrm{D}(1,1)}-3\Delta x^{*2}_{\mathrm{D}(1,4)} & x^*_{\mathrm{mD}(1,4)}\Delta x^*_{\mathrm{D}(1,2)}-2\Delta x^{*2}_{\mathrm{D}(1,4)} & x^*_{\mathrm{mD}(1,4)}\Delta x^*_{\mathrm{D}(1,3)}-\Delta x^{*2}_{\mathrm{D}(1,4)} & x^*_{\mathrm{mD}(1,4)}\Delta x^*_{\mathrm{D}(1,4)}-\dfrac{\Delta x^{*2}_{\mathrm{D}(1,4)}}{8} & x^*_{\mathrm{mD}(1,4)}\Delta x^*_{\mathrm{D}(1,5)}\\[2mm] x^*_{\mathrm{mD}(1,5)}\Delta x^*_{\mathrm{D}(1,1)}-4\Delta x^{*2}_{\mathrm{D}(1,5)} & x^*_{\mathrm{mD}(1,5)}\Delta x^*_{\mathrm{D}(1,2)}-3\Delta x^{*2}_{\mathrm{D}(1,5)} & x^*_{\mathrm{mD}(1,5)}\Delta x^*_{\mathrm{D}(1,3)}-2\Delta x^{*2}_{\mathrm{D}(1,5)} & x^*_{\mathrm{mD}(1,5)}\Delta x^*_{\mathrm{D}(1,4)}-\Delta x^{*2}_{\mathrm{D}(1,5)} & x^*_{\mathrm{mD}(1,5)}\Delta x^*_{\mathrm{D}(1,5)}-\dfrac{\Delta x^{*2}_{\mathrm{D}(1,5)}}{8}\end{bmatrix}$$

$$\underbrace{\sum_{m=1}^{M}\sum_{n=1}^{N}\overline{q}_{\mathrm{f}D(m,\ n)}\left(\alpha\right)\int_{x^*_{\mathrm{D}(m,\ n)}}^{x^*_{\mathrm{D}(m,\ n+1)}}K_0\left(\sqrt{\left(x^*_{\mathrm{mD}(i,\ j)}-\alpha\right)^2+\left(y^*_{\mathrm{mD}(i,\ j)}-y^*_{\mathrm{mD}(m,\ n)}\right)^2}\sqrt{u}\right)\mathrm{d}\alpha}_{(N\times M,\ N\times M)\text{无限导流裂缝网格部分}}(i=1,\ j=1,2,3,4,5)$$

$$\qquad(5-88)$$

$$=\begin{bmatrix}\boldsymbol{A}_{\inf(1,1)} & \boldsymbol{A}_{\inf(1,2)} & \boldsymbol{A}_{\inf(1,3)}\end{bmatrix}\begin{bmatrix}\overline{\boldsymbol{Q}}_1\\\overline{\boldsymbol{Q}}_2\\\overline{\boldsymbol{Q}}_3\end{bmatrix}$$

其中：

$$A_{\inf(m,\ n=1,2,3,4,5,\ i,\ j)}=\int_{x^*_{\mathrm{D}(m,\ n)}}^{x^*_{\mathrm{D}(m,\ n+1)}}K_0\left(\sqrt{\left(x^*_{\mathrm{mD}(i,\ j)}-\alpha\right)^2}\sqrt{u}\right)\mathrm{d}\alpha$$

$$\overline{\boldsymbol{Q}}_1=\begin{bmatrix}\overline{q}_{\mathrm{f}D(1,1)} & \overline{q}_{\mathrm{f}D(1,2)} & \overline{q}_{\mathrm{f}D(1,3)} & \overline{q}_{\mathrm{f}D(1,4)} & \overline{q}_{\mathrm{f}D(1,5)}\end{bmatrix}^{\mathrm{T}}$$

$$\overline{\boldsymbol{Q}}_2=\begin{bmatrix}\overline{q}_{\mathrm{f}D(2,1)} & \overline{q}_{\mathrm{f}D(2,2)} & \overline{q}_{\mathrm{f}D(2,3)} & \overline{q}_{\mathrm{f}D(2,4)} & \overline{q}_{\mathrm{f}D(2,5)}\end{bmatrix}^{\mathrm{T}}$$

$$\overline{\boldsymbol{Q}}_3 = \left[\begin{array}{ccccc} \overline{q}_{\text{fD}(3,1)} & \overline{q}_{\text{fD}(3,2)} & \overline{q}_{\text{fD}(3,3)} & \overline{q}_{\text{fD}(3,4)} & \overline{q}_{\text{fD}(3,5)} \end{array}\right]^{\text{T}}$$

$$\boldsymbol{A}_{\inf(1,1)} = \begin{bmatrix} A_{\inf(m=1,\ n=1,2,3,4,5,\ i=1,\ j=1)} \\ A_{\inf(m=1,\ n=1,2,3,4,5,\ i=1,\ j=2)} \\ A_{\inf(m=1,\ n=1,2,3,4,5,\ i=1,\ j=3)} \\ A_{\inf(m=1,\ n=1,2,3,4,5,\ i=1,\ j=4)} \\ A_{\inf(m=1,\ n=1,2,3,4,5,\ i=1,\ j=5)} \end{bmatrix},\ \boldsymbol{A}_{\inf(1,2)} = \begin{bmatrix} A_{\inf(m=2,\ n=1,2,3,4,5,\ i=1,\ j=1)} \\ A_{\inf(m=2,\ n=1,2,3,4,5,\ i=1,\ j=2)} \\ A_{\inf(m=2,\ n=1,2,3,4,5,\ i=1,\ j=3)} \\ A_{\inf(m=2,\ n=1,2,3,4,5,\ i=1,\ j=4)} \\ A_{\inf(m=2,\ n=1,2,3,4,5,\ i=1,\ j=5)} \end{bmatrix},\ \boldsymbol{A}_{\inf(1,3)} = \begin{bmatrix} A_{\inf(m=3,\ n=1,2,3,4,5,\ i=1,\ j=1)} \\ A_{\inf(m=3,\ n=1,2,3,4,5,\ i=1,\ j=2)} \\ A_{\inf(m=3,\ n=1,2,3,4,5,\ i=1,\ j=3)} \\ A_{\inf(m=3,\ n=1,2,3,4,5,\ i=1,\ j=4)} \\ A_{\inf(m=3,\ n=1,2,3,4,5,\ i=1,\ j=5)} \end{bmatrix}$$

下标取值优先级为网格编号 j，裂缝编号 m，压降计算点的位置编号 i。i 代表第 i 条裂缝，n 代表第 n 个网格。特别需要说明的是，压降计算点与网格积分点一般不在同一个位置。式（5-88）第一行表示压降计算点位置在第 1 条裂缝的第 1 个网格时，第 1 条裂缝的 5 个网格产生的压降、第 2 条裂缝的 5 个网格产生的压降、第 3 条裂缝的 5 个网格产生的压降之和。式（5-88）第二行表示压降计算点位置在第 1 条裂缝的第 2 个网格时，第 1 条裂缝的 5 个网格产生的压降、第 2 条裂缝的 5 个网格产生的压降、第 3 条裂缝的 5 个网格产生的压降之和。以下三行表示的含义类似。

当 $i=2$，$j=1$，2，3，4，5 时裂缝网格部分矩阵表示如下：

$$\underbrace{\frac{2\pi}{L_{\text{fD}i}C_{\text{fD}i}}\left[x^*_{\text{mD}(i,\ n)}\sum_{n=1}^{N}\overline{q}_{\text{fD}(i,\ n)}\Delta x^*_{\text{D}(i,\ n)} - \frac{\Delta x^{*2}_{\text{D}(i,\ j)}}{8}\overline{q}_{\text{fD}(i,\ j)} - \sum_{k=1}^{j-1}\overline{q}_{\text{fD}(i,\ k)}(j-k)\Delta x^{*2}_{\text{D}(i,\ j)}\right]}_{(N\times M,\ N\times M)\text{裂缝网格部分}}(i=2,\ j=1,2,3,4,5)$$

$$(5-89)$$

$$= \frac{2\pi}{L_{\text{fD}2}C_{\text{fD}2}}\boldsymbol{A}_{22}\overline{\boldsymbol{Q}}_2$$

其中：

$$\boldsymbol{A}_{22} = \begin{bmatrix} x^*_{\text{mD}(2,1)}\Delta x^*_{\text{D}(2,1)} - \dfrac{\Delta x^{*2}_{\text{D}(2,1)}}{8} & x^*_{\text{mD}(2,1)}\Delta x^*_{\text{D}(2,2)} & x^*_{\text{mD}(2,1)}\Delta x^*_{\text{D}(2,3)} & x^*_{\text{mD}(2,1)}\Delta x^*_{\text{D}(2,4)} & x^*_{\text{mD}(2,1)}\Delta x^*_{\text{D}(2,5)} \\ x^*_{\text{mD}(2,2)}\Delta x^*_{\text{D}(2,1)} - \Delta x^{*2}_{\text{D}(2,2)} & x^*_{\text{mD}(2,2)}\Delta x^*_{\text{D}(2,2)} - \dfrac{\Delta x^{*2}_{\text{D}(2,2)}}{8} & x^*_{\text{mD}(2,2)}\Delta x^*_{\text{D}(2,3)} & x^*_{\text{mD}(2,2)}\Delta x^*_{\text{D}(2,4)} & x^*_{\text{mD}(2,2)}\Delta x^*_{\text{D}(2,5)} \\ x^*_{\text{mD}(2,3)}\Delta x^*_{\text{D}(2,1)} - 2\Delta x^{*2}_{\text{D}(2,3)} & x^*_{\text{mD}(2,3)}\Delta x^*_{\text{D}(2,2)} - \Delta x^{*2}_{\text{D}(2,3)} & x^*_{\text{mD}(2,3)}\Delta x^*_{\text{D}(2,3)} - \dfrac{\Delta x^{*2}_{\text{D}(2,3)}}{8} & x^*_{\text{mD}(2,3)}\Delta x^*_{\text{D}(2,4)} & x^*_{\text{mD}(2,3)}\Delta x^*_{\text{D}(2,5)} \\ x^*_{\text{mD}(2,4)}\Delta x^*_{\text{D}(2,1)} - 3\Delta x^{*2}_{\text{D}(2,4)} & x^*_{\text{mD}(2,4)}\Delta x^*_{\text{D}(2,2)} - 2\Delta x^{*2}_{\text{D}(2,4)} & x^*_{\text{mD}(2,4)}\Delta x^*_{\text{D}(2,3)} - \Delta x^{*2}_{\text{D}(2,4)} & x^*_{\text{mD}(2,4)}\Delta x^*_{\text{D}(2,4)} - \dfrac{\Delta x^{*2}_{\text{D}(2,4)}}{8} & x^*_{\text{mD}(2,4)}\Delta x^*_{\text{D}(2,5)} \\ x^*_{\text{mD}(2,5)}\Delta x^*_{\text{D}(2,1)} - 4\Delta x^{*2}_{\text{D}(2,5)} & x^*_{\text{mD}(2,5)}\Delta x^*_{\text{D}(2,2)} - 3\Delta x^{*2}_{\text{D}(2,5)} & x^*_{\text{mD}(2,5)}\Delta x^*_{\text{D}(2,3)} - 2\Delta x^{*2}_{\text{D}(2,5)} & x^*_{\text{mD}(2,5)}\Delta x^*_{\text{D}(2,4)} - \Delta x^{*2}_{\text{D}(2,5)} & x^*_{\text{mD}(2,5)}\Delta x^*_{\text{D}(2,5)} - \dfrac{\Delta x^{*2}_{\text{D}(2,5)}}{8} \end{bmatrix}$$

$$\underbrace{\sum_{m=1}^{M}\sum_{n=1}^{N}\overline{q}_{\text{fD}(m,\ n)}(\alpha)\int_{x^*_{\text{D}(m,\ n)}}^{x^*_{\text{D}(m,\ n+1)}}K_0\left(\sqrt{(x^*_{\text{mD}(i,\ j)}-\alpha)^2+(y^*_{\text{mD}(i,\ j)}-y^*_{\text{mD}(m,\ n)})^2}\sqrt{u}\right)\text{d}\alpha}_{(N\times M,\ N\times M)\text{无限导流裂缝网格部分}}(i=2,\ j=1,2,3,4,5)$$

$$(5-90)$$

$$= \begin{bmatrix} \boldsymbol{A}_{\inf(2,1)} & \boldsymbol{A}_{\inf(2,2)} & \boldsymbol{A}_{\inf(2,3)} \end{bmatrix}\begin{bmatrix} \overline{\boldsymbol{Q}}_1 \\ \overline{\boldsymbol{Q}}_2 \\ \overline{\boldsymbol{Q}}_3 \end{bmatrix}$$

其中：

$$A_{\inf(2,1)} = \begin{bmatrix} A_{\inf(m=1,\ n=1,2,3,4,5,\ i=2,\ j=1)} \\ A_{\inf(m=1,\ n=1,2,3,4,5,\ i=2,\ j=2)} \\ A_{\inf(m=1,\ n=1,2,3,4,5,\ i=2,\ j=3)} \\ A_{\inf(m=1,\ n=1,2,3,4,5,\ i=2,\ j=4)} \\ A_{\inf(m=1,\ n=1,2,3,4,5,\ i=2,\ j=5)} \end{bmatrix},\quad A_{\inf(2,2)} = \begin{bmatrix} A_{\inf(m=2,\ n=1,2,3,4,5,\ i=2,\ j=1)} \\ A_{\inf(m=2,\ n=1,2,3,4,5,\ i=2,\ j=2)} \\ A_{\inf(m=2,\ n=1,2,3,4,5,\ i=2,\ j=3)} \\ A_{\inf(m=2,\ n=1,2,3,4,5,\ i=2,\ j=4)} \\ A_{\inf(m=2,\ n=1,2,3,4,5,\ i=2,\ j=5)} \end{bmatrix},\quad A_{\inf(2,3)} = \begin{bmatrix} A_{\inf(m=3,\ n=1,2,3,4,5,\ i=2,\ j=1)} \\ A_{\inf(m=3,\ n=1,2,3,4,5,\ i=2,\ j=2)} \\ A_{\inf(m=3,\ n=1,2,3,4,5,\ i=2,\ j=3)} \\ A_{\inf(m=3,\ n=1,2,3,4,5,\ i=2,\ j=4)} \\ A_{\inf(m=3,\ n=1,2,3,4,5,\ i=2,\ j=5)} \end{bmatrix}$$

当 $i=3$，$j=1$，2，3，4，5 时裂缝网格部分矩阵表示如下：

$$\underbrace{\frac{2\pi}{L_{fDi}C_{fDi}}\left[x^*_{mD(i,\ j)}\sum_{n=1}^{N}\overline{q}_{fD(i,\ n)}\Delta x^*_{D(i,\ n)} - \frac{\Delta x^{*2}_{D(i,\ j)}}{8}\overline{q}_{fD(i,\ j)} - \sum_{k=1}^{j-1}\overline{q}_{fD(i,\ k)}(j-k)\Delta x^{*2}_{D(i,\ j)}\right]}_{(N\times M,\ N\times M)\text{裂缝网格部分}}(i=3,\ j=1,2,3,4,5) \tag{5-91}$$

$$= \frac{2\pi}{L_{fD3}C_{fD3}}A_{33}\overline{Q}_3$$

其中：

$$A_{33} = \begin{bmatrix} x^*_{mD(3,1)}\Delta x^*_{D(3,1)} - \dfrac{\Delta x^{*2}_{D(3,1)}}{8} & x^*_{mD(3,1)}\Delta x^*_{D(3,2)} & x^*_{mD(3,1)}\Delta x^*_{D(3,3)} & x^*_{mD(3,1)}\Delta x^*_{D(3,4)} & x^*_{mD(3,1)}\Delta x^*_{D(3,5)} \\[6pt] x^*_{mD(3,2)}\Delta x^*_{D(3,1)} - \Delta x^*_{D(3,2)} & x^*_{mD(3,2)}\Delta x^*_{D(3,2)} - \dfrac{\Delta x^{*2}_{D(3,2)}}{8} & x^*_{mD(3,2)}\Delta x^*_{D(3,3)} & x^*_{mD(3,2)}\Delta x^*_{D(3,4)} & x^*_{mD(3,2)}\Delta x^*_{D(3,5)} \\[6pt] x^*_{mD(3,3)}\Delta x^{f}_{D(3,1)} - 2\Delta x^{*2}_{D(3,3)} & x^*_{mD(3,3)}\Delta x^*_{D(3,2)} - \Delta x^{*2}_{D(3,3)} & x^*_{mD(3,3)}\Delta x^*_{D(3,3)} - \dfrac{\Delta x^{*2}_{D(3,3)}}{8} & x^*_{mD(3,3)}\Delta x^*_{D(3,4)} & x^*_{mD(3,3)}\Delta x^*_{D(3,5)} \\[6pt] x^*_{mD(3,4)}\Delta x^*_{D(3,1)} - 3\Delta x^{*2}_{D(3,4)} & x^*_{mD(3,4)}\Delta x^*_{D(3,2)} - 2\Delta x^{*2}_{D(3,4)} & x^*_{mD(3,4)}\Delta x^*_{D(3,3)} - \Delta x^{*2}_{D(3,4)} & x^*_{mD(3,4)}\Delta x^*_{D(3,4)} - \dfrac{\Delta x^{*2}_{D(3,4)}}{8} & x^*_{mD(3,4)}\Delta x^*_{D(3,5)} \\[6pt] x^*_{mD(3,5)}\Delta x^*_{D(3,1)} - 4\Delta x^{*2}_{D(3,5)} & x^*_{mD(3,5)}\Delta x^*_{D(3,2)} - 3\Delta x^{*2}_{D(3,5)} & x^*_{mD(3,5)}\Delta x^*_{D(3,3)} - 2\Delta x^{*2}_{D(3,5)} & x^*_{mD(3,5)}\Delta x^*_{D(3,4)} - \Delta x^{*2}_{D(3,5)} & x^*_{mD(3,5)}\Delta x^*_{D(3,5)} - \dfrac{\Delta x^{*2}_{D(3,5)}}{8} \end{bmatrix}$$

$$\underbrace{\sum_{m=1}^{M}\sum_{n=1}^{N}\overline{q}_{fD(m,\ n)}(\alpha)\int_{x^*_{D(m,\ n)}}^{x^*_{D(m,\ n+1)}}K_0\left(\sqrt{(x^*_{mD(i,\ j)}-\alpha)^2 + (y^*_{mD(i,\ j)}-y^*_{mD(m,\ n)})^2}\sqrt{u}\right)d\alpha}_{(N\times M,\ N\times M)\text{无限导流裂缝网格部分}}(i=3,\ j=1,2,3,4,5) \tag{5-92}$$

$$= \begin{bmatrix} A_{\inf(3,1)} & A_{\inf(3,2)} & A_{\inf(3,3)} \end{bmatrix}\begin{bmatrix} \overline{Q}_1 \\ \overline{Q}_2 \\ \overline{Q}_3 \end{bmatrix}$$

其中：

$$A_{\inf(3,1)} = \begin{bmatrix} A_{\inf(m=1,\ n=1,2,3,4,5,\ i=3,\ j=1)} \\ A_{\inf(m=1,\ n=1,2,3,4,5,\ i=3,\ j=2)} \\ A_{\inf(m=1,\ n=1,2,3,4,5,\ i=3,\ j=3)} \\ A_{\inf(m=1,\ n=1,2,3,4,5,\ i=3,\ j=4)} \\ A_{\inf(m=1,\ n=1,2,3,4,5,\ i=3,\ j=5)} \end{bmatrix},\quad A_{\inf(3,2)} = \begin{bmatrix} A_{\inf(m=2,\ n=1,2,3,4,5,\ i=3,\ j=1)} \\ A_{\inf(m=2,\ n=1,2,3,4,5,\ i=3,\ j=2)} \\ A_{\inf(m=2,\ n=1,2,3,4,5,\ i=3,\ j=3)} \\ A_{\inf(m=2,\ n=1,2,3,4,5,\ i=3,\ j=4)} \\ A_{\inf(m=2,\ n=1,2,3,4,5,\ i=3,\ j=5)} \end{bmatrix},\quad A_{\inf(3,3)} = \begin{bmatrix} A_{\inf(m=3,\ n=1,2,3,4,5,\ i=3,\ j=1)} \\ A_{\inf(m=3,\ n=1,2,3,4,5,\ i=3,\ j=2)} \\ A_{\inf(m=3,\ n=1,2,3,4,5,\ i=3,\ j=3)} \\ A_{\inf(m=3,\ n=1,2,3,4,5,\ i=3,\ j=4)} \\ A_{\inf(m=3,\ n=1,2,3,4,5,\ i=3,\ j=5)} \end{bmatrix}$$

质量守恒方程为

$$\begin{bmatrix} \Delta \boldsymbol{x}_{D1}^* & \Delta \boldsymbol{x}_{D2}^* & \Delta \boldsymbol{x}_{D3}^* \end{bmatrix} \begin{bmatrix} \bar{\boldsymbol{Q}}_1 \\ \bar{\boldsymbol{Q}}_2 \\ \bar{\boldsymbol{Q}}_3 \end{bmatrix} = \frac{1}{s} \tag{5-93}$$

其中：

$$\Delta \boldsymbol{x}_{D1}^* = \begin{bmatrix} \Delta x_{D(1,1)}^* & \Delta x_{D(1,2)}^* & \Delta x_{D(1,3)}^* & \Delta x_{D(1,4)}^* & \Delta x_{D(1,5)}^* \end{bmatrix}$$

$$\Delta \boldsymbol{x}_{D2}^* = \begin{bmatrix} \Delta x_{D(2,1)}^* & \Delta x_{D(2,2)}^* & \Delta x_{D(2,3)}^* & \Delta x_{D(2,4)}^* & \Delta x_{D(2,5)}^* \end{bmatrix}$$

$$\Delta \boldsymbol{x}_{D3}^* = \begin{bmatrix} \Delta x_{D(3,1)}^* & \Delta x_{D(3,2)}^* & \Delta x_{D(3,3)}^* & \Delta x_{D(3,4)}^* & \Delta x_{D(3,5)}^* \end{bmatrix}$$

将式（5-87）~式（5-93）代入式（5-85），可求解多翼裂缝的井底压力 $\bar{p}_{vD}$：

$$\underbrace{\frac{2\pi}{L_{fDi}C_{fDi}}\left[x_{mD(i,j)}^* \sum_{n=1}^{N} \bar{q}_{fD(i,n)} \Delta x_{D(i,n)}^* - \frac{\Delta x_{D(i,j)}^{*2}}{8} \bar{q}_{fD(i,j)} - \sum_{k=1}^{j-1} \bar{q}_{fD(i,k)}(j-k)\Delta x_{D(i,j)}^{*2} \right]}_{(N\times M,\ N\times M)\text{裂缝网格部分}} +$$

$$\underbrace{\sum_{m=1}^{M}\sum_{n=1}^{N} \bar{q}_{fD(m,n)}(\alpha) \int_{x_{D(m,n)}^*}^{x_{D(m,n+1)}^*} K_0\left(\sqrt{(x_{mD(i,j)}^* - \alpha)^2 + (y_{mD(i,j)}^* - y_{mD(m,n)}^*)^2} \sqrt{u} \right) d\alpha - \bar{p}_{vD}}_{(N\times M,\ N\times M)\text{无限导流裂缝网格部分}}$$

$$= \begin{bmatrix} \frac{2\pi}{L_{fD1}C_{fD1}}\boldsymbol{A}_{11} + \boldsymbol{A}_{\inf(1,1)} & \boldsymbol{A}_{\inf(1,2)} & \boldsymbol{A}_{\inf(1,3)} & -1 \\ \boldsymbol{A}_{\inf(2,1)} & \frac{2\pi}{L_{fD2}C_{fD2}}\boldsymbol{A}_{22} + \boldsymbol{A}_{\inf(2,2)} & \boldsymbol{A}_{\inf(2,3)} & -1 \\ \boldsymbol{A}_{\inf(3,1)} & \boldsymbol{A}_{\inf(3,2)} & \frac{2\pi}{L_{fD3}C_{fD3}}\boldsymbol{A}_{33} + \boldsymbol{A}_{\inf(3,3)} & -1 \\ \Delta \boldsymbol{x}_{D1}^* & \Delta \boldsymbol{x}_{D2}^* & \Delta \boldsymbol{x}_{D2}^* & 0 \end{bmatrix} \tag{5-94}$$

$$\begin{bmatrix} \bar{\boldsymbol{Q}}_1 \\ \bar{\boldsymbol{Q}}_2 \\ \bar{\boldsymbol{Q}}_3 \\ \bar{p}_D \end{bmatrix} = \begin{bmatrix} 0 \\ 0 \\ 0 \\ 1/s \end{bmatrix}$$

5.4 基于 Cinco-Ley 数值计算的压裂直井多翼裂缝典型渗流数学模型

5.4.1 顶底封闭径向无限大储层与多翼裂缝耦合模型

根据式（5-94），将裂缝网格部分、无限导流部分以及质量守恒方程与井底压力部分系数矩阵改写为三部分，这样便于程序的设计和数值计算。裂缝网格部分系数矩阵在不同的模型下，因裂缝的网格数目、裂缝网格尺寸、裂缝的导流能力、裂缝的无因次长度的变化而变化。因此当上述这些参数确定之后，裂缝网格部分的系数矩阵即可确定。特别需要说明的是，裂缝网格部分的系数矩阵是以每条裂缝系数矩阵为子矩阵的分块对角矩阵，其子矩阵只与其对应裂缝参数有关，与其他裂缝参数无关。每条裂缝可以根据裂缝长度而划分为不同数目的网格，下面以 3 条裂缝的等数目网格划分为例，说明裂缝网格部分系数矩阵基本情况。根据上述分析，裂缝网格部分的系数矩阵如式（5-95）所示。

$$A_{\text{FracGrid}} = \begin{bmatrix} \underbrace{\left[\dfrac{2\pi}{L_{\text{fD1}}C_{\text{fD1}}}A_{11}\right]_{\text{Grid}\times\text{Grid}}}_{\text{第1条裂缝}} & 0 & 0 & 0 \\ 0 & \underbrace{\left[\dfrac{2\pi}{L_{\text{fD2}}C_{\text{fD2}}}A_{22}\right]_{\text{Grid}\times\text{Grid}}}_{\text{第2条裂缝}} & 0 & 0 \\ 0 & 0 & \underbrace{\left[\dfrac{2\pi}{L_{\text{fD3}}C_{\text{fD3}}}A_{33}\right]_{\text{Grid}\times\text{Grid}}}_{\text{第3条裂缝}} & 0 \\ 0 & 0 & 0 & 0 \end{bmatrix} \quad (5\text{-}95)$$

根据式（5-94），下面以 3 条裂缝为例，说明顶底封闭径向无限大储层无限导流部分系数矩阵：

$$A_{\text{InfGrid}} = \begin{bmatrix} A_{\inf(1,1)} & A_{\inf(1,2)} & A_{\inf(1,3)} & 0 \\ A_{\inf(2,1)} & A_{\inf(2,2)} & A_{\inf(2,3)} & 0 \\ A_{\inf(3,1)} & A_{\inf(3,2)} & A_{\inf(3,3)} & 0 \\ 0 & 0 & 0 & 0 \end{bmatrix} \quad (5\text{-}96)$$

式（5-96）表示单位源所产生的压降矩阵。第一行前 3 部分矩阵表示当压降计算点位于第 1 条裂缝时，第 1，2，3 条裂缝所产生的压降；第二行前 3 部分矩阵表示当压降计算点位于第 2 条裂缝时，第 1，2，3 条裂缝所产生的压降；第三行前 3 部分矩阵表示当压降计算点位于第 3 条裂缝时，第 1，2，3 条裂缝所产生的压降。矩阵右侧一列与最后一行为井底压力与质量守恒方程的预留部分系数位置。

根据式（5-94），下面以 3 条裂缝为例，说明顶底封闭径向无限大储层质量守恒方程与井底压力部分系数矩阵：

$$A_{\text{PwfQ}} = \begin{bmatrix} 0 & 0 & 0 & -1 \\ 0 & 0 & 0 & -1 \\ 0 & 0 & 0 & -1 \\ \Delta x_{\text{D1}}^{*} & \Delta x_{\text{D2}}^{*} & \Delta x_{\text{D2}}^{*} & 0 \end{bmatrix} \quad (5\text{-}97)$$

将式（5-95）～式（5-97）代入式（5-94）可得顶底封闭径向无限大储层多翼裂缝数值计算模型：

$$\left[\boldsymbol{A}_{\text{FracGrid}} + \boldsymbol{A}_{\text{InfGrid}} + \boldsymbol{A}_{\text{PwfQ}} \right] \begin{bmatrix} \overline{\boldsymbol{Q}_1} \\ \overline{\boldsymbol{Q}_2} \\ \overline{\boldsymbol{Q}_3} \\ \overline{p}_{\text{vD}} \end{bmatrix} = \begin{bmatrix} 0 \\ 0 \\ 0 \\ 1/s \end{bmatrix} \qquad (5\text{-}98)$$

5.4.2 顶底封闭径向封闭柱状储层与多翼裂缝耦合模型

对于无限导流垂直裂缝，裂缝壁面处压力相等，并且 $y_{\text{D}} = y_{\text{wD}}$，因此式（5-81）中的 $\overline{p}_{\text{fD}i}(x^*_{\text{D}i}, y^*_{\text{D}i}, s)$ 可以使用 3.1 节中的无限导流垂直裂缝模型解进行替代，但需要考虑非均匀流量的情况。下面以顶底封闭径向封闭柱状储层为例来进行说明。

由于式（2-3）已经得到了顶底封闭径向封闭柱状储层垂直方向线源解，因此，要得到完全射孔垂直裂缝井压力解，需要继续对式（2-3）在 x 方向对点源位置 $x^*_{\text{w}i}$ 从 0 到 $L_{\text{f}i}$ 进行积分，得到顶底封闭径向封闭柱状储层无限导流垂直裂缝井的试井数学模型：

$$\Delta \overline{p} = \frac{(\tilde{q}h)\mu}{2\pi ksh} \int_0^{L_{\text{f}i}} \left[K_0(r^*_i \sqrt{u}) + \frac{K_1(r^*_{\text{e}i} \sqrt{u})}{I_1(r^*_{\text{e}i} \sqrt{u})} I_0(r^*_{\text{D}i} \sqrt{u}) \right] \mathrm{d}x^*_{\text{w}i} \qquad (5\text{-}99)$$

其中：无因次压力定义为 $\overline{p}_{\text{D}} = \dfrac{2\pi kh}{(\tilde{q}hL_{\text{ref}})\mu} \Delta \overline{p}$，这里需要将原来的裂缝长度改为参考长度，因为多翼裂缝的每条裂缝长度不一定相等。

无因次参数的定义：

$$x^*_{\text{D}i} = \frac{x^*_i}{L_{\text{ref}}}, \quad y^*_{\text{D}i} = \frac{y^*_i}{L_{\text{ref}}}, \quad x^*_{\text{wD}i} = \frac{x^*_{\text{w}i}}{L_{\text{ref}}}, \quad y^*_{\text{wD}i} = \frac{y^*_{\text{w}i}}{L_{\text{ref}}}, \quad r^*_{\text{eD}i} = \frac{r^*_{\text{e}i}}{L_{\text{ref}}}$$

$$r^*_{\text{D}i} = \sqrt{(x^*_{\text{D}i} - x^*_{\text{wD}i})^2 + (y^*_{\text{D}i} - y^*_{\text{wD}i})^2}, \quad r^*_i = \sqrt{(x^*_i - x^*_{\text{w}i})^2 + (y^*_i - y^*_{\text{w}i})^2}$$

对于非恒定流量，$\tilde{q}h$ 不是常数，根据上述无因次参数的定义，将式（5-99）进行无因次化处理可得

$$\overline{p}_{\text{D}} = \int_0^{L_{\text{fD}i}} \overline{q}_{\text{fD}i}\left(x^*_{\text{wD}i}\right) \left[K_0\left(\sqrt{(x^*_{\text{D}i} - x^*_{\text{wD}i})^2} \sqrt{u}\right) + \frac{K_1\left(r^*_{\text{eD}i} \sqrt{u}\right)}{I_1\left(r^*_{\text{eD}i} \sqrt{u}\right)} I_0\left(\sqrt{(x^*_{\text{D}i} - x^*_{\text{wD}i})^2} \sqrt{u}\right) \right] \mathrm{d}x^*_{\text{wD}i} \qquad (5\text{-}100)$$

根据式（5-100），可得顶底封闭径向封闭柱状储层与多翼裂缝耦合模型的无限导流部分数值计算的系数矩阵：

$$A_{\inf\left((m,\,n)_{\text{FracGrid}},\,(i,\,j)_{\Delta p}\right)} = \int_{x^*_{\text{D}(m,\,n)}}^{x^*_{\text{D}(m,\,n+1)}} \left[K_0\left(r^*_{\text{D}i} \sqrt{u}\right) + \frac{K_1\left(r^*_{\text{eD}i} \sqrt{u}\right)}{I_1\left(r^*_{\text{eD}i} \sqrt{u}\right)} I_0\left(r^*_{\text{D}i} \sqrt{u}\right) \right] \mathrm{d}\alpha \qquad (5\text{-}101)$$

其中：下标 $(m, n)_{\text{FracGrid}}$ 表示裂缝与网格编号；$(i, j)_{\Delta p}$ 表示压降计算点的位置；$r^*_{\text{D}i} = \sqrt{(x^*_{\text{D}i(i,\,j)} - x^*_{\text{wD}i(m,\,n)})^2 + (y^*_{\text{D}i(i,\,j)} - y^*_{\text{wD}i(m,\,n)})^2}$。

5.4.3 顶底封闭径向定压柱状储层与多翼裂缝耦合模型

对于无限导流垂直裂缝，裂缝壁面处压力相等，并且 $y_D=y_{wD}$，因此式（5-81）中的 $\bar{p}_{fDi}(x^*_{Di}, y^*_{Di}, s)$ 可以使用 3.1 节中的无限导流垂直裂缝模型解进行替代，但需要考虑非均匀流量的情况。下面以顶底封闭径向定压柱状储层为例来进行说明。

由于式（2-5）已经得到了顶底封闭径向定压柱状储层垂直方向线源解，因此，要得到完全射孔垂直裂缝井压力解，需要继续对式（2-5）在 x 方向对点源位置 x^*_{wi} 从 0 到 L_{fi} 进行积分，得到顶底封闭径向定压柱状储层无限导流垂直裂缝井的试井数学模型：

$$\Delta\bar{p} = \frac{(\tilde{q}h)\mu}{2\pi k h s}\int_0^{L_{fi}}\left[K_0\left(r^*_i\sqrt{u}\right) - \frac{K_0\left(r^*_{ei}\sqrt{u}\right)}{I_0\left(r^*_{ei}\sqrt{u}\right)}I_0\left(r^*_i\sqrt{u}\right)\right]dx^*_{wi} \qquad （5-102）$$

其中：无因次压力定义为 $\bar{p}_D = \frac{2\pi k h}{(\tilde{q}hL_{ref})\mu}\Delta\bar{p}$，这里需要将原来的裂缝长度改为参考长度，因为多翼裂缝的每条裂缝长度不一定相等。

对于非恒定流量，$\tilde{q}h$ 不是常数，根据上述无因次参数的定义，将式（5-102）进行无因次化处理可得

$$\bar{p}_D = \int_0^{L_{fDi}}\bar{q}_{fDi}\left(x^*_{wDi}\right)\left[K_0\left(\sqrt{(x^*_{Di}-x^*_{wDi})^2}\sqrt{u}\right) - \frac{K_1\left(r^*_{eDi}\sqrt{u}\right)}{I_1\left(r^*_{eDi}\sqrt{u}\right)}I_0\left(\sqrt{(x^*_{Di}-x^*_{wDi})^2}\sqrt{u}\right)\right]dx^*_{wDi} \qquad （5-103）$$

根据式（5-103），可得顶底封闭径向定压柱状储层与多翼裂缝耦合模型的无限导流部分数值计算的系数矩阵：

$$A_{\inf\left((m,\ n)_{FracGrid},(i,\ j)_{\Delta p}\right)} = \int_{x^*_{D(m,\ n)}}^{x^*_{D(m,\ n+1)}}\left[K_0\left(r^*_{Di}\sqrt{u}\right) - \frac{K_0\left(r^*_{eDi}\sqrt{u}\right)}{I_0\left(r^*_{eDi}\sqrt{u}\right)}I_0\left(r^*_{Di}\sqrt{u}\right)\right]d\alpha \qquad （5-104）$$

其中：下标 $(m,\ n)_{FracGrid}$ 表示裂缝与网格编号；$(i,\ j)_{\Delta p}$ 表示压降计算点的位置；$r^*_{Di} = \sqrt{(x^*_{Di(i,\ j)}-x^*_{wDi(m,\ n)})^2 + (y^*_{Di(i,\ j)}-y^*_{wDi(m,\ n)})^2}$。

5.4.4 顶底定压径向无限大储层与多翼裂缝耦合模型

对于无限导流垂直裂缝，裂缝壁面处压力相等，并且 $y_D=y_{wD}$，因此式（5-81）中的 $\bar{p}_{fDi}(x^*_{Di}, y^*_{Di}, s)$ 可以使用 3.1 节中的无限导流垂直裂缝模型解进行替代，但需要考虑非均匀流量的情况。下面以顶底定压径向无限大储层为例来进行说明。

由于式（2-7）已经得到了顶底定压径向无限大储层垂直方向线源解，因此，要得到完全射孔垂直裂缝井压力解，需要继续对式（2-7）在 x 方向对点源位置 x^*_{wi} 从 0 到

L_{fi} 进行积分，得到顶底定压径向无限大储层无限导流垂直裂缝井的试井数学模型：

$$\Delta \bar{p} = \frac{2(\tilde{q}h)\mu}{\pi khs} \sum_{n=1}^{+\infty} \frac{1}{(2n-1)\pi} \sin\left[\frac{(2n-1)\pi z}{h}\right] \int_0^{L_{fi}} K_0 \left(r_i^* \sqrt{\frac{((2n-1)\pi)^2}{h^2} + u}\right) dx_{wi}^* \qquad （5-105）$$

其中：无因次压力定义为 $\bar{p}_D = \dfrac{2\pi kh}{(\tilde{q}hL_{ref})\mu} \Delta \bar{p}$，这里需要将原来的裂缝长度改为参考长度，因为多翼裂缝的每条裂缝长度不一定相等。

对于非恒定流量，$\tilde{q}h$ 不是常数，根据上述无因次参数的定义，将式（5-105）进行无因次化处理可得

$$\bar{p}_D = 4 \sum_{n=1}^{+\infty} \frac{1}{(2n-1)\pi} \sin\left[\frac{(2n-1)\pi z_D}{h_D}\right] \int_0^{L_{fDi}} \bar{q}_{fDi}(x_{wDi}^*) K_0 \left(r_{Di}^* \sqrt{\frac{((2n-1)\pi)^2}{h_D^2} + u}\right) dx_{wDi}^* \qquad （5-106）$$

根据式（5-106），可得顶底定压径向无限大储层与多翼裂缝耦合模型的无限导流部分数值计算的系数矩阵：

$$A_{\inf\left((m, n)_{FracGrid}, (i, j)_{\Delta p}\right)} = 4 \sum_{n=1}^{+\infty} \frac{1}{(2n-1)\pi} \left[\sin(2n-1)\pi \frac{z_D}{h_D} \right] \int_{x_{D(m, n)}^*}^{x_{D(m, n+1)}^*} K_0 \left(r_{Di}^* \sqrt{\frac{((2n-1)\pi)^2}{h_D^2} + u}\right) dx_{wDi}^* \qquad （5-107）$$

其中：下标 $(m, n)_{FracGrid}$ 表示裂缝与网格编号；$(i, j)_{\Delta p}$ 表示压降计算点的位置；$r_{Di}^* = \sqrt{(x_{Di(i, j)}^* - x_{wDi(m, n)}^*)^2 + (y_{Di(i, j)}^* - y_{wDi(m, n)}^*)^2}$。

5.4.5 顶底定压径向封闭柱状储层与多翼裂缝耦合模型

对于无限导流垂直裂缝，裂缝壁面处压力相等，并且 $y_D = y_{wD}$，因此式（5-81）中的 $\bar{p}_{fDi}(x_{Di}^*, y_{Di}^*, s)$ 可以使用 3.1 节中的无限导流垂直裂缝模型解进行替代，但需要考虑非均匀流量的情况。下面以顶底定压径向封闭柱状储层为例来进行说明。

由于式（2-10）已经得到了顶底定压径向封闭柱状储层垂直方向线源解，因此，要得到完全射孔垂直裂缝井压力解，需要继续对式（2-10）在 x 方向对点源位置 x_{wi}^* 从 0 到 L_{fi} 进行积分，得到顶底定压径向封闭柱状储层无限导流垂直裂缝井的试井数学模型：

$$\Delta \bar{p} = \frac{2(\tilde{q}h)\mu}{\pi khs} \sum_{n=1}^{+\infty} B \int_0^{L_{fi}} \left[K_0(Cr_i^*) + \frac{K_1(Cr_{ei}^*)}{I_1(Cr_{ei}^*)} I_0(Cr_i^*)\right] dx_{wi}^* \qquad （5-108）$$

其中：无因次压力定义为 $\bar{p}_D = \dfrac{2\pi kh}{(\tilde{q}hL_{ref})\mu} \Delta \bar{p}$；$B = \dfrac{1}{(2n-1)\pi} \sin\left[(2n-1)\pi \dfrac{z}{h}\right]$；$C = \sqrt{\dfrac{((2n-1)\pi)^2}{h^2} + u}$。

这里需要将原来的裂缝长度改为参考长度，因为多翼裂缝的每条裂缝长度不一定相等。

对于非恒定流量，$\tilde{q}h$ 不是常数，根据上述无因次参数的定义，将式（5-108）进行无因次化处理可得

$$\bar{p}_D = 4\sum_{n=1}^{+\infty}\frac{1}{(2n-1)\pi}\sin\left[(2n-1)\pi\frac{z_D}{h_D}\right]\int_0^{L_{fDi}}\bar{q}_{fDi}\left(x_{wDi}^*\right)\left[K_0(\varepsilon_n r_{Di}^*) + \frac{K_1(\varepsilon_n r_{eDi}^*)}{I_1(\varepsilon_n r_{eDi}^*)}I_0(\varepsilon_n r_{Di}^*)\right]dx_{wDi}^* \quad （5-109）$$

根据式（5-109），可得顶底定压径向封闭柱状储层与多翼裂缝耦合模型的无限导流部分数值计算的系数矩阵：

$$A_{\inf((m,\,n)_{FracGrid},(i,\,j)_{\Delta p})} = 4\sum_{n=1}^{+\infty}B\int_{x_{D(m,\,n)}^*}^{x_{D(m,\,n+1)}^*}\left[K_0(\varepsilon_n r_{Di}^*) + \frac{K_1(\varepsilon_n r_{eDi}^*)}{I_1(\varepsilon_n r_{eDi}^*)}I_0(\varepsilon_n r_{Di}^*)\right]dx_{wDi}^* \quad （5-110）$$

其中：$B = \dfrac{1}{(2n-1)\pi}\left[\sin(2n-1)\pi\dfrac{z_D}{h_D}\right]$；下标 $(m,\,n)_{FracGrid}$ 表示裂缝与网格编号；$(i,\,j)_{\Delta p}$ 表示压降计算点的位置；$r_{Di}^* = \sqrt{(x_{Di(i,\,j)}^* - x_{wDi(m,\,n)}^*)^2 + (y_{Di(i,\,j)}^* - y_{wDi(m,\,n)}^*)^2}$。

5.4.6 顶底定压径向定压柱状储层与多翼裂缝耦合模型

对于无限导流垂直裂缝，裂缝壁面处压力相等，并且 $y_D = y_{wD}$，因此式（5-81）中的 $\bar{p}_{fDi}(x_{Di}^*,\,y_{Di}^*,\,s)$ 可以使用 3.1 节中的无限导流垂直裂缝模型解进行替代，但需要考虑非均匀流量的情况。下面以顶底定压径向定压柱状储层为例来进行说明。

由于式（2-13）已经得到了顶底定压径向定压柱状储层垂直方向线源解，因此，要得到完全射孔垂直裂缝井压力解，需要继续对式（2-13）在 x 方向对点源位置 x_{wi}^* 从 0 到 L_{fi} 进行积分，得到顶底定压径向定压柱状储层无限导流垂直裂缝井的试井数学模型：

$$\Delta\bar{p} = \frac{2(\tilde{q}h)\mu}{\pi khs}\sum_{n=1}^{+\infty}B\int_0^{L_{fi}}\left[K_0(Cr_i^*) - \frac{K_0(Cr_{ei}^*)}{I_0(Cr_{ei}^*)}I_0(Cr_i^*)\right]dx_{wi}^* \quad （5-111）$$

其中：无因次压力定义为 $\bar{p}_D = \dfrac{2\pi kh}{(\tilde{q}hL_{ref})\mu}\Delta\bar{p}$；$B = \dfrac{1}{(2n-1)\pi}\left[\sin(2n-1)\pi\dfrac{z}{h}\right]$；$C = \sqrt{\dfrac{((2n-1)\pi)^2}{h^2} + u}$。

这里需要将原来的裂缝长度改为参考长度，因为多翼裂缝的每条裂缝长度不一定相等。

对于非恒定流量，$\tilde{q}h$ 不是常数，根据上述无因次参数的定义，将式（5-111）进行无因次化处理可得

$$\bar{p}_D = 4\sum_{n=1}^{+\infty}B\int_0^{L_{fDi}}\bar{q}_{fDi}\left(x_{wDi}^*\right)\left[K_0(\varepsilon_n r_{Di}^*) - \frac{K_0(\varepsilon_n r_{eDi}^*)}{I_0(\varepsilon_n r_{eDi}^*)}I_0(\varepsilon_n r_{Di}^*)\right]dx_{wDi}^* \quad （5-112）$$

其中：$B = \dfrac{1}{(2n-1)\pi}\left[\sin(2n-1)\pi\dfrac{z_D}{h_D}\right]$。

根据式（5-112），可得顶底定压径向定压柱状储层与多翼裂缝耦合模型的无限导

流部分数值计算的系数矩阵：

$$A_{\inf\left((m,\,n)_{\text{FracGrid}}(i,\,j)_{\Delta p}\right)} = 4\sum_{n=1}^{+\infty} B \int_{x_{D(m,\,n)}^*}^{x_{D(m,\,n+1)}^*} \left[K_0(\varepsilon_n r_{Di}^*) - \frac{K_0(\varepsilon_n r_{eDi}^*)}{I_0(\varepsilon_n r_{eDi}^*)} I_0(\varepsilon_n r_{Di}^*) \right] dx_{wDi}^* \qquad (5-113)$$

其中：$B = \dfrac{1}{(2n-1)\pi}\left[\sin(2n-1)\pi\dfrac{z_D}{h_D} \right]$；下标 $(m,\,n)_{\text{FracGrid}}$ 表示裂缝与网格编号；$(i,\,j)_{\Delta p}$ 表示压降计算点的位置；$r_{Di}^* = \sqrt{(x_{Di(i,\,j)}^* - x_{wDi(m,\,n)}^*)^2 + (y_{Di(i,\,j)}^* - y_{wDi(m,\,n)}^*)^2}$。

5.4.7 顶底封闭 x、y 方向封闭盒状储层与多翼裂缝耦合模型

对于无限导流垂直裂缝，裂缝壁面处压力相等，并且 $y_D = y_{wD}$，因此式（5-81）中的 $\bar{p}_{fDi}(x_{Di}^*, y_{Di}^*, s)$ 可以使用 3.1 节中的无限导流垂直裂缝模型解进行替代，但需要考虑非均匀流量的情况。下面以顶底封闭 x、y 方向封闭盒状储层为例来进行说明。

由于式（2-21）已经得到了顶底封闭 x、y 方向封闭盒状储层垂直方向线源解，因此，要得到完全射孔垂直裂缝井压力解，需要继续对式（2-21）在 x 方向对点源位置 x_{wi}^* 从 x_{wi}^* 到 $x_{wi}^* + L_{fi}$ 进行积分，得到顶底封闭 x、y 方向封闭盒状储层垂直裂缝井的试井数学模型：

$$\Delta\bar{p} = \frac{(\tilde{q}hL_{\text{ref}})\mu}{2kh_D x_{eD} L_{\text{ref}} s}\left\{ \frac{\cosh\left[\sqrt{u}\left(y_{eD}^* - |y_{D1}^*|\right)\right] + \cosh\left[\sqrt{u}\left(y_{eD}^* - |y_{D2}^*|\right)\right]}{\sqrt{u}\sinh(y_{eD}^*\sqrt{u})}L_{fDi} + \right.$$
$$4\sum_{k=1}^{+\infty}\left\{ \frac{x_{eD}^*}{\pi k}\cos\left(\pi k\frac{x_D^*}{x_{eD}^*}\right)\cos\left(\pi k\frac{2x_{wDi}^* + L_{fDi}}{2x_{eD}^*}\right)\sin\left(\pi k\frac{L_{fDi}}{2x_{eD}^*}\right)\cdot \right. \qquad (5-114)$$
$$\left.\left. \frac{\cosh\left[\varepsilon_k\left(y_{eD}^* - |y_{D1}^*|\right)\right] + \cosh\left[\varepsilon_k\left(y_{eD}^* - |y_{D2}^*|\right)\right]}{\varepsilon_k\sinh(y_{eD}^*\varepsilon_k)} \right\}\right\}$$

其中：无因次压力定义为 $\bar{p}_D = \dfrac{2\pi kh}{(\tilde{q}hL_{\text{ref}})\mu}\Delta\bar{p}$。这里需要将原来的裂缝长度改为参考长度，因为多翼裂缝的每条裂缝长度不一定相等。

对于非恒定流量，$\tilde{q}h$ 不是常数，根据上述无因次参数的定义，将式（5-114）进行无因次化处理可得

$$\bar{p}_D = \frac{\pi}{x_{eD}}\left\{ \frac{q_{fDi}}{s}\frac{\cosh\left[\sqrt{u}\left(y_{eD}^* - |y_{D1}^*|\right)\right] + \cosh\left[\sqrt{u}\left(y_{eD}^* - |y_{D2}^*|\right)\right]}{\sqrt{u}\sinh(y_{eD}^*\sqrt{u})}L_{fDi} + \right.$$
$$4\frac{q_{fDi}}{s}\sum_{k=1}^{+\infty}\left\{ \frac{x_{eD}^*}{\pi k}\cos\left(\pi k\frac{x_D^*}{x_{eD}^*}\right)\cos\left(\pi k\frac{2x_{wDi}^* + L_{fDi}}{2x_{eD}^*}\right)\sin\left(\pi k\frac{L_{fDi}}{2x_{eD}^*}\right)\cdot \right. \qquad (5-115)$$
$$\left.\left. \frac{\cosh\left[\varepsilon_k\left(y_{eD}^* - |y_{D1}^*|\right)\right] + \cosh\left[\varepsilon_k\left(y_{eD}^* - |y_{D2}^*|\right)\right]}{\varepsilon_k\sinh(y_{eD}^*\varepsilon_k)} \right\}\right\}$$

根据式（5-115），可得顶底封闭 x、y 方向封闭盒状储层与多翼裂缝耦合模型的无限导流部分数值计算的系数矩阵：

$$A_{\inf\left((m,\ n)_{\text{FracGrid}},(i,\ j)_{\Delta p}\right)}=\frac{\pi}{x_{\text{eD}}^*}\left\{\frac{\cosh\left[\sqrt{u}\left(y_{\text{eD}}^*-\left|y_{\text{D1}}^*\right|\right)\right]+\cosh\left[\sqrt{u}\left(y_{\text{eD}}^*-\left|y_{\text{D2}}^*\right|\right)\right]}{\sqrt{u}\sinh(y_{\text{eD}}^*\sqrt{u})}B+\right.$$
$$\left.4\sum_{k=1}^{+\infty}C\frac{\cosh\left[\varepsilon_k\left(y_{\text{eD}}^*-\left|y_{\text{D1}}^*\right|\right)\right]+\cosh\left[\varepsilon_k\left(y_{\text{eD}}^*-\left|y_{\text{D2}}^*\right|\right)\right]}{\varepsilon_k\sinh(y_{\text{eD}}^*\varepsilon_k)}\right\}$$

（5-116）

其中：$B=\left[x_{\text{wD}(m,\ n+1)}^*-x_{\text{wD}(m,\ n)}^*\right]$；$C=\frac{x_{\text{eD}}^*}{\pi k}\cos\left[\pi k\frac{x_{\text{mD}(i,\ j)}^*}{x_{\text{eD}}^*}\right]\cos\left[\pi k\frac{x_{\text{wD}(m,\ n+1)}^*+x_{\text{wD}(m,\ n)}^*}{2x_{\text{eD}}^*}\right]$.

$\sin\left[\pi k\frac{x_{\text{wD}(m,\ n+1)}^*+x_{\text{wD}(m,\ n)}^*}{2x_{\text{eD}}^*}\right]$；下标 $(m,\ n)_{\text{FracGrid}}$ 表示裂缝与网格编号；$(i,\ j)_{\Delta p}$ 表示压降计算点的位置；$r_{\text{D}i}^*=\sqrt{(x_{\text{D}i(i,\ j)}^*-x_{\text{wD}i(m,\ n)}^*)^2+(y_{\text{D}i(i,\ j)}^*-y_{\text{wD}i(m,\ n)}^*)^2}$。

5.5 多翼不对称裂缝偏心井渗流数学模型

5.5.1 几何模型与基本假设

储层由裂缝系统和基质系统组成。井不在储层的中心位置，天然裂缝或水力压裂的裂缝在井筒两侧的长度不相等，储层、井位以及裂缝的几何模型如图 5-4 所示。模型的建立与求解过程中的基本假设条件：井以定产量 q_{sc} 生产；井到储层中心的距离为 r_{oD}，即偏心距；裂缝与 x 轴的夹角为 θ_{F}；井到裂缝中心的距离为 x_{asym}；裂缝中的渗流与储层中的渗流均服从等温达西定律；储层外边界条件为封闭外边界。

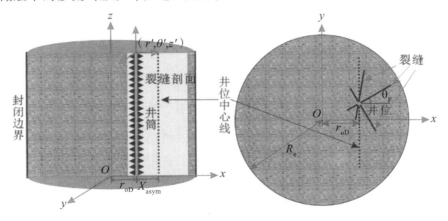

图 5-4 不对称裂缝压裂偏心直井的几何模型示意图

5.5.2 多翼裂缝偏心井的试井数学模型及其解

1. 偏心井试井数学模型的线源解

点源函数法是求解复杂水力压裂裂缝压力分布的主要方法。当井位于储层中心时，可以通过点源函数的叠加原理，得到中心井井底压力的线源解，然后对线源解沿着裂缝方向进行积分，可以得到无限导流垂直裂缝井压力的面源解，这里只考虑了流体的径向流动。若井不在储层中心，流体的流动不仅仅是径向流动，则在建立水力压裂偏心井试井数学模型之前，研究偏心井的线性源函数是非常重要的环节。假设偏心井的线源位置在以储层为中心的全局坐标系（r', θ', z'）中。根据文献 [29–30] 的研究结果，在 Laplace 空间柱坐标系中偏心井二维渗流无因次控制方程[23,31]可由式（5–117）表示：

$$\frac{1}{r_{\mathrm{D}}}\frac{\partial}{\partial r_{\mathrm{D}}}\left(r_{\mathrm{D}}\frac{\partial \bar{P}_{\mathrm{fD}}}{\partial r_{\mathrm{D}}}\right)+\frac{\partial}{\partial \theta}\left(\frac{\partial \bar{P}_{\mathrm{fD}}}{\partial \theta}\right)-s\bar{P}_{\mathrm{fD}}=\frac{2\pi L_{\mathrm{ref}}^{2}}{L_{\mathrm{f}}r_{\mathrm{D}}}\delta(\theta-\theta')\delta(r-r') \tag{5–117}$$

控制方程式（5–117）的解[29]可表示为

$$\bar{P}_{\mathrm{fD}}=P+E \tag{5–118}$$

其中，P 是井位于储层中心的线源解，在文献 [34] 中已给出，该解容易获得。选择 E 时，$P+E$ 应该满足控制方程的外边界条件，并且在偏心井的位置处，E 的贡献值应该趋近于 0。根据文献 [32] 的研究结果，中心井线源解表示如下：

$$P=\frac{\mu\bar{q}}{2\pi k_{\mathrm{f}}h_{\mathrm{D}}L_{\mathrm{ref}}}\left[K_{0}\left(R_{\mathrm{GD}}\sqrt{f(s)}\right)+DI_{0}\left(R_{\mathrm{GD}}\sqrt{f(s)}\right)\right] \tag{5–119}$$

其中：$R_{\mathrm{GD}}=\sqrt{r_{\mathrm{GD}}^{2}+r_{\mathrm{GfD}}^{2}-2r_{\mathrm{GD}}r_{\mathrm{GfD}}\cos(\theta-\theta_{\mathrm{GF}})}$，$R_{\mathrm{GD}}$ 表示在全局坐标系（以储层为中心的坐标系）中压降计算点到线源的距离。

Bessel 函数加法定理[31]可表示为式（5–120）和式（5–121）。

$$I_{0}(aR_{\mathrm{GD}})=\sum_{n=-\infty}^{+\infty}(-1)^{n}I_{n}(ar_{\mathrm{GD}})I_{n}(ar_{\mathrm{GfD}})\cos\left[n(\theta-\theta_{\mathrm{GF}})\right] \tag{5–120}$$

$$K_{0}(aR_{\mathrm{GD}})=\begin{cases}\displaystyle\sum_{n=-\infty}^{+\infty}I_{n}(ar_{\mathrm{GD}})K_{n}(ar_{\mathrm{GfD}})\cos\left[n(\theta-\theta_{\mathrm{GF}})\right], & r_{\mathrm{GD}}<r_{\mathrm{GfD}}\\\displaystyle\sum_{n=-\infty}^{+\infty}I_{n}(ar_{\mathrm{GfD}})K_{n}(ar_{\mathrm{GD}})\cos\left[n(\theta-\theta_{\mathrm{GF}})\right], & r_{\mathrm{GD}}\geqslant r_{\mathrm{GfD}}\end{cases} \tag{5–121}$$

根据 Bessel 函数加法定理，该加法定理也可以根据 Bessel 函数的生成函数进行推导，若压降的计算点在边界上，其距离比裂缝上的点距储层中心的距离大，因此在展开式（5–119）时采用式（5–121）第二部分的表达式。反之，则采用式（5–121）第一部分的表达式展开。将式（5–119）展开可表示为

$$P = \frac{1}{2s}\left\{ I_0(ar_{GD})K_0(ar_{GfD}) + 2\sum_{n=1}^{+\infty} I_n(ar_{GD})K_n(ar_{GfD})\cos\left[n(\theta-\theta_{GF})\right] + \right.$$
$$\left. DI_0(ar_{GD})I_0(ar_{GfD}) + 2D\sum_{n=1}^{+\infty} I_n(ar_{GD})I_n(ar_{GfD})\cos\left[n(\theta-\theta_{GF})\right] \right\}(r_{GD} < r_{GfD}) \qquad (5-122)$$

其中：$a=\sqrt{s}$。根据式（5-119）和式（5-122），当井不在储层中心时，将式（5-122）中系数 D 变为变系数，通过边界条件选择 D 使其满足外边界的控制条件，并且当压力的计算点趋近于点源时，与系数 D 相关部分对产量的贡献值要趋近于 0，这样既满足了井底定产条件，也满足了外边界条件。因此其线源解可写成：

$$\bar{P}_{fD} = \frac{1}{2s}\left\{ I_0(ar_{GD})K_0(ar_{GfD}) + 2\sum_{n=1}^{+\infty} I_n(ar_{GD})K_n(ar_{GfD})\cos\left[n(\theta-\theta_{GF})\right] + \right.$$
$$\left. D_0 I_0(ar_{GD})I_0(ar_{GfD}) + 2\sum_{n=1}^{+\infty} D_n I_n(ar_{GD})I_n(ar_{GfD})\cos\left[n(\theta-\theta_{GF})\right] \right\}(r_{GD} < r_{GfD}) \qquad (5-123)$$

对于圆形封闭边界：

$$\left.\frac{\partial \bar{P}_{fD}}{\partial r_D}\right|_{r_D=r_{eD}} = 0 \qquad (5-124)$$

对于圆形定压边界：

$$\left.\bar{P}_{fD}\right|_{r_D=r_{eD}} = 0 \qquad (5-125)$$

将式（5-123）代入式（5-124）和式（5-125），解得圆形封闭边界和定压边界对应的系数 D_n：

$$D_n = \begin{cases} -\dfrac{K_n'(ar_{eD})}{I_n'(ar_{eD})} \\[3mm] -\dfrac{K_n(ar_{eD})}{I_n(ar_{eD})} \end{cases} \quad (n=0,1,2\cdots) \qquad (5-126)$$

考虑 Bessel 函数的导数关系：

$$I_{n-1}(z) + I_{n+1}(z) = 2\frac{d}{dz}I_n(z) \qquad (5-127)$$

$$K_{n-1}(z) + K_{n+1}(z) = -2\frac{d}{dz}K_n(z) \qquad (5-128)$$

则式子（5-126）可表示为

$$D_n = \begin{cases} \dfrac{K_{n-1}(ar_{eD}) + K_{n+1}(ar_{eD})}{I_{n-1}(ar_{eD}) + I_{n+1}(ar_{eD})} \\[3mm] -\dfrac{K_n(ar_{eD})}{I_n(ar_{eD})} \end{cases} \quad (n=0,1,2\cdots) \qquad (5-129)$$

2. 偏心井试井数学模型的面源解

将式（5-129）代入式（5-123），考虑到每条裂缝的流量为非均匀流量，将每条裂缝的流量变换到 Laplace 空间，并沿第 i 条裂缝方向对点源进行积分，得到第 i 条裂缝非均匀流量的面源解。

$$\bar{P}_{fD(i)} = \frac{1}{2} \int_{L_{fD(i)}} \bar{\bar{q}}_{D(i)} \Big\{ I_0\big(ar_{GD(i)}\big) K_0\big(ar_{GfD(i)}\big) + 2\sum_{n=1}^{+\infty} I_n\big(ar_{GD(i)}\big) K_n\big(ar_{GfD(i)}\big) \cos\big[n\big(\theta - \theta_{GF(i)}\big)\big] +$$

$$D_0 I_0\big(ar_{GD(i)}\big) I_0\big(ar_{GfD(i)}\big) + 2\sum_{n=1}^{+\infty} D_n I_n\big(ar_{GD(i)}\big) I_n\big(ar_{GfD(i)}\big) \cos\big[n\big(\theta - \theta_{GF(i)}\big)\big] \Big\} dL_{fD(i)} \big(r_{GfD(i)} > r_{GD(i)}\big) \qquad (5\text{-}130)$$

然而，直接积分式（5-130）是非常困难的。但根据图 5-4 的几何模型，可以得到压力计算点与压裂直井点源的位置关系如图 5-5 所示。当井的位置与裂缝的几何形态确定之后，计算点的压力只与裂缝上的压降生产点有关。

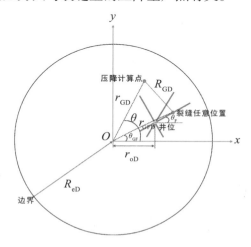

图 5-5　压降计算点与点源的位置关系

根据图 5-5 井与裂缝的位置关系，借助正弦定理，可得无因次半径、无因次偏心距以及裂缝与水平方向的夹角存在以下数学关系，可由式（5-131）表示：

$$r_{GfD(i)} = r_{oD} \frac{\sin\theta_{F(i)}}{\sin\big(\theta_{F(i)} - \theta_{GF(i)}\big)} \quad \big(\theta_{F(i)} \neq 0, \pi\big) \qquad (5\text{-}131)$$

式（5-130）积分方程中含有 Bessel 函数，其表达式非常复杂，根据文献 [29] 中处理对称裂缝的方法，对裂缝单元进行离散（图 5-6）。每个离散裂缝单元可以看成一个计算对象，其流量为定值。结合质量守恒方程，可对压力方程和流量方程联立进行求解。将每条水力压裂裂缝划分为 $2N$ 个单元，井眼左侧裂缝和井眼右侧裂缝的网格数均为 N，则在局部坐标系（以井为中心的坐标系）中裂缝网格端点的无因次半径可由式（5-132）表示。

$$r_{LfD(i,\,j)} = \begin{cases} L_{fD(i),\,\text{left}} \dfrac{(N-j+1)}{N} (1 \leq j \leq N+1) \\[2mm] L_{fD(i),\,\text{right}} \dfrac{(j-N-1)}{N} (N+1 \leq j \leq 2N+1) \end{cases} \qquad (5\text{-}132)$$

离散裂缝网格中点在局部坐标系中的半径可由式（5-133）表示。

$$r_{\text{LMfD}(i,\,j)} = \frac{r_{\text{LfD}(i,\,j)} + r_{\text{LfD}(i,\,j+1)}}{2} \quad (1 \leqslant j \leqslant 2N) \tag{5-133}$$

离散裂缝网格端点的坐标在全局坐标系（以储层为中心的坐标系）中的半径与角度可由式（5-134）表示。

$$\begin{cases} r_{\text{GfD}(i,\,j)} = \sqrt{r_{\text{oD}}^2 + r_{\text{LfD}(i,\,j)}^{\,2} - 2r_{\text{oD}}r_{\text{LfD}(i,\,j)}\cos\left[\pi - \theta_{\text{F}(i)}\right]} \\[2mm] \theta_{\text{GF}(i,\,j)} = \tan^{-1}\dfrac{r_{\text{LfD}(i,\,j)}\sin\theta_{\text{F}(i)}}{r_{\text{oD}} + r_{\text{LfD}(i,\,j)}\cos\theta_{\text{F}(i)}} \end{cases} \tag{5-134}$$

离散裂缝网格中点的坐标在全局坐标系中的半径和角度可由式（5-135）表示。

$$\begin{cases} r_{\text{GMfD}(i,\,j)} = \sqrt{r_{\text{oD}}^2 + r_{\text{LMfD}(i,\,j)}^{\,2} - 2r_{\text{oD}}r_{\text{LMfD}(i,\,j)}\cos\left[\pi - \theta_{\text{F}(i)}\right]} \\[2mm] \theta_{\text{GMF}(i,\,j)} = \tan^{-1}\dfrac{r_{\text{LMfD}(i,\,j)}\sin\theta_{\text{F}(i)}}{r_{\text{oD}} + r_{\text{LMfD}(i,\,j)}\cos\theta_{\text{F}(i)}} \end{cases} \tag{5-135}$$

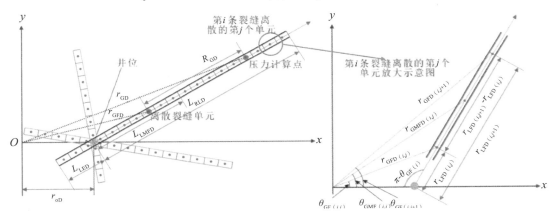

图 5-6　裂缝单元的离散方案

根据图 5-6 裂缝单元的离散方案，若条件满足式（5-130），进行同样的处理，则第 i 条裂缝第 j 个裂缝单元的无因次压降由式（5-136）表示。

$$\begin{aligned} \bar{P}_{\text{fD}(i,\,j)} = {}&\frac{1}{2}\int_{r_{\text{LfD}(i,\,j)}}^{r_{\text{LfD}(i,\,j+1)}} \bar{\bar{q}}_{\text{D}(i,\,j)}\Big\{ I_0\big(ar_{\text{LMfD}(i,\,j)}\big)K_0\big(ar_{\text{LfD}}\big) + 2\sum_{n=1}^{+\infty} I_n\big(ar_{\text{LMfD}(i,\,j)}\big)K_n\big(ar_{\text{LfD}}\big)\cos\Big[n\big(\theta_{\text{GMF}(i,\,j)} - \theta(r_{\text{LfD}})\big)\Big] + \\ &D_0 I_0\big(ar_{\text{LMfD}(i,\,j)}\big)I_0\big(ar_{\text{LfD}}\big) + 2\sum_{n=1}^{+\infty} D_n I_n\big(ar_{\text{LMfD}(i,\,j)}\big)I_n\big(ar_{\text{LfD}}\big)\cos\Big[n\big(\theta_{\text{GMF}(i,\,j)} - \theta(r_{\text{LfD}})\big)\Big]\Big\}\mathrm{d}r_{\text{LfD}} \quad \big(r_{\text{LMfD}(i,\,j)} < r_{\text{LfD}}\big) \end{aligned} \tag{5-136}$$

式（5-136）表示当 $r_{\text{LMfD}(i,\,j)} < r_{\text{LfD}}$ 时，第 i 条裂缝第 j 个裂缝单元压降的计算。对于 $r_{\text{LMfD}(i,\,j)} > r_{\text{LfD}}$ 的情况，参照式（5-130）处理即可。在局部坐标系中裂缝单元中点 $r_{\text{LMfD}(i,\,j)}$ 的值可由式（5-133）确定。积分的上下限分别由局部坐标系中裂缝单元的起点半径 $r_{\text{LfD}(i,\,j)}$ 和终点半径 $r_{\text{LfD}(i,\,j+1)}$ 表示，裂缝单元的起点半径与终点半径可由式（5-132）确定。

式（5–136）中的系数 D_n 含有全局坐标系中的参数无因次外边界半径，因此在对式（5–136）进行积分时，既有局部坐标系中的参数，也有全局坐标系中的参数，为了参数的统一，可以通过式（5–134）和式（5–135）将局部坐标系中的参数转换到全局坐标系中。但局部坐标系中的积分变量 r_{LfD} 转换到全局坐标系中积分变量 r_{GfD} 时，既可以用积分点在全局坐标系中的半径表示，也可以用角度表示。本书先将局部坐标系中的积分变量 r_{LfD} 转换到全局坐标系中的积分变量 r_{GfD}，再根据极坐标系中半径与角度的微分关系转换为对角度的积分。通过上述分析，将式（5–136）中的局部坐标系中的积分变量 r_{LfD} 转换到全局坐标系的积分变量 r_{GfD} 可由式（5–137）表示。

$$\overline{P}_{fD(i,\,j)} = \frac{1}{2}\int_{r_{GfD(i,\,j)}}^{r_{GfD(i,\,j+1)}} \overline{q}_{D(i,\,j)}\left\{I_0\left(ar_{GMfD(i,\,j)}\right)K_0\left(ar_{GfD}\right) + 2\sum_{n=1}^{+\infty}I_n\left(ar_{GMfD(i,\,j)}\right)K_n\left(ar_{GfD}\right)\cos\left[n\left(\theta_{GMF(i,\,j)} - \theta_{GF}\left(r_{GfD}\right)\right)\right] + \right.$$
$$\left. D_0 I_0\left(ar_{GMfD(i,\,j)}\right)I_0\left(ar_{GfD}\right) + 2\sum_{n=1}^{+\infty}D_n I_n\left(ar_{GMfD(i,\,j)}\right)I_n\left(ar_{GfD}\right)\cos\left[n\left(\theta_{GMF(i,\,j)} - \theta_{GF}\left(r_{GfD}\right)\right)\right]\right\}dr_{GfD}\left(r_{GMfD(i,\,j)} < r_{GfD}\right)$$

$$(5\text{–}137)$$

式（5–137）表示全局坐标系中对半径积分的形式。若裂缝与 x 轴的夹角为 0 或 π，则采用式（5–137）直接对全局坐标系中的半径积分即可，否则，将全局坐标系中对半径的积分形式转化为对角度的积分。这里需要考虑极坐标系中弧长与角度的微分关系，整理式（5–137）可得

$$\overline{P}_{fD(i,\,j)} = \frac{1}{2}\int_{\theta_{GF(i,\,j)}}^{\theta_{GF(i,\,j+1)}} C\left(\theta_{GF}\right)\overline{q}_{D(i,\,j)}\left\{I_0\left(ar_{GMfD(i,\,j)}\right)K_0\left(ar_{GfD}\right) + 2\sum_{n=1}^{+\infty}I_n\left(ar_{GMfD(i,\,j)}\right)K_n\left(ar_{GfD}\right)\cos\left[n\left(\theta_{GMF(i,\,j)} - \theta_{GF}\right)\right] + \right.$$
$$\left. D_0 I_0\left(ar_{GMfD(i,\,j)}\right)I_0\left(ar_{GfD}\right) + 2\sum_{n=1}^{+\infty}D_n I_n\left(ar_{GMfD(i,\,j)}\right)I_n\left(ar_{GfD}\right)\cos\left[n\left(\theta_{GMF(i,\,j)} - \theta_{GF}\right)\right]\right\}d\theta_{GF}\left(r_{GMfD(i,\,j)} < r_{GfD}\right)$$

$$(5\text{–}138)$$

其中：$C\left(\theta_{GF}\right) = \dfrac{r_{oD}\sin\theta_F}{\left[sin\left(\theta_F - \theta_{GF}\right)\right]^2}$。

将第 i 条裂缝的所有裂缝单元的压降进行叠加，可得第 i 条无限导流不对称裂缝偏心直井的井底压降：

$$\overline{P}_{fD(i)} = \sum_{j=1}^{2N}\overline{P}_{fD(i,\,j)} \tag{5–139}$$

3. 储层与裂缝的耦合模型

裂缝的流体流动仅被视为线性流动。水力裂缝的两翼长度不相等。裂缝两端无流体流动。根据文献 [9] 的研究结果，结合 5.1 节多翼裂缝的 Green 函数的求解过程，储层与第 i 条裂缝流动耦合关系可表示为

$$\overline{P}_{fD(i)}\left(r_{GfD(i)},\ s\right) = \overline{P}_{fD(i),\ avg} + \frac{\pi}{C_{fD(i)}}\int_{-x_{fD(i)}}^{x_{fD(i)}} G_{(i)}\left(r',\ r_{LfD(i)}\right)\overline{q}_{D(i)}\left(r',\ s\right)dr' - \frac{2\pi}{sC_{fD(i)}}G_{(i)}\left(x_{asymD(i)},\ r_{LfD(i)}\right) \tag{5–140}$$

其中：$\overline{P}_{fD(i),\ avg} = \dfrac{1}{2}\int_{-x_{fD(i)}}^{x_{fD(i)}}\overline{P}_{fD(i)}\left(r',\ s\right)dr'$。式（5–140）的左端表示流体在裂缝中的流动部分，

右端表示无限导流储层流体流动部分。将式（5-140）中裂缝的部分进行离散，离散后可由式（5-141）的线性方程组表示。

$$\sum_{i=1}^{M}\sum_{j=1}^{2N}\frac{1}{2}\int_{\theta_{\mathrm{GF}(i,j)}}^{\theta_{\mathrm{GF}(i,j+1)}}C\left(\theta_{\mathrm{GF}}\right)\bar{\bar{q}}_{\mathrm{D}(i,j)}\Big\{I_0\left(ar_{\mathrm{GMfD}(i,j)}\right)K_0\left(ar_{\mathrm{GfD}}\right)+$$

$$2\sum_{n=1}^{+\infty}I_n\left(ar_{\mathrm{GMfD}(i,j)}\right)K_n\left(ar_{\mathrm{GfD}}\right)\cos\left[n\left(\theta_{\mathrm{GMF}(i,j)}-\theta_{\mathrm{GF}}\right)\right]+D_0I_0\left(ar_{\mathrm{GMfD}(i,j)}\right)I_0\left(ar_{\mathrm{GfD}}\right)+$$

$$2\sum_{n=1}^{+\infty}D_nI_n\left(ar_{\mathrm{GMfD}(i,j)}\right)I_n\left(ar_{\mathrm{GfD}}\right)\cos\left[n\left(\theta_{\mathrm{GMF}(i,j)}-\theta_{\mathrm{GF}}\right)\right]\Big\}\mathrm{d}\theta_{\mathrm{GF}}$$

$$=\bar{P}_{\mathrm{fD,avg}}+\sum_{i=1}^{M}\frac{\pi}{C_{\mathrm{fD}(i)}}\sum_{j=1}^{2N}\bar{\bar{q}}_{\mathrm{D}(i,j)}\int_{r_{\mathrm{LfD}(i,j)}}^{r_{\mathrm{LfD}(i,j+1)}}G_{(i)}\left(r',\ r_{\mathrm{LMfD}(i,j)}\right)\mathrm{d}r'-\frac{2\pi}{sC_{\mathrm{fD}(i)}}G_{(i)}\left(x_{\mathrm{asymD}(i)},\ r_{\mathrm{LMfD}(i,j)}\right)\left(r_{\mathrm{GMfD}(i,j)}<r_{\mathrm{GfD}}\right)$$

$$（5-141）$$

其中：$1\leqslant i\leqslant M,1\leqslant j\leqslant 2N$，$\bar{P}_{\mathrm{fD,avg}}=\sum_{i=1}^{M}\bar{P}_{\mathrm{fD}(i),\ \mathrm{avg}}\Big/M$。

根据流量的质量守恒定理可得

$$\sum_{i=1}^{M}\sum_{j=1}^{2N}\bar{\bar{q}}_{\mathrm{D}(i,j)}\left(r_{\mathrm{LMfD}(i,j+1)}-r_{\mathrm{LMfD}(i,j)}\right)=\frac{1}{s}\qquad（5-142）$$

裂缝单元单位长度的面流量 $\bar{\bar{q}}_{\mathrm{D}(i,j)}$ 与裂缝的平均压力 $\bar{P}_{\mathrm{fD,avg}}$ 通过线性方程组式（5-141）和式（5-142）的联立求解可得。但井底压力是不能直接计算出来的。将裂缝单位长度面流量 $\bar{\bar{q}}_{\mathrm{D}(i,j)}$ 与裂缝的平均压力 $\bar{P}_{\mathrm{fD,avg}}$ 代入式（5-140），并且取 $r_{\mathrm{LfD}(i)}=x_{\mathrm{asymD}(i)}$，即可得到有限导流不对称裂缝偏心压裂直井无因次井底压力。

5.5.3 模型的验证与结果分析

1. 模型的验证

在进行井底压力与产量分析之前，需要验证模型的准确性。借助储层动态分析 Kappa Workstation 的数值试井分析 Spahir 模块，建立柱坐标中单纯介质储层封闭边界的不对称裂缝压裂偏心井的数值模型。数值试井计算时暂不考虑井筒储集效应及表皮效应的影响（若井筒储集效应及表皮效应不合理，则会引起计算的数值波动）。实际模型的基本参数：储层厚度为 10 m；储层渗透率为 18.42 μm²；储层外边界半径为 2 000 m；偏心距为 1 200 m；储层的孔隙度为 10%；储层综合压缩系数为 0.000 1 MPa⁻¹；储层温度为 100℃；原油的体积系数为 1.02；井的产量为 100 m³/d；两条裂缝的导流能力均为 9 210 μm²·m，即每条裂缝的无因次导流能力 C_{FD}=5；第一条裂缝与水平方向的夹角为 0；裂缝的两翼等长，均为 100 m；第二条裂缝与水平方向的夹角为 $\frac{\pi}{2}$；裂缝的两翼长度不相等，北向裂缝长度为 50 m，南向裂缝长度为 150 m。在解析计算时无因次井储系数 C_{D}=0.000 1，表皮系数 S=0.01。裂缝与井的几何数值模型如图 5-7（a）所示，裂缝几何形态如图 5-7（b）所示。

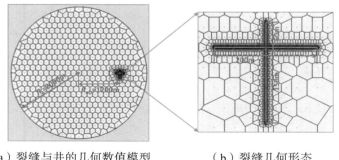

（a）裂缝与井的几何数值模型　　　　（b）裂缝几何形态

图 5-7　偏心裂缝井的数值模型

　　根据上述参数，借助储层动态分析 Kappa Workstation 的数值试井分析 Spahir 模块数值试井计算了无因次井底压力与无因次时间，同时也根据式（5-137）的计算得到了半解析解的理论曲线，如图 5-8 所示。由图 5-8 可以看出，数值试井计算的结果与理论半解析解反演的结果一致。然后对井底压力变化特征进行了分析，它主要划分为 8 个流动阶段，各阶段的井底压力导数曲线特征如图 5-8 所示。第一阶段：井筒储集效应响应阶段，井底压力与压力导数曲线重合，且呈斜率为 1 的直线；第二阶段：表皮效应响应阶段，井底压力导数曲线呈"驼峰"形；第三阶段：储层与裂缝的双线性流响应阶段，井底压力导数曲线呈斜率为 1/4 的直线；第四阶段：储层的线性流响应阶段，井底压力导数曲线呈斜率为 1/2 的直线；第五阶段：流体绕裂缝的椭圆流响应阶段，井底压力导数曲线呈斜率为 0.36 的直线；第六阶段：径向流阶段，井底压力导数曲线呈斜率为 0.5 的直线；第七阶段：距离裂缝较近的封闭边界对井底压力的响应阶段，井底压力导数曲线上翘；第八阶段：圆形封闭外边界对井底压力的响应阶段，井底压力导数曲线呈斜率为 1 的直线，且与井底压力曲线重合。

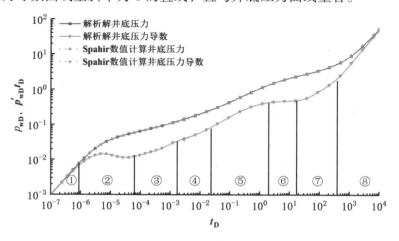

图 5-8　井底压力对比曲线

2. 结果分析

图 5-9 反映了不同裂缝导流能力下的无因次井底压力、压力导数与无因次时间之间的关系。其中的无因次井储系数 C_D 为 10^{-4}，表皮系数 S 为 0.01，两条裂缝的不对称因子 x_{asymD} 均为 0.5，裂缝的平均半长为 100 m，第一条裂缝与水平方向重合，第二条裂缝与水平方向的夹角为 $\frac{\pi}{2}$，外边界半径 R_e 为 2 000 m，偏心距 r_{oD} 为 1 200 m。在线性和双线性状态下，无因次裂缝导流系数对井底压力有明显影响。无因次裂缝导流能力越大，渗流阻力越小。因此，无因次裂缝导流能力越大，早期阶段无因次井底压力越小。

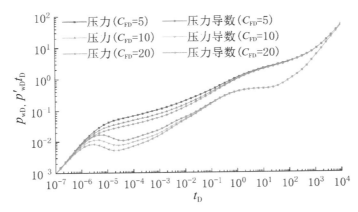

图 5-9　无因次裂缝导流能力对无因次井底压力、压力导数曲线的影响

图 5-10 反映了无因次裂缝导流能力对无因次产量分布曲线的影响。其中水平方向的裂缝（①和③号）长 100 m；垂直方向的裂缝（②和④号）：②号裂缝长 50 m，④号裂缝长 100 m；其他计算参数与图 5-9 相同。从图 5-10 可以看出，无因次裂缝导流能力对偏心井不对称裂缝的产量分布的影响较大。图 5-10 实线表示无因次裂缝导流能力为 5 的四条裂缝无因次产量与无因次时间的关系，虚线表示裂缝无因次导流能力为 20 的四条裂缝无因次产量与无因次时间的关系。从图 5-10 可以看出，在不同裂缝导流能力情况下，③号裂缝对产量的贡献最大，因为③号裂缝位于储层中心的右侧，流体的供给范围大，而②号裂缝对产量的贡献最小，因为②号裂缝长度只有其他裂缝长度的一半，在考虑均质基质渗透率的情况下，与裂缝连通的供给区域小，因此产量低。①号与④号裂缝对产量的贡献差距不大，但④号裂缝的无因次产量高于①号裂缝，因为①号裂缝靠近储层边界，对于封闭边界而言，①号裂缝储层流体可补给的范围要小于④号裂缝。随着生产时间的增加，当到达一定时间后，各条裂缝的无因次产量保持稳定，无因次产量贡献基本保持不变。因此，在整个流动中，无因次裂缝导流能力越大，裂缝越长，对产量的贡献越高。

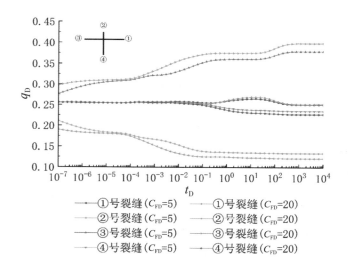

图 5-10　无因次裂缝导流能力对无因次产量分布曲线的影响

图 5-11 反映了不同偏心距对无因次井底压力与压力导数曲线的影响。其中偏心距取值如图 5-11 所示，其他计算参数与图 5-9 相同。当压力传播到边界时，偏心距对无因次井底压力与压力导数曲线具有明显的影响。若井距储层中心越远，则井以及裂缝距储层边界就越近，因此边界响应出现的时间就越早。若偏心距变大，相当于流体绕井及裂缝的径向流的区域变小，则径向流动持续时间变短。在径向流区域变小时，若要维持定产量生产，则需要更大的压降，因此边界响应阶段的无因次压力与压力导数值变大。

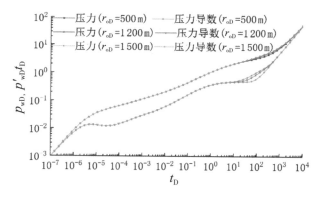

图 5-11　不同偏心距对无因次井底压力与压力导数曲线的影响

图 5-12 反映了不对称因子对无因次井底压力与压力导数曲线的影响。其中不对称因子取值如图 5-12 所示，其他计算参数与图 5-9 相同。不对称因子越大，表明裂缝的不对称性越明显。若裂缝的不对称因子越大，则早期的压降越小。因为随着裂缝不对称性的增加，裂缝两翼的长度差越大，在同等产量的情况下，裂缝长翼一侧对产

量的贡献起主导作用，且随着裂缝长翼一侧长度的增加，其渗流阻力不断减小，因此在储层与裂缝的双线性流响应阶段，生产过程所消耗的压差减小。随着生产过程的进行，在储层的线性流响应阶段这种趋势不断减弱，到径向流阶段之后，不同对称因子的无因次压力与压力导数曲线重合。

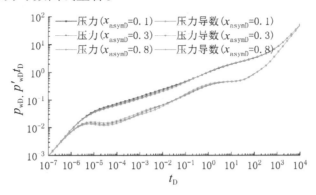

图 5-12　不对称因子对无因次井底压力与压力导数曲线的影响

（1）考虑不对称多翼裂缝压裂偏心井的渗流问题，建立相应的物理模型与数学模型。根据点源理论和 Laplace 变换，得到每条裂缝压力分布。根据裂缝与储层中压力的耦合关系，得到 Laplace 空间不对称多翼裂缝压裂偏心井的半解析解。

（2）根据非均匀流量的处理方法，将每条压裂裂缝离散为 $2N$ 段。先结合流量的质量守恒方程，对每个离散裂缝单元的流量及裂缝的平均压力进行求解，再结合 Stehfest 数值反演方法，得到时空间下压力的解析解。应用 Kappa Workstation 的数值试井分析 Spahir 模块的数值解验证解析解的正确性。

（3）根据井底压力及压力导数曲线的响应特征，可将模型的渗流过程划分为 8 个阶段：井筒储集效应响应阶段；表皮效应响应阶段；储层与裂缝的双线性流响应阶段；储层的线性流响应阶段；流体绕裂缝的椭圆流响应阶段；径向流响应阶段；距离裂缝较近的封闭边界对井底压力的响应阶段；圆形封闭外边界对井底压力的响应阶段。根据这些阶段的特征，可以对储层参数进行解释。

（4）分析无因次导流系数、偏心距以及裂缝的不对称因子对井底压力和产量分布曲线的影响，结果表明，在线性和双线性响应阶段，无因次导流系数越大，井底压力与压力导数曲线越低；无因次导流系数越大，裂缝越长，其对产量的贡献越大，当到达径向流响应阶段之后，裂缝的无因次导流系数与裂缝长度对产量的相对分布基本没有影响，每条裂缝的产量趋于稳定；在径向流之前，偏心距对井底压力与压力导数曲线没有影响，当压力波传到距边界较近一侧的封闭边界时，井底压力与压力导数曲线上翘，偏心距越大，曲线出现上翘的时间越早；裂缝的不对称因子只影响裂缝与储层的线性流与双线性流响应阶段，裂缝的不对称因子越大，线性流与双线性流响应阶段的压降越小。

（5）在地质条件允许的情况下，对于相对均质的储层，压裂多翼不对称裂缝偏心井生产时，裂缝短翼的一层尽可能靠近边界一侧，裂缝长翼的一侧尽可能靠近储层中心一侧，以免造成裂缝两翼地层能量亏空差异过大而使得裂缝低压区一侧产量受高压区的影响。

6 水平井试井数学模型

随着老油田产油能力不断下降，水平井水力压裂对于提高油井产量具有重要意义，通过水平井水力压裂，将原来井筒附近地层流体的径向流变为线性流，可以减小流体的渗流阻力。随着压裂技术的不断进步与完善，水平井压裂技术在开采致密油气藏中具有广阔的前景。因此研究水平井基本渗流规律、压裂水平井渗流规律对于水平井生产具有重要意义。

6.1 不同类型边界水平井试井数学模型

根据 1.2 柱坐标系点源函数基本理论、1.4 柱坐标系中常见边界点源函数和 1.5 盒状储层点源函数基本理论部分的研究，已经得出不同类型常见边界下的点源函数，若要获取上述边界下的水平井试井数学模型，只需沿着水平井段延伸的方向进行积分即可。这里假定水平井段沿着延伸方向与 x 轴重合，假定在柱状储层中井筒位于坐标原点，在盒状储层中，井筒由井位 x_{w} 和 y_{w} 的值确定。

6.1.1 顶底封闭径向无限大柱状储层水平井试井数学模型

根据 "1.2.1 顶底封闭径向无限大柱状储层点源函数模型" 的研究结果式（1–85），这里的参考长度取水平井水平段的半长，沿着 x 方向对水平井的水平段进行积分可得：

$$\Delta\overline{p} = \frac{\tilde{q}\mu}{2\pi k\left(L_{\mathrm{h}}/2\right)sh_{\mathrm{D}}}\int_{-L_{\mathrm{h}}/2}^{+L_{\mathrm{h}}/2}\left[K_0\left(r_{\mathrm{D}}\sqrt{u}\right)+2\sum_{m=1}^{+\infty}\cos\left(\frac{\pi m z_{\mathrm{D}}}{h_{\mathrm{D}}}\right)\cos\left(\frac{\pi m z_{\mathrm{wD}}}{h_{\mathrm{D}}}\right)K_0\left(r_{\mathrm{D}}\varepsilon_m\right)\right]\mathrm{d}x_{\mathrm{w}} \qquad (6-1)$$

其中：$\varepsilon_m = \sqrt{\dfrac{(m\pi)^2}{h_{\mathrm{D}}^2}+u}$ 。

将式（6–1）化为无因次形式，参考长度取水平井的半长：

$$
\begin{aligned}
p_{\mathrm{D}} = \frac{1}{2s}\int_{-1}^{+1}&\left[K_0\left(\sqrt{\left(x_{\mathrm{D}}-x_{\mathrm{wD}}\right)^2+\left(y_{\mathrm{D}}-y_{\mathrm{wD}}\right)^2}\sqrt{u}\right)+\right.\\
&\left.2\sum_{m=1}^{+\infty}\cos\left(\frac{\pi m z_{\mathrm{D}}}{h_{\mathrm{D}}}\right)\cos\left(\frac{\pi m z_{\mathrm{wD}}}{h_{\mathrm{D}}}\right)K_0\left(\sqrt{\left(x_{\mathrm{D}}-x_{\mathrm{wD}}\right)^2+\left(y_{\mathrm{D}}-y_{\mathrm{wD}}\right)^2}\varepsilon_m\right)\right]\mathrm{d}x_{\mathrm{wD}}
\end{aligned}
\qquad (6-2)
$$

在计算井底压力时，$x_D = 0.732$，$y_D = y_{wD} = 0$。

无因次参数的定义：$L_D = \dfrac{1}{h_D} = \dfrac{L_h/2}{h}$，$r_{wD} = \dfrac{r_w}{h}$，$z_D = z_{wD} + r_{wD}$，$z_{wD} = \dfrac{z_w}{h}$，由水平井纵向位置决定。

6.1.2　顶底封闭径向封闭柱状储层水平井试井数学模型

根据"1.4.1 顶底封闭径向封闭柱状储层点源函数模型"的研究结果式（1–207），这里的参考长度取水平井水平段的半长，沿着 x 方向对水平井的水平段进行积分可得

$$\Delta \bar{p} = \frac{\tilde{q}\mu}{2\pi k(L_h/2)sh_D}\int_{-L_h/2}^{+L_h/2}\left[K_0(r_D\sqrt{u}) + 2\sum_{n=1}^{+\infty}K_0(\varepsilon_n r_D)\cos\left(n\pi\frac{z_D}{h_D}\right)\cos\left(n\pi\frac{z_{wD}}{h_D}\right) + \frac{K_1(r_{eD}\sqrt{u})}{I_1(r_{eD}\sqrt{u})}I_0(r_D\sqrt{u}) + \right.$$
$$\left. 2\sum_{n=1}^{+\infty}\frac{K_1(\varepsilon_n r_{eD})}{I_1(\varepsilon_n r_{eD})}I_0(\varepsilon_n r_D)\cos\left(n\pi\frac{z_D}{h_D}\right)\cos\left(n\pi\frac{z_{wD}}{h_D}\right)\right]dx_w \tag{6–3}$$

将式（6–3）的积分区间转化为 -1 到 1 可得

$$\Delta \bar{p} = \frac{\tilde{q}\mu}{2\pi ksh_D}\int_{-1}^{+1}\left[K_0(r_D\sqrt{u}) + 2\sum_{n=1}^{+\infty}K_0(\varepsilon_n r_D)\cos\left(n\pi\frac{z_D}{h_D}\right)\cos\left(n\pi\frac{z_{wD}}{h_D}\right) + \frac{K_1(r_{eD}\sqrt{u})}{I_1(r_{eD}\sqrt{u})}I_0(r_D\sqrt{u}) + \right.$$
$$\left. 2\sum_{n=1}^{+\infty}\frac{K_1(\varepsilon_n r_{eD})}{I_1(\varepsilon_n r_{eD})}I_0(\varepsilon_n r_D)\cos\left(n\pi\frac{z_D}{h_D}\right)\cos\left(n\pi\frac{z_{wD}}{h_D}\right)\right]dx_{wD} \tag{6–4}$$

将式（6–4）化为无因次形式：

$$p_D = \frac{1}{2s}\int_{-1}^{+1}\left[K_0(r_D\sqrt{u}) + 2\sum_{n=1}^{+\infty}K_0(\varepsilon_n r_D)\cos\left(n\pi\frac{z_D}{h_D}\right)\cos\left(n\pi\frac{z_{wD}}{h_D}\right) + \frac{K_1(r_{eD}\sqrt{u})}{I_1(r_{eD}\sqrt{u})}I_0(r_D\sqrt{u}) + \right.$$
$$\left. 2\sum_{n=1}^{+\infty}\frac{K_1(\varepsilon_n r_{eD})}{I_1(\varepsilon_n r_{eD})}I_0(\varepsilon_n r_D)\cos\left(n\pi\frac{z_D}{h_D}\right)\cos\left(n\pi\frac{z_{wD}}{h_D}\right)\right]dx_{wD} \tag{6–5}$$

其中：$\varepsilon_n = \sqrt{\dfrac{(n\pi)^2}{h_D^2} + u}$，在计算井底压力时，$x_D = 0.732$，$y_D = y_{wD} = 0$。

6.1.3　顶底封闭径向定压柱状储层水平井试井数学模型

根据"1.4.2 顶底封闭径向定压柱状储层点源函数模型"的研究结果式（1–211），这里的参考长度取水平井水平段的半长，沿着 x 方向对水平井的水平段进行积分可得

$$\Delta \bar{p} = \frac{\tilde{q}\mu}{2\pi k(L_h/2)sh_D}\int_{-L_h/2}^{+L_h/2}\left[K_0(r_D\sqrt{u}) + 2\sum_{n=1}^{+\infty}K_0(\varepsilon_n r_D)\cos\left(n\pi\frac{z_D}{h_D}\right)\cos\left(n\pi\frac{z_{wD}}{h_D}\right) - \frac{K_0(r_{eD}\sqrt{u})}{I_0(r_{eD}\sqrt{u})}I_0(r_D\sqrt{u}) - \right.$$
$$\left. 2\sum_{n=1}^{+\infty}\frac{K_0(\varepsilon_n r_{eD})}{I_0(\varepsilon_n r_{eD})}I_0(\varepsilon_n r_D)\cos\left(n\pi\frac{z_D}{h_D}\right)\cos\left(n\pi\frac{z_{wD}}{h_D}\right)\right]dx_w$$

$$\tag{6–6}$$

将式（6-6）的积分区间转化为 -1 到 1 可得

$$\Delta \bar{p} = \frac{\tilde{q}\mu}{2\pi k s h_{\mathrm{D}}} \int_{-1}^{+1} \left[K_0(r_{\mathrm{D}}\sqrt{u}) + 2\sum_{n=1}^{+\infty} K_0(\varepsilon_n r_{\mathrm{D}}) \cos\left(n\pi \frac{z_{\mathrm{D}}}{h_{\mathrm{D}}}\right) \cos\left(n\pi \frac{z_{\mathrm{wD}}}{h_{\mathrm{D}}}\right) - \frac{K_0(r_{\mathrm{eD}}\sqrt{u})}{I_0(r_{\mathrm{eD}}\sqrt{u})} I_0(r_{\mathrm{D}}\sqrt{u}) - \right.$$
$$\left. 2\sum_{n=1}^{+\infty} \frac{K_0(\varepsilon_n r_{\mathrm{eD}})}{I_0(\varepsilon_n r_{\mathrm{eD}})} I_0(\varepsilon_n r_{\mathrm{D}}) \cos\left(n\pi \frac{z_{\mathrm{D}}}{h_{\mathrm{D}}}\right) \cos\left(n\pi \frac{z_{\mathrm{wD}}}{h_{\mathrm{D}}}\right) \right] \mathrm{d}x_{\mathrm{wD}} \tag{6-7}$$

将式（6-7）化为无因次形式：

$$p_{\mathrm{D}} = \frac{1}{2s} \int_{-1}^{+1} \left[K_0(r_{\mathrm{D}}\sqrt{u}) + 2\sum_{n=1}^{+\infty} K_0(\varepsilon_n r_{\mathrm{D}}) \cos\left(n\pi \frac{z_{\mathrm{D}}}{h_{\mathrm{D}}}\right) \cos\left(n\pi \frac{z_{\mathrm{wD}}}{h_{\mathrm{D}}}\right) - \frac{K_0(r_{\mathrm{eD}}\sqrt{u})}{I_0(r_{\mathrm{eD}}\sqrt{u})} I_0(r_{\mathrm{D}}\sqrt{u}) - \right.$$
$$\left. 2\sum_{n=1}^{+\infty} \frac{K_0(\varepsilon_n r_{\mathrm{eD}})}{I_0(\varepsilon_n r_{\mathrm{eD}})} I_0(\varepsilon_n r_{\mathrm{D}}) \cos\left(n\pi \frac{z_{\mathrm{D}}}{h_{\mathrm{D}}}\right) \cos\left(n\pi \frac{z_{\mathrm{wD}}}{h_{\mathrm{D}}}\right) \right] \mathrm{d}x_{\mathrm{wD}} \tag{6-8}$$

其中：$\varepsilon_n = \sqrt{\frac{(n\pi)^2}{h_{\mathrm{D}}^2} + u}$，在计算井底压力时，$x_{\mathrm{D}} = 0.732$，$y_{\mathrm{D}} = y_{\mathrm{wD}} = 0$。

6.1.4 顶底定压径向无限大柱状储层水平井试井数学模型

根据"1.2.3 顶底定压径向无限大柱状储层点源函数模型"的研究结果式（1-93），这里的参考长度取水平井水平段的半长，沿着 x 方向对水平井的水平段进行积分可得

$$\Delta \bar{p} = \frac{\tilde{q}\mu}{\pi k (L_{\mathrm{h}}/2) h_{\mathrm{D}} s} \int_{-L_{\mathrm{h}}/2}^{+L_{\mathrm{h}}/2} \sum_{n=1}^{+\infty} K_0\left(r_{\mathrm{D}}\sqrt{\frac{(n\pi)^2}{h_{\mathrm{D}}^2} + u}\right) \sin\left(n\pi \frac{z_{\mathrm{D}}}{h_{\mathrm{D}}}\right) \sin\left(n\pi \frac{z_{\mathrm{wD}}}{h_{\mathrm{D}}}\right) \mathrm{d}x_{\mathrm{w}} \tag{6-9}$$

将式（6-9）的积分区间转化为 -1 到 1 可得

$$\Delta \bar{p} = \frac{\tilde{q}\mu}{\pi k s h_{\mathrm{D}}} \int_{-1}^{+1} \sum_{n=1}^{+\infty} K_0\left(r_{\mathrm{D}}\sqrt{\frac{(n\pi)^2}{h_{\mathrm{D}}^2} + u}\right) \sin\left(n\pi \frac{z_{\mathrm{D}}}{h_{\mathrm{D}}}\right) \sin\left(n\pi \frac{z_{\mathrm{wD}}}{h_{\mathrm{D}}}\right) \mathrm{d}x_{\mathrm{wD}} \tag{6-10}$$

将式（6-10）化为无因次形式：

$$p_{\mathrm{D}} = \frac{1}{s} \int_{-1}^{+1} \sum_{n=1}^{+\infty} K_0\left(r_{\mathrm{D}}\sqrt{\frac{(n\pi)^2}{h_{\mathrm{D}}^2} + u}\right) \sin\left(n\pi \frac{z_{\mathrm{D}}}{h_{\mathrm{D}}}\right) \sin\left(n\pi \frac{z_{\mathrm{wD}}}{h_{\mathrm{D}}}\right) \mathrm{d}x_{\mathrm{wD}} \tag{6-11}$$

在计算井底压力时，$x_{\mathrm{D}} = 0.732$，$y_{\mathrm{D}} = y_{\mathrm{wD}} = 0$。

6.1.5 顶底定压径向封闭柱状储层水平井试井数学模型

根据"1.4.3 顶底定压径向封闭柱状储层点源函数模型"的研究结果式（1-216），这里的参考长度取水平井水平段的半长，沿着 x 方向对水平井的水平段进行积分可得

$$\Delta \bar{p} = \frac{\tilde{q}\mu}{\pi k (L_{\mathrm{h}}/2) h_{\mathrm{D}} s} \int_{-L_{\mathrm{h}}/2}^{+L_{\mathrm{h}}/2} \sum_{n=1}^{+\infty} \left[K_0(r_{\mathrm{D}}\varepsilon_n) + \frac{K_1(r_{\mathrm{eD}}\varepsilon_n)}{I_1(r_{\mathrm{eD}}\varepsilon_n)} I_0(r_{\mathrm{D}}\varepsilon_n) \right] \sin\left(n\pi \frac{z_{\mathrm{D}}}{h_{\mathrm{D}}}\right) \sin\left(n\pi \frac{z_{\mathrm{wD}}}{h_{\mathrm{D}}}\right) \mathrm{d}x_{\mathrm{w}} \tag{6-12}$$

其中：$\varepsilon_n = \sqrt{\frac{(n\pi)^2}{h_{\mathrm{D}}^2} + u}$。

将式（6-12）的积分区间转化为 -1 到 1 可得

$$\Delta\overline{p} = \frac{\tilde{q}\mu}{\pi k h_\mathrm{D} s} \int_{-1}^{+1} \sum_{n=1}^{+\infty} \left[K_0(r_\mathrm{D}\varepsilon_n) + \frac{K_1(r_\mathrm{eD}\varepsilon_n)}{I_1(r_\mathrm{eD}\varepsilon_n)} I_0(r_\mathrm{D}\varepsilon_n) \right] \sin\left(n\pi \frac{z_\mathrm{D}}{h_\mathrm{D}}\right) \sin\left(n\pi \frac{z_\mathrm{wD}}{h_\mathrm{D}}\right) \mathrm{d}x_\mathrm{wD} \quad （6\text{-}13）$$

将式（6-13）化为无因次形式：

$$p_\mathrm{D} = \frac{1}{s} \int_{-1}^{+1} \sum_{n=1}^{+\infty} \left[K_0(r_\mathrm{D}\varepsilon_n) + \frac{K_1(r_\mathrm{eD}\varepsilon_n)}{I_1(r_\mathrm{eD}\varepsilon_n)} I_0(r_\mathrm{D}\varepsilon_n) \right] \sin\left(n\pi \frac{z_\mathrm{D}}{h_\mathrm{D}}\right) \sin\left(n\pi \frac{z_\mathrm{wD}}{h_\mathrm{D}}\right) \mathrm{d}x_\mathrm{wD} \quad （6\text{-}14）$$

在计算井底压力时，$x_\mathrm{D} = 0.732$，$y_\mathrm{D} = y_\mathrm{wD} = 0$。

6.1.6　顶底定压径向定压柱状储层水平井试井数学模型

根据"1.4.4 顶底定压径向定压柱状储层点源函数模型"的研究结果式（1-219），这里的参考长度取水平井水平段的半长，沿着 x 方向对水平井的水平段进行积分可得

$$\Delta\overline{p} = \frac{\tilde{q}\mu}{\pi k (L_\mathrm{h}/2) h_\mathrm{D} s} \int_{-L_\mathrm{h}/2}^{+L_\mathrm{h}/2} \sum_{n=1}^{+\infty} \left[K_0(r_\mathrm{D}\varepsilon_n) - \frac{K_0(r_\mathrm{eD}\varepsilon_n)}{I_0(r_\mathrm{eD}\varepsilon_n)} I_0(r_\mathrm{D}\varepsilon_n) \right] \sin\left(n\pi \frac{z_\mathrm{D}}{h_\mathrm{D}}\right) \sin\left(n\pi \frac{z_\mathrm{wD}}{h_\mathrm{D}}\right) \mathrm{d}x_\mathrm{w} \quad （6\text{-}15）$$

其中：$\varepsilon_n = \sqrt{\dfrac{(n\pi)^2}{h_\mathrm{D}^2} + u}$。

将式（6-15）的积分区间转化为 -1 到 1 可得

$$\Delta\overline{p} = \frac{\tilde{q}\mu}{\pi k h_\mathrm{D} s} \int_{-1}^{+1} \sum_{n=1}^{+\infty} \left[K_0(r_\mathrm{D}\varepsilon_n) - \frac{K_0(r_\mathrm{eD}\varepsilon_n)}{I_0(r_\mathrm{eD}\varepsilon_n)} I_0(r_\mathrm{D}\varepsilon_n) \right] \sin\left(n\pi \frac{z_\mathrm{D}}{h_\mathrm{D}}\right) \sin\left(n\pi \frac{z_\mathrm{wD}}{h_\mathrm{D}}\right) \mathrm{d}x_\mathrm{wD} \quad （6\text{-}16）$$

将式（6-16）化为无因次形式：

$$p_\mathrm{D} = \frac{1}{s} \int_{-1}^{+1} \sum_{n=1}^{+\infty} \left[K_0(r_\mathrm{D}\varepsilon_n) - \frac{K_0(r_\mathrm{eD}\varepsilon_n)}{I_0(r_\mathrm{eD}\varepsilon_n)} I_0(r_\mathrm{D}\varepsilon_n) \right] \sin\left(n\pi \frac{z_\mathrm{D}}{h_\mathrm{D}}\right) \sin\left(n\pi \frac{z_\mathrm{wD}}{h_\mathrm{D}}\right) \mathrm{d}x_\mathrm{wD} \quad （6\text{-}17）$$

在计算井底压力时，$x_\mathrm{D} = 0.732$，$y_\mathrm{D} = y_\mathrm{wD} = 0$。

6.1.7　上边界定压下边界封闭径向无限大柱状储层水平井试井数学模型

根据"1.2.4 上边界定压下边界封闭径向无限大柱状储层点源函数模型"的研究结果式（1-102），这里的参考长度取水平井水平段的半长，沿着 x 方向对水平井的水平段进行积分可得

$$\Delta\overline{p} = \frac{\tilde{q}\mu}{\pi k (L_\mathrm{h}/2) h_\mathrm{D} s} \int_{-L_\mathrm{h}/2}^{+L_\mathrm{h}/2} \sum_{n=1}^{+\infty} K_0(\varepsilon_{2n-1} r_\mathrm{D}) \cos\left[\frac{\pi(2n-1)}{2h_\mathrm{D}} z_\mathrm{D}\right] \cos\left[\frac{\pi(2n-1)}{2h_\mathrm{D}} z_\mathrm{wD}\right] \mathrm{d}x_\mathrm{w} \quad （6\text{-}18）$$

其中：$\varepsilon_{2n-1} = \sqrt{\dfrac{((2n-1)\pi)^2}{4h_\mathrm{D}^2} + u}$。

将式（6-18）的积分区间转化为 -1 到 1 可得

$$\Delta \bar{p} = \frac{\tilde{q}\mu}{\pi k h_{\mathrm{D}} s} \int_{-1}^{+1} \sum_{n=1}^{+\infty} K_0\left(\varepsilon_{2n-1} r_{\mathrm{D}}\right) \cos\left[\frac{\pi(2n-1)}{2h_{\mathrm{D}}} z_{\mathrm{D}}\right] \cos\left[\frac{\pi(2n-1)}{2h_{\mathrm{D}}} z_{\mathrm{wD}}\right] \mathrm{d}x_{\mathrm{wD}} \quad （6-19）$$

将式（6-19）化为无因次形式：

$$p_{\mathrm{D}} = \frac{1}{s} \int_{-1}^{+1} \sum_{n=1}^{+\infty} K_0\left(\varepsilon_{2n-1} r_{\mathrm{D}}\right) \cos\left[\frac{\pi(2n-1)}{2h_{\mathrm{D}}} z_{\mathrm{D}}\right] \cos\left[\frac{\pi(2n-1)}{2h_{\mathrm{D}}} z_{\mathrm{wD}}\right] \mathrm{d}x_{\mathrm{wD}} \quad （6-20）$$

在计算井底压力时，$x_{\mathrm{D}} = 0.732$，$y_{\mathrm{D}} = y_{\mathrm{wD}} = 0$。

6.1.8　上边界定压下边界封闭径向封闭柱状储层水平井试井数学模型

根据"1.4.5 上边界定压下边界封闭径向封闭柱状储层点源函数模型"的研究结果式（1-225），这里的参考长度取水平井水平段的半长，沿着 x 方向对水平井的水平段进行积分可得

$$\Delta \bar{p} = \frac{\tilde{q}\mu}{\pi k (L_{\mathrm{h}}/2) h_{\mathrm{D}} s} \int_{-L_{\mathrm{h}}/2}^{+L_{\mathrm{h}}/2} \sum_{n=1}^{+\infty} B\left[K_0(r_{\mathrm{D}}\varepsilon_{2n-1}) + \frac{K_1(r_{\mathrm{eD}}\varepsilon_{2n-1})}{I_1(r_{\mathrm{eD}}\varepsilon_{2n-1})} I_0(r_{\mathrm{D}}\varepsilon_{2n-1})\right] \mathrm{d}x_{\mathrm{w}} \quad （6-21）$$

其中：$\varepsilon_{2n-1} = \sqrt{\frac{((2n-1)\pi)^2}{4h_{\mathrm{D}}^2} + u}$，$B = \cos\left[\frac{\pi(2n-1)}{2h_{\mathrm{D}}} z_{\mathrm{D}}\right] \cos\left[\frac{\pi(2n-1)}{2h_{\mathrm{D}}} z_{\mathrm{wD}}\right]$。

将式（6-21）的积分区间转化为 -1 到 1 可得

$$\Delta \bar{p} = \frac{\tilde{q}\mu}{\pi k h_{\mathrm{D}} s} \int_{-1}^{+1} \sum_{n=1}^{+\infty} B\left[K_0(r_{\mathrm{D}}\varepsilon_{2n-1}) + \frac{K_1(r_{\mathrm{eD}}\varepsilon_{2n-1})}{I_1(r_{\mathrm{eD}}\varepsilon_{2n-1})} I_0(r_{\mathrm{D}}\varepsilon_{2n-1})\right] \mathrm{d}x_{\mathrm{wD}} \quad （6-22）$$

其中：$B = \cos\left[\frac{\pi(2n-1)}{2h_{\mathrm{D}}} z_{\mathrm{D}}\right] \cos\left[\frac{\pi(2n-1)}{2h_{\mathrm{D}}} z_{\mathrm{wD}}\right]$。

将式（6-22）化为无因次形式：

$$p_{\mathrm{D}} = \frac{1}{s} \int_{-1}^{+1} \sum_{n=1}^{+\infty} B\left[K_0(r_{\mathrm{D}}\varepsilon_{2n-1}) + \frac{K_1(r_{\mathrm{eD}}\varepsilon_{2n-1})}{I_1(r_{\mathrm{eD}}\varepsilon_{2n-1})} I_0(r_{\mathrm{D}}\varepsilon_{2n-1})\right] \mathrm{d}x_{\mathrm{wD}} \quad （6-23）$$

在计算井底压力时，$x_{\mathrm{D}} = 0.732$，$y_{\mathrm{D}} = y_{\mathrm{wD}} = 0$。

6.1.9　上边界定压下边界封闭径向定压柱状储层水平井试井数学模型

根据"1.4.6 上边界定压下边界封闭径向定压柱状储层点源函数模型"的研究结果式（1-228），这里的参考长度取水平井水平段的半长，沿着 x 方向对水平井的水平段进行积分可得

$$\Delta \bar{p} = \frac{\tilde{q}\mu}{\pi k (L_{\mathrm{h}}/2) h_{\mathrm{D}} s} \int_{-L_{\mathrm{h}}/2}^{+L_{\mathrm{h}}/2} \sum_{n=1}^{+\infty} B\left[K_0(r_{\mathrm{D}}\varepsilon_{2n-1}) - \frac{K_0(r_{\mathrm{eD}}\varepsilon_{2n-1})}{I_0(r_{\mathrm{eD}}\varepsilon_{2n-1})} I_0(r_{\mathrm{D}}\varepsilon_{2n-1})\right] \mathrm{d}x_{\mathrm{w}} \quad （6-24）$$

其中：$\varepsilon_{2n-1} = \sqrt{\dfrac{\left((2n-1)\pi\right)^2}{4h_{\mathrm{D}}^2} + u}$，$B = \cos\left[\dfrac{\pi(2n-1)}{2h_{\mathrm{D}}} z_{\mathrm{D}}\right] \cos\left[\dfrac{\pi(2n-1)}{2h_{\mathrm{D}}} z_{\mathrm{wD}}\right]$。

将式（6-24）的积分区间转化到 -1 到 1 可得

$$\Delta\bar{p} = \frac{\tilde{q}\mu}{\pi k h_{\mathrm{D}} s} \int_{-1}^{+1} \sum_{n=1}^{+\infty} B\left[K_0(r_{\mathrm{D}}\varepsilon_{2n-1}) - \frac{K_0(r_{\mathrm{eD}}\varepsilon_{2n-1})}{I_0(r_{\mathrm{eD}}\varepsilon_{2n-1})} I_0(r_{\mathrm{D}}\varepsilon_{2n-1}) \right] \mathrm{d}x_{\mathrm{wD}} \tag{6-25}$$

将式（6-25）化为无因次形式：

$$p_{\mathrm{D}} = \frac{1}{s} \int_{-1}^{+1} \sum_{n=1}^{+\infty} B\left[K_0(r_{\mathrm{D}}\varepsilon_{2n-1}) - \frac{K_0(r_{\mathrm{eD}}\varepsilon_{2n-1})}{I_0(r_{\mathrm{eD}}\varepsilon_{2n-1})} I_0(r_{\mathrm{D}}\varepsilon_{2n-1}) \right] \mathrm{d}x_{\mathrm{wD}} \tag{6-26}$$

在计算井底压力时，$x_{\mathrm{D}} = 0.732$，$y_{\mathrm{D}} = y_{\mathrm{wD}} = 0$。

6.1.10 顶底封闭 x、y 方向封闭盒状储层水平井试井数学模型

根据"1.5.1 顶底封闭 x、y 方向封闭盒状储层点源函数模型"的研究结果式（1-267），这里的参考长度取水平井水平段的半长，沿着 x 方向对水平井的水平段进行积分可得

$$
\begin{aligned}
\Delta\bar{p} = A\int_{x_{\mathrm{w}}-L_{\mathrm{h}}/2}^{x_{\mathrm{w}}+L_{\mathrm{h}}/2} \Bigg\{ & \frac{\cosh\left[\sqrt{u}\left(y_{\mathrm{eD}} - |y_{\mathrm{D1}}|\right)\right] + \cosh\left[\sqrt{u}\left(y_{\mathrm{eD}} - |y_{\mathrm{D2}}|\right)\right]}{\sqrt{u}\,\sinh(y_{\mathrm{eD}}\sqrt{u})} + \\
& 2\sum_{k=1}^{+\infty} B\, \frac{\cosh\left[\varepsilon_k\left(y_{\mathrm{eD}} - |y_{\mathrm{D1}}|\right)\right] + \cosh\left[\varepsilon_k\left(y_{\mathrm{eD}} - |y_{\mathrm{D2}}|\right)\right]}{\varepsilon_k \sinh(y_{\mathrm{eD}}\varepsilon_k)} + \\
& 2\sum_{n=1}^{+\infty} C\, \frac{\cosh\left[\varepsilon_n\left(y_{\mathrm{eD}} - |y_{\mathrm{D1}}|\right)\right] + \cosh\left[\varepsilon_n\left(y_{\mathrm{eD}} - |y_{\mathrm{D2}}|\right)\right]}{\varepsilon_n \sinh(y_{\mathrm{eD}}\varepsilon_n)} + \\
& 2\sum_{n=1}^{+\infty} C \times 2\sum_{k=1}^{+\infty} B\, \frac{\cosh\left[\varepsilon_{nk}\left(y_{\mathrm{eD}} - |y_{\mathrm{D1}}|\right)\right] + \cosh\left[\varepsilon_{nk}\left(y_{\mathrm{eD}} - |y_{\mathrm{D2}}|\right)\right]}{\varepsilon_{nk} \sinh(y_{\mathrm{eD}}\varepsilon_{nk})} \Bigg\} \mathrm{d}x_{\mathrm{w}}
\end{aligned}
\tag{6-27}
$$

其中：$A = \dfrac{\tilde{q}\mu}{2kh_{\mathrm{D}} x_{\mathrm{eD}}(L_{\mathrm{h}}/2)s}$，$B = \cos\left(\pi k \dfrac{x_{\mathrm{D}}}{x_{\mathrm{eD}}}\right)\cos\left(\pi k \dfrac{x_{\mathrm{wD}}}{x_{\mathrm{eD}}}\right)$，$C = \cos\left(\dfrac{\pi n z_{\mathrm{D}}}{h_{\mathrm{D}}}\right)\cos\left(\dfrac{\pi n z_{\mathrm{wD}}}{h_{\mathrm{D}}}\right)$，

$\varepsilon_{nk} = \sqrt{\varepsilon_n^2 + \dfrac{\pi^2 k^2}{x_{\mathrm{eD}}^2}}$，$\varepsilon_k = \sqrt{\dfrac{(k\pi)^2}{x_{\mathrm{eD}}^2} + u}$，$\varepsilon_n = \sqrt{\dfrac{(n\pi)^2}{z_{\mathrm{eD}}^2} + u}$。

将式（6-27）的积分区间进行转换可得

$$
\begin{aligned}
\Delta\bar{p} = A\int_{x_{\mathrm{wD}}-1}^{x_{\mathrm{wD}}+1} \Bigg\{ & \frac{\cosh\left[\sqrt{u}\left(y_{\mathrm{eD}} - |y_{\mathrm{D1}}|\right)\right] + \cosh\left[\sqrt{u}\left(y_{\mathrm{eD}} - |y_{\mathrm{D2}}|\right)\right]}{\sqrt{u}\,\sinh(y_{\mathrm{eD}}\sqrt{u})} + \\
& 2\sum_{k=1}^{+\infty} B\, \frac{\cosh\left[\varepsilon_k\left(y_{\mathrm{eD}} - |y_{\mathrm{D1}}|\right)\right] + \cosh\left[\varepsilon_k\left(y_{\mathrm{eD}} - |y_{\mathrm{D2}}|\right)\right]}{\varepsilon_k \sinh(y_{\mathrm{eD}}\varepsilon_k)} + \\
& 2\sum_{n=1}^{+\infty} C\, \frac{\cosh\left[\varepsilon_n\left(y_{\mathrm{eD}} - |y_{\mathrm{D1}}|\right)\right] + \cosh\left[\varepsilon_n\left(y_{\mathrm{eD}} - |y_{\mathrm{D2}}|\right)\right]}{\varepsilon_n \sinh(y_{\mathrm{eD}}\varepsilon_n)} +
\end{aligned}
$$

$$2\sum_{n=1}^{+\infty}C\times 2\sum_{k=1}^{+\infty}B\,\frac{\cosh\left[\varepsilon_{nk}\left(y_{eD}-|y_{D1}|\right)\right]+\cosh\left[\varepsilon_{nk}\left(y_{eD}-|y_{D2}|\right)\right]}{\varepsilon_{nk}\sinh(y_{eD}\varepsilon_{nk})}\right\}dx_{wD} \qquad （6-28）$$

其中：$A=\dfrac{\tilde{q}\mu}{2kh_D x_{eD}s}$，$B=\cos\left(\pi k\dfrac{x_D}{x_{eD}}\right)\cos\left(\pi k\dfrac{x_{wD}}{x_{eD}}\right)$，$C=\cos\left(\dfrac{\pi n z_D}{h_D}\right)\cos\left(\dfrac{\pi n z_{wD}}{h_D}\right)$。

将式（6-28）化为无因次形式：

$$p_D=\frac{\pi}{x_{eD}s}\left\{\frac{\cosh\left[\sqrt{u}\left(y_{eD}-|y_{D1}|\right)\right]+\cosh\left[\sqrt{u}\left(y_{eD}-|y_{D2}|\right)\right]}{\sqrt{u}\sinh(y_{eD}\sqrt{u})}+\right.$$

$$2\sum_{k=1}^{+\infty}B\,\frac{\cosh\left[\varepsilon_k\left(y_{eD}-|y_{D1}|\right)\right]+\cosh\left[\varepsilon_k\left(y_{eD}-|y_{D2}|\right)\right]}{\varepsilon_k\sinh(y_{eD}\varepsilon_k)}+$$

$$2\sum_{n=1}^{+\infty}C\,\frac{\cosh\left[\varepsilon_n\left(y_{eD}-|y_{D1}|\right)\right]+\cosh\left[\varepsilon_n\left(y_{eD}-|y_{D2}|\right)\right]}{\varepsilon_n\sinh(y_{eD}\varepsilon_n)}+$$

$$\left.2\sum_{n=1}^{+\infty}C\times 2\sum_{k=1}^{+\infty}B\,\frac{\cosh\left[\varepsilon_{nk}\left(y_{eD}-|y_{D1}|\right)\right]+\cosh\left[\varepsilon_{nk}\left(y_{eD}-|y_{D2}|\right)\right]}{\varepsilon_{nk}\sinh(y_{eD}\varepsilon_{nk})}\right\}$$

$$（6-29）$$

其中：$B=\dfrac{x_{eD}}{\pi k}\cos\left(\pi k\dfrac{x_D}{x_{eD}}\right)\cos\left(\dfrac{k\pi x_{wD}}{x_{eD}}\right)\sin\left(\dfrac{k\pi}{x_{eD}}\right)$，$C=\cos\left(\dfrac{\pi n z_D}{h_D}\right)\cos\left(\dfrac{\pi n z_{wD}}{h_D}\right)$，$\varepsilon_{nk}=\sqrt{\varepsilon_n^2+\dfrac{\pi^2 k^2}{x_{eD}^2}}$，

$\varepsilon_k=\sqrt{\dfrac{(k\pi)^2}{x_{eD}^2}+u}$，$\varepsilon_n=\sqrt{\dfrac{(n\pi)^2}{z_{eD}^2}+u}$。

在计算井底压力时，$x_D=0.732$，$y_D=y_{wD}=0$。

6.2 水平井试井数学模型数值计算方法研究

6.2.1 包含 cos 型级数的数值计算方法

6.1 节的水平井试井数学模型里面包含了三角函数所组成的级数，这些级数在 u 值较大时，收敛速度较快，但当 u 值较小时，收敛速度很慢。因此可将包含 cos 型的级数改写如下：

$$\sum_{m=1}^{+\infty}\cos\left(\frac{\pi m z_D}{h_D}\right)\cos\left(\frac{\pi m z_{wD}}{h_D}\right)\left(\sqrt{u+\frac{m^2\pi^2}{h_D^2}+a^2}\right)^{-1}\exp\left(-y_D\sqrt{u+\frac{m^2\pi^2}{h_D^2}+a^2}\right)$$

$$=\frac{1}{2}\sum_{m=1}^{+\infty}\left\{\cos\left[\frac{\pi m(z_D-z_{wD})}{h_D}\right]+\cos\left[\frac{\pi m(z_D+z_{wD})}{h_D}\right]\right\}\left(\sqrt{u+\frac{m^2\pi^2}{h_D^2}+a^2}\right)^{-1}\exp\left(-y_D\sqrt{u+\frac{m^2\pi^2}{h_D^2}+a^2}\right)$$

$$（6-30）$$

对式（6-30）右边其中一项的参数 u 进行 Laplace 逆变换，这里写成通式的形式：

$$\sum_{m=1}^{+\infty}\cos(\pi mx)\left(\sqrt{u+\frac{m^2\pi^2}{h_D^2}+a^2}\right)^{-1}\exp\left(-y_D\sqrt{u+\frac{m^2\pi^2}{h_D^2}+a^2}\right)=L\big[F(t)\big] \tag{6-31}$$

F 的求解过程如下：

$$L\big[F(t)\big]=\int_0^{+\infty}\frac{1}{\sqrt{\pi t}}\exp\left(-\frac{y_D^2}{4t}\right)\exp\left(-a^2t\right)\sum_{m=1}^{+\infty}\cos(\pi mx)\exp\left(-\frac{m^2\pi^2}{h_D^2}t\right)\exp(-ut)\mathrm{d}t$$

$$=\int_0^{+\infty}\frac{1}{\sqrt{\pi t}}\exp\left(-\frac{y_D^2}{4t}\right)\sum_{m=1}^{+\infty}\cos(\pi mx)\exp\left(-a^2t-\frac{m^2\pi^2}{h_D^2}t-ut\right)\mathrm{d}t$$

$$=\int_0^{+\infty}\frac{1}{\sqrt{\pi t}}\sum_{m=1}^{+\infty}\cos(\pi mx)\exp\left(-\frac{y_D^2}{4t}\right)\exp\left[\left(-a^2-\frac{m^2\pi^2}{h_D^2}-u\right)t\right]\mathrm{d}t$$

因此可得

$$L\big[F(t)\big]=\sum_{m=1}^{+\infty}\cos(\pi mx)\int_0^{+\infty}\frac{1}{\sqrt{\pi t}}\exp\left(-\frac{y_D^2}{4t}\right)\exp\left[-\left(a^2+\frac{m^2\pi^2}{h_D^2}+u\right)t\right]\mathrm{d}t \tag{6-32}$$

将式（6-32）中的 $\left(a^2+\dfrac{m^2\pi^2}{h_D^2}+u\right)$ 看成参数 u 进行 Laplace 变换，根据 Lapalce 变换的公式[2]：

$$L\left[\frac{1}{\sqrt{\pi t}}\exp\left(-\frac{a^2}{4t}\right)\right]=\frac{1}{\sqrt{u}}\exp\left(-a\sqrt{u}\right)(a>0) \tag{6-33}$$

结合式（6-33），对式（6-32）进行 Laplace 变换可得：

$$L\big[F(t)\big]=\sum_{m=1}^{+\infty}\cos(\pi mx)\left(\sqrt{a^2+\frac{m^2\pi^2}{h_D^2}+u}\right)^{-1}\exp\left(-y_D\sqrt{a^2+\frac{m^2\pi^2}{h_D^2}+u}\right) \tag{6-34}$$

根据式（6-32）可知，式（6-31）的 Laplace 逆变换可写成：

$$F(t)=\frac{1}{\sqrt{\pi t}}\exp\left(-\frac{y_D^2}{4t}\right)\exp\left(-a^2t\right)\sum_{m=1}^{+\infty}\cos(\pi mx)\exp\left(-\frac{m^2\pi^2}{h_D^2}t\right) \tag{6-35}$$

改写 Poisson 求和公式式（1-91）：

$$\frac{h_D}{2\sqrt{\pi t}}\left\{\sum_{m=-\infty}^{+\infty}\exp\left[-\frac{r_D^2+\left(z_D-z_{wD}-2mh_D\right)^2}{4t}\right]-\frac{\sqrt{\pi t}}{h_D}\exp\left(-\frac{r_D^2}{4t}\right)\right\}$$
$$=\exp\left(-\frac{r_D^2}{4t}\right)\sum_{m=1}^{+\infty}\exp\left[-t\left(\frac{\pi m}{h_D}\right)^2\right]\cos\left[\frac{\pi m}{h_D}\left(z_D-z_{wD}\right)\right] \tag{6-36}$$

改写式（6-35）可得

$$F(t)=\exp\left(-a^2t\right)\frac{1}{\sqrt{\pi t}}\exp\left(-\frac{y_D^2}{4t}\right)\sum_{m=1}^{+\infty}\exp\left(-\frac{m^2\pi^2}{h_D^2}t\right)\cos(\pi mx) \tag{6-37}$$

对比式（6-36）和式（6-37），即 $r_D^2=y_D^2$，$\left(z_D-z_{wD}\right)/h_D=x$ 可得

$$F(t) = \frac{h_{\mathrm{D}}}{2\pi t} \exp\left(-a^2 t\right) \sum_{m=-\infty}^{+\infty} \exp\left[-\frac{y_{\mathrm{D}}^2 + h_{\mathrm{D}}^2 (x-2m)^2}{4t}\right] - \frac{1}{2\sqrt{\pi t}} \exp\left(-a^2 t\right) \exp\left(-\frac{y_{\mathrm{D}}^2}{4t}\right) \quad (6-38)$$

对式（6-38）进行 Laplace 变换可得

$$L\left[F(t)\right] = \int_0^{+\infty} \left\{\frac{h_{\mathrm{D}}}{2\pi t} \exp\left(-a^2 t\right) \sum_{m=-\infty}^{+\infty} \exp\left[-\frac{y_{\mathrm{D}}^2 + h_{\mathrm{D}}^2 (x-2m)^2}{4t}\right] - \frac{1}{2\sqrt{\pi t}} \exp\left(-a^2 t\right) \exp\left(-\frac{y_{\mathrm{D}}^2}{4t}\right)\right\} \exp\left(-ut\right)\mathrm{d}t$$

$$= \int_0^{+\infty} \frac{h_{\mathrm{D}}}{2\pi t} \exp\left(-a^2 t\right) \sum_{m=-\infty}^{+\infty} \exp\left[-\frac{y_{\mathrm{D}}^2 + h_{\mathrm{D}}^2 (x-2m)^2}{4t}\right] \exp\left(-ut\right)\mathrm{d}t - \int_0^{+\infty} \frac{1}{2\sqrt{\pi t}} \exp\left(-a^2 t\right) \exp\left(-\frac{y_{\mathrm{D}}^2}{4t}\right) \exp\left(-ut\right)\mathrm{d}t$$

$$= \int_0^{+\infty} \frac{h_{\mathrm{D}}}{2\pi t} \sum_{m=-\infty}^{+\infty} \exp\left[-\frac{y_{\mathrm{D}}^2 + h_{\mathrm{D}}^2 (x-2m)^2}{4t}\right] \exp\left(-a^2 t - ut\right)\mathrm{d}t - \int_0^{+\infty} \frac{1}{2\sqrt{\pi t}} \exp\left(-a^2 t - ut\right) \exp\left(-\frac{y_{\mathrm{D}}^2}{4t}\right)\mathrm{d}t$$

因此可得

$$L\left[F(t)\right] = \int_0^{+\infty} \frac{h_{\mathrm{D}}}{2\pi t} \sum_{m=-\infty}^{+\infty} \exp\left[-\frac{y_{\mathrm{D}}^2 + h_{\mathrm{D}}^2 (x-2m)^2}{4t}\right] \exp\left[-\left(a^2+u\right)t\right]\mathrm{d}t -$$

$$\int_0^{+\infty} \frac{1}{2\sqrt{\pi t}} \exp\left(-\frac{y_{\mathrm{D}}^2}{4t}\right) \exp\left[-\left(a^2+u\right)t\right]\mathrm{d}t \quad (6-39)$$

将式（6-39）的参数 $\left(a^2+u\right)$ 看成参数 u 进行 Laplace 变换，根据 Lapalce 变换的公式 [2]：

$$L\left[\frac{1}{2t} \exp\left(-\frac{a^2}{4t}\right)\right] = K_0\left(a\sqrt{u}\right)(a>0) \quad (6-40)$$

结合式（6-40）和式（6-33），对式（6-39）进行 Laplace 变换可得

$$L\left[F(t)\right] = \frac{h_{\mathrm{D}}}{\pi} \sum_{m=-\infty}^{+\infty} K_0\left(\sqrt{y_{\mathrm{D}}^2 + h_{\mathrm{D}}^2 (x-2m)^2}\sqrt{a^2+u}\right) - \frac{1}{2\sqrt{a^2+u}} \exp\left(-y_{\mathrm{D}}\sqrt{a^2+u}\right) \quad (6-41)$$

将式（6-41）代入式（6-31）可得

$$\sum_{m=1}^{+\infty} \cos\left(\pi m x\right)\left(\sqrt{u + \frac{m^2\pi^2}{h_{\mathrm{D}}^2} + a^2}\right)^{-1} \exp\left(-y_{\mathrm{D}}\sqrt{u + \frac{m^2\pi^2}{h_{\mathrm{D}}^2} + a^2}\right)$$

$$= \frac{h_{\mathrm{D}}}{\pi} \sum_{m=-\infty}^{+\infty} K_0\left(\sqrt{y_{\mathrm{D}}^2 + h_{\mathrm{D}}^2 (x-2m)^2}\sqrt{a^2+u}\right) - \frac{1}{2\sqrt{a^2+u}} \exp\left(-y_{\mathrm{D}}\sqrt{a^2+u}\right) \quad (6-42)$$

将式（6-42）代入式（6-30），分别取 $x = \dfrac{z_{\mathrm{D}} - z_{\mathrm{wD}}}{h_{\mathrm{D}}}$ 和 $x = \dfrac{z_{\mathrm{D}} + z_{\mathrm{wD}}}{h_{\mathrm{D}}}$ 可得

$$\sum_{m=1}^{+\infty} \cos\left(\frac{\pi m z_{\mathrm{D}}}{h_{\mathrm{D}}}\right) \cos\left(\frac{\pi m z_{\mathrm{wD}}}{h_{\mathrm{D}}}\right)\left(\sqrt{u + \frac{m^2\pi^2}{h_{\mathrm{D}}^2} + a^2}\right)^{-1} \exp\left(-y_{\mathrm{D}}\sqrt{u + \frac{m^2\pi^2}{h_{\mathrm{D}}^2} + a^2}\right)$$

$$= \frac{1}{2} \sum_{m=1}^{+\infty} \left\{\cos\left[\frac{\pi m \left(z_{\mathrm{D}} - z_{\mathrm{wD}}\right)}{h_{\mathrm{D}}}\right] + \cos\left[\frac{\pi m \left(z_{\mathrm{D}} + z_{\mathrm{wD}}\right)}{h_{\mathrm{D}}}\right]\right\}\left(\sqrt{u + \frac{m^2\pi^2}{h_{\mathrm{D}}^2} + a^2}\right)^{-1} \exp\left(-y_{\mathrm{D}}\sqrt{u + \frac{m^2\pi^2}{h_{\mathrm{D}}^2} + a^2}\right)$$

$$=\frac{h_\mathrm{D}}{2\pi}\sum_{m=-\infty}^{+\infty}K_0\left(\sqrt{y_\mathrm{D}^2+h_\mathrm{D}^2\left(\frac{z_\mathrm{D}-z_\mathrm{wD}}{h_\mathrm{D}}-2m\right)^2}\sqrt{a^2+u}\right)-\frac{1}{4\sqrt{a^2+u}}\exp\left(-y_\mathrm{D}\sqrt{a^2+u}\right)+$$

$$\frac{h_\mathrm{D}}{2\pi}\sum_{m=-\infty}^{+\infty}K_0\left(\sqrt{y_\mathrm{D}^2+h_\mathrm{D}^2\left(\frac{z_\mathrm{D}+z_\mathrm{wD}}{h_\mathrm{D}}-2m\right)^2}\sqrt{a^2+u}\right)-\frac{1}{4\sqrt{a^2+u}}\exp\left(-y_\mathrm{D}\sqrt{a^2+u}\right)$$

（6-43）

通过式（6-43）可知，在计算的过程中，若 u 很大，则 $u+\left(m^2\pi^2\right)/h_\mathrm{D}^2+a^2\approx u$。当 u 很大时，式（6-43）右端 Bessel 函数项趋近于 0，指数函数项也趋近于 0，因此，当 u 很大时式（6-43）收敛速度很快。

当 $a=0$，$y_\mathrm{D}=0$ 时，式（6-43）可用来计算下面的级数：

$$\sum_{m=1}^{+\infty}\cos\left(\frac{\pi m z_\mathrm{D}}{h_\mathrm{D}}\right)\cos\left(\frac{\pi m z_\mathrm{wD}}{h_\mathrm{D}}\right)\left(\sqrt{u+\frac{m^2\pi^2}{h_\mathrm{D}^2}}\right)^{-1}$$

$$=\frac{h_\mathrm{D}}{2\pi}\sum_{m=-\infty}^{+\infty}\left[K_0\left(\sqrt{h_\mathrm{D}^2\left(\frac{z_\mathrm{D}-z_\mathrm{wD}}{h_\mathrm{D}}-2m\right)^2}\sqrt{u}\right)+K_0\left(\sqrt{h_\mathrm{D}^2\left(\frac{z_\mathrm{D}+z_\mathrm{wD}}{h_\mathrm{D}}-2m\right)^2}\sqrt{u}\right)\right]-\frac{1}{2\sqrt{u}}$$

（6-44）

6.2.2　包含 sin 型级数的数值计算方法

6.1 节的水平井试井数学模型里面包含了三角函数所组成的级数，这些级数在 u 值较大时，收敛速度较快，但当 u 值较小时，收敛速度很慢。因此可将包含 sin 型的级数改写如下：

$$\sum_{m=1}^{+\infty}\sin\left(\frac{\pi m z_\mathrm{D}}{h_\mathrm{D}}\right)\sin\left(\frac{\pi m z_\mathrm{wD}}{h_\mathrm{D}}\right)\left(\sqrt{u+\frac{m^2\pi^2}{h_\mathrm{D}^2}+a^2}\right)^{-1}\exp\left(-y_\mathrm{D}\sqrt{u+\frac{m^2\pi^2}{h_\mathrm{D}^2}+a^2}\right)$$

$$=\frac{1}{2}\sum_{m=1}^{+\infty}\left\{\cos\left[\frac{\pi m\left(z_\mathrm{D}-z_\mathrm{wD}\right)}{h_\mathrm{D}}\right]-\cos\left[\frac{\pi m\left(z_\mathrm{D}+z_\mathrm{wD}\right)}{h_\mathrm{D}}\right]\right\}\left(\sqrt{u+\frac{m^2\pi^2}{h_\mathrm{D}^2}+a^2}\right)^{-1}\exp\left(-y_\mathrm{D}\sqrt{u+\frac{m^2\pi^2}{h_\mathrm{D}^2}+a^2}\right)$$

（6-45）

根据式（6-42），式（6-45）可表示为

$$\sum_{m=1}^{+\infty}\sin\left(\frac{\pi m z_\mathrm{D}}{h_\mathrm{D}}\right)\sin\left(\frac{\pi m z_\mathrm{wD}}{h_\mathrm{D}}\right)\left(\sqrt{u+\frac{m^2\pi^2}{h_\mathrm{D}^2}+a^2}\right)^{-1}\exp\left(-y_\mathrm{D}\sqrt{u+\frac{m^2\pi^2}{h_\mathrm{D}^2}+a^2}\right)$$

$$=\frac{1}{2}\sum_{m=1}^{+\infty}\left\{\cos\left[\frac{\pi m\left(z_\mathrm{D}-z_\mathrm{wD}\right)}{h_\mathrm{D}}\right]-\cos\left[\frac{\pi m\left(z_\mathrm{D}+z_\mathrm{wD}\right)}{h_\mathrm{D}}\right]\right\}\left(\sqrt{u+\frac{m^2\pi^2}{h_\mathrm{D}^2}+a^2}\right)^{-1}\exp\left(-y_\mathrm{D}\sqrt{u+\frac{m^2\pi^2}{h_\mathrm{D}^2}+a^2}\right)$$

（6-46）

$$=\frac{h_\mathrm{D}}{2\pi}\sum_{m=-\infty}^{+\infty}K_0\left(\sqrt{y_\mathrm{D}^2+h_\mathrm{D}^2\left(\frac{z_\mathrm{D}-z_\mathrm{wD}}{h_\mathrm{D}}-2m\right)^2}\sqrt{a^2+u}\right)-\frac{h_\mathrm{D}}{2\pi}\sum_{m=-\infty}^{+\infty}K_0\left(\sqrt{y_\mathrm{D}^2+h_\mathrm{D}^2\left(\frac{z_\mathrm{D}+z_\mathrm{wD}}{h_\mathrm{D}}-2m\right)^2}\sqrt{a^2+u}\right)$$

通过式（6-46）可知，在计算的过程中，若 u 很大，则 $u+\left(m^2\pi^2\right)/h_\mathrm{D}^2+a^2\approx u$。当 u 很大时，式（6-46）右端 Bessel 函数项趋近于 0，因此，当 u 很大时式（6-46）收敛速度很快。

当 $a=0$，$y_D=0$ 时，式（6-46）可用来计算下面的级数：

$$\sum_{m=1}^{+\infty} \sin\left(\frac{\pi m z_D}{h_D}\right) \sin\left(\frac{\pi m z_{wD}}{h_D}\right) \left(\sqrt{u+\frac{m^2\pi^2}{h_D^2}}\right)^{-1}$$

$$= \frac{h_D}{2\pi} \sum_{m=-\infty}^{+\infty} \left[K_0\left(\sqrt{h_D^2\left(\frac{z_D-z_{wD}}{h_D}-2m\right)^2}\sqrt{u}\right) - K_0\left(\sqrt{h_D^2\left(\frac{z_D+z_{wD}}{h_D}-2m\right)^2}\sqrt{u}\right) \right] \quad （6-47）$$

6.2.3　包含 cos 型的奇数项级数的数值计算方法

在 6.1.7 ~ 6.1.9 中包含了 cos 型的奇数项级数，同样在 u 值较大时，收敛速度较快，但当 u 值较小时，收敛速度很慢。因此可将该级数改写如下：

$$\sum_{m=1}^{+\infty} \cos\left(\pi\frac{2m-1}{2}\frac{z_D}{h_D}\right) \cos\left(\pi\frac{2m-1}{2}\frac{z_{wD}}{h_D}\right) \left[\sqrt{u+\frac{(2m-1)^2\pi^2}{4h_D^2}+a^2}\right]^{-1} \exp\left[-y_D\sqrt{u+\frac{(2m-1)^2\pi^2}{4h_D^2}+a^2}\right]$$

$$= \frac{1}{2}\left\{ \sum_{m=1}^{+\infty}\left[\cos\left(\pi\frac{2m-1}{2}\frac{(z_D-z_{wD})}{h_D}\right) + \cos\left(\pi\frac{2m-1}{2}\frac{(z_D+z_{wD})}{h_D}\right) \right]\cdot \right. \quad （6-48）$$

$$\left. \left[\sqrt{u+\frac{(2m-1)^2\pi^2}{4h_D^2}+a^2}\right]^{-1} \exp\left[-y_D\sqrt{u+\frac{(2m-1)^2\pi^2}{4h_D^2}+a^2}\right] \right\}$$

令 $x=\frac{(z_D-z_{wD})}{2h_D}$ 或 $x=\frac{(z_D+z_{wD})}{2h_D}$，将式（6-48）右边其中一项的参数 u 进行 Laplace 逆变换，这里写成通式的形式：

$$\sum_{m=1}^{+\infty} \cos\left[\pi(2m-1)x\right] \left[\sqrt{u+(2m-1)^2\frac{\pi^2}{4h_D^2}+a^2}\right]^{-1} \exp\left[-y_D\sqrt{u+(2m-1)^2\frac{\pi^2}{4h_D^2}+a^2}\right] = L\left[F(t)\right] \quad （6-49）$$

F 的求解过程如下：

$$L\left[F(t)\right] = \int_0^{+\infty} \frac{1}{\sqrt{\pi t}} \exp\left(-\frac{y_D^2}{4t}\right) \exp\left(-a^2 t\right) \sum_{m=1}^{+\infty} \cos\left[\pi(2m-1)x\right] \exp\left[-(2m-1)^2\frac{\pi^2}{4h_D^2}t\right] \exp(-ut)\mathrm{d}t$$

$$= \int_0^{+\infty} \frac{1}{\sqrt{\pi t}} \exp\left(-\frac{y_D^2}{4t}\right) \sum_{m=1}^{+\infty} \cos\left[\pi(2m-1)x\right] \exp\left[-a^2 t - (2m-1)^2\frac{\pi^2}{4h_D^2}t - ut\right]\mathrm{d}t$$

$$= \int_0^{+\infty} \frac{1}{\sqrt{\pi t}} \sum_{m=1}^{+\infty} \cos\left[\pi(2m-1)x\right] \exp\left(-\frac{y_D^2}{4t}\right) \exp\left\{\left[-a^2 - (2m-1)^2\frac{\pi^2}{4h_D^2} - u\right]t\right\}\mathrm{d}t$$

由此可得

$$L\left[F(t)\right] = \sum_{m=1}^{+\infty} \cos\left[\pi(2m-1)x\right] \int_0^{+\infty} \frac{1}{\sqrt{\pi t}} \exp\left(-\frac{y_D^2}{4t}\right) \exp\left\{-\left[a^2 + (2m-1)^2\frac{\pi^2}{4h_D^2} + u\right]t\right\}\mathrm{d}t \quad （6-50）$$

将式（6-50）$\left[a^2+(2m-1)^2\frac{\pi^2}{4h_D^2}+u\right]$ 看成参数 u 进行 Laplace 变换，根据 Laplace 变

换的公式[2]，结合式（6-33），对式（6-50）进行 Laplace 变换可得

$$L\left[F(t)\right] = \sum_{m=1}^{+\infty} \cos\left[\pi(2m-1)x\right]\left[\sqrt{a^2 + (2m-1)^2\frac{\pi^2}{4h_D^2} + u}\right]^{-1}\exp\left[-y_D\sqrt{a^2 + (2m-1)^2\frac{\pi^2}{4h_D^2} + u}\right] \quad （6-51）$$

根据式（6-51）可知，式（6-49）的 Laplace 逆变换可写成

$$F(t) = \frac{1}{\sqrt{\pi t}}\exp(-a^2 t)\exp\left(-\frac{y_D^2}{4t}\right)\sum_{m=1}^{+\infty}\cos\left[\pi(2m-1)x\right]\exp\left[-(2m-1)^2\frac{\pi^2}{4h_D^2}t\right] \quad （6-52）$$

改写 Poisson 求和公式式（1-91），但这里需要说明的是，直接改写式（1-91）得到的级数与式（6-52）中级数的 m 取值不一样，这里借助式（1-149），并令 $\gamma=1/2$，即可得到 m 值取偶数的形式：

$$\frac{h_D}{2\sqrt{\pi t}}\left\{\sum_{m=-\infty}^{+\infty}\exp\left[-\frac{r_D^2 + (z_D - z_{wD} - 2mh_D)^2}{4t}\right] - \frac{\sqrt{\pi t}}{h_D}\exp\left(-\frac{r_D^2}{4t}\right)\right\}$$
$$= \exp\left(-\frac{r_D^2}{4t}\right)\sum_{m=1}^{+\infty}\exp\left[-t\left(\frac{\pi m}{h_D}\right)^2\right]\cos\left[\frac{\pi m}{h_D}(z_D - z_{wD})\right]. \quad （6-53）$$

$$\frac{h_D}{4\sqrt{\pi t}}\left\{\sum_{m=-\infty}^{+\infty}\exp\left[-\frac{r_D^2 + (z_D - z_{wD} - mh_D)^2}{4t}\right] - \frac{2\sqrt{\pi t}}{h_D}\exp\left(-\frac{r_D^2}{4t}\right)\right\}$$
$$= \exp\left(-\frac{r_D^2}{4t}\right)\sum_{m=1}^{+\infty}\exp\left[-t\left(\frac{2\pi m}{h_D}\right)^2\right]\cos\left[\frac{2\pi m}{h_D}(z_D - z_{wD})\right] \quad （6-54）$$

令式（6-53）和式（6-54）中的 $r_D = y_D$，将等式两边的 h_D 替换成 $2h_D$，并在等式两边同乘 $\frac{1}{\sqrt{\pi t}}\exp(-a^2 t)$ 可得

$$\frac{1}{\sqrt{\pi t}}\exp(-a^2 t)\frac{2h_D}{2\sqrt{\pi t}}\left\{\sum_{m=-\infty}^{+\infty}\exp\left[-\frac{y_D^2 + (z_D - z_{wD} - 4mh_D)^2}{4t}\right] - \frac{\sqrt{\pi t}}{2h_D}\exp\left(-\frac{y_D^2}{4t}\right)\right\}$$
$$= \frac{1}{\sqrt{\pi t}}\exp(-a^2 t)\exp\left(-\frac{y_D^2}{4t}\right)\sum_{m=1}^{+\infty}\cos\left(\pi m\frac{z_D - z_{wD}}{2h_D}\right)\exp\left(-m^2\frac{\pi^2}{4h_D^2}t\right) \quad （6-55）$$

$$\frac{1}{\sqrt{\pi t}}\exp(-a^2 t)\frac{2h_D}{4\sqrt{\pi t}}\left\{\sum_{m=-\infty}^{+\infty}\exp\left[-\frac{y_D^2 + (z_D - z_{wD} - 2mh_D)^2}{4t}\right] - \frac{2\sqrt{\pi t}}{2h_D}\exp\left(-\frac{y_D^2}{4t}\right)\right\}$$
$$= \frac{1}{\sqrt{\pi t}}\exp(-a^2 t)\exp\left(-\frac{y_D^2}{4t}\right)\sum_{m=1}^{+\infty}\cos\left(2\pi m\frac{z_D - z_{wD}}{2h_D}\right)\exp\left[-(2m)^2\frac{\pi^2}{4h_D^2}t\right] \quad （6-56）$$

令 $x = \frac{z_D - z_{wD}}{2h_D}$，对比式（6-52）、式（6-55）与式（6-56）右边可知，式（6-52）、式（6-56）分别表示了 m 为奇数与偶数的情况，则式（6-55）表示 m 取所有正整数的情况，因此有式（6-52）=式（6-55）-式（6-56）成立，即

$$F(t) = \exp\left(-a^2 t\right)\frac{h_D}{\pi t}\sum_{m=-\infty}^{+\infty}\exp\left[-\frac{y_D^2 + h_D^2\left(x-4m\right)^2}{4t}\right] - \exp\left(-a^2 t\right)\frac{h_D}{2\pi t}\sum_{m=-\infty}^{+\infty}\exp\left[-\frac{y_D^2 + h_D^2\left(x-2m\right)^2}{4t}\right] \quad (6\text{-}57)$$

对式（6-57）进行 Laplace 变换可得

$$L\left[F(t)\right] = \int_0^{+\infty}\left\{\exp\left(-a^2 t\right)\frac{h_D}{\pi t}\sum_{m=-\infty}^{+\infty}\exp\left[-\frac{y_D^2 + h_D^2\left(x-4m\right)^2}{4t}\right] - \right.$$
$$\left. \exp\left(-a^2 t\right)\frac{h_D}{2\pi t}\sum_{m=-\infty}^{+\infty}\exp\left[-\frac{y_D^2 + h_D^2\left(x-2m\right)^2}{4t}\right]\right\}\exp\left(-ut\right)\mathrm{d}t$$

$$L\left[F(t)\right] = \int_0^{+\infty}\left\{\frac{h_D}{\pi t}\sum_{m=-\infty}^{+\infty}\exp\left[-\frac{y_D^2 + h_D^2\left(x-4m\right)^2}{4t}\right]\exp\left[-\left(a^2+u\right)t\right] - \right.$$
$$\left. \frac{h_D}{2\pi t}\sum_{m=-\infty}^{+\infty}\exp\left[-\frac{y_D^2 + h_D^2\left(x-2m\right)^2}{4t}\right]\exp\left[-\left(a^2+u\right)t\right]\right\}\mathrm{d}t$$

将参数 a^2+u 看成参数 u 进行 Laplace 变换，根据式（6-41）可得

$$L\left[F(t)\right] = \frac{h_D}{\pi}\sum_{m=-\infty}^{+\infty}K_0\left(\sqrt{y_D^2 + h_D^2\left(x-4m\right)^2}\sqrt{a^2+u}\right) - \frac{h_D}{2\pi}\sum_{m=-\infty}^{+\infty}K_0\left(\sqrt{y_D^2 + h_D^2\left(x-2m\right)^2}\sqrt{a^2+u}\right) \quad (6\text{-}58)$$

将式（6-58）代入式（6-49）可得

$$\sum_{m=1}^{+\infty}\cos\left[\pi\left(2m-1\right)x\right]\left[\sqrt{u+\left(2m-1\right)^2\frac{\pi^2}{4h_D^2}+a^2}\right]^{-1}\exp\left[-y_D\sqrt{u+\left(2m-1\right)^2\frac{\pi^2}{4h_D^2}+a^2}\right]$$
$$= \frac{h_D}{\pi}\sum_{m=-\infty}^{+\infty}K_0\left(\sqrt{y_D^2 + h_D^2\left(x-4m\right)^2}\sqrt{a^2+u}\right) - \frac{h_D}{2\pi}\sum_{m=-\infty}^{+\infty}K_0\left(\sqrt{y_D^2 + h_D^2\left(x-2m\right)^2}\sqrt{a^2+u}\right) \quad (6\text{-}59)$$

将式（6-59）代入式（6-48），分别取 $x = \frac{z_D - z_{wD}}{2h_D}$ 和 $x = \frac{z_D + z_{wD}}{2h_D}$ 可得

$$\sum_{m=1}^{+\infty}\cos\left(\pi\frac{2m-1}{2}\frac{z_D}{h_D}\right)\cos\left(\pi\frac{2m-1}{2}\frac{z_{wD}}{h_D}\right)\left[\sqrt{u+\frac{\left(2m-1\right)^2\pi^2}{4h_D^2}+a^2}\right]^{-1}\exp\left[-y_D\sqrt{u+\frac{\left(2m-1\right)^2\pi^2}{4h_D^2}+a^2}\right]$$
$$= \frac{h_D}{2\pi}\sum_{m=-\infty}^{+\infty}K_0\left(\sqrt{y_D^2 + h_D^2\left(\frac{z_D - z_{wD}}{2h_D}-4m\right)^2}\sqrt{a^2+u}\right) - \frac{h_D}{4\pi}\sum_{m=-\infty}^{+\infty}K_0\left(\sqrt{y_D^2 + h_D^2\left(\frac{z_D - z_{wD}}{2h_D}-2m\right)^2}\sqrt{a^2+u}\right) +$$
$$\frac{h_D}{2\pi}\sum_{m=-\infty}^{+\infty}K_0\left(\sqrt{y_D^2 + h_D^2\left(\frac{z_D + z_{wD}}{2h_D}-4m\right)^2}\sqrt{a^2+u}\right) - \frac{h_D}{4\pi}\sum_{m=-\infty}^{+\infty}K_0\left(\sqrt{y_D^2 + h_D^2\left(\frac{z_D + z_{wD}}{2h_D}-2m\right)^2}\sqrt{a^2+u}\right)$$

$$(6\text{-}60)$$

通过式（6-60）可知，在计算的过程中，若 u 很大，则 $u+\left(m^2\pi^2\right)/h_D^2+a^2\approx u$。当 u 很大时，式（6-60）右端 Bessel 函数项趋近于 0，因此，当 u 很大时式（6-60）收敛速度很快。

当 $a=0$ ，$y_D=0$ 时，式（6-60）可用来计算下面的级数：

$$\sum_{m=1}^{+\infty}\cos\left(\pi\frac{2m-1}{2}\frac{z_D}{h_D}\right)\cos\left(\pi\frac{2m-1}{2}\frac{z_{wD}}{h_D}\right)\left[\sqrt{u+\frac{(2m-1)^2\pi^2}{4h_D^2}}\right]^{-1}$$

$$=\frac{h_D}{2\pi}\sum_{m=-\infty}^{+\infty}K_0\left(\sqrt{h_D^2\left(\frac{z_D-z_{wD}}{2h_D}-4m\right)^2}\sqrt{u}\right)-\frac{h_D}{4\pi}\sum_{m=-\infty}^{+\infty}K_0\left(\sqrt{h_D^2\left(\frac{z_D-z_{wD}}{2h_D}-2m\right)^2}\sqrt{u}\right)+ \quad（6-61）$$

$$\frac{h_D}{2\pi}\sum_{m=-\infty}^{+\infty}K_0\left(\sqrt{h_D^2\left(\frac{z_D+z_{wD}}{2h_D}-4m\right)^2}\sqrt{u}\right)-\frac{h_D}{4\pi}\sum_{m=-\infty}^{+\infty}K_0\left(\sqrt{h_D^2\left(\frac{z_D+z_{wD}}{2h_D}-2m\right)^2}\sqrt{u}\right)$$

6.2.4 顶底封闭径向无限大柱状储层水平井试井数学模型改进数值计算方法

6.1.1 已经得到了顶底封闭径向无限大柱状储层水平井试井数学模型，这里需要说明的是式（6-2）是在线源井（$r_w\to0$）假设下得到的。计算水平井井底压力的参数取值在 6.1.1 已经给出。虽然函数 $K_0(x)$ 的积分方法在 3.2.1 进行了详细的讨论，但式（6-2）第二部分级数计算很困难，尤其当积分变量很大时，即当时间很小时，收敛速度很慢，因此这里对式（6-2）第二部分进行处理。

$$p_D=\underbrace{\frac{1}{2s}\int_{-1}^{+1}K_0\left(\sqrt{(x_D-x_{wD})^2+(y_D-y_{wD})^2}\sqrt{u}\right)dx_{wD}}_{\text{无限导流垂直裂缝}}+\overline{F}(x_D,\ z_D,\ z_{wD},\ h_D) \quad（6-62）$$

则式（6-2）的表皮函数为

$$\overline{F}(x_D,\ z_D,\ z_{wD},\ h_D)=\frac{1}{s}\int_{-1}^{+1}\sum_{m=1}^{+\infty}\cos\left(\frac{\pi mz_D}{h_D}\right)\cos\left(\frac{\pi mz_{wD}}{h_D}\right)K_0\left(\sqrt{(x_D-x_{wD})^2}\varepsilon_m\right)dx_{wD}$$

根据式（3-57）的研究结果，表皮函数可表示为

$$\overline{F}(x_D,\ z_D,\ z_{wD},\ h_D)=\frac{1}{s}\sum_{m=1}^{+\infty}B\left[\int_0^{\varepsilon_m(1+x_D)}K_0(x_{wD})dx_{wD}+\int_0^{\varepsilon_m(1-x_D)}K_0(x_{wD})dx_{wD}\right] \quad（6-63）$$

其中：$B=\cos\left(\frac{\pi mz_D}{h_D}\right)\cos\left(\frac{\pi mz_{wD}}{h_D}\right)\frac{1}{\varepsilon_m}$。

在渗流早期阶段，式（6-63）收敛速度很慢，因此对式（6-63）进行如下处理：

$$\int_0^{\varepsilon_m(1+x_D)}K_0(x_{wD})dx_{wD}=\frac{\pi}{2}-Ki_1\left(\varepsilon_m(1+x_D)\right) \quad（6-64）$$

其中：$Ki_1\left(\varepsilon_m(1+x_D)\right)=\int_{\varepsilon_m(1+x_D)}^{+\infty}K_0(x_{wD})dx_{wD}$。根据式（6-64）改写式（6-63）可得

$$\overline{F}(x_D,\ z_D,\ z_{wD},\ h_D)=\frac{1}{s}\sum_{m=1}^{+\infty}B\left[\pi-Ki_1\left(\varepsilon_m(1+x_D)\right)-Ki_1\left(\varepsilon_m(1-x_D)\right)\right] \quad（6-65）$$

其中：$B=\cos\left(\frac{\pi mz_D}{h_D}\right)\cos\left(\frac{\pi mz_{wD}}{h_D}\right)\frac{1}{\varepsilon_m}$。

整理式（6-65）可得

$$\bar{F}\left(x_{\mathrm{D}},\ z_{\mathrm{D}},\ z_{\mathrm{wD}},\ h_{\mathrm{D}}\right)=\frac{\pi}{s}\sum_{m=1}^{+\infty}\cos\left(\frac{\pi m z_{\mathrm{D}}}{h_{\mathrm{D}}}\right)\cos\left(\frac{\pi m z_{\mathrm{wD}}}{h_{\mathrm{D}}}\right)\frac{1}{\varepsilon_{m}}-$$
$$\frac{1}{s}\sum_{m=1}^{+\infty}\cos\left(\frac{\pi m z_{\mathrm{D}}}{h_{\mathrm{D}}}\right)\cos\left(\frac{\pi m z_{\mathrm{wD}}}{h_{\mathrm{D}}}\right)\frac{1}{\varepsilon_{m}}\left[Ki_{1}\left(\varepsilon_{m}\left(1+x_{\mathrm{D}}\right)\right)+Ki_{1}\left(\varepsilon_{m}\left(1-x_{\mathrm{D}}\right)\right)\right] \quad （6-66）$$

在渗流早期阶段，式（6-66）右端的第二项收敛速度很快。但式（6-66）右端的第一项收敛速度较慢，因此对该式进行处理。借助 6.2.1 讨论的结果，根据式（6-44）可得

$$\bar{F}\left(x_{\mathrm{D}},\ z_{\mathrm{D}},\ z_{\mathrm{wD}},\ h_{\mathrm{D}}\right)=\frac{h_{\mathrm{D}}}{2s}\sum_{m=-\infty}^{+\infty}\left[K_{0}\left(\sqrt{h_{\mathrm{D}}^{2}\left(\frac{z_{\mathrm{D}}-z_{\mathrm{wD}}}{h_{\mathrm{D}}}-2m\right)^{2}\sqrt{u}}\right)+K_{0}\left(\sqrt{h_{\mathrm{D}}^{2}\left(\frac{z_{\mathrm{D}}+z_{\mathrm{wD}}}{h_{\mathrm{D}}}-2m\right)^{2}\sqrt{u}}\right)\right]-$$
$$\frac{\pi}{2s\sqrt{u}}-\frac{1}{s}\sum_{m=1}^{+\infty}\cos\left(\frac{\pi m z_{\mathrm{D}}}{h_{\mathrm{D}}}\right)\cos\left(\frac{\pi m z_{\mathrm{wD}}}{h_{\mathrm{D}}}\right)\frac{1}{\varepsilon_{m}}\left[Ki_{1}\left(\varepsilon_{m}\left(1+x_{\mathrm{D}}\right)\right)+Ki_{1}\left(\varepsilon_{m}\left(1-x_{\mathrm{D}}\right)\right)\right] \quad （6-67）$$

将式（6-67）代入式（6-62）可得顶底封闭径向无限大柱状储层水平井试井数学模型的改进数值计算方法：

$$p_{\mathrm{D}}=\underbrace{\frac{1}{2s}\int_{-1}^{+1}K_{0}\left(\sqrt{\left(x_{\mathrm{D}}-x_{\mathrm{wD}}\right)^{2}+\left(y_{\mathrm{D}}-y_{\mathrm{wD}}\right)^{2}}\sqrt{u}\right)\mathrm{d}x_{\mathrm{wD}}}_{\text{无限导流垂直裂缝}}+$$
$$\frac{h_{\mathrm{D}}}{2s}\sum_{m=-\infty}^{+\infty}\left[K_{0}\left(\sqrt{h_{\mathrm{D}}^{2}\left(\frac{z_{\mathrm{D}}-z_{\mathrm{wD}}}{h_{\mathrm{D}}}-2m\right)^{2}\sqrt{u}}\right)+K_{0}\left(\sqrt{h_{\mathrm{D}}^{2}\left(\frac{z_{\mathrm{D}}+z_{\mathrm{wD}}}{h_{\mathrm{D}}}-2m\right)^{2}\sqrt{u}}\right)\right]-$$
$$\frac{\pi}{2s\sqrt{u}}-\frac{1}{s}\sum_{m=1}^{+\infty}\cos\left(\frac{\pi m z_{\mathrm{D}}}{h_{\mathrm{D}}}\right)\cos\left(\frac{\pi m z_{\mathrm{wD}}}{h_{\mathrm{D}}}\right)\frac{1}{\varepsilon_{m}}\left[Ki_{1}\left(\varepsilon_{m}\left(1+x_{\mathrm{D}}\right)\right)+Ki_{1}\left(\varepsilon_{m}\left(1-x_{\mathrm{D}}\right)\right)\right] \quad （6-68）$$

6.2.5 顶底定压径向无限大柱状储层水平井试井数学模型改进数值计算方法

6.1.4 已经得到顶底定压径向无限大柱状储层水平井试井数学模型，这里需要说明的是式（6-11）是在线源井（$r_{\mathrm{w}}\rightarrow 0$）假设下得到的。计算水平井井底压力的参数取值在 6.1.4 已经给出。虽然函数 $K_{0}(x)$ 的积分方法在 3.2.1 进行了详细的讨论，但式（6-11）第一部分级数计算很困难，尤其当积分变量很大时，即当时间很小时，收敛速度很慢，因此这里对式（6-11）的第一部分进行处理。

$$p_{\mathrm{D}}=\frac{1}{s}\underbrace{\int_{-1}^{+1}\sum_{n=1}^{+\infty}K_{0}\left(r_{\mathrm{D}}\sqrt{\frac{(n\pi)^{2}}{h_{\mathrm{D}}^{2}}+u}\right)\sin\left(n\pi\frac{z_{\mathrm{D}}}{h_{\mathrm{D}}}\right)\sin\left(n\pi\frac{z_{\mathrm{wD}}}{h_{\mathrm{D}}}\right)\mathrm{d}x_{\mathrm{wD}}}_{\text{第一部分}} \quad （6-69）$$

根据式（3-57）的研究结果，式（6-69）可表示为

$$p_{\mathrm{D}}=\frac{1}{s}\sum_{m=1}^{+\infty}\sin\left(\frac{\pi m z_{\mathrm{D}}}{h_{\mathrm{D}}}\right)\sin\left(\frac{\pi m z_{\mathrm{wD}}}{h_{\mathrm{D}}}\right)\frac{1}{\varepsilon_{m}}\left[\int_{0}^{\varepsilon_{m}(1+x_{\mathrm{D}})}K_{0}(x_{\mathrm{wD}})\mathrm{d}x_{\mathrm{wD}}+\int_{0}^{\varepsilon_{m}(1-x_{\mathrm{D}})}K_{0}(x_{\mathrm{wD}})\mathrm{d}x_{\mathrm{wD}}\right] \quad （6-70）$$

在渗流早期阶段，式（6-70）收敛速度很慢，因此对式（6-70）进行如下处理：

$$\int_0^{\varepsilon_m(1+x_D)} K_0(x_{wD})\mathrm{d}x_{wD} = \frac{\pi}{2} - Ki_1\left(\varepsilon_m(1+x_D)\right) \tag{6-71}$$

其中：$Ki_1\left(\varepsilon_m(1+x_D)\right) = \int_{\varepsilon_m(1+x_D)}^{+\infty} K_0(x_{wD})\mathrm{d}x_{wD}$。

根据式（6-71）改写式（6-70）可得

$$p_D = \frac{1}{s}\sum_{m=1}^{+\infty}\sin\left(\frac{\pi m z_D}{h_D}\right)\sin\left(\frac{\pi m z_{wD}}{h_D}\right)\frac{1}{\varepsilon_m}\left[\pi - Ki_1\left(\varepsilon_m(1+x_D)\right) - Ki_1\left(\varepsilon_m(1-x_D)\right)\right] \tag{6-72}$$

整理式（6-72）可得

$$p_D = \bar{F}\left(x_D,\ z_D,\ z_{wD},\ h_D\right) - \frac{1}{s}\sum_{m=1}^{+\infty}\sin\left(\frac{\pi m z_D}{h_D}\right)\sin\left(\frac{\pi m z_{wD}}{h_D}\right)\frac{1}{\varepsilon_m}\left[Ki_1\left(\varepsilon_m(1+x_D)\right) + Ki_1\left(\varepsilon_m(1-x_D)\right)\right] \tag{6-73}$$

其中：$\bar{F}\left(x_D,\ z_D,\ z_{wD},\ h_D\right) = \frac{1}{s}\sum_{m=1}^{+\infty}\sin\left(\frac{\pi m z_D}{h_D}\right)\sin\left(\frac{\pi m z_{wD}}{h_D}\right)\frac{\pi}{\varepsilon_m}$。

在渗流早期阶段，式（6-73）右端的第二项收敛速度很快。但式（6-73）右端的第一项收敛速度较慢，因此对该项进行处理。借助 6.2.2 讨论的结果，根据式（6-47）可得

$$\bar{F}\left(x_D,\ z_D,\ z_{wD},\ h_D\right) = \frac{h_D}{2s}\sum_{m=-\infty}^{+\infty}\left[K_0\left(\sqrt{h_D^2\left(\frac{z_D - z_{wD}}{h_D} - 2m\right)^2}\sqrt{u}\right) - K_0\left(\sqrt{h_D^2\left(\frac{z_D + z_{wD}}{h_D} - 2m\right)^2}\sqrt{u}\right)\right] \tag{6-74}$$

将式（6-74）代入式（6-73）可得顶底定压径向无限大柱状储层水平井试井数学模型的改进数值计算方法：

$$
\begin{aligned}
p_D = {}& \frac{h_D}{2s}\sum_{m=-\infty}^{+\infty}\left[K_0\left(\sqrt{h_D^2\left(\frac{z_D - z_{wD}}{h_D} - 2m\right)^2}\sqrt{u}\right) - K_0\left(\sqrt{h_D^2\left(\frac{z_D + z_{wD}}{h_D} - 2m\right)^2}\sqrt{u}\right)\right] - \\
& \frac{1}{s}\sum_{m=1}^{+\infty}\sin\left(\frac{\pi m z_D}{h_D}\right)\sin\left(\frac{\pi m z_{wD}}{h_D}\right)\frac{1}{\varepsilon_m}\left[Ki_1\left(\varepsilon_m(1+x_D)\right) + Ki_1\left(\varepsilon_m(1-x_D)\right)\right]
\end{aligned} \tag{6-75}
$$

6.2.6　顶底封闭 x、y 方向封闭盒状储层水平井试井数学模型改进数值计算方法

针对"6.1.10 顶底封闭 x、y 方向封闭盒状储层水平井试井数学模型"的式（6-29），结合"3.2.2 双曲函数算法研究"的结果，将式（6-29）改写为如下形式：

$$
\begin{aligned}
p_D = {}& \underbrace{\frac{\pi}{x_{eD}s}\frac{\cosh\left[\sqrt{u}\left(y_{eD} - |y_{D1}|\right)\right] + \cosh\left[\sqrt{u}\left(y_{eD} - |y_{D2}|\right)\right]}{\sqrt{u}\sinh(y_{eD}\sqrt{u})}}_{\text{part1}} + \\
& \underbrace{\frac{2}{s}\sum_{k=1}^{+\infty}\frac{1}{k}\cos\left(\pi k\frac{x_D}{x_{eD}}\right)\cos\left(\frac{k\pi x_{wD}}{x_{eD}}\right)\sin\left(\frac{k\pi}{x_{eD}}\right)\left\{\frac{\cosh\left[\varepsilon_k\left(y_{eD} - |y_{D1}|\right)\right] + \cosh\left[\varepsilon_k\left(y_{eD} - |y_{D2}|\right)\right]}{\varepsilon_k\sinh(y_{eD}\varepsilon_k)}\right\}}_{\text{part2}} +
\end{aligned}
$$

无限导流垂直对称裂缝部分

$$\sum_{n=1}^{+\infty}\left[\cos\left(\frac{\pi n z_{\mathrm{D}}}{h_{\mathrm{D}}}\right)\cos\left(\frac{\pi n z_{\mathrm{wD}}}{h_{\mathrm{D}}}\right)\right]\left\{\frac{2\pi}{x_{\mathrm{eD}}s}\frac{\cosh\left[\varepsilon_n\left(y_{\mathrm{eD}}-\left|y_{\mathrm{D1}}\right|\right)\right]+\cosh\left[\varepsilon_n\left(y_{\mathrm{eD}}-\left|y_{\mathrm{D2}}\right|\right)\right]}{\varepsilon_n\sinh(y_{\mathrm{eD}}\varepsilon_n)}\right.$$

$$\left.\underbrace{+f\left(\varepsilon_{nk},\ x_{\mathrm{wD}},\ x_{\mathrm{D}},\ x_{\mathrm{eD}},\ y_{\mathrm{eD}},\left|y_{\mathrm{D1}}\right|,\left|y_{\mathrm{D2}}\right|\right)}_{\mathrm{part4}}\right\} \quad (6\text{-}76)$$

$$\underbrace{}_{\mathrm{part3}}$$

其中：

$$f\left(\varepsilon_{nk},\ x_{\mathrm{wD}},\ x_{\mathrm{D}},\ x_{\mathrm{eD}},\ y_{\mathrm{eD}},\left|y_{\mathrm{D1}}\right|,\left|y_{\mathrm{D2}}\right|\right)$$

$$=\frac{4}{s}\sum_{k=1}^{\infty}\frac{1}{k}\cos\left(\pi k\frac{x_{\mathrm{D}}}{x_{\mathrm{eD}}}\right)\cos\left(\frac{k\pi x_{\mathrm{wD}}}{x_{\mathrm{eD}}}\right)\sin\left(\frac{k\pi}{x_{\mathrm{eD}}}\right)\frac{\cosh\left[\varepsilon_{nk}\left(y_{\mathrm{eD}}-\left|y_{\mathrm{D1}}\right|\right)\right]+\cosh\left[\varepsilon_{nk}\left(y_{\mathrm{eD}}-\left|y_{\mathrm{D2}}\right|\right)\right]}{\varepsilon_{nk}\sinh(y_{\mathrm{eD}}\varepsilon_{nk})}$$

根据式（3-76）的分析，式（6-76）的四部分分别可写成

$$\mathrm{part1}=\frac{\pi}{x_{\mathrm{eD}}s\sqrt{u}}\left\{\left[\mathrm{e}^{-\sqrt{u}\left|y_{\mathrm{D1}}\right|}+\mathrm{e}^{-\sqrt{u}\left(2y_{\mathrm{eD}}-\left|y_{\mathrm{D1}}\right|\right)}+\mathrm{e}^{-\sqrt{u}\left|y_{\mathrm{D2}}\right|}+\mathrm{e}^{-\sqrt{u}\left(2y_{\mathrm{eD}}-\left|y_{\mathrm{D2}}\right|\right)}\right]\frac{1}{1-\mathrm{e}^{-2\sqrt{u}y_{\mathrm{eD}}}}\right\} \quad (6\text{-}77)$$

$$\mathrm{part2}=\frac{2}{s}\sum_{k=1}^{+\infty}\left\{\frac{1}{k}\cos\left(\pi k\frac{x_{\mathrm{D}}}{x_{\mathrm{eD}}}\right)\cos\left(\frac{k\pi x_{\mathrm{wD}}}{x_{\mathrm{eD}}}\right)\sin\left(\frac{k\pi}{x_{\mathrm{eD}}}\right)\frac{\cosh\left[\varepsilon_k\left(y_{\mathrm{eD}}-\left|y_{\mathrm{D1}}\right|\right)\right]+\cosh\left[\varepsilon_k\left(y_{\mathrm{eD}}-\left|y_{\mathrm{D2}}\right|\right)\right]}{\varepsilon_k\sinh(y_{\mathrm{eD}}\varepsilon_k)}\right\}$$

$$=\frac{2}{s}\sum_{k=1}^{+\infty}\frac{1}{k\varepsilon_k}\cos\left(\pi k\frac{x_{\mathrm{D}}}{x_{\mathrm{eD}}}\right)\cos\left(\frac{k\pi x_{\mathrm{wD}}}{x_{\mathrm{eD}}}\right)\sin\left(\frac{k\pi}{x_{\mathrm{eD}}}\right)\mathrm{e}^{-\varepsilon_k\left|y_{\mathrm{D1}}\right|}+g\left(\left|y_{\mathrm{D1}}\right|\right)+$$

$$\frac{2}{s}\sum_{k=1}^{+\infty}\frac{1}{k\varepsilon_k}\cos\left(\pi k\frac{x_{\mathrm{D}}}{x_{\mathrm{eD}}}\right)\cos\left(\frac{k\pi x_{\mathrm{wD}}}{x_{\mathrm{eD}}}\right)\sin\left(\frac{k\pi}{x_{\mathrm{eD}}}\right)\mathrm{e}^{-\varepsilon_k\left|y_{\mathrm{D1}}\right|}\sum_{m=1}^{+\infty}\mathrm{e}^{-2\varepsilon_k y_{\mathrm{eD}}m}+$$

$$\frac{2}{s}\sum_{k=1}^{+\infty}\frac{1}{k\varepsilon_k}\cos\left(\pi k\frac{x_{\mathrm{D}}}{x_{\mathrm{eD}}}\right)\cos\left(\frac{k\pi x_{\mathrm{wD}}}{x_{\mathrm{eD}}}\right)\sin\left(\frac{k\pi}{x_{\mathrm{eD}}}\right)\mathrm{e}^{-\varepsilon_k\left(2y_{\mathrm{eD}}-\left|y_{\mathrm{D1}}\right|\right)}+g\left(2y_{\mathrm{eD}}-\left|y_{\mathrm{D1}}\right|\right)+$$

$$\frac{2}{s}\sum_{k=1}^{+\infty}\frac{1}{k\varepsilon_k}\cos\left(\pi k\frac{x_{\mathrm{D}}}{x_{\mathrm{eD}}}\right)\cos\left(\frac{k\pi x_{\mathrm{wD}}}{x_{\mathrm{eD}}}\right)\sin\left(\frac{k\pi}{x_{\mathrm{eD}}}\right)\mathrm{e}^{-\varepsilon_k\left(2y_{\mathrm{eD}}-\left|y_{\mathrm{D1}}\right|\right)}\sum_{m=1}^{+\infty}\mathrm{e}^{-2\varepsilon_k y_{\mathrm{eD}}m}+ \quad (6\text{-}78)$$

$$\frac{2}{s}\sum_{k=1}^{+\infty}\frac{1}{k\varepsilon_k}\cos\left(\pi k\frac{x_{\mathrm{D}}}{x_{\mathrm{eD}}}\right)\cos\left(\frac{k\pi x_{\mathrm{wD}}}{x_{\mathrm{eD}}}\right)\sin\left(\frac{k\pi}{x_{\mathrm{eD}}}\right)\mathrm{e}^{-\varepsilon_k\left|y_{\mathrm{D2}}\right|}+g\left(\left|y_{\mathrm{D2}}\right|\right)+$$

$$\frac{2}{s}\sum_{k=1}^{+\infty}\frac{1}{k\varepsilon_k}\cos\left(\pi k\frac{x_{\mathrm{D}}}{x_{\mathrm{eD}}}\right)\cos\left(\frac{k\pi x_{\mathrm{wD}}}{x_{\mathrm{eD}}}\right)\sin\left(\frac{k\pi}{x_{\mathrm{eD}}}\right)\mathrm{e}^{-\varepsilon_k\left|y_{\mathrm{D2}}\right|}\sum_{m=1}^{+\infty}\mathrm{e}^{-2\varepsilon_k y_{\mathrm{eD}}m}+$$

$$\frac{2}{s}\sum_{k=1}^{+\infty}\frac{1}{k\varepsilon_k}\cos\left(\pi k\frac{x_{\mathrm{D}}}{x_{\mathrm{eD}}}\right)\cos\left(\frac{k\pi x_{\mathrm{wD}}}{x_{\mathrm{eD}}}\right)\sin\left(\frac{k\pi}{x_{\mathrm{eD}}}\right)\mathrm{e}^{-\varepsilon_k\left(2y_{\mathrm{eD}}-\left|y_{\mathrm{D2}}\right|\right)}+g\left(2y_{\mathrm{eD}}-\left|y_{\mathrm{D2}}\right|\right)+$$

$$\frac{2}{s}\sum_{k=1}^{+\infty}\frac{1}{k\varepsilon_k}\cos\left(\pi k\frac{x_{\mathrm{D}}}{x_{\mathrm{eD}}}\right)\cos\left(\frac{k\pi x_{\mathrm{wD}}}{x_{\mathrm{eD}}}\right)\sin\left(\frac{k\pi}{x_{\mathrm{eD}}}\right)\mathrm{e}^{-\varepsilon_k\left(2y_{\mathrm{eD}}-\left|y_{\mathrm{D2}}\right|\right)}\sum_{m=1}^{+\infty}\mathrm{e}^{-2\varepsilon_k y_{\mathrm{eD}}m}$$

式（6-78）part4 的具体计算过程可根据式（3-76）处理，这些形式在程序编制时，可以采用相对比较统一的处理方式，虽然形式上比较复杂，但各个部分在计算时收敛速度较快，且程序容易设计，后续将给出实例分析。

$$\text{part4} = \frac{4}{s} \sum_{k=1}^{+\infty} \frac{1}{k} \cos\left(\pi k \frac{x_{\text{D}}}{x_{\text{eD}}}\right) \cos\left(\frac{k\pi x_{\text{wD}}}{x_{\text{eD}}}\right) \sin\left(\frac{k\pi}{x_{\text{eD}}}\right) \frac{\cosh\left[\varepsilon_{nk}\left(y_{\text{eD}} - |y_{\text{D1}}|\right)\right] + \cosh\left[\varepsilon_{nk}\left(y_{\text{eD}} - |y_{\text{D2}}|\right)\right]}{\varepsilon_{nk} \sinh(y_{\text{eD}}\varepsilon_{nk})}$$

$$= \frac{4}{s} \sum_{k=1}^{+\infty} \left\{ \frac{1}{k\varepsilon_{nk}} \cos\left(\pi k \frac{x_{\text{D}}}{x_{\text{eD}}}\right) \cos\left(\frac{k\pi x_{\text{wD}}}{x_{\text{eD}}}\right) \sin\left(\frac{k\pi}{x_{\text{eD}}}\right) \cdot \right. \tag{6-79}$$

$$\left. \left[e^{-\varepsilon_k |y_{\text{D1}}|} + e^{-\varepsilon_k\left(2y_{\text{eD}} - |y_{\text{D1}}|\right)} + e^{-\varepsilon_k |y_{\text{D2}}|} + e^{-\varepsilon_k\left(2y_{\text{eD}} - |y_{\text{D2}}|\right)} \right] \left(1 + \sum_{m=1}^{+\infty} e^{-2\varepsilon_k y_{\text{eD}} m} \right) \right\} +$$

$$2\left[g\left(|y_{\text{D1}}|\right) + g\left(\left(2y_{\text{eD}} - |y_{\text{D1}}|\right)\right) + g\left(|y_{\text{D2}}|\right) + g\left(\left(2y_{\text{eD}} - |y_{\text{D2}}|\right)\right) \right]$$

在处理式（6-79）时需要特别注意参数 ε_{nk}，该参数与式（3-76）中的 ε_k 不同，因此需要将 $g(x)$ 函数表达式中的 $\sqrt{u}$ 替换为 $\sqrt{\dfrac{(n\pi)^2}{z_{\text{eD}}^2} + u}$。

其中：

$$\varepsilon_{nk} = \sqrt{\varepsilon_n^2 + \frac{\pi^2 k^2}{x_{\text{eD}}^2}}$$

$$\varepsilon_k = \sqrt{\frac{(k\pi)^2}{x_{\text{eD}}^2} + u}$$

$$\varepsilon_m = \sqrt{\frac{(m\pi)^2}{y_{\text{eD}}^2} + u}$$

$$\varepsilon_n = \sqrt{\frac{(n\pi)^2}{z_{\text{eD}}^2} + u}$$

$$g(x) = \frac{1}{2s} \sum_{k=1}^{+\infty} \int_{-1}^{1} \left[K_0\left(\sqrt{\left(x_{\text{D}} - x_{\text{WD}} - 2kx_{\text{eD}} - \beta\right)^2 + x^2}\, \sqrt{u} \right) + K_0\left(\sqrt{\left(x_{\text{D}} + x_{\text{WD}} - 2kx_{\text{eD}} - \beta\right)^2 + x^2}\, \sqrt{u} \right) + \right.$$

$$\left. K_0\left(\sqrt{\left(x_{\text{D}} - x_{\text{WD}} + 2kx_{\text{eD}} - \beta\right)^2 + x^2}\, \sqrt{u} \right) + K_0\left(\sqrt{\left(x_{\text{D}} + x_{\text{WD}} + 2kx_{\text{eD}} - \beta\right)^2 + x^2}\, \sqrt{u} \right) \right] \mathrm{d}\beta +$$

$$\frac{1}{2s} \int_{-1}^{1} \left[K_0\left(\sqrt{\left(x_{\text{D}} - x_{\text{wD}} - \beta\right)^2 + x^2}\, \sqrt{u} \right) + K_0\left(\sqrt{\left(x_{\text{D}} + x_{\text{wD}} - \beta\right)^2 + x^2}\, \sqrt{u} \right) \right] \mathrm{d}\beta - \frac{\pi \exp\left(-|x|\sqrt{u}\right)}{x_{\text{eD}} s \sqrt{u}}$$

特别提示：$\varepsilon_{nk} = \sqrt{\varepsilon_n^2 + \dfrac{\pi^2 k^2}{x_{\text{eD}}^2}} = \sqrt{\dfrac{(n\pi)^2}{z_{\text{eD}}^2} + u + \dfrac{\pi^2 k^2}{x_{\text{eD}}^2}} = \sqrt{\dfrac{\pi^2 k^2}{x_{\text{eD}}^2} + \left(\dfrac{(n\pi)^2}{z_{\text{eD}}^2} + u\right)}$。

6.3　实例分析

在 6.1 节已经对常见的水平井试井数学模型进行了分析，并在 6.2 节给出了部分模型的对应改进计算方法，这些计算方法不仅能提高计算速度，还能提高计算精度。这里以顶底封闭径向无限大、径向封闭和径向定压储层为例，给出这三个水平井模型的计算结果。对于顶底定压径向无限大水平井模型，井储系数为 0.00，表皮系数为 0.00，水平井段的长度为 100 m，在垂直方向上水平井段位于储层中部，储层的厚度为 20 m。对于封闭边界和定压边界，设置柱状储层的边界半径为 1 000 m。对于盒状储层，储层的厚度为 20 m，储层在 x 与 y 方向的长度均为 1 000 m，井储系数与表皮系数均为 0.00。通过 6.2 节改进的计算方法，编制了 Matlab 程序，详见附录 3。在计算方法中涉及的级数计算部分，其相对误差设置为 10^{-6}；涉及的计算积分部分，其相对误差设置为 10^{-10}。通过图 6-1 可以看出，对于柱状储层和盒状储层，改进后的计算方法均能达到计算要求，并且对不同类型储层边界，无因次压力与压力导数都有对应的响应特征。

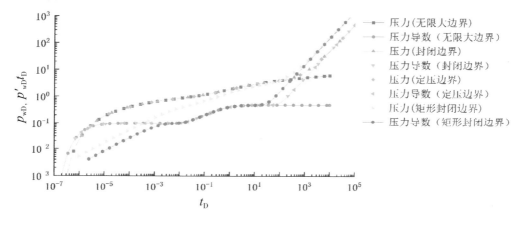

图 6-1　水平井典型试井图版

7 多段压裂水平井试井数学模型

↗

水力压裂技术是实现经济开发的重要手段，水平井对于薄层储层的开发占有优势地位。直井压裂可以提高油气井单井产量和改善储层渗透率，水平井压裂在提高单井产量方面也有着重要的作用，通过将两者结合，既可以提高单井产量，又可以对难以动用的储量进行开采。因此，对多段压裂水平井井底压力分布特征的研究具有重要的意义。

7.1 多段压裂常规裂缝水平井试井几何模型

在理想情况下，水力压裂裂缝关于井筒对称，多段压裂常规裂缝水平井试井几何模型如图 7-1 所示，为了研究方便，对该几何模型进行假设，其假设条件如下：

（1）储层呈水平分布，储层的上下边界封闭，外边界为无限大或矩形封闭有界，储层厚度为 h；

（2）水平井长度为 L_h，流体在井筒内的流动为无限导流，水平井与储层平行；

（3）压裂裂缝条数为 M，每条裂缝都被完全压开且为有限导流裂缝，每条裂缝均与井筒呈正交分布；

（4）裂缝宽度为 W_f，裂缝沿井筒呈等距分布或不等距分布；

（5）流体由储层向裂缝渗流后再流入井筒，流体在储层中的渗流为等温渗流且符合达西渗流定律，忽略流体的重力和毛细管压力的影响。

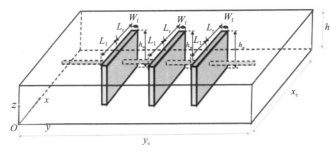

图 7-1 多段压裂水平井试井几何模型示意图

7.2 基于有限导流函数的常规裂缝水平井试井数学模型

建立如图 7-1 所示的直角坐标系（x 轴沿裂缝方向，y 轴沿水平井方向），由于多条裂缝相互干扰，同时裂缝为有限导流裂缝，因此，流体在多段压裂水平井中的渗流不仅存在于单条裂缝之间，还存在于与多条裂缝的相互影响之间，因此，根据压降叠加原理获得多段压裂水平井井底压力解。

根据点源函数基本思想，第 i 条裂缝在储层引起的压力响应通过 "4.3 有限导流垂直对称单条裂缝井常见的试井数学模型" 的面源解求取，其中流量 q 为非均匀流量，非均匀流量与均匀流量之间的转化关系见 3.1.1 ~ 3.1.3，其他模型转化关系类似。通过建立无限导流多段压裂水平井试井数学模型，再结合裂缝导流能力函数获得有限导流多段压裂水平井试井数学模型解析解。

7.2.1 顶底封闭径向无限大柱状储层多段压裂水平井试井数学模型

假设有 M 条裂缝，根据单条无限导流裂缝与单条有限导流裂缝模型，借助非均匀流量的思想，通过压降叠加原理，可得顶底封闭径向无限大柱状储层 M 条裂缝水平井试井数学模型。这里需要说明的是，流体在水平井井筒中的流动假设为无限导流，即在井筒任一点处测得的压降相等，若从方程求解的角度出发，则水平井井筒与裂缝的交叉点处的压降均相等。根据式（3-1）和式（4-41）可得

$$\bar{p}_{\mathrm{D}} = \sum_{j=1}^{M} \frac{1}{2} \int_{-1}^{1} \bar{q}_{\mathrm{D}(j)} K_0 \left(\sqrt{(x_{\mathrm{D}(i)} - \alpha)^2 + (y_{\mathrm{D}(i)} - y_{\mathrm{wD}(j)})^2} \sqrt{u} \right) \mathrm{d}\alpha + \bar{f}(C_{\mathrm{fD}(i)}) \quad (i = 1, 2, \cdots, M) \quad (7\text{-}1)$$

对于每个水平井井筒与裂缝的交叉点，均可由式（7-1）得出一个方程，水平井井筒与裂缝共计有 M 个交叉点，可形成 M 个方程。式（7-1）中的无因次井底压力与每条裂缝产量均为未知数，因此再结合质量守恒方程，总计可形成 M+1 个方程。

令

$$\bar{F}\left(y_{\mathrm{D}(i)}, \ y_{\mathrm{wD}(j)}\right) = \frac{1}{2} \int_{-1}^{1} K_0 \left(\sqrt{(x_{\mathrm{D}(i)} - \alpha)^2 + (y_{\mathrm{D}(i)} - y_{\mathrm{wD}(j)})^2} \sqrt{u} \right) \mathrm{d}\alpha + \bar{f}(C_{\mathrm{fD}(i)}) \quad (7\text{-}2)$$

根据式（7-2），可得式（7-1）数值计算模型：

$$\begin{bmatrix} \bar{F}\left(y_{\mathrm{D}(1)}, \ y_{\mathrm{wD}(1)}\right) & \bar{F}\left(y_{\mathrm{D}(1)}, \ y_{\mathrm{wD}(2)}\right) & \cdots & \bar{F}\left(y_{\mathrm{D}(1)}, \ y_{\mathrm{wD}(M)}\right) & -1 \\ \bar{F}\left(y_{\mathrm{D}(2)}, \ y_{\mathrm{wD}(1)}\right) & \bar{F}\left(y_{\mathrm{D}(2)}, \ y_{\mathrm{wD}(2)}\right) & \cdots & \bar{F}\left(y_{\mathrm{D}(2)}, \ y_{\mathrm{wD}(M)}\right) & -1 \\ \vdots & \vdots & \ddots & \vdots & \vdots \\ \bar{F}\left(y_{\mathrm{D}(M)}, \ y_{\mathrm{wD}(1)}\right) & \bar{F}\left(y_{\mathrm{D}(M)}, \ y_{\mathrm{wD}(2)}\right) & \cdots & \bar{F}\left(y_{\mathrm{D}(M)}, \ y_{\mathrm{wD}(M)}\right) & -1 \\ 1 & 1 & \cdots & 1 & 0 \end{bmatrix} \begin{bmatrix} \bar{q}_{\mathrm{D}(1)} \\ \bar{q}_{\mathrm{D}(2)} \\ \vdots \\ \bar{q}_{\mathrm{D}(M)} \\ \bar{p}_D \end{bmatrix} = \begin{bmatrix} 0 \\ 0 \\ \vdots \\ 0 \\ \dfrac{1}{s} \end{bmatrix} \quad (7\text{-}3)$$

这里需要说明的是，式（7-1）即为对称且每条裂缝都相等的情况。对于对称非

等长裂缝的情况，在参数无因次化时，可将最长的裂缝的半长作为参考长度。这样对于其他裂缝而言，式（7-1）积分上下限应介于 -1 到 1 之间，同时也要注意无因次裂缝导流系数 C_{fD} 的选择。基于上述分析，可得顶底封闭径向无限大柱状储层对称非等长裂缝多段压裂水平井的试井数学模型。

由于式（2-1）已经得到了顶底封闭径向无限大储层垂直方向线源解，因此，要得到完全射孔垂直裂缝井压力解，需要继续对式（2-1）在 x 方向对点源位置 x_w 从 $-L_f$ 到 $+L_f$ 进行积分，得到顶底封闭径向无限大储层无限导流垂直裂缝井的试井数学模型：

$$\Delta \bar{p} = \frac{\tilde{q}\mu h}{2\pi k L_{ref} s h_D} \int_{-L_f}^{+L_f} K_0\left(r_D \sqrt{u}\right) \mathrm{d}x_w \tag{7-4}$$

将式（7-4）化为无因次形式：

$$\Delta \bar{p} = \frac{\tilde{q}\mu h L_{ref}}{2\pi k L_{ref} s h_D} \int_{-L_f/L_{ref}}^{+L_f/L_{ref}} K_0\left(r_D \sqrt{u}\right) \mathrm{d}x_{wD} \tag{7-5}$$

整理式（7-5）可得

$$\bar{p}_D = \frac{1}{2 s L_{fD}} \int_{-L_{fD}}^{+L_{fD}} K_0\left(r_D \sqrt{u}\right) \mathrm{d}x_{wD} \tag{7-6}$$

其中，无因次压力定义为 $\bar{p}_D = \dfrac{2\pi k h}{(2\tilde{q}h L_f)\mu} \Delta \bar{p}$。

对于非恒定流量，$\tilde{q}h$ 不是常数，则有

$$\bar{p}_D = \frac{1}{2 L_{fD}} \int_{-L_{fD}}^{+L_{fD}} \bar{q}_D K_0\left(r_D \sqrt{u}\right) \mathrm{d}x_{wD} \tag{7-7}$$

对于 M 条裂缝，结合式（7-7），根据压降叠加原理可得

$$\bar{p}_D = \sum_{j=1}^{M} \frac{1}{2 L_{fD(j)}} \int_{-L_{fD(j)}}^{L_{fD(j)}} \bar{q}_{D(j)} K_0\left(\sqrt{(x_{D(i)}-\alpha)^2 + (y_{D(i)}-y_{wD(j)})^2}\sqrt{u}\right)\mathrm{d}\alpha + \bar{f}(C_{fD(i)}) \tag{7-8}$$

令

$$\bar{F}\left(y_{D(i)},\ y_{wD(j)}\right) = \frac{1}{2 L_{fD(j)}} \int_{-L_{fD(j)}}^{L_{fD(j)}} K_0\left(\sqrt{(x_{D(i)}-\alpha)^2 + (y_{D(i)}-y_{wD(j)})^2}\sqrt{u}\right)\mathrm{d}\alpha + \bar{f}(C_{fD(i)}) \tag{7-9}$$

根据式（7-9），可得式（7-8）数值计算模型：

$$\begin{bmatrix}
\bar{F}\left(y_{D(1)},\ y_{wD(1)}\right) & \bar{F}\left(y_{D(1)},\ y_{wD(2)}\right) & \cdots & \bar{F}\left(y_{D(1)},\ y_{wD(M)}\right) & -1 \\
\bar{F}\left(y_{D(2)},\ y_{wD(1)}\right) & \bar{F}\left(y_{D(2)},\ y_{wD(2)}\right) & \cdots & \bar{F}\left(y_{D(2)},\ y_{wD(M)}\right) & -1 \\
\vdots & \vdots & \ddots & \vdots & \vdots \\
\bar{F}\left(y_{D(M)},\ y_{wD(1)}\right) & \bar{F}\left(y_{D(M)},\ y_{wD(2)}\right) & \cdots & \bar{F}\left(y_{D(M)},\ y_{wD(M)}\right) & -1 \\
1 & 1 & \cdots & 1 & 0
\end{bmatrix}
\begin{bmatrix}
\bar{q}_{D(1)} \\
\bar{q}_{D(2)} \\
\vdots \\
\bar{q}_{D(M)} \\
\bar{p}_D
\end{bmatrix}
=
\begin{bmatrix}
0 \\
0 \\
\vdots \\
0 \\
\dfrac{1}{s}
\end{bmatrix} \tag{7-10}$$

7.2.2 顶底封闭径向封闭柱状储层多段压裂水平井试井数学模型

通过 7.2.1 分析结果，根据式（3−4）和式（4−42）可得顶底封闭径向封闭柱状储层 M 条裂缝水平井试井数学模型：

$$\bar{p}_{\mathrm{D}}=\sum_{j=1}^{M}\frac{1}{2}\int_{-1}^{1}\bar{q}_{\mathrm{D}(j)}\Bigg[K_0\Big(\sqrt{(x_{\mathrm{D}(i)}-\alpha)^2+(y_{\mathrm{D}(i)}-y_{\mathrm{wD}(j)})^2}\sqrt{u}\Big)+$$
$$\frac{K_1(r_{\mathrm{eD}}\sqrt{u})}{I_1(r_{\mathrm{eD}}\sqrt{u})}I_0\Big(\sqrt{(x_{\mathrm{D}(i)}-\alpha)^2+(y_{\mathrm{D}(i)}-y_{\mathrm{wD}(j)})^2}\sqrt{u}\Big)\Bigg]\mathrm{d}\alpha+\bar{f}(C_{\mathrm{fD}(i)})(i=1,2,\cdots,\ M) \tag{7−11}$$

对于每个水平井井筒与裂缝的交叉点，均可由式（7−11）得出一个方程，水平井井筒与裂缝共计有 M 个交叉点，可形成 M 个方程。式（7−11）中的无因次井底压力与每条裂缝产量均为未知数，因此再结合质量守恒方程，总计可形成 $M+1$ 个方程。

令

$$\bar{F}\Big(y_{\mathrm{D}(i)},\ y_{\mathrm{wD}(j)}\Big)=\frac{1}{2}\int_{-1}^{1}\Bigg[K_0\Big(\sqrt{(x_{\mathrm{D}(i)}-\alpha)^2+(y_{\mathrm{D}(i)}-y_{\mathrm{wD}(j)})^2}\sqrt{u}\Big)+$$
$$\frac{K_1(r_{\mathrm{eD}}\sqrt{u})}{I_1(r_{\mathrm{eD}}\sqrt{u})}I_0\Big(\sqrt{(x_{\mathrm{D}(i)}-\alpha)^2+(y_{\mathrm{D}(i)}-y_{\mathrm{wD}(j)})^2}\sqrt{u}\Big)\Bigg]\mathrm{d}\alpha+\bar{f}(C_{\mathrm{fD}(i)}) \tag{7−12}$$

根据式（7−12），可得式（7−11）数值计算模型：

$$\begin{bmatrix} \bar{F}\big(y_{\mathrm{D}(1)},\ y_{\mathrm{wD}(1)}\big) & \bar{F}\big(y_{\mathrm{D}(1)},\ y_{\mathrm{wD}(2)}\big) & \cdots & \bar{F}\big(y_{\mathrm{D}(1)},\ y_{\mathrm{wD}(M)}\big) & -1 \\ \bar{F}\big(y_{\mathrm{D}(2)},\ y_{\mathrm{wD}(1)}\big) & \bar{F}\big(y_{\mathrm{D}(2)},\ y_{\mathrm{wD}(2)}\big) & \cdots & \bar{F}\big(y_{\mathrm{D}(2)},\ y_{\mathrm{wD}(M)}\big) & -1 \\ \vdots & \vdots & \ddots & \vdots & \vdots \\ \bar{F}\big(y_{\mathrm{D}(M)},\ y_{\mathrm{wD}(1)}\big) & \bar{F}\big(y_{\mathrm{D}(M)},\ y_{\mathrm{wD}(2)}\big) & \cdots & \bar{F}\big(y_{\mathrm{D}(M)},\ y_{\mathrm{wD}(M)}\big) & -1 \\ 1 & 1 & \cdots & 1 & 0 \end{bmatrix}\begin{bmatrix} \bar{q}_{\mathrm{D}(1)} \\ \bar{q}_{\mathrm{D}(2)} \\ \vdots \\ \bar{q}_{\mathrm{D}(M)} \\ \bar{p}_{\mathrm{D}} \end{bmatrix}=\begin{bmatrix} 0 \\ 0 \\ \vdots \\ 0 \\ \dfrac{1}{s} \end{bmatrix} \tag{7−13}$$

这里需要说明的是，式（7−11）即为对称且每条裂缝都相等的情况。对于对称非等长裂缝的情况，在参数无因次化时，可将最长的裂缝的半长作为参考长度。这样对于其他裂缝而言，式（7−11）积分上下限应介于 −1 到 1 之间，同时也要注意无因次裂缝导流系数 C_{fD} 的选择。基于上述分析，可得顶底封闭径向封闭柱状储层对称非等长裂缝多段压裂水平井试井数学模型：

$$\bar{p}_{\mathrm{D}}=\sum_{j=1}^{M}\frac{1}{2L_{\mathrm{fD}(j)}}\int_{-L_{\mathrm{fD}(j)}}^{L_{\mathrm{fD}(j)}}\bar{q}_{\mathrm{D}(j)}\Bigg[K_0\Big(\sqrt{(x_{\mathrm{D}(i)}-\alpha)^2+(y_{\mathrm{D}(i)}-y_{\mathrm{wD}(j)})^2}\sqrt{u}\Big)+$$
$$\frac{K_1(r_{\mathrm{eD}}\sqrt{u})}{I_1(r_{\mathrm{eD}}\sqrt{u})}I_0\big(\sqrt{(x_{\mathrm{D}(i)}-\alpha)^2+(y_{\mathrm{D}(i)}-y_{\mathrm{wD}(j)})^2}\sqrt{u}\big)\Bigg]\mathrm{d}\alpha+\bar{f}(C_{\mathrm{fD}(i)})(i=1,2,\cdots,\ M) \tag{7−14}$$

令

$$\bar{F}\Big(y_{\mathrm{D}(i)},\ y_{\mathrm{wD}(j)}\Big)=\frac{1}{2L_{\mathrm{fD}(j)}}\int_{-L_{\mathrm{fD}(j)}}^{L_{\mathrm{fD}(j)}}\Bigg[K_0\Big(\sqrt{(x_{\mathrm{D}(i)}-\alpha)^2+(y_{\mathrm{D}(i)}-y_{\mathrm{wD}(j)})^2}\sqrt{u}\Big)+$$
$$\frac{K_1(r_{\mathrm{eD}}\sqrt{u})}{I_1(r_{\mathrm{eD}}\sqrt{u})}I_0\big(\sqrt{(x_{\mathrm{D}(i)}-\alpha)^2+(y_{\mathrm{D}(i)}-y_{\mathrm{wD}(j)})^2}\sqrt{u}\big)\Bigg]\mathrm{d}\alpha+\bar{f}(C_{\mathrm{fD}(i)}) \tag{7−15}$$

根据式（7-15），可得式（7-14）数值计算模型：

$$\begin{bmatrix} \overline{F}\left(y_{D(1)},\ y_{wD(1)}\right) & \overline{F}\left(y_{D(1)},\ y_{wD(2)}\right) & \cdots & \overline{F}\left(y_{D(1)},\ y_{wD(M)}\right) & -1 \\ \overline{F}\left(y_{D(2)},\ y_{wD(1)}\right) & \overline{F}\left(y_{D(2)},\ y_{wD(2)}\right) & \cdots & \overline{F}\left(y_{D(2)},\ y_{wD(M)}\right) & -1 \\ \vdots & \vdots & \ddots & \vdots & \vdots \\ \overline{F}\left(y_{D(M)},\ y_{wD(1)}\right) & \overline{F}\left(y_{D(M)},\ y_{wD(2)}\right) & \cdots & \overline{F}\left(y_{D(M)},\ y_{wD(M)}\right) & -1 \\ 1 & 1 & \cdots & 1 & 0 \end{bmatrix} \begin{bmatrix} \overline{q}_{D(1)} \\ \overline{q}_{D(2)} \\ \vdots \\ \overline{q}_{D(M)} \\ \overline{p}_{D} \end{bmatrix} = \begin{bmatrix} 0 \\ 0 \\ \vdots \\ 0 \\ \dfrac{1}{s} \end{bmatrix} \qquad (7-16)$$

7.2.3 顶底封闭径向定压柱状储层多段压裂水平井试井数学模型

通过 7.2.1 分析结果，根据式（3-7）和式（4-43）可得顶底封闭径向定压柱状储层 M 条裂缝水平井试井数学模型：

$$\overline{p}_{D} = \sum_{j=1}^{M} \frac{1}{2} \int_{-1}^{1} \overline{q}_{D(j)} \Bigg[K_0\left(\sqrt{(x_{D(i)}-\alpha)^2 + (y_{D(i)}-y_{wD(j)})^2}\ \sqrt{u}\right) - $$
$$\frac{K_0(r_{eD}\sqrt{u})}{I_0(r_{eD}\sqrt{u})} I_0\left(\sqrt{(x_{D(i)}-\alpha)^2 + (y_{D(i)}-y_{wD(j)})^2}\ \sqrt{u}\right) \Bigg] \mathrm{d}\alpha + \overline{f}(C_{fD(i)})(i=1,2,\cdots,\ M) \qquad (7-17)$$

对于每个水平井井筒与裂缝的交叉点，均可由式（7-17）得出一个方程，水平井井筒与裂缝共计有 M 个交叉点，可形成 M 个方程。式（7-17）中的无因次井底压力与每条裂缝产量均为未知数，因此再结合质量守恒方程，总计可形成 $M+1$ 个方程。

令

$$\overline{F}\left(y_{D(i)},\ y_{wD(j)}\right) = \frac{1}{2} \int_{-1}^{1} \Bigg[K_0\left(\sqrt{(x_{D(i)}-\alpha)^2 + (y_{D(i)}-y_{wD(j)})^2}\ \sqrt{u}\right) - $$
$$\frac{K_0(r_{eD}\sqrt{u})}{I_0(r_{eD}\sqrt{u})} I_0\left(\sqrt{(x_{D(i)}-\alpha)^2 + (y_{D(i)}-y_{wD(j)})^2}\ \sqrt{u}\right) \Bigg] \mathrm{d}\alpha + \overline{f}(C_{fD(i)}) \qquad (7-18)$$

根据式（7-18），可得式（7-17）数值计算模型：

$$\begin{bmatrix} \overline{F}\left(y_{D(1)},\ y_{wD(1)}\right) & \overline{F}\left(y_{D(1)},\ y_{wD(2)}\right) & \cdots & \overline{F}\left(y_{D(1)},\ y_{wD(M)}\right) & -1 \\ \overline{F}\left(y_{D(2)},\ y_{wD(1)}\right) & \overline{F}\left(y_{D(2)},\ y_{wD(2)}\right) & \cdots & \overline{F}\left(y_{D(2)},\ y_{wD(M)}\right) & -1 \\ \vdots & \vdots & \ddots & \vdots & \vdots \\ \overline{F}\left(y_{D(M)},\ y_{wD(1)}\right) & \overline{F}\left(y_{D(M)},\ y_{wD(2)}\right) & \cdots & \overline{F}\left(y_{D(M)},\ y_{wD(M)}\right) & -1 \\ 1 & 1 & \cdots & 1 & 0 \end{bmatrix} \begin{bmatrix} \overline{q}_{D(1)} \\ \overline{q}_{D(2)} \\ \vdots \\ \overline{q}_{D(M)} \\ \overline{p}_{D} \end{bmatrix} = \begin{bmatrix} 0 \\ 0 \\ \vdots \\ 0 \\ \dfrac{1}{s} \end{bmatrix} \qquad (7-19)$$

这里需要说明的是，式（7-17）即为对称且每条裂缝都相等的情况。对于对称非等长裂缝的情况，在参数无因次化时，可将最长的裂缝的半长作为参考长度。这样对于其他裂缝而言，式（7-17）积分上下限应介于 −1 到 1 之间，同时也要注意无因次裂缝导流系数 C_{fD} 的选择。基于上述分析，可得顶底封闭径向定压柱状储层对称非等长裂缝多段压裂水平井的试井数学模型：

$$\overline{p}_{D} = \sum_{j=1}^{M}\frac{1}{2L_{fD(j)}}\int_{-L_{fD(j)}}^{L_{fD(j)}}\overline{q}_{D(j)}\left[K_{0}\left(\sqrt{(x_{D(i)}-\alpha)^{2}+(y_{D(i)}-y_{wD(j)})^{2}}\sqrt{u}\right)-\right.$$

$$\left.\frac{K_{0}(r_{eD}\sqrt{u})}{I_{0}(r_{eD}\sqrt{u})}I_{0}\left(\sqrt{(x_{D(i)}-\alpha)^{2}+(y_{D(i)}-y_{wD(j)})^{2}}\sqrt{u}\right)\right]d\alpha+\overline{f}(C_{fD(i)})(i=1,2,\cdots,\ M) \tag{7-20}$$

令

$$\overline{F}\left(y_{D(i)},\ y_{wD(j)}\right)=\frac{1}{2L_{fD(j)}}\int_{-L_{fD(j)}}^{L_{fD(j)}}\left[K_{0}\left(\sqrt{(x_{D(i)}-\alpha)^{2}+(y_{D(i)}-y_{wD(j)})^{2}}\sqrt{u}\right)-\right.$$

$$\left.\frac{K_{0}(r_{eD}\sqrt{u})}{I_{0}(r_{eD}\sqrt{u})}I_{0}\left(\sqrt{(x_{D(i)}-\alpha)^{2}+(y_{D(i)}-y_{wD(j)})^{2}}\sqrt{u}\right)\right]d\alpha+\overline{f}(C_{fD(i)}) \tag{7-21}$$

根据式（7-21），可得式（7-20）数值计算模型：

$$\begin{bmatrix} \overline{F}(y_{D(1)},\ y_{wD(1)}) & \overline{F}(y_{D(1)},\ y_{wD(2)}) & \dots & \overline{F}(y_{D(1)},\ y_{wD(M)}) & -1 \\ \overline{F}(y_{D(2)},\ y_{wD(1)}) & \overline{F}(y_{D(2)},\ y_{wD(2)}) & \dots & \overline{F}(y_{D(2)},\ y_{wD(M)}) & -1 \\ \vdots & \vdots & \ddots & \vdots & \vdots \\ \overline{F}(y_{D(M)},\ y_{wD(1)}) & \overline{F}(y_{D(M)},\ y_{wD(2)}) & \dots & \overline{F}(y_{D(M)},\ y_{wD(M)}) & -1 \\ 1 & 1 & \dots & 1 & 0 \end{bmatrix}\begin{bmatrix} \overline{q}_{D(1)} \\ \overline{q}_{D(2)} \\ \vdots \\ \overline{q}_{D(M)} \\ \overline{p}_{D} \end{bmatrix}=\begin{bmatrix} 0 \\ 0 \\ \vdots \\ 0 \\ \dfrac{1}{s} \end{bmatrix} \tag{7-22}$$

7.2.4 顶底定压径向无限大柱状储层多段压裂水平井试井数学模型

通过 7.2.1 分析结果，根据式（3-9）和式（4-44）可得顶底定压径向无限大柱状储层 M 条裂缝水平井试井数学模型：

$$\overline{p}_{D}=\sum_{j=1}^{M}2\int_{-1}^{1}\overline{q}_{D(j)}\sum_{n=1}^{+\infty}\left\{\frac{1}{(2n-1)\pi}\sin\left[\frac{(2n-1)\pi z_{D}}{h_{D}}\right]\cdot\right.$$

$$\left.K_{0}\left(\varepsilon_{2n-1}\sqrt{(x_{D(i)}-\alpha)^{2}+(y_{D(i)}-y_{wD(j)})^{2}}\right)\right\}d\alpha+\overline{f}(C_{fD(i)})(i=1,2,\cdots,\ M) \tag{7-23}$$

对于每个水平井井筒与裂缝的交叉点，均可由式（7-23）得出一个方程，水平井井筒与裂缝共计有 M 个交叉点，可形成 M 个方程。式（7-23）中的无因次井底压力与每条裂缝产量均为未知数，因此再结合质量守恒方程，总计可形成 $M+1$ 个方程。

令

$$\overline{F}\left(y_{D(i)},\ y_{wD(j)}\right)=2\int_{-1}^{1}\left\{\sum_{n=1}^{+\infty}\frac{1}{(2n-1)\pi}\sin\left[\frac{(2n-1)\pi z_{D}}{h_{D}}\right]\cdot\right.$$

$$\left.K_{0}\left(\varepsilon_{2n-1}\sqrt{(x_{D(i)}-\alpha)^{2}+(y_{D(i)}-y_{wD(j)})^{2}}\right)\right\}d\alpha+\overline{f}(C_{fD(i)}) \tag{7-24}$$

根据式（7-24），可得式（7-23）数值计算模型：

$$
\begin{bmatrix}
\overline{F}\left(y_{D(1)},\ y_{wD(1)}\right) & \overline{F}\left(y_{D(1)},\ y_{wD(2)}\right) & \cdots & \overline{F}\left(y_{D(1)},\ y_{wD(M)}\right) & -1 \\
\overline{F}\left(y_{D(2)},\ y_{wD(1)}\right) & \overline{F}\left(y_{D(2)},\ y_{wD(2)}\right) & \cdots & \overline{F}\left(y_{D(2)},\ y_{wD(M)}\right) & -1 \\
\vdots & \vdots & \ddots & \vdots & \vdots \\
\overline{F}\left(y_{D(M)},\ y_{wD(1)}\right) & \overline{F}\left(y_{D(M)},\ y_{wD(2)}\right) & \cdots & \overline{F}\left(y_{D(M)},\ y_{wD(M)}\right) & -1 \\
1 & 1 & \cdots & 1 & 0
\end{bmatrix}
\begin{bmatrix}
\overline{q}_{D(1)} \\
\overline{q}_{D(2)} \\
\vdots \\
\overline{q}_{D(M)} \\
\overline{p}_D
\end{bmatrix}
=
\begin{bmatrix}
0 \\
0 \\
\vdots \\
0 \\
\dfrac{1}{s}
\end{bmatrix}
\tag{7-25}
$$

这里需要说明的是，式（7-23）即为对称且每条裂缝都相等的情况。对于对称非等长裂缝的情况，在参数无因次化时，可将最长的裂缝的半长作为参考长度。这样对于其他裂缝而言，式（7-23）积分上下限应介于 –1 到 1 之间，同时也要注意无因次裂缝导流系数 C_{fD} 的选择。基于上述分析，可得顶底定压径向无限大柱状储层对称非等长裂缝多段压裂水平井的试井数学模型：

$$
\overline{p}_D = \sum_{j=1}^{M} \frac{2}{L_{fD(j)}} \int_{-L_{fD(j)}}^{L_{fD(j)}} \overline{q}_{D(j)} \sum_{n=1}^{+\infty} \left\{ \frac{1}{(2n-1)\pi} \sin\left[\frac{(2n-1)\pi z_D}{h_D}\right] \right.
$$
$$
\left. K_0\left(\varepsilon_{2n-1}\sqrt{(x_{D(i)}-\alpha)^2 + (y_{D(i)}-y_{wD(j)})^2}\right)\right\} d\alpha + \overline{f}(C_{fD(i)}) \quad (i=1,2,\cdots,\ M)
\tag{7-26}
$$

令

$$
\overline{F}\left(y_{D(i)},\ y_{wD(j)}\right) = \frac{2}{L_{fD(j)}} \int_{-L_{fD(j)}}^{L_{fD(j)}} \sum_{n=1}^{+\infty} \left\{ \frac{1}{(2n-1)\pi} \sin\left[\frac{(2n-1)\pi z_D}{h_D}\right] \right.
$$
$$
\left. K_0\left(\varepsilon_{2n-1}\sqrt{(x_{D(i)}-\alpha)^2 + (y_{D(i)}-y_{wD(j)})^2}\right)\right\} d\alpha + \overline{f}(C_{fD(i)})
\tag{7-27}
$$

根据式（7-27），可得式（7-26）数值计算模型：

$$
\begin{bmatrix}
\overline{F}\left(y_{D(1)},\ y_{wD(1)}\right) & \overline{F}\left(y_{D(1)},\ y_{wD(2)}\right) & \cdots & \overline{F}\left(y_{D(1)},\ y_{wD(M)}\right) & -1 \\
\overline{F}\left(y_{D(2)},\ y_{wD(1)}\right) & \overline{F}\left(y_{D(2)},\ y_{wD(2)}\right) & \cdots & \overline{F}\left(y_{D(2)},\ y_{wD(M)}\right) & -1 \\
\vdots & \vdots & \ddots & \vdots & \vdots \\
\overline{F}\left(y_{D(M)},\ y_{wD(1)}\right) & \overline{F}\left(y_{D(M)},\ y_{wD(2)}\right) & \cdots & \overline{F}\left(y_{D(M)},\ y_{wD(M)}\right) & -1 \\
1 & 1 & \cdots & 1 & 0
\end{bmatrix}
\begin{bmatrix}
\overline{q}_{D(1)} \\
\overline{q}_{D(2)} \\
\vdots \\
\overline{q}_{D(M)} \\
\overline{p}_D
\end{bmatrix}
=
\begin{bmatrix}
0 \\
0 \\
\vdots \\
0 \\
\dfrac{1}{s}
\end{bmatrix}
\tag{7-28}
$$

7.2.5　顶底定压径向封闭柱状储层多段压裂水平井试井数学模型

通过 7.2.1 分析结果，根据式（3-11）和式（4-45）可得顶底定压径向封闭柱状储层 M 条裂缝水平井试井分析的数学模型：

$$
\overline{p}_D = \sum_{j=1}^{M} 2 \int_{-1}^{1} \overline{q}_{D(j)} \sum_{n=1}^{+\infty} B\left[K_0\left(\sqrt{(x_{D(i)}-\alpha)^2 + (y_{D(i)}-y_{wD(j)})^2}\,\varepsilon_{2n-1}\right) + \right.
$$
$$
\left. \frac{K_1(r_{eD}\varepsilon_{2n-1})}{I_1(r_{eD}\varepsilon_{2n-1})} I_0\left(\sqrt{(x_{D(i)}-\alpha)^2 + (y_{D(i)}-y_{wD(j)})^2}\,\varepsilon_{2n-1}\right)\right] d\alpha + \overline{f}(C_{fD(i)}) \quad (i=1,2,\cdots,\ M)
\tag{7-29}
$$

其中： $B = \dfrac{1}{(2n-1)\pi}\sin\left[(2n-1)\pi\dfrac{z_{\mathrm{D}}}{h_{\mathrm{D}}}\right]$。

对于每个水平井井筒与裂缝的交叉点，均可由式（7-29）得出一个方程，水平井井筒与裂缝共计有 M 个交叉点，可形成 M 个方程。式（7-29）中的无因次井底压力与每条裂缝产量均为未知数，因此再结合质量守恒方程，总计可形成 $M+1$ 个方程。

令

$$
\overline{F}\left(y_{\mathrm{D}(i)},\ y_{\mathrm{wD}(j)}\right) = 2\int_{-1}^{1}\sum_{n=1}^{+\infty}B\Big[K_0\Big(\sqrt{(x_{\mathrm{D}(i)}-\alpha)^2+(y_{\mathrm{D}(i)}-y_{\mathrm{wD}(j)})^2}\,\varepsilon_{2n-1}\Big)+ \\
\frac{K_1(r_{\mathrm{eD}}\varepsilon_{2n-1})}{I_1(r_{\mathrm{eD}}\varepsilon_{2n-1})}I_0\Big(\sqrt{(x_{\mathrm{D}(i)}-\alpha)^2+(y_{\mathrm{D}(i)}-y_{\mathrm{wD}(j)})^2}\,\varepsilon_{2n-1}\Big)\Big]\mathrm{d}\alpha + \overline{f}(C_{\mathrm{fD}(i)})
\tag{7-30}
$$

其中： $B = \dfrac{1}{(2n-1)\pi}\sin\left[(2n-1)\pi\dfrac{z_{\mathrm{D}}}{h_{\mathrm{D}}}\right]$。

根据式（7-30），可得式（7-29）数值计算模型：

$$
\begin{bmatrix}
\overline{F}(y_{\mathrm{D}(1)}, y_{\mathrm{wD}(1)}) & \overline{F}(y_{\mathrm{D}(1)}, y_{\mathrm{wD}(2)}) & \cdots & \overline{F}(y_{\mathrm{D}(1)}, y_{\mathrm{wD}(M)}) & -1 \\
\overline{F}(y_{\mathrm{D}(2)}, y_{\mathrm{wD}(1)}) & \overline{F}(y_{\mathrm{D}(2)}, y_{\mathrm{wD}(2)}) & \cdots & \overline{F}(y_{\mathrm{D}(2)}, y_{\mathrm{wD}(M)}) & -1 \\
\vdots & \vdots & \ddots & \vdots & \vdots \\
\overline{F}(y_{\mathrm{D}(M)}, y_{\mathrm{wD}(1)}) & \overline{F}(y_{\mathrm{D}(M)}, y_{\mathrm{wD}(2)}) & \cdots & \overline{F}(y_{\mathrm{D}(M)}, y_{\mathrm{wD}(M)}) & -1 \\
1 & 1 & \cdots & 1 & 0
\end{bmatrix}
\begin{bmatrix}
\overline{q}_{\mathrm{D}(1)} \\ \overline{q}_{\mathrm{D}(2)} \\ \vdots \\ \overline{q}_{\mathrm{D}(M)} \\ \overline{p}_{D}
\end{bmatrix}
=
\begin{bmatrix}
0 \\ 0 \\ \vdots \\ 0 \\ \frac{1}{s}
\end{bmatrix}
\tag{7-31}
$$

这里需要说明的是，式（7-29）即为对称且每条裂缝都相等的情况。对于对称非等长裂缝的情况，在参数无因次化时，可将最长的裂缝的半长作为参考长度。这样对于其他裂缝而言，式（7-29）积分上下限应介于 -1 到 1 之间，同时也要注意无因次裂缝导流系数 C_{fD} 的选择。基于上述分析，可得顶底定压径向封闭柱状储层对称非等长裂缝多段压裂水平井的试井数学模型：

$$
\overline{p}_{\mathrm{D}} = \sum_{j=1}^{M}\frac{2}{L_{\mathrm{fD}(j)}}\int_{-L_{\mathrm{fD}(j)}}^{L_{\mathrm{fD}(j)}}\overline{q}_{\mathrm{D}(j)}\sum_{n=1}^{+\infty}B\Big[K_0\Big(\sqrt{(x_{\mathrm{D}(i)}-\alpha)^2+(y_{\mathrm{D}(i)}-y_{\mathrm{wD}(j)})^2}\,\varepsilon_{2n-1}\Big)+ \\
\frac{K_1(r_{\mathrm{eD}}\varepsilon_{2n-1})}{I_1(r_{\mathrm{eD}}\varepsilon_{2n-1})}I_0\Big(\sqrt{(x_{\mathrm{D}(i)}-\alpha)^2+(y_{\mathrm{D}(i)}-y_{\mathrm{wD}(j)})^2}\,\varepsilon_{2n-1}\Big)\Big]\mathrm{d}\alpha + \overline{f}(C_{\mathrm{fD}(i)})(i=1,2,\cdots,\ M)
\tag{7-32}
$$

其中： $B = \dfrac{1}{(2n-1)\pi}\sin\left[(2n-1)\pi\dfrac{z_{\mathrm{D}}}{h_{\mathrm{D}}}\right]$。

令

$$
\overline{F}\left(y_{\mathrm{D}(i)},\ y_{\mathrm{wD}(j)}\right) = \frac{2}{L_{\mathrm{fD}(j)}}\int_{-L_{\mathrm{fD}(j)}}^{L_{\mathrm{fD}(j)}}\sum_{n=1}^{+\infty}B\Big[K_0\Big(\sqrt{(x_{\mathrm{D}(i)}-\alpha)^2+(y_{\mathrm{D}(i)}-y_{\mathrm{wD}(j)})^2}\,\varepsilon_{2n-1}\Big)+ \\
\frac{K_1(r_{\mathrm{eD}}\varepsilon_{2n-1})}{I_1(r_{\mathrm{eD}}\varepsilon_{2n-1})}I_0\Big(\sqrt{(x_{\mathrm{D}(i)}-\alpha)^2+(y_{\mathrm{D}(i)}-y_{\mathrm{wD}(j)})^2}\,\varepsilon_{2n-1}\Big)\Big]\mathrm{d}\alpha + \overline{f}(C_{\mathrm{fD}(i)})
\tag{7-33}
$$

其中：$B = \dfrac{1}{(2n-1)\pi} \sin\left[(2n-1)\pi \dfrac{z_D}{h_D}\right]$。

根据式（7-33），可得式（7-32）数值计算模型：

$$
\begin{bmatrix}
\overline{F}\left(y_{D(1)},\ y_{wD(1)}\right) & \overline{F}\left(y_{D(1)},\ y_{wD(2)}\right) & \cdots & \overline{F}\left(y_{D(1)},\ y_{wD(M)}\right) & -1 \\
\overline{F}\left(y_{D(2)},\ y_{wD(1)}\right) & \overline{F}\left(y_{D(2)},\ y_{wD(2)}\right) & \cdots & \overline{F}\left(y_{D(2)},\ y_{wD(M)}\right) & -1 \\
\vdots & \vdots & \ddots & \vdots & \vdots \\
\overline{F}\left(y_{D(M)},\ y_{wD(1)}\right) & \overline{F}\left(y_{D(M)},\ y_{wD(2)}\right) & \cdots & \overline{F}\left(y_{D(M)},\ y_{wD(M)}\right) & -1 \\
1 & 1 & \cdots & 1 & 0
\end{bmatrix}
\begin{bmatrix}
\overline{q}_{D(1)} \\
\overline{q}_{D(2)} \\
\vdots \\
\overline{q}_{D(M)} \\
\overline{p}_D
\end{bmatrix}
=
\begin{bmatrix}
0 \\
0 \\
\vdots \\
0 \\
\dfrac{1}{s}
\end{bmatrix}
\tag{7-34}
$$

7.2.6　顶底定压径向定压柱状储层多段压裂水平井试井数学模型

通过 7.2.1 分析结果，根据式（3-13）和式（4-46）可得顶底定压径向定压柱状储层 M 条裂缝水平井试井数学模型：

$$
\overline{p}_D = \sum_{j=1}^{M} 2\int_{-1}^{1} \overline{q}_{D(j)} \left\{ \sum_{n=1}^{+\infty} B\left[K_0\left(\sqrt{(x_{D(i)}-\alpha)^2+(y_{D(i)}-y_{wD(j)})^2}\,\varepsilon_{2n-1}\right) - \right. \right.
$$
$$
\left. \left. \frac{K_0(r_{eD}\varepsilon_{2n-1})}{I_0(r_{eD}\varepsilon_{2n-1})} I_0\left(\sqrt{(x_{D(i)}-\alpha)^2+(y_{D(i)}-y_{wD(j)})^2}\,\varepsilon_{2n-1}\right) \right] \right\} d\alpha + \overline{f}(C_{fD(i)}) \quad (i=1,2,\cdots,\ M) \tag{7-35}
$$

其中：$B = \dfrac{1}{(2n-1)\pi} \sin\left[(2n-1)\pi \dfrac{z_D}{h_D}\right]$。

对于每个水平井井筒与裂缝的交叉点，均可由式（7-35）得出一个方程，水平井井筒与裂缝共计有 M 个交叉点，可形成 M 个方程。式（7-35）中的无因次井底压力与每条裂缝产量均为未知数，因此再结合质量守恒方程，总计可形成 $M+1$ 个方程。

令

$$
\overline{F}\left(y_{D(i)},\ y_{wD(j)}\right) = 2\int_{-1}^{1} \left\{ \sum_{n=1}^{+\infty} B\left[K_0\left(\sqrt{(x_{D(i)}-\alpha)^2+(y_{D(i)}-y_{wD(j)})^2}\,\varepsilon_{2n-1}\right) - \right. \right.
$$
$$
\left. \left. \frac{K_0(r_{eD}\varepsilon_{2n-1})}{I_0(r_{eD}\varepsilon_{2n-1})} I_0\left(\sqrt{(x_{D(i)}-\alpha)^2+(y_{D(i)}-y_{wD(j)})^2}\,\varepsilon_{2n-1}\right) \right] \right\} d\alpha + \overline{f}(C_{fD(i)}) \tag{7-36}
$$

其中：$B = \dfrac{1}{(2n-1)\pi} \sin\left[(2n-1)\pi \dfrac{z_D}{h_D}\right]$。

根据式（7-36），可得式（7-35）数值计算模型：

$$
\begin{bmatrix}
\overline{F}\left(y_{\mathrm{D}(1)},\ y_{\mathrm{wD}(1)}\right) & \overline{F}\left(y_{\mathrm{D}(1)},\ y_{\mathrm{wD}(2)}\right) & \cdots & \overline{F}\left(y_{\mathrm{D}(1)},\ y_{\mathrm{wD}(M)}\right) & -1 \\
\overline{F}\left(y_{\mathrm{D}(2)},\ y_{\mathrm{wD}(1)}\right) & \overline{F}\left(y_{\mathrm{D}(2)},\ y_{\mathrm{wD}(2)}\right) & \cdots & \overline{F}\left(y_{\mathrm{D}(2)},\ y_{\mathrm{wD}(M)}\right) & -1 \\
\vdots & \vdots & \ddots & \vdots & \vdots \\
\overline{F}\left(y_{\mathrm{D}(M)},\ y_{\mathrm{wD}(1)}\right) & \overline{F}\left(y_{\mathrm{D}(M)},\ y_{\mathrm{wD}(2)}\right) & \cdots & \overline{F}\left(y_{\mathrm{D}(M)},\ y_{\mathrm{wD}(M)}\right) & -1 \\
1 & 1 & \cdots & 1 & 0
\end{bmatrix}
\begin{bmatrix}
\overline{q}_{\mathrm{D}(1)} \\ \overline{q}_{\mathrm{D}(2)} \\ \vdots \\ \overline{q}_{\mathrm{D}(M)} \\ \overline{p}_{\mathrm{D}}
\end{bmatrix}
=
\begin{bmatrix}
0 \\ 0 \\ \vdots \\ 0 \\ \dfrac{1}{s}
\end{bmatrix}
\tag{7-37}
$$

这里需要说明的是，式（7-35）即为对称且每条裂缝都相等的情况。对于对称非等长裂缝的情况，在参数无因次化时，可将最长的裂缝的半长作为参考长度。这样对于其他裂缝而言，式（7-35）积分上下限应介于 -1 到 1 之间，同时也要注意无因次裂缝导流系数 C_{fD} 的选择。基于上述分析，可得顶底定压径向定压柱状储层对称非等长裂缝多段压裂水平井的试井数学模型：

$$
\overline{p}_{\mathrm{D}} = \sum_{j=1}^{M} \frac{2}{L_{\mathrm{fD}(j)}} \int_{-L_{\mathrm{fD}(j)}}^{L_{\mathrm{fD}(j)}} \overline{q}_{\mathrm{D}(j)} \left\{ \sum_{n=1}^{+\infty} B\left[K_0\left(\sqrt{(x_{\mathrm{D}(i)}-\alpha)^2 + (y_{\mathrm{D}(i)}-y_{\mathrm{wD}(j)})^2}\, \varepsilon_{2n-1} \right) - \right. \right.
$$
$$
\left. \left. \frac{K_0(r_{\mathrm{eD}}\varepsilon_{2n-1})}{I_0(r_{\mathrm{eD}}\varepsilon_{2n-1})} I_0\left(\sqrt{(x_{\mathrm{D}(i)}-\alpha)^2 + (y_{\mathrm{D}(i)}-y_{\mathrm{wD}(j)})^2}\, \varepsilon_{2n-1} \right) \right] \right\} \mathrm{d}\alpha + \overline{f}(C_{\mathrm{fD}(i)}) \quad (i=1,2,\cdots,\ M)
\tag{7-38}
$$

其中：$B = \dfrac{1}{(2n-1)\pi} \sin\left[(2n-1)\pi \dfrac{z_{\mathrm{D}}}{h_{\mathrm{D}}} \right]$。

令

$$
\overline{F}\left(y_{\mathrm{D}(i)},\ y_{\mathrm{wD}(j)}\right) = \frac{2}{L_{\mathrm{fD}(j)}} \int_{-L_{\mathrm{fD}(j)}}^{L_{\mathrm{fD}(j)}} \left\{ \sum_{n=1}^{+\infty} B\left[K_0\left(\sqrt{(x_{\mathrm{D}(i)}-\alpha)^2 + (y_{\mathrm{D}(i)}-y_{\mathrm{wD}(j)})^2}\, \varepsilon_{2n-1} \right) - \right. \right.
$$
$$
\left. \left. \frac{K_0(r_{\mathrm{eD}}\varepsilon_{2n-1})}{I_0(r_{\mathrm{eD}}\varepsilon_{2n-1})} I_0\left(\sqrt{(x_{\mathrm{D}(i)}-\alpha)^2 + (y_{\mathrm{D}(i)}-y_{\mathrm{wD}(j)})^2}\, \varepsilon_{2n-1} \right) \right] \right\} \mathrm{d}\alpha + \overline{f}(C_{\mathrm{fD}(i)})
\tag{7-39}
$$

其中：$B = \dfrac{1}{(2n-1)\pi} \sin\left[(2n-1)\pi \dfrac{z_{\mathrm{D}}}{h_{\mathrm{D}}} \right]$。

根据式（7-39），可得式（7-38）数值计算模型：

$$
\begin{bmatrix}
\overline{F}\left(y_{\mathrm{D}(1)},\ y_{\mathrm{wD}(1)}\right) & \overline{F}\left(y_{\mathrm{D}(1)},\ y_{\mathrm{wD}(2)}\right) & \cdots & \overline{F}\left(y_{\mathrm{D}(1)},\ y_{\mathrm{wD}(M)}\right) & -1 \\
\overline{F}\left(y_{\mathrm{D}(2)},\ y_{\mathrm{wD}(1)}\right) & \overline{F}\left(y_{\mathrm{D}(2)},\ y_{\mathrm{wD}(2)}\right) & \cdots & \overline{F}\left(y_{\mathrm{D}(2)},\ y_{\mathrm{wD}(M)}\right) & -1 \\
\vdots & \vdots & \ddots & \vdots & \vdots \\
\overline{F}\left(y_{\mathrm{D}(M)},\ y_{\mathrm{wD}(1)}\right) & \overline{F}\left(y_{\mathrm{D}(M)},\ y_{\mathrm{wD}(2)}\right) & \cdots & \overline{F}\left(y_{\mathrm{D}(M)},\ y_{\mathrm{wD}(M)}\right) & -1 \\
1 & 1 & \cdots & 1 & 0
\end{bmatrix}
\begin{bmatrix}
\overline{q}_{\mathrm{D}(1)} \\ \overline{q}_{\mathrm{D}(2)} \\ \vdots \\ \overline{q}_{\mathrm{D}(M)} \\ \overline{p}_{\mathrm{D}}
\end{bmatrix}
=
\begin{bmatrix}
0 \\ 0 \\ \vdots \\ 0 \\ \dfrac{1}{s}
\end{bmatrix}
\tag{7-40}
$$

7.2.7　上边界定压下边界封闭径向无限大柱状储层多段压裂水平井试井数学模型

通过 7.2.1 分析结果，根据式（3-15）和式（4-47）可得上边界定压下边界封闭径向无限大柱状储层 M 条裂缝水平井试井数学模型：

$$\overline{p}_{\mathrm{D}} = \sum_{j=1}^{M} 2\int_{-1}^{1} \overline{q}_{\mathrm{D}(j)} \left[\sum_{n=1}^{+\infty} BK_0 \left(\sqrt{(x_{\mathrm{D}(i)} - \alpha)^2 + (y_{\mathrm{D}(i)} - y_{\mathrm{wD}(j)})^2} \varepsilon_{2n-1} \right) \right] \mathrm{d}\alpha + \overline{f}(C_{\mathrm{fD}(i)}) \quad (i = 1,2,\cdots,\ M) \qquad （7-41）$$

其中：$B = \dfrac{1}{\pi(2n-1)} \cos\left[\dfrac{\pi(2n-1)}{2h_{\mathrm{D}}} z_{\mathrm{D}} \right] \sin\left(n\pi - \dfrac{1}{2}\pi \right)$。

对于每个水平井井筒与裂缝的交叉点，均可由式（7-41）得出一个方程，水平井井筒与裂缝共计有 M 个交叉点，可形成 M 个方程。式（7-41）中的无因次井底压力与每条裂缝产量均为未知数，因此再结合质量守恒方程，总计可形成 $M+1$ 个方程。

令

$$\overline{F}\left(y_{\mathrm{D}(i)},\ y_{\mathrm{wD}(j)}\right) = 2\int_{-1}^{1} \sum_{n=1}^{+\infty} BK_0 \left(\sqrt{(x_{\mathrm{D}(i)} - \alpha)^2 + (y_{\mathrm{D}(i)} - y_{\mathrm{wD}(j)})^2} \varepsilon_{2n-1} \right) \mathrm{d}\alpha + \overline{f}(C_{\mathrm{fD}(i)}) \qquad （7-42）$$

其中：$B = \dfrac{1}{\pi(2n-1)} \cos\left[\dfrac{\pi(2n-1)}{2h_{\mathrm{D}}} z_{\mathrm{D}} \right] \sin\left(n\pi - \dfrac{1}{2}\pi \right)$。

根据式（7-42），可得式（7-41）数值计算模型：

$$\begin{bmatrix} \overline{F}\left(y_{\mathrm{D}(1)},\ y_{\mathrm{wD}(1)}\right) & \overline{F}\left(y_{\mathrm{D}(1)},\ y_{\mathrm{wD}(2)}\right) & \cdots & \overline{F}\left(y_{\mathrm{D}(1)},\ y_{\mathrm{wD}(M)}\right) & -1 \\ \overline{F}\left(y_{\mathrm{D}(2)},\ y_{\mathrm{wD}(1)}\right) & \overline{F}\left(y_{\mathrm{D}(2)},\ y_{\mathrm{wD}(2)}\right) & \cdots & \overline{F}\left(y_{\mathrm{D}(2)},\ y_{\mathrm{wD}(M)}\right) & -1 \\ \vdots & \vdots & \ddots & \vdots & \vdots \\ \overline{F}\left(y_{\mathrm{D}(M)},\ y_{\mathrm{wD}(1)}\right) & \overline{F}\left(y_{\mathrm{D}(M)},\ y_{\mathrm{wD}(2)}\right) & \cdots & \overline{F}\left(y_{\mathrm{D}(M)},\ y_{\mathrm{wD}(M)}\right) & -1 \\ 1 & 1 & \cdots & 1 & 0 \end{bmatrix} \begin{bmatrix} \overline{q}_{\mathrm{D}(1)} \\ \overline{q}_{\mathrm{D}(2)} \\ \vdots \\ \overline{q}_{\mathrm{D}(M)} \\ \overline{p}_{\mathrm{D}} \end{bmatrix} = \begin{bmatrix} 0 \\ 0 \\ \vdots \\ 0 \\ \dfrac{1}{s} \end{bmatrix} \qquad （7-43）$$

这里需要说明的是，式（7-41）即为对称且每条裂缝都相等的情况。对于对称非等长裂缝的情况，在参数无因次化时，可将最长的裂缝的半长作为参考长度。这样对于其他裂缝而言，式（7-41）积分上下限应介于 –1 到 1 之间，同时也要注意无因次裂缝导流系数 C_{fD} 的选择。基于上述分析，可得上边界定压下边界封闭径向无限大柱状储层对称非等长裂缝多段压裂水平井的试井数学模型：

$$\overline{p}_{\mathrm{D}} = \sum_{j=1}^{M} \frac{2}{L_{\mathrm{fD}(j)}} \int_{-L_{\mathrm{fD}(j)}}^{L_{\mathrm{fD}(j)}} \overline{q}_{\mathrm{D}(j)} \left[\sum_{n=1}^{+\infty} BK_0 \left(\sqrt{(x_{\mathrm{D}(i)} - \alpha)^2 + (y_{\mathrm{D}(i)} - y_{\mathrm{wD}(j)})^2} \varepsilon_{2n-1} \right) \right] \mathrm{d}\alpha + \overline{f}(C_{\mathrm{fD}(i)}) \quad (i = 1,2,\cdots,\ M) \quad （7-44）$$

其中：$B = \dfrac{1}{\pi(2n-1)} \cos\left[\dfrac{\pi(2n-1)}{2h_{\mathrm{D}}} z_{\mathrm{D}} \right] \sin\left(n\pi - \dfrac{1}{2}\pi \right)$。

令

$$\overline{F}\left(y_{\mathrm{D}(i)},\ y_{\mathrm{wD}(j)}\right)=\frac{2}{L_{\mathrm{fD}(j)}}\int_{-L_{\mathrm{fD}(j)}}^{L_{\mathrm{fD}(j)}}\left(\sum_{n=1}^{+\infty}BK_{0}\left[\sqrt{\left(x_{\mathrm{D}(i)}-\alpha\right)^{2}+\left(y_{\mathrm{D}(i)}-y_{\mathrm{wD}(j)}\right)^{2}}\,\varepsilon_{2n-1}\right]\right)\mathrm{d}\alpha+\overline{f}(C_{\mathrm{fD}(i)}) \quad（7\text{-}45）$$

其中： $B=\dfrac{1}{\pi\left(2n-1\right)}\cos\left[\dfrac{\pi\left(2n-1\right)}{2h_{\mathrm{D}}}z_{\mathrm{D}}\right]\sin\left(n\pi-\dfrac{1}{2}\pi\right)$。

根据式（7-45），可得式（7-44）数值计算模型：

$$\begin{bmatrix}\overline{F}\left(y_{\mathrm{D}(1)},\ y_{\mathrm{wD}(1)}\right) & \overline{F}\left(y_{\mathrm{D}(1)},\ y_{\mathrm{wD}(2)}\right) & \cdots & \overline{F}\left(y_{\mathrm{D}(1)},\ y_{\mathrm{wD}(M)}\right) & -1 \\ \overline{F}\left(y_{\mathrm{D}(2)},\ y_{\mathrm{wD}(1)}\right) & \overline{F}\left(y_{\mathrm{D}(2)},\ y_{\mathrm{wD}(2)}\right) & \cdots & \overline{F}\left(y_{\mathrm{D}(2)},\ y_{\mathrm{wD}(M)}\right) & -1 \\ \vdots & \vdots & \ddots & \vdots & \vdots \\ \overline{F}\left(y_{\mathrm{D}(M)},\ y_{\mathrm{wD}(1)}\right) & \overline{F}\left(y_{\mathrm{D}(M)},\ y_{\mathrm{wD}(2)}\right) & \cdots & \overline{F}\left(y_{\mathrm{D}(M)},\ y_{\mathrm{wD}(M)}\right) & -1 \\ 1 & 1 & \cdots & 1 & 0\end{bmatrix}\begin{bmatrix}\overline{q}_{\mathrm{D}(1)} \\ \overline{q}_{\mathrm{D}(2)} \\ \vdots \\ \overline{q}_{\mathrm{D}(M)} \\ \overline{p}_{\mathrm{D}}\end{bmatrix}=\begin{bmatrix}0 \\ 0 \\ \vdots \\ 0 \\ \dfrac{1}{s}\end{bmatrix} \quad（7\text{-}46）$$

7.2.8 上边界定压下边界封闭径向封闭柱状储层多段压裂水平井试井数学模型

通过 7.2.1 分析结果，根据式（3-17）和式（4-48）可得上边界定压下边界封闭径向封闭柱状储层 M 条裂缝水平井试井数学模型：

$$\overline{p}_{\mathrm{D}}=\sum_{j=1}^{M}2\int_{-1}^{1}\overline{q}_{\mathrm{D}(j)}\sum_{n=1}^{+\infty}B\bigg[K_{0}\left(C\sqrt{\left(x_{\mathrm{D}(i)}-\alpha\right)^{2}+\left(y_{\mathrm{D}(i)}-y_{\mathrm{wD}(j)}\right)^{2}}\right)+$$
$$\frac{K_{1}(r_{\mathrm{eD}}\varepsilon_{2n-1})}{I_{1}(r_{\mathrm{eD}}\varepsilon_{2n-1})}I_{0}\left(C\sqrt{\left(x_{\mathrm{D}(i)}-\alpha\right)^{2}+\left(y_{\mathrm{D}(i)}-y_{\mathrm{wD}(j)}\right)^{2}}\right)\bigg]\mathrm{d}\alpha+\overline{f}(C_{\mathrm{fD}(i)})\left(i=1,2,\cdots,\ M\right) \quad（7\text{-}47）$$

其中： $B=\dfrac{1}{(2n-1)\pi}\cos\left[\dfrac{\pi\left(2n-1\right)}{2h_{\mathrm{D}}}z_{\mathrm{D}}\right]\sin\left(\pi n-\dfrac{\pi}{2}\right)$， $C=\sqrt{\dfrac{\left[(2n-1)\pi\right]^{2}}{4h_{\mathrm{D}}^{2}}+u}$。

对于每个水平井井筒与裂缝的交叉点，均可由式（7-47）得出一个方程，水平井井筒与裂缝共计有 M 个交叉点，可形成 M 个方程。式（7-47）中的无因次井底压力与每条裂缝产量均为未知数，因此再结合质量守恒方程，总计可形成 $M+1$ 个方程。

令

$$\overline{F}\left(y_{\mathrm{D}(i)},\ y_{\mathrm{wD}(j)}\right)=2\int_{-1}^{1}\sum_{n=1}^{+\infty}B\bigg[K_{0}\left(C\sqrt{\left(x_{\mathrm{D}(i)}-\alpha\right)^{2}+\left(y_{\mathrm{D}(i)}-y_{\mathrm{wD}(j)}\right)^{2}}\right)+$$
$$\frac{K_{1}(r_{\mathrm{eD}}\varepsilon_{2n-1})}{I_{1}(r_{\mathrm{eD}}\varepsilon_{2n-1})}I_{0}\left(C\sqrt{\left(x_{\mathrm{D}(i)}-\alpha\right)^{2}+\left(y_{\mathrm{D}(i)}-y_{\mathrm{wD}(j)}\right)^{2}}\right)\bigg]\mathrm{d}\alpha+\overline{f}(C_{\mathrm{fD}(i)}) \quad（7\text{-}48）$$

其中： $B=\dfrac{1}{(2n-1)\pi}\cos\left[\dfrac{\pi\left(2n-1\right)}{2h_{\mathrm{D}}}z_{\mathrm{D}}\right]\sin\left(\pi n-\dfrac{\pi}{2}\right)$， $C=\sqrt{\dfrac{\left[(2n-1)\pi\right]^{2}}{4h_{\mathrm{D}}^{2}}+u}$。

根据式（7-48），可得式（7-47）数值计算模型：

$$\begin{bmatrix} \overline{F}\left(y_{D(1)},\ y_{wD(1)}\right) & \overline{F}\left(y_{D(1)},\ y_{wD(2)}\right) & \dots & \overline{F}\left(y_{D(1)},\ y_{wD(M)}\right) & -1 \\ \overline{F}\left(y_{D(2)},\ y_{wD(1)}\right) & \overline{F}\left(y_{D(2)},\ y_{wD(2)}\right) & \dots & \overline{F}\left(y_{D(2)},\ y_{wD(M)}\right) & -1 \\ \vdots & \vdots & \ddots & \vdots & \vdots \\ \overline{F}\left(y_{D(M)},\ y_{wD(1)}\right) & \overline{F}\left(y_{D(M)},\ y_{wD(2)}\right) & \dots & \overline{F}\left(y_{D(M)},\ y_{wD(M)}\right) & -1 \\ 1 & 1 & \dots & 1 & 0 \end{bmatrix} \begin{bmatrix} \overline{q}_{D(1)} \\ \overline{q}_{D(2)} \\ \vdots \\ \overline{q}_{D(M)} \\ \overline{p}_D \end{bmatrix} = \begin{bmatrix} 0 \\ 0 \\ \vdots \\ 0 \\ \dfrac{1}{s} \end{bmatrix} \tag{7-49}$$

这里需要说明的是，式（7-47）即为对称且每条裂缝都相等的情况。对于对称非等长裂缝的情况，在参数无因次化时，可将最长的裂缝的半长作为参考长度。这样对于其他裂缝而言，式（7-47）积分上下限应介于 -1 到 1 之间，同时也要注意无因次裂缝导流系数 C_{fD} 的选择。基于上述分析，可得上边界定压下边界封闭径向封闭柱状储层对称非等长裂缝多段压裂水平井的试井数学模型：

$$\overline{p}_D = \sum_{j=1}^{M} \frac{2}{L_{fD(j)}} \int_{-L_{fD(j)}}^{L_{fD(j)}} \overline{q}_{D(j)} \sum_{n=1}^{+\infty} B\Bigg[K_0\left(C\sqrt{(x_{D(i)}-\alpha)^2+(y_{D(i)}-y_{wD(j)})^2}\right) +$$
$$\frac{K_1(r_{eD}\varepsilon_{2n-1})}{I_1(r_{eD}\varepsilon_{2n-1})} I_0\left(C\sqrt{(x_{D(i)}-\alpha)^2+(y_{D(i)}-y_{wD(j)})^2}\right)\Bigg] d\alpha + \overline{f}(C_{fD(i)})\ (i=1,2,\cdots,\ M) \tag{7-50}$$

其中：$B=\dfrac{1}{(2n-1)\pi}\cos\left[\dfrac{\pi(2n-1)}{2h_D}z_D\right]\sin\left(\pi n-\dfrac{\pi}{2}\right)$，$C=\sqrt{\dfrac{\left[(2n-1)\pi\right]^2}{4h_D^2}+u}$。

令

$$\overline{F}\left(y_{D(i)},\ y_{wD(j)}\right) = \frac{2}{L_{fD(j)}} \int_{-L_{fD(j)}}^{L_{fD(j)}} \sum_{n=1}^{+\infty} B\Bigg[K_0\left(C\sqrt{(x_{D(i)}-\alpha)^2+(y_{D(i)}-y_{wD(j)})^2}\right) +$$
$$\frac{K_1(r_{eD}\varepsilon_{2n-1})}{I_1(r_{eD}\varepsilon_{2n-1})} I_0\left(C\sqrt{(x_{D(i)}-\alpha)^2+(y_{D(i)}-y_{wD(j)})^2}\right)\Bigg] d\alpha + \overline{f}(C_{fD(i)}) \tag{7-51}$$

其中：$B=\dfrac{1}{(2n-1)\pi}\cos\left[\dfrac{\pi(2n-1)}{2h_D}z_D\right]\sin\left(\pi n-\dfrac{\pi}{2}\right)$，$C=\sqrt{\dfrac{\left[(2n-1)\pi\right]^2}{4h_D^2}+u}$。

根据式（7-51），可得式（7-50）数值计算模型：

$$\begin{bmatrix} \overline{F}\left(y_{D(1)},\ y_{wD(1)}\right) & \overline{F}\left(y_{D(1)},\ y_{wD(2)}\right) & \dots & \overline{F}\left(y_{D(1)},\ y_{wD(M)}\right) & -1 \\ \overline{F}\left(y_{D(2)},\ y_{wD(1)}\right) & \overline{F}\left(y_{D(2)},\ y_{wD(2)}\right) & \dots & \overline{F}\left(y_{D(2)},\ y_{wD(M)}\right) & -1 \\ \vdots & \vdots & \ddots & \vdots & \vdots \\ \overline{F}\left(y_{D(M)},\ y_{wD(1)}\right) & \overline{F}\left(y_{D(M)},\ y_{wD(2)}\right) & \dots & \overline{F}\left(y_{D(M)},\ y_{wD(M)}\right) & -1 \\ 1 & 1 & \dots & 1 & 0 \end{bmatrix} \begin{bmatrix} \overline{q}_{D(1)} \\ \overline{q}_{D(2)} \\ \vdots \\ \overline{q}_{D(M)} \\ \overline{p}_D \end{bmatrix} = \begin{bmatrix} 0 \\ 0 \\ \vdots \\ 0 \\ \dfrac{1}{s} \end{bmatrix} \tag{7-52}$$

7.2.9　上边界定压下边界封闭径向定压柱状储层多段压裂水平井试井数学模型

通过 7.2.1 分析结果，根据式（3−19）和式（4−49）可得上边界定压下边界封闭径向定压柱状储层 M 条裂缝水平井试井数学模型：

$$\bar{p}_{\mathrm{D}} = \sum_{j=1}^{M} 2 \int_{-1}^{1} \bar{q}_{\mathrm{D}(j)} \sum_{n=1}^{+\infty} B \Bigg[K_0 \Big(C \sqrt{(x_{\mathrm{D}(i)} - \alpha)^2 + (y_{\mathrm{D}(i)} - y_{\mathrm{wD}(j)})^2} \Big) - \frac{K_0(r_{\mathrm{eD}} \varepsilon_{2n-1})}{I_0(r_{\mathrm{eD}} \varepsilon_{2n-1})} I_0 \Big(C \sqrt{(x_{\mathrm{D}(i)} - \alpha)^2 + (y_{\mathrm{D}(i)} - y_{\mathrm{wD}(j)})^2} \Big) \Bigg] \mathrm{d}\alpha + \bar{f}(C_{\mathrm{fD}(i)}) (i = 1, 2, \cdots, M) \tag{7-53}$$

其中：$B = \dfrac{1}{(2n-1)\pi} \cos\left[\dfrac{\pi(2n-1)}{2h_{\mathrm{D}}} z_{\mathrm{D}}\right] \sin\left(\pi n - \dfrac{\pi}{2}\right)$，$C = \sqrt{\dfrac{\left[(2n-1)\pi\right]^2}{4h_{\mathrm{D}}^2} + u}$。

对于每个水平井井筒与裂缝的交叉点，均可由式（7−53）得出一个方程，水平井井筒与裂缝共计有 M 个交叉点，可形成 M 个方程。式（7−53）中的无因次井底压力与每条裂缝产量均为未知数，因此再结合质量守恒方程，总计可形成 $M+1$ 个方程。

令

$$\bar{F}\left(y_{\mathrm{D}(i)}, y_{\mathrm{wD}(j)}\right) = 2 \int_{-1}^{1} \sum_{n=1}^{+\infty} B \Bigg[K_0 \Big(C \sqrt{(x_{\mathrm{D}(i)} - \alpha)^2 + (y_{\mathrm{D}(i)} - y_{\mathrm{wD}(j)})^2} \Big) - \frac{K_0(r_{\mathrm{eD}} \varepsilon_{2n-1})}{I_0(r_{\mathrm{eD}} \varepsilon_{2n-1})} I_0 \Big(C \sqrt{(x_{\mathrm{D}(i)} - \alpha)^2 + (y_{\mathrm{D}(i)} - y_{\mathrm{wD}(j)})^2} \Big) \Bigg] \mathrm{d}\alpha + \bar{f}(C_{\mathrm{fD}(i)}) \tag{7-54}$$

其中：$B = \dfrac{1}{(2n-1)\pi} \cos\left[\dfrac{\pi(2n-1)}{2h_{\mathrm{D}}} z_{\mathrm{D}}\right] \sin\left(\pi n - \dfrac{\pi}{2}\right)$，$C = \sqrt{\dfrac{\left[(2n-1)\pi\right]^2}{4h_{\mathrm{D}}^2} + u}$。

根据式（7−54），可得式（7−53）数值计算模型：

$$\begin{bmatrix} \bar{F}\left(y_{\mathrm{D}(1)}, y_{\mathrm{wD}(1)}\right) & \bar{F}\left(y_{\mathrm{D}(1)}, y_{\mathrm{wD}(2)}\right) & \cdots & \bar{F}\left(y_{\mathrm{D}(1)}, y_{\mathrm{wD}(M)}\right) & -1 \\ \bar{F}\left(y_{\mathrm{D}(2)}, y_{\mathrm{wD}(1)}\right) & \bar{F}\left(y_{\mathrm{D}(2)}, y_{\mathrm{wD}(2)}\right) & \cdots & \bar{F}\left(y_{\mathrm{D}(2)}, y_{\mathrm{wD}(M)}\right) & -1 \\ \vdots & \vdots & \ddots & \vdots & \vdots \\ \bar{F}\left(y_{\mathrm{D}(M)}, y_{\mathrm{wD}(1)}\right) & \bar{F}\left(y_{\mathrm{D}(M)}, y_{\mathrm{wD}(2)}\right) & \cdots & \bar{F}\left(y_{\mathrm{D}(M)}, y_{\mathrm{wD}(M)}\right) & -1 \\ 1 & 1 & \cdots & 1 & 0 \end{bmatrix} \begin{bmatrix} \bar{q}_{\mathrm{D}(1)} \\ \bar{q}_{\mathrm{D}(2)} \\ \vdots \\ \bar{q}_{\mathrm{D}(M)} \\ \bar{p}_{\mathrm{D}} \end{bmatrix} = \begin{bmatrix} 0 \\ 0 \\ \vdots \\ 0 \\ \dfrac{1}{s} \end{bmatrix} \tag{7-55}$$

这里需要说明的是，式（7−53）即为对称且每条裂缝都相等的情况。对于对称非等长裂缝的情况，在参数无因次化时，可将最长的裂缝的半长作为参考长度。这样对于其他裂缝而言，式（7−53）积分上下限应介于 −1 到 1 之间，同时也要注意无因次裂缝导流系数 C_{fD} 的选择。基于上述分析，可得上边界定压下边界封闭径向定压柱状储层对称非等长裂缝多段压裂水平井的试井数学模型：

$$\overline{p}_{\mathrm{D}} = \sum_{j=1}^{M} \frac{2}{L_{\mathrm{fD}(j)}} \int_{-L_{\mathrm{fD}(j)}}^{L_{\mathrm{fD}(j)}} \overline{q}_{\mathrm{D}(j)} \sum_{n=1}^{+\infty} B \left[K_0 \left(C\sqrt{(x_{\mathrm{D}(i)} - \alpha)^2 + (y_{\mathrm{D}} - y_{\mathrm{wD}(j)})^2} \right) - \right.$$

$$\left. \frac{K_0(r_{\mathrm{eD}}\varepsilon_{2n-1})}{I_0(r_{\mathrm{eD}}\varepsilon_{2n-1})} I_0 \left(C\sqrt{(x_{\mathrm{D}(i)} - \alpha)^2 + (y_{\mathrm{D}(i)} - y_{\mathrm{wD}(j)})^2} \right) \right] \mathrm{d}\alpha + \overline{f}(C_{\mathrm{fD}(i)}) \, (i = 1, 2, \cdots, M) \tag{7-56}$$

其中：$B = \dfrac{1}{(2n-1)\pi} \cos\left[\dfrac{\pi(2n-1)}{2h_{\mathrm{D}}}z_{\mathrm{D}}\right] \sin\left(\pi n - \dfrac{\pi}{2}\right)$，$C = \sqrt{\dfrac{[(2n-1)\pi]^2}{4h_{\mathrm{D}}^2} + u}$。

令

$$\overline{F}\left(y_{\mathrm{D}(i)}, \, y_{\mathrm{wD}(j)}\right) = \frac{2}{L_{\mathrm{fD}(j)}} \int_{-L_{\mathrm{fD}(j)}}^{L_{\mathrm{fD}(j)}} \sum_{n=1}^{+\infty} B \left[K_0 \left(C\sqrt{(x_{\mathrm{D}(i)} - \alpha)^2 + (y_{\mathrm{D}(i)} - y_{\mathrm{wD}(j)})^2} \right) - \right.$$

$$\left. \frac{K_0(r_{\mathrm{eD}}\varepsilon_{2n-1})}{I_0(r_{\mathrm{eD}}\varepsilon_{2n-1})} I_0 \left(C\sqrt{(x_{\mathrm{D}(i)} - \alpha)^2 + (y_{\mathrm{D}(i)} - y_{\mathrm{wD}(j)})^2} \right) \right] \mathrm{d}\alpha + \overline{f}(C_{\mathrm{fD}(i)}) \tag{7-57}$$

其中：$B = \dfrac{1}{(2n-1)\pi} \cos\left[\dfrac{\pi(2n-1)}{2h_{\mathrm{D}}}z_{\mathrm{D}}\right] \sin\left(\pi n - \dfrac{\pi}{2}\right)$，$C = \sqrt{\dfrac{[(2n-1)\pi]^2}{4h_{\mathrm{D}}^2} + u}$。

根据式（7-57），可得式（7-56）数值计算模型：

$$\begin{bmatrix} \overline{F}(y_{\mathrm{D}(1)}, y_{\mathrm{wD}(1)}) & \overline{F}(y_{\mathrm{D}(1)}, y_{\mathrm{wD}(2)}) & \cdots & \overline{F}(y_{\mathrm{D}(1)}, y_{\mathrm{wD}(M)}) & -1 \\ \overline{F}(y_{\mathrm{D}(2)}, y_{\mathrm{wD}(1)}) & \overline{F}(y_{\mathrm{D}(2)}, y_{\mathrm{wD}(2)}) & \cdots & \overline{F}(y_{\mathrm{D}(2)}, y_{\mathrm{wD}(M)}) & -1 \\ \vdots & \vdots & \ddots & \vdots & \vdots \\ \overline{F}(y_{\mathrm{D}(M)}, y_{\mathrm{wD}(1)}) & \overline{F}(y_{\mathrm{D}(M)}, y_{\mathrm{wD}(2)}) & \cdots & \overline{F}(y_{\mathrm{D}(M)}, y_{\mathrm{wD}(M)}) & -1 \\ 1 & 1 & \cdots & 1 & 0 \end{bmatrix} \begin{bmatrix} \overline{q}_{\mathrm{D}(1)} \\ \overline{q}_{\mathrm{D}(2)} \\ \vdots \\ \overline{q}_{\mathrm{D}(M)} \\ \overline{p}_{\mathrm{D}} \end{bmatrix} = \begin{bmatrix} 0 \\ 0 \\ \vdots \\ 0 \\ \frac{1}{s} \end{bmatrix} \tag{7-58}$$

7.2.10 顶底封闭 x、y 方向封闭盒状储层多段压裂水平井试井数学模型

通过 7.2.1 分析结果，根据式（3-21）和式（4-50）可得顶底封闭 x、y 方向封闭盒状储层 M 条裂缝水平井试井数学模型：

$$\overline{p}_{\mathrm{D}} = \sum_{j=1}^{M} \overline{q}_{\mathrm{D}(j)} \frac{\pi}{x_{\mathrm{eD}}} \left\{ \frac{\cosh\left[\sqrt{u}\left(y_{\mathrm{eD}} - |y_{\mathrm{D1}}|\right)\right] + \cosh\left[\sqrt{u}\left(y_{\mathrm{eD}} - |y_{\mathrm{D2}}|\right)\right]}{\sqrt{u}\sinh(y_{\mathrm{eD}}\sqrt{u})} + \right.$$

$$\left. 2\sum_{k=1}^{+\infty} B \frac{\cosh\left[\varepsilon_k\left(y_{\mathrm{eD}} - |y_{\mathrm{D1}}|\right)\right] + \cosh\left[\varepsilon_k\left(y_{\mathrm{eD}} - |y_{\mathrm{D2}}|\right)\right]}{\varepsilon_k\sinh(y_{\mathrm{eD}}\varepsilon_k)} \right\} + \overline{f}(C_{\mathrm{fD}(i)}) \, (i = 1, 2, \cdots, M) \tag{7-59}$$

其中：$B = \dfrac{x_{\mathrm{eD}}}{\pi k} \cos\left(\pi k \dfrac{x_{\mathrm{D}(i)}}{x_{\mathrm{eD}}}\right) \cos\left(\dfrac{\pi k x_{\mathrm{wD}(j)}}{x_{\mathrm{eD}}}\right) \sin\left(\dfrac{\pi k}{x_{\mathrm{eD}}}\right)$，$\varepsilon_k = \sqrt{\dfrac{(k\pi)^2}{x_{\mathrm{eD}}^2} + u}$。

对于每个水平井井筒与裂缝的交叉点，均可由式（7-59）得出一个方程，水平井井筒与裂缝共计有 M 个交叉点，可形成 M 个方程。式（7-59）中的无因次井底压力

与每条裂缝产量均为未知数，因此再结合质量守恒方程，总计可形成 $M+1$ 个方程。

令

$$\overline{F}\left(y_{\mathrm{D}(i)},\ y_{\mathrm{wD}(j)}\right)=\frac{\pi}{x_{\mathrm{eD}}}\left\{\frac{\cosh\left[\sqrt{u}\left(y_{\mathrm{eD}}-|y_{\mathrm{D1}}|\right)\right]+\cosh\left[\sqrt{u}\left(y_{\mathrm{eD}}-|y_{\mathrm{D2}}|\right)\right]}{\sqrt{u}\sinh(y_{\mathrm{eD}}\sqrt{u})}+\right.$$
$$\left.2\sum_{k=1}^{+\infty}B\frac{\cosh\left[\varepsilon_k\left(y_{\mathrm{eD}}-|y_{\mathrm{D1}}|\right)\right]+\cosh\left[\varepsilon_k\left(y_{\mathrm{eD}}-|y_{\mathrm{D2}}|\right)\right]}{\varepsilon_k\sinh(y_{\mathrm{eD}}\varepsilon_k)}\right\}+\overline{f}(C_{\mathrm{fD}(i)}) \tag{7-60}$$

其中：$B=\dfrac{x_{\mathrm{eD}}}{\pi k}\cos\left(\pi k\dfrac{x_{\mathrm{D}(i)}}{x_{\mathrm{eD}}}\right)\cos\left(\dfrac{\pi kx_{\mathrm{wD}(j)}}{x_{\mathrm{eD}}}\right)\sin\left(\dfrac{\pi k}{x_{\mathrm{eD}}}\right)$。

根据式（7-60），可得式（7-59）数值计算模型：

$$\begin{bmatrix} \overline{F}\left(y_{\mathrm{D}(1)},\ y_{\mathrm{wD}(1)}\right) & \overline{F}\left(y_{\mathrm{D}(1)},\ y_{\mathrm{wD}(2)}\right) & \cdots & \overline{F}\left(y_{\mathrm{D}(1)},\ y_{\mathrm{wD}(M)}\right) & -1 \\ \overline{F}\left(y_{\mathrm{D}(2)},\ y_{\mathrm{wD}(1)}\right) & \overline{F}\left(y_{\mathrm{D}(2)},\ y_{\mathrm{wD}(2)}\right) & \cdots & \overline{F}\left(y_{\mathrm{D}(2)},\ y_{\mathrm{wD}(M)}\right) & -1 \\ \vdots & \vdots & \ddots & \vdots & \vdots \\ \overline{F}\left(y_{\mathrm{D}(M)},\ y_{\mathrm{wD}(1)}\right) & \overline{F}\left(y_{\mathrm{D}(M)},\ y_{\mathrm{wD}(2)}\right) & \cdots & \overline{F}\left(y_{\mathrm{D}(M)},\ y_{\mathrm{wD}(M)}\right) & -1 \\ 1 & 1 & \cdots & 1 & 0 \end{bmatrix}\begin{bmatrix} \overline{q}_{\mathrm{D}(1)} \\ \overline{q}_{\mathrm{D}(2)} \\ \vdots \\ \overline{q}_{\mathrm{D}(M)} \\ \overline{p}_{\mathrm{D}} \end{bmatrix}=\begin{bmatrix} 0 \\ 0 \\ \vdots \\ 0 \\ \dfrac{1}{s} \end{bmatrix} \tag{7-61}$$

这里需要说明的是，式（7-59）即为对称且每条裂缝都相等的情况。对于对称非等长裂缝的情况，在参数无因次化时，可将最长的裂缝的半长作为参考长度。这样对于其他裂缝而言，式（7-59）积分上下限应介于 −1 到 1 之间，同时也要注意无因次裂缝导流系数 C_{fD} 的选择。基于上述分析，可得顶底封闭 x、y 方向封闭盒状储层对称非等长裂缝多段压裂水平井的试井数学模型。

由于式（2-21）已经得到了顶底封闭 x、y 方向封闭盒状储层垂直方向线源解，因此，要得到完全射孔垂直裂缝井压力解，需要继续对式（2-21）在 x 方向对点源位置 x_{w} 从 $x_{\mathrm{w}}-L_{\mathrm{f}}$ 到 $x_{\mathrm{w}}+L_{\mathrm{f}}$ 进行积分，得到顶底封闭 x、y 方向封闭盒状储层垂直裂缝井的试井数学模型：

$$\Delta\overline{p}=\frac{\tilde{q}\mu h}{2kh_{\mathrm{D}}x_{\mathrm{eD}}L_{\mathrm{ref}}s}\int_{x_{\mathrm{w}}-L_{\mathrm{f}}}^{x_{\mathrm{w}}+L_{\mathrm{f}}}\left\{\frac{\cosh\left[\sqrt{u}\left(y_{\mathrm{eD}}-|y_{\mathrm{D1}}|\right)\right]+\cosh\left[\sqrt{u}\left(y_{\mathrm{eD}}-|y_{\mathrm{D2}}|\right)\right]}{\sqrt{u}\sinh(y_{\mathrm{eD}}\sqrt{u})}+\right.$$
$$\left.2\sum_{k=1}^{+\infty}\left\{\cos\left(\pi k\frac{x_{\mathrm{D}}}{x_{\mathrm{eD}}}\right)\cos\left(\pi k\frac{x_{\mathrm{wD}}}{x_{\mathrm{eD}}}\right)\frac{\cosh\left[\varepsilon_k\left(y_{\mathrm{eD}}-|y_{\mathrm{D1}}|\right)\right]+\cosh\left[\varepsilon_k\left(y_{\mathrm{eD}}-|y_{\mathrm{D2}}|\right)\right]}{\varepsilon_k\sinh(y_{\mathrm{eD}}\varepsilon_k)}\right\}\right\}\mathrm{d}x_{\mathrm{w}} \tag{7-62}$$

将式（7-62）积分化为无因次形式：

$$\Delta \bar{p} = \frac{\left(2\tilde{q}L_f h\right)\mu}{2kh_D x_{eD}L_f s}\left\{\frac{\cosh\left[\sqrt{u}\left(y_{eD}-\left|y_{D1}\right|\right)\right]+\cosh\left[\sqrt{u}\left(y_{eD}-\left|y_{D2}\right|\right)\right]}{\sqrt{u}\,\sinh(y_{eD}\sqrt{u})}+\right.$$
$$\left. 2\sum_{k=1}^{+\infty}\left[\frac{x_{eD}}{\pi k}\cos\left(\pi k\frac{x_D}{x_{eD}}\right)\cos\left(\frac{\pi k x_{wD}}{x_{eD}}\right)\sin\left(\frac{\pi k L_{fD}}{x_{eD}}\right)\frac{\cosh\left[\varepsilon_k\left(y_{eD}-\left|y_{D1}\right|\right)\right]+\cosh\left[\varepsilon_k\left(y_{eD}-\left|y_{D2}\right|\right)\right]}{\varepsilon_k\,\sinh(y_{eD}\varepsilon_k)}\right]\right\} \quad (7-63)$$

将式（7-63）参数化为无因次形式：

$$\bar{p}_D = \frac{\pi}{L_{fD}x_{eD}s}\left\{\frac{\cosh\left[\sqrt{u}\left(y_{eD}-\left|y_{D1}\right|\right)\right]+\cosh\left[\sqrt{u}\left(y_{eD}-\left|y_{D2}\right|\right)\right]}{\sqrt{u}\,\sinh(y_{eD}\sqrt{u})}+\right.$$
$$\left. 2\sum_{k=1}^{+\infty}\left[\frac{x_{eD}}{\pi k}\cos\left(\pi k\frac{x_D}{x_{eD}}\right)\cos\left(\frac{\pi k x_{wD}}{x_{eD}}\right)\sin\left(\frac{\pi k L_{fD}}{x_{eD}}\right)\frac{\cosh\left[\varepsilon_k\left(y_{eD}-\left|y_{D1}\right|\right)\right]+\cosh\left[\varepsilon_k\left(y_{eD}-\left|y_{D2}\right|\right)\right]}{\varepsilon_k\,\sinh(y_{eD}\varepsilon_k)}\right]\right\} \quad (7-64)$$

其中：$\varepsilon_k = \sqrt{\dfrac{(k\pi)^2}{x_{eD}^2}+u}$。

根据式（7-64），可得 M 条裂缝的情况：

$$\bar{p}_D = \sum_{j=1}^{M}\bar{q}_{D(j)}\frac{\pi}{x_{eD}L_{fD(j)}}\left\{\frac{\cosh\left[\sqrt{u}\left(y_{eD}-\left|y_{D1}\right|\right)\right]+\cosh\left[\sqrt{u}\left(y_{eD}-\left|y_{D2}\right|\right)\right]}{\sqrt{u}\,\sinh(y_{eD}\sqrt{u})}+\right.$$
$$2\sum_{k=1}^{+\infty}\left[\frac{x_{eD}}{\pi k}\cos\left(\pi k\frac{x_{D(i)}}{x_{eD}}\right)\cos\left(\frac{\pi k x_{wD(j)}}{x_{eD}}\right)\sin\left(\frac{\pi k L_{fD(j)}}{x_{eD}}\right)\cdot$$
$$\left.\frac{\cosh\left[\varepsilon_k\left(y_{eD}-\left|y_{D1}\right|\right)\right]+\cosh\left[\varepsilon_k\left(y_{eD}-\left|y_{D2}\right|\right)\right]}{\varepsilon_k\,\sinh(y_{eD}\varepsilon_k)}\right]\right\}+\bar{f}(C_{fD(i)})(i=1,2,\cdots,\ M) \quad (7-65)$$

令

$$\bar{F}\left(y_{D(i)},\ y_{wD(j)}\right)=\frac{\pi}{x_{eD}L_{fD(j)}}\left\{\frac{\cosh\left[\sqrt{u}\left(y_{eD}-\left|y_{D1}\right|\right)\right]+\cosh\left[\sqrt{u}\left(y_{eD}-\left|y_{D2}\right|\right)\right]}{\sqrt{u}\,\sinh(y_{eD}\sqrt{u})}+\right.$$
$$2\sum_{k=1}^{+\infty}\left[\frac{x_{eD}}{\pi k}\cos\left(\pi k\frac{x_{D(i)}}{x_{eD}}\right)\cos\left(\frac{\pi k x_{wD(j)}}{x_{eD}}\right)\sin\left(\frac{\pi k L_{fD(j)}}{x_{eD}}\right)\cdot$$
$$\left.\frac{\cosh\left[\varepsilon_k\left(y_{eD}-\left|y_{D1}\right|\right)\right]+\cosh\left[\varepsilon_k\left(y_{eD}-\left|y_{D2}\right|\right)\right]}{\varepsilon_k\,\sinh(y_{eD}\varepsilon_k)}\right]\right\}+\bar{f}(C_{fD(i)}) \quad (7-66)$$

根据式（7-66），可得式（7-65）数值计算模型：

$$
\begin{bmatrix}
\overline{F}\left(y_{\mathrm{D}(1)},\ y_{\mathrm{wD}(1)}\right) & \overline{F}\left(y_{\mathrm{D}(1)},\ y_{\mathrm{wD}(2)}\right) & \cdots & \overline{F}\left(y_{\mathrm{D}(1)},\ y_{\mathrm{wD}(M)}\right) & -1 \\
\overline{F}\left(y_{\mathrm{D}(2)},\ y_{\mathrm{wD}(1)}\right) & \overline{F}\left(y_{\mathrm{D}(2)},\ y_{\mathrm{wD}(2)}\right) & \cdots & \overline{F}\left(y_{\mathrm{D}(2)},\ y_{\mathrm{wD}(M)}\right) & -1 \\
\vdots & \vdots & \ddots & \vdots & \vdots \\
\overline{F}\left(y_{\mathrm{D}(M)},\ y_{\mathrm{wD}(1)}\right) & \overline{F}\left(y_{\mathrm{D}(M)},\ y_{\mathrm{wD}(2)}\right) & \cdots & \overline{F}\left(y_{\mathrm{D}(M)},\ y_{\mathrm{wD}(M)}\right) & -1 \\
1 & 1 & \cdots & 1 & 0
\end{bmatrix}
\begin{bmatrix}
\overline{q}_{\mathrm{D}(1)} \\
\overline{q}_{\mathrm{D}(2)} \\
\vdots \\
\overline{q}_{\mathrm{D}(M)} \\
\overline{p}_{\mathrm{D}}
\end{bmatrix}
=
\begin{bmatrix}
0 \\
0 \\
\vdots \\
0 \\
\dfrac{1}{s}
\end{bmatrix}
\tag{7-67}
$$

7.3　基于 Cinco-Ley 方法的多段压裂非常规裂缝水平井试井数学模型

水平井在压裂过程中由于地层复杂、井筒周围裂缝分布复杂，外边界可以是圆形，也可以是矩形。其他与多段压裂对称裂缝水平井假设条件相同。需要说明的是，对于非常规裂缝而言，水平井压裂过程中井筒两端裂缝长度不相等，裂缝与井筒存在一定的夹角，裂缝沿井筒方向分布不均匀。

7.3.1　顶底封闭径向无限大柱状储层多段压裂非常规裂缝水平井试井数学模型

式（5-85）反映了多条裂缝的叠加情况，其中每个网格的 Laplace 空间的产量 $\overline{q}_{\mathrm{fD}(i,\ j)}$ 及井底压力 $\overline{p}_{\mathrm{vD}}$ 均为未知数，共计 $M \times N+1$ 个未知数，但式（5-85）只能列 $M \times N$ 个方程，再结合质量守恒方程式（5-86），可得 $M \times N+1$ 个方程。但水平井多段压裂裂缝与直井多翼裂缝的不同之处在于压降计算点与积分点源之间的距离计算，对于水平井多段压裂裂缝而言，压降计算点与积分点源之间的距离计算如图 7-2 所示。需要说明的是，对于直井多翼裂缝采用了坐标旋转的方法，该方法使得对于点源的积分沿着裂缝的半径方向且沿着 x 轴方向，但对于水平井多段压裂裂缝而言，只需按照图 7-2，对点源位置的积分沿着裂缝半径的方向，并计算压降点与积分点源之间的距离。

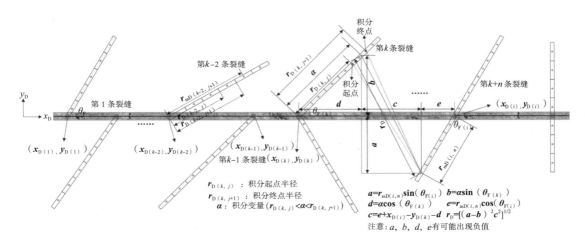

图 7-2　水平井多段压裂裂缝的压降计算点与积分点源的位置关系

下面取 3 条裂缝、每条裂缝 5 个网格来进行式（5-85）和式（5-86）的数值计算，在这里约定先以每条裂缝的网格优先列方程，方程分为三部分，裂缝网格部分、无限导流部分、井底压力部分，其中无限导流部分与 "4.1.4 Cinco-Ley 模型的数值计算" 一致，这里不再赘述。下面以裂缝网格部分的数值计算为例来说明如何进行数值计算。

$$\underbrace{\frac{2\pi}{L_{fDi}C_{fDi}}\left[r_{mD(i,j)}\sum_{n=1}^{N}\overline{q}_{fD(i,n)}\Delta r_{D(i,n)}-\frac{\Delta r_{D(i,j)}^2}{8}\overline{q}_{fD(i,j)}-\sum_{k=1}^{j-1}\overline{q}_{fD(i,k)}(j-k)\Delta r_{D(i,j)}^2\right]}_{(N\times M,\ N\times M)\text{裂缝网格部分}}+$$

$$\underbrace{\sum_{m=1}^{M}\sum_{n=1}^{N}\overline{q}_{fD(m,n)}(\alpha)\int_{r_{D(m,n)}}^{r_{D(m,n+1)}}K_0\left(r_D(\alpha)\sqrt{u}\right)d\alpha-\overline{p}_{vD}=0}_{(N\times M,\ N\times M)\text{无限导流裂缝网格部分}}\qquad(1\leqslant j\leqslant N,1\leqslant i\leqslant M)$$

（7-68）

其中：

$$r_D(\alpha)=\sqrt{\left[r_{mD(i,j)}\sin\left(\theta_{F(i)}\right)-\alpha\sin\left(\theta_{F(m)}\right)\right]^2+\left[r_{mD(i,j)}\cos\left(\theta_{F(i)}\right)+x_{D(i)}-x_{D(m)}-\alpha\cos\left(\theta_{F(m)}\right)\right]^2}$$

当 $i=1$，$j=1$，2，3，4，5 时裂缝网格部分矩阵表示如下：

$$\underbrace{\frac{2\pi}{L_{fDi}C_{fDi}}\left[r_{mD(i,j)}\sum_{n=1}^{N}\overline{q}_{fD(i,n)}\Delta r_{D(i,n)}-\frac{\Delta r_{D(i,j)}^2}{8}\overline{q}_{fD(i,j)}-\sum_{k=1}^{j-1}\overline{q}_{fD(i,k)}(j-k)\Delta r_{D(i,j)}^2\right]}_{(N\times M,\ N\times M)\text{裂缝网格部分}}$$

（7-69）

$$=\frac{2\pi}{L_{fD1}C_{fD1}}A_{11}\overline{Q}_1\ (i=1,\ j=1,2,3,4,5)$$

其中：

$$A_{11} = \begin{bmatrix} r_{mD(1,1)}\Delta r_{D(1,1)} - \dfrac{\Delta r_{D(1,1)}^2}{8} & r_{mD(1,1)}\Delta r_{D(1,2)} & r_{mD(1,1)}\Delta r_{D(1,3)} & r_{mD(1,1)}\Delta r_{D(1,4)} & r_{mD(1,1)}\Delta r_{D(1,5)} \\ r_{mD(1,2)}\Delta r_{D(1,1)} - \Delta r_{D(1,2)}^2 & r_{mD(1,2)}\Delta r_{D(1,2)} - \dfrac{\Delta r_{D(1,2)}^2}{8} & r_{mD(1,2)}\Delta r_{D(1,3)} & r_{mD(1,2)}\Delta r_{D(1,4)} & r_{mD(1,2)}\Delta r_{D(1,5)} \\ r_{mD(1,3)}\Delta r_{D(1,1)} - 2\Delta r_{D(1,3)}^2 & r_{mD(1,3)}\Delta r_{D(1,2)} - \Delta r_{D(1,3)}^2 & r_{mD(1,3)}\Delta r_{D(1,3)} - \dfrac{\Delta r_{D(1,3)}^2}{8} & r_{mD(1,3)}\Delta r_{D(1,4)} & r_{mD(1,3)}\Delta r_{D(1,5)} \\ r_{mD(1,4)}\Delta r_{D(1,1)} - 3\Delta r_{D(1,4)}^2 & r_{mD(1,4)}\Delta r_{D(1,2)} - 2\Delta r_{D(1,4)}^2 & r_{mD(1,4)}\Delta r_{D(1,3)} - \Delta r_{D(1,4)}^2 & r_{mD(1,4)}\Delta r_{D(1,4)} - \dfrac{\Delta r_{D(1,4)}^2}{8} & r_{mD(1,4)}\Delta r_{D(1,5)} \\ r_{mD(1,5)}\Delta r_{D(1,1)} - 4\Delta r_{D(1,5)}^2 & r_{mD(1,5)}\Delta r_{D(1,2)} - 3\Delta r_{D(1,5)}^2 & r_{mD(1,5)}\Delta r_{D(1,3)} - 2\Delta r_{D(1,5)}^2 & r_{mD(1,5)}\Delta r_{D(1,4)} - \Delta r_{D(1,5)}^2 & r_{mD(1,5)}\Delta r_{D(1,5)} - \dfrac{\Delta r_{D(1,5)}^2}{8} \end{bmatrix}$$

$$\underbrace{\sum_{m=1}^{M}\sum_{n=1}^{N}\bar{q}_{fD(m,n)}(\alpha)\int_{r_{D(m,n)}}^{r_{D(m,n+1)}}K_0\left(r_D(\alpha)\sqrt{u}\right)d\alpha}_{(N\times M,\ N\times M)\text{无限导流裂缝网格部分}}$$

$$= \begin{bmatrix} A_{\inf(1,1)} & A_{\inf(1,2)} & A_{\inf(1,3)} \end{bmatrix}\begin{bmatrix} \bar{Q}_1 \\ \bar{Q}_2 \\ \bar{Q}_3 \end{bmatrix} (i=1,\ j=1,2,3,4,5) \tag{7-70}$$

其中：

$$A_{\inf(m,\ n=1,2,3,4,5,\ i,\ j)} = \int_{r_{D(m,n)}}^{r_{D(m,n+1)}}K_0\left(r_D(\alpha)\sqrt{u}\right)d\alpha$$

$$A_{\inf(1,1)} = \begin{bmatrix} A_{\inf(m=1,\ n=1,2,3,4,5,\ i=1,\ j=1)} \\ A_{\inf(m=1,\ n=1,2,3,4,5,\ i=1,\ j=2)} \\ A_{\inf(m=1,\ n=1,2,3,4,5,\ i=1,\ j=3)} \\ A_{\inf(m=1,\ n=1,2,3,4,5,\ i=1,\ j=4)} \\ A_{\inf(m=1,\ n=1,2,3,4,5,\ i=1,\ j=5)} \end{bmatrix}, \quad A_{\inf(1,2)} = \begin{bmatrix} A_{\inf(m=2,\ n=1,2,3,4,5,\ i=1,\ j=1)} \\ A_{\inf(m=2,\ n=1,2,3,4,5,\ i=1,\ j=2)} \\ A_{\inf(m=2,\ n=1,2,3,4,5,\ i=1,\ j=3)} \\ A_{\inf(m=2,\ n=1,2,3,4,5,\ i=1,\ j=4)} \\ A_{\inf(m=2,\ n=1,2,3,4,5,\ i=1,\ j=5)} \end{bmatrix}, \quad A_{\inf(1,3)} = \begin{bmatrix} A_{\inf(m=3,\ n=1,2,3,4,5,\ i=1,\ j=1)} \\ A_{\inf(m=3,\ n=1,2,3,4,5,\ i=1,\ j=2)} \\ A_{\inf(m=3,\ n=1,2,3,4,5,\ i=1,\ j=3)} \\ A_{\inf(m=3,\ n=1,2,3,4,5,\ i=1,\ j=4)} \\ A_{\inf(m=3,\ n=1,2,3,4,5,\ i=1,\ j=5)} \end{bmatrix}$$

下标取值优先级为网格编号 j，裂缝编号 m，压降计算点的位置编号。i 代表第 i 条裂缝，n 代表第 n 个网格。特别需要说明的是，压降计算点与网格积分点一般不在同一个位置。式（7-70）第一行表示压降计算点位置在第 1 条裂缝的第 1 个网格时，第 1 条裂缝的 5 个网格产生的压降、第 2 条裂缝的 5 个网格产生的压降、第 3 条裂缝的 5 个网格产生的压降之和。式（7-70）第二行表示压降计算点位置在第 1 条裂缝的第 2 个网格时，第 1 条裂缝的 5 个网格产生的压降、第 2 条裂缝的 5 个网格产生的压降、第 3 条裂缝的 5 个网格产生的压降之和。以下三行表示的含义类似。

当 $i=2$，$j=1$，2，3，4，5 时裂缝网格部分矩阵表示如下：

$$\underbrace{\frac{2\pi}{L_{fDi}C_{fDi}}\left[r_{mD(i,j)}\sum_{n=1}^{N}\bar{q}_{fD(i,n)}\Delta r_{D(i,n)} - \frac{\Delta r_{D(i,j)}^2}{8}\bar{q}_{fD(i,j)} - \sum_{k=1}^{j-1}\bar{q}_{fD(i,k)}(j-k)\Delta r_{D(i,j)}^2\right]}_{(N\times M,\ N\times M)\text{裂缝网格部分}}(i=2,\ j=1,2,3,4,5) \tag{7-71}$$

$$= \frac{2\pi}{L_{fD2}C_{fD2}}A_{22}\bar{Q}_2$$

其中：

$$A_{22} = \begin{bmatrix} r_{mD(2,1)}\Delta r_{D(2,1)} - \dfrac{\Delta r_{D(2,1)}^2}{8} & r_{mD(2,1)}\Delta r_{D(2,2)} & r_{mD(2,1)}\Delta r_{D(2,3)} & r_{mD(2,1)}\Delta r_{D(2,4)} & r_{mD(2,1)}\Delta r_{D(2,5)} \\ r_{mD(2,2)}\Delta r_{D(2,1)} - \Delta r_{D(2,2)}^2 & r_{mD(2,2)}\Delta r_{D(2,2)} - \dfrac{\Delta r_{D(2,2)}^2}{8} & r_{mD(2,2)}\Delta r_{D(2,3)} & r_{mD(2,2)}\Delta r_{D(2,4)} & r_{mD(2,2)}\Delta r_{D(2,5)} \\ r_{mD(2,3)}\Delta r_{D(2,1)} - 2\Delta r_{D(2,3)}^2 & r_{mD(2,3)}\Delta r_{D(2,2)} - \Delta r_{D(2,3)}^2 & r_{mD(2,3)}\Delta r_{D(2,3)} - \dfrac{\Delta r_{D(2,3)}^2}{8} & r_{mD(2,3)}\Delta r_{D(2,4)} & r_{mD(,3)}\Delta r_{D(2,5)} \\ r_{mD(2,4)}\Delta r_{D(2,1)} - 3\Delta r_{D(2,4)}^2 & r_{mD(2,4)}\Delta r_{D(2,2)} - 2\Delta r_{D(2,4)}^2 & r_{mD(2,4)}\Delta r_{D(2,3)} - \Delta r_{D(2,4)}^2 & r_{mD(2,4)}\Delta r_{D(2,4)} - \dfrac{\Delta r_{D(2,4)}^2}{8} & r_{mD(2,4)}\Delta r_{D(2,5)} \\ r_{mD(2,5)}\Delta r_{D(2,1)} - 4\Delta r_{D(2,5)}^2 & r_{mD(2,5)}\Delta r_{D(2,2)} - 3\Delta r_{D(2,5)}^2 & r_{mD(2,5)}\Delta r_{D(2,3)} - 2\Delta r_{D(2,5)}^2 & r_{mD(2,5)}\Delta r_{D(2,4)} - \Delta r_{D(2,5)}^2 & r_{mD(2,5)}\Delta r_{D(2,5)} - \dfrac{\Delta r_{D(2,5)}^2}{8} \end{bmatrix}$$

$$\underbrace{\sum_{m=1}^{M}\sum_{n=1}^{N}\overline{q}_{fD(m,\ n)}(\alpha)\int_{r_{D(m,\ n)}}^{r_{D(m,\ n+1)}} K_0\left(r_D(\alpha)\sqrt{u}\right)d\alpha \ (i=2,\ j=1,2,3,4,5)}_{(N\times M,\ N\times M)\text{无限导流裂缝网格部分}}$$

$$= \begin{bmatrix} A_{\inf(2,1)} & A_{\inf(2,2)} & A_{\inf(2,3)} \end{bmatrix}\begin{bmatrix} \overline{\boldsymbol{Q}}_1 \\ \overline{\boldsymbol{Q}}_2 \\ \overline{\boldsymbol{Q}}_3 \end{bmatrix} \tag{7-72}$$

其中：

$$A_{\inf(m,\ n=1,2,3,4,5,\ i,\ j)} = \int_{r_{D(m,\ n)}}^{r_{D(m,\ n+1)}} K_0\left(r_D(\alpha)\sqrt{u}\right)d\alpha$$

$$A_{\inf(2,1)} = \begin{bmatrix} A_{\inf(m=1,\ n=1,2,3,4,5,\ i=2,\ j=1)} \\ A_{\inf(m=1,\ n=1,2,3,4,5,\ i=2,\ j=2)} \\ A_{\inf(m=1,\ n=1,2,3,4,5,\ i=2,\ j=3)} \\ A_{\inf(m=1,\ n=1,2,3,4,5,\ i=2,\ j=4)} \\ A_{\inf(m=1,\ n=1,2,3,4,5,\ i=2,\ j=5)} \end{bmatrix},\quad A_{\inf(2,2)} = \begin{bmatrix} A_{\inf(m=2,\ n=1,2,3,4,5,\ i=2,\ j=1)} \\ A_{\inf(m=2,\ n=1,2,3,4,5,\ i=2,\ j=2)} \\ A_{\inf(m=2,\ n=1,2,3,4,5,\ i=2,\ j=3)} \\ A_{\inf(m=2,\ n=1,2,3,4,5,\ i=2,\ j=4)} \\ A_{\inf(m=2,\ n=1,2,3,4,5,\ i=2,\ j=5)} \end{bmatrix},\quad A_{\inf(2,3)} = \begin{bmatrix} A_{\inf(m=3,\ n=1,2,3,4,5,\ i=2,\ j=1)} \\ A_{\inf(m=3,\ n=1,2,3,4,5,\ i=2,\ j=2)} \\ A_{\inf(m=3,\ n=1,2,3,4,5,\ i=2,\ j=3)} \\ A_{\inf(m=3,\ n=1,2,3,4,5,\ i=2,\ j=4)} \\ A_{\inf(m=3,\ n=1,2,3,4,5,\ i=2,\ j=5)} \end{bmatrix}$$

当 $i=3$，$j=1$，2，3，4，5 时裂缝网格部分矩阵表示如下：

$$\underbrace{\frac{2\pi}{L_{fDi}C_{fDi}}\left[r_{mD(i,\ j)}\sum_{n=1}^{N}\overline{q}_{fD(i,\ n)}\Delta r_{D(i,\ n)} - \frac{\Delta r_{D(i,\ j)}^2}{8}\overline{q}_{fD(i,\ j)} - \sum_{k=1}^{j-1}\overline{q}_{fD(i,\ k)}(j-k)\Delta r_{D(i,\ j)}^2\right]}_{(N\times M,\ N\times M)\text{裂缝网格部分}}$$

$$= \frac{2\pi}{L_{fD3}C_{fD3}}A_{33}\overline{\boldsymbol{Q}}_3\ (i=3,\ j=1,2,3,4,5) \tag{7-73}$$

其中：

$$A_{33} = \begin{bmatrix} r_{mD(3,1)}\Delta r_{D(3,1)} - \dfrac{\Delta r_{D(3,1)}^2}{8} & r_{mD(3,1)}\Delta r_{D(3,2)} & r_{mD(3,1)}\Delta r_{D(3,3)} & r_{mD(3,1)}\Delta r_{D(3,4)} & r_{mD(3,1)}\Delta r_{D(3,5)} \\ r_{mD(3,2)}\Delta r_{D(3,1)} - \Delta r_{D(3,2)}^2 & r_{mD(3,2)}\Delta r_{D(3,2)} - \dfrac{\Delta r_{D(3,2)}^2}{8} & r_{mD(3,2)}\Delta r_{D(3,3)} & r_{mD(3,2)}\Delta r_{D(3,4)} & r_{mD(3,2)}\Delta r_{D(3,5)} \\ r_{mD(3,3)}\Delta r_{D(3,1)} - 2\Delta r_{D(3,3)}^2 & r_{mD(3,3)}\Delta r_{D(3,2)} - \Delta r_{D(3,3)}^2 & r_{mD(3,3)}\Delta r_{D(3,3)} - \dfrac{\Delta r_{D(3,3)}^2}{8} & r_{mD(3,3)}\Delta r_{D(3,4)} & r_{mD(3,3)}\Delta r_{D(3,5)} \\ r_{mD(3,4)}\Delta r_{D(3,1)} - 3\Delta r_{D(3,4)}^2 & r_{mD(3,4)}\Delta r_{D(3,2)} - 2\Delta r_{D(3,4)}^2 & r_{mD(3,4)}\Delta r_{D(3,3)} - \Delta r_{D(3,4)}^2 & r_{mD(3,4)}\Delta r_{D(3,4)} - \dfrac{\Delta r_{D(3,4)}^2}{8} & r_{mD(3,4)}\Delta r_{D(3,5)} \\ r_{mD(3,5)}\Delta r_{D(3,1)} - 4\Delta r_{D(3,5)}^2 & r_{mD(3,5)}\Delta r_{D(3,2)} - 3\Delta r_{D(3,5)}^2 & r_{mD(3,5)}\Delta r_{D(3,3)} - 2\Delta r_{D(3,5)}^2 & r_{mD(3,5)}\Delta r_{D(3,4)} - \Delta r_{D(3,5)}^2 & r_{mD(3,5)}\Delta r_{D(3,5)} - \dfrac{\Delta r_{D(3,5)}^2}{8} \end{bmatrix}$$

$$\underbrace{\sum_{m=1}^{M}\sum_{n=1}^{N}\overline{q}_{\text{fD}(m,\ n)}(\alpha)\int_{r_{\text{D}(m,\ n)}}^{r_{\text{D}(m,\ n+1)}}K_0\Big(r_{\text{D}}(\alpha)\sqrt{u}\Big)\text{d}\alpha}_{(N\times M,\ N\times M)\text{无限导流裂缝网格部分}}(i=3,\ j=1,2,3,4,5)$$

$$=\begin{bmatrix}\boldsymbol{A}_{\inf(3,1)}&\boldsymbol{A}_{\inf(3,2)}&\boldsymbol{A}_{\inf(3,3)}\end{bmatrix}\begin{bmatrix}\overline{\boldsymbol{Q}}_1\\\overline{\boldsymbol{Q}}_2\\\overline{\boldsymbol{Q}}_3\end{bmatrix}$$

（7-74）

其中：

$$A_{\inf(m,\ n=1,2,3,4,5,\ i,\ j)}=\int_{r_{\text{D}(m,\ n)}}^{r_{\text{D}(m,\ n+1)}}K_0\Big(r_{\text{D}}(\alpha)\sqrt{u}\Big)\text{d}\alpha$$

$$\boldsymbol{A}_{\inf(3,1)}=\begin{bmatrix}A_{\inf(m=1,\ n=1,2,3,4,5,\ i=3,\ j=1)}\\A_{\inf(m=1,\ n=1,2,3,4,5,\ i=3,\ j=2)}\\A_{\inf(m=1,\ n=1,2,3,4,5,\ i=3,\ j=3)}\\A_{\inf(m=1,\ n=1,2,3,4,5,\ i=3,\ j=4)}\\A_{\inf(m=1,\ n=1,2,3,4,5,\ i=3,\ j=5)}\end{bmatrix},\ \boldsymbol{A}_{\inf(3,2)}=\begin{bmatrix}A_{\inf(m=2,\ n=1,2,3,4,5,\ i=3,\ j=1)}\\A_{\inf(m=2,\ n=1,2,3,4,5,\ i=3,\ j=2)}\\A_{\inf(m=2,\ n=1,2,3,4,5,\ i=3,\ j=3)}\\A_{\inf(m=2,\ n=1,2,3,4,5,\ i=3,\ j=4)}\\A_{\inf(m=2,\ n=1,2,3,4,5,\ i=3,\ j=5)}\end{bmatrix},\ \boldsymbol{A}_{\inf(3,3)}=\begin{bmatrix}A_{\inf(m=3,\ n=1,2,3,4,5,\ i=3,\ j=1)}\\A_{\inf(m=3,\ n=1,2,3,4,5,\ i=3,\ j=2)}\\A_{\inf(m=3,\ n=1,2,3,4,5,\ i=3,\ j=3)}\\A_{\inf(m=3,\ n=1,2,3,4,5,\ i=3,\ j=4)}\\A_{\inf(m=3,\ n=1,2,3,4,5,\ i=3,\ j=5)}\end{bmatrix}$$

根据质量守恒方程可得

$$\begin{bmatrix}\Delta\boldsymbol{r}_{\text{D1}}&\Delta\boldsymbol{r}_{\text{D2}}&\Delta\boldsymbol{r}_{\text{D3}}\end{bmatrix}\begin{bmatrix}\overline{\boldsymbol{Q}}_1\\\overline{\boldsymbol{Q}}_2\\\overline{\boldsymbol{Q}}_3\end{bmatrix}=\frac{1}{s}$$

（7-75）

其中：

$$\Delta\boldsymbol{r}_{\text{D1}}=\begin{bmatrix}\Delta r_{\text{D}(1,1)}&\Delta r_{\text{D}(1,2)}&\Delta r_{\text{D}(1,3)}&\Delta r_{\text{D}(1,4)}&\Delta r_{\text{D}(1,5)}\end{bmatrix}$$

$$\Delta\boldsymbol{r}_{\text{D2}}=\begin{bmatrix}\Delta r_{\text{D}(2,1)}&\Delta r_{\text{D}(2,2)}&\Delta r_{\text{D}(2,3)}&\Delta r_{\text{D}(2,4)}&\Delta r_{\text{D}(2,5)}\end{bmatrix}$$

$$\Delta\boldsymbol{r}_{\text{D3}}=\begin{bmatrix}\Delta r_{\text{D}(3,1)}&\Delta r_{\text{D}(3,2)}&\Delta r_{\text{D}(3,3)}&\Delta r_{\text{D}(3,4)}&\Delta r_{\text{D}(3,5)}\end{bmatrix}$$

$$\overline{\boldsymbol{Q}}_1=\begin{bmatrix}\overline{q}_{\text{fD}(1,1)}&\overline{q}_{\text{fD}(1,2)}&\overline{q}_{\text{fD}(1,3)}&\overline{q}_{\text{fD}(1,4)}&\overline{q}_{\text{fD}(1,5)}\end{bmatrix}^{\text{T}}$$

$$\overline{\boldsymbol{Q}}_2=\begin{bmatrix}\overline{q}_{\text{fD}(2,1)}&\overline{q}_{\text{fD}(2,2)}&\overline{q}_{\text{fD}(2,3)}&\overline{q}_{\text{fD}(2,4)}&\overline{q}_{\text{fD}(2,5)}\end{bmatrix}^{\text{T}}$$

$$\overline{\boldsymbol{Q}}_3=\begin{bmatrix}\overline{q}_{\text{fD}(3,1)}&\overline{q}_{\text{fD}(3,2)}&\overline{q}_{\text{fD}(3,3)}&\overline{q}_{\text{fD}(3,4)}&\overline{q}_{\text{fD}(3,5)}\end{bmatrix}^{\text{T}}$$

将式（7-69）~式（7-75）代入式（7-68）和式（7-75），可求解多翼裂缝的井底压力 $\overline{p}_{\text{vD}}$：

$$\underbrace{\frac{2\pi}{L_{\text{fD}i}C_{\text{fD}i}}\left[r_{\text{mD}(i,\ j)}\sum_{n=1}^{N}\overline{q}_{\text{fD}(i,\ n)}\Delta r_{\text{D}(i,\ n)}-\frac{\Delta r_{\text{D}(i,\ j)}^2}{8}\overline{q}_{\text{fD}(i,\ j)}-\sum_{k=1}^{j-1}\overline{q}_{\text{fD}(i,\ k)}(j-k)\Delta r_{\text{D}(i,\ j)}^2\right]}_{(N\times M,\ N\times M)\text{裂缝网格部分}}+$$

$$\underbrace{\sum_{m=1}^{M}\sum_{n=1}^{N}\overline{q}_{\text{fD}(m,\ n)}(\alpha)\int_{r_{\text{D}(m,\ n)}}^{r_{\text{D}(m,\ n+1)}}K_0\Big(r_{\text{D}}(\alpha)\sqrt{u}\Big)\text{d}\alpha}_{(N\times M,\ N\times M)\text{无限导流裂缝网格部分}}-\overline{p}_{\text{vD}}$$

$$
= \begin{bmatrix}
\dfrac{2\pi}{L_{fD1}C_{fD1}}\boldsymbol{A}_{11} + \boldsymbol{A}_{\inf(1,1)} & \boldsymbol{A}_{\inf(1,2)} & \boldsymbol{A}_{\inf(1,3)} & -1 \\[2ex]
\boldsymbol{A}_{\inf(2,1)} & \dfrac{2\pi}{L_{fD2}C_{fD2}}\boldsymbol{A}_{22} + \boldsymbol{A}_{\inf(2,2)} & \boldsymbol{A}_{\inf(2,3)} & -1 \\[2ex]
\boldsymbol{A}_{\inf(3,1)} & \boldsymbol{A}_{\inf(3,2)} & \dfrac{2\pi}{L_{fD3}C_{fD3}}\boldsymbol{A}_{33} + \boldsymbol{A}_{\inf(3,3)} & -1 \\[2ex]
\Delta\boldsymbol{r}_{D1} & \Delta\boldsymbol{r}_{D2} & \Delta\boldsymbol{r}_{D2} & 0
\end{bmatrix}
\tag{7-76}
$$

$$
\begin{bmatrix}
\overline{\boldsymbol{Q}}_1 \\
\overline{\boldsymbol{Q}}_2 \\
\overline{\boldsymbol{Q}}_3 \\
\overline{p}_D
\end{bmatrix}
=
\begin{bmatrix}
0 \\
0 \\
0 \\
1/s
\end{bmatrix}
$$

根据式（7-76），将裂缝网格部分、无限导流部分以及质量守恒方程与井底压力部分系数矩阵改写为三部分，这样便于程序的设计和数值计算。裂缝网格部分系数矩阵在不同的模型下，因裂缝的网格数目、裂缝网格尺寸、裂缝的导流能力、裂缝的无因次长度的变化而变化。因此当上述这些参数确定之后，裂缝网格部分的系数矩阵即可确定。特别需要说明的是，裂缝网格部分的系数矩阵是以每条裂缝系数矩阵为子矩阵的分块对角矩阵，其子矩阵只与其对应裂缝参数有关，与其他裂缝参数无关。每条裂缝可以根据裂缝长度而划分为不同数目的网格，下面以 3 条裂缝的等数目网格划分为例，说明裂缝网格部分系数矩阵基本情况。根据上述分析，裂缝网格部分的系数矩阵如式（7-77）所示。

$$
\boldsymbol{A}_{\mathrm{FracGrid}} =
\begin{bmatrix}
\underbrace{\left[\dfrac{2\pi}{L_{fD1}C_{fD1}}\boldsymbol{A}_{11}\right]_{\mathrm{Grid\times Grid}}}_{\text{第1条裂缝}} & 0 & 0 & 0 \\[3ex]
0 & \underbrace{\left[\dfrac{2\pi}{L_{fD2}C_{fD2}}\boldsymbol{A}_{22}\right]_{\mathrm{Grid\times Grid}}}_{\text{第2条裂缝}} & 0 & 0 \\[3ex]
0 & 0 & \underbrace{\left[\dfrac{2\pi}{L_{fD3}C_{fD3}}\boldsymbol{A}_{33}\right]_{\mathrm{Grid\times Grid}}}_{\text{第3条裂缝}} & 0 \\[3ex]
0 & 0 & 0 & 0
\end{bmatrix}
\tag{7-77}
$$

根据式（7-76），下面以 3 条裂缝为例，说明顶底封闭径向无限大储层无限导流部分系数矩阵：

$$
\boldsymbol{A}_{\mathrm{InfGrid}} =
\begin{bmatrix}
\boldsymbol{A}_{\inf(1,1)} & \boldsymbol{A}_{\inf(1,2)} & \boldsymbol{A}_{\inf(1,3)} & 0 \\
\boldsymbol{A}_{\inf(2,1)} & \boldsymbol{A}_{\inf(2,2)} & \boldsymbol{A}_{\inf(2,3)} & 0 \\
\boldsymbol{A}_{\inf(3,1)} & \boldsymbol{A}_{\inf(3,2)} & \boldsymbol{A}_{\inf(3,3)} & 0 \\
0 & 0 & 0 & 0
\end{bmatrix}
\tag{7-78}
$$

式（7-78）表示单位源所产生的压降矩阵。第一行前 3 部分矩阵表示当压降计算点位于第 1 条裂缝时，第 1，2，3 条裂缝所产生的压降；第二行前 3 部分矩阵表示当压降计算点位于第 2 条裂缝时，第 1，2，3 条裂缝所产生的压降；第三行前 3 部分矩阵表示当压降计算点位于第 3 条裂缝时，第 1，2，3 条裂缝所产生的压降。矩阵右侧一列与最后一行为井底压力与质量守恒方程的预留部分系数位置。

根据式（7-76），下面以 3 条裂缝为例，说明顶底封闭径向无限大储层质量守恒方程与井底压力部分系数矩阵：

$$A_{PwfQ} = \begin{bmatrix} 0 & 0 & 0 & -1 \\ 0 & 0 & 0 & -1 \\ 0 & 0 & 0 & -1 \\ \Delta r_{D1} & \Delta r_{D2} & \Delta r_{D2} & 0 \end{bmatrix} \quad (7\text{-}79)$$

将式（7-77）～式（7-79）代入式（7-76）可得顶底封闭径向无限大储层多翼裂缝数值计算模型：

$$\left[A_{FracGrid} + A_{InfGrid} + A_{PwfQ} \right] \begin{bmatrix} \bar{Q}_1 \\ \bar{Q}_2 \\ \bar{Q}_3 \\ \bar{p}_{vD} \end{bmatrix} = \begin{bmatrix} 0 \\ 0 \\ 0 \\ 1/s \end{bmatrix} \quad (7\text{-}80)$$

7.3.2 顶底封闭径向封闭柱状储层多段压裂非常规裂缝水平井试井数学模型

5.4.2 已经给出了顶底封闭径向封闭柱状储层与多翼裂缝的耦合模型，但水平井多段压裂裂缝与直井多翼裂缝的不同之处在于压降计算点与积分点源之间的距离计算，对于水平井多段压裂裂缝而言，只需按照图 7-2，将点源位置的积分改为沿着裂缝半径的方向，并计算压降点与积分点源之间的距离即可。因此根据式（5-100）可得顶底封闭径向封闭柱状储层多段压裂水平井的试井数学模型。根据 7.3.1 分析，只需重新计算无限导流部分的系数矩阵即可。

$$\bar{p}_D = \underbrace{\sum_{m=1}^{M} \sum_{n=1}^{N} \bar{q}_{fD(m,\,n)}(\alpha) \int_{r_{D(m,\,n)}}^{r_{D(m,\,n+1)}} \left[K_0\left(r_D(\alpha)\sqrt{u}\right) + \frac{K_1(r_{eD}\sqrt{u})}{I_1(r_{eD}\sqrt{u})} I_0\left(r_D(\alpha)\sqrt{u}\right) \right] d\alpha}_{(N \times M,\, N \times M) \text{无限导流裂缝网格部分}} \quad (7\text{-}81)$$

其中：

$$r_D(\alpha) = \sqrt{\left[r_{mD(i,\,j)} \sin\left(\theta_{F(i)}\right) - \alpha \sin\left(\theta_{F(m)}\right) \right]^2 + \left[r_{mD(i,\,j)} \cos\left(\theta_{F(i)}\right) + x_{D(i)} - x_{D(m)} - \alpha \cos\left(\theta_{F(m)}\right) \right]^2}$$

根据式（7-81），可得顶底封闭径向封闭柱状储层水平井多段压裂裂缝的无限导流部分数值计算的系数矩阵：

$$A_{\inf\left((m,\,n)_{FracGrid},\,(i,\,j)_{\Delta p}\right)} = \int_{r_{D(m,\,n)}}^{r_{D(m,\,n+1)}} \left[K_0\left(r_D(\alpha)\sqrt{u}\right) + \frac{K_1(r_{eD}\sqrt{u})}{I_1(r_{eD}\sqrt{u})} I_0\left(r_D(\alpha)\sqrt{u}\right) \right] d\alpha \quad (7\text{-}82)$$

其中：下标 $(m,n)_{FracGrid}$ 表示裂缝与网格编号，$(i,\,j)_{\Delta p}$ 表示压降计算点的位置。

7.3.3 顶底封闭径向定压柱状储层多段压裂非常规裂缝水平井试井数学模型

5.4.3 已经给出了顶底封闭径向定压柱状储层与多翼裂缝的耦合模型，但水平井多段压裂裂缝与直井多翼裂缝的不同之处在于压降计算点与积分点源之间的距离计算，对于水平井多段压裂裂缝而言，只需按照图 7-2，将点源位置的积分改为沿着裂缝半径的方向，并计算压降点与积分点源之间的距离即可。因此根据式（5-103）可得顶底封闭径向定压柱状储层多段压裂水平井的试井数学模型。根据 7.3.1 分析，只需重新计算无限导流部分的系数矩阵即可。

$$\bar{p}_D = \underbrace{\sum_{m=1}^{M}\sum_{n=1}^{N}\bar{q}_{fD(m,\,n)}(\alpha)\int_{r_{D(m,\,n)}}^{r_{D(m,\,n+1)}}\left[K_0\left(r_D(\alpha)\sqrt{u}\right) - \frac{K_0(r_{eD}\sqrt{u})}{I_0(r_{eD}\sqrt{u})}I_0\left(r_D(\alpha)\sqrt{u}\right)\right]d\alpha}_{(N\times M,\ N\times M)\text{无限导流裂缝网格部分}} \qquad （7-83）$$

其中：

$$r_D(\alpha) = \sqrt{\left[r_{mD(i,\,j)}\sin\left(\theta_{F(i)}\right) - \alpha\sin\left(\theta_{F(m)}\right)\right]^2 + \left[r_{mD(i,\,j)}\cos\left(\theta_{F(i)}\right) + x_{D(i)} - x_{D(m)} - \alpha\cos\left(\theta_{F(m)}\right)\right]^2}$$

根据式（7-83），可得顶底封闭径向定压柱状储层水平井多段压裂裂缝的无限导流部分数值计算的系数矩阵：

$$A_{\inf\left((m,\,n)_{\text{FracGrid}},\,(i,\,j)_{\Delta p}\right)} = \int_{r_{D(m,\,n)}}^{r_{D(m,\,n+1)}}\left[K_0\left(r_D(\alpha)\sqrt{u}\right) - \frac{K_0(r_{eD}\sqrt{u})}{I_0(r_{eD}\sqrt{u})}I_0\left(r_D(\alpha)\sqrt{u}\right)\right]d\alpha \qquad （7-84）$$

其中：下标 $(m,\,n)_{\text{FracGrid}}$ 表示裂缝与网格编号，$(i,\,j)_{\Delta p}$ 表示压降计算点的位置。

7.3.4 顶底定压径向无限大柱状储层多段压裂非常规裂缝水平井试井数学模型

5.4.4 已经给出了顶底定压径向无限大柱状储层与多翼裂缝的耦合模型，但水平井多段压裂裂缝与直井多翼裂缝的不同之处在于压降计算点与积分点源之间的距离计算，对于水平井多段压裂裂缝而言，只需按照图 7-2，将点源位置的积分改为沿着裂缝半径的方向，并计算压降点与积分点源之间的距离即可。因此根据式（5-106）可得顶底定压径向无限大柱状储层多段压裂水平井的试井数学模型。根据 7.3.1 分析，只需重新计算无限导流部分的系数矩阵即可。

$$\bar{p}_D = \underbrace{\sum_{m=1}^{M}\sum_{n=1}^{N}4\sum_{k=1}^{+\infty}B\int_{r_{D(m,\,n)}}^{r_{D(m,\,n+1)}}\bar{q}_{fD(m,\,n)}K_0\left(r_D(\alpha)\sqrt{\frac{((2k-1)\pi)^2}{h_D^2} + u}\right)d\alpha}_{(N\times M,\ N\times M)\text{无限导流裂缝网格部分}} \qquad （7-85）$$

其中：

$$r_D(\alpha) = \sqrt{\left[r_{mD(i,\,j)}\sin\left(\theta_{F(i)}\right) - \alpha\sin\left(\theta_{F(m)}\right)\right]^2 + \left[r_{mD(i,\,j)}\cos\left(\theta_{F(i)}\right) + x_{D(i)} - x_{D(m)} - \alpha\cos\left(\theta_{F(m)}\right)\right]^2}$$

$$B = \frac{1}{(2k-1)\pi} \sin \frac{(2k-1)\pi z_D}{h_D}$$

根据式（7-85），可得顶底定压径向无限大柱状储层水平井多段压裂裂缝的无限导流部分数值计算的系数矩阵：

$$A_{\inf\left((m,\ n)_{\mathrm{FracGrid}},\ (i,\ j)_{\Delta p}\right)} = 4\sum_{k=1}^{+\infty} B \int_{r_{\mathrm{D}(m,\ n)}}^{r_{\mathrm{D}(m,\ n+1)}} \overline{q}_{\mathrm{fD}(m,\ n)} K_0\left(r_{\mathrm{D}}(\alpha)\sqrt{\frac{((2k-1)\pi)^2}{h_{\mathrm{D}}^2}+u}\right)\mathrm{d}\alpha \qquad （7\text{-}86）$$

其中：下标 $(m,\ n)_{\mathrm{FracGrid}}$ 表示裂缝与网格编号，$(i,\ j)_{\Delta p}$ 表示压降计算点的位置，

$$\varepsilon_k = \sqrt{\frac{\left[(2k-1)\pi\right]^2}{h_{\mathrm{D}}^2}+u}\ , \quad B = \frac{1}{(2k-1)\pi}\sin\left[\frac{(2k-1)\pi z_{\mathrm{D}}}{h_{\mathrm{D}}}\right]。$$

7.3.5 顶底定压径向封闭柱状储层多段压裂非常规裂缝水平井试井数学模型

5.4.5 已经给出了顶底定压径向封闭柱状储层与多翼裂缝的耦合模型，但水平井多段压裂裂缝与直井多翼裂缝的不同之处在于压降计算点与积分点源之间的距离计算，对于水平井多段压裂裂缝而言，只需按照图 7-2，将点源位置的积分改为沿着裂缝半径的方向，并计算压降点与积分点源之间的距离即可。因此根据式（5-109）可得顶底定压径向封闭柱状储层多段压裂水平井的试井数学模型。根据 7.3.1 分析，只需重新计算无限导流部分的系数矩阵即可。

$$\overline{p}_{\mathrm{D}} = \underbrace{\sum_{m=1}^{M}\sum_{n=1}^{N} 4\sum_{k=1}^{+\infty} B \int_{r_{\mathrm{D}(m,\ n)}}^{r_{\mathrm{D}(m,\ n+1)}} \overline{q}_{\mathrm{fD}(m,\ n)} \left[K_0\left(\varepsilon_k r_{\mathrm{D}}(\alpha)\right) + \frac{K_1(\varepsilon_k r_{\mathrm{eD}})}{I_1(\varepsilon_k r_{\mathrm{eD}})} I_0\left(\varepsilon_k r_{\mathrm{D}}(\alpha)\right)\right]\mathrm{d}\alpha}_{(N\times M,\ N\times M)\text{无限导流裂缝网格部分}} \qquad （7\text{-}87）$$

其中：

$$r_{\mathrm{D}}(\alpha) = \sqrt{\left[r_{\mathrm{mD}(i,\ j)}\sin\left(\theta_{\mathrm{F}(i)}\right) - \alpha\sin\left(\theta_{\mathrm{F}(m)}\right)\right]^2 + \left[r_{\mathrm{mD}(i,\ j)}\cos\left(\theta_{\mathrm{F}(i)}\right) + x_{\mathrm{D}(i)} - x_{\mathrm{D}(m)} - \alpha\cos\left(\theta_{\mathrm{F}(m)}\right)\right]^2}$$

$$\varepsilon_k = \sqrt{\frac{\left[(2k-1)\pi\right]^2}{h_{\mathrm{D}}^2}+u}$$

$$B = \frac{1}{(2k-1)\pi}\sin\frac{(2k-1)\pi z_{\mathrm{D}}}{h_{\mathrm{D}}}$$

根据式（7-87），可得顶底定压径向封闭柱状储层水平井多段压裂裂缝的无限导流部分数值计算的系数矩阵：

$$A_{\inf\left((m,\ n)_{\mathrm{FracGrid}},\ (i,\ j)_{\Delta p}\right)} = 4\sum_{k=1}^{+\infty} B \int_{r_{\mathrm{D}(m,\ n)}}^{r_{\mathrm{D}(m,\ n+1)}} \overline{q}_{\mathrm{fD}(m,\ n)} \left[K_0\left(\varepsilon_k r_{\mathrm{D}}(\alpha)\right) + \frac{K_1(\varepsilon_k r_{\mathrm{eD}})}{I_1(\varepsilon_k r_{\mathrm{eD}})} I_0\left(\varepsilon_k r_{\mathrm{D}}(\alpha)\right)\right]\mathrm{d}\alpha \qquad （7\text{-}88）$$

其中：$B = \dfrac{1}{(2k-1)\pi}\sin\left[\dfrac{(2k-1)\pi z_{\mathrm{D}}}{h_{\mathrm{D}}}\right]$，下标 $(m,\ n)_{\mathrm{FracGrid}}$ 表示裂缝与网格编号，$(i,\ j)_{\Delta p}$ 表示压

降计算点的位置。

7.3.6 顶底定压径向定压柱状储层多段压裂非常规裂缝水平井试井数学模型

5.4.6 已经给出了顶底定压径向定压柱状储层与多翼裂缝的耦合模型，但水平井多段压裂裂缝与直井多翼裂缝的不同之处在于压降计算点与积分点源之间的距离计算，对于水平井多段压裂裂缝而言，只需按照图 7-2，将点源位置的积分改为沿着裂缝半径的方向，并计算压降点与积分点源之间的距离即可。因此根据式（5-112）可得顶底定压径向定压柱状储层多段压裂水平井的试井数学模型。根据 7.3.1 分析，只需重新计算无限导流部分的系数矩阵即可。

$$\bar{p}_{D} = \underbrace{\sum_{m=1}^{M}\sum_{n=1}^{N}4\sum_{k=1}^{+\infty}B\int_{r_{D(m,\,n)}}^{r_{D(m,\,n+1)}}\bar{q}_{fD(m,\,n)}\left[K_0\left(\varepsilon_k r_D\left(\alpha\right)\right)-\frac{K_0(\varepsilon_k r_{eD})}{I_0(\varepsilon_k r_{eD})}I_0\left(\varepsilon_k r_D\left(\alpha\right)\right)\right]d\alpha}_{(N\times M,\,N\times M)\text{无限导流裂缝网格部分}} \quad （7-89）$$

其中：

$$r_D\left(\alpha\right)=\sqrt{\left[r_{mD(i,\,j)}\sin\left(\theta_{F(i)}\right)-\alpha\sin\left(\theta_{F(m)}\right)\right]^2+\left[r_{mD(i,\,j)}\cos\left(\theta_{F(i)}\right)+x_{D(i)}-x_{D(m)}-\alpha\cos\left(\theta_{F(m)}\right)\right]^2}$$

$$\varepsilon_k=\sqrt{\frac{\left[(2k-1)\pi\right]^2}{h_D^2}+u}$$

$$B=\frac{1}{(2k-1)\pi}\sin\left[\frac{(2k-1)\pi z_D}{h_D}\right]。$$

根据式（7-89），可得顶底定压径向定压柱状储层水平井多段压裂裂缝的无限导流部分数值计算的系数矩阵：

$$A_{\inf\left((m,\,n)_{FracGrid},\,(i,\,j)_{\Delta p}\right)}=4\sum_{k=1}^{+\infty}B\int_{r_{D(m,\,n)}}^{r_{D(m,\,n+1)}}\bar{q}_{fD(m,\,n)}\left[K_0\left(\varepsilon_k r_D\left(\alpha\right)\right)-\frac{K_0(\varepsilon_k r_{eD})}{I_0(\varepsilon_k r_{eD})}I_0\left(\varepsilon_k r_D\left(\alpha\right)\right)\right]d\alpha \quad （7-90）$$

其中：$B=\dfrac{1}{(2k-1)\pi}\sin\left[\dfrac{(2k-1)\pi z_D}{h_D}\right]$，下标 $(m,\,n)_{FracGrid}$ 表示裂缝与网格编号，$(i,\,j)_{\Delta p}$ 表示压降计算点的位置。

参考文献

[1] 孔祥言 . 高等渗流力学 [M].3 版 . 合肥 : 中国科学技术大学出版社 , 2020.

[2] 孔祥言 . 高等渗流力学 [M].2 版 . 合肥 : 中国科学技术大学出版社 , 2010.

[3] GRADSHTEYN I S, RYZHIK I M . Table of integrals, series, and products[M]. New York: Academic Press, 1980.

[4] OZKAN E . Performance of horizontal wells[D]. Oklahoma: The University of Tulsa, 1988.

[5] KELVIN L. Mathematical and physical papers[M]. Cambridge: Cambridge University Press, 1910.

[6] HANTUSH M S, JACOB C E. Non-steady radial flow in an infinite leaky aquifer[J]. Eos Transactions American Geophysical Union, 1955, 36(1): 95-100.

[7] GRINGARTEN A C, RAMEY H J. The use of source and Green's functions in solving unsteady-flow problems in reservoirs[J]. SPE Journal, 1973, 13(5): 285-296.

[8] OZKAN E, RAGHAVAN R. New solutions for well-test-analysis problems: part 1-analytical considerations[J]. SPE Formation Evaluation, 1991, 6(3): 359-368.

[9] OZKAN E, RAGHAVAN R. New solutions for well-test-analysis problems: part 2-computational considerations and applications[J]. SPE Formation Evaluation, 1991, 6(3): 369-378.

[10] OZKAN E. New solutions for well-test-analysis problems: part III-additional algorithms[C]. New Orleans: SPE-28424-MSpresented at the SPE Annual Technical Conference and Exhibition, 1994.

[11] KUCHUK F J, HABASHY T. Pressure behavior of laterally composite reservoirs[J]. SPE Formation Evaluation, 1997, 12(1): 47-56.

[12] BASQUET R, ALABERT F G, CALTAGIRONE J P, et al. A semi-analytical approach for productivity evaluation of wells with complex geometry in multilayered reservoirs[C]. Houston: SPE-49232-MS presented at SPE Annual Technical Conference and Exhibition, 1998.

[13] OUYANG L B, AZIZ K .A simplified approach to couple wellbore flow and reservoir inflow for arbitrary well configurations[C]. New Orleans: SPE-48936-MSpresented at the SPE Annual Technical Conference and Exhibition, 1998.

[14] YILDIZ T. Long-term performance of multilaterals in commingled reservoirs[J]. The Journal of Canadian Petroleum Technology, 2003, 42（10）: 47-53.

[15] MEDEIROS F, OZKAN E, KAZEMI H. A semianalytical approach to model pressure transients in heterogeneous reservoirs[J]. SPE Reservoir Evaluation & Engineering, 2010, 13(2): 341-358.

[16] 孔祥言，徐献芝，卢德唐. 各向异性气藏中分支水平井的压力分析 [J]. 天然气工业，1996, 16（6）: 26-30.

[17] 李巍，卢德唐，王磊，等. 复杂边界斜井试井分析方法研究 [J]. 油气井测试, 2009, 18(6): 1-5.

[18] 李树臣，邵宪志，付春权，等. 压裂水平井压力动态曲线分析 [J]. 大庆石油地质与开发，2007, 26(2): 71-73.

[19] 张利军，程时清. 分支水平井试井压力分析 [J]. 石油钻探技术，2009, 37(1): 23-28.

[20] 陈晓明，廖新维，赵晓亮，等. 直井体积压裂不稳定试井研究：单孔双区模型 [J]. 科学技术与工程，2014, 14(26): 45-49.

[21] CINCO LEY H, SAMANIEGO V F, DOMINGUEZ A N. Transient pressure behavior for a well with a finite-conductivity vertical fracture[J]. Society of Petrdeum Engineers Journal, 1978, 18(4): 253-264.

[22] OBUTO S T, ERTEKIN T .A composite system solution in elliptic flow geometry (includes associated papers 20800 and 21470) [J]. SPE Formation Evaluation, 1987, 2(3): 227-328.

[23] CINCO LEY H, MENG H Z. Pressure transient analysis of wells with finite conductivity vertical fractures in double porosity reservoirs[C]. Houston: SPE-18172-MS presented at the SPE Annual Technical Conference and Exhibition, 1988.

[24] AGUILERA R. Well test analysis of dual-porosity systems, intercepted by hydraulic vertical fractures of finite conductivity[C]. Colorado: SPE-18948-MS presented at the Low Permeability Reservoirs Symposium, 1989.

[25] RILEY M F, BRIGHAM W E, HORNE R N. Analytic solutions for elliptical finite-conductivity fractures[C]. Dallas: SPE-22656-MS presented at the SPE Annual Technical Conference and Exhibition, 1991.

[26] NUNEZ W, TIAB D, ESCOBAR F H. Transient pressure analysis for a vertical gas well intersected by a finite-conductivity fracture[C]. Oklahoma: SPE-80915-MS presented at the SPE Production and Operations Symposium, 2003.

[27] RODRIGUEZ F, CINCO LEY H. Evaluation of fracture asymmetry of finite-conductivity fractured wells[J]. SPE Production Engineering, 1992, 7(2): 233-239.

[28] OSMAN M E. Transient pressure analysis for wells in multilayered reservoir with finite conductivity fractures[C]. Bahrain: SPE-25665-MS presented at the Middle East Oil Show, 1993.

[29] BERUMEN S, RODRIGUEZ F, TIAB D. An investigation of fracture asymmetry on the pressure response of fractured wells[C]. Brazil: SPE-38972-MS presented at the Latin American and Caribbean Petroleum Engineering Conference, 1997.

[30] TIAB D. Direct type-curve synthesis of pressure transient tests [C]. Colorado: SPE-18992-MS presented at the Low Permeability Reservoirs Symposium, 1989.

[31] 刘曰武, 刘慈群. 考虑井筒存储和表皮效应的有限导流垂直裂缝井的试井分析方法 [J]. 油气井测试, 1993, 2(2): 2-10, 21.

[32] 卢德唐, 冯树义, 孔祥言. 有界地层垂直裂缝井的井底瞬时压力 [J]. 石油勘探与开发, 1994, 21(6): 59-65.

[33] 刘慈群. 垂直裂缝井的各类试井方法综述 [J]. 石油勘探与开发, 1995, 22(1): 59-60.

[34] 张义堂, 刘慈群. 垂直裂缝井椭圆流模型近似解的进一步研究 [J]. 石油学报, 1996, 17(4): 71-77.

[35] 宋付权, 刘慈群, 吴柏志. 各向异性油藏椭圆不定常渗流近似解 [J]. 石油勘探与开发, 2001, 28(1): 57-59, 71.

[36] 严涛, 贾永禄, 张秀华, 等. 考虑表皮和井筒存储效应的有限导流垂直裂缝井三线性流动模型试井分析 [J]. 油气井测试, 2004, 13(1): 1-3.

[37] 牟珍宝, 樊太亮. 圆形封闭油藏变导流垂直裂缝井非稳态渗流数学模型 [J]. 油气地质与采收率, 2006, 13(6): 66-69.

[38] 李爱芬, 刘照伟, 杨勇. 双重介质中有限导流垂直裂缝井试井模型求解的新方法 [J]. 水动力学研究与进展: A 辑, 2006, 21(2): 217-222.

[39] 刘英宪, 尹洪军, 苏彦春, 等. 三重孔隙介质油藏垂直裂缝井压力动态分析 [J]. 特种油气藏, 2008, 15(3): 59-61, 64.

[40] WANG L, WANG X, ZHANG H, et al. A semianalytical solution for multifractured horizontal wells in box-shaped reservoirs[J]. Mathematical Problems in Engineering, 2014（4）: 1-12.

[41] WANG L, WANG X D, LI J Q, et al. Simulation of pressure transient behavior for asymmetrically finite-conductivity fractured wells in coal reservoirs[J]. Transport in Porous Media, 2013, 97(3): 353-372.

[42] DENG Q, NIE R S, JIA Y L, et al. Pressure transient behavior of a fractured well in multi-region composite reservoirs[J]. Journal of Petroleum Science & Engineering, 2017, 158: 535-553.

[43] GIGER F M. Horizontal wells production techniques in heterogeneous reservoirs[C]. Bahrain: SPE-13710-MS presented at the Middle East Oil Technical Conference and Exhibition, 1985.

[44] KARCHER B J, GIGER F M, COMBE J. Some practical formulas to predict horizontal

well behavior[C]. New Orleans: SPE-15430-MS presented at the SPE Annual Technical Conference and Exhibition, 1986.

[45] MERCER J C, PRATT H R. Infill drilling using horizontal wells: a field development strategy for tight fractured formations[C]. Dallas: SPE-17727-MS presented at the SPE Gas Technology Symposium, 1988.

[46] MUKHERJEE H, ECONOMIDES M J. A parametric comparison of horizontal and vertical performance[J]. SPE Formation Evaluation, 1991, 6(2): 209-216.

[47] ROBERTS B E, VAN ENGEN H, VAN KRUYSDIJK C P J W. Productivity of multiply fractured horizontal wells in tight gas reservoirs[C]. United Kingdom: SPE-23113-MS presented at the Offshore Europe, 1991.

[48] LARSEN L, HEGRE T M. Pressure-transient behavior of horizontal wells with finite-conductivity vertical fractures[C]. Alaska: SPE-22076-MS presented at the International Arctic Technology Conference, 1991.

[49] LARSEN L, HEGRE T M. Pressure transient analysis of multifractured horizontal wells[C]. New Orleans: SPE-28389-MS presented at the SPE Annual Technical Conference and Exhibition, 1994.

[50] GUO G, EVANS R D. Inflow performance of a horizontal well intersecting natural fractures[C]. Oklahoma: SPE-25501-MS presented at the SPE Production Operations Symposium, 1993.

[51] GUO G, EVANS R D. Inflow performance and production forecasting of horizontal wells with multiple hydraulic fractures in low-permeability gas reservoirs[C]. Calgary: SPE-26169-MS presented at the SPE Gas Technology Symposium, 1993.

[52] GUO G, EVANS R D. Pressure-transient behavior and inflow performance of horizontal wells intersecting discrete fractures[C]. Houston: SPE-26446-MS presented at the SPE Annual Technical Conference and Exhibition, 1993.

[53] GUO G, EVANS R D. A systematic methodology for production modelling of naturally fractured reservoirs intersected by horizontal wells[C]. Calgary: PETSOC-HWC-94-40 presented at the SPE/CIM/CANMET International Conference on Recent Advances in Horizontal Well Applications, 1994.

[54] GUO G L, EVANS R D, CHANG M M. Pressure-transient behavior for a horizontal well Intersecting multiple random discrete fractures[C]. New Orleans: SPE-28390-MS presented at the SPE Annual Technical Conference and Exhibition, 1994.

[55] HEGRE T M, LARSEN L. Productivity of multifractured horizontal wells[C]. London: SPE-

28845-MS presented at the the European Petroleum Conference, 1994.

[56] HORNE R N, TEMENG K O. Relative productivities and pressure transient modeling of horizontal wells with multiple fractures[C]. Bahrain: SPE-29891-MS presented at the Middle East Oil Show, 1995.

[57] HEGRE T M, LARSEN L. Productivity of multifractured horizontal wells[C]. London: SPE-28845-MS presented at the European Petroleum Conference, 1994.

[58] ALKOBAISI M, OZKAN E, KAZEMI H. A hybrid numerical-analytical model of finite-conductivity vertical fractures intercepted by a horizontal well[C]. Mexico: SPE-92040–MS presented at the SPE International Petroleum Conference in Mexico, 2004.

[59] ALKOBAISI M, OZKAN E, KAZEMI H, et al. Pressure-transient-analysis of horizontal wells with transverse, finite-conductivity fractures[C]. Calgary: PETSOC-2006-162 presented at the Canadian International Petroleum Conference, 2006.

[60] BROWN M, OZKAN E, RAGHAVAN R, et al. Practical solutions for pressure-transient responses of fractured horizontal wells in unconventional reservoirs[J]. SPE Reservoir Evaluation & Engineering, 2011, 14(6): 663-676.

[61] OZKAN E, BROWN M, RAGHAVAN R, et al. Comparison of fractured-horizontal-well performance in tight sand and shale reservoirs[J]. SPE Reservoir Evaluation & Engineering, 2011, 14(2): 248-259.

[62] YILDIZ T, OZKAN E. Influence of areal anisotropy on horizontal well performance[C]. San Antonio: SPE-38671-MS presented at the SPE Annual Technical Conference and Exhibition, 1997.

[63] YILDIZ T, OZKAN E. Transient pressure behavior of selectively completed horizontal wells[C]. New Orleans: SPE-28388-MS presented at the SPE Annual Technical Conference and Exhibition, 1994.

[64] CHEN C C, RAGHAVAN R. A multiply-fractured horizontal well in a rectangular drainage region[J]. SPE Journal, 1997, 2(4): 455-465.

[65] SPIVEY J P, LEE W J. Estimating the pressure-transient response for a horizontal or a hydraulically fractured well at an arbitrary orientation in an anisotropic reservoir[J]. Oil Field, 1999, 2(5): 462-469.

[66] NOBAKHT M, CLARKSON C R, KAVIANI D. New type curves for analyzing horizontal well with multiple fractures in shale gas reservoirs[J]. Jounal of Natural Gas Science and Engineering, 2013, 10: 99-112 .

[67] ANDERSON D M, LIANG P. Quantifying uncertainty in rate transient analysis for

unconventional gas reservoirs [C]. The Woodlands: SPE-145088-MS presented at the North American Unconventional Gas Conference and Exhibition, 2011.

[68] RBEAWI S A, TIAB D. Partially penetrating hydraulic fractures: pressure responses and flow dynamics[C]. Oklahoma: SPE-164500-MS presented at the SPE Production and Operations Symposium, 2013.

[69] ABDALLA M, HASSAN A, ABDULRAHEEM A, et al. New technique to evaluate the performance of hydraulically fractured horizontal wells [C]. Abu Dhabi: SPE-189390-MS presented at the SPE/IADC Middle East Drilling Technology Conference and Exhibition, 2018.

[70] 张学文, 方宏长, 裘怿楠, 等. 低渗透率油藏压裂水平井产能影响因素 [J]. 石油学报, 1999, 20(4): 51-55.

[71] 宋付权, 刘慈群, 张盛宗. 低渗透油藏中水平井的产能公式分析 [J]. 大庆石油地质与开发, 1999, 18(3): 33-35.

[72] 宁正福, 韩树刚, 程林松, 等. 低渗透油气藏压裂水平井产能计算方法 [J]. 石油学报, 2002, 23(2): 68-71.

[73] 岳建伟, 段永刚, 青绍学, 等. 含多条垂直裂缝的水平压裂气井产能研究 [J]. 天然气工业, 2004, 24(10): 102-104.

[74] 徐严波, 齐桃, 杨凤波, 等. 压裂后水平井产能预测新模型 [J]. 石油学报, 2006, 27(1): 89-91.

[75] 李廷礼, 李春兰, 吴英, 等. 低渗透油藏压裂水平井产能计算新方法 [J]. 中国石油大学学报（自然科学版）, 2006, 30(2): 48-52.

[76] 曾凡辉, 郭建春, 徐严波, 等. 压裂水平井产能影响因素 [J]. 石油勘探与开发, 2007, 34(4): 474-477, 482.

[77] 王立军, 张晓红, 马宁, 等. 压裂水平井裂缝与井筒成任意角度时的产能预测模型 [J]. 油气地质与采收率, 2008, 15(6): 73-75.

[78] 廉培庆, 同登科, 程林松, 等. 垂直压裂水平井非稳态条件下的产能分析 [J]. 中国石油大学学报（自然科学版）, 2009, 33(4): 98-102.

[79] 牟珍宝, 袁向春, 朱筱敏. 低渗透油藏压裂水平井产能计算方法 [J]. 现代地质, 2009, 23(2): 337-340, 346.

[80] 魏建光, 汪志明, 张欣. 裂缝参数对压裂水平井产能影响规律分析及重要性排序 [J]. 水动力学研究与进展：A 辑, 2009, 24(5): 631-639.

[81] 吴晓东, 隋先富, 安永生, 等. 压裂水平井电模拟实验研究 [J]. 石油学报, 2009, 30(5): 740-743, 748.

[82] 王晓泉，张守良，吴奇，等 . 水平井分段压裂多段裂缝产能影响因素分析 [J]. 石油钻采工艺，2009, 31(1): 73-76.

[83] 王本成，贾永禄，李友权，等 . 多段压裂水平井试井模型求解新方法 [J]. 石油学报，2013, 34(6): 1150-1156.

[84] 高杰，张烈辉，刘启国，等 . 页岩气藏压裂水平井三线性流试井模型研究 [J]. 水动力学研究与进展 : A 辑，2014, 29(1): 108-113.

[85] 任俊杰，郭平，彭松，等 . 非对称裂缝压裂气井稳态产能研究 [J]. 石油钻探技术，2014, 42(4): 97-101.

[86] 刘雄，田昌炳，纪淑红，等 . 致密油藏体积压裂直井非稳态压力分析 [J]. 特种油气藏，2015, 22(5): 95-99.

[87] 贾品，程林松，黄世军，等 . 有限导流压裂定向井不稳定压力分析模型 [J]. 石油学报，2015, 36(4): 496-503.

[88] 贾品，程林松，黄世军，等 . 压裂裂缝网络不稳态流动半解析模型 [J]. 中国石油大学学报 (自然科学版), 2015, 39(5): 107-116.

[89] 聂仁仕，王苏冉，贾永禄，等 . 多段压裂水平井负表皮压力动态特征 [J]. 中国科技论文，2015, 10(9): 1027-1032.

[90] ZHAO J Z, PU X, LI Y M, et al. A semi-analytical mathematical model for predicting well performance of a multistage hydraulically fractured horizontal well in naturally fractured tight sandstone gas reservoir[J]. Journal of Natural Gas Science and Engineering, 2016, 32: 273-291.

[91] 王铭显，范子菲，罗万静，等 . 特低渗油藏多段压裂水平井注水可行性分析 [J]. 现代地质，2016, 30(6): 1361-1369.

[92] 王飞，潘子晴 . 致密气藏压裂水平井反卷积试井模型 [J]. 石油学报，2016, 37(7): 898-902, 938.

[93] 王军磊，位云生，陈鹏，等 . 分段压裂水平井压力动态分析及特征值方法 [J]. 新疆石油地质，2014, 35(2): 192-197.

[94] 王晓冬，罗万静，侯晓春，等 . 矩形油藏多段压裂水平井不稳态压力分析 [J]. 石油勘探与开发，2014, 41(1): 74-78, 94.

[95] TENG W C, JIANG R Z, TENG L, et al. Production performance analysis of multiple fractured horizontal wells with finite-conductivity fractures in shale gas reservoirs[J]. Journal of Natural Gas Science and Engineering, 2016, 36: 747-759.

[96] GUO J J, WANG H T, ZHANG L H. Transient pressure behavior for a horizontal well with multiple finite-conductivity fractures in tight reservoirs[J]. Journal of Geophysics and

Engineering. 2015, 12(4): 638-656.

[97] GUO J J, ZHANG S, ZHANG L H, et al. Well testing analysis for horizontal well with consideration of threshold pressure gradient in tight gas reservoirs[J]. Journal of Hydrodynamics, 2012, 24(4): 561-568.

[98] WANG H T, GUO J J, ZHANG L H. A semi-analytical model for multilateral horizontal wells in low-permeability naturally fractured reservoirs[J]. Journal of Petroleum Science and Engineering, 2017, 149: 564-578.

[99] CHEN Z M, LIAO X W, YU W, et al. Transient flow analysis in flowback period for shale reservoirs with complex fracture networks[J]. Journal of Petroleum Science and Engineering, 2018, 170: 721-737.

[100] WILKINSON D, HAMMOND P S. A perturbation method for mixed boundary-value problems in pressure transient testing[J]. Transport in Porous Media, 1990, 5(6): 609-636.

[101] WILKINSON D J. New results for pressure transient behavior of hydraulically fractured wells [C]. Denver: SPE-18950-MS presented at the Low Permeability Reservoirs Symposium. 1989.

[102] 江涛, 王玉根, 张修明, 等. 在页岩气试井分析中 Bessel 函数溢出问题的解决方法 [J]. 天然气工业, 2017, 37(6): 42-45.

[103] STEHFEST H. Algorithm 368 : numerical inversion of Laplace transforms [J]. Communications of the ACM, 1970, 13 (1), 47-49.

[104] VAN EVERDINGEN A F, HURST W. The application of the Laplace transformation to flow problems in reservoirs[J]. Journal of Petrileum Technology, 1949, 1(12): 305-324.

[105] FISHER M K, WRIGHT C A, DADVISON B M, et al. Integrating fracture mapping technologies to optimize stimulations in the barnett shale[C]. San Antonio: SPE-77441-MS presented at the SPE Annual Technical Conference and Exhibition, 2002.

[106] 寇祖豪. 基于多重运移机制的煤层气压裂井试井分析理论研究 [D]. 成都 : 西南石油大学, 2018.

[107] MUKHERJEE H, ECONOMIDES M J. A parametric comparison of horizontal and vertical well performance[J]. SPE Formation Evaluation, 1991, 6(2): 209-216.

[108] NISLE R G. The effect of partial penetration on pressure build-up in oil wells[J]. Transactions of the AIME, 1958, 213(1): 85-90.

附录

附录 1　无限导流裂缝部分模型 Matlab 设计程序

1.1　顶底封闭径向无限大储层无限导流垂直裂缝井

```
function Chapter_3_1_1()
% 点源函数: 3.1.1 顶底封闭径向无限大储层无限导流垂直裂缝井
% 参数设置
format long e
N  = 6;
tD = logspace(-10,10,300);
S = 0.1;
CD = 0.001;
xD = 0.732;
%----------------------------- 计算 V（i） -----------------------------
V = ones(N,1).*0;
for i = 1:N
  V(i) = 0;
  for k = fix((i+1)/2):min(N/2,i)
      V(i) = V(i)+k^(N/2)*factorial(2*k)/(factorial(N/2-k)*factorial(k)*factorial(k-1)*factorial(i-k)*factorial(2*k-i));
    end
    V(i) = V(i)*(-1)^(N/2+i);
end
```

```
PwD =  ones(length(tD),1).*0;
d_PwD = ones(length(tD),1).*0;
%---------------------------- 点源函数压力反演 ----------------------------
hbar = parfor_progressbar_v1(length(tD),'Computing...');  %create the progress bar
parfor j = 1:size(tD,2)  % 时间循环 +
    t=cputime;
    fprintf('共计计算 %d 个时间步，正在求解第 %d 个时间步 ....\n',length(tD),j);
    f = log(2)/tD(j);
    for i = 1:N
        z = i*f;
        %Laplace 空间的压力形式 ----------------------------------------
        temp  = quadgk( @(x) besselk( 0,abs(xD-x).*sqrt(z)), -1, 1)/2/z;
        temp1 = temp;
        %1. 杜哈美原理形式测试正确，考虑加 Cd 与 S
        temp  = (z*temp+S)/(z+CD*z*z*(z*temp+S));% 杜哈美原理
        %Laplace 空间的压力形式 ----------------------------------------

        % 压力导数部分，Laplace 空间的压力形式 -------------------------------
        %1. 杜哈美原理形式测试正确，考虑加 Cd 与 S
        temp1 = (z*temp1+S)/(z+CD*z*z*(z*temp1+S));% 杜哈美原理
        temp1 = temp1*z;
        % 压力导数部分，Laplace 空间的压力形式 -------------------------------

        PwD(j,1) =  PwD(j,1)+V(i)*temp;
        d_PwD(j,1) = d_PwD(j,1)+V(i)*temp1;
    end
    PwD(j,1) = PwD(j,1)*f;
    d_PwD(j,1) = d_PwD(j,1)*f*tD(j);
    hbar.iterate(1);
     fprintf('共计计算 %d 个时间步，求解第 %d 个时间步用时为：%.6fs\n',length(tD),j,cputime-t);
    end
close(hbar);  %close progress bar
```

```
%--------------------------- 点源函数压力绘图 ---------------------------
loglog(tD,PwD(:,1),' -r ',' MarkerSize ',3,' MarkerFaceColor ',[0 1
1],' MarkerEdgeColor ',[0 1 0],' LineWidth ',1,' Color ',[0 0 0])
    hold on
    loglog(tD,d_PwD(:,1),' -r ',' MarkerSize ',3,' MarkerFaceColor ',[0 1
1],' MarkerEdgeColor ',[0 1 0],' LineWidth ',1,' Color ',[0 0 0])
    hold on
    loglog(tD,ones(length(tD))*0.5,' -r ',' LineWidth ',1)
    xlabel( 'tD' );
    ylabel( 'PwD&&PwD'' *tD' );
    axis([1e-6 1e+9  0.001 100])
    grid on
```

1.2 顶底封闭径向封闭柱状储层无限导流垂直裂缝井

```
function Chapter_3_1_2()
% 点源函数：3.1.2 顶底封闭径向封闭柱状储层无限导流垂直裂缝井
% 参数设置
clear all
format long e
N = 6;
tD = logspace(-8,9,300);
S = 0.1;
CD = 0.001;
reD = 2000;
xD = 0.732;
%--------------------------- 计算 V（i）---------------------------
V = ones(N,1).*0;
for i = 1:N
    V(i) = 0;
    for k = fix((i+1)/2):min(N/2,i)
        V(i) = V(i)+k^(N/2)*factorial(2*k)/(factorial(N/2-k)*factorial(k)*factorial(k-
1)*factorial(i-k)*factorial(2*k-i));
    end
    V(i) = V(i)*(-1)^(N/2+i);
end
```

```
PwD   = ones(length(tD),1).*0;
d_PwD = ones(length(tD),1).*0;
%--------------------------- 点源函数压力反演 -----------------------------
hbar = parfor_progressbar_v1(length(tD),'Computing...');  %create the progress
bar
parfor j = 1:size(tD,2) % 时间循环
    t=cputime;
    fprintf('共计计算 %d 个时间步，正在求解第 %d 个时间步 ....\n',length(tD),j);
    f = log(2)/tD(j);
    for i = 1:N
        z = i*f;
        %Laplace 空间的压力形式 ----------------------------------------
        temp  = quadgk( @(x) besselk( 0,abs(xD-x).*sqrt(z)) + besselk(1,reD*sqrt(z)) *
besseli(0,abs(xD-x).*sqrt(z)) / besseli(1,reD*sqrt(z)), -1, 1)/2/z;
        temp1 = temp;
        %1.杜哈美原理形式测试正确，考虑加 Cd 与 S
        temp  = (z*temp+S)/(z+CD*z*z*(z*temp+S));% 杜哈美原理
        %Laplace 空间的压力形式 ----------------------------------------

        % 压力导数部分，Laplace 空间的压力形式 -----------------------------
        %1.杜哈美原理形式测试正确，考虑加 Cd 与 S
        temp1 = (z*temp1+S)/(z+CD*z*z*(z*temp1+S));% 杜哈美原理
        temp1 = temp1*z;
        % 压力导数部分，Laplace 空间的压力形式 -----------------------------

        PwD(j,1)   = PwD(j,1)+V(i)*temp;
        d_PwD(j,1) = d_PwD(j,1)+V(i)*temp1;
    end
    PwD(j,1)   = PwD(j,1)*f;
    d_PwD(j,1) = d_PwD(j,1)*f*tD(j);
    hbar.iterate(1);
    fprintf('共计计算 %d 个时间步，求解第 %d 个时间步用时为：%.6fs\
n',length(tD),j,cputime-t);
end
close(hbar); %close progress bar
```

%--------------------------- 点源函数压力绘图 ---------------------------

loglog(tD,PwD(:,1),'-r','MarkerSize',3,'MarkerFaceColor',[0 1 1],'MarkerEdgeColor',[0 1 0],'LineWidth',1,'Color',[0 0 0])

hold on

loglog(tD,d_PwD(:,1),'-r','MarkerSize',3,'MarkerFaceColor',[0 1 1],'MarkerEdgeColor',[0 1 0],'LineWidth',1,'Color',[0 0 0])

hold on

loglog(tD,ones(length(tD))*0.5,'-r','LineWidth',1)

xlabel('tD');

ylabel('PwD&&PwD''*tD');

axis([1e-5 1e+9 0.01 100])

grid on

1.3 顶底封闭径向定压柱状储层无限导流垂直裂缝井

function Chapter_3_1_3()

% 点源函数 :3.1.3 顶底封闭径向定压柱状储层无限导流垂直裂缝井

% 参数设置

clear all

format long e

N = 6;

tD = logspace(-8,9,300);

S = 0.1;

CD = 0.001;

reD = 2000;

xD = 0.732;

%----------------------------- 计算 V（i）-----------------------------

V = ones(N,1).*0;

for i = 1:N

   V(i) = 0;

   for k = fix((i+1)/2):min(N/2,i)

      V(i) = V(i)+k^(N/2)*factorial(2*k)/(factorial(N/2-k)*factorial(k)*factorial(k-1)*factorial(i-k)*factorial(2*k-i));

    end

   V(i) = V(i)*(-1)^(N/2+i);

  end

```
PwD = ones(length(tD),1).*0;
d_PwD = ones(length(tD),1).*0;
%----------------------------- 点源函数压力反演 -----------------------------
hbar = parfor_progressbar_v1(length(tD),'Computing...');  %create the progress bar
parfor j = 1:size(tD,2) % 时间循环
    t=cputime;
    fprintf('共计计算 %d 个时间步，正在求解第 %d 个时间步 ....\n',length(tD),j);
    f = log(2)/tD(j);
    for i = 1:N
        z = i*f;
        %Laplace 空间的压力形式 -----------------------------------------
        temp = quadgk( @(x) besselk( 0,abs(xD-x).*sqrt(z)) - besselk(0,reD*sqrt(z)) *
besseli(0,abs(xD-x).*sqrt(z)) / besseli(0,reD*sqrt(z)), -1, 1)/2/z;
        temp1 = temp;
        %1. 杜哈美原理形式测试正确，考虑加 Cd 与 S
        temp = (z*temp+S)/(z+CD*z*z*(z*temp+S));% 杜哈美原理
        %Laplace 空间的压力形式 -----------------------------------------

        % 压力导数部分，Laplace 空间的压力形式 -----------------------------
        %1. 杜哈美原理形式测试正确，考虑加 Cd 与 S
        temp1 = (z*temp1+S)/(z+CD*z*z*(z*temp1+S));% 杜哈美原理
        temp1 = temp1*z;
        % 压力导数部分，Laplace 空间的压力形式 -----------------------------

        PwD(j,1)  = PwD(j,1)+V(i)*temp;
        d_PwD(j,1) = d_PwD(j,1)+V(i)*temp1;
    end
    PwD(j,1)  = PwD(j,1)*f;
    d_PwD(j,1) = d_PwD(j,1)*f*tD(j);
    hbar.iterate(1);
    fprintf('共计计算 %d 个时间步，求解第 %d 个时间步用时为: %.6fs\n',length(tD),j,cputime-t);
end
close(hbar);  %close progress bar
```

%-------------------------- 点源函数压力绘图 --------------------------

```
loglog(tD,PwD(:,1),' -r ',' MarkerSize ',3,' MarkerFaceColor ',[0 1
1],' MarkerEdgeColor ',[0 1 0],' LineWidth ',1,' Color ',[0 0 0])
hold on
loglog(tD,d_PwD(:,1),' -r ',' MarkerSize ',3,' MarkerFaceColor ',[0 1
1],' MarkerEdgeColor ',[0 1 0],' LineWidth ',1,' Color ',[0 0 0])
hold on
loglog(tD,ones(length(tD))*0.5,' -r ',' LineWidth ',1)
xlabel( 'tD' );
ylabel( 'PwD&&PwD''*tD' );
axis([1e-5 1e+9 0.01 100])
grid on
```

1.4 顶底封闭 x、y 方向封闭盒状储层无限导流垂直裂缝井

```
function Chapter_3_1_10()
% 点源函数 :3.1.10 顶底封闭 x、y 方向封闭盒状储层无限导流垂直裂缝井
% 参数设置
clc
format long e
N = 8;
tD = logspace(-9,9,200);
S = 0.1;
CD = 0.001;
Bessel_eps = 1e-307;
Int_eps = 1e-8;
% rectangle parameter
xeD = 500;
yeD = 500;
xD = xeD/2 + 0.732;
xwD = xeD/2;
yD = yeD/2;
ywD = yeD/2;
yD1 = yD - ywD;
yD2 = yD + ywD;
Serise_sum_in = 9e+5;
```

```
%---------------------------- 计算 V（i） ---------------------------------
V = ones(N,1).*0;
for i = 1:N
    V(i) = 0;
    for k = fix((i+1)/2):min(N/2,i)
        V(i) = V(i)+k^(N/2)*factorial(2*k)/(factorial(N/2-k)*factorial(k)*factorial(k-
1)*factorial(i-k)*factorial(2*k-i));
    end
    V(i) = V(i)*(-1)^(N/2+i);
end


PwD =  ones(length(tD),1).*0;
d_PwD =  ones(length(tD),1).*0;
%---------------------------- 点源函数压力反演 ----------------------------
hbar = parfor_progressbar_v1(length(tD),' Computing...' );  %create the progress
bar
parfor j = 1:size(tD,2) % 时间循环
    t=cputime;
    fprintf(' 共计计算 %d 个时间步，正在求解第 %d 个时间步 ....\n',length(tD),j);
    f = log(2)/tD(j);
    for i = 1:N
        z = i*f;
        %Laplace 空间的压力形式 ----------------------------------------------
        k = 1:1000;
        Front_Sum = 0;
        while 1
            epsk = sqrt( (k.*pi).^2 ./ xeD.^2 + z );
            cosh_sinh1 =( exp(-epsk.*abs(yD1)) + exp(epsk.*(-2*yeD+abs(yD1))) ) ./ (
1-exp(-2.*epsk.*yeD) ) ;
            cosh_sinh2 =( exp(-epsk.*abs(yD2)) + exp(epsk.*(-2*yeD+abs(yD2))) ) ./ (
1-exp(-2.*epsk.*yeD) ) ;
            sum_fun = sum(  xeD./pi./k .* cos(k.*pi.*xD./xeD) .*  cos(k.*pi.*xwD./
xeD) .*  sin(k.*pi./xeD) .* ( cosh_sinh1+cosh_sinh2 ) ./ epsk );
            Front_Sum = Front_Sum + 2*sum_fun;
            Part_Sum  = 2*sum_fun;
```

```
            if abs(Front_Sum)<Bessel_eps
                break;
            elseif abs( Part_Sum /Front_Sum) < Int_eps
                break;
            elseif max(k) >= Serise_sum_in
                fprintf（'求解第%d个时间步达到最大求和项设定数目，可能存在级数
（第一重级数 n=%d,N=%d）的收敛性问题....\n'，j,Serise_sum_in,i);
                break
            end
            k = k + 1000;
        end
        %1.杜哈美原理形式测试正确，考虑加Cd与S
        cosh_sinh3 =( exp(-sqrt(z).*abs(yD1)) + exp(sqrt(z).*(-2*yeD+abs(yD1))) ) ./ (
1-exp(-2.*sqrt(z).*yeD) ) ;
        cosh_sinh4 =( exp(-sqrt(z).*abs(yD2)) + exp(sqrt(z).*(-2*yeD+abs(yD2))) ) ./ (
1-exp(-2.*sqrt(z).*yeD) ) ;
        temp = pi/xeD/z * (  (cosh_sinh3+cosh_sinh4)/sqrt(z) +  Front_Sum);
        temp1 = temp;
        temp = (z*temp+S)/(z+CD*z*z*(z*temp+S));% 杜哈美原理
        %Laplace空间的压力形式 --------------------------------------------

        % 压力导数部分，Laplace空间的压力形式 --------------------------------
        temp1 = (z*temp1+S)/(z+CD*z*z*(z*temp1+S));% 杜哈美原理
        temp1 = temp1*z;
        % 压力导数部分，Laplace空间的压力形式 --------------------------------

        PwD(j,1)   =  PwD(j,1)+V(i)*temp;
        d_PwD(j,1) =  d_PwD(j,1)+V(i)*temp1;
    end
    PwD(j,1)   = PwD(j,1)*f;
    d_PwD(j,1) = d_PwD(j,1)*f*tD(j);
    hbar.iterate(1);
    fprintf（'共计计算%d个时间步，求解第%d个时间步用时为：%.6fs\
n'，length(tD),j,cputime-t);
    end
```

```
close(hbar);  %close progress bar
%--------------------------- 点源函数压力绘图 ---------------------------
loglog(tD,PwD(:,1),' -r ',' MarkerSize ',3,' MarkerFaceColor ',[0 1
1],' MarkerEdgeColor ',[0 1 0],' LineWidth ',1,' Color ',[0 0 0])
hold on
loglog(tD,d_PwD(:,1),' -r ',' MarkerSize ',3,' MarkerFaceColor ',[0 1
1],' MarkerEdgeColor ',[0 1 0],' LineWidth ',1,' Color ',[0 0 0])
hold on
loglog(tD,ones(length(tD))*0.5,' -r ',' LineWidth ',1)
xlabel( ' tD ' );
ylabel( ' PwD&&PwD'' *tD ' );
axis([1e-6  1e+7  0.001 100])
grid on
```

附录 2　有限导流裂缝部分模型 Matlab 设计程序

2.1　Bessel 函数数值计算积分公用函数

```
function int3 = fun_bessel(a,b,xD,c,n,types)
% a: 积分限，必须从 -a 到 a
% b：积分表达式相关参数
% xD：积分表达式相关参数
% c：积分表达式相关参数
% n：Bessel 函数的阶数
% types：Bessel 函数类型
% 重要提示：逻辑运算（.* .^ ./ + -）必须遵循向量的行列对应原则，否则发生严
重的错误
    switch types
        case ' besselk0 ' % 单纯的 K（0,x）从 0 到 x 的积分
            if abs(xD)<=c*a && c*a~=0
                int1 = fun_besselk0_int_PAR( b.*(a*c+xD) );
                int2 = fun_besselk0_int_PAR( b.*(a*c-xD) );
                int3 = 1./b./c.*( int1 + int2 );
            elseif abs(xD)>c*a && c*a~=0
```

```
    int1 = fun_besselk0_int_PAR( b.*(a*c+abs(xD)) );
    int2 = fun_besselk0_int_PAR( b.*(abs(xD)-a*c) );
    int3 = 1./b./c.*( int1 - int2 );
  elseif c*a==0
    int3 = 0;
  end


case 'besselk0_Mul_xD'
```
% 单纯的 K（0,x）从 0 到 x 的积分，适合 Cinco_Ley 离散数值积分的离散无限导流部分
%2021.2.17, 将传入参数升级为向量
```
% The xDj is a vector. The cj is a vector
% The dimensions of xDj vector and cj vector are equal
if size(b,1)==1 && size(b,2)==1
    index = abs(xD)<=c.*a;
    int3 = xD.*0;

    int1 = fun_besselk0_int_PAR( b.*(a.*c(index)+xD(index)) );
    int2 = fun_besselk0_int_PAR( b.*(a.*c(index)-xD(index)) );
    int3(index) = 1./b./c(index).*( int1 + int2 );

    int1 = fun_besselk0_int_PAR( b.*(a.*c(~index)+abs(xD(~index))) );
    int2 = fun_besselk0_int_PAR( b.*(abs(xD(~index))-a.*c(~index)) );
    int3(~index) = 1./b./c(~index).*( int1 - int2 );

    index = c.*a==0;
    int3(index) = 0;
% The xDj is a vector. The cj is a vector. The bj is a vector
% The dimensions of xDj vector , cj vector and bj vector are equal
else
    index = abs(xD)<=c.*a;
    int3 = xD.*0;

    int1 = fun_besselk0_int_PAR( b(index).*(a.*c(index)+xD(index)) );
    int2 = fun_besselk0_int_PAR( b(index).*(a.*c(index)-xD(index)) );
```

```
      int3(index) = 1./b(index)./c(index).*( int1 + int2 );

      int1 = fun_besselk0_int_PAR( b(~index).*(a.*c(~index)+abs(xD(~index))) );
      int2 = fun_besselk0_int_PAR( b(~index).*(abs(xD(~index))-a.*c(~index)) );
      int3(~index) = 1./b(~index)./c(~index).*( int1 - int2 );

      index = c.*a==0;
      int3(index) = 0;
    end

  case 'besseli' % 单纯的 I（n,x）从 0 到 x 的积分
    if abs(xD)<=c*a && c*a~=0
      int1 = fun_besseli_int_PAR( n, b.*(a*c+xD) );
      int2 = fun_besseli_int_PAR( n, b.*(a*c-xD) );
      int3 = 1./b./c.*( int1 +int2 );
    elseif abs(xD)>c*a && c*a~=0
      int1 = fun_besseli_int_PAR( n, b.*(a*c+abs(xD)) );
      int2 = fun_besseli_int_PAR( n, b.*(abs(xD)-a*c) );
      int3 = 1./b./c.*( int1 - int2 );
    elseif c*a==0
      int3 = 0;
    end

  case 'besseli_MUL' % 单纯的 I（n,x）从 0 到 x 的积分
    % 将传入参数升级为向量
    % The xDj is a vector. The cj is a vector
    % The dimensions of xDj vector and cj vector are equal
    if size(b,1)==1 && size(b,2)==1
      index = abs(xD)<=c.*a;
      int3 = xD.*0;

      int1 = fun_besseli_int_PAR( n, b.*(a.*c(index)+xD(index)) );
      int2 = fun_besseli_int_PAR( n, b.*(a.*c(index)-xD(index)) );
      int3(index) = 1./b./c(index).*( int1 + int2 );
      int1 = fun_besseli_int_PAR( n, b.*(a.*c(~index)+abs(xD(~index))) );
```

```
        int2 = fun_besseli_int_PAR( n, b.*(abs(xD(~index))-a.*c(~index)) );
        int3(~index) = 1./b./c(~index).*( int1 - int2 );

        index = c.*a==0;
        int3(index) = 0;
    else
        index = abs(xD)<=c.*a;
        int3 = xD.*0;

        int1 = fun_besseli_int_PAR( n, b(index).*(a.*c(index)+xD(index)) );
        int2 = fun_besseli_int_PAR( n, b(index).*(a.*c(index)-xD(index)) );
        int3(index) = 1./b(index)./c(index).*( int1 + int2 );

        int1 = fun_besseli_int_PAR( n, b(~index).*(a.*c(~index)+abs(xD(~index))) );
        int2 = fun_besseli_int_PAR( n, b(~index).*(abs(xD(~index))-a.*c(~index)) );
        int3(~index) = 1./b(~index)./c(~index).*( int1 - int2 );

        index = c.*a==0;
        int3(index) = 0;
    end


case 'besseli_MUL_Matrix' % 单纯的 I（n,x）从 0 到 x 的积分
    %2021.2.26, 将传入参数升级为矩阵
    % The xDj is a vector or matrix. The cj is a vector or matrix
    % The dimensions of xDj vector or matrix and cj vector or matrix are equal
    if size(b,1)==1 && size(b,2)==1
        index = abs(xD)<=c.*a;
        int3 = xD.*0;

        int1 = fun_besseli_int_PAR_Matrix( n, b.*(a.*c(index)+xD(index)) );
        int2 = fun_besseli_int_PAR_Matrix( n, b.*(a.*c(index)-xD(index)) );
        int3(index) = 1./b./c(index).*( int1 + int2 );

        int1 = fun_besseli_int_PAR_Matrix( n, b.*(a.*c(~index)+abs(xD(~index))) );
        int2 = fun_besseli_int_PAR_Matrix( n, b.*(abs(xD(~index))-a.*c(~index)) );
```

```matlab
        int3(~index) = 1./b./c(~index).*( int1 - int2 );

        index = c.*a==0;
        int3(index) = 0;
    else
        index = abs(xD)<=c.*a;
        int3 = xD.*0;

        int1 = fun_besseli_int_PAR_Matrix( n, b(index).*(a.*c(index)+xD(index)) );
        int2 = fun_besseli_int_PAR_Matrix( n, b(index).*(a.*c(index)-xD(index)) );
        int3(index) = 1./b(index)./c(index).*( int1 + int2 );

        int1 = fun_besseli_int_PAR_Matrix( n, b(~index).*(a.*c(~index)+abs(xD(~index))) );
        int2 = fun_besseli_int_PAR_Matrix( n, b(~index).*(abs(xD(~index))-a.*c(~index)) );
        int3(~index) = 1./b(~index)./c(~index).*( int1 - int2 );

        index = c.*a==0;
        int3(index) = 0;
    end

case 'K0/I0*I0(x)'
    % 符合形式的 K(0,reD*epsn)/I(0,reD*epsn)*I(0,x) 从 0 到 x 的积分
    % 这里涉及 Bessel 函数的近似
    if abs(xD)<=c*a && c*a~=0
        int1 = fun_besseli_K0_DIV_I0_int_PAR( b.*(a*c+xD) );
        int2 = fun_besseli_K0_DIV_I0_int_PAR( b.*(a*c-xD) );
        int3 = 1./b./c.*( int1 + int2 );
    elseif abs(xD)>c*a && c*a~=0
        int1 = fun_besseli_int_PAR( b.*(a*c+abs(xD)) );
        int2 = fun_besseli_int_PAR( b.*(abs(xD)-a*c) );
        int3 = 1./b./c.*( int1 - int2 );
    elseif c*a==0
        int3 = 0;
```

```
            end
        otherwise
            int3 = -1;
                fprintf('Bessel 函数积分类型输入类型不适合 fun_bessel() 函数的积分，积
分不予以计算！')
        end
    end
```

2.2 Bessel 函数 $I(n,x)$ 的积分函数（向量或矩阵形式的参数）

```
function result = fun_besseli_int_PAR_Matrix(n,x)
% 传入参数可以是向量也可以是矩阵
% x 代表积分上限，Bessel 函数 besseli(n,x) 从 0 到 x 的积分，x<715
% 这里不使用 Matlab 自带的高斯积分函数，主要原因是自带的积分不能将传入
的向量作为参数，计算速度慢
% 测试程序段
% x = [-5  5 6;-5  5 6;-5  5 6];% 测试最大积分上限数值 713
% n = 0
% 测试程序段
if ~isempty(x)
    x_old = x;
    if isvector(x)
        x = x(:);
        result = x.*0;
        index = x<714;
        k = 0:9;
        Front_Sum = (0.*x(index))';
        Bessel_eps = 1e-307;
        Serise_sum_in  = 5000;
        while 1 && ~isempty(find(index))
            temp01 = x(index).^(n+k+1);% 防止数值溢出
            temp02 = x(index).^(k);% 防止数值溢出
            temp10 = 1./factorial(k).*(0.5).^(n+2.*k);
            temp11 = 1./gamma(n+k+1)./(n+2.*k+1);
            temp10 = repmat(temp10,length(x(index)),1);
            temp11 = repmat(temp11,length(x(index)),1);
            temp01 = temp01';
```

```
        temp02 = temp02';
        temp10 = temp10';
        temp11 = temp11';
        temp_sum = sum( (temp01.*temp10).*(temp02.*temp11) );
            if all(~isinf(temp_sum)) &&  all(~isinf(gamma(n+k+1)))  &&
all(~isnan(temp_sum))
            Front_Sum = Front_Sum  + temp_sum;
            Part_Sum  = temp_sum;
        else % 斯特林公式（Stirling's approximation）
            temp0 = ( x(index).*exp(1)./(2*(n+k+1)) ) .^ ( repmat(n+k+1,length(x(ind
ex)),1) ) ./ sqrt( repmat(2.*pi*(n+k+1),length(x(index)),1) );
            temp1 = ( x(index).*exp(1)./(2*( k )) ) .^ ( repmat(  k ,length(x(index)),1)
) ./ sqrt( repmat(2.*pi*( k ),length(x(index)),1) );
            temp3 = repmat(2*(n+k+1)./(n+2.*k+1),length(x(index)),1);
            temp0 =temp0';
            temp1 =temp1';
            temp3 =temp3';
            Front_Sum = Front_Sum  + sum( temp0.*temp1.*temp3 );
            Part_Sum  = sum( temp0.*temp1.*temp3 );
        end
        if all(abs(Front_Sum))<Bessel_eps
            break;
        elseif all(abs( Part_Sum ./Front_Sum) < 1e-5 )
            break;
        elseif max(k) >= Serise_sum_in
            fprintf( 'Besseli(n=%d,x) 函数积分求和项达到最大设定数目，可能存
在级数（级数 k=%d）的收敛性问题 ....\n' ,n,max(k));
            break;
        end
        k = k + length(k);
    end
    result(index)  = Front_Sum;
    result(~index) = inf;
    if size(x_old,2)>1
        result = result';
```

```
        end
    else
        result = x.*0;
        for row = 1: size(x,1)
            x1 = x(row,:);
            x1 = x1(:);
            index = x1<714;
            k = 0:9;
            Front_Sum = (0.*x1(index))' ;
            Bessel_eps = 1e-307;
            Serise_sum_in  = 5000;
            while 1 && ~isempty(find(index))
                temp01 = x1(index).^(n+k+1);% 防止数值溢出
                temp02 = x1(index).^(k);% 防止数值溢出
                temp10 = 1./factorial(k).*(0.5).^(n+2.*k);
                temp11 = 1./gamma(n+k+1)./(n+2.*k+1);
                temp10 = repmat(temp10,length(x1(index)),1);
                temp11 = repmat(temp11,length(x1(index)),1);
                temp01 = temp01' ;
                temp02 = temp02' ;
                temp10 = temp10' ;
                temp11 = temp11' ;
                temp_sum = sum( (temp01.*temp10).*(temp02.*temp11) );
                    if all(~isinf(temp_sum)) &&  all(~isinf(gamma(n+k+1)))  &&
all(~isnan(temp_sum))
                        Front_Sum = Front_Sum  + temp_sum;
                        Part_Sum  = temp_sum;
                    else % 斯特林公式（Stirling's approximation）
                        temp0 = ( x1(index).*exp(1)./(2*(n+k+1)) ) .^ ( repmat(n+k+1,length(x
1(index)),1) )  ./ sqrt( repmat(2.*pi*(n+k+1),length(x1(index)),1) );
                        temp1 = ( x1(index).*exp(1)./(2*( k )) ) .^ ( repmat( k
,length(x1(index)),1) ) ./ sqrt( repmat(2.*pi*( k ),length(x1(index)),1) );
                        temp3 = repmat(2*(n+k+1)./(n+2.*k+1),length(x(index)),1);
                        temp0 =temp0' ;
                        temp1 =temp1' ;
```

```
                    temp3 =temp3'；
                    Front_Sum = Front_Sum  + sum( temp0.*temp1.*temp3 );
                    Part_Sum  = sum( temp0.*temp1.*temp3 );
                end
                if all(abs(Front_Sum))<Bessel_eps
                    break;
                elseif all(abs( Part_Sum ./Front_Sum) < 1e-5 )
                    break;
                elseif max(k) >= Serise_sum_in
                    fprintf('Besseli(n=%d,x) 函数积分求和项达到最大设定数目，可能
存在级数（级数 k=%d）的收敛性问题 ....\n',n,max(k));
                    break;
                end
                k = k + length(k);
            end
            result(row,index)  = Front_Sum;
            result(row,~index) = inf;
        end
    end
else
    result = 0 ;
end
index = x == 0;%bug 修复程序
result(index) = 0;%bug 修复程序
index = x < 0;%bug 修复程序
result(index) = -1;%bug 修复程序
```

2.3 Bessel 函数 $I(n,x)$ 的积分函数（向量形式的参数）

```
function result = fun_besseli_int_PAR(x,n)
% 传入参数必须为向量
% x 代表积分上限，Bessel 函数 besseli(n,x) 从 0 到 x 的积分，x<715
% 这里不使用 Matlab 自带的高斯积分函数，主要原因是自带的积分不能将传入
的向量作为参数，计算速度慢
% 测试程序段
% x = [1  713  1000]';% 测试最大积分上限数值 713
```

```
% n = 10
% 测试程序段
if isvector(x) & ~isempty(x) % 积分上限必须为向量，不能为矩阵
    x_old = x;
    x = x(:);
    k = 0:9;
    Front_Sum = 0;
    Bessel_eps = 1e-307;
    Serise_sum_in = 5000;
    while 1
        temp01 = x.^(n+k+1);% 防止数值溢出
        temp02 = x.^(k);% 防止数值溢出
        temp10 = 1./factorial(k).*(0.5).^(n+2.*k);
        temp11 = 1./gamma(n+k+1)./(n+2.*k+1);
        temp10 = repmat(temp10,length(x),1);
        temp11 = repmat(temp11,length(x),1);
        temp01 = temp01';
        temp02 = temp02';
        temp10 = temp10';
        temp11 = temp11';
        temp_sum = sum( (temp01.*temp10).*(temp02.*temp11) );
        if all(~isinf(temp_sum)) && all(~isinf(gamma(n+k+1))) && all(~isnan(temp_sum))
            Front_Sum = Front_Sum + temp_sum;
            Part_Sum = temp_sum;
        else % 斯特林公式（Stirling's approximation）
            temp0 = ( x.*exp(1)./(2*(n+k+1)) ) .^ ( repmat(n+k+1,length(x),1) ) ./ sqrt( repmat(2.*pi*(n+k+1),length(x),1) );
            temp1 = ( x.*exp(1)./(2*( k )) ) .^ ( repmat( k ,length(x),1) ) ./ sqrt( repmat(2.*pi*( k ),length(x),1) );
            temp3 = repmat(2*(n+k+1)./(n+2.*k+1),length(x),1);
            temp0 =temp0';
            temp1 =temp1';
            temp3 =temp3';
            Front_Sum = Front_Sum + sum( temp0.*temp1.*temp3 );
```

```
        Part_Sum  = sum( temp0.*temp1.*temp3 );
    end
    if all(abs(Front_Sum))<Bessel_eps
        break;
    elseif all(abs( Part_Sum ./Front_Sum) < 1e-5 )
        break;
    elseif max(k) >= Serise_sum_in
        fprintf('Besseli(n=%d,x) 函数积分求和项达到最大设定数目，可能存在级
数（级数 k=%d）的收敛性问题 ....\n',n,max(k));
        break;
    end
    k = k + length(k);
    end
    result = Front_Sum;
    if size(x_old,1)>1
        result = result';
    end
else
    %fprintf('Besseli(n,x) 函数积分输入积分上限为矩阵，积分不予以计算！ \n')
    result = 0 ;
end
```

2.4 Bessel 函数 $K(0,x)$ 的积分函数（向量或矩阵形式的参数）

```
function result=fun_besselk0_int_PAR(x)
% clc
% 来源：Ozkan 点源函数数值算法研究
% 函数作用：对 besselk0(0,x) 从 0 到 x 进行积分，x>=0，若 x<0，则返回 -1
% 参数说明：x 代表积分上限
% 修改为接收矩阵参数的并行算法
% 提醒：返回值为 -1，表示传入参数 x 为负值
% x=[5 -15 2 ; 5 9 12]';% 测试数据
% format long
% if any(any(x<0))
%   disp('besselk(0,x) 从 0 到 z 进行积分上限为负数！')
%   result = 0.*x - 1;
```

```
%     return
% end
erlu = 0.5772156649015328606065120 9;% 欧拉常数
fa = erlu + log(x./2);
fb0 = 1- fa;
temp1 = 0.*x;
temp2 = 0.*x;
sum1 = 0;
k = 1;
fb1 = 0.*x;
fc = 0.*x;
result = 0.*x;
index = x <= 20;
while any(any(index)) % 任意一个元素小于 10
    sum1 = sum1 + 1/k;
    fb1(index) = fb1(index) + ( x(index)./2 ).^(2*k) .* ( 1/(2*k+1)-fa(index) ) ./ ( factorial(k)*factorial(k)*(2*k+1) );
    fc(index) = fc(index) + ( x(index)./2 ).^(2*k) .*sum1 ./ ( factorial(k)*factorial(k)*(2*k+1) );
        if ( ( max(max(abs(temp1(index)-fb1(index)))) < eps ) && ( max(max(abs(temp2(index)-fc(index))) < eps)) ) || ( k == 1000 )
        if k>=100000
            fprintf('计算结果不收敛！\n');
        end
        break;
    end
    temp1(index) = fb1(index);
    temp2(index) = fc(index);
    k = k + 1;
end
result(index) = x(index).*fb1(index) + x(index).*fc(index)+x(index).*fb0(index);
result(~index) = pi/2;
index = x == 0;%bug 修复程序，2020.2.9
result(index) = 0;%bug 修复程序，2020.2.9
index = x < 0;%bug 修复程序，2020.2.9
```

```
result(index) = -1;%bug 修复程序，2020.2.9
```

2.5 Cinco-Ley 方法与裂缝导流能力函数方法程序

```
function Cinco_Ley_Basic_Numerical_Solution_VS_FCIF()
%FCIF:Finite Conduction Influence Function
clc
N = 6;
tD = logspace(-10,9,200);
xD1 = 0.732;
Serise_sum_in = 1e+5;
%------------------------------ 基本输入参数 ----------------------------
CD = 0;% 井储系数
S = 0;% 表皮系数
CfD = 40; % 导流系数
Lref = 5000;% 参考长度
Xf = 5000;% 裂缝半长
GridNum = 50;% 一侧网格数
detL = 2*Xf/Lref/(2*GridNum);


%-------------------------------- 计算 V(i)----------------------------
V = ones(N,1).*0;
for i = 1:N  % 并行
    k = floor((i+1)/2) :1: min(N/2,i);
    temp = k.^(N/2+1) .* factorial(2.*k) ./ ( factorial(N/2-k) .* factorial(k) .*
factorial(k) .* factorial(i-k) .* factorial(2.*k-i) );
    temp = temp * ones(length(temp),1);
    V(i) = temp*(-1)^(N/2+i);
end
PwD   = ones(length(tD),1).*0;
d_PwD  = ones(length(tD),1).*0;
PwD1   = ones(length(tD),1).*0;
d_PwD1 = ones(length(tD),1).*0;
QD    = ones(length(tD),GridNum).*0;%
%-------------------------- 点源函数压力反演 ----------------------------
hbar = parfor_progressbar_v1(length(tD)+1,' Computing...' );  %create the
```

progress bar

```
    parfor j = 1:size(tD,2)  % 时间循环
        t=cputime;
        fprintf('共计计算 %d 个时间步，正在求解第 %d 个时间步 ....\n',length(tD),j);

        f = log(2)/tD(j);
        tempQ = ones(GridNum,1).*0;%;
        for i = 1:N
            z = i*f;
```

%---------------------------- 构造 Cinco-Ley 数值矩阵 -----------------------
        % 注意：除去无限导流的部分，若这部分移出 for 循环，将会发生 MatrixA 的值被覆盖的情况

```
            % 需要重置 MatrixA 的值
            MatrixA = ones(GridNum+1,GridNum+1) .* 0;
            MatrixA(1:GridNum,GridNum+1) = -1;
            MatrixA(GridNum+1,1:GridNum) = detL;%***** 不对称裂缝要除以 2
            MatrixA(GridNum+1,GridNum+1) = 0;
            IndexI = repmat((1:GridNum)', 1, GridNum);
            IndexJ = repmat((1:GridNum)  , GridNum, 1);
            temp = (IndexI-IndexJ).*pi.*repmat(detL,GridNum,GridNum).^2./CfD;
            temp(temp<0) = 0;
            temp = temp + triu(pi.*repmat(detL,GridNum,GridNum).^2./CfD./8,0);
            temp(IndexI<IndexJ) = 0;
            MatrixA(1:GridNum,1:GridNum) = temp.*(-1);%MatrixA(1:GridNum,1:GridNum) = temp.*(-1);
```

%---------------------------- 构造 Cinco-Ley 数值矩阵 -----------------------

```
            %Laplace 空间的压力形式 --------------------------------------------
            %3.1.1 顶底封闭径向无限大储层无限导流垂直裂缝井数值积分部分
            xD = detL.*(0:GridNum);
            xDm = (xD(1:end-1) + xD(2:end))./2;

            %       temp_Int = ones(GridNum,GridNum).*0;
            %       temp_Int1 = ones(GridNum,GridNum).*0;
```

```
%       for a=1:length(xD)-1
%           for b=1:length(xD)-1
%               temp_Int(a,b) = quadgk(  @(x) besselk( 0,sqrt(z)*sqrt(
(xDm(a)-x).^2 ) ) , xD(b), xD(b+1)  );% 直接从 xD(j)→xD(j+1) 进行积分，Matlab 自
带积分函数
%               % 把 xD(j)→xD(j+1) 积分转化为 -1→1 区间，Matlab 自带积
分函数
%               temp_Int1(a,b) = (xD(b+1)-xD(b))/2* quadgk(  @(x) besselk(
0,sqrt(z)*sqrt(  (xDm(a)-(xD(b+1)+xD(b))/2-(xD(b+1)-xD(b))/2*x  ).^2 ) ) ,-1, 1  );
%               % 这二者已经验证，完全一致，并与自己编写的支持向量的运算
积分函数完全相同 fun_bessel(1,sqrt(z),temp1,temp2,0,'besselk0_Mul_xD')
%           end
%       end


% 自编的支持向量运算的积分部分，提高运算速度
temp1 = repmat( xDm(:),1,GridNum ) - repmat( (xD(2:end)+xD(1:end-1))./2 ,
GridNum ,1 );
temp2 = repmat( (xD(2:end)-xD(1:end-1))./2 , GridNum ,1 );
Matrix_Int1 = fun_bessel(1,sqrt(z),temp1,temp2,0,'besselk0_Mul_
xD').*temp2/2;


temp1 = repmat( xDm(:),1,GridNum ) + repmat( (xD(2:end)+xD(1:end-1))./2 ,
GridNum ,1 );
Matrix_Int2 = fun_bessel(1,sqrt(z),temp1,-1*temp2,0,'besselk0_Mul_
xD').*temp2/2;
Matrix_Int = Matrix_Int1 + Matrix_Int2;
%3.1.1 顶底封闭径向无限大储层无限导流垂直裂缝井数值积分部分
%Matrix_Int = Matrix_Int;% 控制积分部分的调用方法：1. 系统自带积分函数
（temp_Int，temp_Int1）；2. 自编的支持向量运算的积分运算（Matrix_Int）
MatrixA(1:GridNum,1:GridNum) = (Matrix_Int + MatrixA(1:GridNum,
1:GridNum));


MatrixA = MatrixA .*(-1);
tempB = pi./z./CfD.*[xDm  -CfD/pi];   %tempB = pi./z./CfD.*[xDm  -CfD/pi];
```

```
tempB = tempB(:);
B = MatrixA\tempB;
temp  = B(length(B));
```

%1. 杜哈美原理形式测试正确，考虑加 Cd 与 S
```
temp1  = temp;
temp = (z*temp+S)/(z+CD*z*z*(z*temp+S));% 杜哈美原理
```

% 无限导流解 + 导流函数部分
```
 %temp2  = quadgk( @(x) besselk( 0,abs(xD1-x).*sqrt(z)), -1, 1)/2/z;% 无限导
```
流解
```
epsn = sqrt(z);
Int = fun_bessel(1, epsn, xD1, 1, 0, 'besselk0' );
temp2  = Int/2/z;

n = 1:100;
FCIF = 0;
while 1 % 导流函数部分
    FCIF_temp = sum(1./( (n.*pi).^2.*CfD + 2.*sqrt(( n.*pi ).^2 + z) ));
    FCIF = FCIF + FCIF_temp;
    if min(abs(FCIF_temp))< eps  || max(n)>= Serise_sum_in ...
        || max(abs(FCIF_temp/FCIF))  < 9e-6
      break
    end
    n = n +100;
end
FCIF = 2*pi*sum(FCIF)/z + 0.4063*pi/(pi*(CfD+0.8997)+1.6252*z)/z;
%FCIF=0;
temp3  = temp2;
temp2  = (z*temp2+S)/(z+CD*z*z*(z*temp2+S)) + FCIF ; % 杜哈美原理
%Laplace 空间的压力形式 -----------------------------------------

% 压力导数部分，Laplace 空间的压力形式 --------------------------------
temp1 = (z*temp1+S)/(z+CD*z*z*(z*temp1+S));% 杜哈美原理
temp1 = temp1*z;
```

```
temp3 = (z*temp3+S)/(z+CD*z*z*(z*temp3+S)) + FCIF ;% 杜哈美原理
temp3 = temp3*z;
% 压力导数部分，Laplace 空间的压力形式 --------------------------------

PwD(j,1) =  PwD(j,1)  + V(i)*temp;
d_PwD(j,1) = d_PwD(j,1) + V(i)*temp1;


PwD1(j,1)  = PwD1(j,1)  + V(i)*temp2;
d_PwD1(j,1) = d_PwD1(j,1) + V(i)*temp3;
tempQ = tempQ + B(1:end-1).*V(i);%Laplace 空间的产量反演
    end
    QD(j,:) = tempQ.*f;%Laplace 空间的产量反演
    PwD(j,1) = PwD(j,1)*f;
    d_PwD(j,1) = d_PwD(j,1)*f*tD(j);
    PwD1(j,1) = PwD1(j,1)*f;
    d_PwD1(j,1) = d_PwD1(j,1)*f*tD(j);
    hbar.iterate(1);
     fprintf('共计计算 %d 个时间步，求解第 %d 个时间步用时为：%.6fs\
n',length(tD),j,cputime-t);
  end
  close(hbar);  %close progress bar
  %--------------------------- 点源函数压力绘图 ----------------------------
  loglog(tD,PwD(:,1),'--','LineWidth',1,'MarkerSize',5,'MarkerFaceColor',
'b','MarkerEdgeColor','g')
  hold on
  loglog(tD,d_PwD(:,1),'--','LineWidth',1,'MarkerSize',5,'MarkerFaceColor','b',
'MarkerEdgeColor','g')
  hold on
  loglog(tD,PwD1(:,1),'-k','LineWidth',1,'MarkerSize',5,'MarkerFaceColor',
'b','MarkerEdgeColor','g')
  hold on
  loglog(tD,d_PwD1(:,1),'-k','LineWidth',1,'MarkerSize',5,'MarkerFaceColor',
'b','MarkerEdgeColor','g')
  hold on
  loglog(tD,ones(length(tD))*0.5,'-r','LineWidth',1)
```

legend({'Cinco-Ley 方法压力','Cinco-Ley 方法压力导数','FCIF 方法压力','FCIF 方法压力导数'})

xlabel('tD');

ylabel('PwD&&PwD''*tD');

%axis([1e-10 1e+10 0.0001 100])

grid on

2.6 顶底封闭径向无限大储层有限导流垂直裂缝井

```
function Chapter_4_3_1()
% 点源函数：4.3.1 顶底封闭径向无限大储层有限导流垂直裂缝井
% 参数设置
format long e
N = 6;
tD = logspace(-9,10,200);
CfD = 10; % 导流系数
S = 0.1;
CD = 0.001;
xD = 0.732;
Bessel_eps = 1e-307;
Serise_sum_in  = 1e+4;
%----------------------------- 计算 V（i） --------------------------------
V = ones(N,1).*0;
for i = 1:N  % 并行
   k = floor((i+1)/2) :1: min(N/2,i);
    temp = k.^(N/2+1) .* factorial(2.*k) ./ ( factorial(N/2-k) .* factorial(k) .* factorial(k) .* factorial(i-k) .* factorial(2.*k-i) );
   temp = temp * ones(length(temp),1);
   V(i) = temp*(-1)^(N/2+i);
end

PwD   = ones(length(tD),1).*0;
d_PwD = ones(length(tD),1).*0;
%--------------------------- 点源函数压力反演 ----------------------------
hbar = parfor_progressbar_v1(length(tD),'Computing...');  %create the progress bar
```

```
parfor j = 1:size(tD,2)  % 时间循环 +
    t=cputime;
    fprintf('共计计算 %d 个时间步，正在求解第 %d 个时间步 ....\n',length(tD),j);
    f = log(2)/tD(j);
    for i = 1:N
        z = i*f;
        %Laplace 空间的压力形式 --------------------------------------------
        epsn = sqrt(z);
        Int  = fun_bessel(1, epsn, xD, 1, 0, 'besselk0');
        temp  = Int/2/z;
         %temp  = quadgk( @(x) besselk( 0,abs(xD-x).*sqrt(z)), -1, 1)/2/z;% 系统自带
积分

        temp1 = temp;


        % 导流函数部分
        n = 1:100;
        FCIF = 0;
        while 1 % 导流函数部分
            FCIF_temp = 1./( (n.*pi).^2.*CfD + 2.*sqrt(( n.*pi ).^2 + z) )
              %FCIF_temp = 2*pi./( (n.*pi).^2.*CfD + 2.*sqrt(( n.*pi ).^2 + z) )   +
0.4063*pi/(pi*(CfD+0.8997)+1.6252*z);
            FCIF = FCIF + FCIF_temp;
              if max(abs(FCIF_temp./FCIF))  < 9e-12  || max(n)>= Serise_sum_in
%max(abs(FCIF_temp./FCIF)) < 9e-6      max(abs(FCIF_temp))< eps
                break
            end
            n = n +100;
        end
        FCIF  = 2*pi*sum(FCIF)/z + 0.4063*pi/(pi*(CfD+0.8997)+1.6252*z)/z;


        %1. 杜哈美原理形式测试正确，考虑加 Cd 与 S
        temp =  temp + FCIF;
        temp = (z*temp+S)/(z+CD*z*z*(z*temp+S));% 杜哈美原理
        %Laplace 空间的压力形式 --------------------------------------------
```

% 压力导数部分，Laplace 空间的压力形式 ------------------------------

%1. 杜哈美原理形式测试正确，考虑加 Cd 与 S

temp1 = temp1 + FCIF;

temp1 = (z*temp1+S)/(z+CD*z*z*(z*temp1+S));% 杜哈美原理

temp1 = temp1*z;

% 压力导数部分，Laplace 空间的压力形式 ------------------------------

PwD(j,1) = PwD(j,1)+V(i)*temp;

d_PwD(j,1) = d_PwD(j,1)+V(i)*temp1;

  end

PwD(j,1) = PwD(j,1)*f;

d_PwD(j,1) = d_PwD(j,1)*f*tD(j);

hbar.iterate(1);

 fprintf('共计计算 %d 个时间步，求解第 %d 个时间步用时为: %.6fs\n',length(tD),j,cputime-t);

  end

close(hbar); %close progress bar

%--------------------------- 点源函数压力绘图 ---------------------------

loglog(tD,PwD(:,1),'--ks','LineWidth',1,'MarkerSize',5,'MarkerFaceColor','b','MarkerEdgeColor','g')

hold on

loglog(tD,d_PwD(:,1),'--ks','LineWidth',1,'MarkerSize',5,'MarkerFaceColor','b','MarkerEdgeColor','g')

hold on

loglog(tD,ones(length(tD))*0.5,'-r','LineWidth',1)

xlabel('tD');

ylabel('PwD&&PwD''*tD');

%axis([1e-9 1e+10 0.0001 100])

grid on

2.7 顶底封闭径向封闭柱状储层有限导流垂直裂缝井

function Chapter_4_3_2()

% 点源函数: 4.3.2 顶底封闭径向封闭柱状储层有限导流垂直裂缝井

% 参数设置

profile on

```
clear all
format long e
N = 6;
tD = logspace(-9,10,200);
CfD = 10; % 导流系数
S = 0.1;
CD = 0.001;
rDe = 200;
xD = 0.732;
Bessel_eps = 1e-307;
Serise_sum_in = 1e+4;
%----------------------------- 计算 V（i） -----------------------------
V = ones(N,1).*0;
for i = 1:N  % 并行
  k = floor((i+1)/2) :1: min(N/2,i);
   temp = k.^(N/2+1) .* factorial(2.*k) ./ ( factorial(N/2-k) .* factorial(k) .*
factorial(k) .* factorial(i-k) .* factorial(2.*k-i) );
   temp = temp * ones(length(temp),1);
   V(i) = temp*(-1)^(N/2+i);
end

PwD   = ones(length(tD),1).*0;
d_PwD = ones(length(tD),1).*0;
%--------------------------- 点源函数压力反演 ---------------------------
hbar = parfor_progressbar_v1(length(tD),'Computing...');  %create the progress
bar
parfor j = 1:size(tD,2)  % 时间循环
  t=cputime;
  fprintf('共计计算 %d 个时间步，正在求解第 %d 个时间步 ....\n',length(tD),j);
  f = log(2)/tD(j);
  for i = 1:N
    z = i*f;
    Int2 = 0;
    epsn = sqrt( z);
    %int3 = fun_bessel(a, b,   xD, c, n, types)
```

```
    Int1  = fun_bessel(1, epsn, xD, 1, 0, 'besselk0');
        index = epsn.*(1+xD)>=714 | isinf(besseli(1,rDe.*epsn)) |
besselk(1,rDe.*epsn)<Bessel_eps;% 非常优秀的逻辑处理，节省大量时间
        Int2(~index) = fun_bessel(1, epsn(~index), xD, 1, 0, 'besseli');% 非常优秀
的逻辑处理，节省大量时间
        Int2(Int2==inf) =0;
        temp  = (  Int1 + Int2./besseli(1,rDe.*epsn).*besselk(1,rDe.*epsn)  )/2/z;
        %Laplace 空间的压力形式 -----------------------------------------------
        %temp = quadgk( @(x) besselk( 0,abs(xD-x).*sqrt(z)) + besselk(1,rDe*sqrt(z)) *
besseli(0,abs(xD-x).*sqrt(z)) / besseli(1,rDe*sqrt(z)), -1, 1)/2/z;% 系统自带积分
        temp1 = temp;


    % 导流函数部分
    n = 1:100;
    FCIF = 0;
    while 1 % 导流函数部分
        FCIF_temp = 1./( (n.*pi).^2.*CfD + 2.*sqrt(( n.*pi ).^2 + z) )
            %FCIF_temp = 2*pi./( (n.*pi).^2.*CfD + 2.*sqrt(( n.*pi ).^2 + z) ) +
0.4063*pi/(pi*(CfD+0.8997)+1.6252*z);
        FCIF = FCIF + FCIF_temp;
            if max(abs(FCIF_temp./FCIF))  < 9e-6  || max(n)>= Serise_sum_in
%max(abs(FCIF_temp./FCIF)) < 1e-7      max(abs(FCIF_temp))< eps
            break
        end
        n = n +100;
    end
    FCIF  = 2*pi*sum(FCIF)/z + 0.4063*pi/(pi*(CfD+0.8997)+1.6252*z)/z;
    %1. 杜哈美原理形式测试正确，考虑加 Cd 与 S
    temp  =  temp + FCIF;
    temp  = (z*temp+S)/(z+CD*z*z*(z*temp+S));% 杜哈美原理
    %Laplace 空间的压力形式 -----------------------------------------------


    % 压力导数部分，Laplace 空间的压力形式 -------------------------------
    %1. 杜哈美原理形式测试正确，考虑加 Cd 与 S
    temp1 =  temp1 + FCIF;
```

```
temp1 = (z*temp1+S)/(z+CD*z*z*(z*temp1+S));% 杜哈美原理
temp1 = temp1*z;
% 压力导数部分，Laplace 空间的压力形式 --------------------------------

PwD(j,1)   = PwD(j,1)+V(i)*temp;
d_PwD(j,1) = d_PwD(j,1)+V(i)*temp1;
end
PwD(j,1)   = PwD(j,1)*f;
d_PwD(j,1) = d_PwD(j,1)*f*tD(j);
hbar.iterate(1);
 fprintf(' 共计计算 %d 个时间步，求解第 %d 个时间步用时为: %.6fs\
n',length(tD),j,cputime-t);
end
close(hbar);  %close progress bar
%-------------------------- 点源函数压力绘图 --------------------------
loglog(tD,PwD(:,1),'--ks','LineWidth',1,'MarkerSize',5,'MarkerFaceColor','b',
'MarkerEdgeColor','g')
hold on
loglog(tD,d_PwD(:,1),'--ks','LineWidth',1,'MarkerSize',5,'MarkerFaceColor','b',
'MarkerEdgeColor','g')
hold on
loglog(tD,ones(length(tD))*0.5,'-r','LineWidth',1)
xlabel('tD');
ylabel('PwD&&PwD''*tD');
axis([1e-9 1e+10  0.001 100])
grid on
```

2.8 顶底封闭径向定压柱状储层有限导流垂直裂缝井

```
function Chapter_4_3_3()
% 点源函数 :4.3.3 顶底封闭径向定压柱状储层有限导流垂直裂缝井
% 参数设置
clc
format long e
N = 6;
tD = logspace(-9,10,200);
```

```
CfD = 10; % 导流系数
S = 0.1;
CD = 0.001;
reD = 200;
xD = 0.732;
Bessel_eps = 1e-307;
Serise_sum_in  = 1e+4;
%----------------------------- 计算 V（i）--------------------------------
V = ones(N,1).*0;
for i = 1:N  % 并行
  k = floor((i+1)/2) :1: min(N/2,i);
   temp = k.^(N/2+1) .* factorial(2.*k) ./ ( factorial(N/2-k) .* factorial(k) .*
factorial(k) .* factorial(i-k) .* factorial(2.*k-i) );
   temp = temp * ones(length(temp),1);
   V(i) = temp*(-1)^(N/2+i);
end

PwD =  ones(length(tD),1).*0;
d_PwD = ones(length(tD),1).*0;
%--------------------------- 点源函数压力反演 -----------------------------
hbar = parfor_progressbar_v1(length(tD),'Computing...');  %create the progress
bar
  parfor j = 1:size(tD,2)  % 时间循环
    t=cputime;
    fprintf('共计计算 %d 个时间步，正在求解第 %d 个时间步 ....\n',length(tD),j);
    f = log(2)/tD(j);
    for i = 1:N
      z = i*f;
      %Laplace 空间的压力形式 -----------------------------------------
      epsn = sqrt(z);
      %int3 = fun_bessel(a, b,   xD, c, n, types)
      Int1  = fun_bessel(1, epsn, xD, 1, 0, 'besselk0' );
      Int2  = 0.*Int1;
          index = epsn.*(1+xD)>=714 | isinf(besseli(1,rDe.*epsn)) |
besselk(1,rDe.*epsn)<Bessel_eps;% 非常优秀的逻辑处理，节省大量时间
```

```
        Int2(~index)  = fun_bessel(1, epsn(~index), xD, 1, 0, 'besseli');% 非常优秀
的逻辑处理，节省大量时间
        Int2(Int2==inf) =0;
        temp  = ( Int1 - Int2./besseli(0,rDe.*epsn).*besselk(0,rDe.*epsn) )/2/z;
        %temp  = quadgk( @(x) besselk( 0,abs(xD-x).*sqrt(z)) - besselk(0,rDe*sqrt(z)) *
besseli(0,abs(xD-x).*sqrt(z)) / besseli(0,rDe*sqrt(z)), -1, 1)/2/z;% 系统自带积分
        temp1 = temp;

    % 导流函数部分
    n = 1:100;
    FCIF = 0;
    while 1 % 导流函数部分
        FCIF_temp = 1./( (n.*pi).^2.*CfD + 2.*sqrt(( n.*pi ).^2 + z) );
        %FCIF_temp = 2*pi./( (n.*pi).^2.*CfD + 2.*sqrt(( n.*pi ).^2 + z) )  +
0.4063*pi/(pi*(CfD+0.8997)+1.6252*z);
        FCIF = FCIF + FCIF_temp;
        if max(abs(FCIF_temp./FCIF))  < 9e-6  || max(n)>= Serise_sum_in
%max(abs(FCIF_temp./FCIF)) < 1e-7      max(abs(FCIF_temp))< eps
            break
        end
        n = n +100;
    end
    FCIF = 2*pi*sum(FCIF)/z + 0.4063*pi/(pi*(CfD+0.8997)+1.6252*z)/z;

    %1. 杜哈美原理形式测试正确，考虑加 Cd 与 S
    temp  =  temp + FCIF;
    temp  = (z*temp+S)/(z+CD*z*z*(z*temp+S));% 杜哈美原理
    %Laplace 空间的压力形式 -----------------------------------------------

    % 压力导数部分，Laplace 空间的压力形式 -------------------------------
    %1. 杜哈美原理形式测试正确，考虑加 Cd 与 S
    temp1 =  temp1 + FCIF;
    temp1 = (z*temp1+S)/(z+CD*z*z*(z*temp1+S));% 杜哈美原理
    temp1 = temp1*z;
    % 压力导数部分，Laplace 空间的压力形式 -------------------------------
```

```
        PwD(j,1)   =  PwD(j,1)+V(i)*temp;
        d_PwD(j,1) =  d_PwD(j,1)+V(i)*temp1;
      end
      PwD(j,1)   = PwD(j,1)*f;
      d_PwD(j,1) = d_PwD(j,1)*f*tD(j);
      hbar.iterate(1);
       fprintf('共计计算%d个时间步，求解第%d个时间步用时为：%.6fs\
n',length(tD),j,cputime-t);
    end
    close(hbar);  %close progress bar
    %--------------------------- 点源函数压力绘图 ---------------------------
    loglog(tD,PwD(:,1),'--ks','LineWidth',1,'MarkerSize',5,'MarkerFaceColor','b',
'MarkerEdgeColor','g')
    hold on
    loglog(tD,d_PwD(:,1),'--ks','LineWidth',1,'MarkerSize',5,'MarkerFaceColor','b',
'MarkerEdgeColor','g')
    hold on
    loglog(tD,ones(length(tD))*0.5,'-r','LineWidth',1)
    xlabel('tD');
    ylabel('PwD&&PwD''*tD');
    axis([1e-9 1e+10 0.001 100])
    grid on
```

2.9　顶底封闭 x 、 y 方向封闭盒状储层有限导流垂直裂缝井

```
function Chapter_4_3_10()
% 点源函数:4.3.10顶底封闭 x 、 y 方向封闭盒状储层有限导流垂直裂缝井
% 参数设置
clc
format long e
N = 6;
tD = logspace(-10,8,200);
S = 0.1;
CD = 0.001;
CfD = 10; % 导流系数
Bessel_eps = 1e-307;
```

```
Skip_Step  = 500;
% rectangle parameter
xeD = 200;
yeD = 200;
xD = xeD/2 + 0.732;
xwD = xeD/2;
yD = yeD/2;
ywD  = yeD/2;
yD1 = yD - ywD;
yD2 = yD + ywD;
Serise_sum_in  = 9e+5;
%----------------------------- 计算 V（i）----------------------------------
V = ones(N,1).*0;
for i = 1:N  % 并行
    k = floor((i+1)/2) :1: min(N/2,i);
     temp = k.^(N/2+1) .* factorial(2.*k) ./ ( factorial(N/2-k) .* factorial(k) .*
factorial(k) .* factorial(i-k) .* factorial(2.*k-i) );
     temp = temp * ones(length(temp),1);
     V(i) = temp*(-1)^(N/2+i);
    end

PwD  = ones(length(tD),1).*0;
d_PwD = ones(length(tD),1).*0;
%-------------------------- 点源函数压力反演 ----------------------------
hbar = parfor_progressbar_v1(length(tD),'Computing...'); %create the progress bar
parfor j = 1:size(tD,2)  % 时间循环
    t=cputime;
    fprintf('共计计算 %d 个时间步，正在求解第 %d 个时间步 ....\n',length(tD),j);
    f = log(2)/tD(j);
    for i = 1:N
      z = i*f;
      %Laplace 空间的压力形式 --------------------------------------
      k = 1:Skip_Step;
      Front_Sum = 0;
      while 1
```

```
            epsk = sqrt( (k.*pi).^2 ./ xeD.^2 + z );
                cosh_sinh1 =( exp(-epsk.*abs(yD1)) + exp(epsk.*(-2*yeD+abs(yD1))) ) ./ (
1-exp(-2.*epsk.*yeD) ) ;
                cosh_sinh2 =( exp(-epsk.*abs(yD2)) + exp(epsk.*(-2*yeD+abs(yD2))) ) ./ (
1-exp(-2.*epsk.*yeD) ) ;
                sum_fun = sum(  xeD./pi./k .* cos(k.*pi.*xD./xeD) .*  cos(k.*pi.*xwD./xeD) .*
sin(k.*pi./xeD) .* ( cosh_sinh1+cosh_sinh2 ) ./ epsk );
            Front_Sum = Front_Sum  + 2*sum_fun;
            Part_Sum  = 2*sum_fun;
            if abs(Front_Sum)<Bessel_eps
                break;
            elseif abs( Part_Sum /Front_Sum) < 9e-10
                break;
            elseif max(k) >= Serise_sum_in
                fprintf( '求解第 %d 个时间步达到最大求和项设定数目，可能存在级数
（第一重级数 n=%d,N=%d）的收敛性问题 ....\n' ,j,Serise_sum_in,i);
                break
            end
            k = k + Skip_Step;
        end
        %1. 杜哈美原理形式测试正确，考虑加 Cd 与 S
        cosh_sinh3 =( exp(-sqrt(z).*abs(yD1)) + exp(sqrt(z).*(-2*yeD+abs(yD1))) ) ./ (
1-exp(-2.*sqrt(z).*yeD) ) ;
            cosh_sinh4 =( exp(-sqrt(z).*abs(yD2)) + exp(sqrt(z).*(-2*yeD+abs(yD2))) ) ./ (
1-exp(-2.*sqrt(z).*yeD) ) ;
        temp = pi/xeD/z * ( (cosh_sinh3+cosh_sinh4)/sqrt(z) +  Front_Sum);
        temp1 = temp;
        % 导流函数部分
        n = 1:100;
        FCIF = 0;
        while 1 % 导流函数部分
            FCIF_temp = 1./( (n.*pi).^2.*CfD + 2.*sqrt(( n.*pi ).^2 + z) );
                %FCIF_temp = 2*pi./( (n.*pi).^2.*CfD + 2.*sqrt(( n.*pi ).^2 + z) )  +
0.4063*pi/(pi*(CfD+0.8997)+1.6252*z);
            FCIF = FCIF + FCIF_temp;
```

```
        if max(abs(FCIF_temp./FCIF))  < 9e-12  || max(n)>= Serise_sum_in
%max(abs(FCIF_temp./FCIF))  < 1e-7      max(abs(FCIF_temp))< eps
            break
        end
          n = n +100;
    end
    FCIF = 2*pi*sum(FCIF)/z + 0.4063*pi/(pi*(CfD+0.8997)+1.6252*z)/z;
    temp =  temp + FCIF;
    %temp = (z*temp+S)/(z+CD*z*z*(z*temp+S)) + FCIF;% 杜哈美原理
    temp = (z*temp+S)/(z+CD*z*z*(z*temp+S));% 杜哈美原理
    %Laplace 空间的压力形式 -----------------------------------------

    % 压力导数部分, Laplace 空间的压力形式 -------------------------------
    temp1 =  temp1 + FCIF;
    %temp1 = (z*temp1+S)/(z+CD*z*z*(z*temp1+S)) + FCIF;% 杜哈美原理
    temp1 = (z*temp1+S)/(z+CD*z*z*(z*temp1+S));% 杜哈美原理
    temp1 = temp1*z;
    % 压力导数部分, Laplace 空间的压力形式 -------------------------------
    PwD(j,1) =  PwD(j,1)+V(i)*temp;
    d_PwD(j,1) =  d_PwD(j,1)+V(i)*temp1;
end
PwD(j,1)   = PwD(j,1)*f;
d_PwD(j,1) = d_PwD(j,1)*f*tD(j);
hbar.iterate(1);
    fprintf('共计计算 %d 个时间步, 求解第 %d 个时间步用时为: %.6fs\
n',length(tD),j,cputime-t);
end
close(hbar);  %close progress bar
%-------------------------- 点源函数压力绘图 ------------------------
loglog(tD,PwD(:,1),'--ks','LineWidth',1,'MarkerSize',5,'MarkerFaceColor','b',
'MarkerEdgeColor','g')
    hold on
    loglog(tD,d_PwD(:,1),'--ks','LineWidth',1,'MarkerSize',5,'MarkerFaceColor','b',
'MarkerEdgeColor','g')
    hold on
```

```
loglog(tD,ones(length(tD))*0.5,'-r','LineWidth',1)
xlabel('tD');
ylabel('PwD&&PwD''*tD');
axis([1e-6 1e+8 1e-3 1000])
grid on
```

附录 3　水平井部分模型 Matlab 设计程序

3.1　顶底封闭径向无限大柱状储层水平井试井数学模型

```
function Chapter_6_1_1_OPT()
% 创建于 2021.8.11
% 修改：2022.2.3
% 修改内容：多参数颜色不能显示问题
% 参数命名规范
% 完善裂缝导流单参数与多参数的联合使用
%6.1.1 顶底封闭径向无限大柱状储层水平井试井数学模型
% 优化数值算法
%%
clc
close all
tic
N = 6;
tD = logspace(-7,4,100);
%%% 基本参数
CD = 0.00;
S = 0.00;
eps_int = 1e-10;
Bessel_eps = 1e-305;
%%% 水平井参数
Lh = 100/2;
re = 2000;
h = [20];
xD = 0.732;
```

```
yD = 0/Lh;
ywD = 0/Lh;
reD = re/Lh;
Var_hD  = h/Lh;
rw = 0.1;
Var  = length(Var_hD);

%% 计算 V(i)
V = ones(N,1).*0;
for i = 1:N  % 并行
   k = floor((i+1)/2) :1: min(N/2,i);
    temp = k.^(N/2+1) .* factorial(2.*k) ./ ( factorial(N/2-k) .* factorial(k) .*
factorial(k) .* factorial(i-k) .* factorial(2.*k-i) );
    temp = temp * ones(length(temp),1);
    V(i) = temp*(-1)^(N/2+i);
end

%% 计算参数
PwD =  zeros(length(tD),Var);
d_PwD =  PwD;
QD =  zeros(length(tD),Var).*0;

%% Laplace 反演
hbar = parfor_progressbar_v1( length(tD)*Var ,' Computing...' );  %create the
progress bar
   for m1 =  1:Var
      hD =  Var_hD(m1);
      zD =  0.5;
      zwD =  zD+rw/h(m1);
      PwD_temp = PwD(:,m1);
      d_PwD_temp  = d_PwD(:,m1);
      QD_temp = QD(:,m1);
      parfor j =  1:length(tD)% 时间循环
        t=cputime;
        fprintf( '共计计算%d个时间步，正在求解第%d个时间步....\n',length(tD),j);
```

```
        f = log(2)/tD(j);
        for i = 1:N
          z = i*f;
          %u=z*(lamd+omga*(1-omga)*z)/(lamd+(1-omga)*z);
          PD1 = fun_bessel(1,sqrt(z),xD,1,1,' besselk0' )./2./z;


          %%%%%%%%%%%%%%%%%%%%%%%%%%%%%%%%%%%%%%%%%%%
        %%%%%%%%%%%%%%%%%%%%%%%%%%%%%%%
          m = 1:1;
          temp = besselk(0,abs(zD-zwD).*sqrt(z).*hD) + besselk(0,abs(zD+zwD).*sqrt
(z).*hD);
          while 1
            k1  = besselk(0,abs(zD-zwD-2.*m).*sqrt(z).*hD);
            k2  = besselk(0,abs(zD+zwD-2.*m).*sqrt(z).*hD);
            k3  = besselk(0,abs(zD-zwD+2.*m).*sqrt(z).*hD);
            k4  = besselk(0,abs(zD+zwD+2.*m).*sqrt(z).*hD);
            temp2 = k1+k2+k3+k4;
            temp = temp + temp2;
             if abs(sum(temp2))/abs(sum(temp)) < eps_int || abs(sum(temp)) < Bessel_
eps
                break;
            end
            if  max(m)>9999999
                warning('第二部分级数求和达到最大次数！')
                break;
            end
            m = m + 1;
          end
          PD2 = hD.*sum(temp)/2/z - pi/sqrt(z)/2/z;


          %%%%%%%%%%%%%%%%%%%%%%%%%%%%%%%%%%%%%%%%%%%%
        %%%%%%%%%%%%%%%%%%%%%%%%%%%%%%%
          m = 1:1;
          temp = 0;
          while 1
```

```
                epsm = sqrt( (m.*pi).^2 ./ hD/hD + z );
                  temp1= pi - (fun_besselk0_int_PAR(epsm.*(1-xD)) + fun_besselk0_int_
PAR(epsm.*(1+xD)));
                %temp2 = temp1.*cos(pi.*m.*zD).*cos(pi.*m.*zwD)./epsm;
                temp2 = dot(temp1,cos(pi.*m.*zD)) * dot( cos(pi.*m.*zwD), 1./epsm);
                temp = temp + temp2;
                 if abs(sum(temp2))/abs(sum(temp)) < eps_int || abs(sum(temp)) < Bessel_
eps
                    break;
                end
                if  max(m)>9999999
                    warning('第三部分级数求和达到最大次数！')
                    break;
                end
                m = m + 1;
            end

            PD3 = sum(temp)/z;
            PD = PD1 + (PD2 - PD3);
            PwD1 = ( z*PD+S )/( z+CD*z^2*(z*PD+S) );
            d_PwD1 =  PwD1*z;
             QD1 =  1/PD/z/z;
            PwD_temp(j) = PwD_temp(j) + V(i) * PwD1;
            d_PwD_temp(j) = d_PwD_temp(j) + V(i) * d_PwD1;
             QD_temp(j) =  QD_temp(j) + V(i) * QD1;
        end
        PwD_temp(j) = PwD_temp(j) * f;
        d_PwD_temp(j) = d_PwD_temp(j) * f * tD(j);
        QD_temp(j)   = QD_temp(j) * f;

        fprintf( '共计计算 %d 个时间步，求解第 %d 个时间步用时为: %.6fs\
n',length(tD),j,cputime-t);
        hbar.iterate(1);
    end
    PwD(:,m1) = PwD_temp;
```

```
    d_PwD(:,m1) = d_PwD_temp;
    QD(:,m1) = QD_temp;
end
close(hbar);  %close progress bar


%% 自动选择颜色与线型绘图
CfD   = Var_hD;
PwD  = PwD';
d_PwD = d_PwD';
QD = QD';
Color = { 'y' 'm' 'c' 'r' 'g' 'b' 'k' };% 绘图颜色集合
LineShapes = { '-' '--' ':' '-.' };
LineMarks  = { 'o' '+' '*' '.' 'x' 's' 'd' '^' 'v' '>' '<' 'p' 'h' };
% s: 方形 ;d: 菱形 ;p: 五角形 ;h: 六角形
legends = cell(2*Var+1,1);
%Loc = round( length(find(tD<=1000))/(length(CfD)+1) );
Loc = round( length(tD)/(length(CfD)+1) );
for i=1:Var
    Shaples = strcat( char(LineShapes( mod(i,length(LineShapes ))+1 )),
char(LineMarks( mod(i,length(LineMarks ))+1 ) ));
    loglog( tD, PwD(i,:), Shaples, 'MarkerSize' ,4, 'Color' ,char(Color(
mod(i,length(Color))+1)) );
    %h = text( tD( i*Loc ), PwD(i, i*Loc), sprintf( 'h_{D}=%.2f' , CfD(i)) );
    %set(h,' Fontsize' ,12);
    hold on

    loglog( tD, d_PwD(i,:), Shaples, 'MarkerSize' ,4, 'Color' ,char(Color(
mod(i,length(Color))+1)) );
    %h = text( tD( i*Loc ), d_PwD(i, i*Loc), sprintf( 'h_{D}=%.2f' , CfD(i)));
    %set(h,' Fontsize' ,12);
    legends((i-1)*2+1) = cellstr(strcat( 'Pwf:', sprintf( 'h_{D}=%.2f' , CfD(i)) ));
    legends((i-1)*2+2) = cellstr(strcat( 'dPwf:', sprintf( 'h_{D}=%.2f' ,
CfD(i)) ));
end
```

```
hold on
loglog(tD,ones(length(tD))*0.5,'-r','LineWidth',1)
%set(gca,"FontName","Times New Roman","FontSize",12);
set(gca,"FontSize",12);
legends(2*Var+1) = cellstr('0.5水平线');
legend(legends,'Location','SouthEast','box','on','color','white','Fontsize',12);
xlim([1e-8 1e+9]);
ylim([1e-4 1e+02]);
grid on
xlabel('无因次时间','Fontsize',14)
ylabel('无因次压力与压力导数','Fontsize',14)
%title('顶底封闭径向无限大柱状储层水平井试井数学模型','Fontsize',14)
% 自动选择颜色与线型绘图

%%% 绘制无因次产量与时间的关系曲线
figure
legends1 = cell(Var,1);
for i=1:Var
    Shaples = strcat( char(LineShapes( mod(i,length(LineShapes ))+1 )),
char(LineMarks( mod(i,length(LineMarks ))+1 ) ));
    loglog( tD, QD(i,:), Shaples, 'MarkerSize',4,'Color',char(Color(
mod(i,length(Color))+1)) );
    legends1(i) = cellstr(strcat( 'QD:', sprintf( 'h_{D}=%.2f', CfD(i)) ));
    hold on
end
%set(gca,"FontName","Times New Roman","FontSize",12);
set(gca,"FontSize",12);
legend(legends1,'Location','NorthEast','box','on','color','white','Fontsize',12);
xlim([1e-8 1e+9]);
ylim([1e-2 1e+03]);
grid on
xlabel('无因次时间','Fontsize',14)
ylabel('无因次产量','Fontsize',14)
```

```
title('顶底封闭径向无限大柱状储层水平井试井数学模型','Fontsize',14)
%%
PwD = PwD';
d_PwD = d_PwD';
data = ones(length(tD),size(PwD,2)*4);
for i=1:size(PwD,2)
    data(:,(i-1)*4+1) = tD;
    data(:,(i-1)*4+2) = PwD(:,i);
    data(:,(i-1)*4+3) = tD;
    data(:,(i-1)*4+4) = d_PwD(:,i);
end
save data data
toc
```

3.2 顶底封闭径向封闭柱状储层水平井试井数学模型

```
function Chapter_6_1_2_OPT()
% 创建于 2021.8.11
% 修改：2022.8.7
% 修改内容：多参数颜色不能显示问题
% 参数命名规范
% 完善裂缝导流单参数与多参数的联合使用
%6.1.2 顶底封闭径向封闭柱状储层水平井试井数学模型
%% Unconventional_Multi_Wine_Vertical_Well
clc
tic
% profile on
N = 6;
tD = logspace(-7,5,100);

%% 基本参数
CD = 0.000;
S = 0.00;
Bessel_eps = 1e-306;
eps_int  =  1e-10;
```

```matlab
%%% 水平井参数
% 特别注意，参考长度取水平井水平段的半长，即 Lh/2
Lh = 100./2;
re = 1000;%
%h = [5 10 15 20 25 30 40 50];
h = 20;
rw = 0.1;
xD = 0.732;
yD = 0./Lh;
ywD = 0./Lh;
rwD = rw/h;
%reD = re./Lh;
%hD = h./Lh;
Var_hD = h./Lh;
Var = length(Var_hD);
%%% 计算 V(i)
V = ones(N,1).*0;
for i = 1:N  % 并行
    k = floor((i+1)/2) :1: min(N/2,i);
    temp = k.^(N/2+1) .* factorial(2.*k) ./ ( factorial(N/2-k) .* factorial(k) .*
factorial(k) .* factorial(i-k) .* factorial(2.*k-i) );
    temp = temp * ones(length(temp),1);
    V(i) = temp*(-1)^(N/2+i);
end


%%% 计算参数
PwD =  zeros(length(tD),Var);
d_PwD = PwD;
QD = zeros(length(tD),Var).*0;
%%% Laplace 反演
hbar = parfor_progressbar_v1( length(tD)*Var ,' Computing...' );  %create the
progress bar
    for m1 = 1:Var
        hD = Var_hD(m1);
        reD = re./Lh(m1);
```

```
       zD = 0.5;
       zwD = zD + rwD;
       PwD_temp = PwD(:,m1);
       d_PwD_temp = d_PwD(:,m1);
       QD_temp = QD(:,m1);
       parfor j = 1:length(tD)% 时间循环
          t=cputime;
          fprintf('共计计算 %d 个时间步，正在求解第 %d 个时间步 ....\n',length(tD),j);
          f =  log(2)/tD(j);
          for i = 1:N
             z = i*f;
             %u=z*(lamd+omga*(1-omga)*z)/(lamd+(1-omga)*z);
             PD11 = fun_bessel(1,sqrt(z),xD,1,1,'besselk0')./2./z;


             %%%%%%%%%%%%%%%%%%%%%%%%%%%%%%%%%%%%%%%%%%%%
       %%%%%%%%%%%%%%%%%%%%%%%%%%%%%%%%
             m = 1:1;
             temp = besselk(0,abs(zD-zwD).*sqrt(z).*hD) + besselk(0,abs(zD+zwD).*sqrt
(z).*hD);
                while 1
                   k1  = besselk(0,abs(zD-zwD-2.*m).*sqrt(z).*hD);
                   k2  = besselk(0,abs(zD+zwD-2.*m).*sqrt(z).*hD);
                   k3  = besselk(0,abs(zD-zwD+2.*m).*sqrt(z).*hD);
                   k4  = besselk(0,abs(zD+zwD+2.*m).*sqrt(z).*hD);
%                  k1  = BesselkMex(0,abs(zD-zwD-2.*m).*sqrt(z).*hD);
%                  k2  = BesselkMex(0,abs(zD+zwD-2.*m).*sqrt(z).*hD);
%                  k3  = BesselkMex(0,abs(zD-zwD+2.*m).*sqrt(z).*hD);
%                  k4  = BesselkMex(0,abs(zD+zwD+2.*m).*sqrt(z).*hD);
                   temp2 = k1+k2+k3+k4;
                   temp = temp + temp2;
                   if abs(sum(temp2))/abs(sum(temp)) < eps_int || abs(sum(temp)) < Bessel_
eps
                      break;
                   end
                   if max(m)>9999999
```

```
            warning('第二部分级数求和达到最大次数！')
            break;
          end
        m = m + 1;
      end
    PD12 = hD.*sum(temp)/2/z - pi/sqrt(z)/2/z;


        %%%%%%%%%%%%%%%%%%%%%%%%%%%%%%%%%%%%%%%%%%%
      %%%%%%%%%%%%%%%%%%%%%%%%%%%%%%%%%
        m = 1:1;
        temp = 0;
        while 1
          epsm = sqrt( (m.*pi).^2 ./ hD/hD + z );
            temp1= pi - (fun_besselk0_int_PAR(epsm.*(1-xD)) + fun_besselk0_int_
PAR(epsm.*(1+xD)));
            %temp2 = temp1.*cos(pi.*m.*zD).*cos(pi.*m.*zwD)./epsm;
            temp2 = dot(temp1,cos(pi.*m.*zD)) * dot( cos(pi.*m.*zwD), 1./epsm);
            temp = temp + temp2;
            if abs(sum(temp2))/abs(sum(temp)) < eps_int || abs(sum(temp)) < Bessel_
eps
            break;
          end
          if  max(m)>9999999
            warning('第三部分级数求和达到最大次数！')
            break;
          end
          m = m + 1;
        end


    PD13 =  sum(temp)/z;
    PD1 =  PD11 + (PD12 - PD13);
    %----- 以上无限大边界部分


    % 计算第三部分积分
```

```
K1_reD = besselk(1,reD*sqrt(z));
I1_reD = besseli(1,reD.*sqrt(z));
I0_rDa = besseli(0,sqrt((xD-1  ).^2)*sqrt(z));
I0_rDb = besseli(0,sqrt((xD+1  ).^2)*sqrt(z));


PD3 = fun_bessel(1,sqrt(z),xD,1,0,' besseli_MUL_Matrix' );
   if isinf(PD3) || isinf(I1_reD)  || isinf(I0_rDa)  || isinf(I0_rDb)  || K1_
reD<Bessel_eps
        %PD3 =  quadgk(@(x) exp( -2*reD.*z.^0.5+sqrt((xD-x).^2).*z.^0.5
).*sqrt(pi./(2.*z.^0.5.*sqrt((xD-x).^2))), -0.5, 0.5);
       PD3 = 0;
       %fprintf( 'PD3 u-+ ∞ \n' )
    elseif  PD3<Bessel_eps || I1_reD<Bessel_eps || I0_rDa<Bessel_eps || I0_
rDb<Bessel_eps || isinf(K1_reD)
       PD3 = quadgk(@(x) 2/reD/reD/z + 1/2/reD/reD*(xD-x).^2, -1, 1);
       fprintf( 'PD3 u-0\n' )
    else
       PD3 = PD3 / I1_reD * K1_reD;
    end


% 计算第四部分积分
temp =  0;
part_temp = 0;
m = 1000;
while 1
   epsm = sqrt( (m.*pi).^2 ./ hD/hD + z );
   K1_reD = besselk(1,reD.*epsm);
   I1_reD = besseli(1,reD.*epsm);
   I0_rDa = besseli(0,sqrt((xD-1  ).^2)*epsm);
   I0_rDb = besseli(0,sqrt((xD+1  ).^2)*epsm);


   int4 = fun_bessel(1,epsm,xD,1,0,' besseli_MUL_Matrix' );
      if isinf(int4) || isinf(I1_reD)  || isinf(I0_rDa)  || isinf(I0_rDb)  || K1_
reD<Bessel_eps
              %int4 = quadgk(@(x) exp( -2*reD.*epsm+sqrt((xD-x).^2).*epsm
```

```matlab
).*sqrt(pi./(2.*epsm.*sqrt((xD-x).^2)))), -0.5, 0.5).*cos(pi.*m.*zD/hD).*cos(pi.*m.*zwD/hD);
                    int4 = 0;
                    %fprintf('int4 u-∞ \n')
                elseif int4<Bessel_eps || I1_reD<Bessel_eps || I0_rDa<Bessel_eps || I0_rDb<Bessel_eps || isinf(K1_reD)
                    int4 = quadgk(@(x) 2/reD/reD/epsm/epsm + 1/2/reD/reD*(xD-x).^2, -1, 1).*cos(pi.*m.*zD/hD).*cos(pi.*m.*zwD/hD);
                    fprintf('int4 u-0\n')
                else
                    int4 = int4 / I1_reD * K1_reD.*cos(pi.*m.*zD).*cos(pi.*m.*zwD);
                end
                part_temp = part_temp + int4;
                if mod(m,100) == 0
                    temp = temp + part_temp;
                    if abs(sum(part_temp))/abs(sum(temp)) < eps_int || abs(sum(temp)) < Bessel_eps
                        break;
                    end
                    if max(m)>9999999
                        warning('第四部分级数求和达到最大次数！')
                        break;
                    end
                    part_temp = 0;
                end
                m = m + 100;
            end
            PD4 = temp;

            % 数值反演部分
            PD = PD1+(PD3+2.*PD4)/z/2;
            %PD = (PD1+2.*PD2)/z/2;
            PwD1 = ( z*PD+S )/( z+CD*z^2*(z*PD+S) );
            d_PwD1 = PwD1*z;
            QD1 = 1/PD/z/z;
```

```
        PwD_temp(j) = PwD_temp(j) + V(i) * PwD1;
        d_PwD_temp(j) = d_PwD_temp(j) + V(i) * d_PwD1;
        QD_temp(j) = QD_temp(j) + V(i) * QD1;
    end
    PwD_temp(j) = PwD_temp(j) * f;
    d_PwD_temp(j) = d_PwD_temp(j) * f * tD(j);
    QD_temp(j) = QD_temp(j) * f;

        fprintf( '共计计算 %d 个时间步，求解第 %d 个时间步用时为：%.6fs\n',
length(tD),j,cputime-t);
        hbar.iterate(1);
    end
    PwD(:,m1) = PwD_temp;
    d_PwD(:,m1) = d_PwD_temp;
    QD(:,m1) = QD_temp;
end
close(hbar);  %close progress bar



%%% 自动选择颜色与线型绘图
%CfD = Var_hD;
CfD = Lh*2;
PwD = PwD';
d_PwD = d_PwD';
QD = QD';
Color = { 'y' 'm' 'c' 'r' 'g' 'b' 'k' };%绘图颜色集合
LineShapes = { '-' '--' ':' '-.' };
LineMarks = { 'o' '+' '*' '.' 'x' 's' 'd' '^' 'v' '>' '<' 'p' 'h' };
% s: 方形；d: 菱形；p: 五角形；h: 六角形
legends = cell(2*Var+1,1);
%Loc = round( length(find(tD<=1000))/(length(CfD)+1) );
Loc = round( length(tD)/(length(CfD)+1) );
for i=1:Var
    Shaples = strcat( char(LineShapes( mod(i,length(LineShapes ))+1 )),
char(LineMarks( mod(i,length(LineMarks ))+1 ) ));
```

```matlab
        loglog( tD, PwD(i,:), Shaples, 'MarkerSize',4, 'Color',char(Color(
mod(i,length(Color))+1)) );
        %h = text( tD( i*Loc ), PwD(i, i*Loc), sprintf( 'h_{D}=%.2f', CfD(i)) );
        %set(h,'Fontsize',12);
        hold on

        loglog( tD, d_PwD(i,:), Shaples, 'MarkerSize',4, 'Color',char(Color(
mod(i,length(Color))+1)) );
        %h = text( tD( i*Loc ), d_PwD(i, i*Loc), sprintf( 'h_{D}=%.2f', CfD(i)));
        %set(h,'Fontsize',12);
        legends((i-1)*2+1) = cellstr(strcat( 'Pwf:', sprintf( 'L_{h}=%.2fm',
CfD(i)) ));
        legends((i-1)*2+2) = cellstr(strcat( 'dPwf:', sprintf( 'L_{h}=%.2fm',
CfD(i)) ));
    end
    hold on
    loglog(tD,ones(length(tD))*0.5,'-r','LineWidth',1)
    legends(2*Var+1) = cellstr( '0.5 水平线');
    legend(legends,'Location','SouthEast','box','on','color','white','Fontsi
ze',12);
    xlim([1e-8  1e+9]);
    ylim([1e-4  1e+02]);
    grid on
    xlabel('无因次时间','Fontsize',14)
    ylabel('无因次压力与压力导数','Fontsize',14)
    title('顶底封闭径向封闭柱状储层水平井试井数学模型','Fontsize',14)
    % 自动选择颜色与线型绘图

    %% 绘制无因次产量与时间的关系曲线
    figure
    tDd = tD./(0.5*(reD.^2-1)*(log(reD)-0.5));
    QDd = QD.*(log(reD)-0.5);
    legends1 = cell(Var,1);
    for i=1:Var
        Shaples = strcat( char(LineShapes( mod(i,length(LineShapes ))+1 )),
```

```
char(LineMarks( mod(i,length(LineMarks ))+1 ) ));
        loglog( tD, QD(i,:), Shaples, 'MarkerSize' ,4, 'Color' ,char(Color(
mod(i,length(Color))+1)) );
        legends1(i) = cellstr(strcat( 'QD:' , sprintf( 'L_{h}=%.2fm' , CfD(i)) ));
        hold on
    end
    legend(legends1,' Location' ,' NorthEast' ,' box' ,' on' ,' color' ,' white' ,' Fontsi
ze' ,12);
    % xlim([1e-8  1e+9]);
    %ylim([1e-3  1e+04]);
    grid on
    xlabel( '无因次时间' ,' Fontsize' ,14)
    ylabel( '无因次产量' ,' Fontsize' ,14)
    title( '顶底封闭径向封闭柱状储层水平井试井解释模型' ,' Fontsize' ,14)
    %%
    % figure
    % 相当于直径的部分射孔
    % reD = h./Lh;
    % tDd = tD./(0.5*(reD.^2-1)*(log(reD)-0.5));
    % QDd = QD.*(log(reD)-0.5);
    % legends1 = cell(Var,1);
    % for i=1:Var
    %        Shaples = strcat( char(LineShapes( mod(i,length(LineShapes ))+1 )),
char(LineMarks( mod(i,length(LineMarks ))+1 ) ));
    %        loglog( tDd, QDd(i,:), Shaples, 'MarkerSize' ,4, 'Color' ,char(Color(
mod(i,length(Color))+1)) );
    %     legends1(i) = cellstr(strcat( 'QD:' , sprintf( 'h_{D}=%.2f' , CfD(i)) ));
    %     hold on
    % end
    % legend(legends1,' Location' ,' NorthEast' ,' box' ,' on' ,' color' ,' w
hite' );
    % % xlim([1e-8  1e+9]);
    % %ylim([1e-4  1e+04]);
    % grid on
    % xlabel( '无因次时间' )
```

```
% ylabel('无因次产量')
% title('顶底封闭径向封闭柱状储层水平井试井数学模型')
toc
% profile viewer
%%
PwD = PwD';
d_PwD = d_PwD';
data = ones(length(tD),size(PwD,2)*4);
for i=1:size(PwD,2)
    data(:,(i-1)*4+1) = tD;
    data(:,(i-1)*4+2) = PwD(:,i);
    data(:,(i-1)*4+3) = tD;
    data(:,(i-1)*4+4) = d_PwD(:,i);
end
save data data
```

3.3　顶底封闭径向定压柱状储层水平井试井数学模型

```
function Chapter_6_1_3_OPT()
% 创建于 2021.8.11
% 修改：2022.2.3
% 修改内容：多参数颜色不能显示问题
% 参数命名规范
% 完善裂缝导流单参数与多参数的联合使用
%6.1.3 顶底封闭径向定压柱状储层水平井试井数学模型
%% Unconventional_Multi_Wine_Vertical_Well
clc

tic
%profile on
erlu = 0.5772156649015328606060651209;% 欧拉常数
N = 6;
tD = logspace(-7,4,100);
Bessel_eps = 1e-306;
eps_int = 1e-12 ;
%% 基本参数
```

```
CD = 0.000;
S = 0.00;

%% 水平井参数
Lh = 100/2;
re = 1000;%
%h = [5 10 15 20 25 30 40 50];
h = 20;
xD = 0.732;
yD = 0./Lh;
ywD = 0./Lh;
rw = 0.1;
rwD = rw/h;
%reD = re./Lh;
%hD = h./Lh;
Var_hD = h./Lh;
Var  = length(Var_hD);
%% 计算 V(i)
V = ones(N,1).*0;
for i = 1:N  % 并行
    k = floor((i+1)/2) :1: min(N/2,i);
     temp = k.^(N/2+1) .* factorial(2.*k) ./ ( factorial(N/2-k) .* factorial(k) .*
factorial(k) .* factorial(i-k) .* factorial(2.*k-i) );
    temp = temp * ones(length(temp),1);
    V(i) = temp*(-1)^(N/2+i);
end

%% 计算参数
PwD =  zeros(length(tD),Var);
d_PwD =  PwD;
QD =  zeros(length(tD),Var).*0;

%% Laplace 反演
hbar = parfor_progressbar_v1( length(tD)*Var ,' Computing...' );  %create the
progress bar
```

```
for m1 = 1:Var
    hD = Var_hD(m1);
    reD = re./Lh(m1);
    zD = 0.5;
    zwD = zD + rwD;
    PwD_temp = PwD(:,m1);
    d_PwD_temp = d_PwD(:,m1);
    QD_temp = QD(:,m1);
    parfor j = 1:length(tD)% 时间循环
        t=cputime;
        fprintf( '共计计算 %d 个时间步，正在求解第 %d 个时间步....\
n' ,length(tD),j);
        f = log(2)/tD(j);
        for i = 1:N
            z = i*f;
            %u=z*(lamd+omga*(1-omga)*z)/(lamd+(1-omga)*z);
            PD11 = fun_bessel(1,sqrt(z),xD,1,1,' besselk0' )./2./z;


            %%%%%%%%%%%%%%%%%%%%%%%%%%%%%%%%%%%%%%%%%%
            %%%%%%%%%%%%%%%%%%%%%%%%%%%%%%%%%
            m = 1:1;
            temp = besselk(0,abs(zD-zwD).*sqrt(z).*hD) + besselk(0,abs(zD+zwD).*sqrt
(z).*hD);
            while 1
                k1 = besselk(0,abs(zD-zwD-2.*m).*sqrt(z).*hD);
                k2 = besselk(0,abs(zD+zwD-2.*m).*sqrt(z).*hD);
                k3 = besselk(0,abs(zD-zwD+2.*m).*sqrt(z).*hD);
                k4 = besselk(0,abs(zD+zwD+2.*m).*sqrt(z).*hD);
                temp2 = k1+k2+k3+k4;
                temp = temp + temp2;
                if abs(sum(temp2))/abs(sum(temp)) < eps_int || abs(sum(temp)) < Bessel_
eps
                    break;
                end
                if max(m)>9999999
```

```
        warning('第二部分级数求和达到最大次数！')
            break;
        end
        m = m + 1;
    end
    PD12 = hD.*sum(temp)/2/z - pi/sqrt(z)/2/z;


    %%%%%%%%%%%%%%%%%%%%%%%%%%%%%%%%%%%%%%%%%%%%%%%%%%%%%
    %%%%%%%%%%%%%%%%%%%%%%%%%%%%%%%%%%%%
    m = 1:1;
    temp = 0;
    while 1
        epsm = sqrt( (m.*pi).^2 ./ hD/hD + z );
         temp1 = pi - (fun_besselk0_int_PAR(epsm.*(1-xD)) + fun_besselk0_int_
PAR(epsm.*(1+xD)));
            %temp2 = temp1.*cos(pi.*m.*zD).*cos(pi.*m.*zwD)./epsm;
            temp2 = dot(temp1,cos(pi.*m.*zD)) * dot( cos(pi.*m.*zwD), 1./epsm);
        temp = temp + temp2;
         if abs(sum(temp2))/abs(sum(temp)) < eps_int || abs(sum(temp)) < Bessel_
eps

            break;
        end
        if  max(m)>9999999
            warning('第三部分级数求和达到最大次数！')
            break;
        end
        m = m + 1;
    end

    PD13 = sum(temp)/z;
    PD1 = PD11 + (PD12 - PD13);
    %----- 以上无限大边界部分


    % 计算第三部分积分
```

```
K1_reD = besselk(0,reD*sqrt(z));
I1_reD = besseli(0,reD.*sqrt(z));
I0_rDa = besseli(0,sqrt((xD-1  ).^2)*sqrt(z));
I0_rDb = besseli(0,sqrt((xD+1  ).^2)*sqrt(z));

PD3 = fun_bessel(1,sqrt(z),xD,1,0,' besseli_MUL_Matrix');
    if isinf(PD3) || isinf(I1_reD)  || isinf(I0_rDa)  || isinf(I0_rDb)  || K1_
reD<Bessel_eps
        %PD3 = quadgk(@(x) exp( -2*reD.*z.^0.5+sqrt((xD-x).^2).*z.^0.5
).*sqrt(pi./(2.*z.^0.5.*sqrt((xD-x).^2)))), -0.5, 0.5);
        PD3 =  0;
        %fprintf( 'PD3 u-+ ∞ \n')
    elseif  PD3<Bessel_eps || I1_reD<Bessel_eps || I0_rDa<Bessel_eps || I0_
rDb<Bessel_eps  || isinf(K1_reD)
        PD3 =  quadgk(@(x) -(1+1/4*(x-xD).^2*z)./(1+1/4*reD*reD*z)*(log(reD
*sqrt(z)/2)+erlu), -1, 1);
        fprintf( 'PD3 u-0\n')
    else
        PD3 = PD3 / I1_reD * K1_reD;
    end

% 计算第四部分积分
temp =  0;
part_temp = 0;
m = 100;
while 1
    epsm = sqrt( (m.*pi).^2 ./ hD/hD + z );
    K1_reD = besselk(0,reD.*epsm);
    I1_reD = besseli(0,reD.*epsm);
    I0_rDa = besseli(0,sqrt((xD-1  ).^2)*epsm);
    I0_rDb = besseli(0,sqrt((xD+1  ).^2)*epsm);

    int4 = fun_bessel(1,epsm,xD,1,0,' besseli_MUL_Matrix');
        if isinf(int4) || isinf(I1_reD)  || isinf(I0_rDa)  || isinf(I0_rDb)  || K1_
reD<Bessel_eps
```

```matlab
        %int4 = quadgk(@(x) exp( -2*reD.*epsm+sqrt((xD-x).^2).*epsm
).*sqrt(pi./(2.*epsm.*sqrt((xD-x).^2)))), -0.5, 0.5).*cos(pi.*m.*zD/hD).*cos(pi.*m.*zwD/hD);
        int4 =  0;
        %fprintf( 'int4 u- ∞ \n' )
    elseif int4<Bessel_eps || I1_reD<Bessel_eps ||  I0_rDa<Bessel_eps || I0_rDb<Bessel_eps  || isinf(K1_reD)
        int4 =  quadgk(@(x) -(1+1/4.*(x-xD).^2.*epsm.*epsm)./(1+1/4*reD*reD.*epsm.*epsm).*(log(reD.*epsm/2)+erlu), -1, 1) ....*cos(pi.*m.*zD/hD).*cos(pi.*m.*zwD/hD);
        fprintf( 'int4 u-0\n' )
    else
        int4 = int4 / I1_reD * K1_reD.*cos(pi.*m.*zD).*cos(pi.*m.*zwD);
    end
    part_temp =  part_temp + int4;
    if mod(m,100) == 0
        temp = temp + part_temp;
        if abs(sum(part_temp))/abs(sum(temp)) < eps_int || abs(sum(temp)) < Bessel_eps
            break;
        end
        if  max(m)>9999999
            warning('第四部分级数求和达到最大次数！')
            break;
        end
        part_temp = 0;
    end
    m = m + 100;
end
PD4 = temp;

% 数值反演部分
PD = PD1+(-PD3-2.*PD4)/z/2;
PwD1 = ( z*PD+S )/( z+CD*z^2*(z*PD+S) );
d_PwD1 = PwD1*z;
QD1 = 1/PD/z/z;
PwD_temp(j) = PwD_temp(j) + V(i) * PwD1;
```

```
        d_PwD_temp(j) = d_PwD_temp(j) + V(i) * d_PwD1;
        QD_temp(j) = QD_temp(j) + V(i) * QD1;
    end
    PwD_temp(j) = PwD_temp(j) * f;
    d_PwD_temp(j) = d_PwD_temp(j) * f * tD(j);
    QD_temp(j) = QD_temp(j) * f;

    fprintf( '共计计算 %d 个时间步，求解第 %d 个时间步用时为: %.6fs\
n' ,length(tD),j,cputime-t);
        hbar.iterate(1);
    end
    PwD(:,m1) = PwD_temp;
    d_PwD(:,m1) = d_PwD_temp;
    QD(:,m1) = QD_temp;
end
close(hbar); %close progress bar
%% 自动选择颜色与线型绘图
%CfD = Var_hD;
CfD = Lh;
PwD = PwD';
d_PwD = d_PwD';
QD = QD';
Color = { 'y' 'm' 'c' 'r' 'g' 'b' 'k' };% 绘图颜色集合
LineShapes = { '-' '--' ':' '-.' };
LineMarks  = { 'o' '+' '*' '.' 'x' 's' 'd' '^' 'v' '>' '<' 'p' 'h' };
% s: 方形 d: 菱形 p: 五角形 h: 六角形
legends = cell(2*Var+1,1);
%Loc = round( length(find(tD<=1000))/(length(CfD)+1) );
Loc = round( length(tD)/(length(CfD)+1) );
for i=1:Var
    Shaples = strcat( char(LineShapes( mod(i,length(LineShapes ))+1 )),
char(LineMarks( mod(i,length(LineMarks ))+1 ) ));
    loglog( tD, PwD(i,:), Shaples, 'MarkerSize',4, 'Color',char(Color(
mod(i,length(Color))+1)) );
    %h = text( tD( i*Loc ), PwD(i, i*Loc), sprintf( 'h_{D}=%.2f', CfD(i)) );
```

```
%set(h,'Fontsize',12);
    hold on

    loglog( tD, d_PwD(i,:), Shaples,'MarkerSize',4,'Color',char(Color(
mod(i,length(Color))+1)) );
    %h = text( tD( i*Loc ), d_PwD(i, i*Loc ), sprintf('h_{D}=%.2f', CfD(i)));
    %set(h,'Fontsize',12);
    legends((i-1)*2+1) = cellstr(strcat('Pwf:', sprintf('L_{h}=%.2fm',
CfD(i)) ));
        legends((i-1)*2+2) = cellstr(strcat('dPwf:', sprintf('L_{h}=%.2fm',
CfD(i)) ));
    end


    hold on
    loglog(tD,ones(length(tD))*0.5,'-r','LineWidth',1)
    legends(2*Var+1) = cellstr('0.5 水平线');
    legend(legends,'Location','SouthEast','box','on','color','white','Fontsi
ze',12);
    xlim([1e-8  1e+9]);
    ylim([1e-4  1e+02]);
    grid on
    xlabel('无因次时间','Fontsize',14)
    ylabel('无因次压力与压力导数','Fontsize',14)
    title('顶底封闭径向定压柱状储层水平井试井数学模型','Fontsize',14)
    % 自动选择颜色与线型绘图

    %%% 绘制无因次产量与时间的关系曲线
    figure
    legends1 = cell(Var,1);
    for i=1:Var
        Shaples = strcat( char(LineShapes( mod(i,length(LineShapes ))+1 )),
char(LineMarks( mod(i,length(LineMarks ))+1 ) ));
        loglog( tD, QD(i,:), Shaples,'MarkerSize',4,'Color',char(Color(
mod(i,length(Color))+1)) );
        legends1(i) = cellstr(strcat('QD:', sprintf('L_{h}=%.2fm', CfD(i)) ));
```

```
        hold on
    end
    legend(legends1,'Location','NorthEast','box','on','color','white','Fontsi
ze',12);
    %xlim([1e-10  1e+2]);
    %ylim([1e-1  1e+04]);
    grid on
    xlabel('无因次时间','Fontsize',14)
    ylabel('无因次产量','Fontsize',14)
    title('顶底封闭径向定压柱状储层水平井试井数学模型','Fontsize',14)
    toc
    %%
    PwD = PwD';
    d_PwD = d_PwD';
    data = ones(length(tD),size(PwD,2)*4);
    for i=1:size(PwD,2)
        data(:,(i-1)*4+1) = tD;
        data(:,(i-1)*4+2) = PwD(:,i);
        data(:,(i-1)*4+3) = tD;
        data(:,(i-1)*4+4) = d_PwD(:,i);
    end
    save data data
```

3.4 顶底封闭 x、y 方向封闭盒状储层水平井试井数学模型

```
function Improvement_of_Rectangular_Reservoir_Algorithm()
% 算法改进：顶底封闭 x、y 方向封闭盒状储层水平井试井数学模型
% 时间：2022.8.9
%%
% 参数设置
clc
tic

N = 6;
tD = logspace(-6,5,200);
S = 0.0;
```

```
CD = 0.000;
Bessel_eps = 1e-307;


% rectangle parameter
% 含有量纲参数部分
xe = 1000; %x 方向尺度，单位：m
ye = 1000; %y 方向尺度，单位：m
h = 20; % 储层厚度，单位：m
Lh = 100; % 水平井长度，单位：m
rw = 0.1; % 井筒半径，单位：m
% 无因次参数部分
xeD = xe/(Lh/2);
yeD = ye/(Lh/2);
hD = h/(Lh/2);
xD = xeD/2+0.732; % 压降计算在 x 方向的无因次位置
xwD = xeD/2; % 点源在 x 方向的无因次位置，沿着 x 方向对 xwD 积分，次变量无用
yD = yeD/2; % 压降计算点在 y 方向的无因次位置
ywD = yeD/2; % 点源在 y 方向的无因次位置
zD = hD/2  + rw/h; % 压降计算点在 z 方向的无因次位置
zwD = hD/2; % 点源在 z 方向的无因次位置
yD1 = yD - ywD;
yD2 = yD + ywD;
Int_eps = 1e-10;
eps_Series = 1e-6;
Serise_sum_in  = 9e+10;
Skip_Num   = 1;


subplot(2,1,1)
plot([0 xeD xeD 0 0],[0 0 yeD yeD 0],'k-')
hold on
plot([xwD-1 xwD+1],[ywD ywD],'g-','LineWidth',8)
hold on
plot(xwD,ywD,'ro','LineWidth',6)
xlabel('x')
ylabel('y')
```

```
title('x-y 平面')
grid on
grid minor
subplot(2,1,2)
plot([0 xeD xeD 0 0],[0 0 hD hD 0],'k-')
hold on
plot([xwD-1 xwD+1],[zwD zwD],'g-','LineWidth',8)
hold on
plot(xwD,zwD,'ro','LineWidth',6)
xlabel('x')
ylabel('z')
title('x-z 平面')
grid on
grid minor
figure

%% ---------------------------- 计算 V（i）----------------------------------
V = ones(N,1).*0;
for i = 1:N
    V(i) = 0;
    for k = fix((i+1)/2):min(N/2,i)
        V(i) = V(i)+k^(N/2)*factorial(2*k)/(factorial(N/2-k)*factorial(k)*factorial(k-1)*factorial(i-k)*factorial(2*k-i));
    end
    V(i) = V(i)*(-1)^(N/2+i);
end

PwD = ones(length(tD),2).*0;
d_PwD = ones(length(tD),2).*0;
%% --------------------------- 点源函数压力反演 ----------------------------
hbar = parfor_progressbar_v1(length(tD),'Computing...');  %create the progress bar
parfor j = 1:size(tD,2) % 时间循环
    t=cputime;
    fprintf('共计计算 %d 个时间步，正在求解第 %d 个时间步 ....\n',length(tD),j);
```

```
f = log(2)/tD(j);
for i = 1:N
    z = i*f;
    %Laplace 空间的压力形式 --------------------------------------------
    % 式 (6-76) 第一部分，改进后的计算方法，验证通过，时间：2022.8.7
    cosh_sinh1 =( exp(-sqrt(z).*abs(yD1)) + exp(sqrt(z).*(-2*yeD+abs(yD1))) ) ./ (
1-exp(-2.*sqrt(z).*yeD) ) ;
    cosh_sinh2 =( exp(-sqrt(z).*abs(yD2)) + exp(sqrt(z).*(-2*yeD+abs(yD2))) ) ./ (
1-exp(-2.*sqrt(z).*yeD) ) ;
    Part1 = pi/xeD/z * ((cosh_sinh1+cosh_sinh2)/sqrt(z));

    % 式 (6-76) 第二部分，改进后的计算方法，验证通过，时间：2022.8.7
    Part2 = f_Part4(z,xwD,xD,xeD,yeD,yD1,yD2,z,Int_eps);

    % 式 (6-76) 第三部分，改进后的计算方法，验证通过，时间：2022.8.7
    n = 1;
    temp = 0;
    while 1
        epln = (n*pi).^2./hD/hD+z;
        cosh_sinh1  = ( exp(-sqrt(epln).*abs(yD1)) + exp(sqrt(epln).*(-
2*yeD+abs(yD1))) ) ./ ( 1-exp(-2.*sqrt(epln).*yeD) ) ;
        cosh_sinh2  = ( exp(-sqrt(epln).*abs(yD2)) + exp(sqrt(epln).*(-
2*yeD+abs(yD2))) ) ./ ( 1-exp(-2.*sqrt(epln).*yeD) ) ;
        First_Part3 = 2*pi/xeD/z * ((cosh_sinh1+cosh_sinh2)/sqrt(epln));
        Part4 = f_Part4(z,xwD,xD,xeD,yeD,yD1,yD2,epln,Int_eps);  % 第四部分函
数接口
        temps = cos(pi.*n*zD/hD).*cos(pi.*n*zwD/hD).*(First_Part3 + 2*Part4);
        temp = temp + temps;
        if abs(sum(temps))<Bessel_eps
            break;
        elseif abs( sum(temps) /sum(temp)) < eps_Series
            break;
        elseif max(n) >= Serise_sum_in
            fprintf('求解第 %d 个时间步达到最大求和项设定数目，可能存在级数
（第三部分的级数 n=%d,N=%d）的收敛性问题 ....\n' ,j,Serise_sum_in,i);
```

```
        break
      end
      n = n + 1;
    end
    Part4  = sum(temp);
    %Laplace 空间的压力形式 -----------------------------------------

    Parts  = Part1 + Part2 + Part4;
    % 压力导数部分，Laplace 空间的压力形式 --------------------------------
    temp11 = (z*Parts+S)/(z+CD*z*z*(z*Parts+S));
    temp110 = (z*Parts+S)/(z+CD*z*z*(z*Parts+S));
    temp12 = temp110*z;

    PwD(j,1)  =  PwD(j,1)+V(i)*temp11;
    d_PwD(j,1) =  d_PwD(j,1)+V(i)*temp12;
  end
  PwD(j,1)  = PwD(j,1)*f;
  d_PwD(j,1) = d_PwD(j,1)*f*tD(j);
  hbar.iterate(1);
    fprintf('共计计算 %d 个时间步，求解第 %d 个时间步用时为: %.6fs\
n',length(tD),j,cputime-t);
  end
  close(hbar);

%% 自动选择颜色与线型绘图 -------------------------------------------
loglog(tD,PwD(:,1),'r.')
hold on
loglog(tD,d_PwD(:,1),'g.')
hold on
grid on
toc

%%
data = ones(length(tD),size(PwD,2)*4);
for i=1:size(PwD,2)
```

```
    data(:,(i-1)*4+1) = tD;
    data(:,(i-1)*4+2) = PwD(:,i);
    data(:,(i-1)*4+3) = tD;
    data(:,(i-1)*4+4) = d_PwD(:,i);
end
save data data


function Part4 = f_Part4(s,xwD,xD,xeD,yeD,yD1,yD2,u,Int_eps)
% (6-76) 式第二、四部分，改进后的计算方法，验证通过，时间：2022.8.7

y = abs(yD1);
%results1 = g_fun(y,u,s,xD,xwD,xeD);
results1 = g_fun_MEX_mex(y,u,s,xD,xwD,xeD);
results11 = series_f_fun(u,s,y,xD,xwD,xeD,yeD,Int_eps);
y = 2*yeD - abs(yD1);
%results2 = g_fun(y,u,s,xD,xwD,xeD);
results2 = g_fun_MEX_mex(y,u,s,xD,xwD,xeD);
results21 = series_f_fun(u,s,y,xD,xwD,xeD,yeD,Int_eps);
y = abs(yD2);
%results3 = g_fun(y,u,s,xD,xwD,xeD);
results3 = g_fun_MEX_mex(y,u,s,xD,xwD,xeD);
results31 = series_f_fun(u,s,y,xD,xwD,xeD,yeD,Int_eps);
y = 2*yeD - abs(yD2);
%results4 = g_fun(y,u,s,xD,xwD,xeD);
results4 = g_fun_MEX_mex(y,u,s,xD,xwD,xeD);
results41 = series_f_fun(u,s,y,xD,xwD,xeD,yeD,Int_eps);

Part4 = results1 + results11 + ...
    results2 + results21 + ...
    results3 + results31 +...
    results4 + results41;


function results = g_fun_MEX(y,u,s,xD,xwD,xeD)
% 修正时间：2022.8.12
% Bug 修正：判断退出时遇到 NAN=0/0，会出现最大迭代次数
```

```matlab
% 修正内容：下面的形式 s 与 u 含义及表示不同，需要分别传入参数 s 与 u
% 垂直裂缝井的辅助函数
Int_eps  = 1e-10;
Bessel_eps = 1e-305;
k = 0;
fx5 = @(x) besselk(  0, sqrt(u).* sqrt( (xD-xwD-2*k*xeD-x).^2 + y.^2 ) );
temp5 = quadgk(fx5,-1,1);
fx6 = @(x) besselk(  0, sqrt(u).* sqrt( (xD+xwD-2*k*xeD-x).^2 + y.^2 ) );
temp6 = quadgk(fx6,-1,1);
k = 1;
maxk = 1e+10;
temp = temp5 +temp6;
while 1
    fx1 = @(x) besselk(  0, sqrt(u).* sqrt( (xD-xwD-2*k*xeD-x).^2 + y.^2 ) );
    temp1 = quadgk(fx1,-1,1);
    fx2 = @(x) besselk(  0, sqrt(u).* sqrt( (xD+xwD-2*k*xeD-x).^2 + y.^2 ) );
    temp2 = quadgk(fx2,-1,1);
    fx3 = @(x) besselk(  0, sqrt(u).* sqrt( (xD-xwD+2*k*xeD-x).^2 + y.^2 ) );
    temp3 = quadgk(fx3,-1,1);
    fx4 = @(x) besselk(  0, sqrt(u).* sqrt( (xD+xwD+2*k*xeD-x).^2 + y.^2 ) );
    temp4 = quadgk(fx4,-1,1);
    temps = temp1 + temp2 + temp3 + temp4;
    temp = temp + temps;
    k = k + 1;
    if  abs(temps)<Bessel_eps % Bug 修正 :2022.8.12
        break
    elseif  abs(temps)/abs(temp)<Int_eps % Bug 修正 :2022.8.12
        break
    elseif  maxk<max(k)
        fprintf( 'The number of series calculations in part g(y,u,s,xD,xwD,xeD) exceeds the maximum number. 1e+10' );
        break
    end
end
results = temp/s/2 - pi*exp(-abs(y)*sqrt(u))/xeD/s/sqrt(u);
```

```
function results = g_fun(y,u,s,xD,xwD,eD)
% 修正时间: 2022.8.12
% Bug 修正: 判断退出时遇到 NAN=0/0，会出现最大迭代次数
% 修正内容: 下面的形式 s 与 u 含义及表示不同，需要分别传入参数 s 与 u
% 垂直裂缝井的辅助函数
Int_eps   = 1e-10;
Bessel_eps = 1e-305;


k = 0;
fx5 = @(x) besselk(  0, sqrt(u).* sqrt( (xD-xwD-2*k*xeD-x).^2 + y.^2 ) );
temp5 = quadgk(fx5,-1,1);
fx6 = @(x) besselk(  0, sqrt(u).* sqrt( (xD+xwD-2*k*xeD-x).^2 + y.^2 ) );
temp6 = quadgk(fx6,-1,1);


k = 1;
maxk = 1e+10;
temp = temp5 +temp6;
while 1
    fx1 = @(x) besselk(  0, sqrt(u).* sqrt( (xD-xwD-2*k*xeD-x).^2 + y.^2 ) );
    temp1 = quadgk(fx1,-1,1);
    fx2 = @(x) besselk(  0, sqrt(u).* sqrt( (xD+xwD-2*k*xeD-x).^2 + y.^2 ) );
    temp2 = quadgk(fx2,-1,1);
    fx3 = @(x) besselk(  0, sqrt(u).* sqrt( (xD-xwD+2*k*xeD-x).^2 + y.^2 ) );
    temp3 = quadgk(fx3,-1,1);
    fx4 = @(x) besselk(  0, sqrt(u).* sqrt( (xD+xwD+2*k*xeD-x).^2 + y.^2 ) );
    temp4 = quadgk(fx4,-1,1);
    temps = temp1 + temp2 + temp3 + temp4;
    temp = temp + temps;
    k = k + 1;
    if  abs(temps)<Bessel_eps % Bug 修正 :2022.8.12
       break
    elseif  abs(temps)/abs(temp)<Int_eps % Bug 修正 :2022.8.12
       break
    elseif  maxk<max(k)
        warning( 'The number of series calculations in part g(y,u,s,xD,xwD,xeD)
```

exceeds the maximum number. 1e+10');

```
        break
      end
   end
   results = temp/s/2 - pi*exp(-abs(y)*sqrt(u))/xeD/s/sqrt(u);

   function results = f_fun(eplk,yeD,Int_eps)
   % 垂直裂缝井的辅助函数
   % Bug 修正：判断退出时遇到 NAN=0/0，会出现最大迭代次数
   % 修改时间：2022.8.12
   % eplk = sqrt((k*pi)^2/xeD/xeD + u)，当 k ≠ 0 时，(u=log(2)/tD) 最小 (1e-4 数量级)
   % eplk = sqrt( u )，当 k=0 时，(u=log(2)/tD) 最小 (1e-4 数量级)
   m = 1;
   Bessel_eps = 1e-305;
   temp = 0;
   maxm = 1e+10;
   while 1
      temps = sum(exp(-2*eplk*yeD.*m));
      temp = temp + temps;
      m = m + 1;
      if abs(temps)<Bessel_eps % Bug 修正：2022.8.12
         break
      elseif abs(temps)/abs(temp)<Int_eps % Bug 修正 :2022.8.12
         break;
      elseif maxm<max(m)
         warning('f(eplk,yeD) 部分级数计算超过最大次数 1e+10');
         break
      end
   end
   results = temp;
```